de Gruyter

Wachter · Hausen · Reibnegger
Chemie in der Medizin
10. Auflage

Helmut Wachter · Arno Hausen · Gilbert Reibnegger

Chemie in der Medizin

10. Auflage

DE GRUYTER

Autor
Univ.-Prof. Dr. Gilbert Reibnegger
Institut für Physiologische Chemie
Medizinische Universität Graz
Harrachgasse 21
8010 Graz
Österreich

gilbert.reibnegger@meduni-graz.at

Chronologie
1. Auflage 1975
2. Auflage 1977
3. Auflage 1979
4. Auflage 1982
5. Auflage 1985
6. Auflage 1989
7. Auflage 1996
8. Auflage 2002
9. Auflage 2008
10. Auflage 2014

Das Buch enthält zahlreiche Abbildung und Tabellen.

ISBN 978-3-11-031392-5
e-ISBN 978-3-11-031395-6

Library of Congress Cataloging-in-Publication data
A CIP catalog record for this book has been applied for at the Library of Congress.

Bibliographic information published by the Deutsche Nationalbibliothek
Die Deutsche Nationalbibliothek verzeichnet diese Publikation in der Deutschen Nationalbibliografie; detaillierte bibliografische Daten sind im Internet über http://dnb.d-nb.de abrufbar.

Satz: PTP-Berlin Protago-TEX-Production, Berlin
Druck und Bindung: Hubert & Co. GmbH & Co. KG, Göttingen
Coverabbildung: Gilbert Reibnegger
♾ Gedruckt auf säurefreiem Papier
Printed in Germany

www.degruyter.com

Vorwort

Seit der 9. Auflage besitzt dieses Lehrbuch einen gegenüber anderen deutschsprachigen Lehrbüchern der Medizinischen Chemie völlig verschieden gestalteten Aufbau: Aus der über Jahrzehnte praktischer Lehre gewonnenen Erfahrung mit unzähligen Medizinstudierenden wurde nicht mehr die altehrwürdige Abfolge der Themen zugrunde gelegt, bei der sehr theorielastigen Ansätzen nachfolgend – wenn überhaupt – ein wenig praktische Anwendung des Stoffes für die Medizin geboten wurde. Vielmehr habe ich versucht, zu Beginn jedes der sorgfältig in Hinblick auf ihre Notwendigkeit für das Medizinstudium und den späteren Arztberuf ausgewählten Themenblöcke einen Einstieg mit einer konkreten medizinischen Fallvignette zu finden und damit den Studierenden sofort klar zu machen, dass das vermittelte chemische Fachwissen für sie höchst relevant ist. Daran schließt sich eine Darstellung des Stoffes auf einer möglichst medizinnahen Ebene an, die bereits ein chemisches Vorwissen voraussetzt, das man von Studienanfängern billig erwarten kann. Zusätzlich finden sich in den abschließenden Teilen jedes Themenblocks auch die erforderlichen theoretischen Grundlagen zum Nachlesen und zur Ergänzung; sie stehen aber nicht im Vordergrund der Präsentation.

Dieser Aufbau wurde in der nun vorliegenden, durchgesehenen und korrigierten Auflage vollinhaltlich beibehalten. An der Medizinischen Universität Graz haben wir damit hervorragende Erfahrungen gemacht: Aufgrund des seit 2005 durchgeführten Auswahlverfahrens mit einem naturwissenschaftlichen Kenntnistest als Kern besitzen die allermeisten Studienanfänger ein viel besseres Ausgangswissen über die Chemie als zu den Zeiten des offenen Universitätszuganges. Dies gestattet uns Lehrenden, bereits unmittelbar zu Studienbeginn auf einem beachtlichen Niveau einzusteigen und sehr schnell zu medizinisch bedeutsamen chemischen Themen und Fragestellungen fortzuschreiten und damit das Interesse der Studierenden am Fach in weit höherem Ausmaß lebendig zu erhalten, als es früher der Fall war. Dazu kommt, dass mein Freund und Kollege an „meinem" Institut für Physiologische Chemie an der Medizinischen Universität Graz, Herr Univ.-Prof Dr. Karl Öttl, im Rahmen der Masterthesis für sein Studium „Master of Medical Education" des Deutschen Medizinischen Fakultätentages unter Einbeziehung von Lehrenden im Klinischen Teil des Studiums ebenso wie von fortgeschrittenen Medizinstudenten eine empirische Erhebung durchgeführt hat, welche Themen des Chemiestoffes von besonderer Relevanz für die praktisch-Klinische Medizin sind, welche eher weniger wichtig sind und welche ausführlicher und nachhaltiger gelehrt werden sollten. Wir haben unseren Unterricht im Sinne nicht zuletzt auch dieser Studie „renoviert" und bekommen für unser Lehrkonzept, das auch hinter diesem Lehrbuch steht, ganz hervorragende Evaluierungsergebnisse seitens unserer Studierenden.

Neben einer Reihe von Korrekturen bzw. Verbesserungen, insbesondere einiger Abbildungen des Buches, wurde das Kapitel „Chemie *in silico* – aufregende Einblicke in biologische Strukturen" grundlegend überarbeitet, da die in der 9. Auflage beschriebene Visualisierungssoftware CHIME seitens des Anbieters nicht mehr gewartet und angeboten wird. Anstelle von CHIME gebe ich nunmehr eine kurze Beschreibung und Anleitung für das recht ähnliche (und auf CHIME bzw. RASMOL basierende) Javatool „JMol" – ebenfalls über das Internet frei für jedermann verfügbar –, welches die Funktionalität von CHIME mit vielen neuen Möglichkeiten der Darstellung und Manipulation von Molekülmodellen vereint.

Eine traurige Mitteilung: Die beiden Mitautoren dieses Lehrbuchs, mein verehrter früherer akademischer Lehrer Helmut Wachter, und mein langjähriger Kollege Arno Hausen (beide im Ruhestand an der Medizinischen Universität Innsbruck), sind seit der letzten Auflage des Lehrbuchs verstorben: Arno Hausen schloss seine Augen für immer am 16.11.2011, und wenige Wochen später, am 21.01.2012, sollte auch Helmut nicht mehr aus dem Schlaf erwachen. Ihnen beiden gebührt mein ganz besonderer Dank, da sie mir anlässlich meiner 1994 erfolgten Berufung zum Professor für Medizinische Chemie in Graz in generöser Weise die Weiterführung ihres damals bereits in sechs Auflagen erschienenen Werkes überließen.

Ich würde mich freuen, wenn auch die 10. Auflage dieses Lehrbuchs zur weiteren Verbesserung und Modernisierung der Lehre der Chemie in der Medizin – nicht zuletzt auch durch das Verlassen „eingetretener Pfade" und das Bemühen um neue Lösungen – beitragen könnte. Über Hinweise und Kommentare, Kritiken und Verbesserungsvorschläge freue ich mich und ersuche um Kontaktaufnahme unter gilbert.reibnegger@medunigraz.at.

Mein Dank gilt wiederum dem Verlag Walter De Gruyter, und hier besonders Frau Bettina Weniger, Acquisitions Editor Medicine, Frau Silke Hutt, Project Editor und Herrn Hannes Kaden, Production Editor Books.

Graz, Juli 2013 Gilbert Reibnegger

Inhaltsverzeichnis

ALLGEMEINE GRUNDLAGEN STOFFLICHER SYSTEME

1

Fallbeschreibung

Ein 60 kg schwerer Patient in einem Pflegeheim wird stark verwirrt und hört mit dem Trinken auf, nachdem er starke Diarrhoe aufgrund einer viral bedingten Enteritis entwickelt. Er wird mit einer Plasma-Natrium-Konzentration von 168 mmol/L in ein Krankenhaus eingeliefert. Die Osmolalität seines Harns beträgt 545 mOsmol/kg.

- Welche Faktoren tragen zu seiner Hypernatriämie bei?
- Wie groß ist ungefähr das Wasserdefizit, welches die Plasma-Natrium-Konzentration vom Sollwert von 140 mmol/L auf 168 mmol/L ansteigen ließ?
- In welcher Zeitspanne sollte diese Flüssigkeitsmenge verabreicht werden, um die Hypernatriämie in der empfohlenen Geschwindigkeit von täglich maximal 12 mmol/L zu korrigieren? (Eine zu schnelle Absenkung der zu hohen Natriumkonzentration kann einen zu hohen Wassereinstrom in das Gehirn und in weiterer Folge massive Probleme durch zerebrale Ödeme bewirken.)
- Ist diese berechnete Wassermenge ausreichend, um das Wasserdefizit zu korrigieren?
- Wie würde sich die Wasserzufuhr ändern müssen, wollten Sie auch die ebenfalls bestehende Hyperkaliämie korrigieren, indem Sie dem verabreichten Wasser zusätzlich 40 mmol/l an Kalium zusetzen?

Lehrziele

Um dieses Fallbeispiel wirklich zu verstehen, ist ein profundes Wissen sowohl in physiologischer Chemie als auch in Physiologie und Pathophysiologie erforderlich. Wir wollen uns in diesem Kapitel einigen wichtigen Aspekten der Fragestellung annähern. Dabei stecken wir uns folgende Ziele:

- Aus diesem Beispiel ist wie aus praktisch jedem ärztlichen Laborbefund ersichtlich, dass die chemische Analyse von Körperflüssigkeiten wie Blut oder Harn eine ganz zentrale diagnostische Handlung darstellt, die erst die Voraussetzungen für ein nachfolgendes therapeutisches Agieren bildet. Körperflüssigkeiten sind überaus **komplexe Stoffsysteme**. Das Verständnis und die wissenschaftlich korrekte Kategorisierung von Stoffsystemen muss daher unser erstes Ziel sein, um nicht nur für dieses Beispiel, sondern für alle weiteren Überlegungen eine solide Grundlage zu schaffen.
- Das Beispiel nennt verschiedene Konzentrationsmaße, um die Zusammensetzung der genannten Körperflüssigkeiten quantitativ zu beschreiben. Daher wenden wir dem Begriff der **Konzentration** und den verschiedenen Möglichkeiten, Konzentrationen zu spezifizieren, unser Augenmerk zu. Dabei müssen wir den für die gesamte Chemie unentbehrlichen Begriff der **Stoffmenge** ausführlich diskutieren

- Unser Fallbeispiel beinhaltet ferner den Begriff der **Osmolalität** – die Diskussion dieses Begriffes führt uns zu einer Reihe von einfachen Gesetzmäßigkeiten für **Lösungen**, die zentral mit der Stoffmenge und insbesondere dem **Teilchenbegriff** zusammenhängen, den so genannten **kolligativen Eigenschaften**.
- Das Fallbeispiel stellt offensichtlich die Rolle von Wasser, von Wasserverlusten und von ärztlichen Überlegungen, wie Wasserverluste wieder ausgeglichen werden können, in den Mittelpunkt. Wir nehmen dies zum Anlass, die aus dem Alltag so vertraute Substanz **Wasser** genauer zu betrachten. Wir werden dabei nicht nur ein besseres Verständnis für diese lebenswichtige Verbindung erwerben, sondern einige ganz zentrale Konzepte der modernen Chemie kennen lernen. Abschließend fassen wir einige wichtige **physiologische Tatsachen über das Wasser** kurz zusammen.

1.1 Stoffe und Stoffsysteme

Lehrziel

Das Verständnis und die wissenschaftlich korrekte Kategorisierung von Stoffsystemen ist Ziel dieses Abschnitts.

Medizin als Kunst und Wissenschaft geht in vielen Belangen weit über die Grenzen der Naturwissenschaft hinaus; in ihrer modernen Ausprägung aber ruht sie auf den soliden Fundamenten naturwissenschaftlicher Disziplinen wie Physik, Chemie und Biologie. Wir Menschen bestehen so wie alle Organismen aus stofflicher Materie. Die Medizin muss sich daher selbstverständlich auch mit stofflichen Substanzen beschäftigen, und sie macht sich damit viele wesentliche Erkenntnisse, Begriffe und Konzepte der Chemie als der zentralen Naturwissenschaft von den Stoffen und Stoffsystemen nutzbar.

Wir wollen im Folgenden einige zentrale Grundbegriffe behandeln, die uns helfen werden, die unabsehbar vielfältige Welt der Stoffe besser fassen zu können.

Homogene und heterogene Stoffe, Phasenbegriff

Wenn eine Substanz in allen ihren Teilen vollkommen gleichmäßig einheitliche chemische und physikalische Eigenschaften hat, so liegt ein **homogener Stoff** vor. Ein Beispiel aus der Medizin ist etwa eine Infusionslösung von Glucose, die zur intravenösen Ernährung eines Patienten dient. Lassen sich hingegen an der Substanz mit bloßem Auge oder mit dem Mikroskop Bereiche unterscheiden, die beispielsweise unterschiedliches Aussehen, unterschiedliche Härte, unterschiedliches spezifisches Gewicht usw. aufweisen, so bezeichnen wir eine derartige Substanz als **heterogen**. Eine mehrere Stunden alte Harnprobe, in der sich feste Stoffe, so genannte Harnsedimente absetzen, ist heterogen. Ein Stück Haut, ein Knochensplitter, aber auch Blut, wo mit Hilfe einer Lupe oder eines Mikroskops viele unterschiedliche Strukturen feststellbar sind, sind ebenfalls heterogene Stoffsysteme.

Mit dem Begriff **Phase** bezeichnen wir einen homogenen Teil eines Stoffsystems, der von anderen Teilen durch physikalische Grenzen getrennt ist. Wenn wir die beschriebene ältere Harnprobe mit den festen Sedimenten zentrifugieren, so werden die Sedimente durch die Zentrifugalkraft der rotierenden Zentrifuge an den Boden des Zentrifugenröhrchens gepresst, und wir erhalten einen klaren, homogen „Überstand", die flüssige Phase des Harns. Heterogene Stoffe bestehen immer aus mindestens zwei Phasen.

„Homogenität" eines Stoffsystems ist allerdings nicht gleichbedeutend damit, dass nur eine Komponente vorliegt: In unserer Infusionslösung von Glucose in Wasser befinden sich zwei chemisch völlig unterschiedliche Komponenten: Glucose oder „Traubenzucker", ein Kohlenhydrat, welches in reiner Form fest ist, und Wasser. Sie bilden eine homogene Phase, da die Lösung auch bei stärkster Vergrößerung unter einem Mikroskop völlig einheitlich erscheint.

Anderseits kann eine chemisch einheitliche Substanz auch in Form eines heterogenen Gemisches vorliegen, etwa ein System aus flüssigem Wasser und Wasserdampf, oder ein in Wasser schwimmendes Stück Eis. Eine Phase umfasst alle Anteile, die gleiche Eigenschaften und Zusammensetzung besitzen. Mehrere Eiskristalle, die in Wasser schwimmen, bilden daher nicht mehrere Phasen, sondern nur eine, die Eisphase.

Ein Stück Metall, etwa Zahngold, ist überall gleichmäßig hart, leitet elektrischen Strom und Wärme, reflektiert Licht, bildet also eine Phase. Mischen wir Öl und Wasser, so erhalten wir ein System mit zwei flüssigen Phasen. An der **Phasengrenze** Öl–Wasser ändern sich, neben der chemischen Zusammensetzung, auch physikalische Eigenschaften wie die Lichtbrechung und die Dichte sprunghaft. Bei einem heterogenen System aus verschiedenen Phasen chemisch einheitlicher Substanzen wie Eis/Wasser/Wasserdampf ändern sich natürlich nur die physikalischen Eigenschaften: Eis, Wasser und Wasserdampf stellen verschiedene **Aggregatzustände** ein und derselben Substanz dar. Schmilzt Eis oder verdampft Wasser, so ändern sich die physikalischen Eigenschaften sprunghaft; eine **Phasenumwandlung** unter Änderung des Aggregatzustandes findet statt.

In der Medizin begegnen wir ganz unterschiedlichen – homogenen ebenso wie heterogenen – Stoffsystemen, und wir wollen anhand der folgenden *Tab. 1.1* einige wichtige Fachausdrücke in diesem Zusammenhang kennen lernen.

Heterogene Stoffgemische können mittels physikalischer Trennmethoden in homogene Stoffe getrennt werden. Homogene Stoffgemische können ebenfalls mit Hilfe physikalischer Techniken in reine Stoffe getrennt werden. Reinsubstanzen können mit physikalischen Methoden nicht mehr getrennt werden. Sie können **chemische Elemente** sein, das heißt, dass sie mit auch chemischen Methoden nicht in einfachere Substanzen zerlegt werden können, oder **chemische Verbindungen**, bei denen eine Zerlegung mittels chemischer Methoden möglich ist.

Abb. 1.1 zeigt die verschiedenen Möglichkeiten und ihre Beziehungen.

Tab. 1.1: Bezeichnungen von homogenen und heterogenen Stoffsystemen, wenn ein Stoff, der dispergierte Stoff, in einem anderen Stoff, dem Dispersionsmittel, möglichst fein verteilt vorliegt. *Homogene Systeme* sind kursiv dargestellt.

Dispersionsmittel	Dispergierter Stoff	*homogen*/ heterogen	Bezeichnung	Beispiele
gasförmig	gasförmig	*homogen*	*Gasmischung*	*Luft*
	flüssig	heterogen	Nebel; Aerosol	verschiedene Medikamente
	fest	heterogen	Rauch	Zigarettenrauch
flüssig	gasförmig	*homogen*	*Lösung*	*gelöste Luft in Wasser*
		heterogen	Schaum	Badeschaum
	flüssig	*homogen*	*Lösung*	*alkoholische Getränke*
		heterogen	Emulsion	viele Cremen; Milch
	fest	*homogen*	*Lösung*	*Isotone Kochsalzlösung*
		heterogen	Suspension	verschiedene Medikamente
fest	gasförmig	heterogen	fester Schaum	vulkanische Gesteine
	flüssig	heterogen	Gel	Glaskörper des Auges
	fest	*homogen*	*feste Lösung*	*Metalllegierungen*
		heterogen	Konglomerat	Aspirintablette; Granit

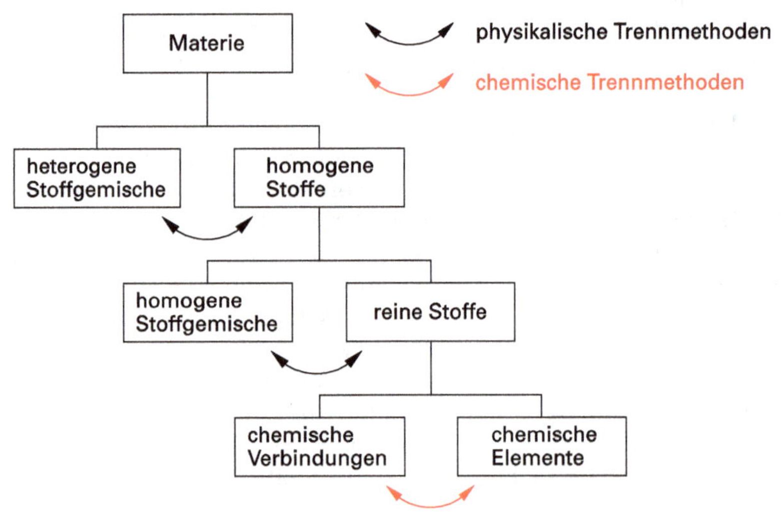

Abb. 1.1: Die Hierarchie stofflicher Systeme.

Aggregatzustände

Aus dem Alltag wissen wir – und wir haben dies ja schon verwendet –, dass ein Stoff je nach den herrschenden Temperatur- und Druckbedingungen im **festen, flüssigen** oder **gasförmigen Aggregatzustand** vorliegen kann. Jeder dieser drei Aggregatzustände besitzt charakteristische Eigenschaften, die weitgehend unabhängig von der chemischen Zusammensetzung sind.

Festkörper sind hart und nur sehr geringfügig komprimierbar. Sie besitzen daher eine bestimmte Gestalt und nehmen ein bestimmtes Volumen ein. Am deutlichsten ausgeprägt sind die Eigenschaften des festen Zustandes bei den Kristallen (siehe Abschnitt 1.8 „Kristalline Festkörper").

Gase stellen das andere Extrem dar. Sie erfüllen jeden ihnen zur Verfügung stehenden Raum vollständig, und sie sind gut komprimierbar. Sie besitzen keine bestimmte Gestalt und kein bestimmtes Volumen. Da alle Gase miteinander vollständig mischbar sind, existiert in einem beliebigen chemischen System höchstens eine gasförmige Phase (siehe Abschnitt 1.9 „Gase").

Flüssigkeiten befinden sich hinsichtlich ihrer Eigenschaften zwischen den Festkörpern und den Gasen: Die Eigenschaft der Härte oder eine feste Gestalt besitzen sie zwar nicht, aber sie sind ebenso wie die Festkörper nur sehr geringfügig komprimierbar (siehe Abschnitt 1.10 „Flüssigkeiten, Gläser und gummiartige Stoffe").

Während die Grenze zwischen dem gasförmigen und dem flüssigen Zustand leicht zu ziehen ist, existieren zwischen dem flüssigen und dem festen Zustand Übergänge, die **amorphen Stoffe**. Diese besitzen zwar meist wesentlich größere Härten als Flüssigkeiten, sie sind jedoch bezüglich mancher Eigenschaften, besonders hinsichtlich des später zu besprechenden molekularen Organisations- und Ordnungsgrades, als eine Art besonders schwer beweglicher Flüssigkeit anzusprechen. Ein Beispiel dafür ist das gewöhnliche Glas. Es ist eher eine unterkühlte Glasschmelze und kann im Verlauf sehr langer Zeiten auch in den kristallinen festen Aggregatzustand übergehen. Dies erkennen wir an jahrhundertealten Gläsern am Trübwerden. Die trüben Zonen stellen eine echte feste Phase dar. Die meisten Kunststoffe sind ebenfalls amorphe Stoffe.

Noch einen weiteren Aggregatzustand kennen wir, auf der Erde allerdings nur in den Großlaboratorien der Elementarteilchenphysiker, das **Plasma**. So bezeichnet man Gase, Flüssigkeiten oder Festkörper, bei denen im Gegensatz zur uns vertrauten Materie freie Ladungsträger (Ionen, Elektronen) in einer so großen Konzentration vorkommen, dass sie die Eigenschaften des betreffenden Stoffes ganz wesentlich beeinflussen. Die Materie im Plasma-Zustand verhält sich vollständig anders als im gewohnten normalen Zustand.

Phasenumwandlungen

Ein Stoff in einem bestimmten Aggregatzustand kann durch Änderung der äußeren Bedingungen (Druck, Temperatur) eine Phasenumwandlung in einen anderen Aggregatzustand erleiden.

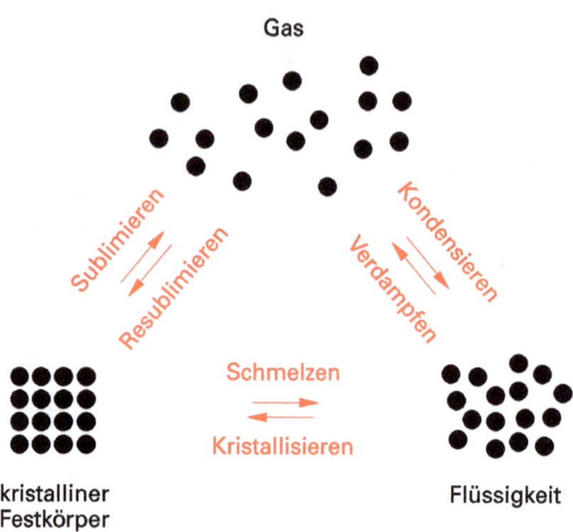

Abb. 1.2: Aggregatzustände und Phasenumwandlungen.

Abb. 1.2 erläutert die dafür geltenden Begriffe und veranschaulicht noch einen weiteren fundamentalen Zusammenhang: Die charakteristischen **makroskopisch** feststellbaren Eigenschaften der verschiedenen Aggregatzustände beruhen, wie wir heute wissen, auf dem **mikroskopischen** Aufbau der Stoffe aus **kleinsten Teilchen**, den **Molekülen** und **Atomen** (siehe Abschnitt 1.4 „Der Aufbau der Atome):

Während in Festkörpern, insbesondere in Kristallen, diese Bausteine dicht gepackt sind und in einem sehr hohen geometrischen **Ordnungsgrad** als **Kristallgitter** vorliegen, sind sie bei Flüssigkeiten zwar immer noch relativ dicht gepackt, der Ordnungsgrad ist aber geringer als bei Kristallen. In kleinen Bereichen der Flüssigkeit kann man immer noch eine gewisse lokale **Nahordnung** feststellen, eine **Fernordnung** wie bei den Kristallen ist nicht mehr gegeben. Bei Gasen schließlich sind die Bausteine relativ weit voneinander entfernt. Sie können sich in regelloser Art und Weise bewegen und erfüllen in einer nur durch **statistische Gesetzmäßigkeiten** beschreibbaren Art jedes ihnen zur Verfügung gestellte Volumen.

Merke: In der modernen Naturwissenschaft unterscheiden wir grundsätzlich zwischen einer **mikroskopischen** und einer **makroskopischen** Sichtweise.

Dieser Sprachgebrauch ist leider etwas verwirrend, daher eine kurze Erläuterung: Unter mikroskopischer Sichtweise meinen wir den Bezug auf die Welt der kleinsten Teilchen (den „**Mikrokosmos**"), also das Reich der Atome und Moleküle.

Wenn wir die makroskopische Sichtweise wählen, so meinen wir die Dimensionen unserer Alltagserfahrungen, wo wir die Stoffe und ihre Erscheinungen (den „**Makrokosmos**") mit Hilfe unserer Sinnesorgane (oder auch mittels technischer Hilfsmittel wie einer Lupe oder eines Lichtmikroskops) wahrnehmen. Hierbei stellen wir keinen direkten Bezug zum Aufbau der Stoffe aus den kleinsten Teilchen her. Betrachten wir etwa einen Tropfen Blut unter dem Lichtmikroskop, so können wir vielfältige zelluläre und subzelluläre Strukturen erkennen, aber niemals einzelne Atome oder Moleküle – das Lichtmikroskop erweitert unsere Möglichkeiten des Sehens, bleibt aber auf makroskopische Dimensionen beschränkt. Nur ganz moderne Techniken wie etwa die Rastertunnel-Elektronenmikroskopie sind in der Lage, in den Grenzbereich zwischen Makrokosmos und Mikrokosmos vorzudringen und atomare/molekulare Strukturen abzubilden – üblicherweise erschließen wir die Welt des Mikrokosmos und der kleinsten Teilchen eher indirekt aus speziellen Experimenten.

Die Phasenumwandlungen sind am besten zu verstehen, wenn wir die **mikroskopische Sichtweise** wählen. In einem Kristall führen die Bausteine nur kleine Schwingungen um die ideale Gleichgewichtsposition im Kristallgitter aus. Mit steigender Temperatur werden die Amplituden (Auslenkungen) dieser Schwingungen immer größer, bis schließlich die Teilchen ihre Gitterpositionen verlassen und aneinander vorbei gleiten. Die hohe Ordnung bricht zusammen; der Kristall schmilzt. Dieser **Schmelzvorgang** setzt bei einer charakteristischen Temperatur, dem **Schmelzpunkt**, ein. Während des Schmelzvorganges wird die gesamte zugeführte Wärmeenergie für das Schmelzen verbraucht, daher bleibt die Temperatur trotz ständiger Wärmezufuhr konstant, bis der Kristall vollständig geschmolzen ist. Ist alles geschmolzen, bewirkt eine weitere Wärmezufuhr wieder einen Anstieg der Temperatur der nunmehr vorliegenden Flüssigkeit, in der die Teilchen sich mit einer gewissen mittleren Geschwindigkeit, die von der Temperatur abhängt, bewegen können.

Die Bausteine der Flüssigkeit haben nicht alle dieselbe Geschwindigkeit bzw. kinetische Energie. Einige sind so energiereich, dass sie den Verband der anderen Bausteine verlassen können; sie **verdampfen**. Je höher die Temperatur ist, desto schneller bewegen sich die Moleküle im Durchschnitt, und umso höher ist der Anteil der besonders energiereichen Moleküle, die aus der Flüssigkeit in die Gasphase übertreten können. Befindet sich die Flüssigkeit in einem geschlossenen Gefäß, so wächst mit steigender Temperatur die Konzentration der Moleküle im Gasraum; damit aber wird die Wahrscheinlichkeit, dass Moleküle aus dem Gasraum wieder in die flüssige Phase übertreten (kondensieren), ebenfalls größer. Schließlich wird, wenn die Temperatur konstant gehalten wird, ein Zustand erreicht, in dem die Verdampfungsgeschwindigkeit und die Kondensationsgeschwindigkeit gleich groß sind. Ein dynamischer **Gleichgewichtszustand** stellt sich ein. Der dabei beobachtete Druck der Gasphase heißt **Dampfdruck** der Flüssigkeit. Er ist nur von der Temperatur abhängig und, bei gegebener Temperatur, eine für die jeweilige Substanz charakteristische Größe.

Wenn die Temperatur steigt, so steigt auch der Dampfdruck der Substanz. Wenn, etwa in einem offenen Gefäß mit Wasser, der Dampfdruck gleich groß wird wie der äußere Luftdruck, so beginnt die Substanz zu **sieden**. Die Flüssigkeit verdampft nicht nur an ihrer Oberfläche, sondern es treten Dampfblasen auch aus dem Inneren der Flüssigkeit in den Gasraum über. Wie beim Schmelzvorgang wird auch während des Siedevorganges trotz konstanter Wärmezufuhr die Temperatur konstant gehalten; die Wärmeenergie wird zum Verdampfen der gesamten Flüssigkeit verbraucht. Erst nach vollständigem Verdampfen kann die Temperatur – bei weiterer Energiezufuhr – in der nunmehr vorliegenden Gasphase weiter ansteigen.

Auch Festkörper besitzen einen, wenn auch sehr kleinen, Dampfdruck und manche können sogar durch den Vorgang der **Sublimation** direkt in die Gasphase übergehen, ohne vorher zu schmelzen und die flüssige Phase zu durchlaufen. So sublimiert ein Teil des Eises und Schnees im Frühling, ohne zu schmelzen. Auch festes Iod sublimiert, ohne eine flüssige Phase zu bilden. Festes Kohlendioxid (**Trockeneis**) hat ebenfalls diese Eigenschaft.

Die Vorgänge sind, wie *Abb. 1.2* auch zeigt, durch Wärmeentzug, also durch Abkühlung, umkehrbar; die Abbildung erläutert auch die entsprechenden Bezeichnungen.

1.2 Die Zusammensetzung von Stoffgemischen

Lehrziel

Wir wenden nun dem Begriff der Konzentration und den verschiedenen Möglichkeiten, Konzentrationen zu spezifizieren, unser Augenmerk zu. Dabei müssen wir zuerst den für die gesamte Chemie zentralen Begriff der Stoffmenge ausführlich diskutieren.

Die allermeisten uns interessierenden chemischen Reaktionen in lebenden Zellen spielen sich zwischen Stoffen ab, die in einem Lösungsmittel (meist Wasser) gelöst, emulgiert oder suspendiert sind. Zur quantitativen Beschreibung derartiger Reaktionen benötigen wir daher Begriffe und Methoden, um die **Zusammensetzung der komplexen Stoffmischungen**, die Körperflüssigkeiten oder Gewebeproben darstellen, wissenschaftlich korrekt zu beschreiben. Im Folgenden wollen wir uns zuerst mit den Begriffen **Masse** und **Stoffmenge** beschäftigen. Im zweiten Schritt werden wir verschiedene Möglichkeiten kennen lernen, die **Konzentrationsverhältnisse in Stoffsystemen** quantitativ zu beschreiben.

Relative Atom- und Molekülmasse, Stoffmenge, Mol

Die Grundbausteine der Materie, Atome und Moleküle, sind unvorstellbar klein. Die Masse einzelner Atome ist in der Größenordnung von 10^{-24} g, das sind in Dezimalzahlen ausgedrückt 0,000 000 000 000 000 000 000 001 g (!).

Um beim Rechnen mit atomaren oder molekularen Massen nicht mit so extrem kleinen Zahlen oder Zehnerpotenzen hantieren zu müssen, wurde eine **atomare Masseneinheit** (abgekürzt „a.m.u." für *atomic mass unit*) eingeführt. Sie ist definiert als ein Zwölftel der Masse eines ^{12}C-Nuclids, das ist das häufigste Isotop des Kohlenstoffs mit sechs Neutronen. Außerdem besitzt Kohlenstoff als sechstes

Element des **Periodensystems der Elemente** sechs Protonen; die Zahl der Kernteilchen, die **Nucleonenzahl**, beträgt also 12.

In Zahlen ausgedrückt, beträgt diese atomare Masseneinheit $1{,}6603 \cdot 10^{-24}$ g. Vergleichen wir diese Masse mit der von Protonen und Neutronen, so finden wir, dass ein Nucleon, also ein Proton ebenso wie ein Neutron, jeweils fast genau 1 a.m.u. wiegt.

Der Definition der atomaren Masseneinheit liegt folgende Überlegung zugrunde:

Merke: Da verschiedene Atome verschieden große Masse haben, ihre Wirkungen auf andere Atome oder Moleküle jedoch stets als ganze, unteilbare Atome ausüben, ist die Angabe der bloßen Masse zur Beschreibung von Stoffportionen unbefriedigend.

In einem Kilogramm Wasserstoff sind etwa 200 mal so viele H-Atome enthalten wie Hg-Atome in einem Kilogramm Quecksilber. H-Atome wiegen nämlich besonders wenig; ein Hg-Atom aber wiegt etwa 200 mal soviel wie ein H-Atom. Trotzdem ist jedes einzelne der leichten H-Atome ein ebenso „vollwertiges" Atom wie eines der viel schwereren Hg-Atome.

Daher wurde als Einheit der Stoffmenge das **Mol** eingeführt:

Merke: Ein Mol ist die Stoffmenge einer Substanz, die gerade ebenso viele Teilchen enthält wie Atome in exakt 12 g des Kohlenstoff-Nuclids ^{12}C enthalten sind, nämlich $6{,}023 \cdot 10^{23}$ Teilchen. Diese Zahl – eine besonders wichtige Naturkonstante – ist auch als **Avogadro-Konstante**, früher **Loschmidt'sche Zahl**, N_A bekannt.

Teilchen können hierbei Atome, Moleküle, Ionen, Elektronen oder Formeleinheiten sein.

Was ist der **Vorteil dieser Definition der Stoffmenge**? Der Vorteil ist ein ganz erheblicher, da wir in die Lage versetzt werden, sehr einfach von der mikroskopischen Beschreibung eines Stoffes, also von der Betrachtung seiner kleinsten Teilchen, zur makroskopischen Beschreibung, also der Betrachtung von Mengen, die wir sehen, anfassen, riechen oder schmecken können, umzuschalten:

Ein ^{12}C-Atom etwa wiegt exakt 12 a.m.u.; 1 Mol, das sind $6{,}023 \cdot 10^{23}$ Atome, wiegt exakt 12 g. Ebenso finden wir im Periodensystem zum Beispiel für Sauerstoff eine **relative Atommasse** – „relativ" im Verhältnis zur atomaren Masseneinheit – von 15,9996 a.m.u. und wissen somit, dass ein O-Atom 15,9996 a.m.u. wiegt, ein Mol O aber 15,9996 g. Und in diesen 15,9996 g Sauerstoff befinden sich wiederum genau $6{,}023 \cdot 10^{23}$ O-Atome.

Nicht nur für Atome, auch für Moleküle gilt diese elegante Relation: Die zur Beschreibung von Molekülen nötigen **relativen Molekülmassen** ergeben sich einfach durch Addition der relativen Atommassen aller Atome in einem Molekül. Wassermoleküle etwa bestehen aus einem Sauerstoff- und zwei Wasserstoffatomen (Formel H_2O). Mit Hilfe des Periodensystems finden wir für die relative Molekülmasse des Wassers (gerundet) 18 a.m.u: Das wiederum bedeutet, dass in 18 g Wasser gerade $6{,}023 \cdot 10^{23}$ Wassermoleküle enthalten sind.

Merke: Bitte versuchen Sie sich das soeben Besprochene plastisch vorzustellen und bewusst zu machen: 18 g Wasser, ein kleiner „Schluck" dieser lebensnotwendigen Flüssigkeit, besteht aus $6{,}023 \cdot 10^{23}$ H_2O-Molekülen. **Diese Menge von 18 g Wasser ist 1 Mol Wasser.** In einem Liter Wasser, der bekanntlich eine Masse von 1 kg = 1000 g besitzt, befinden sich daher etwa 55,55 Mol Wasser.

Der Molbegriff ist eine der wesentlichen Säulen der modernen Chemie. Es ist überaus hilfreich für das Verständnis, stets den Janus-Charakter dieses Begriffes vor Augen zu haben, nämlich den **Stoffmengenaspekt** und den **Teilchenzahlaspekt**.

Mit Hilfe des Molbegriffs können wir aus **chemischen Reaktionsgleichungen** eine Fülle zusätzlicher Informationen herauslesen. Die Reaktionsgleichung für die **Knallgasexplosion** etwa,

$$2H_{2(g)} + O_{2(g)} \rightarrow 2H_2O_{(g)} + \text{Energie}$$

unterrichtet uns nicht nur darüber, dass gasförmiger zweiatomiger Wasserstoff ($H_{2(g)}$) mit ebenfalls zweiatomigem Sauerstoffgas ($O_{2(g)}$) unter Energiefreisetzung gasförmiges Wasser bildet, sondern auch, dass zwei Moleküle $H_{2(g)}$ mit einem Molekül $O_{2(g)}$ zu zwei Molekülen H_2O reagieren. Dies aber bedeutet – ausgedrückt in Masse- oder Stoffmengenbegriffen – dass 4 a.m.u. Wasserstoff (1 H_2 wiegt 2 a.m.u) mit 32 a.m.u. Sauerstoff (1 O_2 wiegt 32 a.m.u.) zu 36 a.m.u. Wasser reagieren. „Multiplizieren" wir diese Überlegung mit $6{,}023 \cdot 10^{23}$, so wissen wir auch, dass 2 mal $6{,}023 \cdot 10^{23}$ H_2-Moleküle mit $6{,}023 \cdot 10^{23}$ O_2-Molekülen zu 2 mal $6{,}023 \cdot 10^{23}$ H_2O-Molekülen reagieren. Anders ausgedrückt, 2 Mol molekularer Wasserstoff, das sind 4 g, reagieren mit 1 Mol molekularem Sauerstoff, das sind 32 g, zu 2 Mol Wasser, das sind 36 g.

Merke: Eine chemische Reaktionsgleichung informiert uns also nicht nur über qualitative Aspekte einer chemischen Reaktion, sondern ganz detailliert auch über die quantitativen Verhältnisse, und zwar in einem mikroskopischen und in einem makroskopischen Kontext.

Umrechnung zwischen Masse und Stoffmenge

Zwischen der **Stoffmenge n**, der **molaren Masse M** und der **Masse m** einer Substanz X besteht ein einfacher Zusammenhang: Die Stoffmenge n ist der Quotient aus der Masse m und der Masse eines Mols der Substanz, der so genannten molaren Masse M:

$$n(X) = \frac{m(X)}{M(X)};\ \text{Einheit [mol]}$$

$$M(X) = \frac{m(X)}{n(X)};\ \text{Einheit} \left[\frac{kg}{mol}\right] \text{ oder meist } \left[\frac{g}{mol}\right]$$

Wir halten nochmals fest:

Merke: Gleiche Stoffmengen verschiedener Substanzen enthalten gleich viele Teilchen.

Zusammensetzung von komplexen Stoffsystemen

Wir wollen diese Gesetzmäßigkeiten gleich für ein erstes interessantes **Rechenbeispiel zur Zusammensetzung des menschlichen Körpers** nutzen.

Das Skelett eines Menschen hat eine durchschnittliche Masse von 11 kg. Der Gehalt des Skeletts an der harten, mineralischen Substanz Calciumphosphat (Formel $Ca_3(PO_4)_2$) beträgt 58%.

Wie viel g Phosphor (P), wie viel mol P und wie viele P-Atome enthält ein durchschnittliches menschliches Skelett?

- Aus dem Prozentanteil berechnen wir die Masse von Calciumphosphat im durchschnittlichen Skelett zu $11 \cdot 0{,}58$ kg, das sind 6,38 kg oder 6380 g.
- Aus dem Periodensystem entnehmen wir die relativen atomaren Massen von Calcium, Phosphor und Sauerstoff und berechnen (siehe *Tab. 1.2*) die Masse von einem Mol Calciumphosphat zu 310,174 g.
- Daher sind im durchschnittlichen menschlichen Skelett $\frac{6380}{310{,}174} = 20{,}569$ mol Calciumphosphat enthalten.
- Da eine Formeleinheit $Ca_3(PO_4)_2$ genau 2 P-Atome enthält, sind in dem durchschnittlichen Skelett doppelt so viele Mole P, also 41,138 mol P enthalten, das sind entsprechend der relativen Atommasse von P $41{,}138 \cdot 30{,}974 = 1274$ g P.
- Leicht gelingt nun die Umrechnung auf die Zahl der Atome: 41,138 mol P sind $41{,}138 \cdot 6{,}023 \cdot 10^{23} = 2{,}478 \cdot 10^{25}$ P-Atome.

Tab. 1.2: Berechnung der relativen Molekülmasse von Calciumphosphat. Die relativen Atommassen in Spalte 2 werden dem Periodensystem der Elemente entnommen; die Zahlen der Atome in Spalte 3 sind die stöchiometrischen Indices der Elemente in der chemischen Formel der Verbindung.

Element	Relative Atommasse [a.m.u.]	Zahl der Atome im Molekül	Beitrag zur relativen Molekülmasse [a.m.u.]
Ca	40,078	3	120,234
P	30,974	2	61,948
O	15,999	8	127,992
Summe			310,174

Wir sehen, dass zur erfolgreichen Bewältigung solcher so genannter **stöchiometrischer** Berechnungen ein klares Formulieren der Teilprobleme die entscheidende Voraussetzung ist. Die eigentlichen mathematischen Anforderungen sind eher gering und gehen über die Aufstellung einfacher Proportionen und Schlussrechnungen nicht hinaus.

Massenanteil, Volumenanteil und Stoffmengenanteil

Im Beispiel mit dem menschlichen Skelett haben wir bereits eine erste Möglichkeit zur Angabe der Zusammensetzung eines komplexen Stoffsystems kennen gelernt; wir haben den Anteil der Verbindung $Ca_3(PO_4)_2$ am Skelett mit 58% angegeben. Diese Angabe wird korrekt als Massenanteil bezeichnet, seine Definition für eine bestimmte Substanz X ist g(X) pro 100 g des Gemisches.

58 g von 100 g eines Skeletts werden also durch die Substanz $Ca_3(PO_4)_2$ repräsentiert.

Oft ist auch der **Massenanteil eines bestimmten Elementes** in einer beliebigen Verbindung interessant. Wir können so etwa auf Basis der Zahlen in *Tab. 1.2* leicht, wie in *Tab. 1.3* gezeigt, die Massenanteile der Elemente Ca, P und O in der Verbindung $Ca_3(PO_4)_2$ermitteln.

Tab. 1.3: Berechnung der Massenanteile der beteiligten Elemente an Calciumphosphat.

Element	Beitrag zur relativen Molekülmasse [a.m.u.]	Massenanteil
Ca	120,234	$\frac{120,234}{310,174} = 0,388 = 38,8\%$
P	61,948	$\frac{61,948}{310,174} = 0,200 = 20,0\%$
O	127,992	$\frac{127,992}{310,174} = 0,412 = 41,2\%$
Relative Molekülmasse von $Ca_3(PO_4)_2$ = 310,174		100%

Mit Hilfe des Massenanteils der Verbindung $Ca_3(PO_4)_2$ am menschlichen Skelett und des gerade ermittelten Massenanteils des Elements P in der Verbindung $Ca_3(PO_4)_2$ lässt sich auch sehr leicht die Gesamtmasse P in einem durchschnittlichen Skelett mit der Masse 11 kg berechnen: Die Masse an P ist $11 \cdot 0,58 \cdot 0,20 = 1,276$ kg, und das ist natürlich, bis auf einen kleinen Rundungsfehler, gleich den oben bereits ermittelten 1274 g P!

Der Massenanteil ist unabhängig von Druck und Temperatur. Der ältere Ausdruck „Gewichtsprozent" ist sachlich irreführend – Gewicht ist nicht Masse, sondern eine von der Gravitation abhängige Kraft – und soll nicht mehr benützt werden.

Analog wie den Massenanteil definieren wir den dimensionslosen **Volumenanteil**, der bei Gemischen aus flüssigen Komponenten angewendet wird, als mL(X) pro 100 mL Gemisch. Früher war dafür der Ausdruck „Volumprozent" üblich, der ebenfalls nicht mehr benützt werden soll. Diese Angabe ist uns aus dem Alltag gut vertraut, da etwa bei alkoholischen Getränken der Anteil an Ethanol, also der Alkoholkomponente dieser Getränke, üblicherweise als Volumenanteil angegeben wird. So haben etwa Biere Volumenanteile von Ethanol zwischen etwa 3% bei Leichtbieren und 5,5% bei typischen Vollbieren; bei Weinen liegt der Volumenanteil von Ethanol meist zwischen 10% und etwa 13%. Bei einem Wein mit 12% Volumenanteil haben wir also 12 mL reines Ethanol pro 100 mL Wein.

Chemisch besonders aussagekräftig ist die Angabe des dimensionslosen **Stoffmengenanteils x**. Diese Größe wurde früher als „Molenbruch" bezeichnet. Der Stoffmengenanteil gibt für eine Substanz X in einem Gemisch, etwa einer Lösung, an, wie viele Mole dieser Substanz, bezogen auf die Gesamtmolzahl des Gemisches, vorliegen:

$$x(X) = \frac{n(X)}{\sum n}$$

wobei der Ausdruck $\sum n$ die Gesamtmolzahl bedeutet.

Wir wollen wieder ein Beispiel näher betrachten. Eine wässrige Lösung von Natriumchlorid NaCl („Kochsalz"), die einen Massenanteil von 0,9% besitzt, kann als Flüssigkeitsersatz bei starkem Blutverlust verwendet werden. Eine solche Lösung ist **isoton**, das bedeutet, sie veranlasst weder einen zu hohen Wassereinstrom in die Erythrozyten oder andere Zellen des Blutes noch bewirkt sie einen Nettowasserverlust der Zellen des Blutes.

Wie groß sind die Stoffmengenanteile der Komponenten einer isotonen 0,9% NaCl-Lösung?

- 100 mL der isotonen NaCl-Lösung enthalten 0,9 g NaCl und 100 − 0,9 = 99,1 g H_2O. Wir nehmen hier etwas vereinfachend an, die Dichte der Lösung sei gleich wie die Dichte reinen Wassers; 100 mL der Lösung wiegen dann 100 g.
- 1 mol NaCl wiegt 22,990 + 35,453 = 58,443 g. Die 0,9 g NaCl aus 100 mL Lösung sind daher $\frac{0,9}{58,443} = 0,0154$ mol.
- 1 mol H_2O wiegen 18 g. Die 99,1 g H_2O aus 100 mL Lösung sind also $\frac{99,1}{18} = 5,506$ mol.
- Der Stoffmengenanteil an NaCl beträgt

$$\frac{0,0154}{5,506 + 0,0154} = 0,0028$$

Im Nenner des Bruches müssen wir hier die Molzahl von Wasser und NaCl berücksichtigen!

- Der Stoffmengenanteil von H_2O beträgt

$$\frac{5,506}{5,506 + 0,0154} = 0,9972$$

Die Summe der Stoffmengenanteile beider Komponenten dieses Zweistoffgemisches muss natürlich gleich 1,000 sein!

Massenkonzentration und Stoffmengenkonzentration (Molarität, Molalität)

Bei Lösungen wird zumeist nicht der Anteil – Massenanteil, Volumenanteil, Stoffmengenanteil – zur Charakterisierung der Zusammensetzung verwendet, sondern die **Konzentration**. Wesentlich beim Konzentrationsbegriff ist immer der Bezug auf das Volumen V des Gemisches.

Kennen wir beispielsweise die molare Masse einer Substanz X nicht genau, was bei vielen Proteinen der Fall ist, müssen wir die Massenkonzentration ρ(X) heranziehen, die allerdings keine Auskunft über die Zahl der Teilchen der gelösten Substanz in der Volumseinheit der Lösung gibt:

$$\rho(X) = \frac{m(X)}{V} [\text{kg/L der Lösung}] \quad (\rho\text{: griechischer Buchstabe rho}).$$

Bei verdünnten wässrigen Lösungen, bei denen wir so wie im obigen Beispiel der isotonen NaCl-Lösung den Dichteunterschied der Lösung zur Dichte des reinen Wassers vernachlässigen können (1 Liter Lösung wiegt praktisch 1 kg), entspricht die Massenkonzentration numerisch bequemerweise dem Massenanteil.

Das bei weitem wichtigste und informativste Konzentrationsmaß in der Chemie und Biochemie wässriger Gemische wie Körperflüssigkeiten ist die **Stoffmengenkonzentration** c(X). Sie gibt an, wie viele Mole n einer Substanz X in einer Volumseinheit der Lösung enthalten sind. Die korrekte SI-Einheit für das Volumen ist eigentlich 1 m^3, meist wird aber aus praktischen Gründen 1L = ein Liter verwendet.

$$c(X) = \frac{n(x)}{V} \; [\text{mol/L Lösung}]$$

V bezeichnet das Lösungsvolumen.

Für diese Größe ist auch der Begriff **Molarität** üblich. Oft verwendet man für die Angabe der Molarität auch eckige Klammern: [X] = c(X).

Wir wollen als praktische Übung gleich die Molarität der isotonen NaCl-Lösung ermitteln.

- Im Rechenbeispiel zum Stoffmengenanteil haben wir bereits berechnet, dass 100 mL isotone NaCl-Lösung 0,0154 mol NaCl enthalten. Daher muss die Molarität, für die wir uns nicht auf 100 mL, sondern auf 1 L Lösung beziehen, den zehnfachen Wert haben: c(NaCl) = 0,154 mol/L oder, wie wir auch schreiben können, 0,154 M.

In manchen Fällen ist es günstig, die so genannte **Molalität b(X)** als Angabe der Konzentration heranzuziehen. Wir beziehen uns dabei mit der Angabe der Stoffmenge n nicht auf das temperaturabhängige Volumen der Lösung, sondern auf die Masse des reinen Lösungsmittels:

$$b(X) = \frac{n(X)}{m_{LM}} \text{ [mol/kg Lösungsmittel LM]}$$

Dies ist dann von Vorteil, wenn bei genauen Experimenten der Einfluss der Temperatur auf die Dichte einer Lösung eine Rolle spielt.

Den Unterschied zwischen Molarität und Molalität können wir uns am besten klarmachen, wenn wir vergleichen, wie wir eine 1-molare Lösung oder eben eine 1-molale Lösung herstellen können. Dies wird in Abb. 1.3 skizziert.

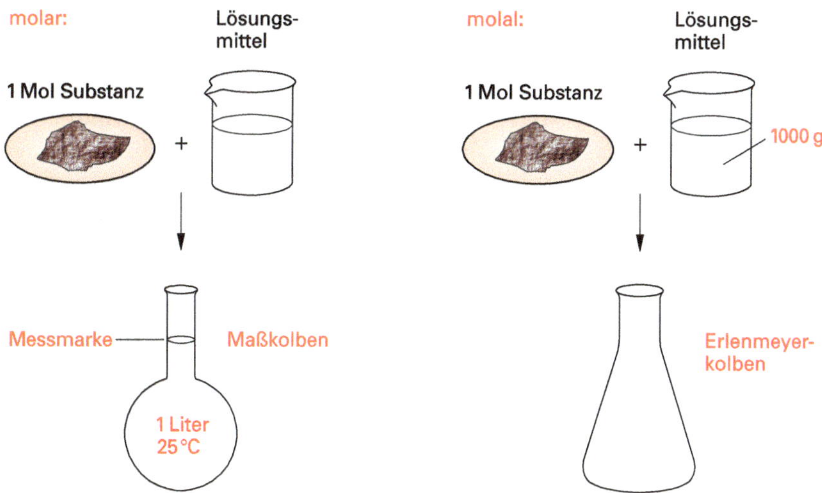

Abb. 1.3: Die Herstellung einer 1-molaren Lösung (links) ist komplizierter als die Herstellung einer 1-molalen Lösung (rechts).

Zur Herstellung einer 1-molalen Lösung genügt es, bei beliebiger Temperatur 1 mol der zu lösenden Substanz und 1 kg des Lösungsmittels abzuwiegen und in einem beliebigen Gefäß zu mischen. Masse ist ja temperaturunabhängig. Wollen wir hingegen eine exakt 1-molare Lösung herstellen, müssen wir 1 mol der zu lösenden Substanz in einem 1-Liter-Maßkolben, der bei einer bestimmten Temperatur, meist 25 °C, geeicht ist, bei ebendieser Temperatur mit einer so großen Menge des Lösungsmittels mischen, dass die fertige Lösung den **Maßkolben** genau bis zur Messmarke füllt.

1.3 Wasser – eine vertraute Substanz mit überraschenden Eigenschaften

Lehrziel

Wasser ist die Grundlage des Lebens. Der Wasserhaushalt des menschlichen Körpers ist von überragender Bedeutung. Wir werden uns in diesem Abschnitt etwas näher mit dieser vertrauten Substanz beschäftigen. Dabei werden wir manche ungewöhnliche Eigenschaft von Wasser entdecken und ein wenig davon erahnen, wie Wasser in mannigfacher Weise für die Chemie und Biochemie des Lebens, so wie wir es kennen, bestimmend ist.

Das unterschätzte Lebensmittel

Wir Menschen können relativ unbeschadet längere Hungerperioden überstehen; totaler Wasserentzug hingegen führt relativ rasch, innerhalb weniger Tage, zu massiven Störungen der Körper- und Organfunktionen und schließlich zum Tod durch Verdursten. Wasser ist daher – wiewohl es nicht wie die klassischen Nahrungsmittel zur Gewinnung von Energie bzw. für die Bereitstellung wichtiger Grundbausteine für den Aufbau des Körpers dient – in gewissem Sinne unser wichtigstes, weil unverzichtbarstes Lebensmittel. Übrigens, wir Menschen bestehen auch überwiegend aus Wasser.

Was aber ist Wasser? Und warum kann Leben, so wie wir es kennen, ohne Wasser nicht auskommen?

Wir wollen uns zuerst mit einigen wichtigen chemischen und physikalischen Eigenschaften des Wassers vertraut machen.

Die Molekülstruktur des Wassers

Die chemische Formel des Wassers lautet H_2O: Ein Sauerstoffatom (chemisches Symbol O von lateinisch *oxygenium*) ist mit zwei Wasserstoffatomen (Symbol H von *hydrogenium*) verbunden. Die Bindung im Wassermolekül ist eine **kovalente, polarisierte Bindung** (siehe Abschnitt 1.5 „Die kovalente Bindung").

Das Wassermolekül ist nicht linear aufgebaut, sondern gewinkelt mit einem H–O–H-Bindungswinkel von 105°. Neben den beiden **bindenden Elektronenpaaren**, die die beiden H-O-Bindungen vermitteln, besitzt das Sauerstoffatom zusätzlich zwei **nichtbindende Elektronenpaare**, die räumlich in die dritte und vierte Ecke eines etwas verzerrten Tetraeders mit dem O-Atom im Zentrum gerichtet sind, während die beiden H-Atome die erste und zweite Ecke bilden, wie *Abb. 1.4* zeigt.

Die beiden Paare der jeweils entgegengesetzt gerichteten Pfeilchen in *Abb. 1.4* symbolisieren die beiden nichtbindenden oder **freien Elektronenpaare** in den grau dargestellten nichtbindenden **Molekülorbitalen**, den Aufenthaltsbereichen der Elektronen. Warum die Aufenthaltsbereiche gerade diese ziemlich genau tetraederförmige Ausrichtung zeigen, das kann nur durch die moderne Quantenchemie erklärt werden.

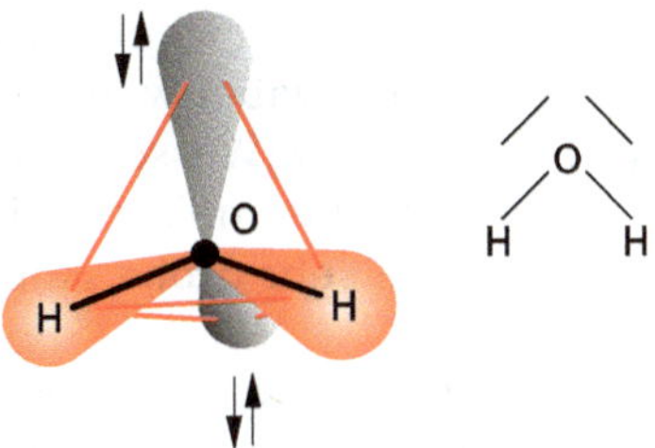

Abb. 1.4: Das Wassermolekül in zwei Darstellungen: Links die tetraedrische Anordnung zweier bindender und zweier nichtbindender, freier Elektronenpaare, rechts eine konventionelle vereinfachte Darstellung mit einer Lewis-Formel, in der die bindenden und die nichtbindenden Elektronenpaare durch Striche dargestellt sind.

Abb. 1.4 zeigt auch, wie das Wassermolekül häufig in chemischen Reaktionsformeln geschrieben wird, wenn man die beiden freien Elektronenpaare explizit herausstreichen will.

Ein etwas genauerer Blick auf das Wassermolekül

Mit Hilfe der modernen Quantenchemie kann man Moleküleigenschaften in außergewöhnlicher Genauigkeit berechnen, und viele Experimente mit modernsten wissenschaftlichen Techniken haben die Präzision und Richtigkeit solcher Berechnungen eindrucksvoll bewiesen.

Wasser ist auf den ersten Blick eine so einfache, vertraute Substanz, die aber durchaus ungewöhnliche Eigenschaften besitzt und die gerade wegen dieser Besonderheiten für unsere weitere Reise in die Medizinische Chemie von herausragender Bedeutung ist.

Wir wollen daher im Folgenden einige Resultate quantenchemischer Berechnungen der molekularen Eigenheiten des Wassermoleküls etwas näher betrachten, um einen qualitativen Eindruck seiner Besonderheiten zu gewinnen.

Abb. 1.5: Das Wassermolekül in unterschiedlichen Darstellungen: Links ein Kalottenmodell (Sauerstoff rot, Wasserstoffe weiß gefärbt). In der Mitte und rechts eine quantenchemisch berechnete Isofläche gleicher Elektronendichte. Die rechts dargestellte Isofläche ist zusätzlich anhand des jeweiligen lokalen elektrostatischen Potentials eingefärbt (blau: Stellen mit negativem elektrostatischen Potential, rot: Stellen mit positivem elektrostatischen Potential).

Abb. 1.5 zeigt uns ganz links ein so genanntes **Kalottenmodell** von H_2O. Ein Kalottenmodell einer Verbindung ist eine einfache Darstellung, die die Atome durch

Kugeln im richtigen Maßstab annähert und so eine gute Vorstellung der räumlichen Gestalt des Moleküls vermittelt. Dabei werden die wichtigsten Elemente durch bestimmte Farben symbolisiert (hier: Wasserstoff H, weiß; Sauerstoff O, rot). Bei der Betrachtung von Kalottenmodellen müssen wir uns aber immer bewusst sein, dass diese Darstellung nur eine sehr grobe Annäherung an die wirkliche Situation eines Moleküls geben kann.

Die mittlere Darstellung in *Abb. 1.5* kommt der Realität schon näher. Wir sehen eine Darstellung der **Elektronendichte**, repräsentiert durch eine so genannte **Isofläche**. Diese verbindet alle Punkte um das Molekül, an denen die Elektronendichte einen bestimmten, willkürlich wählbaren Wert besitzt. Offensichtlich ist die Darstellung der Elektronendichte alleine noch nicht besonders aussagekräftig. Wir erkennen zwar schön die Ausbuchtungen der Wasserstoffatome, aber ansonsten ist wenig Detail ersichtlich.

Die Darstellung rechts ist noch informativer. Die Elektronendichte ist wiederum repräsentiert durch eine Isofläche. Diese ist jetzt aber eingefärbt anhand des an den jeweiligen Stellen gerade herrschenden elektrostatischen Potentials. Das elektrostatische Potential eines Moleküls gibt an, welche Energie eine positive Probeladung mit einer **elektrostatischen Ladungseinheit** in der Nähe des betrachteten Moleküls „spüren" würde. Dabei bedeutet ein negatives Vorzeichen des Potentials Anziehung, und ein positives Vorzeichen Abstoßung der positiven Probeladung. In unserer Abbildung symbolisiert blaue Farbe negatives, und rote Farbe positives elektrostatisches Potential.

Wir erkennen gut die **starke Polarisierung des Wassermoleküls**. Wegen der starken elektronenanziehenden Wirkung des Sauerstoffs herrscht am O-Atom negatives Potential – eine positive Probeladung wird hier also angezogen –, während die H-Atome positiviert sind, was durch die rote Farbe ausgedrückt wird. Die Regenbogenfarben dazwischen geben Zwischenwerte des Potentials an.

Merke: Die Darstellung einer Isofläche der Elektronendichte eines Moleküls, welche zusätzlich gemäß des lokalen elektrostatischen Potentials eingefärbt ist, vermittelt eine gute Vorstellung davon, wie dieses Molekül auf andere Moleküle „wirken" kann und wie es von anderen Molekülen „gesehen" wird.

Diese bildliche Darstellung der elektrostatischen Wirkung eines Moleküls auf andere Moleküle lässt sich noch weiter verdeutlichen.

Das elektrostatische Potential wirkt in den das Molekül umgebenden Raum hinaus – es ist eine dreidimensionale Eigenschaft des Moleküls. Dies symbolisieren wir in der linken Darstellung in *Abb. 1.6* durch **Isolinien**, eine Art von Höhenschichtlinien, die die Stärke des Potentials in einer Ebene anzeigen. In *Abb. 1.6* wurde die Molekülebene gewählt. Die Isolinien verbinden Punkte dieser Zeichenebene, an welchen dasselbe Potential herrscht. Die blauen Konturen repräsentieren negatives Potential, die roten positives.

Wir erkennen, dass das Molekül insgesamt, auch am O-Atom, von roten, also positiven, Konturlinien eingehüllt ist. Dies ist eine Folge der positiven Kernladung und bedeutet, dass in genügend großer Nähe jede positive Ladung prinzipiell abgestoßen wird, selbst in der Nähe von sehr elektronenanziehenden oder

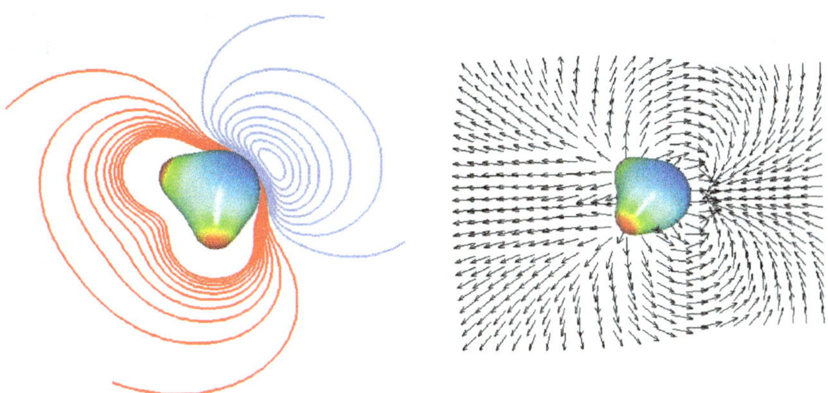

Abb. 1.6: Wie in *Abb. 1.5* rechts. In der linken Grafik sind zusätzlich die Isolinien des elektrostatischen Potentials in der Molekülebene dargestellt. Rote Linien stehen für positives, blaue Linien für negatives elektrostatisches Potential. In der rechten Grafik ist der Gradient des elektrostatischen Potentials in der Molekülebene dargestellt; die Pfeilchen deuten an, wie eine positive Probeladung von den H-Atomen abgestoßen und vom O-Atom angezogen wird.

elektronenreichen Atomen. Der Schwerpunkt des negativen Potentials, angedeutet durch die innerste blaue Isolinie, liegt in geringer Entfernung vom O-Atom. Dorthin würde unsere positive Probeladung letztlich angezogen werden.

In der rechten Darstellung in *Abb. 1.6* sehen wir – der größeren Deutlichkeit wegen wiederum beschränkt auf die Molekülebene – den **Gradienten des elektrostatischen Potentials**. Dieser ist ein Vektorfeld. Jedem betrachteten Punkt der Molekülebene ist ein Vektor zugeordnet, der die Änderung des Potentials an der betreffenden Position anzeigt. Diese Vektoren stehen immer senkrecht zur Isolinie an der jeweils betrachteten Stelle.

Die Pfeilchen oder Vektoren nehmen ihren Ausgang besonders bei den jeweils positive Partialladungen tragenden H-Atomen und münden schließlich an der Position in der Nähe des O-Atoms, an der das elektrostatische Potential wegen der negativen Partialladung den negativsten Wert aufweist. Diese Stelle liegt im Zentrum der innersten Isolinie des elektrostatischen Potentials. Die Pfeilchen markieren somit die **Kraftlinien**, die eine positive Probeladung „spüren" würde: Sie würde von den H-Atomen abgestoßen und vom O-Atom angezogen werden.

Merke: Diese Art der intimen Erforschung der Eigenschaften eines Moleküls – sowohl lokalisiert am Molekül selbst als auch in Form der Kraftwirkungen des Moleküls hinaus in den umgebenden Raum – mittels moderne Methoden der **Quantenchemie** und die **Visualisierung** der Ergebnisse durch moderne Computergrafik-Techniken bietet aufregende und viel versprechende Möglichkeiten, die uns in der Medizin weiterhelfen können. Wir sind heute in der Lage, die räumliche und die chemische Struktur vieler großer, biologisch wichtiger Biomoleküle experimentell sehr präzise zu bestimmen. In Kombination mit den hier angedeuteten Möglichkeiten der modernen **Computerchemie** können wir nun **Wechselwirkungen** eines solchen Biomoleküls mit verschiedensten interessanten Naturstoffen oder auch mit pharmakologisch interessanten Verbindungen sehr detailreich erforschen. Damit kann zum Beispiel die **Entwicklung neuer therapeutisch interessanter Wirkstoffe** gegenüber der historischen *trial and error*-Methode auf eine neue rationelle Basis gestellt werden.

Das Wassermolekül ist ein starker Dipol und bildet Wasserstoff-Brückenbindungen aus

Das Wassermolekül ist, wie wir gesehen haben, gewinkelt aufgebaut: Der Winkel H–O–H beträgt 105°.

Das Wassermolekül hat aufgrund des gewinkelten Aufbaus ein sehr hohes **Dipolmoment** (etwa 81); **Wasser ist ein sehr stark polares Medium**. Als Folge davon kann das Wassermolekül auf geladene Ionen oder andere Dipolmoleküle über elektrische Kraftwirkungen sehr intensiv einwirken.

Zu dieser außergewöhnlich hohen Polarität kommt die Tatsache, dass sich zwischen Wassermolekülen **Wasserstoff-Brückenbindungen** (siehe Abschnitt 1.6 „Die Wasserstoff-Brückenbindung") ausbilden können, die dazu führen, dass flüssiges Wasser eine komplexe Struktur hat, die der des festen Eises recht nahe kommt, nur nicht ganz so regelmäßig ist wie dort.

Die Wasserstoff-Brückenbindung liefert eine gute Erklärung der **Siedepunktsanomalien** der Wasserstoffverbindungen von Stickstoff, Sauerstoff und Fluor, nämlich Ammoniak NH_3, Wasser H_2O und Fluorwasserstoff HF. Diese Wasserstoffverbindungen besitzen untypisch hohe Siedepunkte: So ist etwa der außerordentlich giftige Schwefelwasserstoff H_2S (relative Molmasse = 34 a.m.u.) wesentlich schwerer als H_2O (relative Molmasse = 18 a.m.u.) und sollte daher auch schwerer flüchtig sein, also einen höheren Siedepunkt besitzen. Tatsächlich ist H_2O bei Raumtemperatur flüssig, während H_2S, welches keine Wasserstoff-Brückenbindungen ausbilden kann, gasförmig ist. Ebenso verhält es sich mit den beiden anderen genannten Verbindungen.

Wasser ist ein hervorragendes Lösungsmittel

Die genannten Eigenschaften des Wassermoleküls prädestinieren es als hervorragendes Lösungsmittel für Salze, die aus so genannten **Ionenkristallen** aufgebaut sind, wie etwa NaCl, und für Verbindungen, die selbst polarisierte kovalente Bindungen und oft auch O- und N-Atome besitzen, die zur Ausbildung von Wasserstoff-Brücken mit Wassermolekülen in der Lage sind. Viele wichtige Naturstoffklassen zählen zu diesen Substanzen, die sich in Wasser mehr oder weniger gut lösen.

Merke: Die Chemie des Lebens spielt sich ganz überwiegend in wässrigen Lösungen ab.

Wir werden uns später auch quantitativ mit den Vorgängen beim Auflösen von polaren Substanzen und von Ionenkristallen beschäftigen (siehe Kapitel 4, „Auflösung und Fällung"); hier wollen wir uns qualitativ klarmachen, was beim **Auflösen eines Salzes** geschieht.

Salze, wie das uns aus dem Alltag vertraute Natriumchlorid (NACl; „Kochsalz"), sind kristalline Festkörper und aus elektrisch geladenen Ionen aufgebaut (siehe Abschnitt 1.7 „Die Ionenbindung"). **Ionenkristalle** sind meist mechanisch und thermisch sehr widerstandsfähige Strukturen (siehe Abschnitt 1.8 „Kristalline Festkörper"). Sie sind üblicherweise hart, und um etwa einen Kochsalzkristall zum Schmelzen zu bringen, müssen wir ihn auf 801 °C erhitzen. Trotzdem löst sich Kochsalz in Wasser leicht auf. Wie kann eine so stabile Struktur durch Wasser so leicht aufgebrochen werden?

Wenn sich Ionen in einem polaren Lösungsmittel wie Wasser befinden, so üben sie aufgrund ihrer elektrischen Ladung auf die Lösungsmitteldipole Kräfte aus, die in der Nähe der Ionen zu einer geordneten Struktur des Lösungsmittels führen. In der Nähe von positiven Ionen orientieren sich die Lösungsmitteldipole so, dass ihr negativer Pol zum positiv geladenen Kation, der positive hingegen vom Kation weggerichtet ist. Analog orientieren sich in der Nähe von negativen Ionen die Dipole mit ihrem positiven Pol zum negativ geladenen Anion hin, mit dem negativen Pol hingegen vom Anion weg. *Abb. 1.7* zeigt dies schematisch.

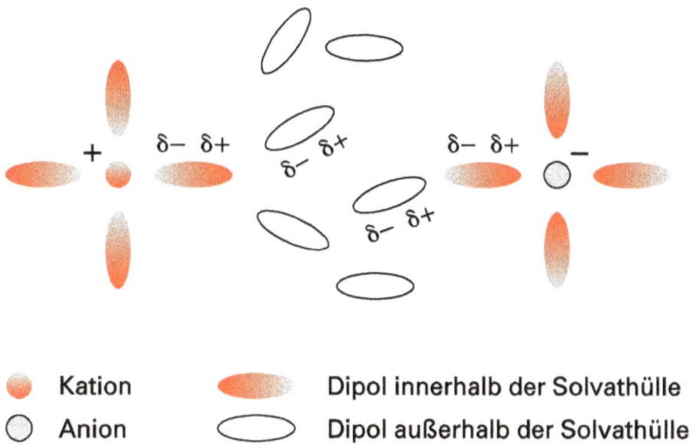

Abb. 1.7: Elektrisch polare Lösungsmittelmoleküle sind Dipole. In der Umgebung eines Kations (links) oder eines Anions (rechts) ordnen sie sich in charakteristischer Weise um die Ionen an und führen so zum Aufbau einer Solvathülle. In der Abbildung sind nur die Dipole, die die Solvathülle aufbauen, farbig gezeichnet, um ihre durch die elektrostatischen Wechselwirkungen verursachte Orientierung in Hinblick auf „ihr" Ion zu verdeutlichen.

Wir sprechen von **Solvatisierung**. Im Spezialfall des Lösungsmittels Wasser nennen wir diesen Vorgang auch **Hydratisierung**. Die von den Ionen stark gebundenen Lösungsmitteldipole bilden insgesamt die **Solvathülle**, die im Fall von Wasser auch **Hydrathülle** genannt wird.

Die nicht in der Solvathülle organisierten Lösungsmitteldipole bewegen sich relativ frei, aber auch sie stehen unter dem – allerdings sehr schwachen – Einfluss der **Dipol-Dipol-Wechselwirkung**. Ein Dipol kann einen zweiten in seiner Nähe beeinflussen, so dass sich ein positiver Pol des einen Dipols nach dem negativen Pol des zweiten ausrichtet.

Merke: Die Energie, die bei der **Solvatation** durch die vielfachen Ion-Dipol- und Dipol-Dipol-Kräfte frei wird, erklärt uns, warum sich viele polare Stoffe, insbesondere aus Ionen aufgebaute Salze, im polaren Lösungsmittel Wasser auflösen: Die **Solvatationsenergie** muss größer sein als die Energie zum Aufbrechen des Kristallgitters, die **Gitterenergie**.

Die gegenüber der hier beschriebenen Ion-Dipol-Wechselwirkung viel schwächeren Kräfte zwischen zwei Dipolen, zwischen einem Dipol und einem unpolaren Molekül und zwischen unpolaren Molekülen, die außerdem mit zunehmendem Abstand zwischen den Partner extrem stark abfallen, fassen wir unter dem Begriff der **van der Waals-Wechselwirkung** zusammen.

Physiologie des Wasserhaushalts

Am Ende dieses Kapitels fassen wir noch einige wichtige physiologische Daten über den **Wasserhaushalt des Menschen** zusammen.

Fettgewebe enthält nur einen sehr geringen Wasseranteil, daher ist die so genannte **fettfreie Körpermasse** (**lean body mass**) wichtig: Zwischen 72 und 74% dieser fettfreien Körpermasse liegen – nicht nur beim Menschen, sondern bei vielen Säugetieren – in Form von Wasser vor. Wenn uns der Wasseranteil an der Gesamtmasse eines Menschen interessiert, kann man für normal gebaute, nicht adipöse (fettleibige) Erwachsene etwa 60% beim Mann und 50–55% bei der Frau veranschlagen; bei Säuglingen liegt der Wasseranteil sogar bei etwa 75%.

Diese doch sehr große Wassermenge in einem menschlichen Organismus verteilt sich in verschiedenen Wasserräumen, den Kompartimenten. *Abb. 1.8* zeigt ein typisches Verteilungsbild für einen Erwachsenen.

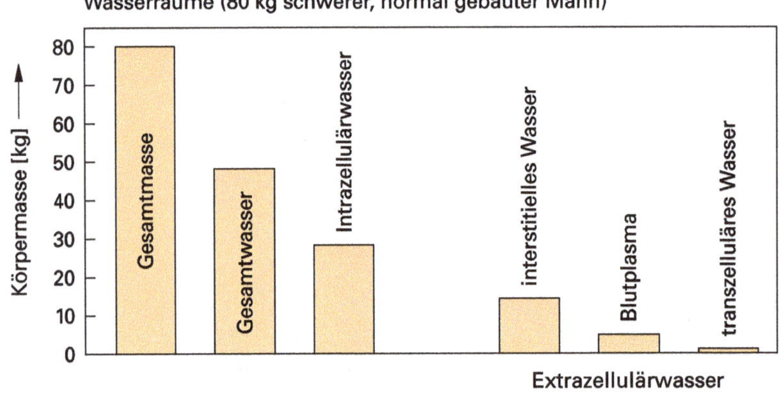

Abb. 1.8: Die Verteilung des Körperwassers auf verschiedene Wasserräume.

Unser Proband „enthält" etwa 48 Liter Wasser. Der größere Teil davon (60–65%) ist innerhalb der Zellen enthalten, im **Intrazellulärraum**, 35–40% sind im so genannten **Extrazellulärraum** lokalisiert. Dieser wiederum besteht aus dem **interstitiellen Raum** zwischen den Körperzellen, der etwa 75% des gesamten Extrazellulärraumes ausmacht, und dem **Blutplasma**, das etwa 25% des Extrazellulärwassers beansprucht. Dazu kommt noch etwa 1 Liter der **transzellulären Flüssigkeit** (Beispiel Rückenmarksflüssigkeit, *liquor cerebrospinalis*).

Tab. 1.4 zeigt, wie sich die Wasserbilanz im Verlauf eines Tages beim Erwachsenen darstellt.

Tab. 1.4: Die Wasserbilanz bei gesunden Erwachsenen.

Zufuhr	mL/Tag	Verlust	mL/Tag
Trinken	1200 (500–1600)	Harn	1400 (600-1600)
Nahrungswasser	900 (800–1000)	Lunge und Haut	900 (850–1200)
Oxidationswasser*	300 (200–400)	Faeces	100 (50–200)
Summe	*2400 (1500–3000)*		*2400 (1500–3000)*

* Oxidationswasser entsteht durch die „Verbrennung" der Nahrung im Stoffwechsel.

Regulation des Wasserhaushalts

Die wesentliche Regelgröße für den Wasserhaushalt ist die Osmolalität des Extrazellulärwassers. Der Organismus strebt hier einen Sollwert von etwa 290 mosmol/kg an. Vorwiegend erreicht wird dieser Sollwert durch die normale Konzentration von Na^+-Ionen von etwa 140 mmol/L und die Cl^--Ionen, die wir schon kennen, sowie aus dem Stoffwechsel stammende Hydrogencarbonat-Ionen (HCO_3^-).

Gemäß den Überlegungen im Abschnitt 1.11 „Die Osmolalität und andere kolligative Eigenschaften" wissen wir, dass die Osmolalität innerhalb der Körperzellen gleich sein muss wie im Intrazellulärraum, sonst würden die Zellen einen Wasseraus- oder –einstrom erleiden, der sie leicht zerstören könnte. Innerhalb der Zellen sind die osmotisch wirksamen Teilchen im Wesentlichen Kaliumionen (K^+), organische Phosphate wie das bekannte Adenosintriphosphat und die Proteine im Cytoplasma.

1.4 Der Aufbau der Atome

Lehrziel

Wir wollen in diesem Abschnitt einen kurzen Überblick über den Aufbau der Atome geben, soweit dies für das Verständnis dieses Lehrbuchs notwendig ist.

Die Vorstellung, dass die uns umgebende Materie aus kleinsten, nicht weiter teilbaren Bausteinen aufgebaut ist, stammt bereits von den griechischen Philosophen der 6. bis 4. vorchristlichen Jahrhunderte. Doch erst 1808 gelang es dem englischen Chemiker und Physiker John Dalton, durch wissenschaftliche Experimente die Idee der Existenz solcher kleinster Teilchen von der Stufe einer philosophischen Spekulation auf den Rang gesicherter Tatsachen zu heben.

Mit der neuen Atomtheorie Daltons war es möglich, einige bis dahin zwar empirisch gefundene, aber theoretisch völlig unverständliche Gesetzmäßigkeiten chemischer Reaktionen zu erklären. Dalton verknüpfte nämlich den **Atombegriff** mit dem **Elementbegriff**:

Merke: Chemische Elemente bestehen aus kleinsten Teilchen, den **Atomen**, die nicht weiter zerlegbar sind. Alle Atome eines Elementes sind einander gleich. Verschiedene Elemente besitzen verschiedene Atome. Chemische Verbindungen entstehen – auf mikroskopischer Ebene – durch die Reaktion von Atomen verschiedener Elemente. Dabei verbinden sich die Atome in einfachen Zahlenverhältnissen miteinander zu **Molekülen**.

So konnte man nun

- das **Gesetz der Erhaltung der Masse** – bei chemischen Vorgängen bleibt die Gesamtmasse der beteiligten Reaktionspartner konstant, da nur eine Umgruppierung von Atomen erfolgt;
- das **Gesetz der konstanten Proportionen** – eine chemische Verbindung bildet sich immer aus konstanten Massenverhältnissen der Elemente;
- und das **Gesetz der multiplen Proportionen** – wenn zwei Elemente miteinander mehrere verschiedene chemische Verbindungen zu bilden vermögen, dann stehen die Massen desselben Elementes in diesen Verbindungen zueinander im Verhältnis ganzer Zahlen;

zwanglos verstehen.

Heute ist nicht nur die Existenz von Atomen eine unbestreitbare Tatsache, sondern wir wissen auch, dass diese Atome (griechisch ατομος = das Unteilbare) sehr wohl eine innere Struktur besitzen und nicht unteilbar im strengen Sinn sind, sondern aus noch kleineren Teilchen, den **Elementarteilchen**, aufgebaut sind.

Atome sind unvorstellbar klein. Ihr Durchmesser beträgt etwa 0,2–0,5 nm. Ein kleines **Gedankenexperiment** mag die Kleinheit der Atome etwas veranschaulichen: Würden wir die Eisenatome, die sich in einem eisernen Stecknadelkopf befinden, nicht im üblichen regulären dreidimensionalen Kristallgitter anordnen, sondern wie Perlen auf einem Faden auffädeln, dicht an dicht, so wäre die entstehende Perlenkette etwa 50 mal so lang wie die Entfernung Erde-Mond! Nur die sehr dichte, dreidimensionale Packung der Bausteine im Kristall ermöglicht die Unterbringung dieser ungeheuren Anzahl von Atomen (in der Größenordnung von 10^{20}Atomen) im Volumen eines Stecknadelkopfes.

In der Natur kommen rund 300 verschiedene Atomsorten (**Nuclide**) vor. Alle Atome weisen einen inneren Bau, eine innere Struktur auf. Ein elektrisch positiv geladener **Atomkern** ist umgeben von einer elektrisch negativ geladenen **Elektronenhülle**, die fast das gesamte Volumen des Atoms einnimmt. Der Atomkern ist, selbst im Verhältnis zum winzigen Atom, noch mal um vieles kleiner. Der Kerndurchmesser beträgt etwa ein Zehntausendstel des Atomdurchmessers. Bei neutralen Atomen ist natürlich die Ladung des Kerns genau gleich groß wie die Ladung der Hülle, nur eben mit umgekehrtem Vorzeichen.

Diese Ladungen, sowohl im Kern (**Protonen**) als auch in der Hülle (**Elektronen**), kommen nur in bestimmten Portionen vor, das heißt, sie sind Vielfache einer so genannten **elektrischen Elementarladung**. Diese beträgt $1{,}602 \cdot 10^{-19}$ C. Die Zahl der positiven Ladungsträger in einem Atomkern bestimmt die chemischen Eigenschaften und damit die chemische Identität des Atoms. Wir nennen diese Zahl **Kernladungszahl** oder **Ordnungszahl**.

Jedem chemischen Element entspricht somit eine bestimmte Ordnungszahl. Allerdings können die Nuclide eines bestimmten chemischen Elements, die definitionsgemäß alle dieselbe Kernladung tragen, durchaus verschiedene Massen haben; dann spricht man von **Isotopen**. Isotope eines chemischen Elements haben zwar verschiedene Massen, jedoch die gleiche Kernladungszahl, daher auch gleiche chemische Eigenschaften.

Elementarteilchen

Atome bestehen aus **Elementarteilchen**. Heute sind sehr viele Elementarteilchen bekannt – die Physiker sprechen von einem „Teilchenzoo" –, die allermeisten existieren jedoch nur unter sehr exotischen Bedingungen in den Großlaboratorien der Atom- und Kernphysiker und sind meist extrem kurzlebig. Wir wollen uns nur mit den drei wichtigsten beschäftigen, die für das Verhalten der gewöhnlichen, uns im Alltag umgebenden Materie ausschließlich verantwortlich sind: **Protonen**, **Elektronen** und **Neutronen**.

Protonen und Neutronen sind im Durchmesser etwa 10^{-15} m groß, Elektronen 10^{-18} m. Die Massen der Protonen ($1{,}672614 \cdot 10^{-27}$ kg) und Neutronen ($1{,}674920 \cdot 10^{-27}$ kg) sind etwa gleich groß; Elektronen sind um das etwa 1800-fache leichter ($9{,}109558 \cdot 10^{-31}$ kg).

Jedes Proton ist Träger einer positiven elektrischen Elementarladung, jedes Elektron besitzt eine negative elektrische Elementarladung, und Neutronen sind elektrisch ungeladen. Protonen und Neutronen sind die Bestandteile des Atomkerns. Daher nennen wir sie auch **Nucleonen**. Elektronen hingegen bauen die Hülle des Atoms auf.

Wir verstehen jetzt die Existenz verschiedener Isotope eines Elementes:

Merke: Isotope sind Nuclide mit gleicher Protonenzahl und daher gleichen chemischen Eigenschaften, aber mit unterschiedlicher Neutronenzahl und daher verschiedenen Massen.

So gibt es beispielsweise vom Element **Wasserstoff** drei verschiedene natürlich vorkommende Isotope: Alle enthalten in ihrem Atomkern genau 1 Proton (sonst wären sie ja keine Wasserstoffkerne). 99,985% aller Wasserstoffkerne enthalten kein Neutron. Das ist das gewöhnliche Wasserstoff-Isotop, welches auch als **Protium** bezeichnet wird. Etwa 0,015% enthalten 1 Neutron; wir bezeichnen dieses Isotop auch als „schweren Wasserstoff" oder Deuterium. Winzigste Spuren der Atomkerne des natürlichen Wasserstoffs weisen sogar zwei Neutronen auf. Dieses Isotop nennen wir „überschweren Wasserstoff" oder **Tritium**. Tritium ist radioaktiv

(siehe Kapitel 6., Abschnitt 5 „Wenn Elemente instabil werden: Kernreaktionen und Radioaktivität")

Nahezu das gesamte Volumen eines Atoms steht den Elektronen zur Verfügung; wie sich die Elektronen in diesem Raum verteilen, ist nur mittels der Gesetze der Quantenmechanik zu verstehen. Die Masse des Atoms ist jedoch fast zur Gänze in dem winzigen Atomkern lokalisiert.

Die Summe der Nucleonen ist die **Nucleonenzahl**. Sie wurde früher auch als „Massenzahl" bezeichnet. In moderner Kurzschreibweise geben wir ein Nuclid in folgender Weise an:

$$^{\text{Nucleonenzahl}}_{\text{Protonenzahl}}\text{Elementsymbol}$$

Die oben besprochenen Wasserstoffisotope lauten in dieser Schreibweise:

$$^{1}_{1}\text{H},\ ^{2}_{1}\text{H und }^{3}_{1}\text{H}.$$

Der Zusammenhalt der Nucleonen, die wegen der positiven Ladungen der Protonen eigentlich auseinander fliegen sollten, wäre nur die Coulomb'sche Wechselwirkung im Spiel, wird durch eine besondere Art von Naturkräften gewährleistet, die extrem starken **Kernkräfte**, die allerdings nur auf kleinste Distanzen, etwa 10^{-15} m, wirksam sind.

Struktur der Elektronenhülle

Das moderne Bild des Atoms lässt sich vielleicht am besten anhand des Wasserstoffatoms veranschaulichen: Das einzige Elektron eines H-Atoms kann sich in verschiedenen, durch so genannte **Quantenzahlen** charakterisierten, **Zuständen** befinden. Diese Zustände oder **Orbitale** sind durch bestimmte Energien gekennzeichnet, und besitzen charakteristische geometrische Formen.

Welchem Ordnungsschema folgen diese Orbitale? Darüber gibt ein Satz von einfachen Zahlen, eben die **Quantenzahlen** eines Zustands, Auskunft. Die Quantenzahlen und die genauen Eigenschaften der Orbitale folgen aus quantenchemischen Berechnungen. Diese sind sehr kompliziert, und wir wollen die Details nicht weiter behandeln.

Die wichtigste Quantenzahl ist die **Hauptquantenzahl** n. Sie bestimmt, in welcher **Schale**, bezeichnet mit K, L, M, usw., das Elektron sich befindet. Anschaulich gesprochen bedeutet dies, dass die Raumbereiche, in denen das Elektron sich mit einer bestimmten Wahrscheinlichkeit befindet, mit zunehmendem n größer werden. Außerdem ist die Energie des Elektrons davon abhängig, in welcher Schale es sich befindet: Am stärksten an den Atomkern gebunden ist das Elektron in der K-Schale. Hier befindet es sich in einem Zustand tiefster Energie. In den höheren Schalen ist die Bindung zum Kern schwächer, die Energie des Elektrons daher höher.

Jede Schale besteht aus verschiedenen **Unterschalen**, charakterisiert durch die **Nebenquantenzahl** l. Je nach Nebenquantenzahl spricht man von s, p, d, usw. Zuständen. Die Nebenquantenzahl bestimmt die räumliche Form der Orbitale: s-Zustände ($l = 0$) sind kugelsymmetrisch um den Atomkern, p-Zustände ($l = 1$)

hantelförmig und d-Orbitale (l = 2) sind rosettenförmig. Beim Wasserstoffatom sind die zu einem bestimmten n gehörenden Zustände mit verschiedenem l energetisch „entartet"; das heißt, sie besitzen gleiche Energie. Diese Entartung gilt bei Mehrelektronenatomen nicht mehr.

Zu jeder Nebenquantenzahl l gibt es 2l + 1 Zustände, die sich in der **Magnetquantenzahl** m unterscheiden. Sie sind normalerweise auch entartet, nur in einem äußeren Magnetfeld erhalten sie verschiedene Energien. Diese Quantenzahl legt die Orientierung der Orbitale in einem räumlichen Koordinatensystem fest. Sie heißt daher auch **Orientierungsquantenzahl**.

Schließlich kann das Elektron in jedem der durch n, l, m charakterisierten Orbitale zwei Zustände mit positivem oder negativem **Spin** annehmen. Der Spin ist eine aus der relativistischen Quantentheorie stammende unanschauliche Größe, die oft nicht ganz korrekt auch als **Drehimpulsquantenzahl** bezeichnet wird.

Im Grundzustand befindet sich das Elektron des Wasserstoffatoms im energetisch tiefsten Zustand 1s; durch Energiezufuhr kann es in einen der energetisch höher liegenden Zustände übergehen. Aus einem Zustand höherer Energie kann das Elektron auch in einen Zustand geringerer Energie überwechseln, dann wird die entsprechende Energiedifferenz als elektromagnetische Strahlung einer bestimmten Frequenz abgestrahlt.

Mehrelektronenatome und das Aufbauprinzip

Die Orbitale und damit die Zustände eines Elektrons im H-Atom können wir exakt berechnen, da das H-Atom ein Zweiteilchen-Problem darstellt: 1 Elektron und 1 Atomkern. Eine exakte Berechnung für Mehrelektronenatome ist nicht möglich; hier haben wir es mit Vielteilchen-Problemen (mehrere Elektronen und 1 Atomkern) zu tun. Glücklicherweise können wir aber ausgezeichnete Näherungen berechnen. Dabei ergibt sich, dass die Orbitale in einem Mehrelektronensystem denen des Wasserstoffs sehr ähnlich sind, nur die energetische Entartung der Unterschalen ist aufgehoben. s-Orbitale einer bestimmten Hauptquantenzahl haben eine niedrigere Energie als p-Orbitale, diese liegen energetisch tiefer als die d-Orbitale usw.

Die Elektronen werden nun in die verfügbaren Orbitale entsprechend dem **Aufbauprinzip** „eingefüllt". Als erste Regel für die Ermittelung der korrekten Elektronenkonfiguration des Grundzustandes eines Atoms, also des energetisch tiefstliegenden und damit stabilsten Zustandes, gilt, dass Orbitale niedrigerer Energie immer zuerst besetzt werden – die Besetzung der Orbitale erfolgt gewissermaßen „von unten her". Zusätzlich gibt es drei weitere Regeln:

1. Grundsätzlich dürfen zwei Elektronen eines Atoms nicht in allen vier Quantenzahlen n, l, m, s übereinstimmen (**Pauli-Verbot**, nach Wolfgang Pauli).
2. Kann sich ein neu hinzukommendes Elektron vom vorherigen Elektron entweder durch die Orientierungsquantenzahl m oder aber durch die Spinquantenzahl s unterscheiden, so erfolgt die Besetzung der möglichen Orbitale so, dass die Orientierungsquantenzahl dieser Elektronen unterschiedlich ist

(**1. Hund'sche Regel**, nach Friedrich Hund). Dies bedeutet, dass Orbitale gleicher Haupt- und Nebenquantenzahl zuerst einfach besetzt werden.
3. Elektronen, die Orbitale mit gleichem n und l, aber verschiedenem m einzeln besetzen, haben parallelen Spin, das heißt, sie besitzen dieselbe Spinquantenzahl) (**2. Hund'sche Regel**).

Diese Regeln der Quantenchemie liefern die theoretische Basis für den Aufbau des Periodensystems der Elemente (siehe Kapitel 6, Abschnitt 1 „Die Elemente des Lebens").

1.5 Die kovalente Bindung

Lehrziel
Eine der wichtigsten chemischen Bindungsarten kommt durch die **Ausbildung** gemeinsamer Elektronenpaare zwischen den Bindungspartnern zustande.

Für die Bildung und Stabilität vieler chemischer Verbindungen ist die so genannte **Atombindung** oder **kovalente (homöopolare) Bindung** verantwortlich. Im Gegensatz zur Ionenbindung (heteropolaren Bindung), bei der ein Partner ein zusätzliches Elektron bekommt (negatives Ion) und ein Partner ein Elektron abgibt (positives Ion), entstehen kovalente Bindungen durch **gemeinsame Elektronenpaare**. Bei der Ionenbindung verschwindet zwischen den Bindungspartnern die Elektronendichte völlig; bei der kovalenten Bindung ist die Elektronendichte zwischen den Bindungspartnern relativ hoch.

Ein einfaches Beispiel ist das zweiatomige Wasserstoffmolekül H_2. Jedes Wasserstoff-Atom (H) besitzt ein Elektron und kann dieses zur Bindung beisteuern. Das entstehende **Elektronenpaar** steht gewissermaßen beiden Atomen zur Verfügung, so dass beide Wasserstoffatome quasi die bevorzugte **Edelgaskonfiguration** des Heliums erhalten.

In analoger Weise kann in einem zweiatomigen Chlormolekül Cl_2 jedes Chloratom, welches als Element der 7. Hauptgruppe des Periodensystems in der äußersten Elektronenschale, der so genannten **Valenzschale**, 7 Elektronen enthält, die Elektronenkonfiguration des Edelgases Argon erreichen, wenn pro Atom ein Elektron für ein gemeinsames Elektronenpaar zur Verfügung gestellt wird.

Auch Verbindungen mit verschiedenartigen Atomen sind möglich, etwa Chlorwasserstoff, eine Verbindung eines Chloratoms mit einem Wasserstoffatom.

Symbolisiert man nach Gilbert Newton Lewis (1916), Professor für Chemie an der University of California, die Elektronen der Valenzschale durch Punkte, so können wir den Sachverhalt wie in *Abb. 1.9* darstellen.

In den modernen Formeln wird ein Elektronenpaar (bindend oder nichtbindend) als Strich symbolisiert. Die in *Abb. 1.9* die Atome einhüllenden Ellipsen werden normalerweise nicht angeschrieben; sie sollen nur verdeutlichen, wie

	Schreibweise nach Lewis	moderne Schreibweise
Wasserstoffmolekül	H:H	H–H
Chlormolekül	:C̤̈l:C̤̈l:	$|\overline{\underline{Cl}}-\overline{\underline{Cl}}|$
Chlorwasserstoff	:C̤̈l:H	$|\overline{\underline{Cl}}-H$

Abb. 1.9: Vergleich der historischen Schreibweise von chemischen Formeln nach Lewis (links) mit der modernen Valenzstrich-Schreibweise (rechts). Die „nichtbindenden" oder „freien" Elektronenpaare werden häufig nicht explizit angeschrieben.

durch das gemeinsame Elektronenpaar jedes Atom quasi Edelgaskonfiguration erreicht. Bei dieser Schreibweise können nichtbindende Elektronenpaare entweder explizit angeschrieben werden oder auch ausgelassen werden.

Die Anzahl der kovalenten Bindungen eines Atoms in einer Verbindung bezeichnet man als **Bindigkeit**. In den bisherigen Beispielen sind sowohl Wasserstoff als auch Chlor jeweils einbindig.

In der Sprache der modernen Quantenchemie wird die kovalente Bindung etwas anders beschrieben. Dies soll in *Abb. 1.10* am einfachsten Beispiel, dem Wasserstoffmolekül, skizziert werden:

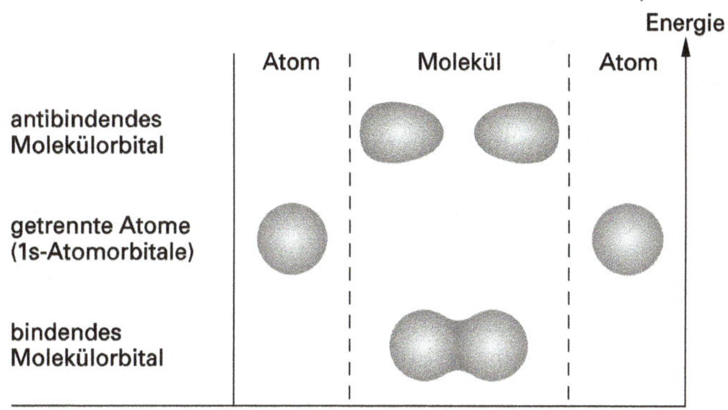

Abb. 1.10: Die Bildung eines Molekülorbitals durch „Verschmelzen" der Atomorbitale zweier H-Atome. Neben dem gegenüber den Atomorbitalen energieärmeren bindenden Molekülorbital entsteht auch ein energetisch höher liegendes antibindendes Molekülorbital. Jedes Molekülorbital kann – so wie auch jedes Atomorbital – mit maximal 2 Elektronen besetzt werden.

Nähern sich zwei Wasserstoffatome aus großer Entfernung, so besitzt vorerst jedes Atom ein Elektron in einem so genannten 1s-**Orbital**. Ein Orbital können wir uns vereinfacht als eine Art Raumbereich vorstellen, der dem Elektron zur Verfügung steht, in dem es sich „aufhält".

Merke: Hier ist allerdings ein Wort der Warnung angebracht: Wir dürfen uns Elektronen nicht wie kleine Kügelchen vorstellen, die um den Atomkern sausen. Vielmehr sind Elektronen und andere Elementarteilchen wie Protonen oder Neutronen eine Art von „Wesensform", die wir Menschen uns bildlich überhaupt nicht richtig vorstellen können – einfach deshalb, weil im Verlauf der langen Evolution, die schließlich zum Menschen geführt hat, nichts unsere Vorfahren beziehungsweise deren Gehirne darauf vorbereitet hat, mit solchen Fragestellungen umzugehen. So fehlen uns hier einfach die Denkkategorien.
Immanuel Kant spricht vom „Ding an sich" und vom „Ding für uns". Was das Ding „Elektron" an sich ist, werden wir vorstellungsmäßig wohl nie wirklich begreifen. Aber – und das ist doch auch staunenswert: Wir sind imstande, selbst solche allerkleinsten Phänomene der Wirklichkeit, für die unsere Sinne und unsere *a priori* Anschauungen blind und taub sind, in der Sprache der Mathematik so präzise zu beschreiben, dass wir wichtige und korrekte Schlussfolgerungen daraus ziehen können.
„Die Naturwissenschaft versucht, in der Sprache der Mathematik Bilder von den Dingen zu erzeugen, die so beschaffen sind, dass die denknotwendigen Folgen der Bilder wiederum Abbilder der naturnotwendigen Folgen der Dinge sind."
Wenn diese eindeutige Abbildung der Realität in abstrakten mathematischen Bildern = Naturgesetzen gelingt, dann haben wir etwas ganz Aufregendes gewonnen: Ein mathematisches Modell, welches wir nach den Regeln der Mathematik manipulieren können, und was dabei in der Sprache des Modells herauskommt, findet oft seine Entsprechung in der Realität: Das ist wohl letzten Endes auch das Ziel jeder Naturwissenschaft.

Wenn die beiden Wasserstoffatome einander sehr nahe kommen, „verschmelzen" die beiden **Atomorbitale** zu zwei **Molekülorbitalen**. Ein Molekülorbital ist **bindend**, das heißt, seine Energie ist geringer als die der beiden getrennten 1s-Atomorbitale, das zweite hingegen hat eine um den selben Betrag höhere Energie als die getrennten Atomorbitale, es ist **antibindend**.

In Atomen, aber auch in Molekülen, werden die Elektronen dem **Aufbauprinzip** entsprechend in die jeweiligen Orbitale „eingefüllt": Die Atomorbitale bzw. Molekülorbitale werden „von unten her", beginnend mit dem Orbital tiefster Energie, aufgefüllt, wobei pro Orbital maximal 2 Elektronen möglich sind.

Beim Wasserstoffmolekül können beide Elektronen das bindende Molekülorbital besetzen. Da seine Energie niedriger ist als die Energie der beiden getrennten Wasserstoffatome, ist das Wasserstoffmolekül stabiler als zwei getrennte Wasserstoffatome. Hätte man hingegen in gleicher Weise zwei Heliumatome kombiniert, die ja jeweils zwei Elektronen besitzen, so müssten zwei Elektronen das bindende und zwei Elektronen das antibindende Orbital besetzen. Der Energiegewinn im bindenden Molekülorbital würde durch den Energieverlust im antibindenden Molekülorbital genau kompensiert, und die Heliumatome haben somit keinen energetischen „Grund", miteinander eine Bindung einzugehen. So verstehen wir, dass Wasserstoff bei normalen Bedingungen als zweiatomiges Molekül (Formelschreibweise H_2) vorkommt, Helium dagegen in atomarer Form (He).

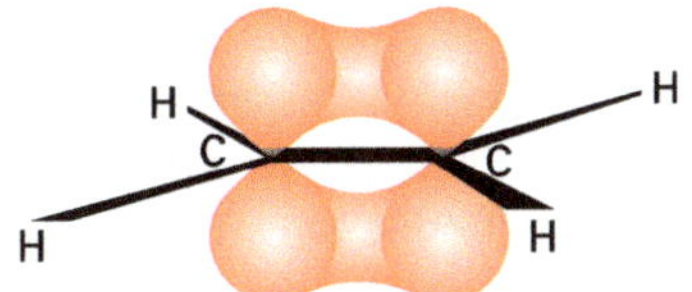

Abb. 1.11: Bei einer C=C-Doppelbindung wird zusätzlich zu den rotationssymmetrischen s-Bindungen eine nicht rotationssymmetrische p-Bindung durch „Verschmelzen" von 2 p-Atomorbitalen gebildet, von denen je eines an einem der beiden C-Atome lokalisiert ist.

Mehrfachbindungen

Besonders in der organischen Chemie, der Chemie der (allermeisten) Verbindungen des Kohlenstoffs, sind **Mehrfachbindungen** zwischen C- und C-Atomen, aber auch zwischen C- und O- bzw. C- und N-Atomen häufig anzutreffen.

Im Ethen (C_2H_2) etwa ist jedes C-Atom mit je zwei H-Atomen und dem anderen C-Atom verbunden. Dabei entstehen zwischen den C-Atomen zwei etwas unterschiedliche Bindungen.

Am einfachsten verstehen wir die Bindungsstruktur des Ethens, wenn wir in Schritten vorgehen: Zuerst erinnern wir uns, dass jedes H-Atom jeweils ein Valenzelektron besitzt, jedes C-Atom (4. Hauptgruppe des Periodensystems der Elemente) dagegen jeweils vier. Die quantenchemische Berechnung liefert nun primär, dass die Gestalt des entstehenden Moleküls **planar** ist, dass also alle sechs Atome in einer Ebene liegen. *Abb. 1.11* zeigt dies.

Die schwarzen Striche symbolisieren die chemischen Bindungen, die entstehen, weil jedes der beiden C-Atome von seinen vier Valenzelektronen drei in drei bindende Molekülorbitale einbringt, und zwar eines in eine Bindung mit dem je anderen C-Atom und je eines in die Bindungen mit zwei H-Atomen.

Diese „gewöhnlichen" Molekülorbitale, die – wie die Rechnungen zeigen – **rotationssymmetrisch** um die jeweiligen Bindungsachsen sind, werden als **σ-Bindungen** bezeichnet.

An jedem der beiden C-Atome verbleibt also noch 1 Valenzelektron. Was passiert damit? Die Abbildung veranschaulicht, dass die beiden „übrig gebliebenen" Elektronen in den auf die Molekülebene senkrecht stehenden hantelförmigen p-Orbitalen der beiden C-Atome lokalisiert sind und ebenfalls miteinander zu einem bindenden neuen Molekülorbital überlappen können. Damit aber wird eine zusätzliche Bindung erzeugt, welche zur σ-Bindung zwischen den beiden C-Atomen hinzukommt. Die beiden C-Atome sind also durch eine **Doppelbindung** miteinander verbunden. Das neue bindende Molekülorbital ist allerdings nicht **rotationssymmetrisch** um die C=C-Verbindungsachse; wir bezeichnen diese neue Bindungsart als π-Bindung.

Eine wichtige Unterscheidung zwischen σ- und π-Bindung:

Merke: Da σ-Bindungen rotationssymmetrisch um die Verbindungsachse der beiden gebundenen Atome sind, bewirkt eine „Verdrehung" der Bindung keine wesentliche Energieänderung. **Einfachbindungen sind weitgehend frei drehbar.**

Die π-Bindung ist nicht rotationssymmetrisch um die Kernverbindungsachse. Eine freie Rotation ist nicht möglich, da die Verdrehung eines der beiden freien p-Orbitale gegenüber dem anderen die Überlappung der beiden p-Orbitale – und damit die π-Bindung – zerstören würde. **Doppelbindungen sind starr; eine Rotation ist normalerweise nicht möglich.**

π-Molekülorbitale liegen energetisch etwas höher als σ-Molekülorbitale, sie sind also etwas schwächer als diese. Doppelbindungen sind daher etwas weniger stabil als zwei Einfachbindungen, aber natürlich wesentlich stabiler als eine Einfachbindung.

Noch eine Bemerkung zur Terminologie: C-Atome, die Doppelbindungen tragen, werden auch als „sp^2-hybridisierte" C-Atome bezeichnet im Gegensatz zu „sp^3-hybridisierten" C-Atomen, die nur Einfachbindungen ausbilden. Der Begriff **Hybridisierung** kommt aus der Quantenchemie; wir wollen hier aber nicht näher auf ihn eingehen.

Mesomerie und polyzentrische Molekülorbitale

Bisher haben wir chemische Bindungen immer als lokalisierte Phänomene betrachtet und in unseren Überlegungen unterstellt, dass bindende Molekülorbitale nur zwischen je zwei unmittelbar aneinander gebundenen Atomen ausgebildet werden könnten. Tatsächlich finden wir aber in zahlreichen Verbindungen auch Molekülorbitale, die mehr als zwei Atomen angehören, so genannte **polyzentrische Molekülorbitale**.

Ein Prototyp für derartige Systeme ist das **Benzen** (früher: Benzol). Seine chemische Formel ist C_6H_6. Die tatsächliche Konstitution des Moleküls, also die genaue Angabe der Bindungsverhältnisse, war lange Zeit unerklärlich. Aus spektroskopischen Untersuchungen wusste man, dass alle sechs C–C-Bindungen völlig ununterscheidbar sind und eine C–C-Bindungslänge von 0,139 nm aufweisen. Außerdem zeigt Benzen eine viel größere chemische Stabilität als Moleküle mit normalen Doppelbindungen. Benzen und seine Derivate werden auch **aromatische Verbindungen** genannt.

Achtung! Der *Terminus technicus* „aromatisch" hat in diesem Zusammenhang nichts mit einem aromatischen Duft zu tun! Der Begriff bezeichnet in der Fachsprache der Chemie eben diesen besonders stabilen Zustand, der durch die hier beschriebene ganz spezielle Art der chemischen Bindung bewirkt wird.

Die Quantenchemie hat die Erklärung für das außergewöhnliche Verhalten dieser Verbindungen erbracht. Die C-Atome bilden ein reguläres Sechseck, und die sechs H-Atome liegen in derselben Ebene. Die C–C–H-Bindungswinkel betragen 120°; das Molekül ist **hexagonal-planar**. Jedes C-Atom hat einerseits drei ganz „gewöhnliche" σ-Bindungen zu den beiden benachbarten C-Atomen und zu „seinem" H-Atom. Die an den 6 C-Atomen jeweils verbleibenden „übrigen" Valenzelektronen (insgesamt 6 an der Zahl) sitzen wie im Ethen in zur Molekülebene senkrecht stehenden hantelförmigen p-Orbitalen. Sie „verschmelzen" zu

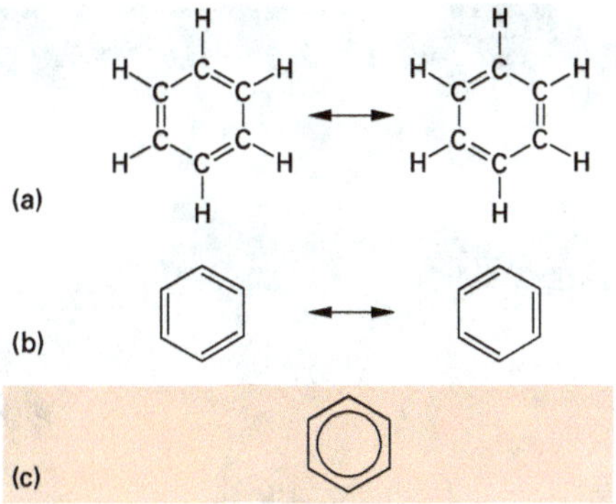

Abb. 1.12: Verschiedene Schreibweisen für Benzen: a) Ausführliche Valenzstrichformeln der beiden mesomeren Grenzstrukturen; b) vereinfachte Valenzstrichformeln der beiden mesomeren Grenzstrukturen; c) moderne Schreibweise.

allen 6 C-Atomen gemeinsamen **polyzentrischen Molekülorbitalen**, die sich ringförmig oberhalb und unterhalb der Molekül-Ebene erstrecken und den entsprechenden 6 **π-Elektronen** eine freie Delokalisation über alle 6 C-Atome hinweg erlauben. Die gewöhnlichen Strichformeln, wo jeder Bindungsstrich ein gemeinsames Elektronenpaar symbolisiert, sind nicht mehr in der Lage, diesen besonderen Zustand sinnvoll zu beschreiben. Daher geben wir die Valenzstrichformel des Benzens hilfsweise durch zwei **Grenzstrukturen** an: Die Formeln a) und b) der *Abb. 1.12* zeigen die zwei Grenzstrukturen, die wir mangels besserer Symbole in der klassischen Valenzstrichschreibweise schreiben. Dabei sind in a) alle Atome explizit angeführt; die Schreibweise b) entspricht mehr der „Schreibfaulheit" der Chemie, die – um wesentliche Charakteristika von Molekülen oder Reaktionen besser darstellen zu können – auf unwesentliche Details gerne verzichtet: In dieser Schreibweise bedeutet jede Ecke ein C-Atom, und wir müssen in Gedanken so viele H-Atome addieren, dass von jedem C-Atom formal vier Bindungen ausgehen. Die Formel c) beschreibt den wahren Zustand vielleicht am anschaulichsten; der in das Molekül gezeichnete Kreis symbolisiert die frei beweglichen π-Elektronen.

Merke: **Der wahre Zustand des Moleküls wird durch keine der beiden Grenzstrukturen korrekt wiedergegeben, sondern liegt irgendwo in der Mitte: Alle C–C-Bindungen sind völlig gleichwertig und ununterscheidbar.**
Diesen klassisch nicht eindeutig beschreibbaren Zustand nennt man **Mesomerie**, der zwischen den Grenzstrukturen gezeichnete Doppelpfeil heißt **Mesomeriepfeil**. Mesomerie ist nicht etwa ein Gleichgewicht oder ein Oszillieren zwischen den beiden Grenzstrukturen; diese sind vielmehr nur eine unvollständige Beschreibung des realen Zustandes und besitzen **keine physikalische Realität**.

Benzen besitzt 42 Elektronen, daher erhalten wir durch quantenchemische Rechnung 21 bindende Molekülorbitale (in jedem befinden sich 2 Elektronen). *Abb. 1.13* zeigt die Ergebnisse einer solchen Berechnung:

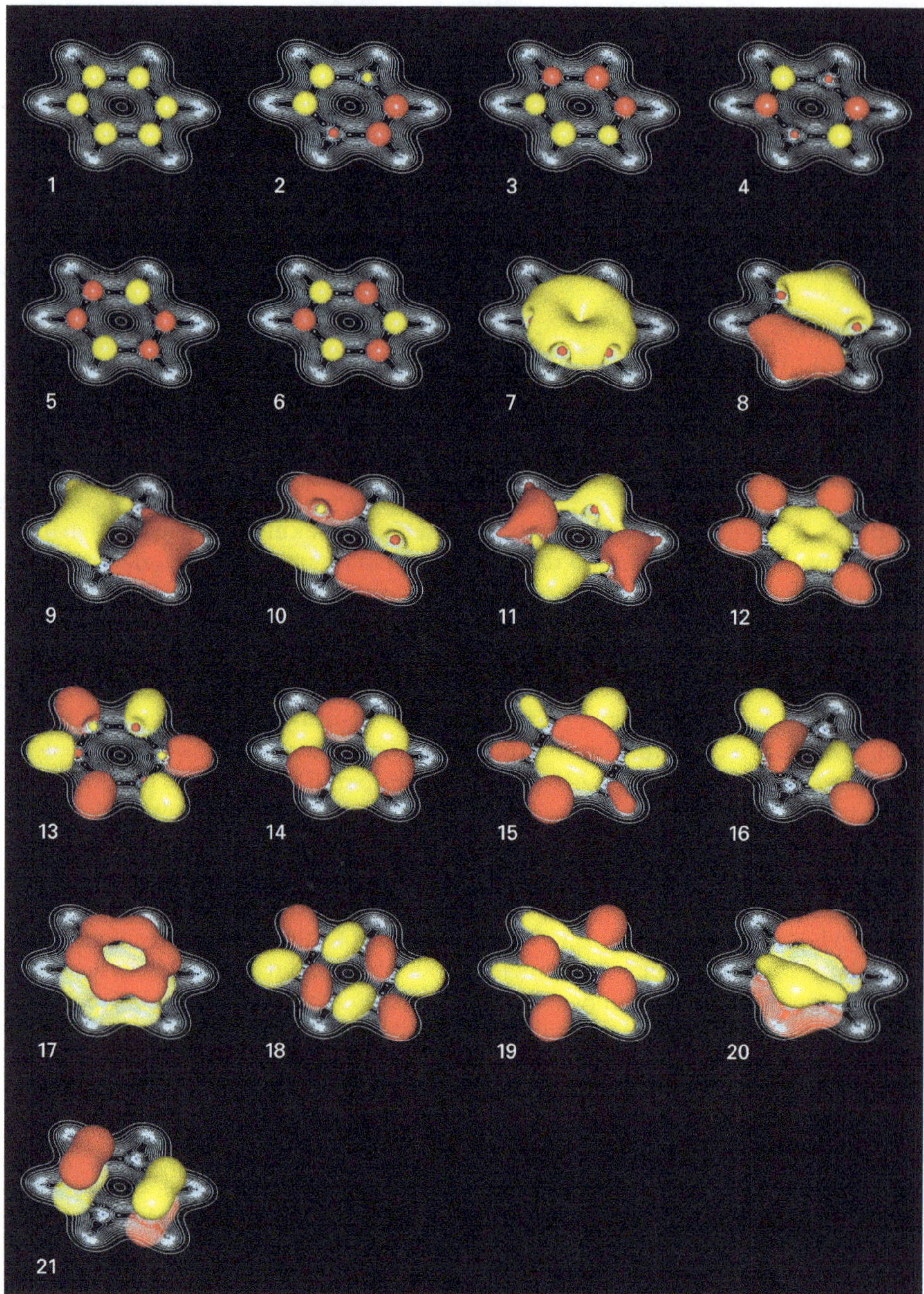

Abb. 1.13: Grafische Darstellungen der 21 bindenden Molekülorbitale des Benzens. Die positiven und negativen Anteile der Orbital-Wellenfunktionen sind durch die unterschiedlichen Farben der Orbital-Isoflächen dargestellt; die „Höhenschicht-Linien" in der Molekülebene geben die Elektronendichte wieder.

Die Darstellungen der 21 bindenden Molekülorbitale des Benzens zeigen zweierlei: Die Linien verbinden Punkte in der Molekülebene des Benzens mit **gleicher Elektronendichte**. Sie vermitteln recht genau den Eindruck der Geometrie des Moleküls. Die gelben und roten Flächen sind so genannte **Isoflächen**: Sie verbinden Punkte, an denen die berechnete **Orbitalfunktion** des Moleküls den gleichen Wert hat (rot: positive Werte; gelb: negative Werte der Orbitalfunktion). Die Orbitale Nr. 17, 20 und 21 „beherbergen" die 6 π-Elektronen, die in Molekülformel c) vereinfacht durch den Kreis dargestellt werden. Diese Orbitale sind oberhalb und unterhalb der Molekülebene lokalisiert.

Neben ringförmigen (aromatischen) Verbindungen mit mesomeren (und damit besonders stabilen) Bindungen gibt es auch nicht-ringförmige Verbindungen mit mesomeren Bindungen. Diese werden zwar nicht als Aromaten bezeichnet, aber die den mesomeren (delokalisierten, polyzentrischen) Bindungen eigentümliche erhöhte Stabilität kennzeichnet auch solche Verbindungen.

Merke: Generell finden wir polyzentrische, delokalisierte Molekülorbitale bei Verbindungen mit so genannten **konjugierten Doppelbindungen**: So nennen wir Anordnungen von zwei oder auch mehreren Doppelbindungen in einem Molekül, die jeweils durch exakt eine Einfachbindung voneinander getrennt sind.

Gehen in einem Molekül zwei Doppelbindungen von einem einzigen C-Atom aus, so sprechen wir von **kumulierten Doppelbindungen**. Liegen hingegen zwei oder mehrere Einfachbindungen zwischen zwei Doppelbindungen, so handelt es sich um **isolierte Doppelbindungen**.

Polarisierte kovalente Bindung

Kovalente Bindungen zwischen verschiedenen Atomen und sogar zwischen gleichen Atomen, die jeweils mit unterschiedlichen weiteren Atomen verbunden sind, sind fast immer **polar**. Die Bindungselektronen sind nicht völlig gleichmäßig zwischen den beiden Bindungspartnern aufgeteilt, und die an der Bindung beteiligten Atome tragen so genannte **Partialladungen**. Ein Bindungspartner zieht die „Elektronenwolke" etwas stärker an sich und erhält somit eine kleine negative Überschussladung, der zweite Partner wird natürlich um den selben Betrag positiv aufgeladen.

Ein Maß für das Bestreben eines Atoms, innerhalb eines Moleküls Elektronen an sich zu ziehen, ist die Elektronegativität. Die **Elektronegativität** ist keine Eigenschaft des isolierten Atoms, sondern tritt erst dann in Erscheinung, wenn dieses Atom Bindungspartner in einem Molekül ist, also in Relation zu den anderen Atomen, an die es gebunden ist. Sie hängt mit der **Ionisierungsenergie** und **Elektronenaffinität** zusammen.

Die Elektronegativität zeigt in Bezug auf die Stellung der betrachteten Elemente im Periodensystem ein charakteristisches Muster (*Abb. 1.14*).

Die höchsten Elektronegativitäten – und somit das stärkste Bestreben, vom jeweiligen Bindungspartner Elektronen an sich zu ziehen – besitzen die Elemente Fluor (7. Hauptgruppe, 2. Periode) und Sauerstoff (6. Hauptgruppe, 2. Periode).

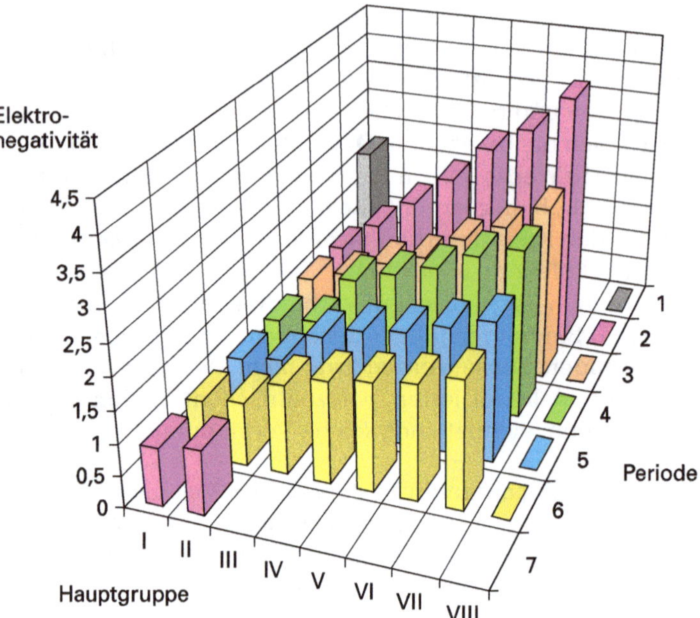

Abb. 1.14: Die Elektronegativitäten der Hauptgruppenelemente des Periodensystems der Elemente, geordnet nach Perioden und Hauptgruppen.

Offensichtlich sinkt innerhalb der Hauptgruppen von rechts nach links (von den Halogenen zu den Alkalimetallen hin) dieses Bestreben ab, ebenso sinkt es innerhalb einer Hauptgruppe mit steigender Periodenzahl.

Auffällig ist die **relativ hohe Elektronegativität des Wasserstoffs** (Hauptgruppe 1, Periode 1). Sie entspricht ziemlich genau der des Kohlenstoffs. Eine wichtige Folgerung aus dieser Ähnlichkeit der Elektronegativitäten dieser beiden Atome ist die **apolare und sehr stabile C–H-Bindung**, die die Basis der ungeheuer großen Zahl organischer Verbindungen ist.

Zur Kennzeichnung der auftretenden Partialladungen verwenden wir das griechische δ (delta), mit einem der jeweiligen Ladung entsprechenden Vorzeichen. Chlorwasserstoff, in dem Chlor der elektronegativere Partner ist, ist somit

$$\overset{\delta+}{\mathrm{H}}\ \overset{\delta-}{\mathrm{Cl}}$$

zu schreiben.

Moleküle mit polarisierten kovalenten Bindungen sind in den meisten Fällen, wenn die Bindungsdipole nicht zufällig symmetrisch sind und sich gegenseitig neutralisieren, **elektrische Dipole**. Der Schwerpunkt der positiven Ladung und der Schwerpunkt der negativen Ladung fallen nicht in einem Punkt zusammen. Einen solchen Dipol charakterisieren wir durch das **Dipolmoment**, das Produkt aus Ladung und Ladungsabstand. Im Bereich von molekularen Dipolen wählen wir als Einheit des Dipolmomentes das Debye (D):

$$1\,D = 3{,}33 \cdot 10^{-33}\,C \cdot m \text{ (Coulomb mal Meter)}$$

Polare Verbindungen besitzen eine hohe **Dielektrizitätskonstante** μ (griechisch: my): Bringen wir eine derartige Substanz zwischen die Platten eines Kondensators, nimmt dessen Kapazität um den Faktor μ gegenüber dem Vakuum zu, das heißt, wir können das μ-fache an Ladung aufbringen, um eine bestimmte Grenzspannung zu erzielen.

1.6 Die Wasserstoff-Brückenbindung

Lehrziel

Eine ungewöhnliche, auf ganz wenige Atomkombinationen beschränkte, Wechselwirkung zwischen Molekülen kommt durch Wasserstoffatome zustande, die an elektronenanziehende Atome gebunden sind.

Wenn Wasserstoffatome an die besonders stark elektronegativen Elemente Stickstoff (N), Sauerstoff (O) oder Fluor (F) gebunden sind, so können sie eine schwache Bindung mit anderen O-, N- und F-haltigen Dipolmolekülen ausbilden. Die Bindungsenergie beträgt dabei etwa 4–40 kJ/mol, das entspricht etwa 10% der Bindungsenergie einer kovalenten Bindung. **H-Brückenbindungen** sind so zwar verglichen mit kovalenten Bindungen schwach, aber wesentlich stärker als gewöhnliche Dipol-Dipol-Kräfte.

Ein klassisches Beispiel ist Wasser; besonders schön erkennt man die Ausbildung von Wasserstoff-Brückenbindungen am Kristallgitter von Eis (*Abb. 1.15*).

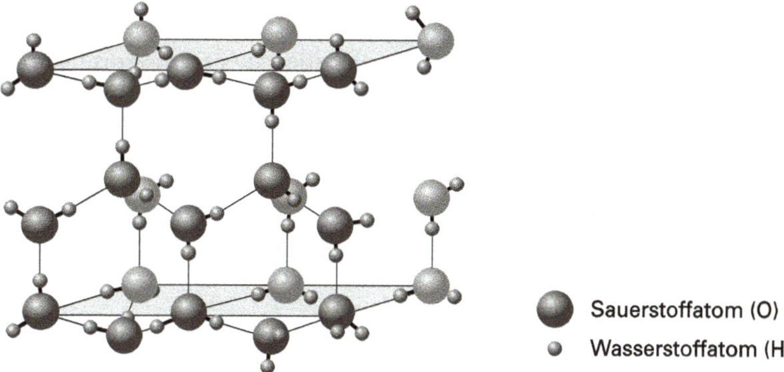

Sauerstoffatom (O)
Wasserstoffatom (H)

Abb. 1.15: Ein Ausschnitt aus dem „lockeren" Kristallgitter von Eis. Die dünn gezeichneten Striche deuten die H-Brückenbindungen zwischen den Wassermolekülen an.

Die H-Brückenbindung ist räumlich gerichtet; sie ist am stärksten, wenn der Wasserstoff in Bezug auf das bindende N-, O- oder F-Atom in der Richtung der tetraedrisch ausgerichteten Molekülorbitale mit einem freien Elektronen-Paar orientiert ist. Daher kommt die (etwas verzerrte) tetraederförmige Anordnung der H-Atome um jedes O-Atom im Eiskristall. Jedes Sauerstoffatom ist tetraedrisch von vier Sauerstoffatomen umgeben, wobei je zwei Sauerstoffe durch ein Wasserstoffatom überbrückt sind. Jedes dieser Wasserstoffatome ist mit einem der direkt gebundenen Sauerstoffatome kovalent gebunden, mit dem zweiten jedoch durch eine H-Brückenbindung. Die Bindungslänge der H-Brückenbindung ist wegen der schwächeren Bindungsenergie erheblich größer als die der kovalenten Bindung.

Da jedes Wassermolekül im Eis nur vier Nachbarn hat, besitzt Eis eine relativ „luftige" Struktur und hat eine geringere Dichte als flüssiges Wasser bei Temperaturen knapp über 0 °C. Diese „Anomalie des Wassers" ermöglicht das Überleben vieler Tiere in zugefrorenen Gewässern, da das leichtere Eis an der Oberfläche der Gewässer schwimmt und das zwischen 0 °C und 4 °C besonders dichte Wasser zu Boden sinkt und ein Zufrieren am Grund der Gewässer verhindert.

Besondere Bedeutung besitzt die Wasserstoff-Brückenbindung in der Biochemie: Sie spielt eine wesentliche Rolle bei der **Stabilisierung der dreidimensionalen Strukturen von Proteinmolekülen** und bei der **Ausbildung der dreidimensionalen Strukturen von Nucleinsäuren**, etwa der so genannten Doppelhelix.

Wir können in Hinblick gerade auf die Doppelhelix der DNA mit Fug und Recht sagen, dass die gesamte Evolution von der Existenz von Wasserstoff-Brückenbindungen abhängt: Die „Ablesung" der genetischen Information, die in der Doppelhelix gespeichert ist, erfordert ein zwischenzeitliches „Aufdrehen" der Doppelhelix und ist nur deshalb problemlos möglich, weil die Wasserstoff-Brückenbindungen, die die beiden Einzelstränge in der Doppelhelix zusammenhalten, gerade die richtige Bindungsstärke besitzen. Eine zu starke Bindung, wie die kovalente Bindung, würde das Aufdrehen unmöglich machen, eine zu schwache, wie gewöhnliche Dipol-Dipol-Wechselwirkungen, würde die Doppelhelix viel zu instabil machen. Die beiden „Fäden" der Doppelhelix, die Polynucleotidstränge, würden aufgrund der thermischen Energie nicht sehr lange in Form einer Doppelhelix aneinander gebunden bleiben, sondern sich rasch voneinander trennen. Die so genannte identische Reduplikation des Erbmaterials, die Voraussetzung der Vererbung, wäre nicht möglich.

1.7 Die Ionenbindung

Lehrziel

Die am einfachsten zu verstehende chemische Bindung wird durch elektrostatische Wechselwirkungskräfte verursacht.

Bringen wir ein Alkalimetall und ein Halogen wie etwa Fluor oder Chlor unter geeigneten chemischen Bedingungen zusammen, so tritt eine lebhafte chemische Reaktion ein. Festes Natriummetall, ein relativ weiches, silberglänzendes Metall, und grünes Chlorgas beispielsweise reagieren fast explosionsartig, und als Produkt der Reaktion finden wir einen typischen **Ionenkristall**, nämlich weißes Natriumchlorid, eine Substanz, die sich in ihren Eigenschaften dramatisch von beiden Ausgangsstoffen unterscheidet. Was ist passiert?

Um diese und ähnliche Reaktionen gut verstehen zu können, müssen wir zwei wichtige Begriffe diskutieren:

Ionisierungspotential

Die Bausteine von Ionenkristallen sind elektrisch geladene **Ionen**, positiv geladene **Kationen** und negativ geladene **Anionen**. Sie werden durch elektrostatische Anziehungskräfte zusammengehalten. Zur Bildung eines positiven Ions muss ein Elektron aus der Elektronenhülle eines Atoms entfernt werden. Dies ist am leichtesten bei den Elektronen der äußersten Elektronenschale, der so genannten **Valenzschale**, möglich, da diese durch den positiv geladenen Atomkern am schwächsten gebunden sind. Sie sind durch die inneren Elektronen vom Kern abgeschirmt. Die zur Bildung des positiven Ions erforderliche Energie wird **Ionisierungspotential** genannt; sie ist stets positiv. Das positive Vorzeichen bedeutet, dass das betrachtete System, also das Atom, Energie aufnehmen muss; die Energieänderung des Systems ist positiv.

Merke: Wir sprechen hier allgemein von **systemozentrischer Vorzeichengebung**.

Das Ionisierungspotential der Elemente ändert sich in ganz charakteristischer Weise in Abhängigkeit von ihrer **Ordnungszahl** (**Kernladungszahl**); dies ist in *Abb. 1.16* dargestellt.

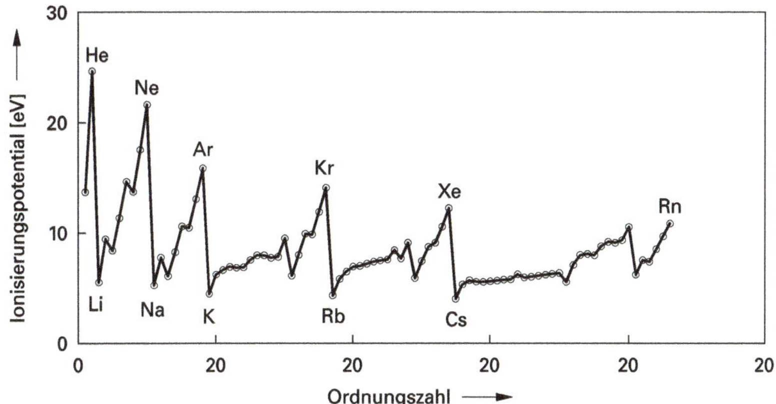

Abb. 1.16: Die Ionisierungspotentiale der chemischen Elemente, geordnet nach der Ordnungszahl oder Kernladungszahl. Der quasiperiodische Verlauf reflektiert den Aufbau des Periodensystems der Elemente: Jedes lokale Maximum steht für ein Edelgas am Ende einer Periode, jedes lokale Minimum steht für ein Alkalimetall am Beginn der nächsten Periode.

Die Abbildung zeigt, dass das Ionisierungspotential mit zunehmender Ordnungszahl in einer charakteristischen Weise variiert. Tatsächlich reflektiert die Abbildung das **Periodensystem der Elemente**. Die **Edelgase** (8. Hauptgruppe) weisen die höchsten Ionisierungspotentiale auf, die auf sie im Periodensystem folgenden **Alkalimetalle** dagegen sind besonders leicht in positive Ionen zu überführen, da sie die niedrigsten Ionisierungspotentiale besitzen. Edelgase besitzen in der Valenzschale 8 Elektronen, und die Quantenchemie zeigt, dass diese spezielle **Elektronenkonfiguration** ganz besonders stabil und extrem reaktionsträge ist. So ist es kein Wunder, dass die Edelgase die – chemisch betrachtet – langweiligsten, weil „faulsten" Elemente sind. Sie gehen so gut wie keine chemischen Bindungen mit anderen Atomen ein, auch nicht mit ihresgleichen. Alkalimetalle (1. Hauptgruppe) aber haben in der jeweils äußersten Elektronenschale gerade ein – besonders schwach gebundenes – Valenzelektron, das sie sehr leicht abgeben können. Sie nehmen in den entstehenden einfach positiv geladenen Alkalimetall-Kationen ja gerade die Elektronenkonfiguration des im Periodensystem unmittelbar vor ihnen stehenden Edelgases an. Sie bilden also relativ leicht positive und sehr stabile Ionen.

Zwischen diesen Extremen liegen die anderen Elemente der 2. bis zur 7. Hauptgruppe, wobei innerhalb einer Periode die Ionisierungspotentiale von den Alkalimetallen zu den Edelgasen hin zunehmen, wenn auch nicht immer streng monoton.

Elektronenaffinität

Der auffälligen Leichtigkeit, mit der Alkalimetalle ein Elektron abgeben, um eine „**Edelgaskonfiguration**" in der Valenzschale zu erreichen, entspricht die große Neigung der Elemente der siebten Hauptgruppe, der so genannten **Halogene**, ein Elektron aufzunehmen und dadurch negative Ionen, die **Halogenid-Ionen** zu bilden. Sie nehmen durch diese Elektronenaufnahme ja die Edelgaskonfiguration des nächstfolgenden Edelgases an.

Die Energie, die erforderlich ist, ein Elektron aufzunehmen und ein negatives Ion zu bilden, ist die **Elektronenaffinität**. Sie kann sowohl positiv (bei der Bildung des negativen Ions muss Energie aufgewendet werden) als auch negativ sein (Energie wird frei; die Energieänderung des Systems ist negativ). Besonders stark negative Werte findet man bei den Halogenen. Dies entspricht der großen Neigung dieser Atome, Elektronen aufzunehmen. Bei Edelgasen ist die Elektronenaffinität dagegen stark positiv. Es bedarf großer Energiezufuhr, um einem Edelgas ein zusätzliches Elektron „aufzuzwingen".

Das Ionisierungspotential und die Elektronenaffinität stehen in Beziehung zum **metallischen** bzw. **nichtmetallischen Charakter** der Elemente. **Metalle besitzen locker gebundene Valenzelektronen.** Ihr Ionisierungspotential ist niedrig und sie neigen zur Bildung positiv geladener Ionen. Sie finden sich im Periodensystem links unten. **Nichtmetalle haben relativ hohe Elektronenaffinität.** Die Energieänderung bei der Bildung negativer Ionen ist gewöhnlich stark negativ. Im Periodensystem stehen typische Nichtmetalle rechts oben. Zwischen diesen Extremen gibt es Übergänge. Die Elemente in der Diagonale von oben links nach rechts unten weisen sowohl metallische als auch nichtmetallische Eigenschaften auf.

Nochmals: Ionenbindung

Mit den beiden Begriffen Ionisierungspotential und Elektronenaffinität lässt sich die anfangs beschriebene heftige Reaktion zwischen Natrium und Chlor leicht verstehen.

Natrium gibt leicht ein Elektron ab (geringes Ionisierungspotential) und bildet ein positives Ion, Chlor hingegen (hohe Elektronenaffinität) nimmt leicht ein Elektron auf und bildet ein negatives Ion. Beide Atome erreichen dadurch die stabile Edelgaskonfiguration: Natrium als Natrium-Ion Na^+ die des Neons und Chlor in Form des Chlorid-Ions Cl^- die des Argons.

In Formelschreibweise können wir schematisch schreiben:

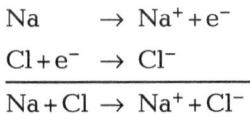

$$\begin{array}{ll} Na & \rightarrow Na^+ + e^- \\ Cl + e^- & \rightarrow Cl^- \\ \hline Na + Cl & \rightarrow Na^+ + Cl^- \end{array}$$

(e^- symbolisiert ein Elektron.)

Für den ersten Teilprozess ist die Ionisierungsenergie des Natriums maßgeblich, für den zweiten die Elektronenaffinität des Chlors.

Die bei dieser Reaktion entstehenden negativen Chlorid-Ionen und die positiven Natrium-Ionen bilden den Ionenkristall Natriumchlorid NaCl (siehe auch Abschnitt 1.8 „Kristalline Festkörper"). Dabei wird aufgrund der **Coulomb'schen Anziehungskraft** zwischen den beiden ungleichnamig geladenen Ionen ein großer Energiebetrag frei, die **Gitterenergie**. Die Elektronendichte zwischen den Ionen ist praktisch Null.

Allgemein können zwei Elemente Ionenbindungen (auch **heteropolare Bindung** genannt) eingehen und Ionenkristalle ausbilden, wenn die Summe aus Elektronenaffinität und Gitterenergie die Ionisierungsenergie übertrifft. Das bedeutet, dass Elemente auf der linken Seite des Periodensystems (erste und zweite Hauptgruppe) gut geeignet sind, mit Elementen auf der rechten Seite (sechste und siebente Hauptgruppe) Ionenkristalle auszubilden.

Noch eine Bemerkung zur chemischen Formel NaCl:

Bei kovalent aufgebauten Verbindungen wie etwa Wasser symbolisiert die Formel H_2O tatsächlich die Wassermoleküle. Jedes Wassermolekül besteht aus zwei H- und einem O-Atom; ein H_2O steht für ein individuelles Wassermolekül.

Dies ist bei Ionenkristallen nicht der Fall. Ein Kochsalzkristall besteht aus ungeheuer vielen positiv geladenen Na^+-Ionen und einer gleich großen Anzahl von negativ geladenen Cl^--Ionen, die in einem geometrisch regulären Kristallgitter angeordnet sind. Eigentlich ist hier der gesamte Kristall mit seiner riesigen Zahl von positiven und negativen Ionen als eine Art riesiges Molekül zu sehen. Es gibt keine individuelle NaCl-Entität aus je einem isolierten Na^+-Kation und einem isolierten Cl^--Ion. Vielmehr bedeutet die chemische Formel bei einem Ionenkristall wie NaCl, dass das Verhältnis der Zahl der Na^+-Ionen und der Zahl der Cl^--Ionen gleich 1 : 1 ist. Die Formel von **Hydroxylapatit**, eines sehr harten Ionenkristalls, der sowohl in der Erdkruste als Mineral als auch als eigentliche **Hartsubstanz im Knochen und im Zahnschmelz** vorkommt, lautet $Ca_5(PO_4)_3OH$. Sie bedeutet, dass das Verhältnis der Anzahl der zweifach positiv geladenen Calcium-Ionen Ca^{2+} zur Anzahl der dreifach negativ geladenen Phosphat-Ionen PO_4^{3-} und zur Anzahl der einfach negativ geladenen Hydroxid-Ionen OH^- gerade 5 : 3 : 1 ist. Aber in jedem makroskopischen Stückchen Hydroxylapatit sind alle drei Ionensorten in riesigen Zahlen vorhanden – es gibt keine isolierten $Ca_5(PO_4)_3OH$-Moleküle.

Daher sprechen wir auch oft von **Ionenbeziehung** anstelle von Ionenbindung.

1.8 Kristalline Festkörper

Lehrziel

Die meisten Festkörper besitzen eine extrem regelmäßige Struktur.

Kristalle zeichnen sich im Gegensatz zu **amorphen** (amorph = formlos) Stoffen durch eine sehr regelmäßige Form aus, die die Menschen schon seit jeher fasziniert hat. Die physikalischen Eigenschaften wie Härte oder Brechungsindex von Kristallen sind – entsprechend ihrer jeweiligen Geometrie – abhängig von der Raumrichtung bezüglich des Kristalls. Man spricht von **Anisotropie** der Eigenschaften im Gegensatz zum richtungsunabhängigen oder **isotropen** Verhalten der Gase, Flüssigkeiten und amorphen Stoffe.

Das unterschiedliche makroskopische Verhalten der Kristalle reflektiert ihren unterschiedlichen molekularen Aufbau. In Kristallen sind die kleinsten Bausteine regelmäßig angeordnet. Diese Bausteine können Atomionen, Molekülionen und auch neutrale Moleküle sein.

Kristalle werden nach verschiedenen Kriterien klassifiziert. Mineralogen und Kristallographen verwenden eine Einteilung in 7 **Kristallsysteme**, die unabhängig von der chemischen Natur ausschließlich auf der geometrischen Symmetrie der Anordnung der kleinsten Bausteine beruht.

Für unsere Zwecke ist eine Einteilung sinnvoller, die nach chemischen Kriterien vorgeht. Wir besprechen im Folgenden vier **Kristalltypen**, die sich in der Art der Gitterbausteine und in den zwischen diesen herrschenden Bindungskräften unterscheiden (*Tab. 1.5*).

Nicht immer lässt sich dieses einfache Schema ohne weiteres anwenden. Zwischen den vier Arten gibt es fließende Übergänge. Das Schema bietet jedoch den Vorteil, charakteristische makroskopische Phänomene auf den inneren Aufbau zurückzuführen.

Jeder Baustein in einem Kristall befindet sich auf einem **Gitterpunkt** (siehe *Abb. 1.17* zum besseren Verständnis). Die Gesamtheit der Gitterpunkte bildet das **Kristallgitter**. Die **Gittergeraden** verbinden einzelne Bausteine, **Gitterebenen**

Tab. 1.5: Einteilung der Kristalltypen gemäß ihrer chemischen Eigenschaften (FP: Festpunkt oder Schmelzpunkt).

Kristalltyp	Bausteine	Bindungsart	Beispiele	Eigenschaften
Ionenkristall	Ionen	Ionenbindung	*Kochsalz, Kalkstein*	FP hoch, hart, spröde
Riesenmolekül	Atome	Kovalente Bindung	*Diamant, Quarz*	FP hoch, hart, spröde
Molekülkristall	Moleküle	Van der Waals-Kräfte	*Iod, organische Substanzen*	FP niedrig, weich
Kristall mit H-Brücke	Moleküle	H-Brücken-bindung	*Eis, Zucker*	FP niedrig, hart, spröde

(**Netzebenen**) werden von der Schar aller Gittergeraden einer Ebene gebildet. Die Schar aller Netzebenen bildet das **dreidimensionale Raumgitter**.

Die molekularen Bausteine eines Kristalls, aber auch in einem **amorphen festen Körper**, halten ihre Positionen ziemlich genau ein. Sie schwingen nur um ihre Gleichgewichtslagen. Das sind bei Kristallen die Schnittpunkte der Gittergeraden, die Gitterpunkte. Sie können aber im Gegensatz zu den Bausteinen von Gasen und Flüssigkeiten keine translatorische (fortschreitende) oder rotatorische (drehende) Bewegung durchführen.

Das regelmäßige Aussehen eines Kristalls beruht auf der regelmäßigen Anordnung seiner kleinsten Bausteine. Kochsalzkristalle beispielsweise sind, bereits mit freiem Auge oder mit der Lupe erkennbar, annähernd würfel- oder oktaederförmig.

Amorphe Festkörper (Glas, Opal) sind makroskopisch unregelmäßig geformt. Dementsprechend besitzen sie mikroskopisch keine Fernordnung; nur in kleineren lokalen Bezirken findet man – so wie auch in Flüssigkeiten – eine gewisse Nahordnung.

Ionenkristalle

Die Bausteine von Ionenkristallen sind elektrisch geladene Teilchen, so genannte **Ionen**. Sie sind entweder positiv oder negativ elektrisch geladen. In einem elektrisch neutralen Kristall muss die Summe der positiven Ladungen gleich der Summe der negativen Ladungen sein. Gleichnamige Ionen stoßen einander ab, ungleichnamige ziehen einander an. Die dabei wirksamen Kräfte nennen wir **Coulomb'sche Kräfte**, sie wirken nach allen Richtungen des Raumes gleich stark (**isotrope, ungerichtete Kräfte**).

Jedes positive Ion ist bestrebt, sich mit möglichst vielen negativen Ionen zu umgeben, und umgekehrt. Daraus resultiert die **dichte Packung** der Ionen, die Zwischenräume möglichst klein hält. Die Zahl der jeweils nächsten Nachbarn eines Ions, die **Koordinationszahl**, ist daher hoch. Sie liegt üblicherweise bei 6 bis 8. Bei Kochsalz etwa, einem sehr typischen Ionenkristall, ist jedes

Natrium-Ion von sechs Chlorid-Ionen umgeben und umgekehrt; die Natrium-Ionen haben ebenso wie die Chlorid-Ionen die Koordinationszahl 6 (*Abb. 1.17*).

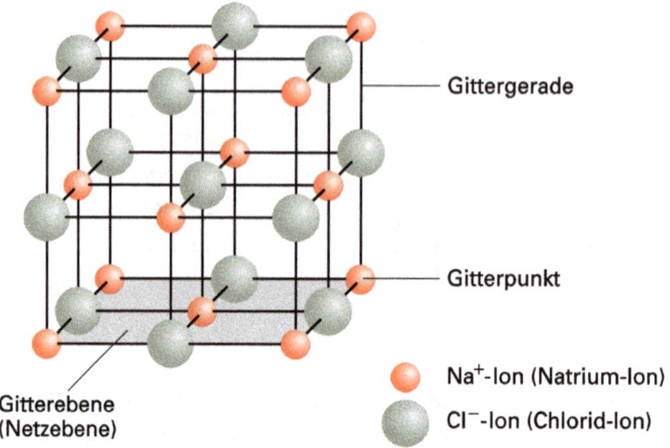

Abb. 1.17: Ein Ausschnitt aus dem kubischen Kristallgitter von Natriumchlorid.

Als Folge der starken Anziehungskräfte und der hohen Koordinationszahl sind Ionenkristalle sehr hart und schmelzen erst bei hohen Temperaturen.

Riesenmoleküle

Ein typischer Vertreter dieser Klasse ist der **Diamant**, eine der bei Raumtemperatur stabilen Modifikationen (Erscheinungsformen) des Elements Kohlenstoff. Jedes Kohlenstoffatom sitzt in diesem Kristallgitter im Zentrum eines gedachten Tetraeders, dessen Eckpunkte wiederum von vier weiteren Kohlenstoffatomen besetzt werden. Zwei unterschiedliche Ansichten dieses hochsymmetrischen Gitters zeigt *Abb. 1.18*.

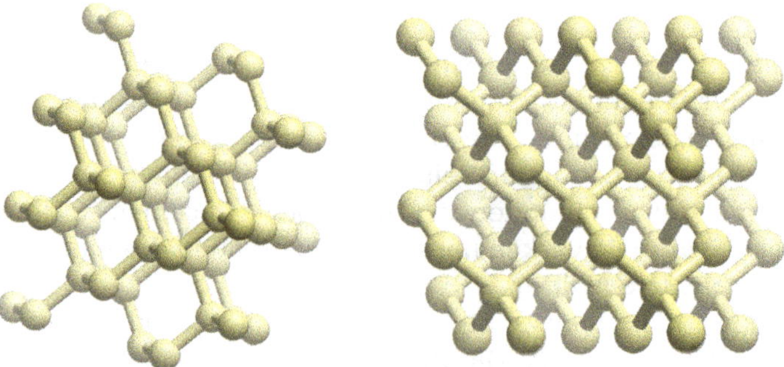

Abb. 1.18: Zwei unterschiedliche Ansichten eines Ausschnitts aus einem Diamantkristall. Jedes C-Atom ist Mittelpunkt eines Tetraeders, der aus den 4 nächsten Nachbaratomen aufgespannt wird.

Die niedrige Koordinationszahl von vier kommt dadurch zustande, dass in diesen Kristallen ganz andere Bindungskräfte wirken als in einem Ionenkristall, **nämlich kovalente Bindungen**, die – im Gegensatz zur räumlich ungerichteten elektrostatischen Ionenbindung – nur in ganz bestimmten Raumrichtungen ausgebildet werden können. Die extreme Härte und der hohe Schmelzpunkt des Diamants über 3550 °C sind Konsequenzen der starken kovalenten Bindungen zwischen den Kohlenstoffatomen.

Kohlenstoff kann aber auch eine ganz andere Struktur ausbilden. Im **Graphit** ist jedes C-Atom von drei C-Atomen in planarer Anordnung umgeben, da sich in der so entstehenden ebenen Schicht sehr stabile polyzentrische Molekülorbitale ausbilden (*Abb. 1.19*).

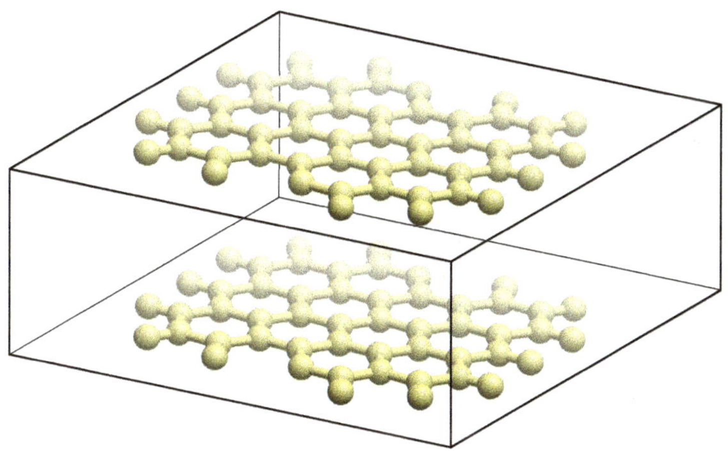

Abb. 1.19: Zwei ebene Schichten aus einem Graphitkristall: Die Bindungsabstände zwischen den C-Atomen innerhalb der hexagonal strukturierten Schicht sind viel kleiner als die Abstände zwischen den Schichten. Der umschriebene Quader dient lediglich der besseren Erfassung der dreidimensionalen Struktur.

Diese molekularen Strukturunterschiede bewirken wahrhaft fulminante Unterschiede in den makroskopischen Eigenschaften zwischen Diamant und Graphit, die in *Tab. 1.6* aufgelistet sind.

Tab. 1.6: Unterschiede zwischen den Kohlenstoff-Modifikationen Diamant und Graphit.

Eigenschaft	Diamant	Graphit
Atomare Geometrie	tetraedrisch	planar
Härte	extrem hart	sehr weich
Lichtabsorption	durchsichtig	undurchsichtig
Elektrische Leitfähigkeit	Isolator	exzellenter Leiter

Die Weichheit des Graphits etwa erklären wir dadurch, dass zwischen den voneinander relativ weit entfernten ebenen Schichten nur schwache Wechselwirkungen bestehen und die Schichten deshalb relativ leicht gegeneinander verschiebbar sind. Die elektrische Leitfähigkeit und die starke Lichtabsorption wiederum kommen von den leicht beweglichen Elektronen in den polyzentrischen Molekülorbitalen. Die Valenzelektronen des Graphits verhalten sich fast wie Metallelektronen.

Molekülkristalle

Abb. 1.20 zeigt für ein charakteristisches Beispiel für diese Klasse von Kristallen, den Iodkristall, die Anordnung der Bausteine (zweiatomige Iodmoleküle I_2).

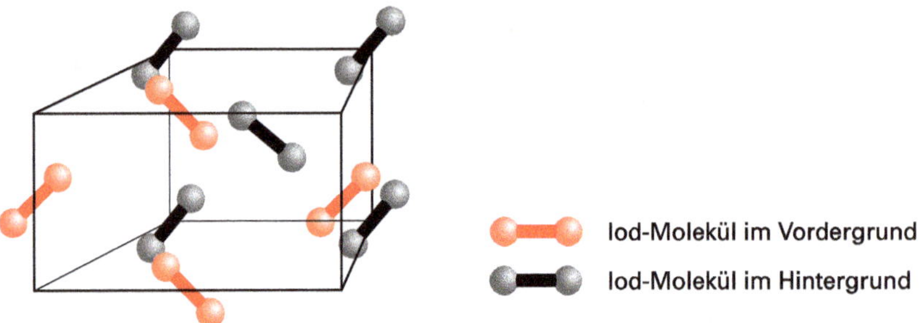

Abb. 1.20: Struktur des festen Iods. Der umschriebene Quader dient lediglich der besseren Erfassung der dreidimensionalen Struktur.

Zwischen elektrisch neutralen Molekülen können weder Ionenbindungen noch kovalente Bindungen ausgebildet werden. Dennoch können auch Verbindungen, die aus neutralen Molekülen bestehen, ja sogar die extrem reaktionsträgen Edelgase, durch entsprechend starke Temperaturabsenkung verflüssigt und verfestigt werden. Es muss also auch hier gewisse Bindungskräfte geben. Diese so genannten **Van der Waals-Kräfte** sind sehr viel schwächer als Ionenbindungen oder kovalente Bindungen. Moleküle sind meist nicht kugelsymmetrisch, daher ist auch die Packungsdichte in solchen Kristallen gering.

Als Folge davon sind Molekülkristalle meist weich und tiefschmelzend. Die meisten Nichtmetallverbindungen, insbesondere die meisten organischen Verbindungen, gehören zu dieser Gruppe.

Kristalle mit Wasserstoff-Brückenbindungen

Der Prototyp für diese Kristalle, festes Eis, wird in Abschnitt 1.6, „Die Wasserstoff-Brückenbindung", besprochen. Viele wichtige polare Naturstoffe, die H-Brückenbindungen ausbilden können, wie etwa Zucker, bilden ebenfalls Kristalle auf

Basis dieser speziellen Bindungsform. Die Schmelzpunkte sind meist eher niedrig. Dank der Stabilität der H-Brückenbindung, die doch wesentlich größer ist als die von Van der Waals-Kräften, sind solche Kristalle härter und spröder als viele typische Molekülkristalle.

1.9 Gase

Lehrziel

In diesem Abschnitt spüren wir den fundamentalen Gesetzmäßigkeiten nach, die das Verhalten von Gasen beherrschen. Wir werden sehen, dass sehr einfache und einleuchtende Beziehungen zwischen den so genannten Zustandsvariablen bestehen, die den Zustand eines Gases in makroskopischer Hinsicht beschreiben. Ganz nebenbei werden wir hier tiefe und fundamentale Naturgesetze kennen lernen, die in ihrer Bedeutung weit über das Thema „Gase" hinausgehen. Die wichtigsten Gase werden wir auch kurz vorstellen.

Gase stellen in vielerlei Hinsicht die am einfachsten zu verstehende Zustandsform der Materie dar. Sie gehorchen wohlbekannten statistischen Gesetzmäßigkeiten und sind einander in ihrem Verhalten sehr ähnlich.

Gase erfüllen jedes ihnen zur Verfügung gestellte Volumen vollkommen gleichmäßig. Sie sind leicht komprimierbar, und wir können sie vollständig, das heißt in jedem beliebigen Verhältnis, miteinander mischen; sie bilden immer eine einzige Phase. Diese Eigenschaften führten schon früh zur Ansicht, Gase bestünden aus kleinsten Teilchen, die sich regellos, nur statistischen Gesetzen gehorchend, im Raum bewegen und im Mittel verhältnismäßig große Abstände voneinander haben, weshalb auch die Wechselwirkungen zwischen den Teilchen sehr schwach sein sollten.

Eine bemerkenswerte Eigenschaft von Gasen, die sie von Flüssigkeiten und Festkörpern unterscheidet, besteht darin, dass das Volumen einer gegebenen Gasmenge sehr stark von der Temperatur und vom Druck abhängt. Wie wir später noch ausführlicher besprechen werden, bezeichnet man Variablen wie Volumen, Temperatur, Druck usw., die den Zustand eines Systems bestimmen, als **Zustandsvariablen**.

Merke: Der Zustand eines beliebigen Gases lässt sich beschreiben durch Angabe der Stoffmenge, des Volumens, des Druckes und der Temperatur.

Die im Folgenden vorgestellten **Gasgesetze** vermitteln einen lebhaften Eindruck von der prinzipiellen naturwissenschaftlichen Methode, aus Experimenten gewonnene Einsichten in mathematischen Relationen und Gleichungen auszudrücken und aus solchen Gesetzen weiterführende Erkenntnisse – besonders auch anhand grafischer Darstellungen – zu gewinnen.

Das Boyle'sche Gesetz

Bereits 1662 untersuchte der englische Naturforscher Robert Boyle, wie das Volumen einer gegebenen Gasmenge durch Druckänderungen beeinflusst werden kann. Ausgangspunkt seiner Experimente war die Beobachtung, dass das Volumen durch Anwendung eines hohen Drucks verkleinert werden kann. Boyle fand durch systematische Experimente heraus, dass das **Volumen (V) dem Druck (P) verkehrt proportional** ist:

$$V \propto \frac{1}{P}$$

Da sieht so verführerisch einfach aus, dass jemand fragen könnte, was an dieser Erkenntnis denn so besonders sei. Es ist in der Tat eine wichtige Erkenntnis: Wüssten wir nur, dass steigender Druck zu abnehmendem Volumen führt, so könnten wir darüber streiten, ob beispielsweise eine Verdoppelung des Drucks zur Abnahme des Volumens auf die Hälfte, auf ein Drittel, ein Viertel, oder sonst irgendeinen Bruchteil des ursprünglichen Volumens führte. Boyle hat uns die Antwort gegeben:

Merke: Eine Verdoppelung des Drucks bewirkt die Abnahme des Volumens gerade auf die Hälfte; eine Verdreifachung des Drucks lässt das Volumen auf ein Drittel schrumpfen.

Wir können Boyle's Gesetz auch anders schreiben, etwa

$$V = \frac{\text{const.}}{P} \quad \text{oder} \quad P \cdot V = \text{const.}$$

Diese letzte Formulierung lehrt uns, dass eine bestimmte Gasmenge, die beim Druck P_1 das Volumen V_1 einnimmt, unter einem anderen Druck P_2 ein neues Volumen V_2 einnimmt, so dass das **Produkt Volumen mal Druck konstant** bleibt:

$$P_1 \cdot V_1 = P_2 \cdot V_2$$

Dies gilt allerdings nur, wenn gleichzeitig die Temperatur (T) des Gases konstant gehalten wird; wir sprechen von einem **isothermen Prozess**. Außerdem gilt das Gesetz in dieser einfachen Formulierung natürlich nur, wenn auch die betrachtete Stoffmenge (n) konstant bleibt.

Die exakteste Schreibweise für unser Problem ist daher

$$(P \cdot V)_{T,n} = \text{const.}$$

Durch diese Ausdrucksweise soll der isotherme, bei konstanter Stoffmenge ablaufende Vorgang repräsentiert werden.

Der Tatbestand, der dem Boyle'schen Gesetz zugrunde liegt, lässt sich sehr instruktiv wie in *Abb. 1.21* grafisch darstellen.

Das Boyle'sche Gesetz beschreibt offenbar **Hyperbeln im Volumen-Druck-Koordinatensystem** (V,P-Diagramm). Wir finden hier das Verhalten einer bestimmten Gasmenge einmal bei einer höheren (500 °C) und einmal bei einer niedrigeren Temperatur (0 °C) eingezeichnet. Die Hyperbel, der die höhere Tem-

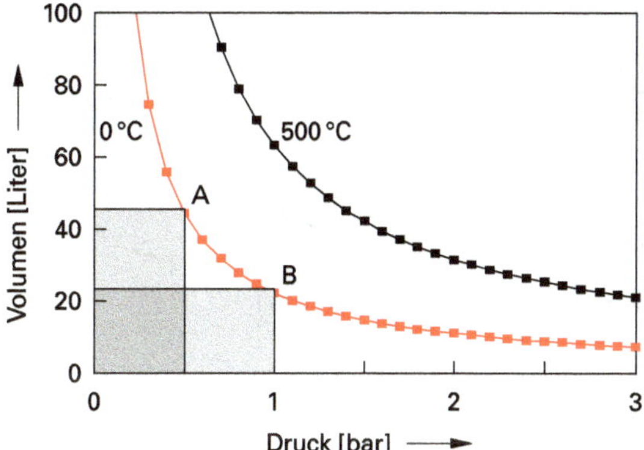

Abb. 1.21: Graphische Darstellung des Gesetzes von Boyle für eine bestimmte Gasmenge bei zwei verschiedenen Temperaturen. Die Flächen aller Rechtecke, die von beliebigen Punkten einer der Hyperbeln mit den Koordinatenachsen gebildet werden können, sind gleich groß. Zwei solcher Rechtecke sind eingezeichnet.

peratur zugrunde liegt, befindet sich an allen Punkten oberhalb der zweiten Hyperbel, die das Gas bei der tieferen Temperatur beschreibt. Die Flächen aller bei willkürlich gewählten Punkten A und B einer Hyperbel mit den Koordinatenachsen gebildeten Rechtecke – das sind geometrisch gerade die jeweiligen Produkte Druck mal Volumen – sind gleich groß.

Das Gesetz von Charles und Gay-Lussac. Thermodynamische (absolute) Temperaturskala

Nach der Entdeckung des Boyle'schen Gesetzes vergingen über 100 Jahre, bis auch für die **Abhängigkeit des Gasvolumens von der Temperatur** ein mathematisch präziser Zusammenhang gefunden wurde. 1787 fanden der französische Physiker Jacques Alexandre Charles und 1802 der französische Chemiker und Physiker Joseph Louis Gay-Lussac eine einfache lineare Beziehung zwischen Gasvolumina und der Temperatur. Erwärmen wir ein Gas um ein Grad Celsius (1 °C), so dehnt es sich ziemlich genau um $\frac{1}{273}$ des Volumens aus, welches diese Gasmenge bei 0 °C einnimmt. Eine Gasmenge, die bei 0 °C etwa 273 mL Volumen besitzt, nimmt bei gleichem Druck bei 1 °C ein Volumen von 274 mL, bei 5 °C ein Volumen von 278 mL, und bei 100 °C ein Volumen von 373 mL ein.

Bezeichnen wir das Volumen einer Gasmenge bei 0 °C als V_0, so können wir schreiben:

$$\text{bei } 1\,°\text{C:} \quad V_1 = V_0 + \frac{V_0}{273} \cdot 1 = V_0 \cdot \left(1 + \frac{1}{273}\right)$$

$$\text{bei } 2\,°\text{C:} \quad V_2 = V_0 + \frac{V_0}{273} \cdot 2 = V_0 \cdot \left(1 + \frac{2}{273}\right)$$

und allgemein

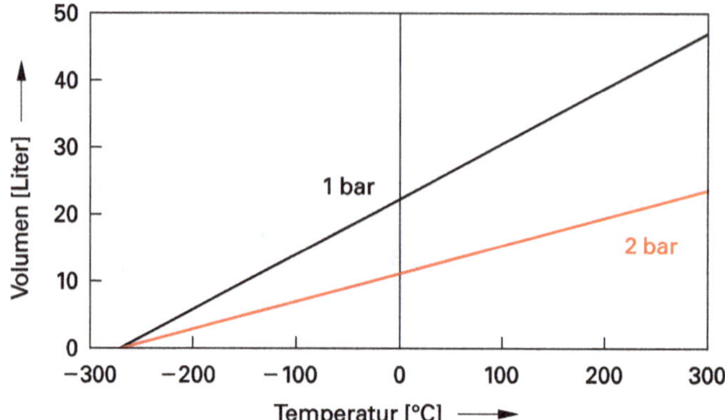

Abb. 1.22: Graphische Darstellung des Gesetzes von Charles und Gay-Lussac für eine bestimmte Gasmenge bei zwei verschiedenen Drücken. Die gedachten Verlängerungen der Geraden schneiden sich in einem Punkt, der auf der Abszisse bei einem Volumen von Null und bei der Temperatur −273,15 °C liegt.

$$\text{bei } t\,^\circ\text{C:} \quad V_1 = V_0 + \frac{V_0}{273} \cdot t = V_0 \cdot \left(1 + \frac{t}{273}\right)$$

Diese einfache Beziehung gilt natürlich nur dann, wenn sowohl der Druck als auch die Stoffmenge während der Temperaturveränderung konstant gehalten werden. Der mittlere Ausdruck in der letzten Gleichung zeigt uns außerdem, dass die grafische Darstellung dieses Zusammenhanges **in einem Volumen-Temperatur-Diagramm** (V,t-Diagramm) **eine Gerade** sein muss mit einem Ordinatenabschnitt V_0 und einer Steigung $\frac{V_0}{273}$ (*Abb. 1.22*)

Unterschiedliche Drücke werden durch verschiedene Geraden repräsentiert, wobei ihre Steigung ebenso wie ihr Ordinatenabschnitt umso kleiner ist, je höher der Druck ist: Die bei den jeweiligen Drücken gemessenen Volumina V_0 bestimmen die Steigung der Geraden.

Nun kommt ein entscheidender theoretischer Schritt. Wir sehen, dass die beiden Geraden einander in einem gemeinsamen Punkt schneiden, dem formal das Volumen Null zukommt. Dieser Schnittpunkt ist allerdings in der experimentellen Praxis nicht erreichbar; kühlen wir ein Gas ab, so wird die Temperatur irgendwann den Siedepunkt des betreffenden Gases unterschreiten, und das Gas kondensiert zur Flüssigkeit, die ganz anderen Gesetzmäßigkeiten gehorcht. Die Temperatur dieses also nur **hypothetischen Schnittpunktes** der verschiedenen Geraden im Volumen-Temperatur-Diagramm ist – für jedes beliebige Gas (!) – 273,15 °C.

Hier sind wir auf etwas ganz Besonderes gestoßen: Lange Zeit war die Temperatur nur unter Bezugnahme auf irgendeinen **willkürlich gewählten Standard** messbar. Die Celsius-Temperaturskala etwa nimmt den Schmelzpunkt von Eis als Nullpunkt (0 °C) an. Der Siedepunkt des Wassers auf Meeresniveau definiert den Punkt 100 °C. Die Temperaturdifferenz dazwischen wird in 100 gleich große Temperaturintervalle geteilt. Andere Temperaturskalen, etwa die von Fahrenheit, verwenden andere Bezugspunkte. Jetzt aber gewinnen wir etwas ganz Neues, nämlich einen **absoluten Nullpunkt der Temperatur**, unterhalb dessen Temperaturen nicht absinken können.

Wir definieren daher eine **neue Temperaturskala**, für welche diese niedrigste Temperatur von −273,15 °C als Nullpunkt gewählt wird, wobei die Skalierungsintervalle der Celsius-Skala beibehalten werden. Diese Temperatur bezeichnen wir im Gegensatz zur Celsius-Temperatur t als **thermodynamische Temperatur T** (früher auch **absolute Temperatur** genannt) mit der Einheit Kelvin [K].

Wir erreichen mit der Definition

$$T \equiv t + 273{,}15\ [\mathrm{K}] \quad \text{bzw.}$$
$$t \equiv T - 273{,}15\ [^\circ\mathrm{C}]$$

eine besonders einfache Form des Gesetzes von Charles und Gay-Lussac:

$$V = V_0 \cdot \left(1 + \frac{t}{273{,}15}\right) = V_0 \cdot \frac{273{,}15 + t}{273{,}15} = V_0 \cdot \frac{T}{T_0}$$

oder

$$\frac{V}{T} = \frac{V_0}{T_0}$$

wenn wir für die Temperatur 0 °C = 273,15 K das Symbol T_0 schreiben. In exakter Schreibweise können wir auch formulieren:

$$\left(\frac{V}{T}\right)_{P,n} = \text{const.}$$

Dies ist die Gleichung einer Geraden durch den Ursprung des neuen Koordinatensystems, dessen Abszisse durch die absolute Temperatur gebildet wird.

Das Gesetz von Avogadro

Gay-Lussac hatte 1808 entdeckt, dass Gase immer im Verhältnis ganzer Zahlen reagieren: 1 Liter Sauerstoffgas etwa reagiert mit 2 Litern Wasserstoffgas restlos zu Wasser; 1 Liter Stickstoff verbindet sich exakt mit 3 Litern Wasserstoffgas zu Ammoniak. Dieser Befund veranlasste den italienischen Physiker Amadeo Avogadro im Jahre 1811, eine Hypothese aufzustellen, die heute als gesichert angesehen werden kann:

Merke: Gleiche Volumina beliebiger idealer Gase enthalten unter gleichen äußeren Bedingungen (gleicher Druck, gleiche Temperatur) gleich viele Teilchen („Moleküle").

In Anlehnung an die beiden Gesetze von Boyle sowie Gay-Lussac können wir auch schreiben:

$$\left(\frac{V}{n}\right)_{P,T} = \text{const.}$$

Ideale und reale Gase

Alle bisher besprochenen Gesetzmäßigkeiten gelten streng nur für so genannte **ideale Gase**. Darunter verstehen wir die gedankliche Abstraktion eines Gases, dessen Teilchen als **Punktmassen**, also ohne räumliche Ausdehnung, gedacht werden, zwischen denen **keine Kräfte** wirken. **Reale Gase** zeigen Abweichungen vom idealen Verhalten.

Merke: Je höher die Temperatur und je niedriger der Druck eines Gases ist, desto idealer ist sein Verhalten; das heißt, desto exakter befolgt dieses Gas die besprochenen Gesetze.

Das Verhalten typischer Gase, etwa der Bestandteile der Luft, kann bei Normalbedingungen praktisch als ideal angesehen werden.

Das Allgemeine Gasgesetz

Die Gesetze von Boyle, von Charles und Gay-Lussac und von Avogadro können wir zu einer einzigen umfassenden Gleichung, der **Allgemeinen Gasgleichung**, kombinieren:

$$P \cdot V = n \cdot R \cdot T$$

In dieser Gleichung finden wir neben den schon vertrauten Zustandsvariablen P, V, n und T eine weitere Größe R. Diese wird **Allgemeine Gaskonstante** genannt und bezeichnet den Proportionalitätsfaktor, der den Zusammenhang zwischen den Zustandsvariablen Druck, Volumen, Temperatur und Stoffmenge regelt. R hat die Dimension einer Energie pro Mol und Kelvin und ist gegeben durch

$$R = 8{,}314 \quad J \cdot K^{-1} \cdot mol^{-1}$$

Die Allgemeine Gaskonstante R ist eine Naturkonstante, deren Bedeutung weit über die Allgemeine Gasgleichung hinausreicht. Sie begegnet uns in vielerlei wichtigen Zusammenhängen, so etwa in der **Theorie des Chemischen Gleichgewichts**, aber auch in der **Arrhenius'schen Theorie der Chemischen Kinetik**. Ebenso finden wir R, dividiert durch die Avogadro-Zahl N_A, als **Boltzmann-Konstante** in der wichtigen Formel, die die thermodynamische Wahrscheinlichkeit W eines Zustands mit der Entropie verknüpft (siehe Kapitel 2, Abschnitt 2 „Grundlagen der Thermodynamik"):

$$S = k \cdot \ln W \quad \text{mit} \quad k = \frac{R}{N_A}$$

Für eine Gasmenge von 1 Mol stellt *Abb. 1.23* die Allgemeine Gasgleichung grafisch dar.

Die Abbildung zeigt einerseits, wenn wir eine konstante Temperatur betrachten, den hyperbelförmigen Verlauf des Volumens in Abhängigkeit vom Druck entsprechend dem Gesetz von Boyle (siehe fette schwarze Kurve in *Abb. 1.23*); hält man hingegen den Druck konstant, so finden wir exakt die im Gesetz von Charles

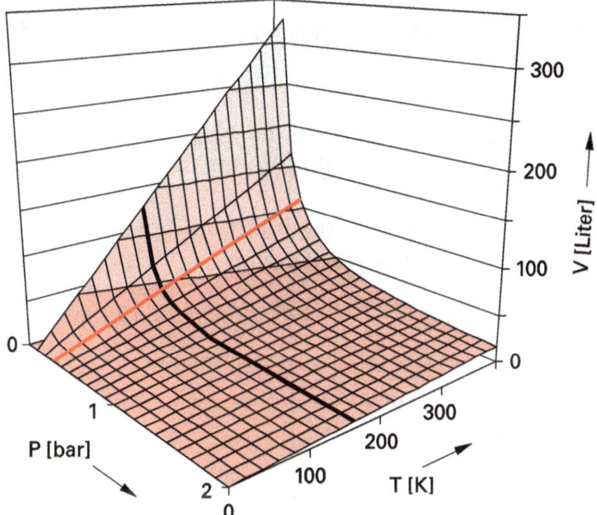

Abb. 1.23: Graphische Darstellung der Allgemeinen Gasgleichung, die die Gesetze von Boyle, Charles und Gay-Lussac, und Avogadro zusammenfasst.

und Gay-Lussac vorhergesagte lineare Beziehung zwischen Volumen und Temperatur (fette rote Gerade in *Abb. 1.23*).

Das Molvolumen des idealen Gases

Die Allgemeine Gasgleichung erlaubt die Berechnung einer der in ihr steckenden Zustandsvariablen, wenn die drei anderen bekannt sind. Ein wichtiges und interessantes Beispiel ist das Folgende:
1 Mol eines beliebigen idealen Gases besitzt, unabhängig von seiner stofflichen Identität, bei gegebener Temperatur und Druck immer dasselbe Volumen. Wählen wir die üblichen **Normalbedingungen** ($T = 273{,}15\ K = 0\,°C$, $P = 101325\ Pa = 101325\ N \cdot m^{-2} = 101325\ J \cdot m^{-3} = 101{,}325\ J \cdot L^{-1}$), so finden wir nach Umformung

$$V = \frac{n \cdot R \cdot T}{P} = \frac{1 \cdot 8{,}314 \cdot 273{,}15}{101{,}325} = 22{,}414\ L$$

Dies ist das **Molvolumen eines idealen Gases**.

Was bedeutet dieses Ergebnis? Für alle Gase, die sich bei den üblichen Normalbedingungen genügend ideal verhalten, das sind insbesondere die wichtigen Gase wie Stickstoff, Sauerstoff, aber auch Kohlendioxid, Kohlenmonoxid und natürlich Wasserstoff und die Edelgase, können wir so sehr einfache Beziehungen aufstellen.

Welche Aussagen können wir anhand des neu gewonnenen Begriffs des Molvolumens machen?

- So nimmt etwa 2 g H_2 (das ist ein Mol H_2) bei Normalbedingungen ein Volumen von 22,414 L ein; dasselbe Volumen O_2 aber wiegt 32 g, da ein Mol O_2 32 g wiegt.
- Stellen wir für 2 g H_2 bei 0 °C jedoch nur ein Volumen von 1 L zur Verfügung, beträgt der Druck dieser Gasmenge

  $$P = 22{,}414 * 101325 = 2271099 \text{ Pa} \quad \text{oder} \quad 22{,}71 \text{ bar}$$

- Welche Temperatur müssen wir einstellen, damit 1 g H_2 in einem Volumen von 22,414 L den Normaldruck von 101325 Pa entwickelt? Da 1 g H_2 gerade 0,5 mol H_2 ist, gilt:

  $$T = \frac{P \cdot V}{R \cdot n} = \frac{101{,}325 \cdot 22{,}414}{8{,}314 \cdot 0{,}5} = 546 \text{ K}$$

  Dieses Ergebnis hätten wir auch ohne ausführliche Berechnung leicht ableiten können: Da wir nur 0,5 mol H_2 haben, muss die Temperatur gerade doppelt so groß sein wie bei Normalbedingungen, damit der Druck gleich dem Normaldruck wird; doppelte Temperatur aber nicht auf der Celsius-Skala, sondern auf der thermodynamischen Temperaturskala! Dies ist das Doppelte von 273 K (Normaltemperatur von 0 °C), also 546 K (oder 273 °C).

Das Dalton'sche Partialdruckgesetz

Der englische Naturforscher John Dalton fand 1801 bei seinen Experimenten, dass beim Vermischen verschiedener Gase das Gesamtvolumen nicht verändert wird. Er nannte den Druck eines Bestandteiles einer Gasmischung, den dieser ausüben würde, befände er sich alleine in dem verfügbaren Volumen, den **Partialdruck**. Aus dieser experimentellen Beobachtung Daltons ergibt sich das **Partialdruckgesetz**:

$$P_{gesamt} = P_1 + P_2 + P_3 + \ldots = \sum_{i=1}^{n} P_i$$

Merke: Der Gesamtdruck einer Mischung von idealen Gasen ist gleich der Summe der Partialdrücke der Komponenten der Mischung.

Jedes Gas benimmt sich sozusagen so, als ob es alleine anwesend wäre. Das gilt natürlich streng nur für ideale Gase bzw. Gase, die sich bei den entsprechenden Bedingungen genügend ideal verhalten. Die Hauptgase der Luft, N_2 und O_2, können wir bei normalen Lebensbedingungen problemlos als ideal betrachten.

Wir verwenden Partialdrücke auch, um die Zusammensetzung eines feuchten Gases zu beschreiben. Der **Gesamtdruck in unserer Lunge** setzt sich beispielsweise so zusammen:

$$P = P_{Trockenluft} + P_{H_2O}$$

Nun wissen wir, dass Wasser in einem geschlossenen Gefäß so lange verdampft, bis ein Gleichgewicht zwischen Verdampfung und Kondensation erreicht wird, der so genannte **Sättigungsdampfdruck**. Dieser ist, wie jedes chemische Gleichgewicht, abhängig von der Temperatur. In erster Näherung können wir auch die Lunge so behandeln. Bei 37 °C beträgt der Dampfdruck von H_2O 6266 Pa. Daher ist der Partialdruck der Trockenluft in der Lunge bei normalen Wetterbedingungen auf Meereshöhe etwa

$$P_{Trockenluft} = P - P_{H_2O} = 101325 - 6266 = 95059 \text{ Pa}$$

Löslichkeit von Gasen in Flüssigkeiten (Henry'sches Gesetz)

Viele Organismen sind zur Atmung auf in Wasser gelösten Sauerstoff angewiesen. Obwohl Sauerstoff und die meisten anderen Gase apolare Moleküle haben, lösen sich kleine Mengen von Gasen in Wasser. Die Löslichkeit hängt – bei gegebener Temperatur – vom Druck bzw. Partialdruck des Gases über der Flüssigkeit ab. Dies überrascht uns nicht sehr. Höhere Drücke bedeuten mehr Gasmoleküle pro Volumseinheit und daher wird das chemische Gleichgewicht zwischen den „in die Flüssigkeit stürzenden" Molekülen und dem Wiederverdampfen des Gases aus der Flüssigkeit erst bei höheren Konzentrationen der gelösten Gasmoleküle erreicht. Der englische Chemiker William Henry fand 1801 heraus, dass eine einfache Proportionalität zwischen dem Partialdruck eines Gases und seiner Löslichkeit in einer Flüssigkeit besteht:

$$s = k_H \cdot P$$

Dabei ist k_H die Henry-Konstante. Die folgende Tabelle listet k_H für verschiedene Gase in Wasser bei 20 °C auf:

Tab. 1.7: Die Henry-Konstante für verschiedene Gase.

Gas	k_H ($mol \cdot L^{-1} \cdot Pa^{-1}$)
Luft	$7{,}80 \cdot 10^{-9}$
Argon	$1{,}48 \cdot 10^{-8}$
Kohlendioxid	$2{,}27 \cdot 10^{-7}$
Helium	$3{,}65 \cdot 10^{-9}$
Wasserstoff	$8{,}39 \cdot 10^{-9}$
Neon	$4{,}93 \cdot 10^{-9}$
Stickstoff	$6{,}91 \cdot 10^{-9}$
Sauerstoff	$1{,}28 \cdot 10^{-8}$

Abb. 1.24 zeigt für einige Gase die durch das Henry'sche Gesetz repräsentierte lineare Proportionalität

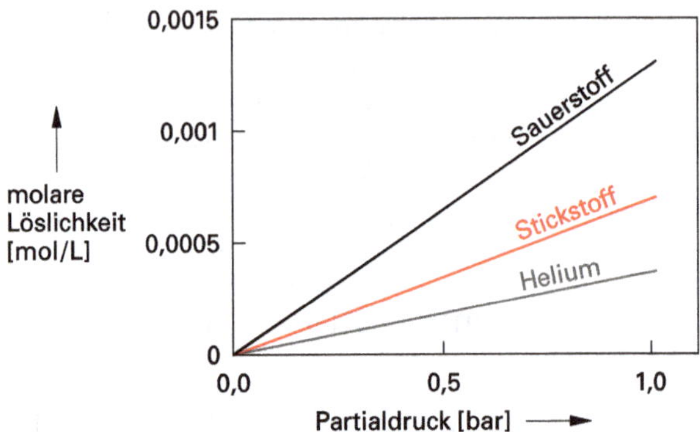

Abb. 1.24: Die Löslichkeit einiger Gase in Wasser in Abhängigkeit vom Partialdruck des jeweiligen Gases. Die Steigungen der Geraden entsprechen der jeweiligen Henry-Konstante.

Wir nutzen das Henry'sche Gesetz für ein interessantes Beispiel:

Um Leben im Wasser zu gewährleisten, muss die Sauerstoffkonzentration mindestens $1.3 \cdot 10^{-4}$ mol $\cdot$ L^{-1} betragen. Wie groß ist die Sauerstoffkonzentration in einem See auf Meereshöhe?

Die Lösung erhalten wir durch das Henry'sche Gesetz, wenn wir den Partialdruck von Sauerstoff auf Meereshöhe kennen. Er beträgt, entsprechend dem Sauerstoffanteil der Luft, 21% des Normaldrucks. Somit ergibt sich

$$s_{O_2} = k_H \cdot P_{O_2} = 1{,}28 \cdot 10^{-8} \cdot 0{,}21 \cdot 101325 = 2{,}73 \cdot 10^{-4}\ \text{mol} \cdot L^{-1}$$

Das ist mehr als ausreichend, um aquatisches Leben zu erhalten.

Einige wichtige Gase

Der Gaszustand kommt in der Natur nicht besonders häufig vor. Von den Elementen etwa sind bei Normalbedingungen nur Wasserstoff, die Edelgase, Stickstoff, Sauerstoff, Fluor und Chlor gasförmig; dazu kommen einige niedermolekulare Verbindungen wie die Oxide des Kohlenstoffs (Kohlenmonoxid CO und Kohlendioxid CO_2), des Stickstoffs (Stickstoffmonoxid NO, Stickstoffdioxid NO_2, Distickstoffmonoxid = Lachgas N_2O) und Schwefeldioxid SO_2 sowie die Wasserstoffverbindungen von Kohlenstoff (Methan CH_4, Ethan H_3C-CH_3, Propan $H_3C-CH_2-CH_3$ und Butan $H_3C-CH_2-CH_2-CH_3$), Stickstoff (Ammoniak NH_3, Schwefel (Schwefelwasserstoff H_2S) und der Halogene (Fluorwasserstoff HF,

Chlorwasserstoff HCl, Bromwasserstoff HBr und Iodwasserstoff HI) sowie einige wenige andere (siehe Kapitel 6, Abschnitt 1 „Die Elemente des Lebens" und Kapitel 3, Abschnitt 8 „Sauerstoff – ein Gas mit vielen Gesichtern").

1.10 Flüssigkeiten, Gläser und gummiartige Stoffe

Lehrziel

Keine Fernordnung, aber doch gewisse Regelmäßigkeiten in kleineren Bereichen, zeichnen diese Zustandsformen der Materie aus.

Flüssigkeiten sind die theoretisch am schwierigsten zu fassende Zustandsform der Materie: Sie sind, wie schon kurz besprochen, weder so regulär aufgebaut wie kristalline Festkörper noch verhalten sich ihre Bausteine so völlig regellos wie Gase.

Während ihnen wie den Gasen die Eigenschaft der Härte fehlt, da sie Formänderungen keinen merklichen Widerstand entgegensetzen, sind sie bezüglich ihrer Kompressibilität und ihrer Dichte den Festkörpern vergleichbar. Da zwischen den Bausteinen einer Flüssigkeit im Gegensatz zu Gasen erhebliche Wechselwirkungskräfte bestehen, ist die Packungsdichte sehr ähnlich der bei Kristallen. Dies hat zur Folge, dass zwischen den Bausteinen nur wenig Platz verbleibt, so dass trotz Druckerhöhung keine wesentliche Volumensverkleinerung möglich ist.

Kühlt man Flüssigkeiten sehr rasch ab, insbesondere sehr viskose Flüssigkeiten, deren Teilchen durch starke Wechselwirkungskräfte nur wenig beweglich sind, so kann unter Umständen die Umordnung der Teilchen zum hoch geordneten Kristallzustand unterbleiben. Es entsteht ein **amorpher Festkörper**, der zwar wie ein kristalliner Festkörper die Eigenschaft der Härte besitzt, dessen Bausteine aber ähnlich ungeordnet sind wie in einer Flüssigkeit. Wir sprechen auch von „unterkühlter Schmelze".

Hochviskose Substanzen, die sich bereits tief unter ihrem eigentlichen Schmelzpunkt befinden und dennoch ungeordnet bleiben, da den Teilchen wegen der geringen Temperatur die Beweglichkeit fehlt, eine Kristallordnung aufzubauen, nennen wir Gläser. **Gläser** bestehen aus hoch vernetzten, komplexen Molekülen, die nur schwer eine kristalline Struktur bilden können. Sie haben keinen scharfen Schmelzpunkt. Bei mechanischer Spaltung werden keine ebenen Flächen erhalten.

Gummiartige Stoffe sind **elastisch**. Bei Einwirkung einer Kraft verändern sie ihre Form, die ursprüngliche Form bildet sich aber nach dem Aufhören der Krafteinwirkung wieder zurück. Gummi besteht aus sehr langen Fadenmolekülen, die unter dem Einfluss der thermischen Bewegung unregelmäßige Knäuel bilden. Dehnt man Gummi, so werden die Knäuel teilweise entwirrt, die Fadenmoleküle werden gestreckt und orientieren sich in die Streckrichtung. Dehnen bringt die Bausteine eines gummiartigen Stoffes in einen höheren Ordnungszustand, und das Streben nach größter Unordnung bewirkt, dass bei Nachlassen der Dehnungskraft die Moleküle wieder in ihre ungeordnete verknäuelte Struktur zurückstreben, der gummiartige Stoff sich also wieder zusammenzieht. Erwärmen wir einen gummiartigen Stoff, so setzt er einer Dehnung einen größeren Widerstand entgegen, da bei der höheren Temperatur die Beweglichkeit der Moleküle und damit ihre Tendenz zur unregelmäßigen Verknäuelung steigen. Dies steht in Gegensatz zum Verhalten kristalliner Stoffe, etwa einer Metallfeder: Diese setzt der Dehnungskraft einen Widerstand entgegen, da sie den hoch geordneten Kristallzustand beizubehalten sucht. Erwärmen wir die Metallfeder, so wird wegen der steigenden Beweglichkeit der Bausteine die Ordnung des Kristalls gestört, der Kristall also weniger stabil. Damit sinkt die rückstellende Kraft und die Metallfeder lässt sich leichter dehnen.

1.11 Die Osmolalität und andere kolligative Eigenschaften

Lehrziel

„Molarität" und „Molalität" kennen wir bereits. Was aber bedeuten die Begriffe „Osmolarität" und „Osmolalität"? Bei der Diskussion dieser Begriffe lernen wir den „osmotischen Druck" kennen, ein Musterbeispiel für einige Gesetzmäßigkeiten in der Natur, die zentral mit der Stoffmenge und insbesondere dem Teilchenbegriff zusammenhängen (die so genannten „kolligativen Eigenschaften").

In diesem Abschnitt wollen wir zuerst Vorgänge betrachten, die ablaufen, wenn zwei Lösungen, die einen Stoff A in verschiedenen Konzentrationen enthalten, voneinander durch eine poröse Membran getrennt sind. Die Membran verhindert ein einfaches mechanisches Vermischen der beiden Lösungen; die Größe der Poren kann aber variabel sein, so dass sich entweder nur Lösungsmittelmoleküle oder sowohl Lösungsmittelmoleküle als auch der gelöste Stoff A durch die Membran hindurch bewegen können. Wir werden sehen, dass die Beschreibung für derartige Vorgänge ganz wesentlich von der Zahl der beteiligten Teilchen der Substanz A abhängt, überraschenderweise aber nicht von der chemischen Natur von A. Es gibt übrigens noch einige andere Eigenschaften von Lösungen, die nur von der Zahl, nicht aber von den chemischen Charakteristika der gelösten Teilchen bestimmt werden. Wir wollen auch diese so genannten **kolligativen Gesetze** im Anschluss kurz besprechen.

Diffusion

Ist die Membran für Lösungsmittelmoleküle und den gelösten Stoff A durchlässig, so spricht man von **freier** oder **ungehinderter Diffusion**. Ein ursprünglich quer zur Membran bestehender **Konzentrationsgradient** (Konzentrationsunterschied) wird im Laufe der Zeit verringert, und schließlich gleichen sich die Konzentrationen auf beiden Seiten der Membran aus. Wir können diesen Konzentrationsausgleich gut verstehen, wenn wir die mikroskopischen Vorgänge betrachten. Auf jeder Seite der Membran ist die Wahrscheinlichkeit, dass ein Teilchen auf die andere Seite der Membran überwechselt, proportional der jeweiligen Konzentration. Je mehr Teilchen da sind, desto mehr haben pro Zeiteinheit die Chance, im Zuge ihres regellosen „Herumirrens" durch die Membran hindurch zu treten. Daher werden zu Beginn mehr Teilchen von der Seite der höheren Konzentration auf die Seite der niedrigen Konzentration übertreten als umgekehrt, wodurch aber die höhere Konzentration verringert und die niedrige erhöht wird. Schließlich, wenn auf beiden Seiten dieselbe Konzentration an Teilchen vorliegt, stellt sich ein **dynamisches Gleichgewicht** ein, und wir können makroskopisch keine Änderung des Zustandes mehr feststellen.

Die Diffusionsfähigkeit und -geschwindigkeit einer Substanz hängt von mehreren Faktoren ab; so beispielsweise von der Teilchengröße, der Art des Lösungsmittels, insbesondere seiner Viskosität, und natürlich der Temperatur. Kleine Moleküle diffundieren leichter. In leichtbeweglichen Flüssigkeiten und insbesondere in Gasen ist die Diffusion schneller. Ebenso erleichtert eine höhere Temperatur aufgrund der erhöhten kinetischen Energie der diffusiblen Teilchen die Diffusion.

Merke: Freie Diffusion kommt in biologischen Systemen selten vor: Typisch für lebende Zellen ist vielmehr die stete – Energie erfordernde – Aufrechterhaltung von **Konzentrationsgradienten** gegenüber der Umgebung.

Eine wichtige medizinische Anwendung der freien Diffusion kleiner Moleküle ist die **Dialyse**: Eine Dialysiermembran gestattet die Diffusion von kleinen Molekülen (Ionen) und Lösungsmittelmolekülen, nicht aber von biologischen Makromolekülen. Die Dialyse wird sowohl therapeutisch zur **Blutwäsche von Nierenkranken** eingesetzt als auch im analytischen Laboratorium zur Auftrennung kleiner und großer Moleküle.

Osmose

Die freie Diffusion ist leicht verständlich und bietet wenige Überraschungen. Wenn aber die Membran zwar für Lösungsmittelmoleküle durchlässig ist, für die gelöste Teilchen der Substanz A jedoch undurchlässig (**semipermeable Membran**), so treten interessante Phänomene auf.

Abb. 1.25 zeigt den Aufbau einer **Pfeffer'schen Zelle**. Eine Lösung befindet sich in einem von einer semipermeablen Membran begrenzten Gefäß mit einem Steigrohr, und diese Zelle wird in ein größeres Gefäß mit reinem Lösungsmittel eingetaucht. Das System versucht nun spontan, den zwischen Innenraum und Außenraum der Zelle existierenden Konzentrationsgradienten zu verringern. Da die semipermeable Membran das Übertreten der gelösten Teilchen vom Innenraum zum Außenraum verhindert, kann der Ausgleich nur dadurch geschehen, dass Lösungsmittelmoleküle von außen in die Zelle einströmen. Durch dieses einströmende Lösungsmittel steigt die Flüssigkeit im Steigrohr an, und zwar so lange, bis der entstehende **hydrostatische Druck** der Flüssigkeitssäule im Steigrohr so groß wird, dass er ein weiteres Einströmen von Lösungsmittel verhindert. Dann herrscht dynamisches Gleichgewicht. Der hydrostatische Druck „drückt" in der Zeiteinheit gleich viele Lösungsmittelmoleküle von innen nach außen wie der **osmotische Druck** von außen nach innen. **Die Triebkraft des osmotischen**

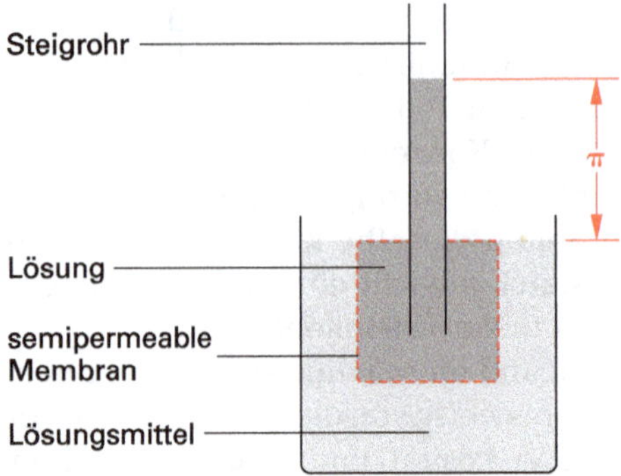

Abb. 1.25: Schematische Darstellung einer Pfeffer'schen Zelle.

Druckes ist daher – ebenso wie bei der freien Diffusion – das Bestreben des Systems, den Konzentrationsunterschied zwischen Innenraum und Außenraum der Zelle zu vermindern.

Der osmotische Druck einer Lösung gegenüber dem reinen Lösungsmittel hängt primär ab von der Konzentration der gelösten Teilchen.

Merke: Van't Hoff hat gezeigt, dass für den osmotischen Druck verdünnter Lösungen eine einfache Gesetzmäßigkeit gilt, auf die wir auch bei der genaueren Beschreibung von Gasen stoßen (siehe Abschnitt 1.9 „Gase"):

$$\pi \cdot V = n \cdot R \cdot T$$

wobei π der osmotische Druck, V das Volumen, n die Zahl der Mole der gelösten Teilchen unabhängig von ihrer stofflichen Identität und auch Ladung, R die Allgemeine Gaskonstante ($8{,}314\ J \cdot K^{-1} \cdot Mol^{-1}$) und T die thermodynamische (absolute) Temperatur ist.

Mit der Beziehung für die molare Konzentration c,

$$c = \frac{n}{V}$$

können wir auch vereinfacht schreiben:

$$\pi = c \cdot R \cdot T$$

Von großer Wichtigkeit bei der Berechnung des osmotischen Drucks ist, dass **bei Salzen**, die in wässriger Lösung in Ionen dissoziieren, **die Gesamtzahl der gelösten** Ionen für die Berechnung des osmotischen Druckes maßgeblich ist.

Wir verwenden für die resultierende **osmotisch wirksame Teilchenzahl** die Größe Osmol (Einheit osmol). Ein Osmol bezeichnet daher eine Stoffmenge ebenso wie eine Teilchenzahl:

$$1\ \text{osmol} = 6 \cdot 10^{23}\ \text{gelöste Teilchen}$$

Einige Beispiele sollen den Unterschied zwischen dem „Mol“ und dem „Osmol“ erläutern:

Merke: Eine 1 M Lösung von Glucose (keine Dissoziation) ist 1 osmolar.
Eine 1 M Lösung von NaCl (Dissoziation in $Na^+ + Cl^-$) ist 2 osmolar.
Eine 1 M Lösung von Na_2SO_4 (Dissoziation in 2 $Na^+ + SO_4^{2-}$) ist 3 osmolar.

In Analogie zu den idealen Gasen, bei welchen 1 Mol bei so genannten Normalbedingungen (Druck p = 101,325 kPa, Temperatur T = 273,15 K = 0 °C) ein Volumen von 22,414 Litern besitzt, das so genannte **Molvolumen**, schließen wir, dass der osmotische Druck von 22,414 Litern einer Lösung, in der sich 1 Osmol gelöste Teilchen befinden, bei 0 °C gerade 101,325 kPa, oder 1,013 bar beträgt. Umgekehrt besitzt eine Lösung von 1 Osmol in nur 1 Liter Lösung, das ist 1 Tausendstel eines Kubikmeters, bei 0 °C einen 22,414-mal höheren osmotischen Druck von

$$\pi = \frac{1 \cdot R \cdot T}{10^{-3}} = 1000 \cdot 8{,}314 \cdot 273{,}15 = 2270969 \text{ Pa (SI-Einheiten)}$$

2270,969 kPa oder (gerundet) 22,710 bar

Die Kenntnis der osmotischen Verhältnisse spielt eine wichtige Rolle in der Nephrologie bei der **Beurteilung des Wasserhaushalts** von Patientinnen und Patienten oder beim **intravenösen (= parenteralen) Ersatz von Flüssigkeit** nach großen Blutverlusten, etwa im Gefolge von Unfällen.

Merke: Vorweg wollen wir festhalten, dass in der Medizin eher von **Osmolalität** die Rede ist als von **Osmolarität**: Wir wissen bereits, dass die (Os)Molarität immer einen Bezug der interessierenden osmotisch wirksamen Stoffmenge X auf das Volumen der Lösung impliziert und deshalb temperaturabhängig ist, während die (Os)Molalität die osmotisch wirksame Stoffmenge auf die temperaturunabhängige Masse des reinen Lösungsmittels bezieht.

Bei verdünnten wässrigen Lösungen wie etwa dem Harn unterscheiden sich die beiden Angaben numerisch fast gar nicht, da 1 L ziemlich genau 1 kg wiegt.

Anders liegen die Verhältnisse im Blutplasma oder gar im Inneren von Zellen. Im Blutplasma, welches wir erhalten, wenn wir aus ungerinnbar gemachtem Blut die zellulären Bestandteile abtrennen, etwa durch Zentrifugation, sind pro Liter etwa 70 g Proteine enthalten, daher entspricht 1 L Blutplasma nur etwa 930 g =˜0,93 kg Wasser. Noch drastischer: In einem Liter der Intrazellulärflüssigkeit von Erythrozyten, den roten, Sauerstoff-transportierenden Blutkörperchen, sind rund 300 g des Proteins Hämoglobin enthalten, so dass 1 L dieser Intrazellulärflüssigkeit gar nur 700 g = 0,7 kg Wasser enthält, in dem sich die osmotisch wirksamen Teilchen aufhalten und bewegen können.

Daher ist die Angabe der Osmolalität hier viel aussagekräftiger!

Merke: Normales Blutplasma hat so wie die Intrazellulärflüssigkeit von Zellen eine osmotische Konzentration von etwa 0,290 osmol/kg Wasser.

Würde man einem Patienten als Flüssigkeitsersatz reines Wasser mit der osmotischen Konzentration 0 infundieren, so würden seine Erythrozyten anschwellen und schließlich platzen (**Hämolyse**), da aus dem solcherart verdünnten Blut Wasser in die Erythrozyten einströmen würde. Reines Wasser ist – im Vergleich zum Intrazellulärraum – eine **hypotone** Flüssigkeit.

Im Vergleich zu reinem Wasser besitzt eine etwa 0,9% Lösung von Kochsalz, das entspricht 9 g NaCl pro Liter Lösung, annähernd die korrekte Osmolarität/Osmolalität. Bei derart verdünnten wässrigen Lösungen können wir übrigens beide Angaben als etwa gleichwertig ansehen. Die Molarität einer solchen Lösung beträgt

$$9\ \text{g/L NaCl} = \frac{9}{22{,}99 + 35{,}453} = 0{,}154\ \text{mol/L}.$$

Die Lösung ist aufgrund der Dissoziation in 2 Ionensorten daher 0,308 osmolar, was ungefähr den Verhältnissen im Blutplasma entspricht. Wir nennen diese Lösung eine **isotone** oder **physiologische Kochsalzlösung**.

Eine zu konzentrierte Lösung schließlich würde dazu führen, dass Wasser aus den Erythrozyten in das gegenüber dem physiologischen Zustand zu konzentrierte Blutplasma herausströmt. Die Blutkörperchen würden in einer solchen **hypertonen** Lösung zu so genannten Stechapfelformen schrumpfen und ebenfalls ihre Funktionsfähigkeit einbüßen.

Achtung! Haben Sie bemerkt, was wir soeben getan haben?
Wir haben berechnet, dass die isotone NaCl-Lösung 0,154 mol/L NaCl enthält. Für die Berechnung der Stoffmenge der osmotisch wirksamen Teilchen haben wir diese Zahl einfach mit dem Faktor 2 multipliziert, da eine Formeleinheit NaCl in wässriger Lösung ja in ein Na^+ und ein Cl^-, also in zwei osmotisch wirksame Teilchen dissoziiert. Offenbar ist es hier völlig gleichgültig, dass diese beiden Teilchen chemisch gesehen grundverschieden voneinander, ja sogar elektrisch entgegengesetzt geladen sind.

Dampfdruckerniedrigung einer Lösung

Wir haben oben bereits diskutiert, dass die Moleküle einer Flüssigkeit eine von der Temperatur abhängige Tendenz besitzen, in den Gasraum überzutreten. Auf der anderen Seite können auch Moleküle aus dem Gasraum wieder in die flüssige Phase übertreten. Bei einer konstanten Temperatur stellt sich nach einer gewissen Zeit ein **dynamisches Gleichgewicht** ein. Die Zahl der pro Zeiteinheit aus der Flüssigkeit entweichenden Moleküle ist gleich groß wie die Zahl der zurückkehrenden Moleküle – makroskopisch beobachten wir keine Änderungen mehr. Den Partialdruck, den die Moleküle der jeweils betrachteten Flüssigkeit in der Gasphase in diesem Gleichgewichtszustand ausüben, bezeichnen wir als **Dampfdruck** der Flüssigkeit. Je höher die Temperatur, desto höher ist auch der Dampfdruck. Auch Festkörper besitzen einen – wenn auch meist geringen – Dampfdruck; sie können ja bekanntlich sublimieren. *Abb. 1.26* erläutert anhand eines **Druck/Temperatur-Diagramms** die Verhältnisse bei Vorliegen von reinem Lösungsmittel bzw. einer Lösung.

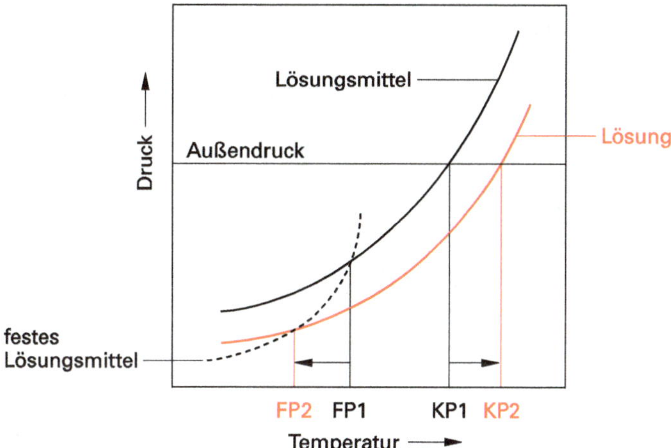

Abb. 1.26: Dampfdruckkurve der festen und flüssigen Phase eines reinen Lösungsmittels und einer Lösung. Die beiden etwas dicker gezeichneten Pfeile zeigen die Absenkung des Schmelzpunktes (FP steht für „Festpunkt") und die Erhöhung des Siedepunktes (KP steht für "Kochpunkt") der Lösung gegenüber dem reinen Lösungsmittel.

Die Anwesenheit gelöster Teilchen in einem Lösungsmittel bewirkt eine Absenkung der Dampfdruckkurve: Bei einer gegebenen konstanten Temperatur ist der Dampfdruck der Lösung geringer als der Dampfdruck des Lösungsmittels bei derselben Temperatur.

Der französische Wissenschafter Francois-Marie Raoult hat aufgrund umfangreicher Experimente herausgefunden, dass der Dampfdruck der Lösung vom Stoffmengenanteil x des Lösungsmittels in der Lösung abhängt. Wenn wir Wasser als Lösungsmittel wählen, so gilt das **Raoult'sche Gesetz**:

$$p^{H_2O}_{Lösung} = x(H_2O) \cdot p^{H_2O}$$

Wir wollen ein Beispiel zum Raoult'schen Gesetz berechnen:

Wir lösen 5,00 g Glucose mit der chemischen Formel $C_6H_{12}O_6$ in 100 g Wasser mit einer Temperatur von konstant 90 °C. Diese Formel ist übrigens eine so genannte **Bruttoformel**, die nur die Zusammensetzung des Glucosemoleküls aus 6 C-, 12 H- und 6 O-Atomen angibt, uns aber sonst nichts über das Molekül erzählt. Wir werden später auch andere, viel aussagekräftigere Formelarten kennen lernen. Der Dampfdruck des Wassers bei dieser Temperatur beträgt 69861 Pa. Wie groß ist der Dampfdruck unserer Glucoselösung?

- Wir halten fest, dass Glucose nicht so wie Kochsalz in Ionen dissoziiert, sondern in einer Glucoselösung befinden sich vollständige Glucosemoleküle.
- Wir berechnen die Molzahl von Glucose: 1 Mol Glucose wiegt 180 g, da $6 \cdot 12 + 12 \cdot 1 + 6 \cdot 16 = 180$ ist. Die relativen Atommassen von C, H und O entnehmen wir wie immer dem Periodensystem der Elemente.

$$n_{Glucose} = \frac{m_{Glucose}}{M_{Glucose}} = \frac{5{,}00}{180} = 0{,}0277$$

- Analog ermitteln wir die Molzahl von Wasser:

$$n_{H_2O} = \frac{m_{H_2O}}{M_{H_2O}} = \frac{100}{18} = 5{,}555$$

- Damit ergeben sich die Stoffmengenanteile der beiden Komponenten. Wir benötigen eigentlich nur den Stoffmengenanteil von Wasser; beide zu berechnen bietet aber eine gute Kontrollmöglichkeit, ob wir richtig gerechnet haben, denn die Summe beider Stoffmengenanteile muss genau 1,000 sein.

$$x(\text{Glucose}) = \frac{n_{Glucose}}{n_{Glucose} + n_{H_2O}} = \frac{0{,}0277}{0{,}0277 + 5{,}555} = 0{,}0050$$

$$x(H_2O) = \frac{n_{H_2O}}{n_{Glucose} + n_{H_2O}} = \frac{5{,}555}{0{,}0277 + 5{,}555} = 0{,}9950$$

- Nun berechnen wir den Dampfdruck der Lösung:

$$p_{\text{Lösung}}^{H_2O} = x(H_2O) \cdot p^{H_2O} = 0{,}9950 \cdot 69861 = 69512 \text{ Pa}$$

Der Dampfdruck wurde also um 349 Pa, das sind 0,5% oder 5‰, abgesenkt.

Gefrierpunktserniedrigung und Siedepunktserhöhung einer Lösung

Wo sich die Dampfdruckkurven der festen und der flüssigen Phase des reinen Lösungsmittels schneiden, liegt der Schmelzpunkt des reinen Lösungsmittels. Der Schnittpunkt der Dampfdruckkurve der Lösung mit der Dampfdruckkurve des festen Lösungsmittels liegt, wie *Abb. 1.26* zeigt, aufgrund der abgesenkten Dampfdruckkurve tiefer (FP2) als beim reinen Lösungsmittel (FP1).

Merke: Eine Lösung zeigt gegenüber dem reinen Lösungsmittel eine Gefrierpunktserniedrigung.

Temperatursteigerung führt zur Erhöhung des Dampfdruckes. Erreicht der Dampfdruck einer Flüssigkeit den äußeren Luftdruck, so beginnt die Flüssigkeit zu sieden. Wie *Abb. 1.26* demonstriert, ist der Siedepunkt bei der Lösung (KP2) höher als der des reinen Lösungsmittels (KP1).

Merke: Eine Lösung zeigt gegenüber dem reinen Lösungsmittel eine Siedepunktserhöhung.

Auch diese Änderungen des Schmelzpunktes und des Siedepunktes sind – wie die osmotischen Phänomene – nur abhängig von der molaren Konzentration der gelösten Teilchen, jedoch unabhängig von ihrer chemischen Natur und auch ihrer Ladung.

Die Änderung des Siedepunktes und (experimentell wesentlich bequemer) des Schmelzpunktes kann man zur Bestimmung der Konzentration gelöster Stoffe ausnützen. Es gelten folgende Beziehungen:

Gefrierpunktserniedrigung:

$$\Delta T_{FP} = \frac{n}{m_{(H_2O)}} \cdot E_{FP}$$

Siedepunktserhöhung:

$$\Delta T_{KP} = \frac{n}{m_{(H_2O)}} \cdot E_{KP}$$

E_{FP}und E_{KP} sind für das Lösungsmittel charakteristische Konstanten, die so genannte **molale Gefrierpunktserniedrigung** und die **molale Siedepunktserhöhung**. Für Wasser etwa gilt

$$E_{FP} = -1{,}86 K \cdot kg \cdot mol^{-1} \text{ und } E_{KP} = +0{,}51 K \cdot kg \cdot mol^{-1}$$

Anhand zweier Beispiele wollen wir diese für die Praxis wichtigen Beziehungen demonstrieren.

Lösen wir 0,1 Mol NaCl in 1 Liter (1 kg) Wasser auf, so zeigt die entstehende Lösung eine Gefrierpunktserniedrigung von

$$\Delta T_{FP} = 0{,}1 \cdot 2 \cdot (-1{,}86) = -0{,}37 K$$

ihr Schmelzpunkt liegt bei −0,37 °C. Der Faktor 2 berücksichtigt, wie bei der Osmolalität, die Dissoziation von NaCl in zwei Ionensorten.

Umgekehrt können wir für eine Glucose-Lösung in Wasser, die bei −1,00 °C friert, die Glucose-Molalität berechnen:

$$\Delta T_{FP} = \frac{n}{m_{(H_2O)}} \cdot (-1{,}86) = -1{,}00 \qquad \text{und}$$

$$[\frac{n}{m_{(H_2O)}} = \frac{-1{,}00}{-1{,}86} = 0{,}54 \text{ mol} \cdot kg^{-1}$$

Die Glucose-Konzentration ist also 0,54 molal. Hier ist, wie beim Beispiel mit der Dampfdruckerniedrigung bereits ausgeführt, keine Dissoziation zu berücksichtigen, da Glucose in Wasser nicht dissoziiert.

Übrigens, da wir ja bereits wissen, dass 1 Mol Glucose 180 g wiegt, lässt sich leicht berechnen, wie viel g Glucose unsere 0,54 molale Glucoselösung pro kg Wasser enthält, nämlich

$$m_{Glucose} = n_{Glucose} \cdot M_{Glucose} = 0{,}54 \cdot 180 = 97{,}2 \text{ g Glucose}$$

Merke: Die Osmolalität von Körperflüssigkeiten wird mit dem **Osmometer** bestimmt, welches nach diesem Prinzip der Gefrierpunktserniedrigung arbeitet.

Auflösung zur Fallbeschreibung

1

Wir können grob drei Gründe benennen, die bei unserem Patienten zu der **Hypernatriämie**, einer viel zu hohen Plasmakonzentration an Na^+-Ionen (168 mmol/L anstelle des Sollwerts von 140 mmol/L) beitragen:

- Die geistige Verwirrtheit lässt ihn Durst nicht ausreichend empfinden.
- Wegen des Fiebers aufgrund der Infektion verliert er mehr Wasser als sonst durch Verdunstung über die Haut.
- Die Diarrhoe trägt zusätzlich zum Wasserverlust und zum Anstieg der osmotisch wirksamen Ionen bei, da die Durchfallsflüssigkeit üblicherweise ärmer an Na^+-Ionen ist als Blutplasma.

Wie können wir abschätzen, wie groß das Wasserdefizit sein muss, damit die Plasma-Natrium-Konzentration vom Sollwert 140 mmol/L auf den beobachteten Wert von 168 mmol/L angestiegen ist? Dazu müssen wir wichtige Überlegungen zum Konzept der Konzentration generell machen:

Merke: Konzentration ist immer eine Substanzmenge pro Volumen.

$$c = \frac{n}{V}$$

Merke: Das Produkt aus Konzentration und Volumen ist die Substanzmenge.

$$n = c \cdot V$$

Wir können davon ausgehen, dass die Natrium-Substanzmenge durch den Wasserverlust nicht wesentlich berührt wurde, sondern dass die gleiche Substanzmenge an Na^+-Ionen im Körper des Patienten vorliegt wie vor Auftreten der Probleme. Mit anderen Worten: Das Produkt der Konzentration der Na^+-Ionen jetzt, im Krankheitszustand (168 mmol/L), mit der jetzt vorliegenden, zu geringen Wassermenge ($W_{Patient}$) im Körper des Patienten, muss etwa gleich groß sein wie das Produkt des Sollwertes der Plasma-Natrium-Konzentration von 140 mmol/L mit der Wassermenge im Körper des Patienten im gesunden Zustand (W_{Normal}):

$$168 \cdot W_{Patient} = 140 \cdot W_{Normal}$$

Für unseren Patienten erwarten wir im gesunden Zustand einen Wert für W_{Normal} von etwa 36 kg. Das sind 60% der Körpermasse von 60 kg. Daher können wir nun leicht die offenbar zu niedrige Wassermenge in unserem Patienten abschätzen:

$$W_{Patient} = \frac{140}{168} \cdot W_{Normal} = \frac{10}{12} \cdot 36 = 30 \text{ kg}$$

Daher beträgt das Wasserdefizit unseres Patienten etwa 6 kg oder 6 Liter.

Um dieses Wasserdefizit von 6 Litern auszugleichen, wobei wir die empfohlene Geschwindigkeit der Absenkung der Hypernatriämie von täglich maximal 12 mmol/L nicht überschreiten wollen, können wir folgende Überlegung anstellen:

- Unser Patient hat eine um 28 mmol/L zu hohe Plasma-Natrium-Konzentration. Daher benötigen wir

  $$\frac{28}{12} = 2{,}33 \text{ Tage oder } 56 \text{ Stunden}$$

- Innerhalb dieser Zeit wollen wir dem Patienten 6 Liter Wasser, ungefähr in stündlichen 100 mL Portionen geben. Dafür würden wir ca. 60 Stunden benötigen.
- Allerdings müssen wir berücksichtigen, dass der Patient ja weiterhin aufgrund seines Fiebers und seiner Diarrhoe zusätzlich Wasser verliert; daher ist 150 mL Wasserzufuhr pro Stunde ein guter Anhaltswert für unser Vorgehen.
- Wenn wir zusätzlich das Defizit an Kalium-Ionen (K^+) durch Zufügen von 40 mmol/L K^+-Ionen korrigieren wollen, so müssen wir berücksichtigen, dass K^+-Ionen osmotisch genau gleich wirksam sind wie Na^+-Ionen. Unsere Wasserzufuhr dürfen wir daher nur zu etwa einem Dreiviertel in Rechnung stellen, da die 40 mmol/L K^+-Ionen ungefähr ein Viertel der Konzentration der Na^+-Ionen ausmachen. Wir werden dem Patienten daher pro Stunde etwa 200 mL der K^+-hältigen Lösung zuführen; das sind gerade vier Drittel von 150 mL pro Stunde und damit korrigieren wir diesen zusätzlichen osmotischen Effekt.

SÄUREN, BASEN UND BLUTGASE

2

2

Fallbeschreibung

Eine 45 Jahre alte Frau mit einer Krankengeschichte wegen chronischer Bronchitis und Asthma wird in ein Krankenhaus eingeliefert, und in ihrem arteriellen Blut werden folgende Befunde ermittelt:

$$\mathrm{pH} = 7{,}06; \quad P_{O_2} = 6{,}8\ \mathrm{kPa}; \quad P_{CO_2} = 10{,}7\ \mathrm{kPa}; \quad [HCO_3^-] = 22\ \mathrm{mmol/L}$$

Welche Art von Störung des Säure-Base-Haushalts liegt bei der Patientin vor?

Lehrziele

Dieses Fallbeispiel führt uns in **die Chemie der Säuren und Basen** sowie der **Blutgase** und ihrer **Homöostase** (Selbstregulation) im menschlichen Organismus. Viele Detailfragen, insbesondere Einzelheiten der komplexen Regelungsvorgänge, kann erst das Studium der Physiologie und der Pathophysiologie klären. Wichtige chemische Grundlagen aber wollen wir erarbeiten.

- Die **Chemie von Säuren und Basen** zu verstehen, ist unser erstes Anliegen. Ein gutes Verständnis dieses Teilbereichs der Chemie ist nicht nur für die Biochemie sowie für die Physiologie und Pathophysiologie von zentraler Bedeutung; auch für die Pharmakologie und die Innere Medizin, für die Diagnostik von Krankheiten ebenso wie für deren Behandlung ist die sichere Beherrschung der Gesetzmäßigkeiten, die wir hier erlernen wollen, unabdingbare Voraussetzung.
- Wir werden uns, um uns in der Chemie der Säuren und Basen gut bewegen zu können, auch **Grundlagen der Thermodynamik** sowie solide und anwendungsfähige Kenntnisse der **Theorie des Chemischen Gleichgewichts** und **des Massenwirkungsgesetzes** erarbeiten.
- Wir wollen uns schließlich einen kurzen Überblick über die **Blutgaschemie** verschaffen sowie das **Zusammenspiel des Säure-Base-Haushalts mit der Atmung** andiskutieren.

2.1 Die Chemie von Säuren und Basen

Lehrziel

Unser Ziel in diesem Abschnitt ist ein solides Verständnis dafür, was Säuren und Basen sind, welche quantitativen Gesetzmäßigkeiten ihre Reaktionen beherrschen und welche Rolle sie im Organismus spielen.

Es ist eine Alltagserfahrung, dass wässrige Lösungen gewisser Stoffe („**Säuren**") sauer schmecken (Essig, Zitronensaft) und wässrige Lösungen anderer Stoffe sich

„seifig" anfühlen (Seifenlösung, Kalkmilch). Diese letzteren Stoffe wurden auch als Laugen oder alkalische Lösungen bezeichnet; heute nennen wir sie „**Basen**".

Die Definition, was eine Säure oder eine Base chemisch auszeichnet, hat sich im Laufe der Geschichte geändert. Der moderne Säure-/ Base-Begriff geht auf **Johannes Brønsted** zurück:

Merke: Eine Säure ist eine Substanz, die Wasserstoff-Ionen an geeignete Akzeptorsubstanzen abgeben kann. Solche Stoffe, die Wasserstoff-Ionen aufnehmen können, werden als Basen bezeichnet.

Die Brønsted'sche Definition orientiert sich offenbar primär nicht an der konkreten chemischen Zusammensetzung einer Substanz, sondern an ihren Reaktionsmöglichkeiten. *Tab. 2.1* listet einige Beispiele auf.

Tab. 2.1: Säuren und ihre konjugierten Basen. Die Namen von amphoteren Substanzen sind *kursiv* geschrieben.

Säure (Protonendonor)		Base (Protonenakzeptor)	
Chlorwasserstoff	HCl	Chlorid-Ion	Cl^-
Wasser	H_2O	Hydroxid-Ion	OH^-
Hydronium-Ion	H_3O^+	*Wasser*	H_2O
Ammonium-Ion	NH_4^+	Ammoniak	NH_3
Schwefelsäure	H_2SO_4	*Hydrogensulfat-Ion*	HSO_4^-
Hydrogensulfat-Ion	HSO_4^-	Sulfat-Ion	SO_4^{2-}

Bei der Betrachtung dieser Beispiele fällt auf, dass jede Substanz in der Basen-Spalte sich von der entsprechenden in der Säure-Spalte jeweils durch das Fehlen eines Wasserstoff-Ions (H^+-Ions) unterscheidet. Wir bezeichnen solche Stoffpaare als **konjugierte Säure-Base-Paare**.

Außerdem enthält die Liste der Säuren und Basen einige Substanzen, die sowohl als Säure als auch als Base auftreten können (H_2O, HSO_4^-). Solche Stoffe bezeichnen wir als **Ampholyte** (**amphotere Stoffe**).

Merke: Säuren können ihre Wasserstoff-Ionen nur abgeben, wenn Basen anwesend sind, um die Wasserstoff-Ionen aufzunehmen.

H^+-Ionen sind ja eigentlich **Protonen**, da sie aus H-Atomen entstehen, denen ihr einziges Elektron „geraubt" wird, sodass nur der Atomkern – und der ist bei H eben nur ein Proton – übrig bleibt. Sie können in normaler Materie nicht längere Zeit isoliert existieren, weil sie als „nackte" Atomkerne eine im Vergleich zu „normalen" Ionen wie Na^+ **extrem hohe Ladungsdichte** besitzen. Die Ladungsdichte ist das Verhältnis aus Ladung dividiert durch Oberfläche. Protonen haben einen um 10^4 bis 10^5 mal kleineren Radius als Atome oder „normale" Ionen, die noch eine Elektronenhülle haben, und ihre Oberfläche ist daher um den Faktor 10^8 bis 10^{10} mal kleiner!

Merke: Für eine vollständige Säure-Base-Reaktion (eine **Protolyse**) müssen immer zwei konjugierte Säure-Base-Paare (I und II) gekoppelt sein.

$$HA(Säure_I) + B(Base_{II}) \rightleftarrows A^-(Base_I) + HB^+(Säure_{II})$$

Wir wollen diese komplexe Reaktion genauer „sezieren", um wirklich verstehen zu können, was da passiert:

- Betrachten wir zunächst die Säure des konjugierten Säure-Base-Paares I, die wir mit HA bezeichnen:

  $$HA \rightleftarrows H^+ + A^-$$

  Nach Abspaltung bzw. **Dissoziation** des Protons bleibt ein negativ geladener Molekülrest A^- übrig, der natürlich wiederum ein H^+-Ion aufnehmen und zu HA zurückreagieren kann. Der Doppelpfeil $\rightleftarrows$ deutet die prinzipielle Umkehrbarkeit der Reaktion an. Nach der Brønsted'schen Definition ist A^- daher eine Base, und zwar genau die zu HA konjugierte Base.
- Nun sehen wir uns Säure-Base-Paar II an. Hier starten wir mit der Basenkomponente, die wir mit B bezeichnen wollen. Lassen wir B ein H^+-Ion, welches von HA abgegeben wurde, aufnehmen:

  $$B + H^+ \rightleftarrows HB^+$$

  Aus der Base B entsteht eine Verbindung HB^+, die in der entsprechenden Umkehrreaktion ein H^+-Ion abgeben kann, und die daher die zu B konjugierte Säure darstellt.
- Wenn wir die beiden Teilreaktionen kombinieren, so erhalten wir genau die oben angegebene chemische Gleichung.

Merke: Eine vollständige Säure-Base-Reaktion ist eine Interaktion von zwei Säure-Base-Paaren. Eines liefert Protonen, das zweite konsumiert diese.

Autoprotolyse des Wassers

Wir haben bereits festgestellt, dass unser Hauptinteresse chemischen Reaktionen in wässrigen Lösungen gilt. Hier spielen sich die allermeisten biochemisch und physiologisch wichtigen Vorgänge ab. Daher wollen wir uns bei der weiteren Verfolgung der Chemie der Säuren und Basen stets in Wasser als Lösungsmittel bewegen, obwohl die sehr allgemeine Brønsted'sche Definition auch auf andere Lösungsmittel anwendbar ist.

Wasser besitzt, wie wir gesehen haben, die Fähigkeit, als Säure oder Base aufzutreten. Dies müssen wir bei unseren Überlegungen berücksichtigen, und so wollen wir uns einer weiteren Besonderheit von Wasser zuwenden, der so genannten **Autoprotolyse**:

Obwohl im Wassermolekül nur kovalente Bindungen vorhanden sind, leitet selbst reinstes Wasser – allerdings in sehr geringem Aumaß – den elektrischen Strom. Der amphotere Charakter des Wassers ist dafür verantwortlich. Ein Wassermolekül kann als Säure fungieren und an ein weiteres Wassermolekül, das als Base auftritt, ein Proton übertragen. Dabei entstehen gemäß der Gleichung

$$H_2O + H_2O \rightleftarrows H_3O^+ + OH^-$$

aus zwei Wassermolekülen ein Hydronium-Ion H_3O^+ und ein Hydroxid-Ion OH^-. Diese Ionen bewirken die **elektrische Leitfähigkeit von reinstem Wasser**.

Wir können aus dieser einfachen Reaktionsgleichung sehr viel mehr an wichtigen Informationen herausholen, wenn wir – was der Doppelpfeil andeutet – die Reaktion als eine, wie alle chemischen Reaktionen, grundsätzlich **umkehrbare Reaktion** betrachten und sie unter den Aspekten des **Chemischen Gleichgewichts** (siehe Abschnitt 2.3 „Das Chemische Gleichgewicht") beleuchten. Das **Massenwirkungsgesetz** für diese Reaktion lautet:

$$K' = \frac{[H_3O^+] \cdot [OH^-]}{[H_2O]^2}$$

In dieser Gleichung taucht der Ausdruck $[H_2O]^2$ auf, der die molare Konzentration von Wasser, zum Quadrat genommen, symbolisiert. Da uns bei unseren Überlegungen noch öfter die molare Konzentration von Wasser in ähnlichen Gleichungen begegnen wird, wollen wir eine wichtige Vereinfachung besprechen.

Wie groß ist eigentlich der Zahlenwert des Ausdrucks $[H_2O]$? Eckige Konzentrationsklammern bedeuten in der Chemie immer „Mol pro Liter"; wir müssen also nur berechnen, wie viel Mol Wasser ein Liter Wasser enthält. Ein Mol Wasser wiegt 18 g, ein Liter Wasser wiegt 1000 g. Daher gilt:

$$[H_2O] = \frac{1000}{18} = 55{,}5\dot{5}\ \mathrm{M}$$

So wie die Dichte von Wasser bei konstanter Temperatur konstant ist, ist auch dieser Zahlenwert bei konstanter Temperatur eine Konstante und kann **in die Gleichgewichtskonstante miteinbezogen** werden. Der resultierende Wert kann experimentell mit Hilfe von Leitfähigkeitsmessungen bestimmt werden:

$$K' \cdot [H_2O]^2 \equiv K = [H_3O^+] \cdot [OH]^- = 1{,}0 \cdot 10^{-14}\ \mathrm{mol^2 \cdot L^{-2}}\ (\text{bei } 25\,^\circ\mathrm{C})$$

Wir haben hier die bewusst mit „K'" bezeichnete Gleichgewichtskonstante mit der konstanten Wassermolarität zum Quadrat multipliziert und eine neue, einfachere Konstante K erhalten. (Im Abschnitt 2.3 „Das Chemische Gleichgewicht" sind am Ende einige allgemeine Regeln für die Handhabung des Massenwirkungsgesetzes festgehalten; die zweite dieser Regeln haben wir soeben angewandt.)

Diese neue Konstante K, die formal ein Produkt zweier Konzentrationsausdrücke ist und natürlich ebenso gut eine Gleichgewichtskonstante darstellt wie K′, nennen wir das **Ionenprodukt des Wassers** K_W.

Merke: In verdünnten wässrigen Lösungen ist das Ionenprodukt des Wassers nicht nur für reines Wasser, sondern auch bei Anwesenheit von Säuren und Basen gültig.

Die hier getroffene Aussage ist von außerordentlicher Bedeutung. Sie stellt einen Spezialfall der allgemeinen Regel dar, der zufolge Gleichgewichtskonstanten nur von der Temperatur, nicht aber von den Konzentrationen der Reaktionspartner abhängig sind, und sich im Gegenteil die Gleichgewichtskonzentrationen der Reaktionspartner aus der Gleichgewichtskonstante berechnen lassen (siehe Abschnitt 2.3 „Das Chemische Gleichgewicht“).

Betrachten wir reines Wasser, so müssen wegen der Autoprotolyse-Reaktion des Wassers die Konzentrationen der entstehenden Hydronium-Ionen und Hydroxid-Ionen exakt gleich groß sein. Für jedes entstehende Hydronium-Ion entsteht ja genau ein Hydroxid-Ion. Wir können auch sofort berechnen, wie groß diese Konzentrationen sein müssen:

$$[H_3O^+] = [OH^-] = \sqrt{K_W} = \sqrt{10^{-14}} = 10^{-7}\ \text{mol} \cdot \text{L}^{-1}$$

An dieser Stelle wollen wir einen kleinen Exkurs einschieben, der von Bedeutung für das richtige Verständnis vieler Überlegungen in der modernen Naturwissenschaft ist:

Die wissenschaftliche Schreibweise sehr großer und sehr kleiner Zahlen

Die Angabe sehr kleiner oder sehr großer Zahlen mit Hilfe von Exponentialangaben ist in der Naturwissenschaft alltäglich: Es ist bequemer, 10^{-7} zu schreiben als 0,0000001. Allerdings besteht die Gefahr, dass wir dabei das Gefühl für die Größenordnungen verlieren, mit denen wir zu tun haben. Am Beispiel der Konzentrationen der Hydronium-Ionen und Hydroxid-Ionen in neutralem Wasser soll uns ein kleines Rechenbeispiel helfen, dies zu verdeutlichen. In einem Liter Wasser befinden sich, wie wir oben ermittelt haben, etwa 55,5 Mol Wasser und – wie wir soeben errechnet haben – jeweils 10^{-7} Mol Hydronium-Ionen und Hydroxid-Ionen. Der Bruchteil der dissoziierten Wassermoleküle ist also durch den folgenden Ausdruck gegeben:

$$\frac{[H_2O]}{[H_3O^+]} = \frac{[H_2O]}{[OH^-]} = \frac{55{,}5}{10^{-7}} = 55{,}5 \cdot 10^{+7} = 555 \cdot 10^6$$

Das heißt, von jeweils 555 Millionen Wassermolekülen ist in neutralem Wasser gerade einmal eines dissoziiert! Würden wir auf einer Buchseite 300 Wassermoleküle abbilden, so müssten wir eine Bibliothek mit 3000 Büchern mit je 600 solchen Seiten drucken, um ein einziges Hydronium-Ion unter all diesen Wassermolekülen zu finden!

Lösen wir nun eine Säure in Wasser auf, so steigt die Konzentration der Hydronium-Ionen an, da nunmehr die Säuremoleküle Protonen an die Base Wasser übertragen:

$$[H_3O^+] > 10^{-7} mol \cdot L^{-1}$$

Jetzt aber kommt die Gleichgewichtskonstante ins Spiel: Wegen des Anstiegs der Konzentration der Hydronium-Ionen muss die Konzentration der Hydroxid-Ionen abnehmen, und zwar genau in dem Ausmaß, dass die Gleichgewichtskonstante, die das Produkt der beiden Ionenkonzentrationen ist, erfüllt ist:

$$K_W = [H_3O^+] \cdot [OH^-] = 10^{-14}\ mol^2 \cdot L^{-2}$$

Umgekehrt ist es bei der Auflösung einer Base in Wasser. Da die nun als Säure fungierenden Wassermoleküle Protonen an die Base übertragen, steigt die Konzentration der Hydroxid-Ionen an:

$$[OH^-] > 10^{-7}\ mol \cdot L^{-1}$$

Dementsprechend muss die Konzentration der Hydronium-Ionen abnehmen, und zwar wiederum so stark, dass das Ionenprodukt des Wassers, die Gleichgewichtsbedingung, erfüllt ist.

Eine kurze Berechnung veranschaulicht diese Gegenläufigkeit der Konzentrationen der Hydronium- und Hydroxid-Ionen in Lösungen von Säuren oder Basen:

Lösen wir beispielsweise 0,5 Mol Chlorwasserstoffgas (HCl) in 1 Liter Wasser auf, so dissoziiert HCl praktisch vollständig und gibt seine H^+-Ionen an Wassermoleküle ab:

$$HCl + H_2O \rightleftarrows H_3O^+ + Cl^-$$

Aufgrund der praktisch vollständigen Dissoziation ist in der entstehenden Lösung die Konzentration der Hydronium-Ionen gleich der Totalkonzentration des aufgelösten HCl, weil die Konzentration von nicht dissoziiertem HCl vernachlässigbar klein ist. Daher gilt:

$$[OH^-] = \frac{10^{-14}}{0,5} = 2,0 \cdot 10^{-14}$$

Die Zugabe von HCl hat die Konzentration der Hydroxid-Ionen gegenüber der Situation in reinem Wasser noch einmal extrem verringert. Entsprechend unserem obigen Beispiel benötigten wir jetzt 5 Millionen der Bibliotheken mit jeweils 3000 Büchern, deren je 600 Seiten mit jeweils 300 Wassermolekülen bedruckt sind, um ein einziges Hydroxid-Ion anzutreffen!

Der pH-Wert

Auch das Anschreiben von Zehnerpotenzen ist noch recht lästig, und so führen wir zur weiteren Vereinfachung eine logarithmische Transformation der Konzentrationen der Hydronium- und Hydroxid-Ionen durch. Wir definieren:

Merke: Der pH-Wert ist der negative dekadische Logarithmus der Konzentration der Hydronium-Ionen.

$$\mathrm{pH} \equiv -\log_{10}[\mathrm{H_3O^+}] = -\lg[\mathrm{H_3O^+}]$$

Die Bezeichnung pH stammt vom lateinischen *pondus hydrogenii* und bedeutet soviel wie Konzentration der Hydronium-Ionen. Zur Aussprache: Es heißt entweder „der pH-Wert" oder „das pH" einer Lösung. Das lateinische Wort *pondus* ist ein Neutrum. Eine analoge Definition gilt für die Konzentration der Hydroxid-Ionen:

$$\mathrm{pOH} \equiv -\lg[\mathrm{OH^-}]$$

Mit der zusätzlichen Definition

$$\mathrm{pK_W} \equiv -\lg \mathrm{K_W} = -\lg 10^{-14} = -(-14) = +14$$

ergibt sich der einfache Zusammenhang:

$$\mathrm{pH} + \mathrm{pOH} = \mathrm{pK_W} = 14$$

In dieser Form sehen wir die Gegenläufigkeit von pH und pOH sehr schön. Steigt das pH, so sinkt das pOH, da die Summe der Werte immer 14 ergeben muss.

Merke:
- Reines Wasser besitzt ein pH = 7. Also gilt für reines Wasser: pOH = 7.
- Lösungen von Säuren sind durch pH < 7 (und pOH > 7) charakterisiert.
- Lösungen von Basen haben ein pH > 7 (und pOH < 7).

Abb. 2.1 zeigt grafisch den Zusammenhang zwischen pH-Werten und Konzentrationen der Hydronium-Ionen und die Gegenläufigkeit von pH und pOH.

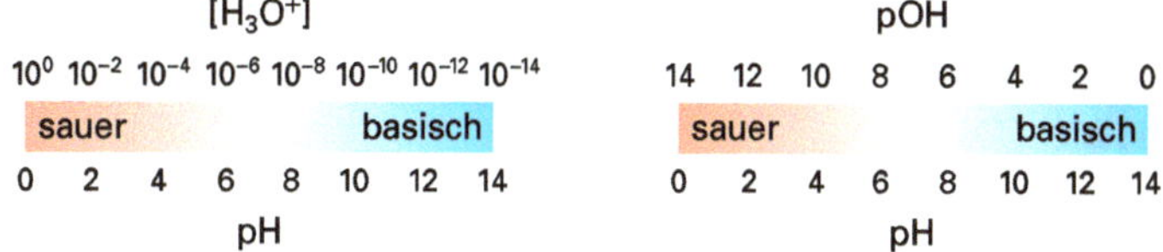

Abb. 2.1: Die Zusammenhänge zwischen dem pH-Wert und der Konzentration der Hydronium-Ionen (links) und dem pH-Wert und dem pOH-Wert (rechts).

Die Stärke von Säuren und Basen

Die wässrigen Lösungen von Chlorwasserstoff oder von Schwefelsäure reagieren sehr stark sauer. Essigsäure gleicher Konzentration dagegen reagiert viel schwächer sauer und kann zum Verfeinern von Speisen benutzt werden. Wie können wir Säuren (oder auch Basen) verschiedener Stärke miteinander vergleichen? Wie können wir überhaupt die „Stärke" dieser Verbindungen definieren?

Merke: Die Basis für die Beurteilung der Stärke einer Säure (Base) ist das chemische Gleichgewicht, welches sich bei der Reaktion dieser Säure (Base) mit einer Standard-Base (Standard-Säure) einstellt.

In wässrigen Lösungen wählen wir selbstverständlich H_2O vorteilhaft als Standard; aufgrund seiner amphoteren Natur kann das Wassermolekül ja sowohl mit Säuren als Base als auch mit Basen als Säure reagieren.

Betrachten wir zuerst die Reaktion einer beliebigen Säure HA (A^- bezeichnet die konjugierte Base) mit der Standard-Base H_2O:

$$HA + H_2O \rightleftarrows H_3O^+ + A^-$$

Die Gleichgewichtskonstante dieser Standardreaktion ist ein Maß für die Säurestärke. Die Konzentration von H_2O schreiben wir wieder gemäß den Regeln zur Aufstellung des Massenwirkungsgesetzes nicht explizit an:

$$K = \frac{[H_3O^+] \cdot [A^-]}{[HA]} \equiv K_S$$

Diese spezielle Gleichgewichtskonstante nennen wir Säurekonstante. Der Index S steht für „Säure", der auch gebräuchliche Index a bedeutet *acid*, englisch für „Säure"). K_S hat für jede Säure bei konstanter Temperatur einen charakteristischen Wert. Zur Vereinfachung der Rechnungen definieren wir:

$$pK_S = -\lg K_S$$

Ganz analog gestaltet sich die mathematische Behandlung der Reaktion einer beliebigen Base B (die konjugierte Säure ist HB^+) mit der Standard-Säure H_2O:

$$B + H_2O \rightleftarrows HB^+ + OH^-$$

Die Gleichgewichtskonstante dieser Standardreaktion ist ein Maß für die Basenstärke:

$$K = \frac{[HB^+] \cdot [OH^-]}{[B]} \equiv K_B$$

Diese spezielle Gleichgewichtskonstante wird als **Basenkonstante** bezeichnet (der Index B steht für „Base", b für englisch *base*). K_B besitzt für jede Base bei konstanter Temperatur einen charakteristischen Wert. Zur Vereinfachung der Rechnungen definieren wir:

$$pK_B = -\lg K_B$$

Starke Säuren haben hohe Säurekonstanten, schwache Säuren dagegen sehr kleine Säurekonstanten. Das bedeutet, dass bei starken Säuren die Reaktion mit Wasser praktisch vollständig verläuft; die Säure wird in Wasser fast vollständig dissoziiert. Im Gegensatz dazu sind schwache Säuren nur zu einem kleinen Teil dissoziiert. Ganz analoge Verhältnisse finden wir bei Basen. Dort ist es die Basenkonstante, die uns Auskunft über das Dissoziationsverhalten der Base in Wasser gibt.

Zusammenhang zwischen Säurekonstante und Basenkonstante bei einem konjugierten (korrespondierenden) Säure-Base-Paar

In diesem Kapitel wollen wir einen wichtigen Zusammenhang zwischen der Säurekonstante für eine beliebige Säure HA und der Basenkonstante für die dazu konjugierte Base A^- kennen lernen. Wir wollen diese Herleitung Schritt für Schritt vornehmen und werden uns dabei eine Reihe weiterer wichtiger allgemeiner Regeln für den Umgang mit Gleichgewichtsberechnungen in der Chemie erarbeiten.

- Wir gehen von der Dissoziation einer Säure HA in Wasser aus und schreiben zuerst die Reaktionsgleichung und den Ausdruck für die Säurekonstante an:

  $$HA + H_2O \rightleftarrows H_3O^+ + A^- \qquad \text{und}$$

  $$K_{S(HA)} = \frac{[H_3O^+] \cdot [A^-]}{[HA]}$$

- Zweitens überlegen wir, was mit „Basenkonstante der konjugierten Base A^-" genau gemeint ist. Entsprechend unserer allgemeinen Definition der Basenkonstante ist das die Gleichgewichtskonstante der Reaktion einer beliebigen Base mit Wasser. Im speziellen Fall für A^- gilt daher:

  $$A^- + H_2O \rightleftarrows HA + OH^-$$

  Die Gleichgewichtskonstante dieser Reaktion ist die gesuchte Basenkonstante.

  Wir kennen diese Basenkonstante zwar noch nicht, können aber jedenfalls das Massenwirkungsgesetz für diese spezielle Reaktion leicht hinschreiben. Zur Erinnerung: Die Konzentration von Wasser müssen wir in derartigen Überlegungen nie explizit anschreiben:

  $$K_{B(A^-)} = \frac{[HA] \cdot [OH^-]}{[A^-]}$$

  Nun wenden wir einen kleinen „Trick" an, den wir weiter unten auch chemisch begründen wollen. Wir dürfen den Ausdruck entsprechend den mathematischen Grundregeln „erweitern", das heißt, wir multiplizieren den Zähler und den Nenner mit dem gleichen Faktor. Für diesen Erweiterungsfaktor wählen wir die Konzentration der Hydronium-Ionen:

$$K_{B(A^-)} = \frac{[HA]\cdot[OH^-]}{[A^-]} \cdot \frac{[H_3O^+]}{[H_3O^+]}$$

Durch geschicktes Zusammenfassen erhalten wir:

$$K_{B(A^-)} = \left\{ \frac{[HA]}{[A^-]\cdot[H_3O^+]} \right\} \cdot [H_3O^+]\cdot[OH^-]$$

Der erste Ausdruck in der geschwungenen Klammer ist aber genau der Kehrwert von K_S, und das Produkt der beiden noch übrigen Konzentrationen haben wir bereits als K_W kennen gelernt. Daher gilt:

$$K_{B(A^-)} = \frac{K_W}{K_{S(HA)}} \quad \text{oder} \quad K_{S(HA)} \cdot K_{B(A^-)} = K_W = 10^{-14}$$

Das bedeutet:

Merke: Die Stärke einer Säure ist umgekehrt proportional der Stärke ihrer konjugierten Base. Das Produkt der Säurekonstante der Säure und der Basenkonstante ihrer konjugierten Base ist gleich dem Ionenprodukt des Wassers.

Eine besonders einfache Schreibweise dieses Zusammenhanges liefert die logarithmische Transformation:

$$pK_{S(HA)} + pK_{B(A^-)} = pK_W = 14$$

Bevor wir uns mit diesem wichtigen Resultat weiter beschäftigen werden, wollen wir den kleinen „Trick" mit der Erweiterung des Massenwirkungsgesetzes noch ein wenig genauer studieren. Was haben wir da eigentlich getan?

Wir haben abgeleitet, dass unsere gesuchte Basenkonstante das Produkt des Kehrwerts der Säurekonstante HA und des Ionenprodukts des Wassers ist. Die diesen beiden Gleichgewichtkonstanten zugrunde liegenden chemischen Reaktionen aber können wir – sozusagen in Umkehrung der Aufstellung des Massenwirkungsgesetzes aus Reaktionsgleichungen – leicht ermitteln:

- Der Kehrwert der Säurekonstante, also $\frac{1}{K_{S(HA)}}$, ist

  $$\frac{1}{K_{S(HA)}} = \left\{ \frac{[HA]}{[A^-]\cdot[H_3O^+]} \right\}$$

  und repräsentiert die Reaktion (die Konzentration von Wasser taucht ja in der Gleichgewichtskonstante nicht auf!)

  $$H_3O^+ + A^- \rightleftarrows HA + H_2O$$

  Dies aber ist die Umkehrreaktion der Reaktion der Säure mit Wasser. Durch Einsetzen können wir die Richtigkeit dieser Behauptung leicht verifizieren.

- Der zweite Faktor, das Ionenprodukt des Wassers, steht für die Reaktion

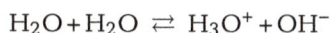

$$H_2O + H_2O \rightleftarrows H_3O^+ + OH^-$$

- Nun schreiben wir diese beiden Reaktionen untereinander an und addieren sie gemäß den Regeln der Algebra:

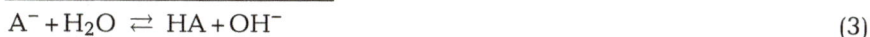

$$H_3O^+ + A^- \rightleftarrows HA + H_2O \quad (1)$$
$$H_2O + H_2O \rightleftarrows H_3O^+ + OH^- \quad (2)$$
$$A^- + H_2O \rightleftarrows HA + OH^- \quad (3)$$

- Und jetzt die „Überraschung": Die Summe der Reaktionsgleichungen (1) und (2), also die Reaktionsgleichung (3), ist genau die gesuchte Reaktion der konjugierten Base A^- mit Wasser, also die Reaktion, welche die Basenkonstante von A^- definiert!

Halten wir fest, was wir gelernt haben:

Merke:
- Wenn wir die Gleichgewichtskonstante einer Reaktion kennen, so kennen wir auch die Gleichgewichtskonstante der Umkehrreaktion – sie ist einfach der Kehrwert der ursprünglichen Gleichgewichtskonstante.
- Die Gleichgewichtskonstante einer Reaktion, die sich aus zwei (oder mehreren) Teilreaktionen zusammensetzt, ist durch das Produkt der Gleichgewichtskonstanten aller Teilreaktionen gegeben.
- Wenn es uns also gelingt, eine kompliziertere Reaktion in Teilreaktionen zu „sezieren", für die die Gleichgewichtskonstanten jeweils bekannt sind, so finden wir die Gleichgewichtskonstante der Gesamtreaktion einfach durch Produktbildung aller Teil-Gleichgewichtskonstanten.

Dieses Ergebnis ist sehr wichtig. Es lehrt uns, dass die konjugierte Base einer starken Säure eine extrem schwache Base ist. Salzsäure etwa (die wässrige Lösung von Chlorwasserstoff HCl) ist eine sehr starke Säure: $K_{S(HCl)} = 1000 = 10^3$ und $pK_{S(HCl)} = -3$. Daher ist das Chlorid-Ion Cl^-, die zu Chlorwasserstoff konjugierte Base, extrem schwach, so schwach, dass es mit Wasser überhaupt nicht reagiert und wässrige Lösungen von Chloriden daher völlig neutral reagieren: $pK_{B(Cl^-)} = 14 - pK_{S(HCl)} = 14 - (-3) = 17$ und $K_{B(Cl^-)} = 10^{-17}$.

Im Gegensatz dazu ist die konjugierte Base einer schwachen Säure eine schwache Base und die konjugierte Base einer sehr schwachen Säure eine starke Base.

Allgemein gilt:

Merke: Je schwächer sauer eine Säure ist, desto stärker basisch ist die dazu konjugierte Base.

Blausäure HCN etwa ist eine sehr schwache Säure mit $K_{S(HCN)} = 10^{-9,4}$ und $pK_{S(HCN)} = 9{,}4$; die dazu konjugierte Base, das Cyanid-Ion CN^-, ist deutlich basisch: $pK_{B(CN^-)} = 14 - pK_{S(HCN)} = 14 - 9{,}4 = 4{,}6$ und $K_{B(CN^-)} = 10^{-4,6}$, das ist sogar etwas stärker basisch als die bekannte schwache Base Ammoniak NH_3($pK_{B(NH_3)}$ = 4,75).

Beispiele für Säuren und Basen

Anhand der K_S-Werte werden Säuren grob in drei Klassen eingeteilt:

Starke Säuren: ($K_S > 1$ bzw. $pK_S < 0$)

Zu dieser Klasse gehören insbesondere die so genannten **Mineralsäuren**, deren Salze als Minerale wesentlich zum Aufbau der festen Erdkruste beitragen. Bei den extrem starken Säuren sind die Säurekonstanten experimentell nicht exakt bestimmbar, in diesen Fällen sind in *Tab. 2.2* nur ungefähre Werte (~) angegeben. Die Säurekonstanten sind für 25° C angegeben.

Tab. 2.2: Wichtige starke Säuren und ihre konjugierten Basen. Wir beachten, dass die Zeilensumme der Zahlenwerte für pK_S und pK_B immer gleich 14 ist.

Säure	pK_S	konjugierte Base	pK_B
Perchlorsäure $HClO_4$	~ −9	Perchlorat ClO_4^-	~ 23
Salzsäure HCl	~ −3	Chlorid Cl^-	~ 17
Schwefelsäure H_2SO_4	~ −3	Hydrogensulfat HSO_4^-	~ 17
Salpetersäure HNO_3	−1,32	Nitrat NO_3^-	15,32

Mittelstarke Säuren: ($1 > K_S > 10^{-4,5}$ bzw $0 < pK_S < 4,5$)

Tab. 2.3 listet einige wichtige Beispiele für diese Klasse von Säuren auf.

Tab. 2.3: Wichtige mittelstarke Säuren und ihre konjugierten Basen.

Säure	pK_S	konjugierte Base	pK_B
Hydrogensulfat HSO_4^-	1,92	Sulfat SO_4^{2-}	12,08
Phosphorsäure H_3PO_4	1,96	Dihydrogenphosphat $H_2PO_4^-$	12,04
Salpetrige Säure HNO_2	3,35	Nitrit NO_2^-	10,65

Schwache Säuren:

In dieser Klasse finden sich die meisten organischen und einige anorganische Säuren. *Tab. 2.4* listet wichtige Vertreter auf.

Wir entnehmen dieser exemplarischen Aufstellung einige wichtige allgemeine Schlussfolgerungen:

- Es gibt **Neutralsäuren**, **Anionsäuren** (negativ geladen) und **Kationsäuren** (positiv geladen).

Tab. 2.4: Wichtige schwache Säuren und ihre konjugierten Basen.

Säure	pK_S	konjugierte Base	pK_B
Essigsäure $H_3C-COOH$	4,75	Acetat H_3C-COO^-	9,25
Kohlensäure H_2CO_3	6,35	Hydrogencarbonat HCO_3^-	7,65
Schwefelwasserstoff H_2S	7,00	Hydrogensulfid HS^-	7,00
Ammonium-Ion NH_4^+	9,25	Ammoniak NH_3	4,75
Blausäure HCN	9,40	Cyanid HCN^-	4,60
Wasser H_2O	15,75	Hydroxid HO^-	−1,75

- Eine Anionsäure (Beispiel Hydrogensulfat) ist schwächer als die entsprechende Neutralsäure (Beispiel Schwefelsäure), da die negative Ladung die Abgabe eines Protons erschwert.
- Die Säurestärke von Wasserstoffverbindungen nimmt innerhalb einer Periode des Periodensystems zu (Beispiel: Chlorwasserstoff ist stärker als Schwefelwasserstoff).
- Die Säurestärke von Wasserstoffverbindungen nimmt innerhalb einer Gruppe des Periodensystems zu (Beispiel: Schwefelwasserstoff ist stärker sauer als Wasser).
- Bei **Sauerstoffsäuren** der allgemeinen Formel H_xEO_y (E: ein Element) ist die Säurestärke umso größer, je mehr Sauerstoffatome im Molekül sind (Beispiel: Salpetersäure ist stärker als Salpetrige Säure).
- Die Stärke von Sauerstoffsäuren nimmt innerhalb einer Periode des Periodensystems zu (Beispiel: Perchlorsäure ist stärker als Schwefelsäure, und diese ist stärker als Phosphorsäure).
- Die Stärke von Sauerstoffsäuren nimmt innerhalb einer Gruppe des Periodensystems von oben nach unten ab (Beispiel: Phosphorsäure ist schwächer als Salpetersäure).

Die Berechnung von pH-Werten

Merke: Die Berechnung des pH-Wertes einer wässrigen Lösung einer Säure oder einer Base (oder auch eines Gemisches aus Säuren und Basen) spielt eine wichtige Rolle, da bei Kenntnis des pH-Wertes die Konzentrationen aller übrigen Teilchensorten berechnet werden können. Die Kenntnis der zugrunde liegenden Formeln ist daher sehr wichtig. Wir werden anhand dieser Überlegungen eine sehr elegante und klare Methode kennen lernen, Gleichgewichtsberechnungen durchzuführen.

Wir betrachten zuerst die **Dissoziation von Säuren**. Wir lösen eine **einbasige Säure HA** (nur ein Proton kann abgegeben werden) in reinem Wasser. Die Totalkonzentration der Säure (dissoziierter und undissoziierter Teil) bezeichnen wir mit c_S^0. Das bedeutet, dass in einem Liter der Lösung c_S^0 Mol der Säure gelöst sind. Sofort nach dem Auflösen – **Protonenübertragungsreaktionen gehören zu den allerschnells-**

ten chemischen Reaktionen überhaupt – stellt sich das bekannte Gleichgewicht ein:

$$HA + H_2O \rightleftarrows A^- + H_3O^+$$

Das Massenwirkungsgesetz für die Dissoziationsreaktion lautet

$$K_S = \frac{[H_3O^+] \cdot [A^-]}{[HA]}$$

Wir wollen zwei Fälle näher untersuchen:

Fall 1: Starke Säuren

Wir nehmen an, dass HA eine starke Säure sei. Wir überlegen uns, wie groß die Konzentrationen der verschiedenen Reaktionspartner (um Wasser kümmern wir uns dabei nicht explizit) vor Beginn der Dissoziation und nach Einstellung des Gleichgewichts sein müssen. Dabei nehmen wir an, dass im Gleichgewicht noch eine sehr kleine, vorderhand aber unbekannte, Konzentration x an undissoziierter Säure „übrig" bleibt. Dann ergibt sich *Tab. 2.5*:

Tab. 2.5: Tabelle zur Berechnung des pH-Werts einer starken Säure.

	vor der Reaktion	im Gleichgewicht
$[H_3O^+]$	0	$c_S^0 - x$
$[A^-]$	0	$c_S^0 - x$
$[HA]$	c_S^0	x

Setzen wir nun die Gleichgewichtskonzentrationen (rechte Spalte) in das Massenwirkungsgesetz ein, so ergibt sich:

$$K_S = \frac{(c_S^0 - x) \cdot (c_S^0 - x)}{x}$$

Wenn wir diesen Ausdruck nach x auflösen, so erhalten wir eine quadratische Gleichung. Allerdings können wir uns durch geschickte Wahl der Unbekannten x die exakte Auflösung der quadratischen Gleichung ersparen. Wir berücksichtigen, dass eine **starke Säure in Wasser praktisch vollständig in Ionen dissoziiert** ist, dass also die Konzentration x der im Gleichgewicht noch vorliegenden undissoziierten HA-Moleküle sehr viel kleiner sein muss als die Totalkonzentration der Säure:

$$x \ll c_S^0$$

Dann können wir näherungsweise schreiben:

$$(c_S^0 - x) \approx c_S^0$$

Das heißt, wir treffen die Annahme:

Merke: Bei der Dissoziation einer starken einbasigen Säure ist die Konzentration der konjugierten Base im chemischen Gleichgewicht praktisch gleich der Totalkonzentration der Säure.

$$[H_3O^+] = [A^-] \approx c_S^0$$

Das pH der Lösung ist also gegeben durch den negativen dekadischen Logarithmus der Totalkonzentration der Säure:

$$pH \approx -\lg c_S^0$$

Die Konzentration an undissoziierter Säure im chemischen Gleichgewicht ist durch Umformung der Gleichung für K_S nun auch näherungsweise berechenbar:

$$x \approx \frac{(c_S^0)^2}{K_S}$$

Ein Beispiel soll diese Berechnungen veranschaulichen:

Wir berechnen das pH einer 0,01 M Lösung der sehr starken Säure Chlorwasserstoff HCl ($K_S = 1000$):

$$pH \approx -\lg c_S^0 = -\lg 10^{-2} = 2$$

und

$$x \approx \frac{(c_S^0)^2}{K_S} = \frac{(10^{-2})^2}{10^3} = 10^{-7}$$

Die Konzentration x der undissoziierten HCl-Moleküle im Gleichgewicht, verglichen mit der Totalkonzentration von 0,01 M, ist also tatsächlich winzig. Das Verhältnis der beiden Konzentrationen beträgt mit

$$\frac{x}{c_S^0} = \frac{10^{-7}}{10^{-2}} = 10^{-5}$$

nur Eins zu Hunderttausend. Dies rechtfertigt die gemachte Näherung im Nachhinein sehr gut.

Lösen wir für dieses Beispiel übrigens die quadratische Gleichung exakt, so erhalten wir dasselbe Ergebnis. Die Übereinstimmung zwischen angenähertem und exaktem Ergebnis ist so exzellent, weil die gemachte Voraussetzung der vollständigen Dissoziation bei der sehr starken Säure HCl wirklich zutrifft.

Dieselbe Vereinfachung ist auch zulässig, wenn man sich für das **pH einer Lösung einer starken Base** interessiert. Auch hier kann vollständige Dissoziation vorausgesetzt werden. Das Rezept zur Berechnung des pH-Wertes einer starken Base, in Wasser gelöst, lautet:

- Ersetze die Totalkonzentration der Säure, c_S^0, durch die Totalkonzentration der Base, c_B^0.
- Berücksichtige die Relation:

$$pH + pOH = 14$$

Dann folgt in diesem Fall für das pOH die einfache Beziehung:

$$pOH \approx -\lg c_B^0, \quad \text{und} \quad pH = 14 - pOH$$

Ein Beispiel demonstriert, wie einfach diese Regeln anzuwenden sind:

Wir berechnen das pH einer Lösung von 0,001 Mol der sehr starken Base Natriumhydroxid NaOH in Wasser in einem Liter Wasser:

$$pOH \approx -\lg 10^{-3} = 3, \quad \text{und} \quad pH = 14 - 3 = 11$$

Fall 2: Schwache oder sehr schwache Säuren

Hier dürfen wir keinesfalls die Näherung einer vollständigen Dissoziation anwenden. Hier wird **im chemischen Gleichgewicht nur ein sehr kleiner Teil der Moleküle dissoziiert** sein. Für eine systematische Behandlung der Gleichgewichtsberechnung empfiehlt sich in diesem Fall, in der Konzentrationstabelle eine andere Wahl für die Unbekannte x zu treffen: Sinnvollerweise setzen wir diejenige Konzentration gleich x, die entsprechend der chemischen Situation im Gleichgewicht sehr klein sein wird. Ein guter Kandidat dafür ist die Konzentration des dissoziierten Säureanteils, also die Konzentration der konjugierten Base A^-. Berücksichtigen wir weiterhin, dass – wenn wir die extrem geringe Protonenkonzentration vernachlässigen, die aufgrund der Autoprotolyse des Wassers entsteht – gemäß der allgemeinen Reaktionsgleichung der Säure mit Wasser pro einem A^--Ion gerade ein H_3O^+-Ion entsteht, so muss auch die Konzentration der Protonen gleich x sein. Daraus ergibt sich *Tab. 2.6:*

Tab. 2.6: Tabelle zur Berechnung des pH-Werts einer schwachen Säure.

	vor der Reaktion	im Gleichgewicht
$[H_3O^+]$	0	x
$[A^-]$	0	x
$[HA]$	c_S^0	$c_S^0 - x$

Das Massenwirkungsgesetz lautet mit dieser Wahl der Unbekannten x

$$K_S = \frac{x \cdot x}{c_S^0 - x}$$

Unser chemisches Wissen legt uns jetzt die Schlussfolgerung nahe, dass wegen der nur in sehr geringem Maße stattfindenden Dissoziation die Konzentration der dissoziierten Moleküle viel kleiner sein muss als die Totalkonzentration der Säure:

$$x \ll c_S^0$$

Deshalb ist folgende Näherung gerechtfertigt:

$$c_S^0 - x \approx c_S^0$$

Merke: Bei der Dissoziation einer schwachen einbasigen Säure kann man die Gleichgewichtskonzentration der undissoziierten Säuremoleküle HA näherungsweise gleich der Totalkonzentration der Säure setzen.

Dies führt zur vereinfachten Gleichung

$$K_S \approx \frac{x^2}{c_S^0}$$

und somit ergibt sich für die Konzentration der H_3O^+-Ionen und ebenso für die Konzentration der konjugierten Base A^-:

$$x \approx \sqrt{K_S \cdot c_S^0}$$

Diese Gleichung kann logarithmiert werden zu:

$$\lg x = \frac{1}{2} \cdot (\lg K_S + \lg c_S^0)$$

Wir multiplizieren mit (−1), dann folgt die wichtige **Formel zur Berechnung des pH-Wertes einer schwachen einbasigen Säure**:

$$-\lg x = -\lg[H_3O^+] = \frac{1}{2} \cdot (-\lg K_S - \lg c_S^0) \quad \text{und}$$

$$pH = \frac{1}{2} \cdot (pK_S - \lg c_S^0)$$

Diese Formel gilt nur für schwache Säuren. Wendet man sie auf eine starke Säure an, so resultieren völlig unsinnige Ergebnisse.

Noch eine wichtige Beobachtung: Wenn wir bei solchen Gleichgewichtsberechnungen die eigentlich auftretenden quadratischen Gleichungen „umgehen" wollen, so wählen wir immer die Gleichgewichtskonzentration als Unbekannte x, die aufgrund unserer chemischen Erwartung im Gleichgewicht möglichst klein sein sollte. Wir dürfen x gegenüber anderen Größen dann vernachlässigen, wenn vor ihm entweder ein Plus- oder ein Minuszeichen steht, also in additiven oder subtraktiven Termen, niemals aber, wenn x als Faktor in einer Multiplikation oder als Divisor oder Dividend in einer Division auftritt.

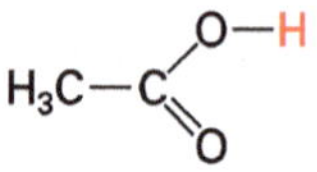

$$H_3C-C(=O)-O-H$$

Abb. 2.2: Formel der Essigsäure.

Wie wenden wir diese neue Formel an?

Wir haben oben für eine 0,01 M HCl-Lösung ein pH von 2 errechnet. Zum Vergleich wollen wir jetzt den pH-Wert einer 0,01 M Lösung der schwachen Essigsäure berechnen. *Abb. 2.2* zeigt die Konstitutionsformel von Essigsäure. Das in *Abb. 2.2* **rot** hervorgehobene Proton an der OH-Gruppe der Essigsäure kann an eine Base abgegeben werden; es ist ein **acides Proton**. Im Gegensatz dazu sind die Wasserstoffatome an C-Atomen extrem wenig acid, sie können praktisch nicht als Protonen abgespalten werden, da die C-H-Bindung extrem stabil ist.

Um Schreibarbeit zu sparen, wollen wir im Folgenden den schwarz geschriebenen „Säure-Rest" – das ist eigentlich die konjugierte Base der Essigsäure, die bei der Abspaltung des aciden Protons übrig bleibt – mit „OAc^-" abkürzen, und bezeichnen die Essigsäure folgerichtig als HOAc. Diese oft gebrauchte Abkürzung kommt vom lateinischen Namen der Essigsäure, *acidum aceticum*, und dem davon abgeleiteten Namen der konjugierten Base „Acetat-Ion". Die Säurekonstante der Essigsäure ist sehr klein, wie die folgenden Umformungen zeigen:

$$K_{S(HOAc)} = 10^{-4,75} = 10^{+0,25} \cdot 10^{-5} = 1,8 \cdot 10^{-5} = 0,000018$$

und es gilt:

$$pK_S = 4,75$$

Das pH der Lösung ist also:

$$pH = \frac{1}{2} \cdot (pK_S - \lg c_S^0) = \frac{4,75 - \lg 10^{-2}}{2} = \frac{4,75 + 2}{2} = 3,375$$

Wie gut ist diese angenäherte Lösung? Um diese Frage zu beantworten, müssen wir nochmals zurück zur Gleichung

$$K_S = \frac{x \cdot x}{c_S^0 - x}$$

Ein wenig Mathematik bringt uns zum exakten Ergebnis:

$$K_S \cdot (c_S^0 - x) = x^2$$
$$x^2 + K_S \cdot x - K_S \cdot c_S^0 = 0$$
$$x_{1,2} = -\frac{K_S}{2} \pm \sqrt{\frac{K_S^2 + 4 \cdot K_S \cdot c_S^0}{4}}$$

Das negative Ergebnis interessiert uns nicht, da negative Konzentrationen physikalisch sinnlos sind, und so erhalten wir:

$$x = [H_3O^+] = -\frac{10^{-4,75}}{2} + \sqrt{\frac{(10^{-4,75})^2 + 4 \cdot 10^{-4,75} \cdot 10^{-2}}{4}} = 0{,}000413$$
$$pH = -\lg 0{,}000413 = 3{,}384$$

Die Näherung ist also ausgezeichnet; die Differenz beträgt nur 0,009 pH-Einheiten!

Vergleichen wir dieses Ergebnis mit dem pH der 0,01 M HCl-Lösung:

Merke: Das pH einer Lösung einer schwachen Säure ist größer (die Konzentration der Hydronium-Ionen daher dementsprechend kleiner) als bei einer gleich konzentrierten Lösung einer starken Säure.

Säuren mit $pK_S < 0$ können bei üblicherweise verwendeten Konzentrationen für diese pH-Berechnungen als starke Säuren angesehen werden; Säuren mit $pK_S > 3$ hingegen als schwache.

Bei sehr verdünnten Säuren stimmen die angegebenen Bereiche nicht sehr gut. Die Näherung der starken Säure ist umso besser, je kleiner der pK_S-Wert ist, die Näherungsformel für schwache Säure stimmt umso genauer, je größer pK_S ist. Etwas präziser können wir zur Abhängigkeit des Gültigkeitsbereiches der gezeigten Näherungen von der Totalkonzentration der Säure c_S^0 festhalten, dass die Näherungsformeln vom exakten Ergebnis merklich abweichen, wenn die Säurestärke im Bereich $pK_S = -\lg c_S^0 \pm 1$ liegt. In diesem Bereich sollte die quadratische Gleichung exakt gelöst werden. Bei kleineren Werten sollte die Formel für starke Säuren verwenden werden, bei größeren die für schwache Säuren.

Wir wollen das pH einer Lösung einer schwachen Base in Wasser berechnen.

Auch hier können wir die Analogie mit den entsprechenden schwachen Säuren vorteilhaft ausnützen:

Wir ersetzen

- pH durch pOH
- pK_S durch pK_B
- c_S^0 durch c_B^0.

So finden wir für eine 0,001 M Lösung der Base Ammoniak ($pK_B = 4,75$) folgendes Ergebnis:

$$pOH = \frac{1}{2} \cdot (pK_B - \lg c_B^0) = \frac{4,75 - \lg 10^{-3}}{2} = \frac{4,75 + 3}{2} = 3,875$$

und daher:

$$pH = 14 - pOH = 14 - 3,875 = 10,125$$

Wir vergleichen dieses Ergebnis mit dem pH der 0,001 M NaOH-Lösung:

Merke: Das pH einer Lösung einer schwachen Base ist kleiner (die Konzentration der Hydronium-Ionen daher dementsprechend größer) als bei einer gleich konzentrierten Lösung einer starken Base.

Protonenübergänge beim Auflösen von Salzen

Wir haben oben gesehen, dass die konjugierten Basen von schwachen Säuren schwache Basen, die konjugierten Basen von starken Säuren hingegen extrem schwache Basen sind. Lösen wir also etwa ein Salz NaX einer schwachen Säure HX in Wasser auf, so erwarten wir, dass diese Lösung basisch reagiert, denn dieses Salz enthält ja als Anion die konjugierte Base X^-. Im Gegensatz dazu ist beim Auflösen eines Salzes NaY einer starken Säure HY keine basische Reaktion der Lösung zu beobachten, da Y^- als konjugierte Base von HY extrem schwach basisch ist.

Das folgende Beispiel zeigt, dass diese Vermutungen auch tatsächlich korrekt sind.

Wir studieren dies am Beispiel der pH-Berechnung einer 0,01 M Lösung von Natriumacetat NaOAc, des Natrium-Salzes der schwachen Essigsäure ($pK_S = 4,75$): Zuerst benutzen wir den Zusammenhang zwischen Säurestärke einer Säure und Basenstärke der konjugierten Base und erhalten als Basenstärke für Acetat:

$$pK_{B(OAc^-)} = 14 - pK_{S(HOAc)} = 14 - 4{,}75 = 9{,}25$$

Damit erhalten wir:

$$pOH = \frac{1}{2} \cdot (pK_B - \lg c_B^0) = \frac{9{,}25 - \lg 10^{-2}}{2} = \frac{11{,}25}{2} = 5{,}625 \quad \text{und}$$

$$pH = 14 - pOH = 8{,}375$$

Wir finden also wirklich eine schwach basische Reaktion der Lösung von Natriumacetat.

Wir halten fest:

Merke:
- **Lösungen von Salzen schwacher Säuren mit starken Basen**, wie zum Beispiel Natriumacetat NaOAc als Salz der schwachen Essigsäure HOAc mit der starken Base Natriumhydroxid NaOH, **reagieren in wässriger Lösung schwach basisch.**
- **Lösungen von Salzen schwacher Basen mit starken Säuren**, etwa Ammoniumchlorid als Salz der schwachen Base Ammoniak mit der starken Säure Chlorwasserstoff HCl, **reagieren in wässriger Lösung schwach sauer.**
- **Salze starker Säuren mit starken Basen**, etwa Kochsalz NaCl als Salz der starken Säure Chlorwasserstoff HCl mit der starken Base Natriumhydroxid NaOH, **reagieren in wässriger Lösung neutral.**

Die Reaktion einer Säure mit einer Base

Merke: Wir haben bisher die Reaktionen von Säuren und Basen mit Wasser in den Vordergrund unserer Überlegungen gestellt. Wie groß aber ist eigentlich die Gleichgewichtskonstante für die Reaktion zwischen einer beliebigen Säure HX mit einer ebenfalls beliebigen Base B?

Wir lassen eine Säure HX mit bekannter Säurestärke $K_{S(HX)}$ mit einer Base B mit ebenfalls bekannter Basenstärke $K_{B(B)}$ reagieren und wollen die Gleichgewichtskonstante für diese Reaktion ermitteln. Zuerst schreiben wir die Reaktion an:

$$HX + B \rightleftarrows X^- + HB^+$$

Diese Reaktion wollen wir jetzt „sezieren“, indem wir die Reaktionen der Säure und der Base mit Wasser mitberücksichtigen. Das Vorgehen ist ganz ähnlich wie oben, wo wir uns für die Basenstärke der konjugierten Base einer Säure interessierten, deren Säurestärke wir kennen:

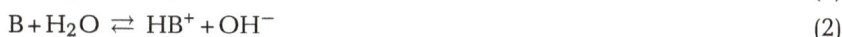

$$HX + H_2O \rightleftarrows H_3O^+ + X^- \quad (1)$$

$$B + H_2O \rightleftarrows HB^+ + OH^- \quad (2)$$

Zu diesen beiden Reaktionen addieren wir eine dritte:

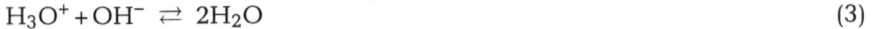

$$H_3O^+ + OH^- \rightleftarrows 2H_2O \qquad (3)$$

Wenn wir diese drei Reaktionen gemäß den Regeln der Algebra addieren, so erhalten wir gerade die gesuchte Reaktionsgleichung. Da wir auch für alle drei Teilreaktionen die Gleichgewichtskonstanten kennen, können wir sofort die Gleichgewichtskonstante für die gesuchte Reaktion der Säure HX mit der Base B hinschreiben:

$$K = K_{S(HX)} \cdot K_{B(B)} \cdot \frac{1}{K_W}$$

Merke: Die Gleichgewichtskonstante für die Reaktion einer Säure mit einer Base ist das Produkt der Säurekonstante mit der Basenkonstante, dividiert durch das Ionenprodukt des Wassers.

Bemerkenswert ist, dass wegen des sehr hohen Zahlenwerts des Kehrwerts des Ionenprodukts des Wassers, also der Zahl 10^{+14}, auch Reaktionen zwischen schwachen Säuren und Basen eine hohe Gleichgewichtskonstante haben, also praktisch quantitativ verlaufen.

Puffersysteme

Merke: Wir kommen jetzt nach ausführlicher Diskussion der Grundlagen der Säure-Base-Reaktionen zu einem ganz besonders wichtigen und für viele medizinischen Disziplinen außerordentlich bedeutsamen Kapitel: Wie können wir – etwa für eine empfindliche Untersuchung – das pH einer Lösung auf einen gewünschten Wert bringen und selbst dann möglichst konstant halten, wenn während unserer Arbeit Säure oder Base entstehen sollte. Und noch viel spannender: Wie gelingt diese Aufgabe unseren Zellen oder auch unserem Körper, wo auf der einen Seite ständig durch den Stoffwechsel Protonen erzeugt werden und auf der anderen Seite viele Reaktionen im Körper extrem pH-empfindlich sind?

Wir haben uns bisher dafür interessiert, wie sich Säuren oder Basen beim Auflösen in Wasser verhalten. Jetzt wollen wir studieren, wie sich **Mischungen einer schwachen Säure und ihrer konjugierten Base** verhalten.

Als ersten Schritt berechnen wir den pH-Wert, der sich einstellt, wenn wir in einem Liter Wasser c_S^0Mol einer **schwachen Säure** HA mit einer Säurekonstanten K_S und c_B^0 Mol der **konjugierten Base** A^- ebendieser Säure auflösen. Nachdem ein chemisches Gleichgewicht grundsätzlich unabhängig von den Konzentrationen ist, die aktuell im Spiel sind, gilt die uns schon bestens vertraute Gleichung auch hier:

$$K_S = \frac{[H_3O^+] \cdot [A^-]}{[HA]}$$

Tab. 2.7 hilft uns bei der Berechnung:

Tab. 2.7: Tabelle zur Berechnung des pH-Werts eines Puffersystems.

	vor der Reaktion	im Gleichgewicht
$[H_3O^+]$	0	x
$[A^-]$	c_B^0	$c_B^0 + x$
$[HA]$	c_S^0	$c_S^0 - x$

Wir haben oben gesehen, dass eine schwache Säure wie Essigsäure in Wasser so schwach dissoziiert, dass wir durchaus die Näherung machen dürfen, die Gleichgewichtskonzentration der schwachen Säure praktisch gleich ihrer Totalkonzentration zu setzen. Dieses Argument der geringen Dissoziation gilt im gegenwärtigen Fall natürlich noch stärker, da die bereits vorhandenen A^--Ionen die Dissoziation

$$HA + H_2O \rightleftarrows A^- + H_3O^+$$

nach dem **Prinzip des kleinsten Zwanges** (siehe Abschnitt 2.4 „Das Chemische Gleichgewicht") behindern und die Dissoziation der Säure noch schwächer ausfällt als in reinem Wasser. Da bereits A^--Ionen vorhanden sind, wird das Gleichgewicht „auf die Seite der Ausgangsstoffe verschoben"; die bereits vorhandenen A^--Ionen erhöhen die Geschwindigkeit der Rückreaktion. Daher dürfen wir in ausgezeichneter Näherung schreiben:

$$c_S^0 - x \approx c_S^0 \qquad \text{und} \qquad c_B^0 + x \approx c_B^0$$

Dann erhalten wir

$$K_S = \frac{[H_3O^+] \cdot [A^-]}{[HA]} \approx \frac{x \cdot c_B^0}{c_S^0}$$

Das ergibt umgeformt und logarithmiert:

$$\lg \frac{K_S \cdot c_S^0}{c_B^0} = \lg x = \lg [H_3O^+] \qquad \text{bzw.}$$

$$-\lg [H_3O^+] = -\lg K_S - \lg \frac{c_S^0}{c_B^0} \qquad \text{und schließlich:}$$

$$pH = pK_S - \lg \frac{c_S^0}{c_B^0} = pK_S + \lg \frac{c_B^0}{c_S^0}$$

Merke: Die Gleichung ist unter dem Namen **Henderson-Hasselbalch-Gleichung** bekannt. Sie ist von zentraler Wichtigkeit für die weitere Diskussion.

Die Henderson-Hasselbalch-Gleichung ist so elegant und einfach aufgebaut, dass wir sofort einige wichtige Schlüsse ziehen können:

Merke:
- **Eine Mischung aus einer schwachen Säure mit ihrer konjugierten Base nennen wir Puffersystem oder kurz Puffer.**
- Der pH-Wert eines Puffers wird in allererster Linie durch die Säurekonstante der Säurekomponente des Puffers bestimmt.
- **Äquimolare Puffer**, das sind Puffersysteme mit einem 1:1 Verhältnis der Konzentrationen der Säure- und der Basenkomponente, haben einen pH-Wert, der numerisch exakt dem pK_S-Wert entspricht.
- Weicht das Konzentrationsverhältnis der Puffersäure und -base von 1 ab, so ändert sich der pH-Wert des Puffers nur um einen durch die Logarithmusfunktion klein gehaltenen Korrekturterm, der durch den Quotienten der Konzentrationen der Pufferkomponenten bestimmt wird, also $\lg \frac{c_B^0}{c_S^0}$.

Solche Mischungen schwacher Säuren und ihrer konjugierten Basen besitzen – und dies ist der eigentliche Grund, warum wir uns mit ihnen beschäftigen – eine **außerordentlich interessante Eigenschaft**. Sie sind in der Lage, **Zusätze von starken Säuren oder starken Basen „abzupuffern"**. Das heißt, das pH der Lösung ändert sich bei Zusatz von Säure oder Base viel weniger stark als dies bei reinem Wasser der Fall wäre. Diese Eigenschaft ist der Grund für die Bezeichnung als Puffersystem bzw. Puffer.

Wir wollen das Verständnis dieser für die Chemie und Biochemie des Lebens außerordentlich wichtigen Wirkung anhand einiger Beispielsrechnungen erarbeiten:

- Zuerst berechnen wir, wie sich das pH ändert, wenn wir zu einem Liter Wasser 0,01 Mol Salzsäure HCl (das sind 0,364 g HCl) zusetzen. Die Antwort ist einfach: Wasser besitzt ein pH = 7, eine 0,01 M Lösung von HCl (starke Säure!) hat ein pH = 2, und somit ändert sich das pH der Lösung um 5 Einheiten (7 → 2). Es ist nützlich, wenn wir uns vor Augen halten, dass mit dieser pH-Absenkung ein Anstieg der Konzentration der $[H_3O^+]$-Ionen um den Faktor 10^5,also auf das Hunderttausendfache (!), einher geht.
- Wie groß aber ist die entsprechende pH-Änderung, wenn wir dieselbe Menge an HCl (0,01 Mol) zu einem Liter einer Pufferlösung hinzufügen, die 0,1 molar an Essigsäure und 0,1 molar an Natriumacetat ist?
  Aufgrund der Henderson-Hasselbalch-Gleichung wissen wir auch ohne Rechnung, dass dieser Puffer vor der HCl-Zugabe ein pH = 4,75 besitzt, da der pK_S von Essigsäure gerade 4,75 ist.
  Folgende Überlegung hilft uns, die Änderungen aufgrund der HCl-Zugabe berechnen zu können: Säuren sind ja definiert als Protonendonatoren, die Protonen an Basen, also an Protonenakzeptoren, übertragen. Welche Base aber ist in dem Puffersystem primär enthalten? Natürlich die Basenkomponente des Puffers, also die Acetat-Ionen. Wassermoleküle sind wegen des amphoteren Charakters von Wasser prinzipiell zwar auch Basen; sie sind aber viel, viel schwächere Basen als Acetat-Ionen und daher vernachlässig-

bar. Die starke Säure HCl reagiert daher praktisch vollständig mit der konjugierten Base Acetat, wobei undissoziierte Essigsäure und Chlorid-Ionen entstehen:

$$HCl + OAc^- \rightarrow HOAc + Cl^-$$

Somit sinkt die Konzentration der Acetat-Ionen von 0,1 M um 0,01 M auf 0,09 M. Dann ist die zugesetzte HCl-Menge von 0,01 M vollständig verbraucht. Die Essigsäurekonzentration ist durch diese Reaktion von 0,1 M um 0,01 M auf 0,11 M gestiegen. Das pH berechnet sich nach der Henderson-Hasselbalch'schen Formel dann zu:

$$pH = pK_S + \lg \frac{c_B^0}{c_S^0} = 4{,}75 + \lg \frac{0{,}09}{0{,}11} = 4{,}66$$

Das ist ein unglaublich dramatischer Effekt unseres Puffers:

Der Zusatz der gleichen Menge HCl, die bei Wasser einen pH-Sprung von 5 Einheiten bewirkt hat, verursacht bei dem betrachteten Puffersystem eine pH-Änderung von nur 0,09 Einheiten (4,75 → 4,66). Anders ausgedrückt: Die Konzentration der Hydronium-Ionen steigt von 0,000018 M auf gerade einmal 0,000022 M an, das ist ein 1,2-facher Anstieg, verglichen mit dem hunderttausendfachen Anstieg im Fall von reinem Wasser.

Einen weiteren Zugang zu einem Verständnis der Puffersysteme gewinnen wir, wenn wir die **Dissoziation einer Säure in Abhängigkeit vom pH-Wert** untersuchen. Wir suchen nun nicht nach dem pH, das sich bei der Dissoziation einer Säure einstellt, sondern wir fragen, wie viel an undissoziierter Säure und wie viel an durch Dissoziation entstandener konjugierter Base vorliegt, wenn wir eine Säure in einer Lösung mit definiertem pH dissoziieren lassen. Abb 2.3 zeigt das Ergebnis für 0,1 M Essigsäure ($pK_S = 4{,}75$).

Bei niedrigem pH, also in stark saurer Lösung, ist die Dissoziation der Essigsäure aufgrund der hohen Protonenkonzentration praktisch unmöglich. Die Konzentration der undissoziierten Essigsäure ist gleich der Totalkonzentration 0,1 M. Acetat-Ionen sind so gut wie nicht vorhanden.

Erhöhen wir das pH, so beginnt ab pH = 2 die Essigsäure merklich zu dissoziieren; ihre Konzentration nimmt ab und gleichzeitig steigt im selben Ausmaß die Konzentration der Acetat-Ionen an.

Bei pH = 4,75 ist die Konzentration der Essigsäure und der Acetat-Ionen gerade gleich groß (0,05 M; äquimolares System), und bei noch höherem pH überwiegt die Konzentration der Acetat-Ionen, bis ab etwa pH = 8 nur noch Acetat-Ionen vorliegen, jedoch keine undissoziierte Säure mehr zu finden ist.

Abb. 2.4, eigentlich nur eine etwas andere Darstellung des gleichen Sachverhalts, erlaubt das genaue Studium des Zusammenhangs zwischen dem pH-Wert eines Puffersystems mit dem Mischungsverhältnis der undissoziierten Säure und

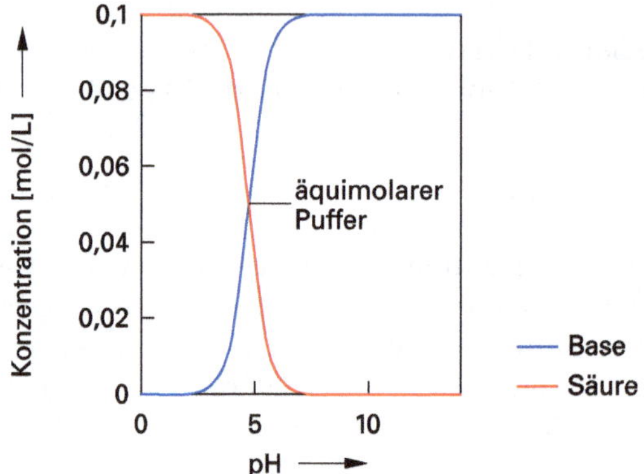

Abb. 2.3: Das Dissoziationsverhalten von Essigsäure. Totalkonzentration der Essigsäure: 0,1 mol/L; $pK_S = 4{,}75$.

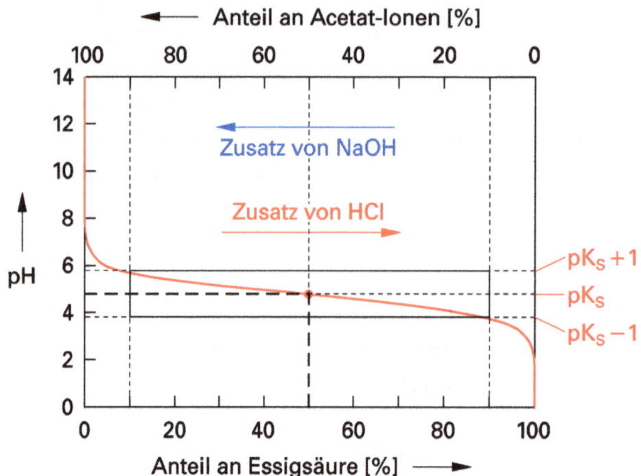

Abb. 2.4: Relative Anteile von undissoziierter Essigsäure und Acetat-Ionen in einem Essigsäure-Acetat-Puffer in Abhängigkeit vom pH-Wert. Bei einem pH-Wert von 4,75 liegt der Puffer in äquimolarer Form vor; Zusatz von Salzsäure oder Natronlauge bewirkt eine Verschiebung in der angegebenen Richtung. Das Rechteck um den zentralen Punkt der Kurve bezeichnet den Pufferbereich.

der konjugierten Base bzw. mit den pH-Änderungen im Gefolge von Zusätzen von starker Säure oder starker Base.

Wir beachten, dass *Abb. 2.4* zwei Abszissenbeschriftungen besitzt, nämlich den Prozentanteil an Essigsäure und gegenläufig den Prozentanteil an Acetat-Ionen. Wir starten unsere Überlegungen beim äquimolaren Puffer, also einem Anteil beider Komponenten von je 50%. Hier ist das pH zahlenmäßig genau gleich dem $pK_S = 4{,}75$, im Bild durch den zentralen Punkt der Kurve repräsentiert.

Nun überlegen wir uns, was beim Zusatz von HCl passieren muss. Die starke Säure überführt einen Teil der Acetat-Ionen in Essigsäure; wir bewegen uns im

Diagramm also nach rechts. Wir sehen, dass wir über einen relativ weiten Bereich kaum eine pH-Änderung haben. Erst bei einem Anteil Essigsäure von ungefähr 90% ist der pH-Wert um eine pH-Einheit auf den Wert $pK_S - 1 = 3{,}75$ abgesunken. Jetzt begreifen wir die minimale pH-Änderung von 0,09 pH-Einheiten in unserem obigen Berechnungsbeispiel besser.

Was passiert, wenn wir nicht HCl zusetzen, sondern NaOH?

Die starke Base überführt einen Teil der Essigsäuremoleküle in Acetat-Ionen; wir bewegen uns im Diagramm also nach links. Nun gilt symmetrisch dasselbe wie oben. Erst bei einem Anteil Acetat-Ionen von ungefähr 90% ist der pH-Wert um eine pH-Einheit auf den Wert $pK_S + 1 = 5{,}75$ angestiegen.

Der Bereich von 10 % bis 90 % wird als **Pufferbereich** bezeichnet; erst wenn wir diesen Bereich durch übermäßigen Säurezusatz über- oder durch Basenzusatz unterschreiten, wird die pH-Kurve viel steiler, und die Pufferwirkung ist nicht mehr gegeben.

Den Pufferbereich von 10 % bis 90 % können wir auch durch das Verhältnis $\frac{[HA]}{[A^-]}$ ausdrücken; dieses darf näherungsweise zwischen $\frac{1}{10}$ und $\frac{10}{1}$ variieren. Aus unserem Diagramm können wir ablesen, dass der Pufferbereich auf der pH-Achse im Bereich zwischen $pK_S - 1$ und $pK_S + 1$ liegt.

Bei Zusatz einer starken Säure puffert das System Essigsäure / Acetat bis zu einem pH von etwa 3,75. Wenn noch mehr Säure zugesetzt wird, verliert der Puffer seine Wirksamkeit und das pH sinkt sehr steil ab. Bei Zusatz einer starken Base hingegen ist bis zu einem pH von etwa 5,75 die Pufferwirkung gegeben. Darüber verliert der Puffer seine Wirksamkeit und das pH steigt sehr rasch an.

Wie viel starke Säure oder starke Base einem Puffer zugesetzt werden darf, die so genannte **Pufferkapazität**, hängt primär von den **Konzentrationen der Pufferkomponenten** ab. Ist ein Puffer 1 M an Säure und 1 M an konjugierter Base, so ist seine Pufferkapazität natürlich größer als bei einem Puffer, der nur 0,01 M an Säure und 0,01 M an Base ist. Der pH-Wert des Puffers aber ist in beiden Fällen gleich dem pK_S-Wert der Säure, da das Verhältnis von Säure zu konjugierter Base jeweils 1 beträgt.

Physiologische Bedeutung des pH-Wertes und von Puffersystemen

Abb. 2.5 zeigt typische pH-Bereiche einiger bekannter Substanzen sowie einiger Körperflüssigkeiten.

Ein ausgesprochen saures Milieu findet sich im **Magensaft** (pH zwischen 0,8 und 1,5). Die hohe Säurekonzentration ist für die Funktion der hier wirksamen Verdauungsenzyme, insbesondere des Pepsins, nötig. Außerdem werden durch den extrem sauren Magensaft viele Krankheitserreger bereits im Magen abgetötet. Die Magendrüsen bilden pro Tag etwa 2 bis 3 Liter Magensaft, der etwa dieselbe Osmolalität besitzt wie Blut und einen pH-Wert zwischen 0,8 und 1,5 aufweist.

Der pH-Wert von Harn kann in weiten Grenzen (pH zwischen 5 und 8) schwanken, ohne dass gesundheitliche Bedenken bestehen. Sehr ähnlich ist auch das pH von Schweiß bemerkenswert variabel.

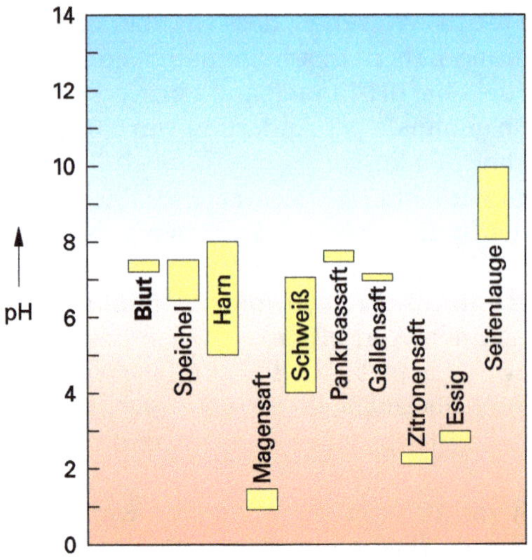

Abb. 2.5: pH-Werte von verschiedenen Flüssigkeiten und Körperflüssigkeiten.

Sehr **genau reguliert ist das pH des Blutes**, welches im schwach alkalischen Bereich liegt und nur zwischen **7,35 und 7,45** schwanken darf. Dies entspricht einer **Hydronium-Ionenkonzentration von 40 nmol/l**. Eine Abweichung in den sauren Bereich (niedrigeres pH) wird als **Acidose** bezeichnet; steigt das pH über den angegebenen oberen Wert an, so spricht man von einer **Alkalose** (siehe Abschnitt 2.4 „Der Säure-Base-Haushalt des Menschen").

Das Blut-pH wird durch drei Puffersysteme konstant gehalten:

1. Kohlensäure H_2CO_3 (pK_S = 6,35)/Hydrogencarbonat HCO_3^-:

Dieser Puffer stellt etwa 6% der Pufferkapazität des Blutes. Er ist als **offenes Puffersystem** von ganz entscheidender Bedeutung, da die instabile Kohlensäure mit Kohlendioxid im Gleichgewicht steht und in der Lunge ausgetauscht werden kann. H_2CO_3 ist instabil und zerfällt gemäß:

$$H_2CO_3 \rightleftarrows H_2O + CO_2$$

Damit ist über eine **schnellere oder langsamere Atmung** eine sehr rasche Regulierung des Blut-pH möglich (siehe Abschnitt 2.4 „Der Säure-Base-Haushalt des Menschen").

2. Dihydrogenphosphat $H_2PO_4^-$ ($pK_S = 7{,}12$) / Hydrogenphosphat HPO_4^{2-}:

Dieser **sekundäre Phosphatpuffer** repräsentiert etwa 1% der Pufferkapazität des Blutes.

3. Proteine/Proteinanionen:

Den größten Anteil an der Pufferkapazität machen die **Eiweißkörper des Blutes** aus: **Erythrozytenproteine** (80%) und **Serumproteine** (13%). Ihre Pufferwirkung beruht darauf, dass sie freie Carboxylgruppen und/oder Aminogruppen tragen, die als schwache Säuren bzw. schwache Basen fungieren. Diese funktionellen Gruppen liegen bei physiologischem pH hauptsächlich als **Carboxylat-Anionen** bzw. **Ammonium-Kationen** ionisiert vor und bilden somit wirkungsvolle Puffermischungen (siehe Kapitel 8, Abschnitt 1 „Aminosäuren, Peptide und Proteine").

2.2 Grundlagen der Thermodynamik

Lehrziel

Die klassische Thermodynamik ist eine phänomenologische Wissenschaft. Sie beschäftigt sich mit den makroskopischen Eigenschaften der Materie und benötigt keinerlei Kenntnisse über die Welt der Atome und Moleküle. Ihr Gegenstand sind die Eigenschaften, die direkten Messungen zugänglich sind und – wenigstens meistens – auch von unseren Sinnen erfasst werden können, sowie insbesondere die gegenseitigen Zusammenhänge dieser Eigenschaften.

Die Thermodynamik wurde im 19. Jahrhundert, noch deutlich vor der experimentellen Bestätigung des Aufbaues der Materie aus kleinsten Teilchen, entwickelt und bereits zu sehr hoher Blüte ausgebaut.

Im Zuge des zunehmenden Wissens über den Mikrokosmos am Ende des 19. und insbesondere in der ersten Hälfte des 20. Jahrhunderts wurde eine Synthese der klassischen Thermodynamik mit den neuen Theorien der Atome und Moleküle entwickelt, die **Statistische Thermodynamik**, die wir aber nicht weiter behandeln wollen.

Warum Thermodynamik?

Warum müssen wir uns im Rahmen der Chemie in der Medizin mit Thermodynamik befassen? Ist das nicht nur eine Theorie, die für Techniker und Konstrukteure von Gefrierschränken, Wärmekraftmaschinen oder Automotoren interessant ist? Hat diese Theorie für das so subtile Geschehen in einer lebenden Zelle denn irgendwelche Bedeutung?

Die Antwort auf diese Frage ist eindeutig „Ja!“: Die Thermodynamik bildet die theoretische Grundlage für die quantitative **Beschreibung der Energetik** – also der auftretenden Energieumsätze – **chemischer wie biochemischer Reaktionen**. Sie erklärt, warum gewisse Reaktionen **spontan** oder **nicht spontan**, **vollständig** oder nur **teilweise** ablaufen, und sie ist absolut unumgänglich, wenn wir verstehen wollen, woher eine Zelle oder ein Organ oder auch ein Mensch seine Energie bezieht und wofür diese Energie genutzt werden kann.

Die Thermodynamik gestattet auch, wie wir sehen werden, die Berechnung des so genannten **Chemischen Gleichgewichtszustandes**, bei dem makroskopisch keine weitere stoffliche Änderung eines Systems mehr stattfindet. Die daraus resultierenden Gesetzmäßigkeiten werden uns entscheidend helfen, uns in der verwirrenden Vielfalt chemischer und biochemischer Reaktionen zurechtzufinden, wichtige und immer wieder vorkommende Reaktionstypen klassifizieren zu können und für diese die wesentlichen Regelmäßigkeiten herauszuarbeiten und zu verstehen.

Thermodynamische Systeme

Ein zentraler Begriff der Thermodynamik ist der eines **Systems**. Dies ist ein Reaktionsraum, der von seiner Umgebung durch reale oder gedachte Wände abgegrenzt ist und bei dem nur kontrollierte Einflüsse der Umgebung zulässig sind (*Abb. 2.6*).

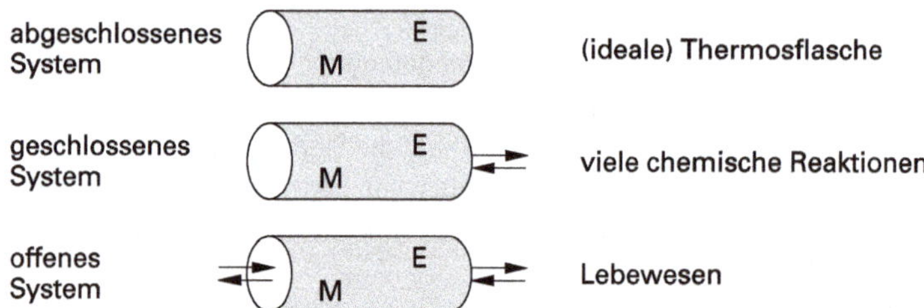

Abb. 2.6: Schematische Darstellung der drei Arten von thermodynamischen Systemen. Die Pfeile bezeichnen den Austausch von Energie (E) und/oder Materie (M) zwischen dem System und der Umgebung.

Wir unterscheiden **abgeschlossene Systeme** (kein Austausch von Energie und Materie zwischen System und Umgebung), **geschlossene Systeme** (Austausch nur von Energie, nicht aber von Materie) und **offene Systeme** (Austausch von Energie und Materie).

Die Wahl der Systemwände oder -grenzen ist willkürlich und sollte stets dem Problem angepasst sein. Es kann ein Gefäß sein, in dem eine chemische Reaktion stattfindet, oder es kann eine lebende Zelle sein. Abgeschlossene Systeme lassen weder Energieaustausch noch Materieaustausch mit der Umgebung zu, man bezeichnet sie auch als **adiabatisch**. Geschlossene Systeme können Energie mit der Umgebung austauschen; bleibt infolge dieses Wärmeflusses die Temperatur konstant, so ist das System **isotherm**. In offenen Systemen kann sowohl Energie als auch Materie mit der Umgebung ausgetauscht werden: **Lebende Zellen, aber auch lebende Organismen insgesamt sind gute Beispiele für offene Systeme.**

Zustandsfunktionen

In der Thermodynamik bemühen wir uns um eine quantitative Beschreibung von Zusammenhängen **empirisch** gefundener Eigenschaften, die den **Zustand eines Systems** charakterisieren.

Systemeigenschaften, die den augenblicklichen Zustand des entsprechenden Systems eindeutig charakterisieren, nennen wir **Zustandsfunktionen**, **Zustandsvariablen** oder **Zustandsgrößen**. Beispiele dafür sind Druck, Temperatur, Volumen, Konzentrationen der Systemkomponenten. Nur solche Systemeigenschaften sind Zustandsfunktionen, deren Wert nicht davon abhängig ist, auf welchem Weg das System den jeweiligen Zustand erreicht hat.

Ein wichtiges Beispiel für Zustandsfunktionen und eine kompakte naturgesetzliche Beschreibung ihrer Zusammenhänge durch eine Zustandsgleichung ist die Ideale Gasgleichung (siehe Kapitel 1, Abschnitt 9 „Gase"):

$$P \cdot V = n \cdot R \cdot T$$

Wir haben hier vier Zustandsvariablen, nämlich den Druck P, das Volumen V, die Stoffmenge n und die absolute Temperatur T, die über die wichtige Naturkonstante R (die Allgemeine Gaskonstante) miteinander verknüpft sind.

Wir können Zustandsfunktionen in zwei Gruppen ordnen:

Intensive Zustandsfunktionen hängen nicht von der Größe des betrachteten Systems ab. Beispiele sind Druck, Dichte, Temperatur, aber auch die Konzentration einer Lösung. Isotone Kochsalzlösung ist 0,154 molar; egal, ob wir 1 mL oder 100 L davon untersuchen. Wenn wir ein ideales Gas bei bestimmten äußeren Bedingungen betrachten, so sind seine intensiven Zustandsfunktionen nicht nur dem Gas als ganzes zu eigen. Wir finden dieselben Werte für Druck, Dichte und Temperatur in jedem beliebigen Teilvolumen des betrachteten Gases.

Extensive Größen dagegen hängen in erster Linie von der Größe des betrachteten Systems ab. Beispiele sind Volumen, Wärmeinhalt, Stoffmenge, innere Energie, Masse. Das Volumen von 10 mol eines idealen Gases beträgt das Zehnfache des Volumens, welches 1 mol des Gases bei gleichen Bedingungen der Temperatur und des Druckes einnimmt.

Eine zentrale Rolle in dem für uns interessanten Teil der Thermodynamik spielen **energetische Zustandsfunktionen**. Wir benötigen diese zur quantitativen Erfassung der Energieänderungen, zum Beispiel im Verlauf einer chemischen Reaktion.

Die Menschheit hat im Verlauf der Jahrtausende wichtige Erfahrungen über das Verhalten der Natur zusammengetragen, und aus all diesem Wissen wurden durch die Thermodynamik einige ganz zentrale Erfahrungssätze „herausdestilliert", die sich als überaus fruchtbar erwiesen haben, die so genannten **Hauptsätze**

der Thermodynamik. Diese wollen wir im Folgenden besprechen, da sie nicht nur für die Chemie, sondern gerade auch für das Verständnis lebender Systeme außerordentlich wertvoll sind.

Innere Energie eines Systems und der 1. Hauptsatz der Thermodynamik

Die **innere Energie U** eines Systems, das ist der **Energieinhalt des Systems**, ändert sich, wenn das System mit seiner Umgebung Energie in Form von Wärme Q oder in Form von Arbeit W austauscht.

Aus zahlreichen Experimenten, bei welchen diese Größen unter verschiedensten Bedingungen gemessen wurden, kristallisierte sich der **1. Hauptsatz der Thermodynamik** heraus (das griechische Δ = Delta soll die Änderung der nachgestellten Größe symbolisieren):

$$\Delta U = Q + W$$

Merke: Die von einem geschlossenen System mit der Umgebung ausgetauschte Summe von Wärme und Arbeit ist gleich der Änderung der inneren Energie des Systems.

Für diesen aus der Erfahrung gewonnenen Satz gibt es mehrere andere Formulierungen, die dasselbe aussagen:

- Es ist unmöglich, eine Maschine zu konstruieren, die ohne Energiezufuhr kontinuierlich Arbeitsleistung erzeugt (**Satz von der Unmöglichkeit eines Perpetuum mobile 1. Art**).
- In einem geschlossenen System bleibt die Summe aller Energieformen konstant: Energie kann nicht vernichtet oder neu erschaffen werden (**Energieerhaltungssatz**).

Ein wichtiger Hinweis: Die klassische Thermodynamik hat keine Möglichkeit, die Innere Energie eines Systems, etwa eines Gases oder einer Lösung, absolut zu bestimmen. Alles, worüber sie Auskunft geben kann, sind Änderungen dieses Energiegehalts; darüber allerdings kann sie sehr exakte und klare Aussagen treffen. Die oben angesprochene Statistische Thermodynamik geht hier weiter und versucht – unter Zuhilfenahme komplizierter theoretischer Konzepte wie der Quantenmechanik – die Innere Energie eines Systems zu berechnen. Die gute Nachricht: Wir kommen für unsere Zwecke sehr gut mit der klassischen Thermodynamik aus!

Wichtig bei allen thermodynamischen Betrachtungen ist die bereits besprochene **systemozentrische Vorzeichengebung**. Wenn man dem System Wärme zuführt oder Arbeit am System verrichtet, so sind Q, W und ΔU positiv. Wenn das System Wärme an die Umgebung abgibt oder Arbeit an der Umgebung leistet, so sind diese Größen negativ.

Wärme und Arbeit sind keine Zustandsfunktionen. Je nachdem nämlich, wie wir einen bestimmten Prozess lenken, kann mehr Arbeit oder mehr Wärme umgesetzt werden. Stellen Sie sich beispielsweise ein besonders ungeschickt konstruiertes Auto vor, bei dem in den Lagern, die die Achse fixieren, sehr große Reibungskräfte auftreten. Dann wird von der Energie, die durch die Verbrennung des Kraftstoffes gewonnen wird, sehr viel als Reibungswärme verloren gehen und nur ein kleiner Teil für die mechanische Arbeit, nämlich die Bewegung des Autos, nutzbar sein.

In der Chemie tritt Arbeit meist in Form von Volumsarbeit oder elektrischer Arbeit auf. Volumsarbeit ist gleich dem negativ genommenen Produkt aus Volumsänderung ΔV und Druck P:

$$W = -P \cdot \Delta V$$

Sie tritt insbesondere bei Reaktionen auf, an denen Gase beteiligt sind.

Reaktionen bei konstantem Volumen und die Enthalpie

Wenn von den verschiedenen möglichen Energieformen nur Wärme und Volumsarbeit berücksichtigt werden, so können wir zwei Grenzfälle unterscheiden. Wenn sich das Volumen während der Reaktion nicht ändert ($\Delta V = 0$; **isochore Prozessführung**), wird der Term $-P \cdot \Delta V$ gleich Null und der erste Hauptsatz lautet:

$$\Delta U = Q_V, \quad \text{wenn} \quad V = \text{const.}$$

Q_V ist die bei konstantem Volumen umgesetzte Wärme. Im Gegensatz zum Wärmeumsatz bei einer beliebigen Prozessführung, wo sich sowohl Druck als auch Volumen ändern können, ist Q_V eine Zustandsfunktion, ebenso wie ΔU. Wir können das Ergebnis auch so formulieren:

Merke: Bei einer chemischen Reaktion ohne Volumsänderung ist die umgesetzte Wärme ein Maß für die Änderung der inneren Energie.

Chemische Reaktionen spielen sich aber meist bei konstantem Druck ab. Dann lautet der erste Hauptsatz:

$$\Delta U = Q_P - P \cdot \Delta V$$

wenn P = const. (**isobare Prozessführung**).

Q_P, die bei konstantem Druck umgesetzte Wärmemenge, ist ebenfalls eine Zustandsfunktion, die wir aber in der Chemie und Biochemie als **Enthalpie** H bezeichnen. Ihre Definition ist

$$H \equiv U + P \cdot V$$

Bei konstantem Druck erhält man also für die Änderung der Enthalpie

$$\Delta H = \Delta U + P \cdot \Delta V = Q_P$$

Merke: Bei einer unter konstantem Druck verlaufenden chemischen Reaktion ist der auftretende Wärmeumsatz ein Maß für die Änderung der Enthalpie des Systems.

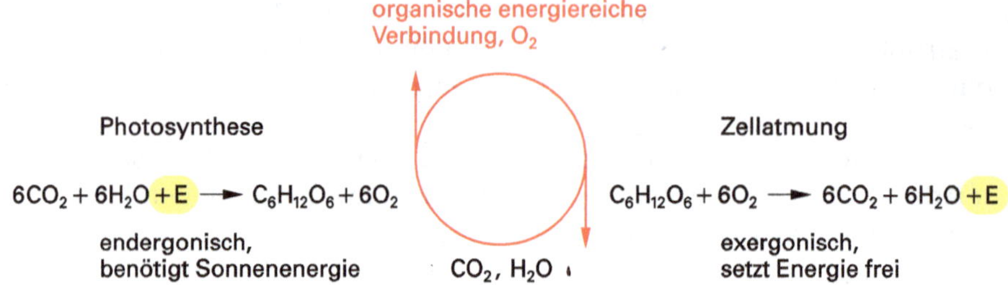

Abb. 2.7: Der Kreislauf der Lebensenergie. Im Prozess der Photosynthese werden die leicht verfügbaren Substanzen Wasser und Kohlendioxid unter Verwendung von Sonnenenergie (E) zu molekularem Sauerstoff und komplexen organischen Molekülen wie Zucker umgewandelt. Im Prozess der Zellatmung wird der Prozess umgekehrt; durch Oxidation der organischen Moleküle mit Hilfe von Sauerstoff werden wieder Wasser und Kohlendioxid erzeugt. Die freigesetzte Energie steht der Zelle zur Verfügung.

Ist das nicht sehr theoretisch und technisch? Müssen wir uns mit solchen Überlegungen wirklich „herumschlagen"?

Merke: Ein Verständnis der Lebensvorgänge – im Großen ebenso wie im Kleinen – ohne Betrachtung der umgesetzten Energieänderungen ist schlechterdings nicht möglich!

Leben benötigt Energie! Diese notwendige Lebensenergie kann in letzter Konsequenz auf die ungeheuer große Energieproduktion durch Fusion von Atomkernen in unserer Sonne zurückgeführt werden, die großteils als Licht abgestrahlt wird. Ein winziger Teil dieser Sonnenenergie (in *Abb. 2.7* dargestellt durch „E") wird auf unserer Erde von den **autotrophen Organismen** – das sind chlorophyllhaltige Pflanzen und einige photosynthetisierende Mikroorganismen – im Prozess der **Photosynthese** dazu verwendet, aus den allgegenwärtigen Ausgangsmaterialien Kohlendioxid CO_2 und Wasser H_2O energiereiche organische Verbindungen wie Kohlenhydrate (in *Abb. 2.7* symbolisiert durch die bekannte Bruttoformel $C_6H_{12}O_6$ für Glucose) herzustellen und als „Nebenprodukt" molekularen Sauerstoff O_2 zu liefern. **Heterotrophe Organismen** – dazu zählen Bakterien, Pilze, Tiere und Menschen – bauen im Prozess der **sauerstoffabhängigen Oxidation** (**Zellatmung**) diese komplexen organischen Moleküle wiederum zu einfachen Verbindungen, namentlich CO_2 und H_2O, ab. Dabei wird die in der Photosynthese quasi „hineingesteckte" Sonnenenergie in Form von (bio)chemisch nutzbarer Energie freigesetzt.

Das ist ein noch sehr grober und oberflächlicher Blick auf die Rolle der Energie für das Leben. Wir werden in Kapitel 3 unsere Kenntnisse und unser Verständnis für diese wichtige Thematik weiter entwickeln.

Enthalpieänderungen bei chemischen Reaktionen

Die bisherigen Ergebnisse können wir bereits sehr gut zur Beschreibung der energetischen Verhältnisse bei chemischen Reaktionen anwenden, wobei wir wegen der Konstanz des Drucks anstelle der inneren Energieänderungen stets Enthalpieänderungen betrachten.

Lassen Sie sich durch den Begriff „Enthalpieänderung" bitte nicht verwirren. Es ist einfach ein Name für eine ganz spezielle Form von Energieänderung, nämlich eine Energieänderung unter konstanten Druckbedingungen. Der Vorteil dieser Zustandsgröße ist, dass sie einfach als Wärmeaufnahme oder -abgabe im Zuge der Reaktion messbar ist.

Je nachdem, ob bei einer chemischen Reaktion die Enthalpieänderung negativ oder positiv ist, bezeichnen wir Reaktionen als **exotherm** ($\Delta H < 0$, das System gibt Enthalpie an die Umgebung ab) oder **endotherm** ($\Delta H > 0$; das System nimmt aus der Umgebung Enthalpie auf).

Nochmals zurück zur schematischen Abbildung des Energieflusses von der Sonne über die autotrophen zu den heterotrophen Organismen: Bei der Photosynthese wird Energie aus dem Sonnenlicht aufgenommen, damit der Aufbau der energiereichen organischen Verbindungen gelingt ($\Delta H > 0$; endotherm); der Abbau dieser Verbindungen mit Hilfe des Sauerstoffs im Prozess der Zellatmung hingegen liefert Energie ($\Delta H < 0$; exotherm).

Thermochemie

Da die Enthalpien der Ausgangsstoffe und der Endprodukte und gleichermaßen die Reaktionsenthalpien vom Druck und der Temperatur abhängen, geben wir sie – um sie vergleichbar zu machen – für einen Standardzustand an.

Merke: Als **Standardzustand** wählt man bei Gasen den idealen Zustand, bei Flüssigkeiten und Feststoffen den Zustand der reinen Phase, und zwar bei einem Druck von 1,01325 bar (101325 Pa, alte Einheit 1 atm) und einer definierten Temperatur (meistens 25 °C = 298 K).

Die bei diesem definierten Standardzustand gemessenen Standardenthalpien schreiben wir folgendermaßen:

$$\Delta H^0_{298}$$

Der Index 298 gibt die gewählte Temperatur [in K] an. Für viele chemische Reaktionen sind solche Werte bekannt und in Tabellenwerken verfügbar. Da die Enthalpie eine extensive Größe ist, beziehen wir uns immer auf die Bildung von 1 Mol Endprodukt (**molare Bildungsenthalpien**).

Ein wichtiger Spezialfall ist die so genannte **Standardbildungsenthalpie**. Diese Größe gibt an, wie groß die Enthalpieänderung bei der **Bildung von 1 mol der Substanz aus ihren Elementen unter Standardbedingungen** ist.

Wir wollen uns ein einfaches Beispiel ansehen, welches für unsere Zwecke sehr geeignet ist. Wir können die lebenswichtige Erzeugung von Energie in unseren Zellen nämlich – ungeachtet der tatsächlichen Komplexität – ganz grob zusammenfassend als eine sehr einfache Reaktion betrachten, nämlich die **Umsetzung von Wasserstoff mit Sauerstoff zu Wasser** („Verbrennung" des Wasserstoffs,

„Knallgasexplosion"). Natürlich wissen wir, dass in unseren Zellen keine Knallgasexplosion stattfindet. Die Evolution hat hier vielmehr überaus elegante und subtile Wege entwickelt, diese an sich so fulminante Verbrennung so zu leiten, dass der Zelle nicht nur nichts geschieht, sondern auch eine optimale Ausnutzung dieser Energieproduktion durch die Bildung des zellulären Energiespeichermoleküls **Adenosintriphosphat** (ATP) möglich wird (siehe Kapitel 3, Abschnitt 2 „Die Zelluläre Produktion von Energie"). Hier also unser stark vereinfachtes Beispiel:

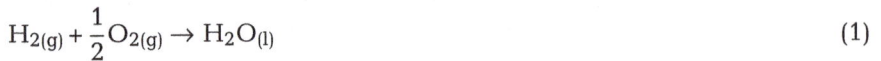

$$H_{2(g)} + \frac{1}{2}O_{2(g)} \rightarrow H_2O_{(l)} \quad (1)$$

$$\Delta H^0_{298} = -285 \text{ kJ/mol.} \quad (2)$$

(Die tiefgestellten Indices (g) und (l) geben den Aggregatzustand an: „g" steht für „gaseous" oder „gasförmig", „l" hingegen für „liquid" oder „flüssig".)

Experimentell sind, wie bereits erwähnt, grundsätzlich nur Enthalpieänderungen messbar. Absolute Enthalpien kann man nicht messen. Wir behelfen uns mit einer Definition:

Merke: Die Enthalpien der Elemente im Standardzustand werden willkürlich gleich Null gesetzt.

Da deshalb die Standardenthalpien von Wasserstoff und Sauerstoff (Elemente!) jeweils gleich Null sind, ist die gemessene Reaktionsenthalpie auch gleichzeitig die Standardbildungsenthalpie von Wasser. **Wasser ist also eine thermisch sehr stabile Substanz**. Wir benötigten die große Energiemenge von 285 kJ, um 1 Mol Wasser wieder in die Elemente zurück zu verwandeln.

Das Beispiel mit der Verbrennung von Wasserstoff ist noch in weiterer Hinsicht lehrreich. Wenn wir die Reaktion von gasförmigem Wasserstoff und Sauerstoff zu Wasser so lenken, dass das entstehende Wasser nicht zum flüssigen Zustand kondensiert, sondern gasförmig bleibt, wird weniger Enthalpie als Wärme frei, und zwar gilt:

$$H_{2(g)} + \frac{1}{2}O_{2(g)} \rightarrow H_2O_{(g)}$$

$$\Delta H^0_{298} = -243 \text{ kJ/mol.}$$

Die Differenz von +42 kJ/mol aber ist gerade der Enthalpiebetrag, den wir aufwenden müssten, um bei der Temperatur von 25 °C (298 K) 1 mol flüssiges Wasser zu gasförmigem Wasser zu verdampfen, die **molare Verdampfungsenthalpie**. Umgekehrt betrachtet: Bei der Kondensation von gasförmigem zu flüssigem Wasser wird bei 25 °C eine **molare Kondensationsenthalpie** von –42 kJ/mol frei.

Der gesamte Sachverhalt lässt sich kurz zusammenfassen:

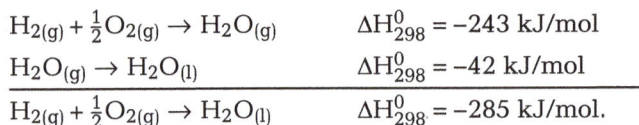

$$\begin{array}{ll} H_{2(g)} + \frac{1}{2}O_{2(g)} \rightarrow H_2O_{(g)} & \Delta H^0_{298} = -243 \text{ kJ/mol} \\ H_2O_{(g)} \rightarrow H_2O_{(l)} & \Delta H^0_{298} = -42 \text{ kJ/mol} \\ \hline H_{2(g)} + \frac{1}{2}O_{2(g)} \rightarrow H_2O_{(l)} & \Delta H^0_{298} = -285 \text{ kJ/mol.} \end{array}$$

Merke: Wir können Teilreaktionen zu einer Gesamtreaktion addieren; die Summe der Reaktionsenthalpien der Teilreaktionen ergibt die Reaktionsenthalpie der Gesamtreaktion.

Was wir hier ausführlich besprochen haben, ist eigentlich eine Konsequenz des ersten Hauptsatzes: Die Energie bleibt erhalten. Sie kann weder neu erzeugt noch vernichtet werden.

Merke: Bei gleichem Anfangs- und Endzustand der Reaktion ist die Reaktionsenthalpie für jeden Reaktionsweg gleich groß.

Gleichgültig also, ob wir von gasförmigem Wasserstoff und Sauerstoff in einem Reaktionsschritt direkt zu flüssigem Wasser kommen, oder ob wir die Reaktion in zwei Teilschritten durchführen – zuerst Bildung von gasförmigem Wasser, danach Kondensation desselben –, die freigesetzte Enthalpie ist dieselbe. Das ist eigentlich gemeint, wenn wir von Zustandsfunktionen sprechen: Der Weg, auf dem wir von einem bestimmten Anfangszustand zu einem bestimmten Endzustand gelangen, spielt für die Größe einer Zustandsfunktion keine Rolle.

Brennstoffe, Verbrennung und Energiegewinnung

Die Energie- oder Enthalpieänderungen bei Verbrennungen mit Sauerstoff stellen für die allermeisten heute lebenden Organismen höchst bedeutsame Fragen dar, da diese ihren Energiebedarf zu einem großen Teil aus „Verbrennungen" im weiteren Wortsinn decken. In *Tab. 2.8* sind durchschnittliche **Verbrennungsenthalpien** in kJ pro g der drei Hauptnährstoffklassen und von Ethanol, dem „Genussalkohol", der auch ein nennenswerter Energieträger ist, angegeben.

Tab. 2.8: Physikalischer und biologischer Brennwert der Hauptnährstoffe und von Ethanol.

Nährstoff	Physikalischer Brennwert (kJ/g)	Biologischer Brennwert (kJ/g)
Kohlenhydrate	−17,6	−17,2
Fette	−38,9	−38,9
Proteine	*−23,0*	*−17,0*
Ethanol	−30,0	−30,0

Der **physikalische Brennwert** ist die Verbrennungsenthalpie, die bei der vollständigen Verbrennung einer Substanz in einem **Kalorimeter** gemessen werden kann. Bei Kohlenhydraten, Fetten und Ethanol wird dieser Wert bei der biologischen Verbrennung tatsächlich erreicht, bei Proteinen jedoch ist der **biologische Brennwert** deutlich geringer als der physikalische. Dies kommt daher, dass Proteine im Gegensatz zu Fetten und Kohlenhydraten neben Kohlenstoff und Wasserstoff, die bei der physikalischen Verbrennung zu Kohlendioxid und Wasser verbrannt werden, auch wertvollen Stickstoff enthalten, der in der Zelle nicht zu den eigentlichen Verbrennungsprodukten mit Sauerstoff, den so genannten

Stickoxiden, abgebaut wird, da diese Verbindungen sehr toxisch sind. Vielmehr bleibt der Abbau hier auf der Stufe des **Harnstoffs** stehen, einer Verbindung, die bei der Verbrennung durchaus noch Energie liefern würde, aber vom Organismus nicht mehr weiter abgebaut und über den Harn eliminiert wird. Bei normaler Nahrungssituation greift der Organismus auch kaum auf Proteine zur Energiegewinnung zurück, denn diese bestehen aus den wertvollen, stickstoffhaltigen **Aminosäuren**, die viel sinnvoller zum Aufbau körpereigener Proteine oder auch zur Biosynthese anderer stickstoffhaltiger Naturstoffe eingesetzt werden.

Ein Maß für die Unordnung: Die Entropie und der 2. Hauptsatz

In vielen Bereichen des Alltags könnten wir den Eindruck gewinnen, dass in einem System Prozesse und Reaktionen dann **spontan**, das heißt freiwillig, ohne äußere Energiezufuhr, ablaufen, wenn der Energiegehalt des Systems nach dem Ablaufen des Prozesses geringer ist als vor dem Prozess:

- Ein hochgehaltener Stein etwa, der losgelassen wird, fällt **spontan** zu Boden, wobei seine ursprüngliche **potentielle Energie** zuerst – streng nach dem 1. Hauptsatz – in **kinetische Energie** und, nach dem Aufprall am Boden, in **Wärmeenergie** (Deformationsenergie) umgewandelt und letztendlich an die Umgebung abgegeben wird.
- Ein anderes Beispiel: Kohle (fast reiner Kohlenstoff) verbrennt nach Anzünden mit Sauerstoff **spontan** zu Kohlendioxid CO_2, wobei die Umgebung stark erwärmt wird. Das System Kohle-Sauerstoff hat eine viel höhere Enthalpie als das entstehende Kohlendioxid; die Differenz wird – streng nach dem 1. Hauptsatz – bei der Verbrennung als Wärme an die Umgebung abgegeben.

Betrachten wir diese Systeme isoliert, so nimmt die Energie (oder Enthalpie) bei derartigen spontanen Prozessen zwar ab, aber da Energie nach dem 1. Hauptsatz nicht verloren gehen kann, findet sich jeweils in der Umgebung des betrachteten Systems ein ebenso großer Energiezuwachs.

Was aber hielten wir von den folgenden „Systemen"?

- Warum hat noch nie jemand beobachtet, dass sich der Boden rund um einen am Boden liegenden Stein **spontan** abkühlt und die dabei gewonnene Energie den Stein hochhebt, ihm also zuerst in Form kinetischer und schließlich potentieller Energie zugeführt wird? Nach dem 1. Hauptsatz sollte das prinzipiell möglich sein!
- Warum kommt uns die Vorstellung geradezu widersinnig vor, dass die Umgebung einer gewissen Kohlendioxidmenge sich **spontan** abkühlt, und in gleichem Maße Kohlendioxid wieder in Kohlenstoff und Sauerstoffgas zurückverwandelt wird? Der 1. Hauptsatz würde hier ebenfalls nicht verletzt werden!

Offenbar gibt es in der Natur neben der Energie als Triebkraft noch ein weiteres wichtiges Prinzip, das dafür mitverantwortlich ist, ob Prozesse tatsächlich **spontan** ablaufen. Anders gesagt: Diese neue Triebkraft muss auch etwas mit dem „Richtungspfeil" der Zeit zu tun haben, denn die – offenbar widersinnigen – Beispiele oben „lassen den Film sozusagen rückwärts ablaufen".

Zahllose andere Beispiele für eindeutig zeitlich gerichtete Phänomene ließen sich anführen: Wärme etwa fließt spontan stets von warm nach kalt, Eis schmilzt in wärmerer Umgebung, Gasmoleküle erfüllen spontan das gesamte ihnen verfügbare Volumen. Außerdem gibt es in der Chemie durchaus spontan ablaufende endotherme Reaktionen, in deren Verlauf das System also von der Umgebung Energie aufnehmen muss, damit die Reaktion ablaufen kann ($\Delta H > 0$).

Merke: Das zusätzliche über das Streben nach minimaler Energie hinausgehende Kriterium ist das Streben nach zunehmender Unordnung (Entropie) eines Systems.

Während wir mit dem Konzept der Energie gedanklich meist kaum Probleme haben, ist die Idee dieser neuen Zustandsfunktion Entropie etwas sperriger. Hier soll uns ein Gedankenexperiment weiterhelfen:

Stellen wir uns ein extrem einfaches „Universum" vor, welches nur vier Atome enthält und maximal neun Atomen Platz bieten kann. In dieser imaginären Welt wollen wir Anordnungen, bei denen die vier verfügbaren Atome ein „dichtgepacktes" Quadrat bilden, als „Kristall" bezeichnen, alle anderen Anordnungen aber als „Gas". *Abb. 2.8* zeigt einige mögliche Zustände in unserem Mini-Universum.

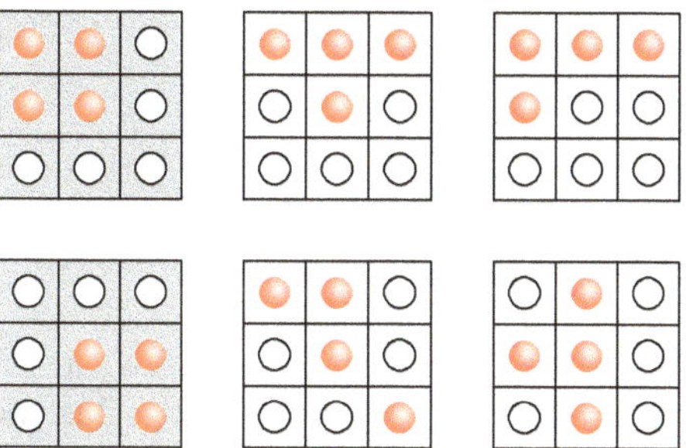

Abb. 2.8: Veranschaulichung der thermodynamischen Wahrscheinlichkeit von „Kristall"- und „Gas"-Zuständen in einem winzigen Modelluniversum.

Die beiden hervorgehobenen Zustände unseres Mini-Universums repräsentieren „Kristall"-Zustände, die restlichen 4 Zustände sind Beispiele für verschiedene „Gas"-Konfigurationen.

Mithilfe der Kombinatorik können wir ableiten, dass in einer derartigen Welt mit neun möglichen Positionen vier nichtunterscheidbare Atome auf

$$W = \binom{9}{4} = \frac{9!}{4! \cdot (9-4)!} = \frac{9 \cdot 8 \cdot 7 \cdot 6}{4 \cdot 3 \cdot 2 \cdot 1} = 126$$

verschiedene Arten angeordnet werden können. Aber nur 4 dieser 126 Anordnungen erfüllen unser Kriterium für „Kristall". Die restlichen 122 Anordnungen sind weniger geordnet und unseren Spielregeln zufolge „Gaszustände".

Nach diesem einfachen Gedankenexperiment bezeichnen wir, wenn wir ein thermodynamisches System betrachten, das aus einer beliebigen Anzahl von Teilchen besteht, die Zahl der Anordnungsmöglichkeiten dieser Teilchen in dem ihnen zur Verfügung stehenden Volumen als **thermodynamische Wahrscheinlichkeit** W. In unserem Mini-Universum ist somit die thermodynamische Wahrscheinlichkeit für den „Kristall"-Zustand $W_K = 4$, die für den „Gas"-Zustand hingegen $W_K = 122$.

Dieses Resultat zeigt etwas sehr Allgemeingültiges:

Merke: Geordnete Zustände haben immer eine viel kleinere thermodynamische Wahrscheinlichkeit als ungeordnete. Generell streben natürliche Systeme nach einer Zunahme der Zahl der möglichen Anordnungsmöglichkeiten (Zunahme der thermodynamischen Wahrscheinlichkeit W).

Der österreichische Physiker Ludwig Boltzmann definierte eine neue Zustandsfunktion, die **Entropie** S, als eine dem Logarithmus der thermodynamischen Wahrscheinlichkeit eines Zustands proportionale Größe:

$$S = k \cdot \ln W$$

Hierbei ist k die so genannte **Boltzmann-Konstante**. Sie entspricht dem Quotienten der Allgemeinen Gaskonstante R und der Avogadro-Zahl N_A:

$$k = \frac{R}{N_A}$$

Sie entspricht also der Allgemeinen Gaskonstante, bezogen nicht wie gewöhnlich auf 1 Mol, sondern auf 1 Molekül.

Merke: Die Entropie ist ein quantitatives Maß für die molekulare Unordnung – und damit für die thermodynamische Wahrscheinlichkeit – eines Zustandes. Der Zustand, der die geringste Ordnung aufweist, ist der wahrscheinlichste und besitzt daher die größte thermodynamische Wahrscheinlichkeit und den größten Entropiegehalt.

Bislang haben wir die neue Zustandsgröße Entropie vom molekularen Standpunkt betrachtet, da dies dem intuitiven Verständnis dieser Größe am dienlichsten ist. Die Thermodynamik ist aber streng genommen eine makroskopische Disziplin, das heißt, wir sollten eigentlich ohne Rückgriff auf molekulare Eigenschaften auskommen. Wie fügt sich die Entropie in dieses Gedankengebäude?

Merke: Jeder spontane (= freiwillig ablaufende) Prozess kann zur Arbeitsleistung verwendet werden.

Denken wir etwa an die Erzeugung elektrischer Arbeit durch die Ausnützung der beim spontanen Zutalstürzen eines Flusses freiwerdenden potentiellen Energie. Die aus einem spontanen Prozess gewinnbare maximale Arbeitsleistung erhalten wir dann, wenn wir durch geschickte Prozessführung Reibungsverluste möglichst vermeiden (so genannte **reversible Prozesse**). Die Thermodynamik lehrt nun, dass die maximale Arbeitsleistung sich gemäß der folgenden Formel berechnen lässt:

$$w_{max} = \Delta H - T \cdot \Delta S$$

Das Produkt $T \cdot \Delta S$ wird als **gebundene Energie** bezeichnet. Dieser Anteil der Enthalpieänderung lässt sich selbst bei optimaler Prozessführung nicht als Arbeit ausnützen, sondern wird in die **Zunahme der inneren Unordnung des Systems** investiert. Dieser Verlust an Arbeitsfähigkeit eines Systems ist prinzipieller Natur und kann durch keine noch so geschickte Prozessführung vermieden werden.

Merke: Diese Betrachtung macht auch klar, warum die Thermodynamik so sehr an spontanen Prozessen interessiert ist: Wir Menschen versuchen seit jeher, uns „die Erde untertan" zu machen; mit anderen Worten, wir waren und sind höchst geschickt und erfindungsreich, wenn es darum geht, Prozesse zu finden, die wir zur Arbeitsleistung „einspannen" können. Und nicht nur wir Menschen, sondern alle lebenden Systeme haben nur deshalb erfolgreich überlebt, weil sie dieses Streben ebenfalls erfolgreich bewältigen können: Ein Beispiel ist die „Erfindung" der zellulären „Verbrennung" von Nährstoffen mit Hilfe von Sauerstoff durch die Evolution.

Wir können nun für abgeschlossene Systeme, bei denen kein Energieaustausch mit der Umgebung möglich ist, ein neues Kriterium zur Beantwortung der Frage heranziehen, ob ein bestimmter Prozess spontan abläuft oder nicht:

Merke: Prozesse in abgeschlossenen Systemen laufen nur dann spontan ab, wenn dabei die Entropie zunimmt ($\Delta S > 0$).

Das Streben nach Entropiezunahme ist die Triebkraft für Prozesse, bei welchen die innere Energie bzw. Enthalpie konstant bleibt. Dies ist eine der möglichen Formulierungen des **2. Hauptsatzes der Thermodynamik**.

Auch andere Formulierungen sind gängig:

- Da auch das Universum als Ganzes als ein System angesehen werden kann, muss die Entropie des Universums bei jedem Prozess zunehmen. Man spricht vom **Wärmetod des Alls**, der am Ende der Entwicklung des Universums stehen sollte.
- Eine weitere Aussage spricht von der **Unmöglichkeit eines Perpetuum mobile 2. Art**: Dies wäre eine Maschine, die – ohne Zufuhr sonstiger Energie – nichts anderes tut, als der Umgebung ständig Energie zu entziehen und damit Arbeit zu leisten. Vom Standpunkt des 1. Hauptsatzes wäre, da ja keine Energie neu erzeugt oder vernichtet würde, eine solche Maschine erlaubt. Die Erfahrung aller Ingenieure aber zeigt, dass man in eine solche Maschine tatsächlich mehr Energie hineinstecken müsste, als man letztlich an Arbeit gewinnen kann.

Zur Angabe von Entropien reiner Verbindungen benützt man üblicherweise die **Standardentropie**. Diese bezeichnet die Entropie eines Mols reiner Phase bei 25 °C und dem Standarddruck von 101325 Pa.

Aus der Gleichung

$$w_{max} = \Delta H - T \cdot \Delta S$$

können wir die Dimension der Entropie ableiten, die eine Energie geteilt durch die Temperatur ist, bezogen auf ein Mol:

$$\dim(S) = \frac{\dim(w_{max} - \Delta H)}{\dim(T)} = J \cdot K^{-1} \cdot mol^{-1}.$$

Der 3. Hauptsatz der Thermodynamik

Der 3. Hauptsatz der Thermodynamik ist recht einfach:

Merke: Die Entropie einer idealen kristallinen Substanz beim absoluten Nullpunkt der Temperatur ist Null.

Der 3. Hauptsatz ergibt sich zwanglos aus der Boltzmann'schen Entropieformel. Beim absoluten Nullpunkt gibt es für einen idealen Kristall, das ist ein Kristall ohne jegliche Fehlstellen, die bei realen Kristallen natürlich fast unvermeidlich sind, wegen des Aufhörens jeder Bewegung, auch jeder Gitterschwingung, nur eine einzige mögliche Anordnung, nämlich eben das perfekte Kristallgitter:

$$W = 1$$

Dann ist aber

$$S = k \cdot \ln W = k \cdot \ln 1 = 0$$

Im Gegensatz zu den energetischen Zustandsfunktionen, für die nur Differenzen gemessen werden können, können Entropiewerte aufgrund des 3. Hauptsatzes absolut berechnet werden.

Freie Enthalpie und das chemische Gleichgewicht

Für abgeschlossene Systeme besitzen wir mit der **Entropie ein Kriterium, ob eine Reaktion/ein Prozess freiwillig abläuft oder nicht**. Für allgemeinere Fälle, wenn also auch Energieaustausch mit der Umgebung erlaubt ist, benötigen wir ein allgemeineres Kriterium, welches die **zwei Triebkräfte, die das Naturgeschehen beherrschen**, nämlich einerseits **das Streben nach minimaler Energie**, andererseits **das Streben nach maximaler Entropie**, miteinander kombiniert. Eine neue Zustandsfunktion, die den Zweck erfüllt, diese beiden manchmal in dieselbe, manchmal in entgegengesetzte Richtungen strebenden Triebkräfte richtig zu kombinieren, wurde von Josiah Willard Gibbs in Analogie zur oben angeführten Gleichung für die maximal gewinnbare Arbeit formuliert:

$$G \equiv H - T \cdot S$$

G wird als **Freie Enthalpie** (im angelsächsischen Schrifttum auch „Gibbs free energy") bezeichnet. Die Einheit dieser neuen Zustandsfunktion ist die einer Energie pro mol (kJ/mol).

Da für G wie für alle anderen energetischen Zustandsfunktionen nur Differenzen messbar sind, gilt für die Änderung der Freien Enthalpie eines isothermen (T = const.) und isobaren (P = const.) Prozesses:

$$\Delta G \equiv \Delta H - T \cdot \Delta S$$

Merke: Die Änderung der Freien Enthalpie ist das Höchstmaß an Arbeit, das sich bei dem Prozess gewinnen lässt.

Der Energiebetrag $T \cdot \Delta S$, die **gebundene Energie**, kann prinzipiell nicht in Arbeit umgewandelt werden. Mit diesem Energiebetrag wird vielmehr die innere Unordnung des Systems erhöht.

Die Zustandsfunktion ΔG dient zur Definition des so genannten Gleichgewichtszustandes, dem jeder spontan ablaufende Prozess zustrebt. **Generell strebt die Freie Enthalpie einem Minimum zu.** Das bedeutet:

- Wenn G während eines Prozesses abnimmt ($\Delta G < 0$), so läuft der Prozess spontan ab. Wir sprechen von einer **exergonischen Reaktion**.
- Nimmt G hingegen zu ($\Delta G > 0$), so verläuft der Prozess nicht freiwillig und spontan. Eine **endergonische Reaktion** liegt vor.
- Wenn sich G nicht mehr ändert ($\Delta G = 0$), ist das System im **thermodynamischen Gleichgewicht**.

Merke: Ein spontaner Prozess läuft nur solange ab, bis ΔG Null wird. Dann ist der Gleichgewichtszustand erreicht.

Je nachdem, wie die beiden Triebkräfte (Streben nach minimaler Energie und nach maximaler Entropie) nun für einen interessierenden Prozess gerichtet sind, lassen sich vier Fälle unterscheiden (*Tab. 2.9*).

Ein **medizinisch interessantes Beispiel** für eine Reaktion entsprechend dem zuletzt besprochenen Fall (stark endotherm, aber dennoch exergonisch) ist die folgende Reaktion zwischen zwei Festsubstanzen:

$$Ba(OH)_2 \cdot 8H_2O + 2NH_4SCN \rightarrow Ba(SCN)_2 + 10H_2O + 2NH_3$$

Beide Ausgangsstoffe (Bariumhydroxid mit gebundenem Kristallwasser und Ammoniumrhodanid) sind kristalline Salze und somit hoch geordnet. Die Produkte der Reaktion sind kristallines Bariumrhodanid, flüssiges Wasser und gasförmiger Ammoniak.
Diese Reaktion ist stark endotherm: Wenn wir die Reaktion in einem Becherglas ablaufen lassen und dieses gleichzeitig auf ein nasses Holzbrett stellen, so friert es sofort an!

Aber wegen der Wasserbildung und Ammoniakfreisetzung ist die Entropieänderung so stark positiv (Flüssigkeiten und insbesondere Gase sind viel unge-

Tab. 2.9: Die unterschiedlichen Kombinationen von Enthalpie und Entropie und die Folgerungen für die Freie Enthalpie und damit für die Spontaneität oder Nicht-Spontaneität eines Prozesses.

$\Delta H < 0$	$\Delta S > 0$	Bei der Reaktion wird Energie freigesetzt und die innere Unordnung nimmt zu. ΔG ist auf jeden Fall negativ (exergonisch).	Prozess spontan
$\Delta H > 0$	$\Delta S < 0$	Bei der Reaktion wird vom System Energie aufgenommen, die innere Unordnung nimmt ab. ΔG ist jedenfalls positiv (endergonisch).	Prozess nicht spontan
$\Delta H < 0$	$\Delta S < 0$	Hier „ziehen" die beiden Triebkräfte in entgegengesetzte Richtungen. Bei niedrigen Temperaturen ist der Term $-T \cdot \Delta S$ kleiner als ΔH, und die Reaktion ist exergonisch. Ab einer bestimmten Grenztemperatur $T = \frac{\Delta H}{\Delta S}$ allerdings dominiert der Entropiebeitrag, und die Reaktion wird endergonisch.	Prozess spontan bei Temperaturen unterhalb von $T = \frac{\Delta H}{\Delta S}$.
$\Delta H > 0$	$\Delta S > 0$	Es gilt - mit umgekehrten Vorzeichen - dasselbe wie oben. Bei Temperaturen unterhalb der Grenztemperatur überwiegt der Enthalpieterm, und die Reaktion ist endergonisch. Bei Temperaturen über der Grenztemperatur hingegen überwiegt der auf die Entropiezunahme zurückzuführende Beitrag, und die Reaktion wird exergonisch.	Prozess spontan bei Temperaturen oberhalb von $T = \frac{\Delta H}{\Delta S}$.

ordneter als Kristalle!), dass ΔG insgesamt negativ ist und die Reaktion spontan abläuft.

Derartige endotherme, aber exergonische Reaktionen werden in den **Kältepackungen in der Ersten Hilfe** praktisch angewandt.

Das Chemische Gleichgewicht und das Massenwirkungsgesetz aus der Perspektive der Thermodynamik

Wie bei der Enthalpie setzen wir willkürlich die **Freien Bildungsenthalpien** der Elemente im Standardzustand (25° C, 101325 Pa) gleich Null. Die **Freien Standardbildungsenthalpien** vieler Verbindungen können somit berechnet werden. Sie sind für sehr viele Verbindungen in Tabellenwerken enthalten. Mit ihrer Hilfe können für beliebige chemische Reaktionen **Freie Standardreaktionsenthalpien** – und damit die Triebkräfte chemischer Reaktionen – berechnet werden:

$$\Delta G_r^0 = \Sigma \Delta G^0_{Produkte} - \sum \Delta G^0_{Ausgangsstoffe}$$

Das griechische Sigma $\sum$ bedeutet dabei den Summenoperator. Wir müssen also die ΔG^0-Werte aller Produkte summieren und davon die Summe der ΔG^0-Werte der Ausgangsstoffe subtrahieren.

Bisher reden wir über den Standardzustand (25 °C, 101325 Pa und 1 molare Konzentrationen aller Reaktionspartner). Das ist natürlich noch nicht sehr befriedigend, da sehr oft – und in Zellen praktisch immer – andere Temperatur-, Druck- und Konzentrationsbedingungen herrschen.

Wir können die Standardwerte nach der folgenden Formel auf Freie Reaktionsenthalpien **bei beliebigen Bedingungen** umrechnen:

$$\Delta G_r = \Delta G_r^0 + R \cdot T \cdot \ln \frac{[C]^\gamma \cdot [D]^\delta}{[A]^\alpha \cdot [B]^\beta}$$

wobei wir die allgemeine chemische Reaktion

$$\alpha A + \beta B \rightleftarrows \gamma C + \delta D$$

mit den Ausgangsstoffen A und B, den Endstoffen C und D und den stöchiometrischen Koeffizienten α, β, γ und δ zugrunde legen.

Das schaut kompliziert aus! Wie kann dieser Ausdruck interpretiert werden?

Zuerst die Erklärung für ΔG_r^0: Dies ist die **Freie Standardreaktionsenthalpie**, eine für die betrachtete Reaktion charakteristische Größe. Offenbar ist die tatsächliche **Freie Reaktionsenthalpie** ΔG_r bei beliebigen Bedingungen berechenbar aus ΔG_r^0 und einem Korrekturfaktor, der durch die Temperatur T und die molaren Konzentrationen der Reaktionspartner, symbolisiert durch die eckigen Klammern, bestimmt wird.

Nehmen wir an, ΔG_r^0 sei negativ. Dann kann die betrachtete Reaktion auf jeden Fall spontan ablaufen, wenn beim Start der Reaktion alle Reaktionspartner (Ausgangsstoffe und Endstoffe) in 1-molarer Konzentration vorliegen. Der logarithmische Ausdruck in der Gleichung beträgt dann Null, und es gilt $\Delta G_r = \Delta G_r^0$.

Was passiert im Zuge des weiteren Reaktionsverlaufes?

Die Konzentrationen der Ausgangsstoffe nehmen ab, und simultan dazu nehmen die Konzentrationen der Produkte zu. Der logarithmische Ausdruck wird positiv, und zwar umso mehr, je weiter die Reaktion fortschreitet. Er wird zunehmend die negative Freie Standardreaktionsenthalpie ΔG_r^0 kompensieren. Das heißt, im Verlauf der spontanen Reaktion ist ΔG_r zunächst stärker negativ, wird aber dann immer weniger negativ, bis schließlich ΔG_r^0 durch den logarithmischen Ausdruck kompensiert und ΔG_r daher Null wird:

Die Reaktion kann nun nicht weiter spontan ablaufen, da die Freie Reaktionsenthalpie nicht mehr abnimmt. Ein Gleichgewichtszustand ist erreicht, und die Konzentrationen der beteiligten Stoffe ändern sich nicht mehr.

Der Gleichgewichtszustand ist also durch die mathematische Bedingung $\Delta G_r = 0$ charakterisiert. Eine einfache Umformung der oben angegebenen Gleichung ergibt für diesen Fall:

$$\Delta G_r = 0 = \Delta G_r^0 + R \cdot T \cdot \ln \frac{[C]^\gamma \cdot [D]^\delta}{[A]^\alpha \cdot [B]^\beta}$$

$$-\frac{\Delta G_r^0}{R \cdot T} = \left\langle \ln \frac{[C]^\gamma \cdot [D]^\delta}{[A]^\alpha \cdot [B]^\beta} \right\rangle_{\text{Gleichgewicht}} = \ln K$$

Merke: Für das Argument der Logarithmusfunktion mit den erreichten Gleichgewichtskonzentrationen haben wir eine neue Größe K, die **Gleichgewichtskonstante** definiert. Wir haben damit eine **thermodynamische Ableitung des Massenwirkungsgesetzes** erzielt (siehe Abschnitt 2.3 „Das Chemische Gleichgewicht").

2.3 Das Chemische Gleichgewicht

Lehrziel
Die Entdeckung des Chemischen Gleichgewichts war ein Meilenstein in der Geschichte der wissenschaftlichen Chemie. Sie bildet für das quantitative Verständnis chemischer Reaktionen im weitesten Sinne ein solides Fundament.

Das Chemische Gleichgewicht wurde von den norwegischen Wissenschaftern Cato Guldberg, einem Mathematiker, und Peter Waage, einem Chemiker, gefunden. Sie beschäftigten sich mit der Bildung von Iodwasserstoffgas HI aus den Elementen Wasserstoff und Iod, die beide als zweiatomige Moleküle vorkommen. Die Iodwasserstoff-Bildung kann durch folgende Formel ausgedrückt werden:

$$H_{2(g)} + I_{2(g)} \rightarrow 2HI_{(g)}$$

Die Experimente wurden bei relativ hohen Temperaturen durchgeführt (über 300 °C), so dass alle drei Reaktionspartner gasförmig waren, was durch das tiefgestellte (g) angedeutet wird (g von englisch *gaseous* = gasförmig). Sie experimentierten mit verschiedenen Startkonzentrationen von Wasserstoffgas und Iodgas und fanden, dass nie – was immer sie auch versuchten – eine vollständige Umsetzung der Ausgangsstoffe zu Iodwasserstoffgas eintrat; eine gewisse Menge an Ausgangsstoffen blieb immer zurück. Sie konnten dies übrigens sehr leicht beobachten, da Ioddämpfe, im Gegensatz zum farblosen Wasserstoff und zum ebenfalls farblosen Iodwasserstoff, intensiv violett gefärbt sind und immer eine gewisse Violettfärbung übrig blieb, selbst wenn sie einen großen Überschuss an Wasserstoff verwendeten. Wenn sie umgekehrt von Iodwasserstoff ausgingen und diesen bei denselben Temperatur- und Druckbedingungen sich selbst überließen, trat unvermeidlich eine gewisse, am Auftreten der intensiv violett gefärbten Ioddämpfe klar nachweisbare Zersetzungsreaktion im Sinne der Umkehrreaktion ein:

$$2HI_{(g)} \rightarrow H_{2(g)} + I_{2(g)}$$

Beim exakten Auswerten ihrer zahlreichen Messergebnisse fanden sie zu ihrer nicht geringen Überraschung, dass – solange die Temperatur konstant gehalten wurde – der aus den Konzentrationen der beteiligten Stoffe gebildete Quotient

$$\frac{[HI]^2}{[H_2] \cdot [I_2]}$$

zahlenmäßig bei all ihren Experimenten immer denselben Wert hatte, wenn sie die Reaktion lange genug ablaufen ließen, bis sich die Zusammensetzung des Reaktionsgemisches nicht mehr änderte.

Wie sollte man dieses seltsame Resultat verstehen?

Guldberg und Waage stellten dazu Überlegungen zur Geschwindigkeit der von ihnen untersuchten Reaktionen an, die wir im Folgenden nachvollziehen wollen:

Kinetische Herleitung des Chemischen Gleichgewichts

Betrachten wir zuerst die Reaktion von links nach rechts, die **Hinreaktion**: Es ist intuitiv verständlich, dass H_2- und I_2-Moleküle zur Bildung von HI-Molekülen zusammentreffen müssen. Die Wahrscheinlichkeit dieses Zusammentreffens ist umso größer, je größer die Konzentrationen dieser Teilchen sind. Wir können diese Proportionalität mathematisch ausdrücken durch:

$$\overrightarrow{v} = \overrightarrow{k} \cdot [H_2] \cdot [I_2]$$

wobei v die **Reaktionsgeschwindigkeit** und k die so genannte **Geschwindigkeitskonstante**, das ist der Proportionalitätsfaktor, bezeichnen. Die Pfeile oberhalb der Symbole stehen für die Hinreaktion. Für die **Rückreaktion** müssen dagegen zwei HI-Moleküle zusammenstoßen; wir schreiben daher für die Geschwindigkeit der Rückreaktion

$$\overleftarrow{v} = \overleftarrow{k} \cdot [HI] \cdot [HI]$$

Nun kommt die zentrale Überlegung: Experimentell beobachten wir nach einiger Zeit keine weitere Änderung der Violettfärbung. Die Konzentrationen der drei Gase gelangen also nach einiger Zeit der Reaktion in einen stationären Zustand, den **Gleichgewichtszustand**. In diesem Zustand ist nach Guldberg und Waage **die Geschwindigkeit der Hinreaktion gleich der Geschwindigkeit der Rückreaktion**, also

$$\overrightarrow{v} = \overleftarrow{v}$$

und daher:

$$\overrightarrow{k} \cdot [H_2] \cdot [I_2] = \overleftarrow{k} \cdot [HI]^2$$

Da aber der Quotient zweier konstanter Größen selbst auch wieder eine Konstante ist, die wir K nennen wollen, folgt:

$$\frac{\overrightarrow{k}}{\overleftarrow{k}} = \frac{[HI]^2}{[H_2] \cdot [I_2]} = K.$$

Das ist genau das Resultat, welches Guldberg und Waage experimentell gefunden hatten!

Wir halten fest:

Merke: Im chemischen Gleichgewicht ist der Quotient, der aus dem Produkt der Konzentrationen der Endstoffe und dem Produkt der Konzentrationen der Ausgangsstoffe gebildet wird, wobei jede Konzentration in eine Potenz gehoben wird, die dem stöchiometrischen Koeffizienten des entsprechenden Stoffes zahlenmäßig gleich ist, bei konstanter Temperatur und konstantem Druck eine für die betreffende Reaktion charakteristische Gleichgewichtskonstante. Diese Konstante ist unabhängig von den jeweiligen Konzentrationen.

Wir wollen dieses zentrale Gesetz anhand der *Abb. 2.9* noch etwas weiter verdeutlichen.

$$\alpha A + \beta B \rightleftharpoons \gamma C + \delta D$$

$$K = \frac{[C]^{\gamma}\,[D]^{\delta}}{[A]^{\alpha}\,[B]^{\beta}}$$

Abb. 2.9: Eine allgemeine chemische Reaktion und die entsprechende Form des Massenwirkungsgesetzes.

Die soeben formulierte Gesetzmäßigkeit nennen wir auch **Massenwirkungsgesetz**; dieses Gesetz ist einer der zentralen Grundpfeiler der Chemie. Das Massenwirkungsgesetz gilt sowohl bei homogenen (alle Reaktionsteilnehmer befinden sich in einem Aggregatzustand) als auch bei heterogenen Reaktionen (die Reaktion spielt sich nicht nur in einem Aggregatzustand ab).

Thermodynamische Herleitung des Chemischen Gleichgewichts

Wir wollen nicht verschweigen, dass die hier gezeigte kinetische Herleitung des Massenwirkungsgesetzes streng genommen nur eine – allerdings bequeme und gut verständliche – Näherung darstellt. Für die wissenschaftlich korrekte Ableitung müssen wir die **Gesetze der Thermodynamik** bemühen (siehe Abschnitt 2.2 „Grundlagen der Thermodynamik").

Die thermodynamisch korrekte Herleitung der Gleichgewichtskonstante verknüpft K mit ΔG_r^0, der Änderung der Freien Reaktionsenthalpie im Standardzustand und wir können beide Größen leicht ineinander umrechnen (*Tab. 2.10*).

Aus der zahlenmäßigen Größe von K (oder von ΔG_r^0) können wir einige qualitative Schlüsse ableiten:

- Wenn $K > 1$ ist (dies entspricht $\Delta G_r^0 < 0$ und damit einer **exergonischen Reaktion**), so sagen wir, dass das „Gleichgewicht auf der Seite der Produkte" liegt und wir meinen damit: Die Produkte überwiegen im Gleichgewicht; die Reaktion läuft weitgehend ab.
- Wenn $K = 1$ ist, so liegt ein „ausgeglichenes Gleichgewicht" vor ($\Delta G_r^0 = 0$).

Tab. 2.10: Verschiedene Umrechnungsformeln für die Änderung der Freien Standardreaktionsenthalpie und der Gleichgewichtskonstante K.

$\ln K = -\frac{\Delta G_r^0}{R \cdot T}$	$\lg K = -\frac{\Delta G_r^0}{2{,}3 \cdot R \cdot T}$	$\Delta G_r^0 = -R \cdot T \cdot \ln K$
$K = e^{-\frac{\Delta G_r^0}{R \cdot T}}$	$K = 10^{-\frac{\Delta G_r^0}{2{,}3 \cdot R \cdot T}}$	$\Delta G_r^0 = -2{,}3 \cdot R \cdot T \cdot \lg K$

- Ist hingegen $K < 1$ (und damit $\Delta G_r^0 > 0$, also **eine endergonische Reaktion**), so liegt das „Gleichgewicht auf der Seite der Ausgangsstoffe" und die Ausgangsstoffe oder „Edukte" überwiegen im Gleichgewicht. Die Reaktion läuft nur zu einem geringen Grad ab.

Tab. 2.11 hilft uns, den Überblick zu behalten.

Tab. 2.11: Bedingungen für die Spontaneität oder Nicht-Spontaneität eines Prozesses.

Reaktion ist	spontan	ΔG_r^0	K	Reaktion „liegt auf der Seite der"
exergonisch	ja	<0	>1	Produkte
endergonisch	nein	>0	<1	Edukte

Chemische Reaktionen sind grundsätzlich Gleichgewichtsreaktionen. Bei extremer Lage von K allerdings kann der Eindruck entstehen, als ob die Reaktion vollständig ($K \gg 1$) oder gar nicht ($K \ll 1$) ablaufen würde.

Merke: Das chemische Gleichgewicht ist ein dynamisches Gleichgewicht: Dies bedeutet, dass zwar makroskopisch keine Reaktion mehr nachweisbar ist, aber auf molekularem Niveau, also mikroskopisch, laufen sowohl die Hinreaktion als auch die Rückreaktion weiterhin ab, allerdings gleich schnell.

Mögliche Schreibweisen von Gleichgewichtspfeilen

Den gewöhnlichen Doppelpfeil $\rightleftarrows$ verwenden wir, um generell anzuzeigen, dass eine chemische Reaktion eine Gleichgewichtsreaktion ist. Mit Hilfe der Länge der einzelnen Pfeile können wir auch die „Lage" des Gleichgewichtes" symbolisieren; so bezeichnet etwa $\rightleftharpoons$ ein Gleichgewicht, welches vorwiegend zu den Produkten führt, bei dem die Rückreaktion also nur in sehr geringem Ausmaß verläuft ($K \gg 1$). Wollen wir hingegen darauf hinweisen, dass eine Reaktion „sehr weitgehend auf der linken Seite liegt", also nur zu einem sehr geringen Ausmaß abläuft, so schreiben wir $\leftrightharpoons$ und meinen damit $K \ll 1$.

Wichtige allgemeine Regeln

Für die Verwendung des Massenwirkungsgesetzes in der Praxis gibt es einige wichtige Regeln:

- Treten bei Reaktionen Gase auf, ist es oft vorteilhaft, anstelle der Konzentrationen die Partialdrücke der Gase zu verwenden.
- Bei heterogenen Reaktionen müssen wir reine feste oder flüssige Stoffe im Massenwirkungsquotienten nicht explizit anführen, da die Konzentration derartiger Stoffe aufgrund der sehr geringen Kompressibilität flüssiger und fester Stoffe praktisch immer konstant ist. Sie ist durch die Dichte der Stoffe vorgegeben und wird in die Gleichgewichtskonstante miteinbezogen.
- Streng genommen gilt das Massenwirkungsgesetz nur in Systemen, in denen sich die reagierenden Teilchen nicht anderweitig behindern und beeinflussen, also in verdünnter Materie (viele Gasreaktionen, Reaktionen in stark verdünnten Lösungen). Auf diese Details wollen wir aber nicht näher eingehen; für die Zwecke dieses Lehrbuchs wollen wir die Gültigkeit in der beschriebenen Form stets voraussetzen.
- Das Massenwirkungsgesetz gilt nur in geschlossenen Systemen.
- Die Reaktionsgeschwindigkeiten der Hin- und der Rückreaktion (über die das Massenwirkungsgesetz nichts aussagt!) dürfen nicht unendlich klein sein. Diese Bedingung ist sehr wichtig, wenn wir bedenken, dass etwa lebende Gewebe – und damit wir Menschen – in der irdischen Sauerstoffatmosphäre überhaupt nur bestehen können, weil die Reaktion zwischen Sauerstoff und der lebenden Substanz (Verbrennung) bei normalen Bedingungen unendlich langsam verläuft. Vom thermodynamischen Standpunkt betrachtet, müsste diese stark exergonische Reaktion spontan ablaufen (siehe auch Kapitel 5 „Die Geschwindigkeit von Prozessen").

„Henne oder Ei?" – Gleichgewichtskonstante versus Konzentrationen

Wir wollen noch eine weitere und vielleicht nicht unmittelbar einleuchtende allgemeine Regel festhalten:

Merke: Gleichgewichtskonstanten sind nur von der Temperatur, nicht aber von irgendwelchen Konzentrationen abhängig.

Ist diese Aussage nicht eigentlich ein glatter Unsinn?

Mathematisch betrachtet haben wir im Massenwirkungsgesetz die Festlegung, dass die Gleichgewichtskonstante K eine Funktion der Konzentrationen der beteiligten Reaktionspartner ist: Im Zähler des Quotienten, der K bestimmt, steht das Produkt aus den Konzentrationen der Produkte der Reaktion, im Nenner steht ein analoges Konzentrationsprodukt für die Ausgangsstoffe der Reaktion. Was also soll diese Aussage?

Die Konzentrationen im Massenwirkungsgesetz sind nicht irgendwelche Konzentrationen, sondern genau die **Gleichgewichtskonzentrationen**, die sich je nach den aktuellen Reaktionsbedingungen so einstellen (und zwar ganz ohne unser aktives Zutun!), dass das Massenwirkungsgesetz erfüllt wird und der Konzentrationenquotient gerade den Zahlenwert der Gleichgewichtskonstante annimmt. Der wiederum lässt sich aus einer thermodynamischen und für die jeweils betrachtete Reaktion eindeutig bestimmten energetischen Zustandsfunktion genau festlegen, nämlich der Änderung der Freien Reaktionsenthalpie im Standardzustand ΔG_r^0.

Merke: Von primärer Bedeutung ist die Gleichgewichtskonstante, eine für jede chemische Reaktion charakteristische Größe. Die sich bei den jeweils aktuellen Bedingungen entsprechend ergebenden Gleichgewichtskonzentrationen sind von sekundärer Bedeutung.

Die Gleichgewichtskonzentrationen ergeben sich zwangsläufig aus der Gleichgewichtskonstante und den aktuellen äußeren Bedingungen.

Diese zentrale Rolle der ausschließlich nur temperaturabhängigen Gleichgewichtskonstante erlaubt es uns, Gleichgewichtskonzentrationen zu berechnen.

Das Prinzip von Le Chatelier (Prinzip des kleinsten Zwanges)

Betrachten wir ein chemisches System im Gleichgewicht. Jede nun erfolgende Änderung der Konzentration einer der Substanzen, die in der Reaktionsgleichung – und daher im Massenwirkungsquotienten – aufscheinen, bringt das System aus dem Gleichgewicht, da der Quotient der Konzentrationen, die nach dieser „Störung" nicht mehr Gleichgewichtskonzentrationen sind, nicht mehr den richtigen Wert K ergibt. Als Folge reagiert das System durch **geeignete Anpassung aller Konzentrationen**, bis das Massenwirkungsgesetz wieder erfüllt ist, bis also der Quotient der Konzentrationen wieder den Wert K annimmt.

Sehen wir nochmals auf die allgemeine Reaktion mit der zugehörigen Gleichgewichtskonstante (*Abb. 2.9*).

Wir können beispielsweise durch eine Erhöhung der Konzentration eines Ausgangsstoffes (A oder B) die Reaktion „nach rechts" verschieben: Der Nenner des Bruches wird erhöht, und folgerichtig muss das System so reagieren, dass auch der Zähler erhöht wird, so dass letztlich der Quotient wieder den Wert K annimmt. Daher müssen zusätzlich Endstoffe (C und D) gebildet werden.

Ebenso kann man durch die Erniedrigung der Konzentration eines Endstoffes die Reaktion „nach rechts" verschieben. Wenn wir C oder D auf irgendeine Weise, etwa eine weitere chemische Reaktion, „aus dem Gleichgewicht entziehen", werden A und B ständig weiter zu C und D umgesetzt werden, da das System versucht, wieder einen neuen Gleichgewichtszustand herzustellen.

Eine Erniedrigung der Konzentration eines Ausgangsstoffes oder eine Erhöhung der Konzentration eines Endstoffes hingegen hätte die umgekehrte Wirkung; die Rückreaktion würde begünstigt ablaufen.

Merke: Wir bezeichnen dieses allgemeine Prinzip als Gesetz von *Le Chatelier* oder Gesetz des kleinsten Zwanges.

2.4 Der Säure-Base-Haushalt des Menschen

Lehrziel

Üblicherweise halten die subtil regulierten Stoffwechselprozesse des Körpers den pH-Wert des Blutes im engen Sollbereich von $pH = 7{,}4 \pm 0.05$. Überschreitungen dieses pH-Bereichs nach oben (**Alkalose**) oder unten (**Acidose**) führen schnell zu lebensbedrohlichen Zuständen. Werden die Abweichungen größer als 0,3 pH-Einheiten, so tritt der Tod ein.

Folglich ist die unmittelbarste Bedrohung bei schweren Unfällen oder Verbrennungen höheren Grades die durch die Schockprozesse hervorgerufene pH-Änderung des Blutes, und die rasche intravenöse Versorgung von solcherart traumatisierten Patienten mit Flüssigkeit (physiologischer Kochsalzlösung) hat oberste Priorität.

Das offene Puffersystem Kohlensäure H_2CO_3/Hydrogencarbonat HCO_3^-

Obwohl die Pufferkapazität dieses Puffersystems nur etwa 6% der Pufferkapazität des Blutes ausmacht, stellt es den weitaus wichtigsten Faktor für die Regulierung des Säure-Base-Haushalts des Körpers dar (**offenes Blutpuffersystem**): Die Kohlensäure H_2CO_3 ($pK_S = 6{,}35$) ist instabil und zerfällt gemäß:

$$H_2CO_3 \rightleftarrows H_2O + CO_2$$

Das Verhältnis $\frac{[HCO_3^-]}{H_2CO_3}$ beträgt etwa $\frac{20}{1}$; der größte Teil der Kohlensäure liegt dabei als im Blut gelöstes Kohlendioxid CO_2 vor.

Wenn dieses Verhältnis durch Zunahme der Konzentration der Hydrogencarbonat-Ionen, die oft auch als **Bicarbonat-Ionen** bezeichnet werden, oder durch Abnahme der Kohlensäure-Konzentration ansteigt, so steigt auch der pH-Wert an; sinkt der Wert des Verhältnisses, so sinkt auch der pH-Wert.

Merke: Sowohl das Ansteigen (Alkalose) als auch das Absinken des Blut-pH (Acidose) sind lebensbedrohliche Zustände, die sofort in ihren Ursachen erkannt und entsprechend behandelt werden müssen.

Der Körper reguliert normalerweise den pH-Wert des Blutes über zwei Mechanismen:

- **Atmung:** Beim Ausatmen wird CO_2 und damit H_2CO_3 aus unserem Organismus entfernt – das pH nimmt zu. Schnelleres und tieferes Atmen erhöht die abgeatmete Menge an CO_2 und lässt das Blut-pH rascher ansteigen.
- **Ausscheidung:** Über die Ausscheidung von HCO_3^- im Harn kann das Blut-pH ebenfalls reguliert werden.

Wir unterscheiden vier Arten von Störungen des Säure-Base-Haushaltes:

Respiratorische Acidose

Eine pathologisch verringerte Atmung lässt das Blut-pH absinken. Asthma, Lungenentzündung, Emphyseme (Lungenaufblähungen), Einatmen von Rauch und andere, die Atemfähigkeit einschränkende Ursachen können dazu führen. Die Behandlung erfolgt in der Regel mechanisch mit einem die Atmung unterstützenden Ventilator oder auch, wie etwa bei Asthma, durch Medikamente, die die verengten Bronchialwege wieder erweitern und die Atmung erleichtern.

Metabolische Acidose

Wenn Milchsäure oder andere, sauer reagierende Stoffwechselprodukte, in zu hoher Konzentration in den Blutkreislauf gelangen, so können sie durch Reaktion mit HCO_3^-, wobei CO_2 gebildet wird, das Verhältnis $\frac{[HCO_3^-]}{H_2CO_3}$ absenken und somit eine Acidose auslösen. Solche Zustände können als Folge von übermäßigem Sport oder körperlicher Arbeit, bei Diabetes oder auch im Gefolge von Fasten auftreten. Normalerweise reagieren wir deshalb durch erhöhte Atemfrequenz (Schnaufen, Hecheln) auf besondere körperliche Anstrengungen; erhöhtes Abatmen von CO_2 soll der metabolischen Ansäuerung entgegenwirken.

Auch schwere Verbrennungen können Ursache für eine metabolische Acidose sein. Dabei gelangt Blutplasma aus dem Blutkreislauf in die verletzten Bereiche und führt dort zu Schwellungen. Gleichzeitig aber nimmt das Blutvolumen dadurch ab, und dieser Volumsverlust kann so stark sein, dass der Blutfluss und in weiterer Folge die Sauerstoffversorgung im restlichen Körpergewebe beeinträchtigt werden. Dieser Sauerstoffmangel wiederum führt zur Anhäufung von Milchsäure durch anaerobe metabolische Mechanismen (Milchsäuregärung).

Kann die eintretende Acidose durch vermehrte Atemtätigkeit nicht mehr kompensiert werden, so kommt es zu einem *circulus vitiosus*: Die Blutzirkulation sinkt weiter, die Abatmung von CO_2 verschlechtert sich fortwährend und das pH sinkt weiter ab. Ein **Schockzustand** stellt sich ein, der absolut lebensbedrohlich ist. Die Substitution von Blutflüssigkeit durch intravenöse Zufuhr von isotonischer Kochsalzlösung ist hier dringend geboten. Dadurch kann das Blutvolumen, die Blutzirkulation und die Sauerstoffversorgung verbessert werden, das Verhältnis $\frac{[HCO_3^-]}{H_2CO_3}$ normalisiert sich wieder und die Überlebenschance steigt an.

Respiratorische Alkalose

Eine zu intensive Atmung lässt das Blut-pH ansteigen. Gründe für eine solche **Hyperventilation** können hohe Fieberschübe oder Angstzustände sein. Eine mögliche Reaktion des Körpers ist eine Ohnmacht, die die Atmung verlangsamt. Um eine Ohnmacht zu vermeiden, kann die betreffende hyperventilierende Person auch in eine Papier- oder Plastiktüte ausatmen und die Ausatemluft wieder einatmen. Dadurch steigt die CO_2-Konzentration und das pH des Blutes sinkt wieder auf Normalwerte.

Metabolische Alkalose

Häufiges Erbrechen oder der Missbrauch harntreibender Medikamente können Ursachen einer metabolischen Alkalose sein, auf die der Körper normalerweise durch verringerte Atemfrequenz reagiert, wodurch die CO_2-Konzentration im Blut wieder ansteigt und das pH des Blutes absinkt.

Auflösung zur Fallbeschreibung

Grundlage der Beurteilung des Säure-Base-Stoffwechsels auf Basis der **Blutgasanalyse** ist die **Henderson-Hasselbalch-Gleichung**, die folgendermaßen aussieht:

$$\mathrm{pH} = \mathrm{pK_S} + \lg \frac{[\mathrm{HCO_3^-}]}{[\mathrm{CO_2}]}$$

Der $\mathrm{pK_S}$-Wert der Kohlensäure ist bei 25 °C 6,35. Bei Körpertemperatur von 37 °C beträgt der Wert 6,10.

Die molare Konzentration von CO_2 lässt sich aus dem Partialdruck von CO_2, P_{CO_2}, nach folgender Formel berechnen:

$$[\mathrm{CO_2}] = \alpha \cdot P_{CO_2}$$

Dabei ist α der **Löslichkeitskoeffizient** für CO_2 und besitzt den Zahlenwert:

$$\alpha = 0{,}225\ \mathrm{mmol \cdot L^{-1} \cdot kPa}$$

Wir formen daher um:

$$\mathrm{pH} = 6{,}1 + \lg \frac{[\mathrm{HCO_3^-}]}{0{,}225 \cdot P_{CO_2}}$$

Für normale Verhältnisse können wir die Verhältnisse bildhaft darstellen (*Abb. 2.10*).

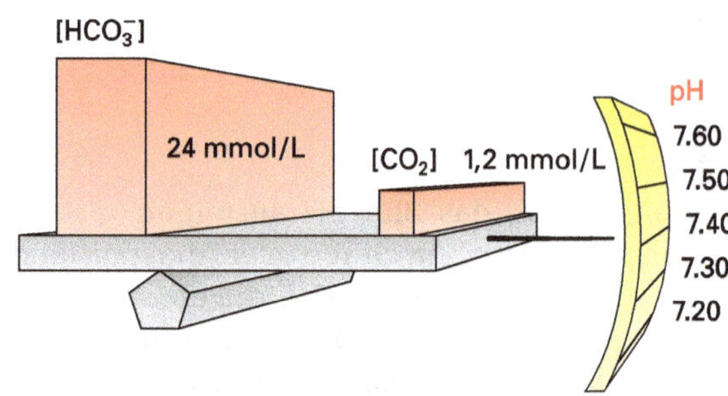

Abb. 2.10: Veranschaulichung des physiologisch normalen Zustandes des Säure-Base-Stoffwechsels.

Eingezeichnet sind Bedingungen, die einen normalen Säure-Base-Haushalt repräsentieren:

$$\mathrm{pH} = 6{,}1 + \lg\frac{24}{1{,}2} = 6{,}1 + \lg\frac{20}{1} = 7{,}40$$

Der gewählte Wert für die molare Konzentration von CO_2 entspricht einem normalen Partialdruck von CO_2 von:

$$P_{CO_2} = \frac{[CO_2]}{\alpha} = \frac{1{,}2}{0{,}225} = 5{,}33 \text{ kPa}$$

Merke: In einem **gesunden Organismus** kann eine beispielsweise durch den Stoffwechsel entstehende Protonenanflutung, die einen Teil des Hydrogencarbonats HCO_3^- in CO_2 umwandelt, durch schnelleres Atmen und damit Elimination von CO_2 aufgefangen werden; das Verhältnis $\frac{[HCO_3^-]}{[CO_2]}$ behält trotz Verringerung der Konzentrationen beider Reaktionspartner dennoch etwa den Wert 20. Der pH-Wert bleibt unverändert, und der Säure-Base-Stoffwechsel ist in Ordnung.

Bei unserer Patientin ist dies offenbar nicht der Fall. Sie hat eine sehr ausgeprägte **Acidose** mit deutlich erhöhtem P_{CO_2}. Wenn wir die gemessenen Werte in die Henderson-Hasselbalch-Gleichung einsetzen, so finden wir:

$$\mathrm{pH} = 6{,}1 + \lg\frac{[HCO_3^-]}{0{,}225 \cdot P_{CO_2}} = 6{,}1 + \lg\frac{22}{0{,}225 \cdot 10{,}7} = 7{,}06$$

Der berechnete pH-Wert stimmt mit dem gemessenen genau überein.

Bei der Patientin ist zusätzlich der Partialdruck des Sauerstoffs im arteriellen Blut deutlich vermindert. Die Sauerstoffsättigung beträgt normalerweise etwa 13,3 kPa. Der verminderte Wert weist deutlich auf eine **massiv eingeschränkte Atmung** hin. Dies kann ein Folge von chronischer Bronchitis oder Asthma sein.

Merke: Insgesamt ergibt sich als Diagnose für unsere Patientin eine deutlich ausgeprägte respiratorische Acidose. Ihre Atemtätigkeit muss schleunigst wirkungsvoll unterstützt werden.

OXIDATION, REDUKTION UND DIE ZELLULÄRE PRODUKTION VON ENERGIE

Fallbeschreibung

Ein 48-jähriger Landwirt wird von seiner Gattin im Keller seines Hauses bewusstlos aufgefunden, kurz nachdem sie sich mit ihm durch Rufkontakt noch klar verständigen hatte können. Er hatte mit einem alten Destillierofen illegal Schnaps gebrannt und – um Geruchsentwicklung zu vermeiden – Tür und Kellerfenster fest verschlossen. Die Gattin lüftet sofort den Raum, kann den Bewusstlosen aber nicht ins Freie tragen.

Der Notarzt findet einen tief comatösen Patienten mit unauffälligem, rosigem Hautcolorit, im Elektrokardiogramm imponieren polytope ventrikuläre Extrasystolen. Bei der Untersuchung beginnt der Patient generalisiert zu krampfen. Das Pulsoxymeter zeigt bei Raumluftatmung eine Sättigung von 100%. Bei der Intubation hat der Notarzt den Eindruck, Ethanolgeruch (*foetor aethylicus*) wahrzunehmen.

Lehrziele

Kohlenmonoxid (CO) ist bekanntlich eines der stärksten Atemgifte. Durch Hemmung der zellulären Atmung wird die Energieproduktion des Körpers massiv beeinträchtigt. Um den Vergiftungsvorgang zu verstehen, müssen wir der Frage nachgehen, wie denn die zelluläre Atmung vor sich geht und welche chemischen Reaktionen hier für die Produktion von Energie für die vielfältigen Körperfunktionen verantwortlich sind.

- Die Basis für die **zelluläre Energieerzeugung** ist die Chemie der **Elektronenübertragungsreaktionen (Oxidation, Reduktion)**. So wie die Chemie der Protonentransfer-Reaktionen sind auch diese als Redoxreaktionen bezeichneten Vorgänge von immenser Bedeutung für die Lebensvorgänge.
- Die Grundlagen der **Thermodynamik** und die **Theorien des Chemischen Gleichgewichts** und des **Massenwirkungsgesetzes** sind für das Verständnis von Redoxreaktionen unverzichtbar.
- Wir wollen uns schließlich einen Überblick über die zelluläre Energieerzeugung von der **Glycolyse** über den **Citrat-Zyklus** bis hin zur **Atmungskette** verschaffen und uns überlegen, wie die Zelle mit der gewonnenen Energie wirtschaftet.
- Die Substanzklassen der **Carbonylverbindungen** und der **Carbonsäuren** und ihrer Derivate sind wichtige Substrate und Metabolite der genannten Reaktionspfade.

Allerdings könnte sich noch eine andere Erklärung anbieten: Eine Vergiftung mit Ethanol, eine so genannte **Alkoholintoxikation**. Welche Diagnose ist aufgrund des Geschehens eher korrekt? Und wie wird der Patient aufgrund der richtigen Diagnose korrekt therapiert?

1. Die **Intoxikation mit Kohlenmonoxid**, deren biochemische Konsequenzen übrigens denen einer Blausäurevergiftung ähneln, werden wir kurz beleuchten.
2. Schließlich wollen wir das für unser Leben so zentral wichtige Gas **Sauerstoff** genauer besprechen und etwas über die **HbO-Therapie** erfahren.

3.1 Die Chemie der Oxidation und Reduktion

Lehrziel

Die chemische Basis der Zellatmung und damit der Energieproduktion des Körpers sind Redoxreaktionen. Dieser Abschnitt vermittelt eine Einführung in das Gebiet der Redoxchemie.

Ursprünglich bedeutete **Oxidation** eine Aufnahme von Sauerstoff (lateinisch *oxygenium*) und **Reduktion** entweder eine Abgabe von Sauerstoff oder eine Aufnahme von Wasserstoff. Ein klassisches Beispiel für eine Oxidation in diesem historischen Sinne ist die Verbrennung. Allerdings verlaufen viele Reaktionen sehr ähnlich wie eine Verbrennung mit Sauerstoff. So reagiert beispielsweise Natrium mit Chlor sehr heftig unter Licht- und Wärmeentwicklung, und Kohle verbrennt in Fluor heftiger als in Sauerstoff.

Die moderne Definition der Begriffe Oxidation und Reduktion basiert auf der Erkenntnis, dass im Zuge derartiger Reaktionen Elektronen von einem auf den anderen Reaktionspartner übertragen werden.

Merke: Der moderne Oxidationsbegriff ist synonym mit Elektronenabgabe, der Reduktionsbegriff hingegen mit Elektronenaufnahme

Diese Definition als **Elektronentransfer-Reaktion** ist sehr gut vergleichbar mit der modernen Brönsted'schen Definition von Säure-Base-Reaktionen als **Protonentransfer-Reaktionen**. Die Analogie der Definitionen gewährleistet eine **weitgehende Parallelität der physikalischen Grundlagen und der mathematischen Formalismen.**

- Ebenso wie freie Protonen nicht über längere Zeit existieren können, sind freie Elektronen auch nicht beständig.
- So wie Säuren immer nur in Gegenwart von Basen Protonen abgeben können, kann eine Substanz Elektronen nur dann abgeben, wenn eine weitere Substanz anwesend ist, um die Elektronen aufzunehmen. Während die erste Substanz selbst als Reduktionsmittel in Erscheinung tritt und oxidiert wird, fungiert die zweite Substanz selbst als Oxidationsmittel und wird reduziert.

Eine Elektronentransfer-Reaktion wird deshalb auch als **Redoxreaktion** bezeichnet.

Eine typische Redoxreaktion ist die Reaktion zwischen Natrium und Chlor. Jedes Natrium-Atom gibt ein Elektron ab und wird zu einem einfach positiv geladenen Natrium-Ion **oxidiert**. Die so genannte Teilgleichung oder **Halbreaktion der Oxidation** ist:

$$Na \rightarrow Na^+ + e^-$$

Jedes Chlor-Atom nimmt ein Elektron auf und wird zu einem einfach negativ geladenen Chlorid-Ion **reduziert**. Die **Halbreaktion der Reduktion** ist somit:

$$Cl_2 + 2e^- \rightarrow 2Cl^-$$

Für die Aufstellung der korrekten Gesamtreaktion aus den beiden Teilreaktionen beachten wir, dass die Oxidation so viele Elektronen liefern muss wie in der Reduktion konsumiert werden. Wir müssen also die Halbreaktion der Oxidation mit dem Faktor 2 multiplizieren und erhalten, da sich nun die Elektronen links und rechts des Reaktionspfeils „aufheben“, als Gesamtgleichung:

$$2Na + Cl_2 \rightarrow 2Na^+ + 2Cl^-$$

Wie bei Säure-Base-Reaktionen führen wir den zentralen Begriff des **konjugierten (korrespondierenden) Redoxpaares** ein. Dies sind Stoffpaare, die sich nur durch die Zahl ihrer Elektronen unterscheiden. Bei dem Beispiel der Reaktion zwischen Natrium und Chlor bilden Na/Na^+ und $2Cl^-/Cl_2$ zwei konjugierte Redoxpaare. Eine Halbreaktion kann daher immer in der allgemeinen Form

$$\text{oxidierte Form} + z \text{ Elektronen} \rightleftarrows \text{reduzierte Form}$$

geschrieben werden.

Merke: Eine vollständige Redoxreaktion kann nur stattfinden, wenn zwei konjugierte Redoxpaare anwesend sind. **Ein Redoxpaar liefert Elektronen, das andere nimmt sie auf.**

Formale Oxidationszahlen

Redoxreaktionen können häufig recht kompliziert sein. Mit Hilfe der **Oxidationszahlen** gelingt die Aufstellung korrekter Reaktionsgleichungen von Redoxreaktionen wesentlich leichter. Das Konzept der Oxidationszahlen ist ein gedankliches Konstrukt, das nicht mit den tatsächlichen Bindungsverhältnissen übereinstimmt. Sein Zweck ist ausschließlich die Vereinfachung der korrekten Aufstellung und die Erleichterung des Verständnisses komplizierter Redoxgleichungen.

Merke: Die Oxidationszahl eines Atoms in einer beliebigen Verbindung ist eine fiktive Ladungszahl, die wir für dieses Atom erwarten würden, wenn die betrachtete Verbindung ausschließlich aus Ionen aufgebaut wäre.

In diesem Konzept wird bei polarisierten kovalenten Bindungen das bindende Elektronenpaar jeweils zur Gänze dem elektronegativeren Atom zugeordnet.

Es gibt **positive und negative Oxidationszahlen**; die Oxidationszahl kann **auch Null** betragen.

Eine kleine Zahl einfacher Regeln hilft uns, die Oxidationszahl der Atome in komplizierten Molekülen oder Ionen zu bestimmen.

1. Atome in elementarem Zustand haben die Oxidationszahl Null.
2. Bei neutralen Molekülen ist die Summe der Oxidationszahlen aller Atome gleich Null, bei Ionen ist diese Summe gleich der realen Ionenladung.
3. Metalle haben positive Oxidationszahlen. Alkalimetalle (1. Hauptgruppe des Periodensystems) besitzen die Oxidationszahl +1, Erdalkalimetalle (2. Hauptgruppe) haben die Oxidationszahl +2.
4. Wasserstoff hat die Oxidationszahl +1.
5. Fluor hat die Oxidationszahl −1.
6. Sauerstoff hat die Oxidationszahl −2.
7. Halogene haben die Oxidationszahl −1.

Diese Regeln basieren auf elementaren physikalischen Argumenten (Summe der Oxidationszahlen gleich der Nettoladung eines molekularen Systems; Elektronenaffinität; Ionisierungspotential; Elektronegativität). Zu beachten ist, dass die hier gegebene Reihenfolge der Regeln auch ihre Priorität wiedergibt. Regel 1 ist die wichtigste, Regel 7 die schwächste. Diese Prioritätenreihenfolge ist immer dann wichtig, wenn 2 Regeln zu widersprüchlichen Folgerungen führen würden.

Wie berechnet man die Oxidationszahl?

Oxidationszahl des Schwefelatoms in Schwefelsäure

Die chemische Formel der Schwefelsäure ist H_2SO_4. Wir können gemäß Regeln 4 und 6 schreiben:

$$\overset{+1}{H_2}\overset{x}{S}\overset{-2}{O_4}$$

Dann gilt nach Regel 2:

$$2\cdot(+1)+x+4\cdot(-2)=0$$

und die Lösung x = +6 ist die gesuchte Oxidationszahl.

Oxidationszahl des Schwefelatoms im Sulfat-Ion

Die chemische Formel von Sulfat ist SO_4^{2-} (es entsteht aus Schwefelsäure durch zweifache Protonenabspaltung). Wir können wieder gemäß Regeln 4 und 6 schreiben:

$$\overset{x}{S}\overset{-2}{O}{}_4^{2-}$$

Dann gilt nach Regel 2:

$$x+4\cdot(-2)=-2$$

und wiederum finden wir die Lösung x = +6.

Wir schließen daraus, dass **reine Protonenübertragungen an den Oxidationszahlen nichts ändern**. Dieses Beispiel demonstriert auch, wie Oxidationszahlen und echte Ionenladungen in chemischen Formeln korrekt geschrieben werden.

- Formale Oxidationszahlen stehen senkrecht über dem jeweiligen Elementsymbol; ihr Vorzeichen wird immer angeschrieben (auch wenn es ein „+" ist), und die Reihenfolge ist Vorzeichen-Oxidationszahl (Beispiel „-2").
- Echte, physikalisch reale Ladungszahlen werden rechts oben neben dem Elementsymbol angeschrieben; die Reihenfolge ist Ladungszahl-Vorzeichen (Beispiel „2-").

Oxidationszahl der Sauerstoffatome in Wasserstoffperoxid

Die chemische Formel des Wasserstoffperoxids ist H_2O_2. Hier finden wir einen Widerspruch. Setzten wir nämlich die Oxidationszahlen gemäß den Regeln 4 und 6 an, so lautete die Formel

$$\overset{+1}{H}_2\overset{-2}{O}_2$$

und die Summe der Oxidationszahlen wäre -2, was offenbar nicht stimmen kann, da H_2O_2 ein neutrales Molekül ist. Wir können diesen Widerspruch auflösen, wenn wir die Prioritätenreihenfolge beachten. Die schwächste Regel ist Regel 6, daher ordnen wir den beiden (gleichberechtigten) Sauerstoffatomen abweichend von dieser Regel die Oxidationszahl -1 zu, um die stärkeren Regeln 2 und 4 zu befriedigen. Somit lautet die korrekte Formel:

$$\overset{+1}{H}_2\overset{-1}{O}_2$$

Diese abweichende Zuordnung der Oxidationszahl -1 für den Sauerstoff gilt generell bei allen **Peroxid-Verbindungen.**

Eine gewisse Besonderheit stellen **organische Verbindungen** dar. Die Kohlenstoffatome in diesen Verbindungen können sehr unterschiedliche Oxidationszahlen aufweisen. Als Beispiel betrachten wir Glucose (*Abb. 3.1*).

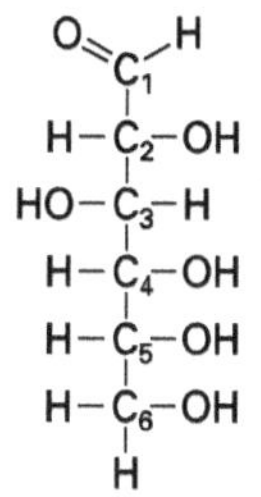

```
   O⩵C1–H
      |
  H–C2–OH
      |
 HO–C3–H
      |
  H–C4–OH
      |
  H–C5–OH
      |
  H–C6–OH
      |
      H
```

Abb. 3.1: Das Glucose-Molekül mit der konventionellen Nummerierung der C-Atome.

Bei der Festlegung der Oxidationszahlen der C-Atome werden C–C- Bindungen nicht berücksichtigt. Für die Oxidationszahl des C_1-Atoms wird daher nur das Fragment HCO betrachtet (auch Mehrfachbindungen werden nicht gesondert berücksichtigt). Somit gilt:

$$\overset{+1}{H}\overset{x}{C}\overset{-2}{O}$$

und die gesuchte Oxidationszahl für C_1 ist +1. Analog erhalten wir für C_2 mit

$$\overset{+1}{H}\overset{x}{C}\overset{-2}{O}\overset{+1}{H}$$

die Oxidationszahl gleich 0. Die Kohlenstoffatome C_3, C_4 und C_5 lassen sich durch das gleiche Fragment darstellen wie C_2; ihre Oxidationszahl ist auch Null. Für C_6ergibt sich mit

$$\overset{+1}{H_2}\overset{x}{C}\overset{-2}{O}\overset{+1}{H}$$

die Oxidationszahl –1.

Noch einige allgemeine Regeln:

- Die höchste positive Oxidationszahl eines Hauptgruppenelementes ist gleich seiner Gruppennummer im Periodensystem der Elemente, da diese der Anzahl seiner Valenzelektronen entspricht.
- Die niedrigste Oxidationszahl, die ein Hauptgruppenelement annehmen kann, ist gleich der Gruppennummer minus 8. So kann etwa Kohlenstoff als Element der 4. Hauptgruppe Oxidationszahlen zwischen +4 in Kohlensäure H_2CO_3, in Kohlendioxid CO_2 oder in Kohlenstofftetrafluorid CF_4 und -4 in Methan CH_4 annehmen. Stickstoff als Element der 5. Hauptgruppe kann Oxidationszahlen zwischen +5 in Salpetersäure HNO_3 oder im Nitrat-Ion NO_3^- und -3 in Ammoniak NH_3 annehmen.

Wir gelangen so zu einer neuen Definition:

Merke: Eine Oxidation ist mit der Zunahme der Oxidationszahl eines Atoms verbunden, eine Reduktion mit der Abnahme der Oxidationszahl eines Atoms.

Merke: Wir erkennen eine Redoxreaktion an der Änderung der Oxidationszahlen von Atomen.

Eine Säure-Base-Reaktion ist daher keine Redoxreaktion. Wenn eine Base ein Proton aufnimmt, so erhöht sich zwar ihre reale Ladung um eine Einheit. Die Oxidationszahlen ihrer Atome bleiben jedoch unverändert. Analog wird eine Säure bei der Abgabe eines Protons um eine Einheit negativer geladen, wobei die Oxidationszahlen ihrer Atome jedoch unverändert bleiben. Die Beispiele oben über Schwefelsäure und Sulfat haben uns dies ja schon gezeigt.

Das Aufstellen stöchiometrisch korrekter Redoxgleichungen

Redoxgleichungen sind oft kompliziert. Wenn wir die Ausgangsstoffe und die Endprodukte kennen, so hilft uns das Konzept der Oxidationszahlen, die korrekte Form der Reaktionsgleichungen festzulegen.

Wie hilft uns das Konzept der formalen Oxidationszahlen beim Aufstellen komplexer Reaktionsgleichungen?

Als Beispiel wollen wir die Umsetzung von Kaliumpermanganat $KMnO_4$ mit Natriumsulfit Na_2SO_3 in einer sauren Lösung betrachten. Diese beiden Salze lösen sich in Wasser gemäß folgender Reaktionsgleichungen auf:

$$KMnO_4 \rightleftarrows K^+ + MnO_4^-$$
$$Na_2SO_3 \rightleftarrows 2Na^+ + SO_3^{2-}$$

Wir beschränken uns dabei auf die wirklich an der Reaktion beteiligten Stoffe; die Kalium- und Natrium-Ionen, die an der Reaktion gar nicht teilnehmen, lassen wir außer acht, da wir uns auf die relevanten **Ionengleichungen** beschränken. Das Permanganat-Ion MnO_4^-, ein starkes Oxidationsmittel, wird bei der Reaktion zu einem zweifach positiv geladenen Mangan-Kation Mn^{2+} reduziert, Sulfit-Ionen SO_3^{2-} fungieren als Reduktionsmittel und werden zu Sulfat-Ionen SO_4^{2-} oxidiert. Die – stöchiometrisch noch nicht korrekte – Gleichung für die Reaktion schreiben wir vorerst in vereinfachter Form.

$$MnO_4^-/SO_3^{2-} \rightleftarrows Mn^{2+}/SO_4^{2-}$$

- Als ersten Schritt trennen wir die Gesamtreaktion in die beiden Halbreaktionen auf, das heißt, wir betrachten beide konjugierten Redoxpaare einzeln und ermitteln gleichzeitig die Oxidationszahlen der Mangan- und Schwefelatome.

$$\overset{+7}{Mn}O_4^- \rightarrow \overset{+2}{Mn}{}^{2+} \quad \text{und} \quad \overset{+4}{S}O_3^{2-} \rightarrow \overset{+6}{S}O_4^{2-}$$

Die unterschiedlichen Oxidationszahlen links und rechts gleichen wir jetzt in jeder Teilreaktion durch Elektronen aus. So ist etwa bei der ersten Teilreaktion die Oxidationszahl des Permanganat-Ions (+7) um +5 größer als für das Mangan-Kation (+2). Daher fügen wir auf der Permanganat-Seite 5 Elektronen hinzu. Analog müssen wir bei der zweiten Teilreaktion 2 Elektronen auf der Seite des Sulfat-Ions schreiben.

$$MnO_4^- + 5e^- \rightarrow Mn^{2+} \quad \text{und} \quad SO_3^{2-} \rightarrow SO_4^{2-} + 2e^-$$

Beide Teilgleichungen sind noch immer nicht wirklich korrekte „Gleichungen" in dem Sinne, dass links und rechts vom Reaktionspfeil Gleichheit der

Atome und der Ladungen herrscht. Wir führen nun eine Bilanzierung der verschiedenen Atome durch, und hierbei machen wir Gebrauch von der Tatsache, dass die betrachtete Reaktion in wässrigem Milieu abläuft. Wir gleichen zunächst die Zahl der Sauerstoffe links und rechts aus, wobei wir H_2O-Moleküle benutzen.

$$MnO_4^- + 5e^- \rightarrow Mn^{2+} + 4H_2O$$
$$SO_3^{2-} + H_2O \rightarrow SO_4^{2-} + 2e^-$$

Die jetzt noch fehlende Bilanzierung der Wasserstoff-Atome gelingt mittels Protonen.

$$MnO_4^- + 5e^- + 8H^+ \rightarrow Mn^{2+} + 4H_2O$$
$$SO_3^{2-} + H_2O \rightarrow SO_4^{2-} + 2e^- + 2H^+$$

Als Abschluss kontrollieren wir die Ladungsbilanz. Wenn die bisherigen Schritte korrekt durchgeführt wurden, so muss – wie es in unserem Beispiel auch der Fall ist – die Ladungsbilanz bei beiden Halbreaktionen stimmen.

Abschließend kombinieren wir die korrekten Teilgleichungen und gelangen so zur Gesamtreaktionsgleichung. Dabei machen wir von der Tatsache Gebrauch, dass freie Elektronen instabil sind, dass also die Teilgleichung der Oxidation der Sulfit-Ionen gerade soviel Elektronen liefern muss, wie in der Teilgleichung der Reduktion der Permanganat-Ionen verbraucht werden. Wir ermitteln dazu das kleinste gemeinsame Vielfache der stöchiometrischen Koeffizienten, die in den Teilgleichungen die Zahl der Elektronen angeben. Diese Koeffizienten sind 2 und 5; das kleinste gemeinsame Vielfache ist 10. Wir erweitern beide Teilgleichungen mit Faktoren, die wir so wählen, dass die Zahl der Elektronen in beiden Teilgleichungen gleich dem kleinsten gemeinsamen Vielfachen wird.

$$2MnO_4^- + 10e^- + 16H^+ \rightarrow 2Mn^{2+} + 8H_2O$$
$$5SO_3^{2-} + 5H_2O \rightarrow 5SO_4^{2-} + 10e^- + 10H^+$$

Diese erweiterten Teilgleichungen werden addiert und Reaktionsteilnehmer, die sowohl auf der linken als auch auf der rechten Seite aufscheinen, werden eliminiert.

$$2MnO_4^- + 5SO_3^{2-} + 6H^+ \rightarrow 2Mn^{2+} + 5SO_4^{2-} + 3H_2O$$

Dies ist die gesuchte stöchiometrisch korrekte Gesamtreaktionsgleichung.

In ganz analoger Weise können wir beim Aufstellen korrekter Redoxgleichungen vorgehen, wenn die Reaktion in einem basischen Milieu verläuft. Wir fügen einfach am Schluss des Vorgangs auf beiden Seiten der Reaktionsgleichung gerade soviel Hydroxid-Ionen hinzu, dass die Protonen zu Wasser neutralisiert werden.

Rationelle Nomenklatur von Sauerstoffsäuren und deren Anionen

Im obigen Beispiel behandelten wir das Sulfat-Ion. Es ist ein Vertreter einer Klasse von Verbindungen, die als **Sauerstoffsäuren** (allgemein H_xEO_y) und deren konjugierte Basen (Anionen EO_y^{x-}) bezeichnet werden. Das Konzept der Oxidationszahl erlaubt eine **rationelle Nomenklatur** derartiger Stoffe, die einfacher ist als die herkömmliche Benennungsweise, die wir zuerst betrachten.

- Traditionell nennen wir die stabilste Sauerstoffsäure eines Elements **Elementsäure**. So heißt etwa H_3PO_4 **Phosphorsäure**, H_2SO_4 **Schwefelsäure** und $HClO_3$ **Chlorsäure**. Eine Ausnahme bildet HNO_3, die nicht Stickstoffsäure, sondern aus historischen Gründen **Salpetersäure** heißt.
- Die konjugierten Basen dieser Säuren werden nach dem Wortstamm des lateinischen Elementnamens unter Beifügung der Endung „-at" benannt. PO_4^{3-} heißt **Phosphat**, SO_4^{2-} ist **Sulfat** (von *sulfur*, Schwefel), ClO_3^- ist **Chlorat**, und NO_3^- wird als **Nitrat** bezeichnet (von *nitrogenium*, Stickstoff).
- Sauerstoffsäuren, die ein Sauerstoffatom weniger enthalten als diese Elementsäuren, tragen im Namen die Endung „-ige"; die Bezeichnungen ihrer konjugierten Basen enden auf „-it". H_3PO_3 heißt **Phosphorige Säure**, H_2SO_3 **Schwefelige Säure**, $HClO_2$ **Chlorige Säure** und HNO_2 **Salpetrige Säure**. Die Salze nennen wir **Phosphit** PO_3^{3-}, **Sulfit** SO_3^{2-}, **Chlorit** ClO_2^- und **Nitrit** NO_2^-.
- Sauerstoffsäuren mit noch einem Sauerstoffatom weniger werden durch die Vorsilbe „Hypo-" gekennzeichnet, ihre Anionen ebenfalls. Ein Beispiel ist HClO, die **Hypochlorige Säure**, und ihre konjugierte Base, das **Hypochlorit** ClO^-.
- Sauerstoffsäuren mit einem Sauerstoffatom mehr als die Elementsäure werden durch die Vorsilbe „Per-" gekennzeichnet; ebenso ihre Anionen. Ein Beispiel ist $HClO_4$, die **Perchlorsäure**, und ihre konjugierte Base ClO_4^-, das **Perchlorat**.
- Wichtig ist die Unterscheidung der Endungen „-it" und „-id" bei den Salzen. Auf „-id" enden die Namen der konjugierten Basen der Wasserstoffverbindungen der Elemente, die keinen Sauerstoff enthalten (**Atomanionen**). Beispiele dafür sind **Nitrid** N^{3-}, **Oxid** O^{2-}, **Fluorid** F^-, **Phosphid** P^{3-}, **Sulfid** S^{2-} und **Chlorid** Cl^-.

Mit dem Konzept der Oxidationszahlen vereinfacht sich die Nomenklatur der Sauerstoffsäuren und ihrer konjugierten Basen erheblich.

Wir bilden den Namen der Säure aus dem Elementnamen und „-säure" und ergänzen durch Angabe der Oxidationszahl des Elements in nachgestellter Klammer mit römischen Zahlzeichen. So heißt H_2SO_4 **Schwefelsäure-(VI)**, H_2SO_3 dagegen **Schwefelsäure-(IV)**. Die Namen der konjugierten Basen setzen sich aus dem Wortstamm des lateinischen Elementnamens, einem nachgestellten „-at" und der Angabe der Oxidationszahl zusammen. ClO_4^- ist **Chlorat-(VII)**, und ClO^- heißt **Chlorat-(I)**. Leider hat sich diese viel einfachere und vor allem eindeutigere Bezeichnungsweise nicht wirklich durchgesetzt, und wir müssen auch die kompliziertere traditionelle Nomenklatur beherrschen.

Elektrochemische Spannungsreihe

Wie können wir verschiedene Redoxsysteme bezüglich ihrer Stärke als Reduktionsmittel oder als Oxidationsmittel klassifizieren?

Kombinieren wir zwei konjugierte Redoxpaare, so liefert das Redoxpaar mit der höheren Tendenz, Elektronen abzugeben, Elektronen an das zweite Redoxpaar. Die Tendenz zur Elektronenabgabe eines Redoxsystems bezeichnen wir als sein **Potential** (Symbol **E**).

Analog zur Säurekonstante oder Basenkonstante bei Säure-Base-Reaktionen ist das Potential E ein quantitatives Maß für die Stärke eines Oxidations- oder Reduktionsmittels.

Vereinbarungsgemäß ordnen wir dem Redoxpaar, das die höhere Tendenz zur Elektronenabgabe besitzt, ein negativeres Potential zu. Damit fließen in der Reaktion (Red und Ox stehen für die reduzierte und oxidierte Form eines konjugierten Redoxpaares)

$$\mathrm{Red_1/Ox_1} \overset{ze^-}{\rightarrow} \mathrm{Red_2/Ox_2}$$

die Elektronen stets vom negativeren zum positiveren Potential. (Die Zahl der bei der Reaktion umgesetzten Elektronen ist durch z bezeichnet.)
Ein kleiner, aber entscheidender Unterschied zwischen Säure-Base-Reaktionen und Redoxreaktionen:

Merke: Bei Säure-Base-Reaktionen befinden sich die beiden miteinander reagierenden konjugierten Säure-Base-Paare immer in derselben Lösung (**Eintopf**). Im Gegensatz dazu können wir die konjugierten Redoxpaare (die Halbreaktionen) bei einer Redoxreaktion **räumlich trennen**, da die übertragenen Elektronen über einen elektrischen Leiter, beispielsweise durch einen Metalldraht, ausgetauscht werden können.

Voraussetzung für einen solchen **Elektronenfluss**, also einen **elektrischen Strom**, ist die unterschiedliche Neigung zur Elektronenabgabe der beiden Halbreaktionen, die **Potentialdifferenz** oder **Spannung**. Diese bezeichnen wir auch als **elektromotorische Kraft** (EMK); ihr Symbol ist ΔE. Eine wichtige Gleichung verknüpft diese Größe mit der Freien Enthalpieänderung einer Reaktion.

$$\Delta G = -z \cdot F \cdot \Delta E$$

F steht für die **Faraday-Konstante**, eine wichtige Naturkonstante, deren Zahlenwert $F = 96487$ Coulomb $\cdot \mathrm{mol}^{-1}$ beträgt. Die Faraday-Konstante ist das Produkt der Avogadro'schen Zahl $N_A = 6{,}023 \cdot 10^{23} \mathrm{mol}^{-1}$ und der elektrischen Elementarladung $e = 1{,}6 \cdot 10^{-19}$ Coulomb. Sie ist also gleich der elektrischen Ladung von einem Mol Elektronen.

Die Gleichung oben ist leicht zu verstehen. Aus der Elektrizitätslehre wissen wir, dass die **elektrische Arbeit** beim Verschieben einer Ladung zwischen zwei Punkten mit unterschiedlichem Potential gleich dem Produkt aus der Potentialdifferenz (Spannung) mal Ladung ist. Genau das drückt die Gleichung aus. ΔG ist die elektrische Arbeit, $-z \cdot F$ ist die umgesetzte Ladung, und ΔE ist die herrschende Potentialdifferenz, also die Spannung,

Das elektrochemische Potential

Wie kommt das Potential E zustande? Am einfachsten ist die Erklärung für die Vorgänge, die sich beim Eintauchen eines Metalls M (**Elektrode**) in Wasser abspielen. In der Grenzschicht zwischen dem festen Metallstab und der Lösung findet ein chemisches Gleichgewicht statt. Je nach dem so genannten **Lösungsdruck** des Metalls können Metall-Kationen aus dem metallischen Kristallgitter in Lösung gehen. Dabei lädt sich die **Elektrode negativ** auf, da die entsprechenden Elektronen im Metall zurückbleiben. Andererseits können auch Kationen aus der Lösung wieder in das Metall zurückgehen. Es stellt sich so sehr schnell ein dynamisches Gleichgewicht ein. Im Gleichgewicht diffundieren pro Zeiteinheit gleich viele Metall-Kationen aus dem Metall in die Lösung wie aus der Lösung zurück in das Metall eingebaut werden. *Abb. 3.2* veranschaulicht die Situation.

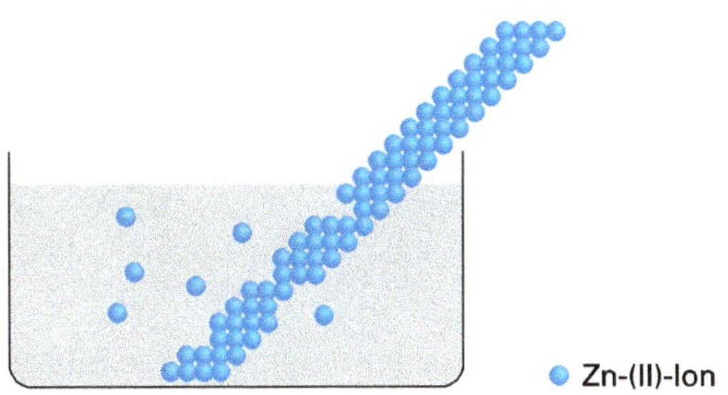

Abb. 3.2: Ein Zinkstab taucht in Wasser ein, und es stellt sich ein Gleichgewicht ein, bei dem einige Zink-Ionen in Lösung gehen und sich der Zinkstab entsprechend negativ auflädt.

Wenn die Metall-Kationen eine hohe Elektronenaffinität und einen kleinen Lösungsdruck besitzen, so gehen nur sehr wenige Metall-Kationen aus dem Metallstab in Lösung. Solche Metalle nennen wir auch **edle Metalle**. Wenn der Lösungsdruck groß ist, so gehen relativ viele Kationen in Lösung. Wir sprechen von **unedlen Metallen**. Die negative Aufladung der Elektrode ist daher bei unedlen Metallen stärker, bei edlen schwächer.

Interessanter werden diese Vorgänge dann, wenn ein unedleres Metall in eine Lösung eintaucht, die Kationen eines edleren Metalls enthält. So kann beispielsweise ein Zink-Stab in eine Lösung von Kupfersulfat $CuSO_4$ eintauchen, die Cu^{2+}-Ionen enthält. Kupfer Cu ist edler als Zink Zn.

Aufgrund des relativ hohen Lösungsdruckes des Zinks gehen Zn^{2+}-Kationen in Lösung. Der Zinkstab lädt sich dabei negativ auf, und dieser Elektronenüberschuss führt dazu, dass die edleren Cu^{2+}-Kationen am festen Zinkstab reduziert werden und sich als metallisches Kupfer niederschlagen. Dieser Vorgang der Auflösung des Zinkstabes und der Abscheidung des Kupfers geht aufgrund der hohen

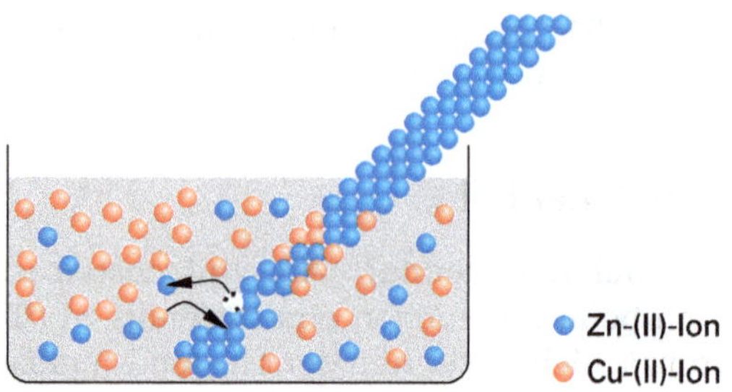

Abb. 3.3: Ein Zinkstab taucht in eine Lösung mit Kupfer-Ionen ein. Zink-Ionen gehen in Lösung und die edleren Kupfer-Ionen werden als metallisches Kupfer am Zinkstab entladen.

Potentialdifferenz der beiden konjugierten Redoxpaare Cu^{2+}/Cu und Zn^{2+}/Zn so lange vor sich, bis praktisch alle Cu^{2+}-Ionen reduziert sind (*Abb. 3.3*).

Im gerade betrachteten Beispiel sind beide konjugierten Redoxpaare in derselben Lösung anwesend (**Eintopf**). Wie oben angedeutet, können wir eine solche vollständige Redoxreaktion

$$Cu^{2+} + Zn \rightarrow Cu + Zn^{2+}$$

auch **räumlich trennen** und die Halbreaktionen

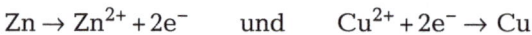

$$Zn \rightarrow Zn^{2+} + 2e^- \qquad \text{und} \qquad Cu^{2+} + 2e^- \rightarrow Cu$$

in getrennten **Halbzellen** realisieren.

Die folgende experimentelle Anordnung zeigt diese Situation.

Hier taucht ein Zinkstab in eine Zinksalz-Lösung, beispielsweise Zinksulfat $ZnSO_4$), ein und ein Kupferstab in eine Kupfersalz-Lösung, etwa Kupfersulfat $CuSO_4$. Wenn wir die zwei Halbzellen elektrisch leitend miteinander verbinden, so fließt wegen des zwischen den Redoxpaaren bestehenden **Potentialunterschiedes** (**Spannung**) elektrischer Strom, und zwar fließen Elektronen von der unedleren Zink- zur edleren Kupferelektrode. An der Kupferelektrode werden somit Kupfer-Kationen entladen durch Elektronen, die an der Zinkelektrode freiwerden, weil Zink-Kationen in Lösung gehen (*Abb. 3.4*).

Eine derartige Anordnung, die auch durch die Kurzschreibweise $Cu^{2+}/Cu//Zn/Zn^{2+}$ beschrieben werden kann, bezeichnen wir als **galvanisches Element**. Die Funktion des **Stromschlüssels**, eines mit einer Salzlösung gefüllten und an beiden Enden offenen Glasrohres, ist es, eine elektrische Aufladung der beiden Lösungen zu verhindern, da diese die Reaktion sehr schnell beenden würde; der Stromschlüssel, eine „Salzbrücke", gewährleistet die Ionenleitung zwischen beiden Gefäßen. Die negativ geladenen Sulfat-Ionen SO_4^{2-} können sich von der Kupferelektrode, wo ja positive Cu^{2+}-Ionen aus der Lösung verschwinden, zur Zinkelektrode bewegen und dort die steigende Zahl der positiv geladenen Zn^{2+}-Ionen ausgleichen.

Wir können Potentiale von Halbelementen nicht absolut messen, sondern nur Potentialdifferenzen. Dies geschieht einfach mit einem Voltmeter. Um dennoch

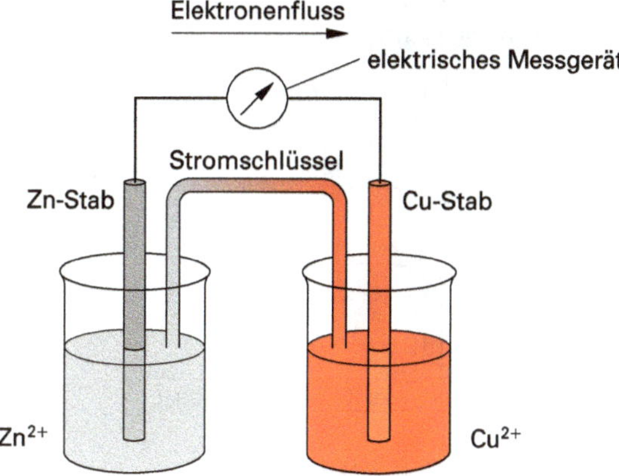

Abb. 3.4: Ein galvanisches Element (Daniell-Element), bei dem die Oxidation des Zinks und die Reduktion der Kupfer-Ionen voneinander räumlich getrennt ablaufen.

Potentiale festzulegen, werden Elektroden mit einer **Bezugselektrode** gekoppelt und die entstehende Spannung wird gemessen. **Das Potential der Bezugselektrode setzen wir willkürlich mit Null Volt fest.**

Das ist ganz analog zum Vorgehen etwa der Festsetzung der Celsius-Temperaturskala. Als diese eingeführt wurde, war die Existenz eines absoluten Temperatur-Nullpunkts noch unbekannt. Daher wählte Celsius als Bezugspunkt den Schmelzpunkt von Eis und ordnete diesem willkürlich die Temperatur 0 °C zu. Alle anderen Temperaturen wurden dann in Bezug auf diesen Nullpunkt bestimmt.

Als Bezugselektrode wurde die so genannte **Normalwasserstoff-Elektrode** festgelegt. Diese Elektrode realisiert die Halbreaktion:

$$H^+ + e^- \rightleftarrows \frac{1}{2}H_2$$

Diese Normalwasserstoff-Elektrode besteht aus einer 1-molaren Lösung von Hydronium-Ionen (pH = 0,0), in die ein Platindraht mit einer netzförmigen Elektrode eintaucht, die von fein verteiltem Platin überzogen ist. Die Elektrode wird von Wasserstoffgas bei einem Druck von 101325 Pa umspült. **Wasserstoffgas hat die Eigenschaft, sich an der Oberfläche bestimmter Edelmetalle (insbesondere Platin und Palladium) zu „lösen“**. Dabei wird die Bindung zwischen den beiden Wasserstoffatomen getrennt und die einzelnen Wasserstoffatome werden an der Metalloberfläche relativ stark **adsorbiert**. Wir erhalten so eine „feste“ **Wasserstoff-Elektrode**. Das Platin nimmt an der Reaktion nicht teil. Es fungiert nur als passiver Träger für den Wasserstoff und als Elektronenleiter.

Abb. 3.5 zeigt schematisch den Aufbau dieser wichtigen Bezugselektrode. Das Potential, das sich bei den angegebenen Standard-Temperatur-, Druck- und pH-Bedingungen an dieser Elektrode einstellt, setzen wir willkürlich gleich Null.

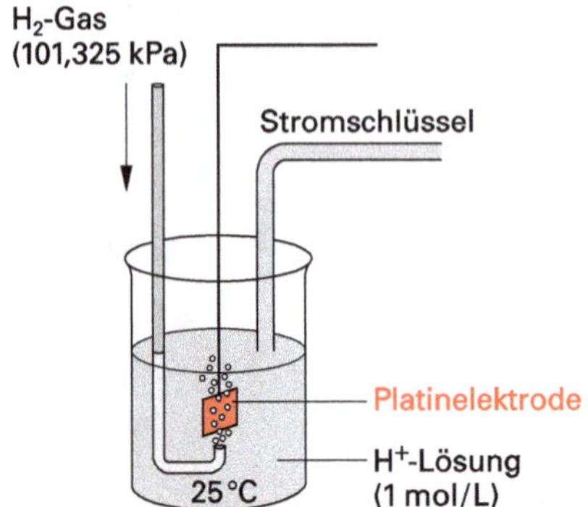

Abb. 3.5: Aufbau der Normalwasserstoff-Elektrode.

Diese Bezugselektrode können wir jetzt mit einer anderen Elektrode koppeln, an der sich eine beliebige Halbreaktion

$$\mathrm{Ox} + z\mathrm{e}^- \rightleftarrows \mathrm{Red}$$

zwischen oxidierter und reduzierter Form eines konjugierten Redoxpaares manifestiert. Wir messen bei 25 °C und 1-molarer Konzentration aller Reaktionspartner und, falls Gase im Spiel sind, bei 101,325 kPa Druck die Potentialdifferenz zwischen den beiden Elektroden mittels eines Voltmeters als elektrische Spannung U. Dann gilt:

$$U = E^0_{\mathrm{ox/Red}} - E^0_{\mathrm{H^+}/\frac{1}{2}\mathrm{H_2}} \equiv E^0_{\mathrm{ox/Red}}$$

Merke: Die bei Standardbedingungen gemessene Spannung, also die Potentialdifferenz zwischen der beliebigen Ox/Red-Elektrode und der Normal-Wasserstoffelektrode, ist numerisch gleich dem **Normal-** oder **Standardpotential** $E^0_{\mathrm{ox/Red}}$ dieser Elektrode, da wir das Potential $E^0_{\mathrm{H^+}/\frac{1}{2}\mathrm{H_2}}$ definitionsgemäß gleich Null setzen.

Redoxpaare mit hoher Elektronenabgabetendenz haben ein negatives, solche mit niedriger Elektronenabgabetendenz ein positives Standardpotential. Elektronen fließen von der negativeren oder unedleren Elektrode zur positiveren oder edleren.

Wir können nun alle beliebigen Redoxpaare in dieser Weise vermessen und nach steigendem Normalpotential E^0 ordnen. So erhalten wir die **elektrochemische Spannungsreihe**. In dieser Anordnung der verschiedenen konjugierten Redoxpaare (*Tab. 3.1*) stehen die unedleren Systeme, also diejenigen mit hoher Elektronenabgabetendenz, oben, während die edleren Systeme, die eher die Tendenz besitzen, Elektronen aufzunehmen, sich am unteren Ende befinden.

Tab. 3.1: Die elektrochemische Spannungsreihe. Die beiden für die biologische Energiegewinnung zentralen Redoxpaare sind hervorgehoben.

Redoxpaar	Reaktion	E^0(Volt)
Li/Li^+	$Li^+ + e^- \rightarrow Li$	−3,05
K/K^+	$K^+ + e^- \rightarrow K$	−2,93
Ca/Ca^{2+}	$Ca^{2+} + 2e^- \rightarrow Ca$	−2,87
Na/Na^+	$Na^+ + e^- \rightarrow Na$	−2,71
Mg/Mg^{2+}	$Mg^{2+} + 2e^- \rightarrow Mg$	−2,36
Al/Al^{3+}	$Al^{3+} + 3e^- \rightarrow Al$	−1,66
Zn/Zn^{2+}	$Zn^{2+} + 2e^- \rightarrow Zn$	−0,76
Fe/Fe^{2+}	$Fe^{2+} + 2e^- \rightarrow Fe$	−0,44
$Pt/\frac{1}{2}H_2/H^+$	$H^+ + e^- \rightarrow \frac{1}{2}H_2$	0,000
Cu/Cu^{2+}	$Cu^{2+} + 2e^- \rightarrow Cu$	+0,34
$2I^-/I_2$	$I_2 + 2e^- \rightarrow 2I^-$	+0,54
Ag/Ag^+	$Ag^+ + e^- \rightarrow Ag$	+0,80
Hg/Hg^{2+}	$Hg^{2+} + 2e^- \rightarrow Hg$	+0,85
$2Br^-/Br_2$	$Br_2 + 2e^- \rightarrow 2Br^-$	+1,07
$H_2O/\frac{1}{2}O_2$	$O_2 + 4H^+ + 4e^- \rightarrow 2H_2O$	+1,24
$2Cl^-/Cl_2$	$Cl_2 + 2e^- \rightarrow 2Cl^-$	+1,36
Mn^{2+}/MnO_4^-	$MnO_4^- + 8H^+ + 5e^- \rightarrow Mn^{2+} + 4H_2O$	+1,51

Die „Wasserscheide", also die Grenze zwischen negativen und positiven Normalpotentialen, bildet das konjugierte Redoxpaar

$$H^+/\frac{1}{2}H_2$$

Elektrochemische Reaktionen und das Chemische Gleichgewicht

Das Normalpotential eines gegebenen Redoxpaares liegt nur bei **Standardbedingungen** vor, also wenn die Temperatur 25 °C beträgt, alle Konzentrationen gelöster Reaktionspartner 1-molar sind und Gase, wenn sie im Spiel sind, genau den Standarddruck von 101,325 kPa haben. Das sind höchst artifizielle und insbesondere für biologisch interessante Systeme praktisch nie zutreffende Bedingungen. Abweichungen von diesen Standardbedingungen haben aber Änderungen des Potentials zufolge. Daher müssen wir uns fragen, wie können wir von den meist bekannten Standardpotentialen auf wirkliche, reale Potentiale bei realistischen Systembedingungen (Körpertemperatur, zelluläre Konzentrationen) schließen?

Hier hilft uns die berühmte **Nernst'sche Gleichung**:

$$E = E^0 + \frac{R \cdot T}{z \cdot F} \ln \frac{[Ox]}{[Red]}$$

Dabei ist R die Allgemeine Gaskonstante, T die absolute Temperatur, z die Zahl der in der entsprechenden Halbreaktion umgesetzten Elektronen und $F = 96487\ C \cdot mol^{-1}$, die **Faraday-Konstante**. „ln" bezeichnet den natürlichen Logarithmus (*logarithmus naturalis* zur Basis e, der Euler'schen Zahl).

Nach Umrechnung auf den dekadischen Logarithmus (lg) und Einsetzen der Zahlenwerte der Konstanten R und F können wir bei 25 °C (= 298 K) auch schreiben:

$$E = E^0 + \frac{0{,}059}{z} \lg \frac{[Ox]}{[Red]}$$

Es gibt einen **engen Zusammenhang zwischen der Elektrochemie und der Thermodynamik**.

Kombinieren wir zwei Halbelemente zu einem galvanischen Element, so ist die Differenz ΔE der beiden Elektrodenpotentiale gleich der gemessenen Spannung U (auch **EMK**, **elektromotorische Kraft**) und es gilt:

$$\Delta G = -z \cdot F \cdot \Delta E$$

Was heißt das? Aus der Elektrizitätslehre in der Physik ist bekannt, dass die **elektrische Arbeit gleich dem Produkt aus Ladung und Spannung** ist.

Merke: ΔG, die Freie Enthalpie, ist die maximal verfügbare Arbeit, die wir aus einem Prozess gewinnen können (Siehe Kapitel 2, Abschnitt 2 „Grundlagen der Thermodynamik").

Bei Standardbedingungen folgt daraus einerseits:

$$\Delta G^0 = -z \cdot F \cdot \Delta E^0$$

Andererseits kennen wir aus der Thermodynamik den Zusammenhang zwischen der Gleichgewichtskonstante K und der Änderung der Freien Standardenthalpie:

$$\Delta G^0 = -R \cdot T \cdot \ln K$$

So finden wir einen bemerkenswert einfachen Zusammenhang zwischen dem Unterschied der Normalpotentiale der beiden Redoxpaare und dem Chemischen Gleichgewicht:

$$\ln K = \frac{z \cdot F}{R \cdot T} \cdot \Delta E^0$$

bzw. (siehe oben zur Umrechnung):

$$\lg K = \frac{z}{0{,}059} \cdot \Delta E^0$$

und schließlich:

$$K = 10^{\frac{z}{0{,}059} \cdot \Delta E^0}$$

Merke: Dieser Zusammenhang ist sehr wichtig, gestattet er doch, aus bequem zugänglichen elektrischen Messgrößen Gleichgewichtskonstanten, die auf anderem Wege oft nur sehr schwer messbar sind, zu bestimmen.

Die Nernst'sche Gleichung ist für das Verständnis der Energieproduktion durch die Zellatmung von entscheidender Wichtigkeit. Daher wollen wir, bevor wir ihre praktische Anwendung anhand von Beispielen kennen lernen, noch einen etwas theoretischeren Blick auf sie werfen. In *Tab. 3.2* vergleichen wir die **Nernst'sche Gleichung** mit der **Henderson-Hasselbalch-Gleichung** von Säure-Base-Puffersystemen und finden eine ganz bemerkenswerte Analogie zwischen beiden Gleichungen, die jedoch verständlich ist, wenn wir die Analogie der zentralen Definitionen berücksichtigen.

Tab. 3.2: Die Analogien zwischen der Nernst'schen Gleichung und der Henderson-Hasselbalch-Gleichung.

	Redoxreaktionen	Säure-Base-Reaktionen
Zentrales Gleichgewicht	$E = E^0 + \frac{0{,}059}{z} \lg \frac{[Ox]}{[Red]}$	$pH = pK_S + \lg \frac{[Base]}{[Säure]}$
System	Konjugiertes Redoxpaar	Konjugiertes Säure-Base-Paar
Übertragene Teilchen	Elektronen	Protonen
Donor	Reduzierte Form	Säure
Akzeptor	Oxidierte Form	Base
Stärke	E^0	pK_S
Aktueller Zustand	E	pH

Merke: So wie die Henderson-Hasselbalch-Gleichung den aktuellen Zustand eines konjugierten Säure-Base-Paares – eines Puffers – beschreibt, ausgedrückt durch den gerade herrschenden pH-Wert, gestattet auch die Nernst'sche Gleichung die Berechnung des **aktuellen Zustands eines konjugierten Redoxpaares (also einer Halbreaktion!)** – ausgedrückt durch das gerade herrschende Potential der entsprechenden Elektrode.

Einige konkrete Beispiele zeigen uns im Folgenden, wie wir all diese Formeln und Zusammenhänge nutzbringend anwenden können.

Als erstes Beispiel berechnen wir die Gleichgewichtskonstante für das oben beschriebene galvanische Element $Cu^{2+}/Cu//Zn/Zn^{2+}$, das so genannte Daniell-Element.

Hier brauchen wir die Nernst'sche Gleichung gar nicht; die Normalpotentiale der beiden beteiligten konjugierten Redoxpaare genügen für diese Berechnung.

Die Normalpotentiale der zugrunde liegenden konjugierten Redoxsysteme entnehmen wir der elektrochemischen Spannungsreihe.

$$E^0_{Zn^{2+}/Zn} = -0{,}76 \text{ V}$$

$$E^0_{Cu^{2+}/Cu} = +0{,}34 \text{ V}$$

Somit ist die Änderung der Normalpotentiale für die Gesamtreaktion

$$\Delta E^0 = 0{,}34 - (-0{,}76) = 1{,}10 \text{ V}$$

Damit kann die Gleichgewichtskonstante für die Redoxreaktion

$$Cu^{2+} + Zn \rightleftarrows Cu + Zn^{2+}$$

berechnet werden (z = 2, da 2 Elektronen vom Zn zum Cu^{2+}-Ion übertreten):

$$K = \frac{[Zn^{2+}]}{[Cu^{2+}]} = 10^{\frac{z}{0{,}059} \cdot \Delta E^0} = 10^{\frac{2}{0{,}059} \cdot 1{,}10} = 10^{36{,}67} \approx 5 \cdot 10^{36}$$

Dieser Wert ist unvorstellbar hoch. Die Reaktion läuft so lange, bis Gleichgewicht eintritt. Dies ist dann der Fall, wenn die Konzentration der Zn^{2+}Ionen um den Faktor der Gleichgewichtskonstante größer ist als die Konzentration der Cu^{2+}-Ionen. Bedenken wir, dass ein Mol „nur" etwa $6 \cdot 10^{23}$ Teilchen sind, so folgt, dass wir im Chemischen Gleichgewicht in etwa $\frac{5 \cdot 10^{36}}{6 \cdot 10^{23}} \approx 10^{13}$ Litern einer 1 M Zn^{2+}-Lösung, das sind 10 Billionen Liter, ein einziges Cu^{2+}-Ion antreffen. Das heißt, **die Reaktion läuft vollständig ab**. Der Zinkstab löst sich solange auf, bis alle Cu^{2+}-Ionen restlos zu metallischem Kupfer reduziert sind.

Die Umkehr-Reaktion

$$Zn^{2+} + Cu \rightarrow Zn + Cu^{2+}$$

tritt demzufolge also praktisch nicht ein. Ihre Gleichgewichtskonstante ist ja gerade der Kehrwert

$$K_{Umkehr} = \frac{1}{K} = 0{,}2 \cdot 10^{-36} = 2 \cdot 10^{-37}$$

ein Kupferstab, eingetaucht in eine Zinksalzlösung, wird also von der Lösung überhaupt nicht angegriffen.

Merke: Mit Hilfe von ΔE^0 können wir also feststellen, ob eine Redoxreaktion tatsächlich spontan möglich ist.

Aufgrund des Normalpotentials des Wasserstoffs, $E^0_{H^+/\frac{1}{2}H_2} = 0{,}00$ Volt gilt zum Beispiel, dass alle Metalle, die in der Spannungsreihe ein negatives Normalpotential besitzen, in 1-molarer Säure löslich sind. In reinem Wasser jedoch finden wir für die Halbreaktion

$$H^+ + e^- \rightarrow \frac{1}{2} H_2$$

mit der Nernst'schen Gleichung und mit pH = 7 ein negatives Normalpotential:

$$E = E^0 + \frac{0{,}059}{1} \lg[H^+] = -0{,}059 \cdot pH = -0{,}42\ V$$

In dieser Halbreaktion ist die oxidierte Form das H^+-Ion. Für den gasförmigen Wasserstoff H_2 nehmen wir der Einfachheit halber den Normaldruck von 101,325 kPa an. Dann entfällt die explizite Berücksichtigung von H_2 in der Nernst'schen Gleichung.

Die letzte Berechnung bedeutet, dass sich nur besonders unedle Metalle, die ein negativeres Normalpotential als –0,42 Volt aufweisen, auch in reinem Wasser lösen.

Noch etwas können wir aus dieser letzten Berechnung mitnehmen. So wie das Potential einer Wasserstoff-Elektrode sind die Normalpotentiale vieler Redoxpaare pH-abhängig. Immer dann, wenn in der korrekten Halbreaktion Protonen aufscheinen, finden wir diese **pH-Abhängigkeit**. Ein wichtiges Beispiel bietet die Berechnung der Oxidationskraft von Sauerstoff; wichtig deshalb, da Sauerstoff das zentrale Oxidationsmittel für die biologische Energiegewinnung durch „Verbrennen" der Nahrung darstellt.

$$O_2 + 4H^+ + 4e^- \rightarrow 2H_2O$$

$$E^0_{O_2/2H_2O} = +1{,}24\ V$$

Die Nernst'sche Gleichung lautet:

$$E = E^0 + \frac{0{,}059}{4} \lg([H^+]^4 \cdot P_{O_2}) = 1{,}24 - \frac{0{,}059}{4} \cdot 4 \cdot pH = 1{,}24 - 0{,}42\ V$$

Bei einem Sauerstoffdruck P_{O_2} von 101,325 kPa – auf diesen Druck ist auch R und damit 0,059 bezogen – kann P_{O_2} gleich 1 gesetzt werden, und wir erhalten das Ergebnis, dass **Sauerstoff in neutraler Lösung** um –0,42 V **schwächer oxidierend** wirkt als in **stark saurer Lösung**.

Merke: In vielen Biochemiebüchern finden wir übrigens für biologisch interessante Redoxsysteme, die in der gezeigten Weise vom pH abhängen und in denen H^+-Ionen in der Reaktionsgleichung eine Rolle spielen, gleich anstelle der „echten" Normalpotentiale, die eigentlich eine Konzentration der H^+-Ionen von 1 M voraussetzen, so genannte **effektive Normalpotentiale** E^0_{eff}, die um 0,42 Volt negativer sind als die jeweiligen Standard-Normalpotentiale E^0.

Knallgasexplosion und Atmungskette – von der Elektrochemie zur biologischen Energieproduktion

Merke: Wir kommen jetzt zu einem zentralen Thema. Wie erzeugen Organismen aus der Nahrung die notwendige Energie zum „Betrieb" ihrer Lebensfunktionen?

Wir werden sehen, dass die komplizierten Reaktionen, die notwendig sind, um zum Beispiel Kohlenhydrate oder Fette unter Zuhilfenahme von eingeatmetem Sauerstoff zu Wasser und Kohlendioxid zu „verbrennen", sich im Wesentlichen – wenn wir allen „Ballast" vernachlässigen – auf die **Oxidation von Wasserstoff mit Sauerstoff zu Wasser** reduzieren lassen.

Wieviel Energie liefert die Verbrennung von Wasserstoff mit Sauerstoff eigentlich?

Ein Gemisch aus Wasserstoffgas und Sauerstoffgas ist zwar bei Raumtemperatur metastabil, doch genügt ein Funke, und das Gemisch explodiert, wobei unter heftigster Wärmeentwicklung Wasser entsteht (**Knallgasexplosion**). Die zugrunde liegenden Halbreaktionen sind:

$$2H^+ + 2e^- \rightarrow H_2; \quad E^0 = 0{,}00 \text{ Volt}$$

und

$$\frac{1}{2}O_2 + 2H^+ + 2e^- \rightarrow H_2O; \quad E^0 = +1{,}24 \text{ Volt}$$

Die Differenz der Normalpotentiale – und damit die **Triebkraft für die Reaktion** – ist also:

$$\Delta E^0 = 1{,}24 - 0{,}00 = 1{,}24 \text{ Volt}$$

Dies gilt übrigens unabhängig vom pH-Wert, da beide Reaktionen in gleicher Weise vom pH-Wert abhängen.

Damit berechnet sich die **Änderung der Freien Standardenthalpie** für die Bildung von 1 Mol H_2O zu:

$$\Delta G^0 = -z \cdot F \cdot \Delta E^0 = -2 \cdot 96500 \cdot 1{,}24 = -239000 \quad J \cdot mol^{-1}$$

Diese bei der Reaktion freiwerdende Standardenthalpie ist stark negativ. Die Reaktion besitzt daher eine große Triebkraft. Das manifestiert sich auch sehr überzeugend dadurch, dass das Gemisch so explosiv reagieren kann.

Merke: In lebenden Zellen dient der eingeatmete Sauerstoff der Luft zur Oxidation (Verbrennung) der Nährstoffe; sein hohes Oxidationspotential liefert die Triebkraft dazu und bietet so die Grundlage für alle Lebensvorgänge, die Energie erfordern.

Natürlich laufen in lebenden Zellen keine Knallgasexplosionen ab. Vielmehr gewährleistet die biochemische Maschinerie der Zelle eine **schrittweise Übertragung der Elektronen auf den Sauerstoff** und damit die **Freisetzung der Energie in verkraftbaren Portionen**.

Wasserstoff, das eigentliche Reduktionsmittel bei dieser Reaktion, liegt aber in der Zelle nicht in freiem gasförmigen Zustand vor, sondern in chemisch gebundener Form. Wasserstoff ist gebunden an das Coenzym **Nicotinamid-adenin-dinucleotid** (NADH). *Abb. 3.6* zeigt dieses wichtige Molekül.

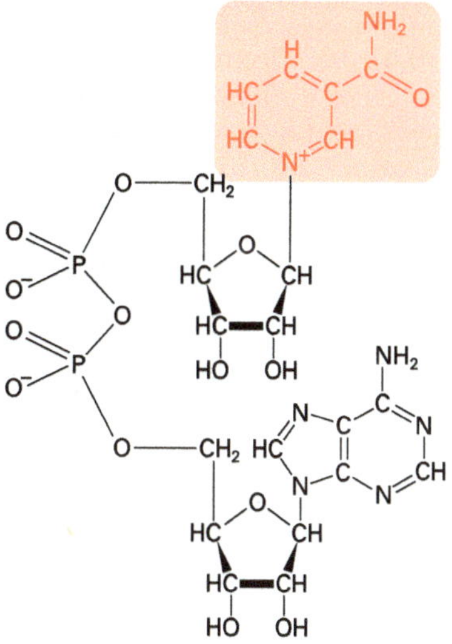

Abb. 3.6: Die chemische Struktur von Nicotinamid-adenin-dinucleotid (NAD^+).

Der wichtigste Teil dieses komplexen Moleküls ist die hervorgehobene **Nicotinamid**-Gruppe. Sie kann in der hier dargestellten oxidierten Form (NAD^+) von reduzierten Nährstoffen wie Glucose Wasserstoff aufnehmen. Die entstehende **reduzierte Form** des Coenzyms, $NADH + H^+$, stellt die bedeutendste **zelluläre Speicherform von Wasserstoff** dar. *Abb. 3.7* zeigt, dass die für die Funktion dieses Coenzyms relevante Reaktion sich im **Nicotinamidteil** des Moleküls abspielt.

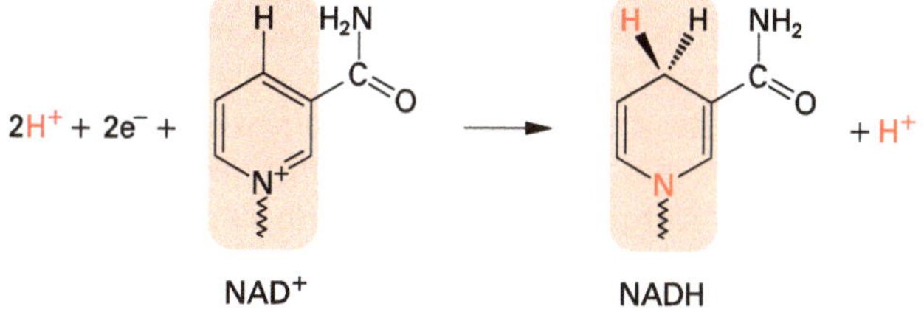

Abb. 3.7: Die Reduktion des NAD^+ führt zur Bildung von NADH, der biologischen Speicherform von Wasserstoff.

Ist NADH ein guter Energielieferant?

Die vom pH-Wert abhängige Halbreaktion

$$NAD^+ + 2H^+ + 2e^- \rightarrow NADH + H^+$$

besitzt mit $E^0 = 0{,}10$ V ($E^0_{eff} = -0{,}32$ V) ein geringfügig positiveres Normalpotential als die Reaktion

$$2H^+ + 2e^- \rightarrow H_2$$

mit $E^0 = 0{,}00$ V ($E^0_{eff} = -0{,}42$ V). Dennoch ist der Potentialunterschied zum Sauerstoffsystem mit $\Delta E^0 = 1{,}14$ V nicht wesentlich kleiner als bei Wasserstoff selbst. Die damit verbundene Änderung der freien Enthalpie

$$\Delta G^0 = -z \cdot F \cdot \Delta E^0 = -2 \cdot 96500 \cdot 1{,}14 = -220000 \quad J \cdot mol^{-1}$$

stellt ebenfalls eine sehr große Triebkraft für die Oxidation durch Sauerstoff dar.

Merke: Wenn Sauerstoff mit der Wasserstoff-Speicherform der Zelle, dem reduzierten Coenzym NADH, reduziert wird, wird fast genau so viel Energie frei wie bei der Knallgasexplosion!

Die Energie wird nicht in einem Schritt frei wie bei der Knallgasexplosion, sondern die Zelle führt die Oxidation in mehreren Einzelschritten durch. **Die Elektronen werden kaskadenartig auf biologische Redoxsysteme übertragen**, die ein zunehmend positiveres Normalpotential besitzen, bis schließlich Sauerstoff selbst vom letzten Redoxsystem zu Wasser reduziert wird. Wir können uns hier die Analogie mit einem System von mechanischen Turbinen vorstellen, die durch Kaskaden von Wasserfällen angetrieben werden – die vom hohen Energieniveau des NAD^+/NADH-Redoxpaares zum tiefen Energieniveau des Redoxpaares Sauerstoff-Wasser „fallenden" Elektronen treiben **chemische Turbinen** an (*Abb. 3.8*).

Die Einzelschritte liefern die Energie in einem Ausmaß, welches die Zelle verwerten kann. Sie erzeugt damit eine **chemische Speicherform von Energie**, nämlich **Adenosintriphosphat** (ATP; siehe Kapitel 9, Abschnitt 1 „Nucleinsäuren"). Dieses Molekül kann bei Bedarf gespalten werden, wobei die in den **energiereichen Bindungen** des Moleküls gespeicherte Energie frei wird und von der Zelle je nach ihrer spezifischen Aufgabe genutzt werden kann, etwa für Muskelarbeit.

Merke: Der mit der Reduktion des Sauerstoffmoleküls zu Wasser verbundene Energiegewinn, der in der lebenden Zelle in Form chemischer Energie speicherbar und nutzbar gemacht wird, stellt die energetische Grundlage für das Leben dar.

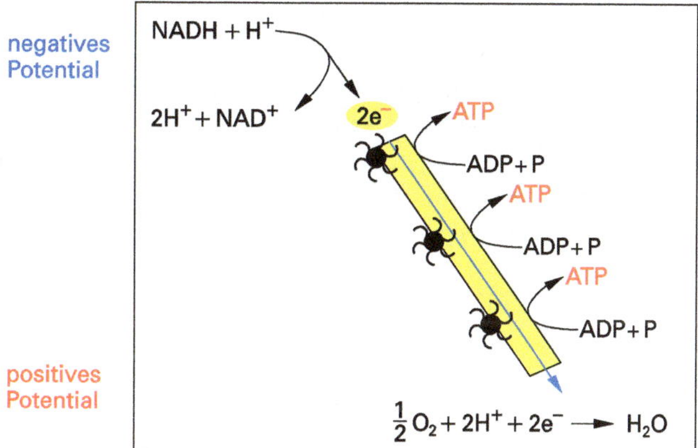

Abb. 3.8: Schematische Darstellung der Atmungskette: Die Wasserstoffe der Nährstoffe – in Form von NADH chemisch gebunden – „fallen" entlang des Gradienten des elektrochemischen Potentials „hinunter" zum Sauerstoff, der dadurch zu Wasser reduziert wird. Die dabei freiwerdende Energie „treibt die ATP-Generatoren": ATP als chemische Speicherform für Energie wird produziert und steht der Zelle anschließend für verschiedenste Zwecke zur Verfügung.

Woher kommen die notwendigen Protonen und Elektronen, die NAD^+ erst zu NADH reduzieren? Und wie sieht dieses elektronengetriebene Kraftwerk mit den ATP-Generatoren chemisch aus?

Diesen Fragen gehen wir in den Abschnitten 3.3 „Zelluläre Produktion von Energie", 3,4 „Die Glycolyse", 3,5 „Der Citrat-Zyklus" und 3,6 „Die Atmungskette" genauer nach.

3.2 Die zelluläre Produktion von Energie

Lehrziel

Die Evolution hat eine ausgeklügelte molekulare Maschinerie „erfunden", die es Zellen ermöglicht, aus dem Abbau der Nahrung die erforderliche „Lebensenergie" zu beziehen.

In diesem und den folgenden drei Abschnitten werden wir die chemischen Aspekte dieser unglaublich raffinierten Kette von hintereinander geschalteten Reaktionen kennen lernen.

Lebende Organismen sind nicht nur durch ihre Fähigkeit zur Fortpflanzung ausgezeichnet, sondern auch durch das Vorliegen eines **Stoffwechsels**. Sie sind im Sinne der Thermodynamik **offene Systeme**. Sie nehmen aus der Umgebung komplexe organische Substanzen auf, bauen diese für ihre Zwecke ab und in vielfältiger Weise zu eigenen Bestandteilen um und geben schließlich Abbau-Endprodukte wieder an die Umwelt ab. Die aufgenommenen Substanzen haben generell einen relativ höheren Organisationsgrad und damit geringere Entropie als die Abbauprodukte. Bei ihrer Degradation wird Freie Enthalpie erzeugt. Diese steht den Lebewesen in Form von Wärme und von gespeicherter chemischer Energie zur Verfügung.

Wir wollen einen ersten Eindruck von der komplexen (bio)chemischen Maschinerie gewinnen, die solche Reaktionen bewerkstelligen kann. Zu diesem Zweck verfolgen wir das Schicksal eines Glucose-Moleküls, welches – kurz gesagt – zu Kohlendioxid und Wasser „verbrannt" wird.

Dabei wollen wir uns bewusst auf die **chemischen Transformationen** der Glucose und der zahlreichen Zwischenstoffe beschränken, ohne auf die Komplexität der dahinter stehenden zellulären Realität einzugehen. Diese Komplexität stellt sicher, wo und an welchen Strukturen die einzelnen Schritte sich abspielen, wo Enzyme und Coenzyme für ein sowohl geordnetes als auch hinlänglich rasches Reaktionsgeschehen sorgen, und wo diverse Schnittstellen zu anderen ab- und aufbauenden (**katabolen** und **anabolen**) Stoffwechselwegen existieren, über die weitere Moleküle eingeschleust oder abgezweigt werden. Die molekularen Reaktionsmechanismen werden uns hierbei nur am Rande interessieren.

Trotz all dieser Einschränkungen wird uns diese Reise mit Staunen erfüllen. Wir Menschen können zwar die plumpe Verbrennung von Glucose mit Sauerstoff mit etwas Geschick mittels eines Stückes Traubenzucker und einem Feuerzeug (und etwas Zigarettenasche als Katalysator) bewerkstelligen. Diese Verbrennung aber liefert soviel Energie, dass jede Zelle unwiderruflich zerstört würde. Die Evolution der Lebewesen hat in genialer Weise das Problem gelöst, diese Verbrennung so zu gestalten, dass die freiwerdende Energie mit hoher Effizienz in nutzbare chemische Energie transformiert wird. Außerdem können dabei biologisch wichtige Zwischenprodukte für andere Zwecke abgezweigt werden. Die ganze Maschinerie funktioniert unter sehr unterschiedlichen Bedingungen – aeroben ebenso wie anaeroben – und garantiert damit ein Höchstmaß an Flexibilität und Anpassungsfähigkeit.

Ein – zugegebenermaßen stark vereinfachtes – Schema des komplizierten Apparats zeigt *Abb. 3.9*.

Wir unterscheiden drei Teilbereiche:

Links oben wird ein Glucose-Molekül, ein aus 6 C-Atomen bestehendes (C_6) Substrat, in die Maschinerie eingespeist. In einer weitgehend linearen Reaktionssequenz werden daraus zuerst C_3- und schließlich, unter Abspaltung eines ersten C-Atoms von jedem der entstandenen C_3- Körper als CO_2, C_2-Bausteine generiert. Diese Reaktionsstrecke ist die **Glycolyse**, eine entwicklungsgeschichtlich sehr alte, noch nicht besonders effiziente, aber sehr robuste Art der Energiegewinnung, die nicht an die Verfügbarkeit von Sauerstoff gebunden ist. Sie ist eine **anaerobe** Reaktionsfolge.

Die so erzeugten C_2-Bausteine werden anschließend in einen sehr interessanten Kreisprozess eingespeist, der die beiden C-Atome zu CO_2 verarbeitet und – wie in geringerem Ausmaß auch die Glycolyse – „Wasserstoffe" liefert. Diese sind an bestimmte Wasserstoff-Übertragungsmoleküle gebunden und werden dann an den dritten Teilprozess geliefert. Dort reduzieren sie schließlich Sauerstoff zu Wasser. Der Kreisprozess, bekannt als **Citrat-Zyklus** (**Tricarbonsäurezyklus**, **Krebszyklus**), nimmt nach seiner am Ende eines Durchlaufs erfolgenden Regeneration wiederum einen C_2-Baustein auf und baut ihn in gleicher Weise ab, usw.

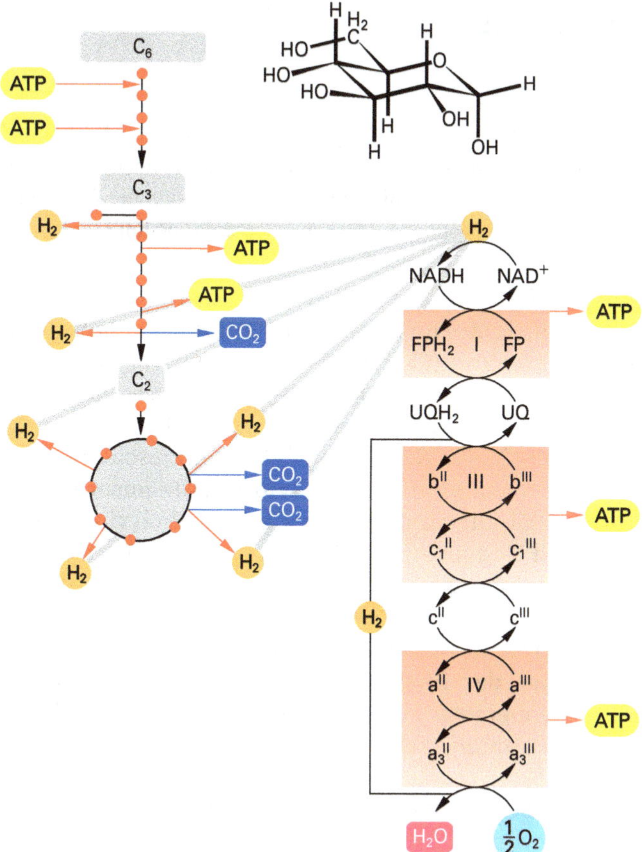

Abb. 3.9: Schematische Darstellung der zellulären Energieproduktion: Ein komplexes C6-Molekül wie Glucose wird schrittweise zuerst zu zwei C3-Körpern und dann unter Freisetzung von Kohlendioxid zu C2-Körpern abgebaut (Glycolyse). Diese werden in einen Kreisprozess – den Citratzyklus – eingespeist und weiter abgebaut, wobei wiederum Kohlendioxid und Wasserstoff freigesetzt wird. Letzterer ermöglicht durch seine Oxidation zu Wasser in der Atmungskette die Erzeugung von ATP (siehe auch *Abb. 3.8*).

Der dritte Teilprozess schließlich, die **Atmungskette**, stellt das zelluläre Pendant zur bekannten Knallgasexplosion dar, der explosionsartigen Reaktion von Wasserstoff mit Sauerstoff zu Wasser. Er wird in einer höchst eleganten Reaktionsführung über mehrere Reaktionskaskaden realisiert, die das „Auffangen" der beträchtlichen freiwerdenden Reaktionsenergie in Form **energiereicher ATP-Moleküle** erlaubt. Diese stehen dann der Zelle als eine Art „Kleingeld" für die Erledigung ihrer vielfältigen Aufgaben zur Verfügung.

3.3 Die Glycolyse

Lehrziel

Der älteste Teilprozess der Energiegewinnung ist die Glycolyse – der Abbau von Kohlenhydraten. Dieser Prozess erfordert keinen Sauerstoff. Er wird auch heute noch von vielen Organismen als primäre Energiequelle genutzt. Bei großer und länger andauernder Anstrengung spielt dieser anaerobe Mechanismus auch für unsere Muskeln eine wichtige Rolle.

Die **Glycolyse** stellt die erste der drei großen Reaktionssequenzen (Glycolyse, Citrat-Zyklus, Atmungskette) im Rahmen der **zellulären Energieproduktion** dar. Aus einem Molekül Glucose (C_6) werden zwei Pyruvat-Bausteine (C_3) erzeugt (*Abb. 3.10*), die unter aeroben Bedingungen unter CO_2-Freisetzung zu Acetyl-CoA (C_2) abgebaut werden. Dieses wird zur völligen Umsetzung auch der beiden restlichen C-Atome zu CO_2 in den Citrat-Zyklus eingeschleust.

Die Glycolyse-Enzyme finden sich im Cytosol. Alle unsere Zellen sind zu dieser Reaktionsfolge befähigt, die evolutionsgeschichtlich viel älter ist als etwa die Atmungskette, die im Gegensatz zur Glycolyse an das Vorhandensein von Sauerstoff in der Atmosphäre geknüpft ist.

Die Glycolyse vollzieht sich in zwei Phasen: In der **Vorbereitungsphase** wird Glucose unter Aufwendung von zwei ATP-Molekülen in zwei C_3-Einheiten fragmentiert; in der **Phase der Energieerzeugung** werden aus diesen 2 Pyruvat-Moleküle gebildet, wobei jetzt 4 ATP-Moleküle und 2 NADH-Moleküle gebildet werden, die – in die Atmungskette eingespeist – weitere ATP-Moleküle liefern können.

Selbst unter anaeroben Bedingungen, also auch ohne Atmungskette, beispielsweise in den Erythrocyten, liefert die Glycolyse eine – wenn auch bescheidene – Energieproduktion, da mehr ATP erzeugt wird als eingesetzt werden muss.

Die erste Reaktion ist eine ATP-getriebene **Phosphorylierung der Glucose** (*Abb. 3.11*).

Glucose wird in dieser Reaktion durch die Umwandlung zu **Glucose-6-phosphat** aktiviert. ATP überträgt einen Phosphat-Rest und wird zu ADP (**Adenosindiphosphat**) degradiert.

Der nächste Schritt ist die reversible Isomerisierung des Glucose-6-phosphats zu **Fructose-6-phosphat** (*Abb. 3.12*).

Es folgt eine zweite ATP verbrauchende Phosphorylierung, diesmal am C_1, zu **Fructose-1,6-bisphosphat** (*Abb. 3.13*).

Das „bis“ im Namen des Produkts bedeutet, dass die beiden Phosphatreste esterartig an unterschiedlichen C-Atomen gebunden sind. Im ADP hingegen bedeutet das „diphosphat“, dass ein Phosphatrest esterartig an einem C-Atom hängt, der zweite Phosphatrest aber durch eine Säureanhydrid-Bindung direkt an den ersten gebunden ist.

Der nun folgende Schritt ist besonders interessant: Fructose-1,6-bisphosphat wird enzymatisch in zwei C_3-Fragmente gespalten, und zwar in einer so genannten **Retro-Aldol-Umwandlung**, also der Umkehrung einer **Aldol-Addition** (siehe Abschnitt 3.6 „Carbonylverbindungen“). Dabei entstehen **phosphorylierte Trio-**

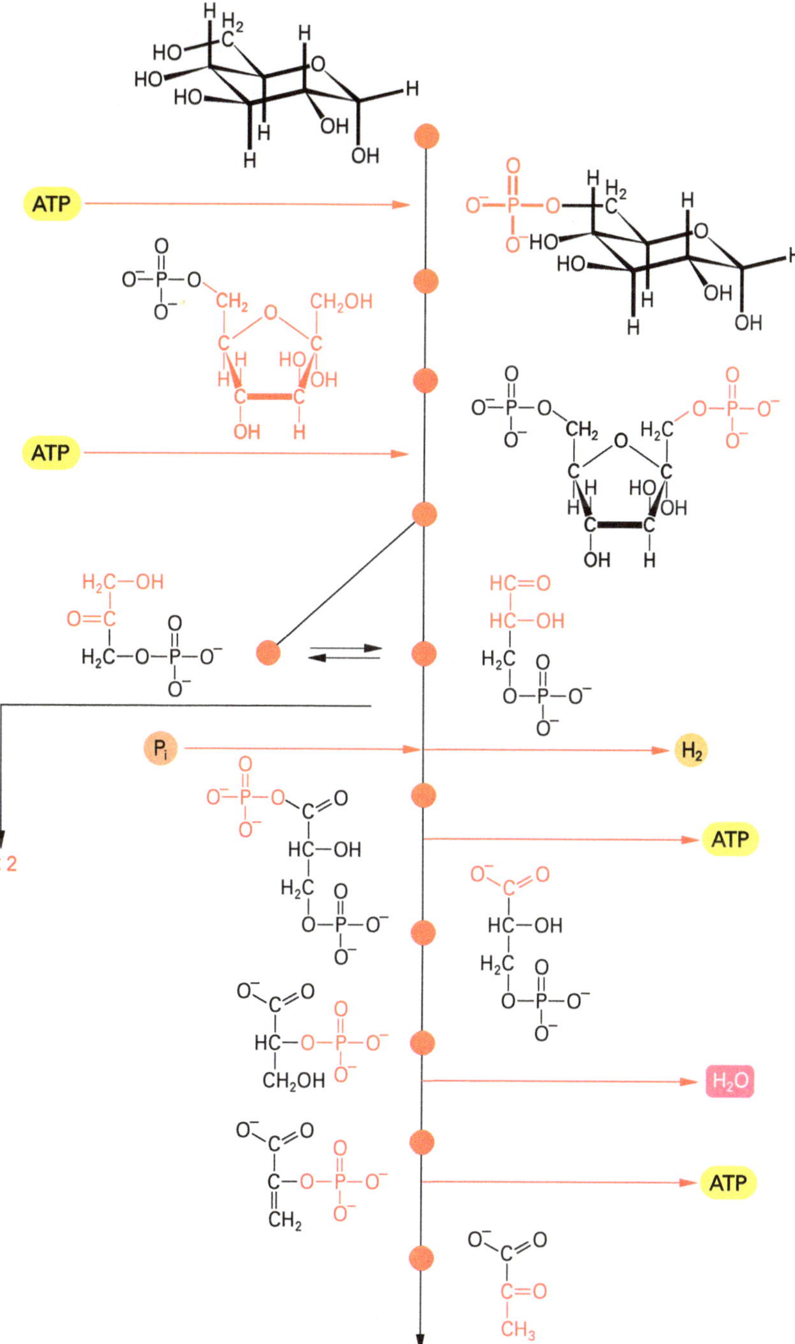

Abb. 3.10: Detaillierte Darstellung der molekularen Umformungen in der Glycolyse.

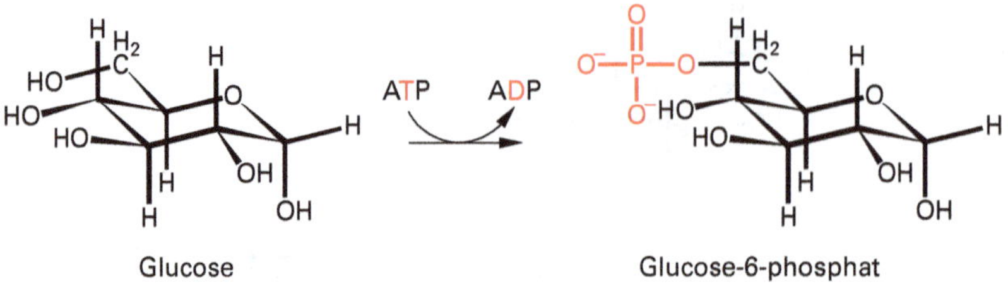

Glucose ATP ADP Glucose-6-phosphat

Abb. 3.11: Die Startreaktion der Glycolyse ist die Phosphorylierung der Glucose.

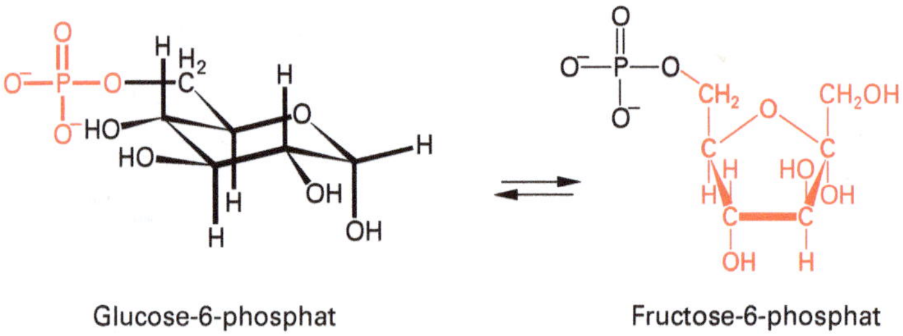

Glucose-6-phosphat Fructose-6-phosphat

Abb. 3.12: Die Isomerisierung des Glucose-6-phosphats zu Fructose-6-phosphat.

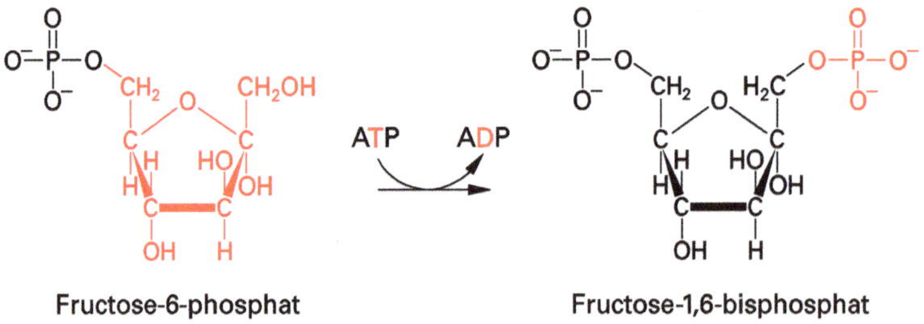

Fructose-6-phosphat ATP ADP Fructose-1,6-bisphosphat

Abb. 3.13: Die ATP-abhängige Erzeugung von Fructose-1,6-bisphosphat.

sen, und zwar die Phosphorsäureester der Ketotriose **Dihydroxyaceton** und der Aldotriose **Glycerinaldehyd**.

Dihydroxyaceton-phosphat wird durch ein Enzym in **Glycerinaldehyd-3-phosphat** isomerisiert (*Abb. 3.14*). Die letztere Verbindung wird für die weiteren Reaktionen verwendet. Das Isomerisierungsgleichgewicht liegt zwar stark auf der Seite des Dihydroxyaceton-phosphats. Da aber Glycerinaldehyd-3-phosphat schnell durch die weiteren Reaktionen verbraucht wird, ist dies relativ belanglos. Wir haben jetzt also aus einem Molekül Glucose zwei Moleküle Glycerinaldehyd-3-phosphat erhalten; alle folgenden Reaktionen laufen also pro Mol Glucose zweimal ab. Dies ist für die Energiebilanz wichtig. Bis hierher haben wir zwei ATP verbraucht. Im Folgenden erhalten wir pro Glycerinaldehyd-3-phosphat für die

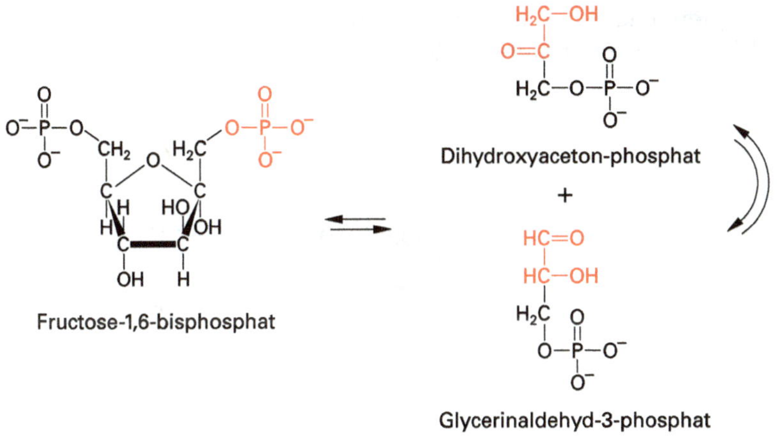

Fructose-1,6-bisphosphat

Dihydroxyaceton-phosphat

+

Glycerinaldehyd-3-phosphat

Abb. 3.14: Fructose-1,6-bisphosphat wird durch eine Retroaldoladdition zu Glycerinaldehyd-3-phosphat und Dihydroxyaceton-phosphat gespalten. Die beiden Produkte stehen miteinander in einem Isomeriegleichgewicht.

Umsetzung zu Pyruvat 2 ATP; insgesamt also 4 ATP und damit einen Netto-Energiegewinn von 2 ATP nur durch die „nackte" Glycolyse, ohne Atmungskette.

Die nun folgende Reaktion ist sehr interessant: Glycerinaldehyd-3-phosphat wird gleichzeitig an der Aldehydfunktion zur Carbonsäure oxidiert und diese mit Hilfe von anorganischem, freien Phosphat, also ohne ATP-Verbrauch, zu einem energiereichen **Säureanhydrid**, dem **1,3-Bisphosphoglycerat**, umgesetzt (*Abb. 3.15*).

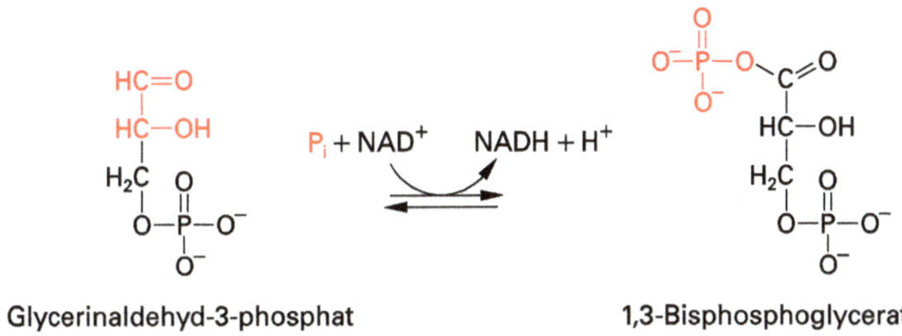

P_i + NAD^+ → NADH + H^+

Glycerinaldehyd-3-phosphat

1,3-Bisphosphoglycerat

Abb. 3.15: Glycerinaldehyd-3-phosphat wird unter Bildung von NADH unter Verbrauch von anorganischem Phosphat (P_i; i steht für englisch *inorganic* = anorganisch) zu 1,3-Bisphosphoglycerat oxidativ phosphoryliert.

Zur Erklärung des Namens: **Glycerinaldehyd** wird zur **Glycerinsäure** oxidiert, deren konjugierte Base **Glycerat** heißt. Wir haben allerdings noch zwei Phosphatgruppen im Molekül. Eine Phosphatgruppe ist **esterartig** am C_3 gebunden, die andere, „energiereiche", sitzt **säureanhydridartig** am C_1. Die gleichzeitige Bildung von NADH ist bei aeroben Bedingungen natürlich wichtig, da das NADH in die Atmungskette eingespeist werden und noch einige ATP liefern kann.

Die energiereiche Säureanhydrid-Bindung wird auch sofort ausgenutzt, um ADP zu ATP zu phosphorylieren (*Abb. 3.16*).

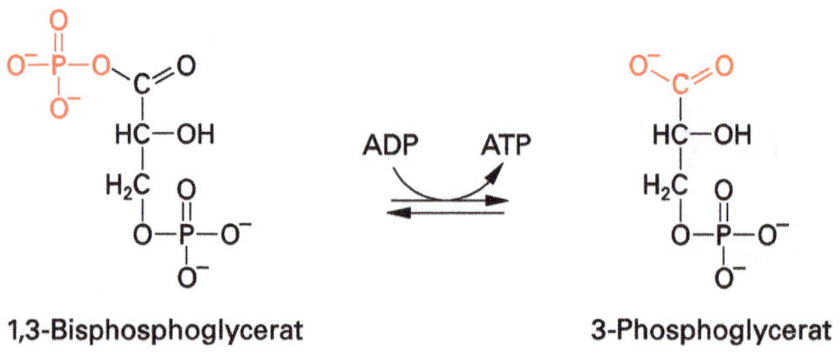

1,3-Bisphosphoglycerat ⇌ (ADP → ATP) 3-Phosphoglycerat

Abb. 3.16: 1,3-Bisphosphoglycerat führt zur Bildung von ATP aus ADP; die Spaltung der energiereichen Säureanhydrid-Bindung zwischen 3-Phosphoglycerinsäure und Phosphorsäure liefert die dazu nötige Energie.

Nun folgt wieder eine einfache Isomerisierung; die Phosphatgruppe wird von C_3 zu C_2 **umgeestert** (*Abb. 3.17*).

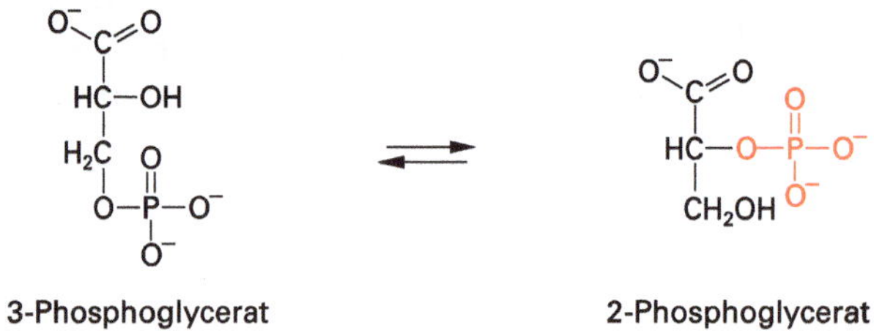

3-Phosphoglycerat ⇌ 2-Phosphoglycerat

Abb. 3.17: Isomerisierung von 3-Phosphoglycerat zu 2-Phosphoglycerat.

Und jetzt kommt **PEP** ins Spiel! Durch eine enzymkatalysierte Wasserabspaltung entsteht **P**hospho**e**nol**p**yruvat, die Verbindung mit dem höchsten Phosphatgruppen-Übertragungspotential ($\Delta G^0 \approx 60\ kJ \cdot Mol^{-1}$; *Abb. 3.18*).

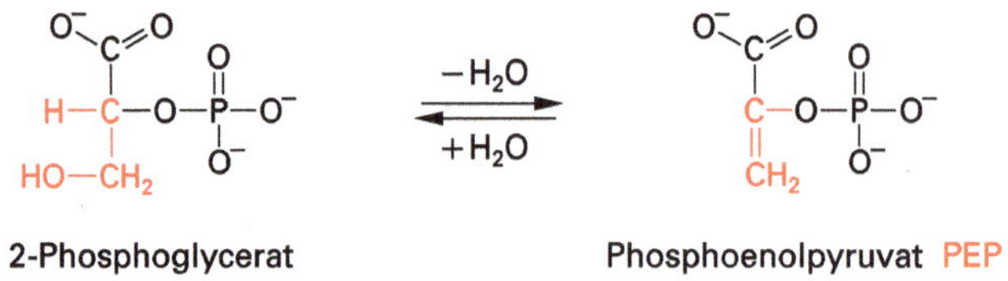

2-Phosphoglycerat ⇌ ($-H_2O$ / $+H_2O$) Phosphoenolpyruvat PEP

Abb. 3.18: Wasserabspaltung führt zur Bildung von PEP.

PEP ist wesentlich energiereicher selbst als ATP ($\Delta G^0 \approx 30\,kJ \cdot Mol^{-1}$) und deshalb bestens geeignet für eine nachfolgende Phosphorylierung von ADP zu ATP. Das Produkt dieser letzten Reaktion ist **Pyruvat**, unser Zielmolekül (*Abb. 3.19*).

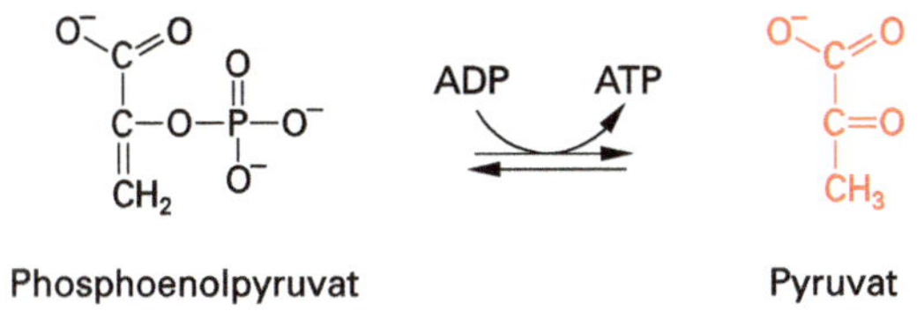

ADP ATP

Phosphoenolpyruvat Pyruvat

Abb. 3.19: PEP ist besonders energiereich – wieder kann ein ATP gebildet werden und Pyruvat, das Endprodukt der Glycolyse im Menschen, bleibt „übrig" – bereit für die Einspeisung in den Citratzyklus.

Schicksal des Pyruvats unter aeroben Bedingungen

Unter gewöhnlichen aeroben Bedingungen, wenn Sauerstoff in genügender Menge zur Verfügung steht, wird Pyruvat durch ein Enzym, die **Pyruvat-Dehydrogenase**, und unter Mitwirkung von Coenzym A (siehe Kapitel 11, Abschnitt 1 „Vitamine und Coenzyme") zu einem energiereichen Thioester, dem **Acetyl-CoA** umgewandelt, wobei gleichzeitig ein C-Atom in Form von CO_2 abgespalten wird (*Abb. 3.20*).

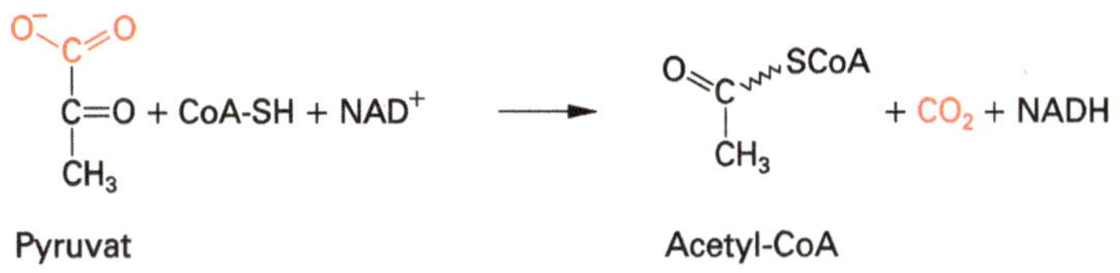

Pyruvat + CoA-SH + NAD^+ ⟶ Acetyl-CoA + CO_2 + NADH

Abb. 3.20: Vor der Einspeisung in den Citratzyklus wird aerob ein C-Atom des Pyruvats als Kohlendioxid abgespalten. Als „Nebenprodukt" fällt gleich auch ein NADH, also gebundener Wasserstoff, an.

Bei dieser Reaktion wird das Carbonyl-C-Atom des Pyruvats zu einem Carboxyl-C oxidiert – ein Thioester ist ein Derivat einer Carbonsäure. Die entstehenden Elektronen reduzieren ein NAD^+ zu NADH. Dieses wird in die Atmungskette eingespeist. Das Acetyl-CoA hingegen tritt in den Citrat-Zyklus ein und wird dort völlig abgebaut,

Schicksal des Pyruvats unter anaeroben Bedingungen

Die Glycolyse liefert pro eingesetztem Molekül Glucose 4 ATP-Moleküle. Sie benötigt aber auch 2 ATP, so dass netto nur 2 ATP-Moleküle übrig bleiben. Das ist nicht besonders viel. Wird die Glycolyse – wenn Sauerstoff in ausreichender

Menge zur Verfügung steht – mit dem Citrat-Zyklus und der Atmungskette kombiniert, so werden unterm Strich aufgrund der sehr stark exergonischen Oxidation der freigesetzten Wasserstoff-Äquivalente 32 (!) ATP-Moleküle produziert. Trotz dieser offensichtlich viel höheren Energieausbeute der aeroben Atmungskette war die Glycolyse entwicklungsgeschichtlich außerordentlich wichtig, da sie ein anaerober Prozess ist und keinen Sauerstoff benötigt.

Die Glycolyse spielt aber auch im menschlichen Organismus nicht nur eine wichtige Rolle als Vorbereitung für Citrat-Zyklus und Atmungskette, sondern repräsentiert den zentralen Mechanismus der Energieproduktion dort, wo kein oder zu wenig Sauerstoff verfügbar ist. In den Erythrozyten, die nicht mehr über Mitochondrien – und damit weder über Citrat-Zyklus noch Atmungskette verfügen – stellt die Glycolyse die erforderliche Energie bereit, und im Skelettmuskel wird ebenfalls bei hoher Anstrengung, wenn die Sauerstoffkonzentration nicht mehr ausreicht, die Glycolyse zur Energieproduktion wichtig. In diesen anaeroben Situationen wird Pyruvat nicht zu Acetyl-CoA abgebaut, sondern durch die **Lactatdehydrogenase** zu **Lactat**, der konjugierten Base der Milchsäure, reduziert (*Abb. 3.21*).

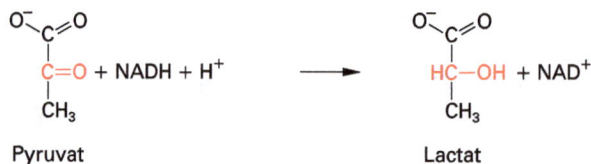

$$\underset{\text{Pyruvat}}{CH_3{-}C(=O){-}COO^-} + NADH + H^+ \longrightarrow \underset{\text{Lactat}}{CH_3{-}CH(OH){-}COO^-} + NAD^+$$

Abb. 3.21: Unter anaeroben Bedingungen wird Pyruvat unter Verbrauch von NADH zu Lactat, dem Salz der Milchsäure, reduziert. Beim Muskelkater spüren wir dies.

Die erforderlichen NADH-Äquivalente sind übrigens im Rahmen der oxidativen Phosphorylierung des Glycerinaldehyd-3-Phosphates zu 1,3-Bisphosphoglycerat bereits erzeugt worden.

3.4 Der Citrat-Zyklus

Lehrziel

Der Citrat-Zyklus ist ein Kreisprozess, der den weiteren Abbau des aus der Glycolyse stammenden Acetats zu CO_2, H^+-Ionen und Elektronen bewirkt. Die H^+-Ionen und Elektronen dienen in der anschließenden Atmungskette zur Reduktion von Sauerstoff zu Wasser.

Abb. 3.22 zeigt ein erstes und wohl noch etwas verwirrendes Übersichtsbild dieses zentralen Schlüsselprozesses in der zellulären Energieproduktion.

Würden wir alle Facetten dieses **Kreisprozesses** berücksichtigen, wäre die Abbildung noch um einiges komplizierter. Wir verzichten ganz bewusst auf viele Details wie etwa die genaue Besprechung der beteiligten Katalysatoren (Enzyme

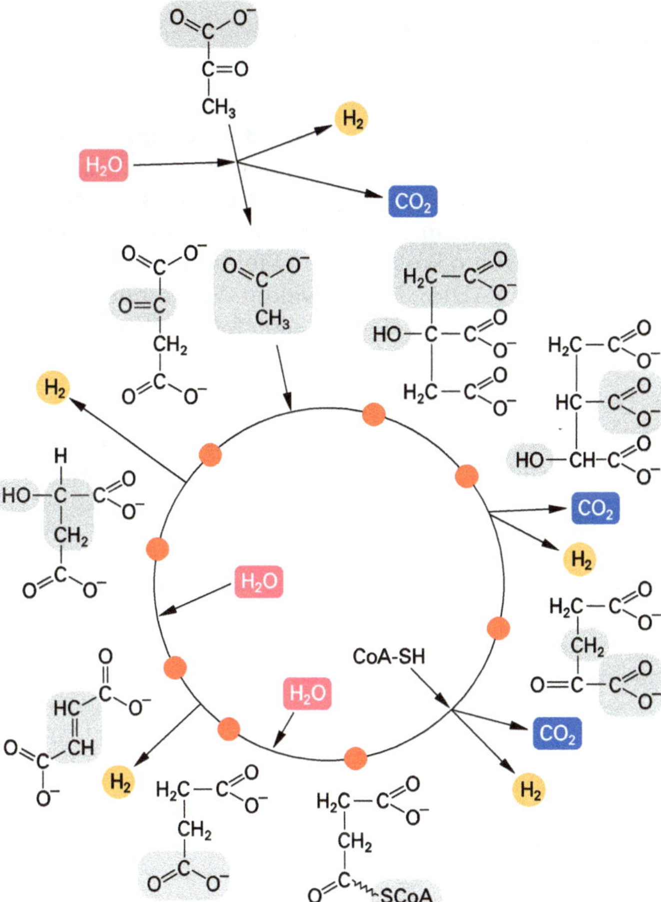

Abb. 3.22: Übersicht über den weiteren Verlauf des Abbaus der Glucose im genialen Kreisprozess des Citratzyklus: Die C-Atome des Pyruvats ergeben Kohlendioxid; die Reduktionsäquivalente, das sind die Wasserstoffe, werden in Form von NADH für die „Verbrennung" mit Sauerstoff in der Atmungskette bereitgestellt.

und Coenzyme), um die Abbildung nicht zu überfrachten. Diese Einzelheiten und Erweiterungen sind in vielen Lehrbüchern der Biochemie ausgezeichnet dargestellt.

Uns geht es darum, die grundlegenden chemischen Bausteine und Reaktionen zu verstehen.

Postuliert wurde dieses großartige Reaktionsschema bereits 1937 vom deutschen Biochemiker **Hans Krebs**, der – vom Nazi-Regime vertrieben – damals in England im Exil lebte.

Der **Citrat-Zyklus** wird auch oft als **Citronensäurezyklus**, **Tricarbonsäurezyklus** oder **Krebszyklus** bezeichnet.

Was ist die zentrale Aufgabe des Citrat-Zyklus?

- In der Glycolyse wird das C_6-Molekül Glucose in zwei C_3-Fragmente zerlegt, das **Pyruvat** (konjugierte Base der **Brenztraubensäure**). Durch eine erste Abspaltung von CO_2 wird unter gleichzeitiger Oxidation **aktivierte Essigsäure, Acetyl-CoA**, erzeugt. Dieser C_2-Baustein wird nun in den Kreisprozess eingespeist mit dem Ziel, die beiden C-Atome zu CO_2 abzubauen und gleichzeitig Protonen und Elektronen („**Wasserstoff**", gespeichert in NADH bzw. $FADH_2$) für die weitere Verbrennung in der Atmungskette freizusetzen. Dort wird damit Sauerstoff zu Wasser reduziert und so biologische Energie gewonnen.
- In einem Durchgang entstehen aus einem Essigsäure-Molekül 2 Moleküle CO_2 und 8 in NADH bzw. $FADH_2$ gespeicherte Wasserstoffatome. Vier dieser H-Atome entstammen zwei H_2O-Molekülen, die in den Kreislauf einfließen. Außerdem entsteht ein Molekül Guanosintriphosphat GTP, das wie ATP gespeicherte biologische Energie darstellt.
- Das Startmolekül **Oxalacetat**, welches das eingeschleuste Acetat des Acetyl-CoA aufnimmt, wird am Ende eines Durchlaufs durch den Citrat-Zyklus im Sinne eines Kreisprozesses wieder regeneriert, um eine neue Runde zu ermöglichen.

In der Tat ist die Funktion des Citrat-Zyklus noch vielschichtiger, da er auch von anderen Stoffwechselwegen her eingespeist werden kann und seine Zwischenprodukte auch in wichtige andere Biosynthesewege eingreifen können. Diese Details überlassen wir Lehrbüchern der Biochemie.

Die Chemie der einzelnen Reaktionen

Die beteiligten Substanzen sind im Wesentlichen ein- und mehrwertige Carbonsäuren sowie Hydroxy- und Ketocarbonsäuren (siehe Abschnitt 3.7 „Carbonsäuren und ihre Derivate").

Wir starten mit dem C_2-Fragment am Ende der Glycolyse, der **Essigsäure**. Ein C-Atom aus dem Pyruvat ist bereits unter oxidativer Decarboxylierung abgespalten worden. Essigsäure liegt in Form der **aktivierten Essigsäure** Acetyl-CoA vor. *Abb. 3.23* zeigt die Einspeisungsreaktion.

Die Essigsäure in Form des aktivierten Thioesters **Acetyl-CoA** wird an die Carbonylgruppe des **Oxalacetats** addiert. Dieses ist die konjugierte Base der **Oxalessigsäure**. Das Produkt der Addition ist **Citrat**, die konjugierte Base der Tricarbonsäure **Citronensäure**. Wasser dient hier zur Spaltung des Acetyl-CoA. Die Reaktion ist keine Redoxreaktion. Sie ist ordentlich exergonisch, weil der energiereiche Thioester Acetyl-CoA gespalten wird. Dadurch funktioniert sie auch bei kleiner Konzentration von Oxalacetat sehr gut.

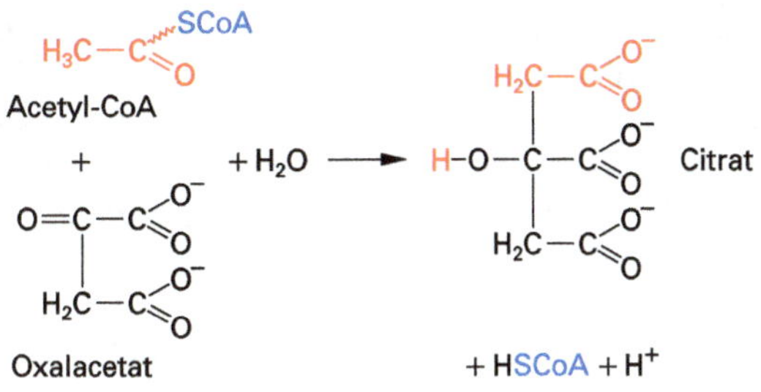

Abb. 3.23: Die „Einspeisungsreaktion": Hier wird die Glycolyse unter aeroben Bedingungen im Citratzyklus angekoppelt; es entsteht Citrat – Namensgeber des gesamten Kreisprozesses.

Die nächste Reaktion ist eine Isomerisierung des Citrats zu **Isocitrat** (*Abb. 3.24*). Die tertiäre Alkoholgruppe (siehe Kapitel 5, Abschnitt 2 „Alkohole und Ether") wird zu einer sekundären Alkoholgruppe umgelagert.

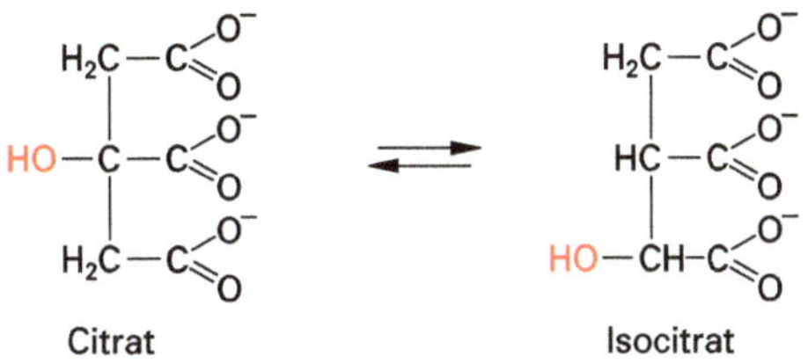

Abb. 3.24: Isomerisierung des Citrats zu Isocitrat.

Der Sinn dieser Maßnahme ist es, die weitere Oxidation des Moleküls zu ermöglichen. Tertiäre Alkohole können chemisch nicht sinnvoll weiter oxidiert werden, sekundäre Alkohole dagegen können zu Ketonen oxidiert werden.

Und in der Tat: Die nächste Reaktion (*Abb. 3.25*) erledigt gleich mehrere Aufgaben: Das Isocitrat wird **decarboxyliert**. Damit ist das erste der beiden C-Atome aus dem Acetat erfolgreich in CO_2 umgewandelt. Die sekundäre Alkoholfunktion wird zum Keton **oxidiert**. Die entstehenden Protonen und Elektronen „schnappt sich" der **Elektronentransporter** NAD^+, der – zu NADH reduziert – in die Atmungskette eingespeist werden kann.

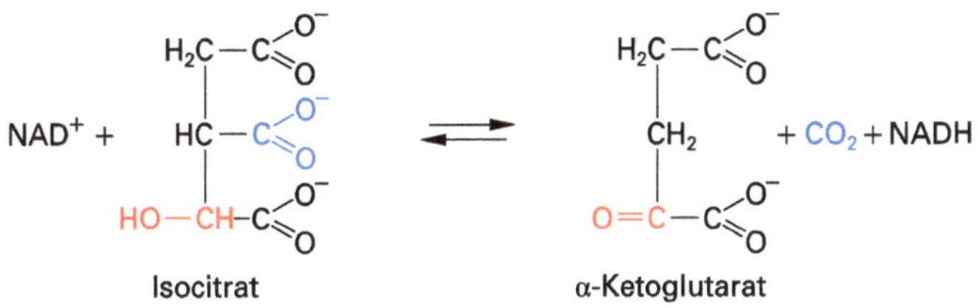

Abb. 3.25: Das zweite C-Atom des Pyruvats ist zu Kohlendioxid umgewandelt und außerdem entsteht ein wertvolles NADH – „Brennstoff" für die Atmungskette.

Die nächste Reaktion ist ähnlich (*Abb. 3.26*). Auch hier erfolgt eine **oxidative Decarboxylierung**. Allerdings wird hier die freigesetzte Energie gleich dazu benutzt, mit einem CoA einen aktiven, energiereichen Thioester zu bilden. Dabei entsteht **Succinyl-CoA**. Das ist die mit CoA aktivierte Form der **Bernsteinsäure**. Der ursprüngliche Carbonyl-Kohlenstoff des **α-Ketoglutarats** – das ist die konjugierte Base der **α-Ketoglutarsäure** – wird dabei zum Carboxyl-Kohlenstoff des Succinyl-CoA oxidiert. Die freigesetzten Elektronen reduzieren zusammen mit einem Proton des Coenzyms A (HSCoA) ein NAD^+ zu NADH, das in die Atmungskette eingespeist werden kann.

NAD^+ + HSCoA + α-Ketoglutarat ⇌ Succinyl-CoA + CO_2 + NADH

Abb. 3.26: Das letzte C-Atom des Pyruvats ist oxidiert – und wieder entsteht ein NADH.

Übrigens – haben Sie bemerkt, dass nun auch das zweite C-Atom des Acetyl-CoA in CO_2 umgewandelt ist?

In unserem Übersichtsschema ist die nächste Reaktion einfach als Hydrolyse des Succinyl-CoA durch Wasser zu **Succinat**, der konjugierten Base der **Bernsteinsäure**, vereinfacht dargestellt. In Wahrheit ist es etwas aufregender (*Abb. 3.27*). Aufgrund der hohen Energie der Thioesterbindung wird das Wasser aus der **Kondensationsreaktion von Guanosindiphosphat (GDP) mit organischem Phosphat zu Guanosintriphosphat GTP** (siehe Kapitel 9, Abschnitt 1 „Nucleinsäuren") gewonnen. Diese Reaktion liefert somit gleich auch einen biologischen Energieträger, der praktisch völlig analog zu ATP ist. Normalerweise muss ja für die stark endergonische Reaktion

$$GDP + P_i \rightarrow GTP + H_2O$$

(P_i bezeichnet anorganisches Phosphat; i von englisch *inorganic*) eine Menge

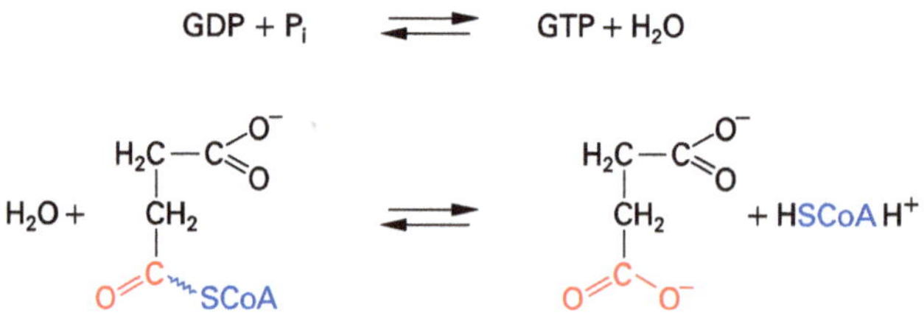

GDP + P_i ⇌ GTP + H_2O

H_2O + Succinyl-CoA ⇌ Succinat + HSCoA H^+

Abb. 3.27: Jetzt beginnt die Regeneration des Kreisprozesses. Die Hydrolyse des aktiven Esters Succinyl-CoA liefert ein GTP, das ebenso gut Energie bereitstellt wie ATP.

Energie aufgewendet werden; hier wird sie der Hydrolyse der energiereichen Thioesterbindung entnommen.

Nach diesen Schritten erfolgt die **Regeneration des Oxalacetats**, damit der Kreislauf mit einem neuen Acetyl-CoA erneut starten kann. Dabei muss wieder ein O-Atom in das Molekül eingebaut werden. Dies geschieht in drei Reaktionsschritten, die ein Wassermolekül als Sauerstofflieferant miteinbeziehen und nochmals 2 reduzierte NADH-Moleküle als „Brennstoff" für die Atmungskette liefern.

Wie geschieht der Einbau des Sauerstoffs? Mit einem genialen Trick. Die zentrale C–C-Bindung im Succinat wird zu einer C=C-Doppelbindung oxidiert. Dies liefert wiederum verwertbaren „Wasserstoff" und ermöglicht am Produkt, dem **Fumarat**, der konjugierten Base der **Fumarsäure**, die Addition von Wasser zum sekundären Alkohol **Malat**. Dieses ist die konjugierte Base der **Äpfelsäure**. Nochmalige Oxidation unter Bildung eines weiteren NADH bringt uns das gewünschte **Oxalacetat**. Diese Reaktionssequenz ist in *Abb. 3.28* bis *Abb. 3.30* dargestellt.

Die Oxidation des Succinats kann NAD^+ nicht reduzieren, da NAD^+ ein zu wenig positives Normalpotential besitzt. Jedoch kann das **Flavin-Coenzym** FAD (siehe Kapitel 11, Abschnitt 1 „Vitamine und Coenzyme") reduziert werden (*Abb. 3.28*).

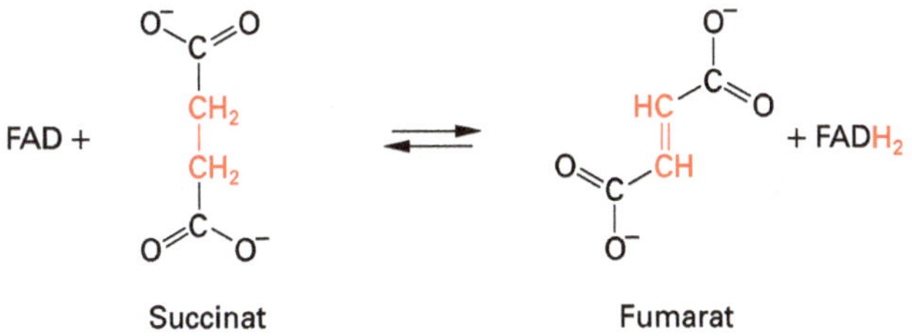

$$\text{FAD} + {}^-\text{OOC–CH}_2\text{–CH}_2\text{–COO}^- \rightleftharpoons {}^-\text{OOC–CH=CH–COO}^- + \text{FADH}_2$$

Succinat Fumarat

Abb. 3.28: Bei dieser Oxidation fällt nochmals gebundener Wasserstoff an, der ebenso wie NADH in der Atmungskette „verbrannt" werden kann.

Das Enzym, das hier im Spiel ist, die **Succinat-Dehydrogenase**, begegnet uns übrigens als **Komplex II** bei der Besprechung der Atmungskette. Es kann **Ubichinon** gleich direkt zu **Ubichinol** reduzieren. Damit bildet es einen alternativen und sehr direkten Einstieg in die Atmungskette neben NADH.

Danach folgt die reversible Addition von Wasser (*Abb. 3.29*).

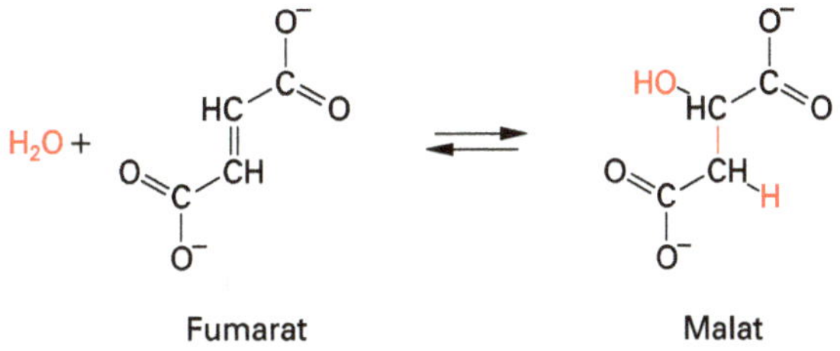

$$H_2O + {}^-\text{OOC–CH=CH–COO}^- \rightleftharpoons {}^-\text{OOC–CH(OH)–CH}_2\text{–COO}^-$$

Fumarat Malat

Abb. 3.29: Addition von Wasser an die Doppelbindung des Fumarats liefert Malat.

Die Oxidation zu Oxalacetat schließt den Zyklus ab, indem sie das Startmolekül wieder regeneriert (*Abb. 3.30*).

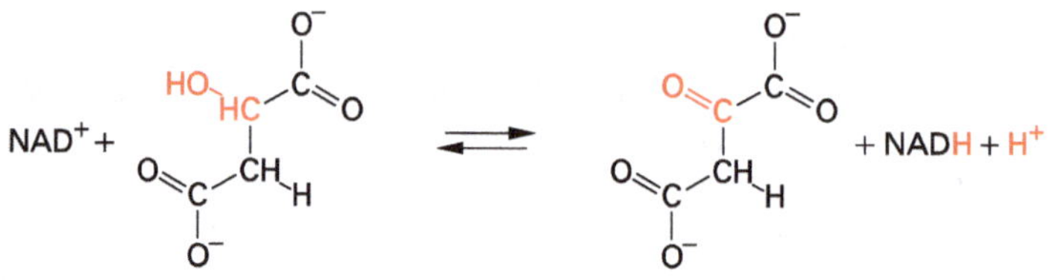

$$NAD^+ + \text{Malat} \rightleftharpoons \text{Oxalacetat} + NADH + H^+$$

Abb. 3.30: Die abschließende Oxidation des Malats liefert NADH und das für einen neuerlichen Durchgang durch den Zyklus benötigte Oxalacetat: Der Kreis ist geschlossen.

3.5 Die Atmungskette

Lehrziel

Der letzte Teilprozess der biologischen Energiegewinnung sorgt für eine schrittweise Oxidation der H^+-Ionen und Elektronen aus dem vorangegangenen Abbau von Glucose durch Glycolyse und Citrat-Zyklus. Die Energieproduktion in der Atmungskette ist sehr hoch und übertrifft die Energieerzeugung durch die anaerobe Glycolyse bei weitem.

Einen Überblick über die Atmungskette bietet *Abb. 3.31*.

Glycolyse und Citronensäurezyklus liefern Wasserstoff in Form von NADH, Protonen und Elektronen an ein komplexes Reaktionssystem aus mehreren aneinander gekoppelten konjugierten Redoxpaaren, das in der inneren Mitochondrienmembran lokalisiert ist. Die reduzierenden Elektronen werden dabei jeweils von einem Redoxpaar mit negativerem Potential an das nächste Paar mit positiverem Potential „weitergereicht", bis sie schließlich das terminale Oxidationsmittel Sauerstoff zu Wasser reduzieren.

Dabei werden bei jedem aufeinander folgenden Schritt gemäß der Gleichung

$$\Delta G = -z \cdot F \cdot \Delta E$$

Energiebeträge freigesetzt, die an drei Stellen die Produktion von ATP aus anorganischem Phosphat PO_4^{3-} und ADP ermöglichen. ATP stellt gespeicherte chemische Energie dar. Es ist das „**Kleingeld der Zelle**", das unentwegt synthetisiert wird, um die vielen biochemischen Reaktionen in der Zelle am Laufen zu halten.

Die folgenden Erklärungen beschränken sich auf die wesentlichen Redoxreaktionen, die in der Atmungskette eine Rolle spielen. Diese Reaktionen finden in einem komplexen Zusammenspiel verschiedener Enzymsysteme statt, die als Komplex I, III und IV bezeichnet werden und uns im Detail nicht weiter interes-

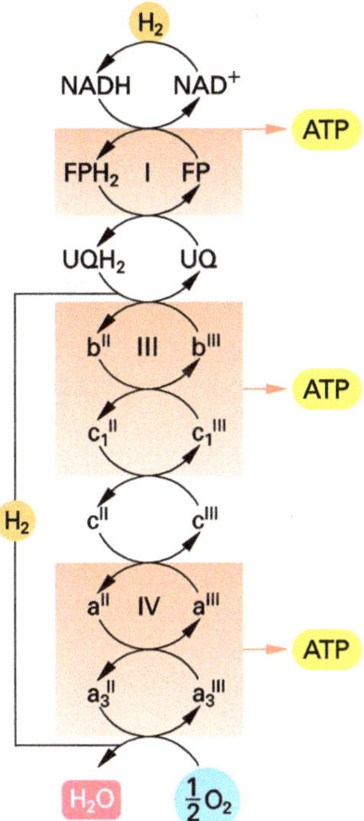

Abb. 3.31: Übersicht über das weitere Schicksal des in Form von NADH gebundenen Wasserstoffs: Er wird über eine Kaskade von gekoppelten Redoxsystemen mit jeweils positiverem Potential letztlich zu Sauerstoff transportiert und zu Wasser oxidiert. Die Energie der vom negativem zum positivem Potential „stürzenden" Elektronen wird zur Produktion von ATP benutzt.

sieren. (Es gibt daneben eine weitere Einstiegstelle in die Atmungskette, Komplex II, den wir der Einfachheit wegen hier vernachlässigen. Siehe dazu auch Abschnitt 3.4 „Der Citrat-Zyklus".)

Der **zelluläre Wasserstoffspeicher NADH**, mengenmäßig der wichtigste Lieferant von chemisch gebundenem Wasserstoff, überträgt die Elektronen in einem ersten Schritt auf ein Flavoprotein (FP), welches dadurch reduziert wird. Die reduzierte Form kürzen wir mit FPH_2 ab:

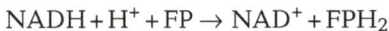

$$NADH + H^+ + FP \rightarrow NAD^+ + FPH_2$$

FP heißt auch **NADH-Dehydrogenase**, da das Enzym NADH oxidiert, indem ein **Flavinmolekül** die Elektronen und H^+-Ionen aus dem NADH aufnimmt. NADH haben wir bereits kennen gelernt (siehe Abschnitt 3.1 „Die Chemie der Oxidation und Reduktion"), ebenso die Reduktion der oxidierten Form, NAD^+, zu NADH. In Komplex I der Atmungskette, haben wir die Umkehrreaktion vor uns (*Abb. 3.32*). Die H^+-Ionen und Elektronen reduzieren Flavinmononucleotid (FMN). Dies ist in *Abb. 3.33* dargestellt.

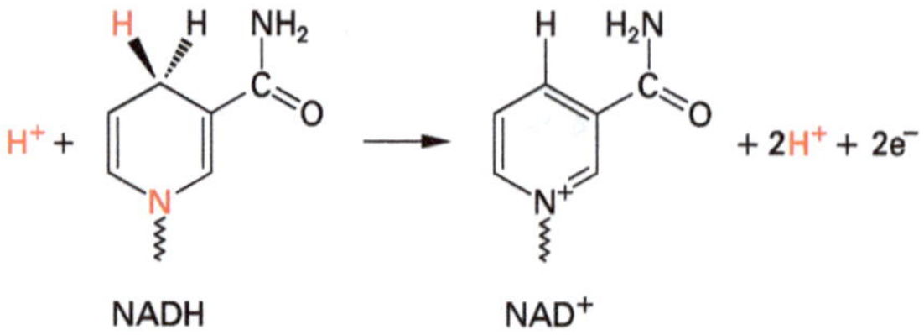

Abb. 3.32: Start der Atmungskette: Die Oxidation des NADH

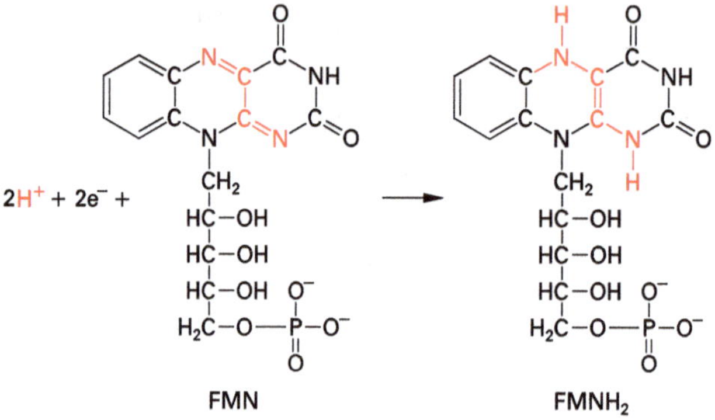

Abb. 3.33: Die Reduktionsäquivalente werden zuerst von einem Flavinmolekül übernommen.

Der nächste Schritt ist die Übertragung der Elektronen und der H^+-Ionen vom reduzierten Flavinmononucleotid $FMNH_2$ auf **Ubichinon**. Dieses wird dabei von der **chinoiden Form** zur Diphenolform (siehe Kapitel 8, Abschnitt 3 „Phenole und Chinone") reduziert, die wir als **Ubichinol** bezeichnen (*Abb. 3.34*).

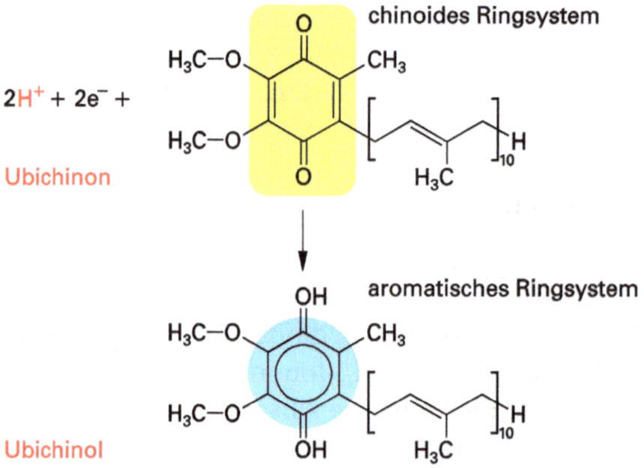

Abb. 3.34: Der weitere Transport führt über ein Chinonsystem, das Ubichinon, welches zu Ubichinol reduziert wird.

Die Seitenkette rechts unten in Ubichinon und Ubichinol müssen wir uns als langen, beim Menschen insgesamt 50 C-Atome umfassenden, apolaren Molekülteil vorstellen. Er besteht aus 10 Einheiten des C_5-Moleküls **2-Methyl-buta-1,3-dien** (**Isopren**) und dient als **lipophiler Anker** zur Befestigung des Ubichinons/Ubichinols in der apolaren Mitochondrienmembran (siehe auch Kapitel 10, Abschnitt 1 „Lipide").

Ubichinon ist die zentrale Sammelstelle der Elektronen. Es nimmt von NADH über den Komplex I und auch vom Komplex II Elektronen auf und reicht sie an Komplex III weiter.

Ab hier übernehmen verschiedene Proteine, die durch Kleinbuchstaben (a, b, c) unterschiedenen **Cytochrome**, den Weitertransport der Elektronen. Die H^+-Ionen des Ubichinols werden direkt an den Sauerstoff weitergereicht, da die Cytochrome nur Elektronen transportieren können.

Wir wollen uns hier nicht mit den komplizierten biochemischen Prozessen befassen, nur ein interessantes molekulares Detail wollen wir genauer betrachten:

Einige der beteiligten Cytochrome, wie **Cytochrom c**, enthalten als elektronenübertragendes Coenzym die **Häm-Gruppe**, die wir auch im **Hämoglobin** finden. Hämoglobin transportiert bekanntlich Sauerstoff aus der Lunge ins Gewebe, wo dieser dann in der Atmungskette zu Wasser reduziert wird.

Diese beiden unterschiedlichen Funktionen der Hämgruppe, **Elektronentransport im Cytochrom c** und **Sauerstofftransport im Hämoglobin**, können durch unterschiedliche Bindungsverhältnisse der Hämgruppe innerhalb der beiden Proteine Cytochrom c und Hämoglobin gut verstanden werden.

Abb. 3.35 zeigt verschiedene Ansichten von Cytochrom c. Links oben in *Abb. 3.35* sehen wir ein **Kalottenmodell** des gesamten **Holoenzyms**, in dem die Atome durch Kugeln in einer ihrem wahren Durchmesser proportionalen Größe und in unterschiedlichen Farben dargestellt sind (hellgrau = C, dunkelgrau = H, rot = O, blau = N, gelb = S, türkis = Fe). Die Darstellung zeigt ein eher kleines, recht kompaktes Protein.

Rechts oben in *Abb. 3.35* werden mehr Details sichtbar: Wir stellen hier den Proteinteil durch das so genannte *„backbone"* dar. Dieses zeigt den Verlauf der Proteinkette, ohne verwirrende atomare Details wiederzugeben. In das Protein eingebettet, ist eine auffällige flache Struktur sichtbar, die durch ein Kalottenmodell dargestellt ist. Dieses scheibchenförmige Molekül ist eine **Häm-**Gruppe, deren zentralen und wichtigen Teil, eine **Porphyrin-Struktur**, *Abb. 3.36* zeigt.

Dieses ausgedehnte aromatische Molekülsystem hat an den vier Fünfringen jeweils einen zum Zentrum hin orientierten Stickstoff. Mit Fe^{2+}-Ionen bildet sich unter Freisetzung von 2 H^+-Ionen von den beiden NH-Gruppen der rechts gezeigte, sehr stabile Eisenkomplex des Häm. In diesem wird das Fe^{2+}-Ion durch vier **Komplexbindungen** in Form eines **Chelatkomplexes** fixiert (siehe Kapitel 6, Abschnitt 2 „Koordinative kovalente Bindung"). In *Abb. 3.35* erkennen wir das besonders gut im Bild links unten, wo nur die Eisen-komplexierende Häm-Gruppe nunmehr als elementspezifisch eingefärbtes Stabmodell dargestellt ist. Das zentrale Fe^{2+}-Ion ist als Kalotte hervorgehoben, die durch die vier blau dargestellten N-Atome festgehalten wird.

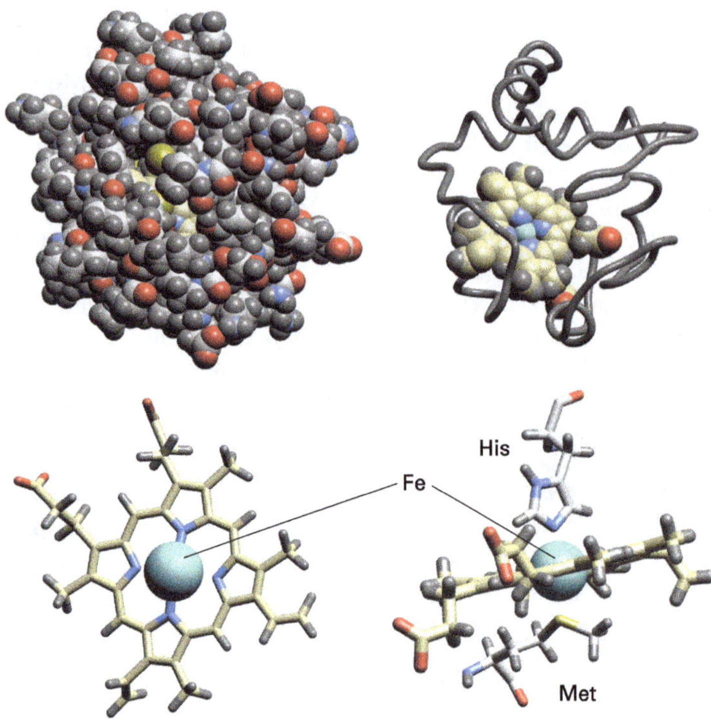

Abb. 3.35: Verschiedene Schnappschüsse des Cytochroms (Details sind im Text erklärt)

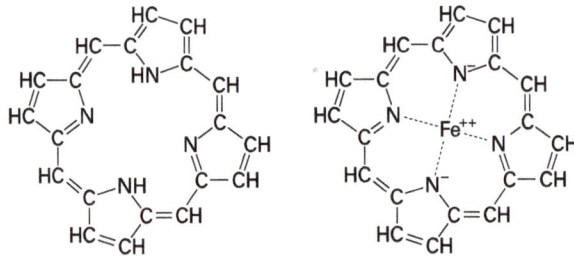

Abb. 3.36: Das Herz aller Häm-Proteine: Der zentrale Porphyrinring, einmal ohne (rechts) und einmal mit einem komplex gebundenen Eisen-(II)-Zentralion (rechts)

Das letzte Teilbild der *Abb. 3.35* rechts unten schließlich zeigt noch etwas mehr an Details. Wir blicken von vorne direkt auf die Kante der Häm-Ebene, die als Stabmodell dargestellt ist. Das zentrale Fe^{2+}-Ion ist als Kalotte gut erkennbar. Oberhalb und unterhalb der Hämebene finden wir zwei neue Einzelheiten. Wir sehen zwei **Aminosäure-Reste** des Proteinteiles, nämlich **Histidin** (His) und **Methionin** (Met), dargestellt als Stabmodelle. Diese Bestandteile des Proteins besetzen oberhalb und unterhalb der Häm-Ebene die beiden verbleibenden der sechs Bindungsstellen des Fe^{2+}-Ions, indem sie mit diesem koordinative Bindungen über ein N-Atom (His) und ein S-Atom (Met) eingehen. So ist nun das Fe^{2+}-Ion wie von einem Oktaeder von **sechs Komplexbindungen** umgeben. Vier stammen vom Häm, je eine von His und Met. Das Fe^{2+}-Ion kann daher **nicht** mehr als **Sauerstoff-Überträger** wirken. Dazu müsste eine der sechs Bindungsstellen für das O_2-Molekül frei bleiben. Aufgrund der leichten und reversiblen Oxidierbarkeit des Fe^{2+}-Ions gemäß

$$Fe^{2+} \rightarrow Fe^{3+} + e^{-}$$

eignet sich diese Struktur aber vorzüglich als **Redox-Katalysator**.

Wie sieht im Unterschied zu den Cytochrom-Hämgruppen die Situation beim Hämoglobin aus? *Abb. 3.37* gibt die Antwort.

Hämoglobin ist bedeutend größer als Cytochrom c; es besteht aus vier Untereinheiten. Das sind selbständige Proteinfäden, die im Kalottenmodell links oben in *Abb. 3.37* mit vier Farben symbolisiert sind. Wenn wir die Protein-*backbones* wieder durch Bänder symbolisieren, sehen wir in jeder Untereinheit eine Hämgruppe eingebettet (Teilbild rechts oben in *Abb. 3.37*). Hier ist nun, wie die Detail-

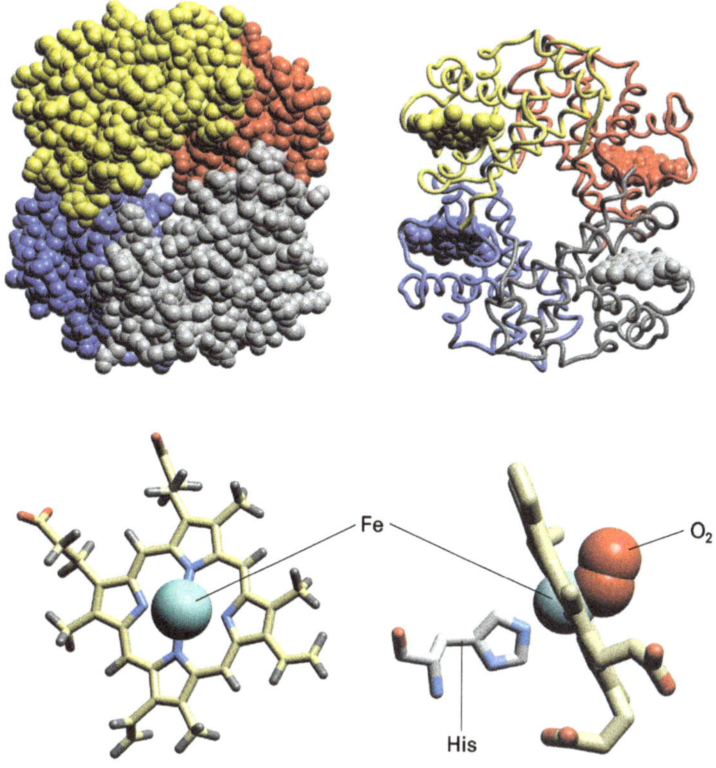

Abb. 3.37: Verschiedene Schnappschüsse des Hämoglobins (Details sind im Text erklärt)

darstellung rechts unten in *Abb. 3.37* zeigt, nur ein Histidinrest direkt am Fe^{2+}-Ion gebunden. Die 6. Bindungsstelle am Fe^{2+}-Ion wird durch ein Sauerstoffmolekül besetzt (Teilbild rechts unten in *Abb. 3.37*).

Diese Detaileinblicke in die molekulare Struktur zweier verschiedener Hämenzyme, die beide zentral an der Energieproduktion der Zelle beteiligt sind, verdeutlichen sehr gut die beiden unterschiedlichen Funktionsweisen.

3.6 Carbonylverbindungen

Aldehyde und **Ketone** enthalten die **Carbonylgruppe** als charakteristische funktionelle Gruppe (*Abb. 3.38*).

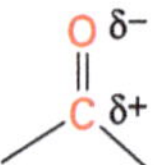

Abb. 3.38: Die Carbonylgruppe mit ihrer starken Polarisierung aufgrund der elektronegativen Wirkung des doppelt gebundenen Sauerstoffs

Am Sauerstoff befindet sich eine starke negative Partialladung, der eine betragsmäßig gleich starke Positivierung des Carbonyl-C-Atoms gegenübersteht.

Die neben dem doppelt gebundenen O-Atom am Carbonyl-C-Atom zusätzlich gebundenen Atome dürfen nur C- und H-Atome sein. Aldehyde entstehen durch Oxidation aus primären Alkoholen, Ketone aus sekundären (siehe Kapitel 5, Abschnitt 2 „Alkohole und Ether"). Der Name Aldehyd deutet das an: Aldehyd = **al***cohol* **dehyd***rogenatus*. Aldehyde unterscheiden sich von Ketonen dadurch, dass sie an der Carbonylgruppe (mindestens) ein H-Atom besitzen, Ketone aber zwei C-Atome.

Die rationelle Benennung der Aldehyde und Ketone ist einfach. An den Namen der Stammverbindung, das ist die längste Kette von C-Atomen, die die Carbonylgruppe enthält, werden die Endungen **-al** bei einem Aldehyd oder **-on** bei einem Keton angefügt.

Müssen wir bei Verbindungen mit mehreren funktionellen Gruppen das doppelt gebundene Atom als Substituent bezeichnen, so wählen wir die Vorsilbe **-oxo**.

Neben den rationellen Namen sind Trivialnamen sehr gebräuchlich. Da insbesondere in den Lehrbüchern der Biochemie immer noch hauptsächlich diese letzteren verwendet werden, müssen wir uns mit ihnen befassen. Bei Aldehyden beruhen die Trivialnamen auf der Tatsache, dass sie zu Carbonsäuren (siehe Abschnitt 3.7 „Carbonsäuren und ihre Derivate") oxidierbar sind: An den Wortstamm des lateinischen Trivialnamens der entsprechenden Carbonsäure wird der Name **-aldehyd** angehängt. Einige Beispiele zeigt die folgende Tabelle:

Tab. 3.3: Nomenklatur von Aldehyden und die Beziehung ihrer Trivialnamen zu den Trivialnamen der entsprechenden Carbonsäuren.

Chemische Formel	Aldehyd rationeller Name {Trivialname}	Carbonsäure rationeller Name [deutscher Trivialname] {lateinischer Trivialname}
$H-C(=O)-H$	Methanal {Formaldehyd}	Methansäure [Ameisensäure] {acidum formicum}
$H_3C-C(=O)-H$	Ethanal {Acetaldehyd}	Ethansäure [Essigsäure] {acidum aceticum}
$H_3C-CH_2-C(=O)-H$	Propanal {Propionaldehyd}	Propansäure [Propionsäure] {acidum propionicum}
$H_3C-CH_2-CH_2-C(=O)-H$	Butanal {Butyraldehyd}	Butansäure [Buttersäure] {acidum butyricum}

Bei Ketonen nennen wir die Namen der an die Carbonylgruppe gebundenen Alkylreste und fügen die Endung –**keton** hinzu (*Tab. 3.4*).

Bei der in *Tab. 3.4* zuletzt angeführten Verbindung müssen wir die Stellung der Carbonylgruppe angeben, da eine stellungsisomere Verbindung Pentan-2-on auch existiert.

Tab. 3.4: Nomenklatur-Alternativen bei Ketonen.

Chemische Formel	Rationeller Name	Name mit -keton [Trivialname]
$H_3C-C(=O)-CH_3$	Propanon	Dimethylketon [Aceton]

Chemische Formel	Rationeller Name	Name mit -keton [Trivialname]
$H_3C-CH_2-C(=O)-CH_3$	Butanon	Ethylmethylketon
$H_3C-CH_2-C(=O)-CH_2-CH_3$	Pentan-3-on	Diethylketon

Schließlich sehen wir uns noch die Strukturen und Namen von zwei aromatischen Aldehyden an:

Tab. 3.5: Struktur und Benennung zweier wichtiger aromatischer Aldehyde.

Chemische Formel	Aldehyd rationeller Name {Trivialname}	Carbonsäure rationeller Name [deutscher Trivialname] {lateinischer Trivialname}
C_6H_5-CHO	Phenylmethanal {Benzaldehyd}	Phenylmethansäure [Benzoesäure] {acidum benzoicum}
$HO-C_6H_4-CHO$	2-Hydroxy-phenylmethanal {Salicylaldehyd}	2-Hydroxy-phenylmethansäure [Salicylsäure] {acidum salicylicum}

Die Carbonylgruppe ist – wie in *Abb. 3.38* gezeigt – stark polarisiert. Daher weisen Carbonylverbindungen beträchtliche zwischenmolekulare Wechselwirkungen, so genannte Dipol-Dipol-Kräfte, auf. Sie schmelzen und sieden folgerichtig bei höheren Temperaturen als die entsprechenden Alkane.

Aldehyde und Ketone mit 1 bis zu etwa 5 C-Atomen sind gut bis vollständig wasserlöslich, da sie über das negativ polarisierte O-Atom mit H_2O-Molekülen Wasserstoff-Brückenbindungen ausbilden können.

Redoxreaktionen der Carbonylverbindungen

In Umkehrung ihrer Bildung aus Alkoholen können Aldehyde und Ketone durch starke Reduktionsmittel in primäre und sekundäre Alkohole umgewandelt werden.

Gegenüber Oxidationsmitteln verhalten sich Aldehyde anders als Ketone: Während Ketone praktisch nicht oxidiert werden können, ohne dass das Molekülgerüst zerstört wird – etwa durch Verbrennen –, lassen sich Aldehyde mit relativ milden Oxidationsmitteln zu Carbonsäuren weiter oxidieren:

$$R-COH+H_2O \rightarrow R-COOH+2H^+ +2e^-$$

Additionsreaktionen an der Carbonylgruppe

Die ausgeprägte Polarisierung der Carbonylgruppe erleichtert **Additionsreaktionen**. Wir wollen uns speziell die Produkte der Addition von Alkoholen und Aminen an Carbonylgruppen ansehen.

Mit Alkoholen liefern Aldehyde so genannte **Halbacetale**, bei Ketonen erhalten wir **Halbketale** (*Abb. 3.39*).

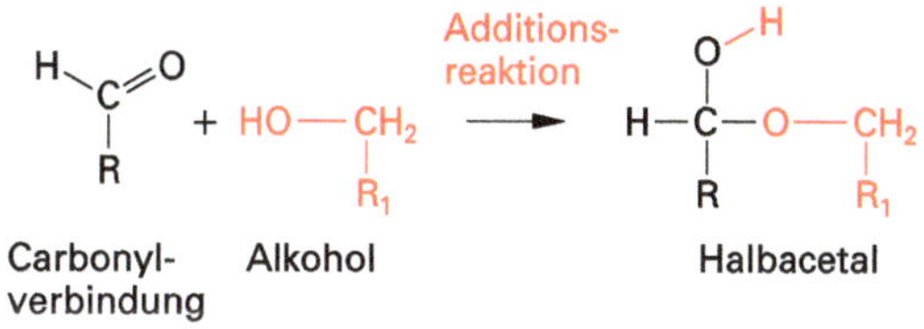

Additionsreaktion

Carbonylverbindung + Alkohol → Halbacetal

Abb. 3.39: Die Bildung eines Halbacetals aus einer Carbonylverbindung und einem Alkohol

Halbacetale können mit überschüssigem Alkohol zu (Voll)**Acetalen** weiterreagieren. Analog können wir aus Halbketalen mit überschüssigem Alkohol (Voll)**Ketale** synthetisieren. Dabei wird die OH-Gruppe durch einen zusätzlichen Alkoxylrest substituiert (*Abb. 3.40*).

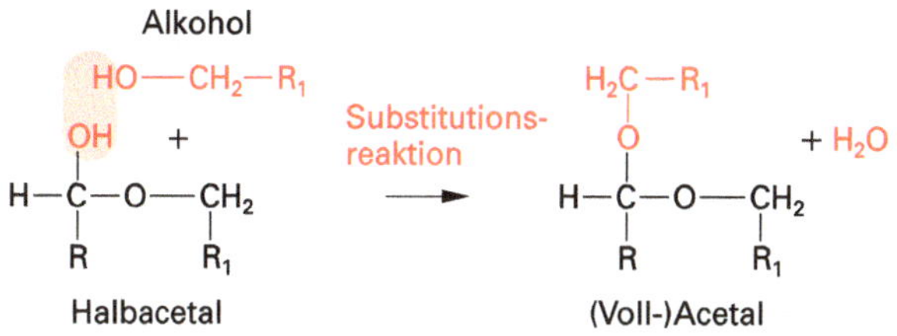

Alkohol

Substitutionsreaktion

Halbacetal + Alkohol → (Voll-)Acetal + H_2O

Abb. 3.40: Ein Halbacetal reagiert mit überschüssigem Alkohol weiter zu einem (Voll-)Acetal

Diese Reaktionsmöglichkeiten sind besonders in der Chemie der Kohlenhydrate sehr wichtig (siehe auch Kapitel 7, Abschnitt 1 „Mono-, Oligo- und Polysaccharide").

Auch stickstoffhaltige Verbindungen lassen sich gut an Carbonylgruppen addieren. Dabei greift das freie Elektronenpaar des N-Atoms das positiv polarisierte C-Atom der Carbonylgruppe an. Ein wesentlicher Unterschied gegenüber der Addition von sauerstoffhältigen Nucleophilen (Wasser, Alkohole) besteht darin, dass die entstehenden Additionsprodukte spontan Wasser abspalten, wenn sich am N-Atom noch ein H-Atom befindet. *Abb. 3.41* zeigt verschiedene N-haltige Nucleophile und ihre Additionsprodukte mit Formaldehyd.

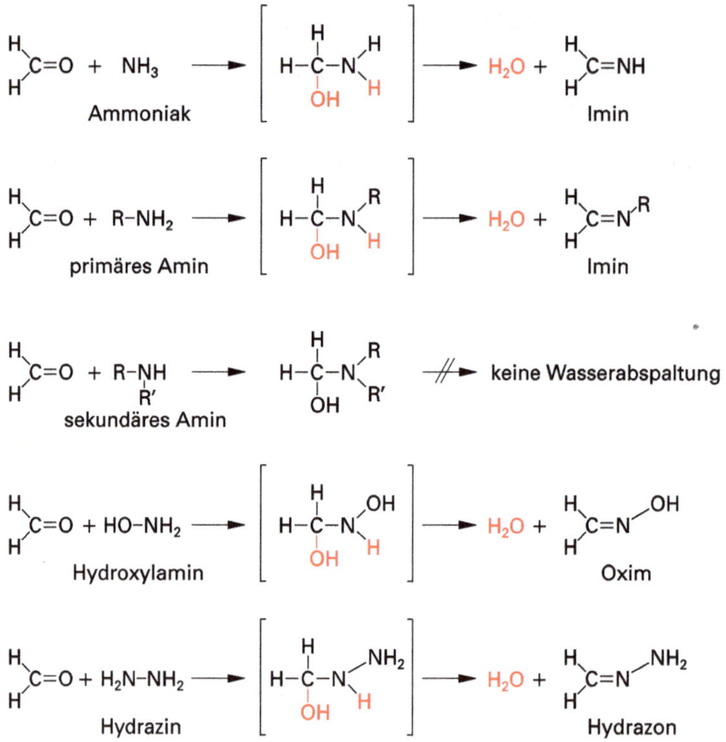

$H_2C{=}O + NH_3 \rightarrow [H_2C(OH){-}NH_2] \rightarrow H_2O + H_2C{=}NH$

Ammoniak → Imin

$H_2C{=}O + R{-}NH_2 \rightarrow [H_2C(OH){-}NHR] \rightarrow H_2O + H_2C{=}N{-}R$

primäres Amin → Imin

$H_2C{=}O + R{-}NH{-}R' \rightarrow H_2C(OH){-}NRR'$ ↛ keine Wasserabspaltung

sekundäres Amin

$H_2C{=}O + HO{-}NH_2 \rightarrow [H_2C(OH){-}NH{-}OH] \rightarrow H_2O + H_2C{=}N{-}OH$

Hydroxylamin → Oxim

$H_2C{=}O + H_2N{-}NH_2 \rightarrow [H_2C(OH){-}NH{-}NH_2] \rightarrow H_2O + H_2C{=}N{-}NH_2$

Hydrazin → Hydrazon

Abb. 3.41: Reaktionen von Carbonylverbindungen mit Stickstoff-hältigen Nucleophilen

In der Biochemie spielen solche Reaktionen von Carbonylverbindungen mit Aminen ein große Rolle (siehe Kapitel 11, Abschnitt 1 „Vitamine und Coenzyme").

Die Aldol-Addition

Eine sehr interessante Reaktion ist die Verknüpfung zweier Moleküle einer Carbonylverbindung zu einem Produkt mit doppelt so großem Kohlenstoffgerüst.

Wir sehen uns diese Reaktion anhand der Addition von zwei Molekülen Acetaldehyd (ein C_2-Körper) zu 3-Hydroxybutanal (ein C_4-Körper) an (*Abb. 3.42*).

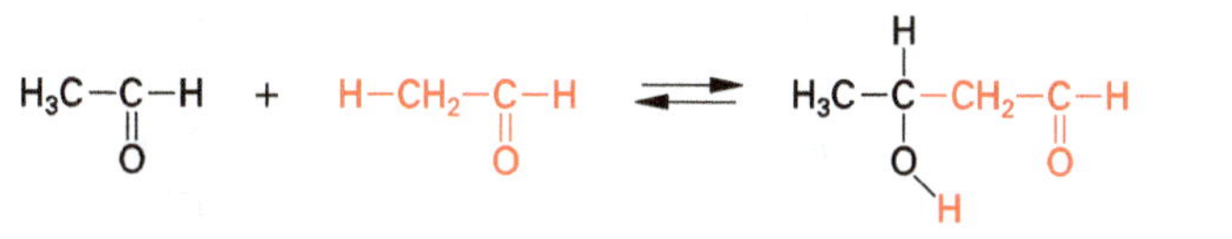

$$H_3C-\underset{\underset{O}{\|}}{C}-H \; + \; H-CH_2-\underset{\underset{O}{\|}}{C}-H \; \rightleftharpoons \; H_3C-\underset{\underset{OH}{|}}{\overset{\overset{H}{|}}{C}}-CH_2-\underset{\underset{O}{\|}}{C}-H$$

Acetaldehyd | Acetaldehyd | 3-Hydroxy-butanal (Acetaldol)

Abb. 3.42: Die Addition zweier Aldehydmoleküle zu einem Aldol

Das Produkt, 3-Hydroxy-butanal, ist ein **Aldol** (ein **Ald**ehyd-alkoh**ol**). Diese Reaktion ist sehr wichtig. Kohlenhydrate besitzen zum Beispiel eine Aldolstruktur. Die **Aldol-Addition** ist **reversibel**, das heißt umkehrbar. Die Umkehrreaktion bezeichnen wir als **Retro-Aldol-Addition**. Die Zelle benützt im Stoffwechsel diese Reaktion zur Spaltung von Kohlenhydratmolekülen in kleinere Bruchstücke (siehe Abschnitt 3.3 „Die Glycolyse").

3.7 Carbonsäuren und ihre Derivate

Carbonsäuren enthalten die **Carboxylgruppe** (*Abb. 3.43*).

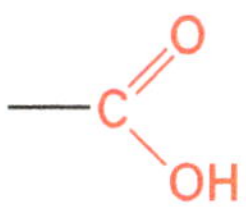

$$-C\begin{matrix}\nearrow\!\!\!\!\!{=}O\\ \searrow OH\end{matrix}$$

Abb. 3.43: Die Carboxylgruppe

Wir bilden ihre rationellen Namen, indem wir an den Namen des entsprechenden Alkans die Endung **-säure** anhängen. Es existiert außerdem eine alternative Bezeichnungsweise, wobei das Alkan mit einer um ein C-Atom verminderten Kettenlänge als Stammverbindung gewählt wird und die Endung **-carbonsäure** nachgesetzt wird. Viele, insbesondere die einfachen Carbonsäuren, die in der Biochemie eine sehr zentrale Rolle spielen, haben sehr geläufige Trivialnamen, die wir ebenso wie die Bezeichnungen der konjugierten Basen der Carbonsäuren kennen müssen (*Tab. 3.6*).

In der Tabelle finden wir zuerst die einfachsten Carbonsäuren, dann eine Gruppe von Carbonsäuren mit langen Alkylgruppen, die so genannten Fettsäuren, und schließlich zwei aromatische Carbonsäuren (siehe auch Abschnitt 3.9 „Acetylsalicylsäure – ein Tausendsassa unter den pharmakologischen Wirkstoffen").

Tab. 3.6: Struktur und Benennung wichtiger Carbonsäuren und ihrer konjugierten Basen.

Chemische Formel	Rationeller Name [alternativer Name]	Trivialname [konjugierte Base]
$H-C(=O)OH$	Methansäure	Ameisensäure [Formiat]
$H_3C-C(=O)OH$	Ethansäure [Methylcarbonsäure]	Essigsäure [Acetat]
$H_3C-CH_2-C(=O)OH$	Propansäure [Ethylcarbonsäure]	Propionsäure [Propionat]
$H_3C-[CH_2]_2-C(=O)OH$	Butansäure [Propylcarbonsäure]	Buttersäure [Butyrat]
...	...	...
$H_3C-[CH_2]_{10}-C(=O)OH$	Dodecansäure [Undecylcarbonsäure]	Laurinsäure [Laurat]
$H_3C-[CH_2]_{12}-C(=O)OH$	Tetradecansäure [Tridecylcarbonsäure]	Myristinsäure [Myristat]
$H_3C-[CH_2]_{14}-C(=O)OH$	Hexadecansäure [Pentadecylcarbonsäure]	Palmitinsäure [Palmitat]
$H_3C-[CH_2]_{16}-C(=O)OH$	Octadecansäure [Heptadecylcarbonsäure]	Stearinsäure [Stearat]
...	...	...
$C_6H_5-C(=O)OH$	Phenylmethansäure	Benzoesäure [Benzoat]
$C_6H_4(OH)-C(=O)OH$	2-Hydroxy-phenylmethansäure	Salicylsäure [Salicylat]

In der Tabelle sind auch die Namen der konjugierten Basen der Carbonsäuren angeführt. Wie bei den Aldehyden bilden wir den Stamm des lateinischen Trivialnamen und hängen die Silbe **-at** an.

Carbonsäuren besitzen viel höhere Siedepunkte als Alkane gleicher Kettenlänge. Der Grund dafür ist die Ausbildung relativ starker H-Brückenbindungen zwischen den Carbonsäuremolekülen selbst, aber auch mit Wasser.

Aufgrund der Polarität der Carboxylgruppe und der Ausbildung von H-Brückenbindungen lösen sich Carbonsäuren mit bis zu 4 Atomen vollständig in Wasser. Bei den höher molekularen Vertretern überwiegt die Apolarität des Alkylrestes, und sie lösen sich daher in Wasser unvollkommen oder gar nicht.

Carbonsäuren geben das Proton an der Carboxylgruppe relativ leicht ab. Gemessen an den meisten organischen Verbindungsklassen sind Carbonsäuren relativ stark sauer. Sie sind jedoch erheblich schwächer als die starken anorganischen Mineralsäuren wie etwa HCl.

Die Säurestärke der Carbonsäuren hängt vom Rest R ab. Reste wie etwa Alkylgruppen, die nicht besonders elektronenanziehend oder gar elektronenreich sind, setzen die Säurestärke herab (der pK_S-Wert steigt). Daher ist Ameisensäure (pK_S = 3,7) etwas stärker als Essigsäure (4,75) und Propionsäure (4,9). Elektronenanziehende Substituenten dagegen verstärken die Acidität (pK_S sinkt). Daher sind Chlorethansäure (Chloressigsäure; pK_S = 2,8), Dichlorethansäure (Dichloressigsäure; 1,3) und Trichlorethansäure (Trichloressigsäure; 0,65) wesentlich stärker als Essigsäure und erreichen fast die Stärke anorganischer Mineralsäuren.

Wichtige Carbonsäurederivate: Carbonsäureester, Carbonsäureamide und Carbonsäureanhydride

Wir bezeichnen Verbindungen, die ein C-Atom mit der gleichen Oxidationszahl wie die Carboxylgruppe (+3) besitzen, als **Carbonsäurederivate**. *Abb. 3.44* zeigt die Strukturen der wesentlichen Verbindungsklassen.

Wir erkennen, dass in allen Verbindungen ein doppelt gebundenes O-Atom und ein einfach gebundenes elektronegatives Atom am Carboxyl-C-Atom gebunden sind (O oder N).

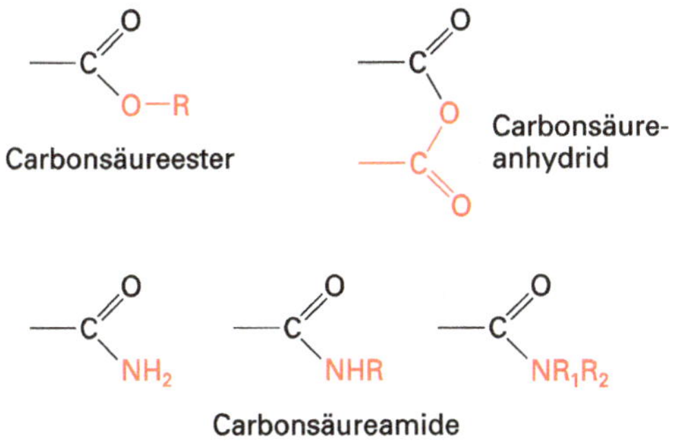

Abb. 3.44: Die wichtigsten Derivate der Carbonsäuren

Mehrprotonige (mehrbasige) Carbonsäuren

Darunter verstehen wir Verbindungen, die mehr als eine Carboxylgruppe besitzen. Sie reagieren sehr ähnlich wie Monocarbonsäuren. Ihre Säurestärke ist etwas höher, da jede Carboxylgruppe einen elektronenanziehenden Effekt auf die jeweils andere ausübt und dadurch die Abspaltung eines Protons etwas erleichtert wird.

Tab. 3.7 nennt einige Vertreter (die Formeln können aus den rationellen Namen leicht ermittelt werden!).

Tab. 3.7: Nomenklatur wichtiger Dicarbonsäuren und ihrer konjugierten Basen.

Rationeller Name [alternativer Name]	Trivialname	Lateinischer Trivialname [konjugierte Base]
Ethandi*säure*	Oxalsäure	Acidum oxalicum [Oxalat]
Propan*disäure* [Methan*dicarbonsäure*]	Malonsäure	Acidum malonicum [Malonat]
Butan*disäure* [Ethan*dicarbonsäure*]	Bernsteinsäure	Acidum succinicum [Succinat]
Pentan*disäure* [Propan*dicarbonsäure*]	Glutarsäure	Acidum glutaricum [Glutarat]
cis-Buten*disäure* [cis-Ethen*dicarbonsäure*]	Maleinsäure	Acidum maleinicum [Maleinat]
trans-Buten*disäure* [trans-Ethen*dicarbonsäure*]	Fumarsäure	Acidum fumaricum [Fumarat]

Eine Besonderheit stellt die Bildung 5- oder 6-gliedriger Ringsysteme aus Dicarbonsäuren beim Erhitzen oder Behandeln mit wasserentziehenden Mitteln dar. Bernsteinsäure und Glutarsäure etwa bilden **cyclische Säureanhydride** (*Abb. 3.45*).

Hydroxy- und Ketocarbonsäuren

Hydroxycarbonsäuren besitzen zusätzlich zur Carboxylgruppe eine Hydroxylgruppe. Die Benennung orientiert sich primär an der Carboxylgruppe. Die Hydroxylgruppe wird als Substituent bezeichnet.
Je nach der Stellung der Hydroxylgruppe in Bezug auf die Carboxylgruppe unterscheiden wir α-, β-, γ-, δ- usw. Hydroxycarbonsäuren.

Ketocarbonsäuren entstehen durch Oxidation der Hydroxycarbonsäuren. Die alkoholische Hydroxylgruppe wird zur Carbonylgruppe oxidiert.

Abb. 3.46 zeigt die Strukturformeln einiger wichtiger Verbindungen.
Hydroxycarbonsäuren spalten beim Erhitzen Wasser ab. α-Hydroxycarbonsäuren

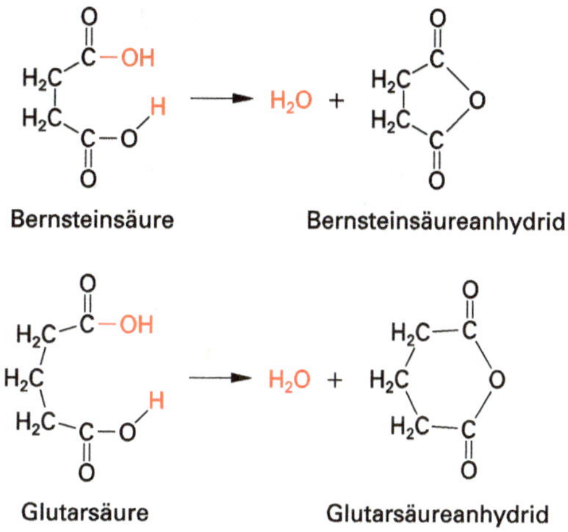

Bernsteinsäure → H_2O + Bernsteinsäureanhydrid

Glutarsäure → H_2O + Glutarsäureanhydrid

Abb. 3.45: Die Bildung cyclischer Säureanhydride aus Dicarbonsäuren

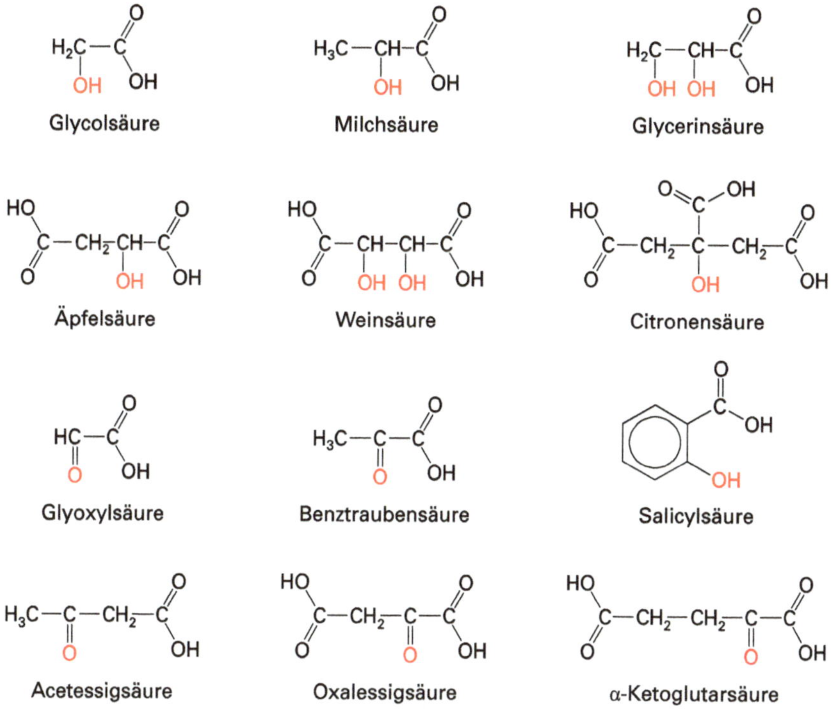

Glycolsäure | Milchsäure | Glycerinsäure

Äpfelsäure | Weinsäure | Citronensäure

Glyoxylsäure | Benztraubensäure | Salicylsäure

Acetessigsäure | Oxalessigsäure | α-Ketoglutarsäure

Abb. 3.46: Die wichtigsten Hydroxy- bzw. Ketocarbonsäuren

wie Milchsäure reagieren dabei unter intermolekularer Esterbildung zu zyklischen Di-estern, so genannten **Lactiden**. β-Hydroxycarbonsäuren dagegen eliminieren Wasser intramolekular, wobei sich Alkene, so genannte α, **β-ungesättigte Carbonsäuren** bilden. Durch die Ausbildung eines konjugierten Doppelbindungssystems mit der Carboxylgruppe sind diese Verbindungen recht stabil. γ- und δ-Hydroxycarbonsäuren schließlich reagieren unter intramolekularer Esterbildung zu cyclischen Estern, so genannten **Lactonen**. Aufgrund der Entfernung der OH-Gruppe von der COOH-Gruppe und der Flexibilität des Moleküls (Drehungen um Einfachbindungen) können die beiden funktionellen Gruppen einander nahe genug kommen, damit eine Reaktion möglich ist. *Abb. 3.47* zeigt diese Reaktionen:

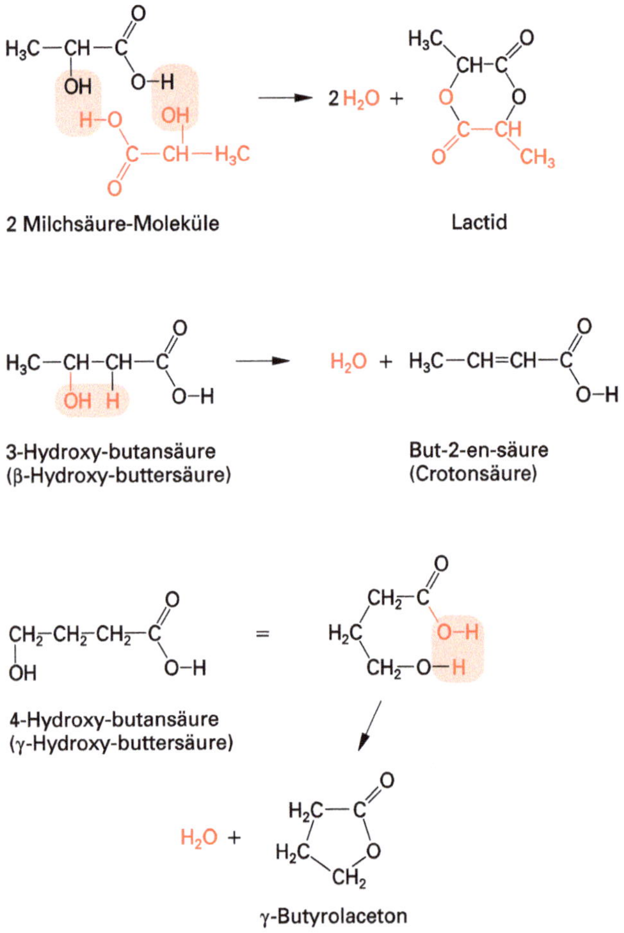

2 Milchsäure-Moleküle → $2\,H_2O$ + Lactid

3-Hydroxy-butansäure (β-Hydroxy-buttersäure) → H_2O + But-2-en-säure (Crotonsäure)

4-Hydroxy-butansäure (γ-Hydroxy-buttersäure) → H_2O + γ-Butyrolaceton

Abb. 3.47: Die Reaktionen verschiedener Typen von Hydroxycarbonsäuren beim Erhitzen

3.8 Sauerstoff – ein Gas mit vielen Gesichtern

Lehrziel

Sauerstoff ist für das Leben, wie wir es heute kennen, unverzichtbar. Als Bestandteil der Atmosphäre ist er aber auch ein Produkt des Lebens. In diesem Abschnitt lernen wir dieses Element und einige seiner medizinisch sehr wichtigen Verbindungen etwas genauer kennen.

Sauerstoff ist das häufigste Element in der festen Erdkruste und nach Stickstoff der zweitwichtigste Bestandteil der Luft: Als Disauerstoff O_2 macht er etwa 21% des Luftvolumens aus.

Die Uratmosphäre der Erde enthielt keinen freien Sauerstoff. Wegen seiner relativ hohen Reaktivität kam Sauerstoff praktisch nur in Form von Wasser und gebunden in oxidischen und anderen Erzen vor. Erst die „Erfindung" der **Photosynthese** durch autotrophe Organismen wie Pflanzen und photosynthetisierende Algen führte zu einer allmählich ansteigenden Konzentration des Gases in der Luft und – gleichlaufend – zu einer Umstellung eines überwältigenden Großteils der Lebensformen auf **aerobe Energiegewinnung** (siehe Abschnitt 3.5 „Die Atmungskette").

Sauerstoff existiert noch in einer weiteren, ebenfalls gasförmigen Modifikation, dem **Ozon** O_3. Ozon bildet in höheren Schichten der Atmosphäre einen „Schutzschild" für das Leben auf der Erde, da es aus dem Sonnenlicht gefährliche kurzwellige UV-Strahlen (UV = Ultraviolett) absorbiert. Durch die großtechnische Verwendung der so genannten Fluorchlorkohlenwasserstoffe (FCKW) als Treibgas, Kältemittel und Lösungsmittel gelangen diese Substanzen in die Atmosphäre und beschleunigen die Zersetzung des thermodynamisch instabilen Ozons (**Ozonloch**). Durch diese besonders über der Antarktis weit fortgeschrittene Zerstörung der Ozonschicht beobachten wir in Ländern wie Australien und Neuseeland in den letzten Dekaden einen starken Anstieg des Risikos, bösartigen **Hautkrebs** zu entwickeln (siehe auch Kapitel 9, Abschnitt 3 „Chemie und Krebsentstehung").

Bodennahes Ozon, welches sich bei starker Sonneneinstrahlung unter dem Einfluss von Autoabgasen bilden kann, stellt bei direkter Einwirkung auf den Menschen ein starkes Gift dar, wobei besonders die Atemwege in Mitleidenschaft gezogen werden. Aufgrund seiner kräftigen Oxidationswirkung ist Ozon ein starkes Zellgift. Es wird deshalb für **Desinfektionszwecke**, beispielsweise in Schwimmbädern, benutzt.

Wasser, die wichtigste Verbindung des Sauerstoffs, wird in diesem Lehrbuch gesondert besprochen (siehe Kapitel 1, Abschnitt 3 „Wasser, eine vertraute Substanz mit überraschenden Eigenschaften").

Eine Sonderstellung nimmt **Wasserstoffperoxid** H_2O_2 ein. Wie alle Peroxide enthält es eine O–O Bindung. Die beiden Sauerstoffatome haben die Oxidationszahl −1. Wasserstoffperoxid ist instabil und zersetzt sich leicht gemäß

$$2H_2\overset{-1}{O}_2 \rightarrow 2H_2\overset{-2}{O} + \overset{0}{O}_2$$

Die Zahlen oberhalb der Elementsymbole sind die Oxidationszahlen. Bei der Zersetzung werden also aus 4 O-Atomen mit der Oxidationszahl -1 zwei O-Atome mit -2 und zwei O-Atome mit 0. Eine solche Reaktion, bei der ein Element, ausgehend von einer mittleren Oxidationszahl, zwei verschiedene Oxidationszahlen annimmt, bezeichnen wir als **Redox-Disproportionierung**.

Wegen seiner mittleren Oxidationszahl kann H_2O_2 als Reduktionsmittel und als Oxidationsmittel reagieren (es ist **redoxamphoter**). Die Halbreaktion der Oxidation, bei der H_2O_2 das Reduktionsmittel ist, lautet:

$$H_2\overset{-1}{O}_2 \rightarrow \overset{0}{O}_2 + 2H^+ + 2e^-$$

Die Halbreaktion der Reduktion, bei der H_2O_2 das Oxidationsmittel ist, lautet:

$$H_2\overset{-1}{O}_2 + 2H^+ + 2e^- \rightarrow 2H_2\overset{-2}{O}$$

H_2O_2 ist eine sehr schwache Säure. Die Salze sind die **Peroxide**. Sie enthalten das Peroxid-Anion O_2^{2-}.

H_2O_2 entsteht bei verschiedenen biochemischen Reaktionen innerhalb von Zellen. Es ist ein Zellgift und wird mit Hilfe des Enzyms **Katalase**, eines Hämproteins, durch Beschleunigung der oben beschriebenen Zersetzung zu Wasser und Sauerstoff unschädlich gemacht. H_2O_2 findet zum Bleichen von Haaren, Federn und Knochenpräparaten weit verbreitete Anwendung. In der Medizin dient es auch als **Desinfektionsmittel** in Mund- und Gurgelwässern sowie in der Wundbehandlung.

Ein verwandtes, sehr reaktives und daher ebenfalls potentiell gefährliches Molekül ist das **Hyperoxid-Radikalanion** (früher auch **Superoxid-Radikalanion** genannt), welches durch Übertragung eines Elektrons auf molekularen Sauerstoff entsteht:

$$O_2 + e^- \rightarrow \overset{\bullet}{O}_2^-$$

Diese Reaktion kann zum Beispiel als Nebenreaktion im Hämoglobin ablaufen, wenn das zentrale Fe^{2+}-Ion im Häm ein Elektron an das gebundene Sauerstoffmolekül abgibt und selbst zu Fe^{3+} oxidiert wird. Dabei entsteht braunes, katalytisch unwirksames **Methämoglobin** und eben das Hyperoxid-Radikalanion.

Merke: Das Hyperoxid-Radikalanion besitzt ein ungepaartes Elektron; deshalb ist es ein **Freies Radikal**. Dies soll der Punkt über dem Elementsymbol anzeigen. Radikale sind meist extrem reaktiv und können zu unkontrollierbaren Reaktionen führen. So kann gerade das Hyperoxid-Radikalanion Ausgangspunkt für die nachfolgende Bildung anderer, wesentlich aggressiverer Radikale wie des **Hydroxyl-Radikals** ($\overset{\bullet}{O}H$) sein.

Besonders leicht erfolgen solche Radikal-bildenden Reaktionen in Gegenwart von Eisen-Ionen, die in Zellen ubiquitär vorkommen. Zellen besitzen daher ein Schutzenzym, die **Superoxid-Dismutase** (SOD; hier ist leider immer noch der alte

Name gebräuchlich), die Hyperoxid in H_2O_2 und Sauerstoff überführt:

$$2\dot{O}_2^- + 2H^+ \xrightarrow{SOD} H_2O_2 + O_2$$

Die **Oxide** der Metalle sind meist salzartig aufgebaut. Sie enthalten das Oxid-Ion O^{2-}. Beim Auflösen wasserlöslicher Oxide wie etwa Natriumoxid Na_2O oder Magnesiumoxid MgO in Wasser wird das Oxid-Ion aufgrund seiner extrem hohen Basenstärke vollständig zu Hydroxid-Ionen protoniert:

$$O^{2-} + H_2O \rightarrow 2OH^-$$

3.9 Acetylsalicylsäure – ein Tausendsassa unter den pharmakologischen Wirkstoffen

Lehrziel

Eines der ältesten Medikamente enthält als wirksames Prinzip die aromatische Carbonsäure 2-Hydroxy-benzen-carbonsäure, auch Salicylsäure genannt.

Die **Salicylsäure** ist eines der interessantesten Wirkstoffmoleküle in der Medizin. In Form ihres Essigsäureesters **Acetylsalicylsäure** (*Abb. 3.48*) ist sie eines der weltweit am häufigsten eingesetzten Medikamente.

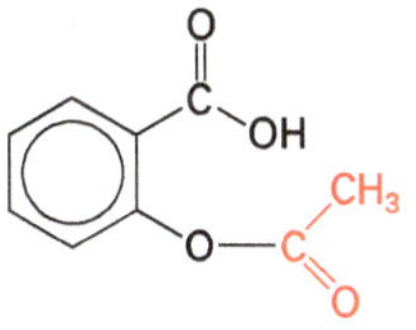

Abb. 3.48: Die chemische Konstitution von Acetylsalicylsäure, des Essigsäureesters der Salicylsäure

Die Wirkung dieses Esters besteht darin, dass er einen **Acetyl**-Rest auf das Enzym **Cyclooxygenase** überträgt und dieses damit irreversibel ausschaltet. Dieses Enzym kommt in Körper in zwei Isoformen – COX I und COX II – vor, und beide Isoformen werden durch Acetylsalicylsäure blockiert. COX I wird von fast allen Zellen **konstitutiv**, das heißt ohne spezielle Induktion, gebildet, COX II hingegen kommt nur in einigen Zelltypen vor wie den Leukozyten und Makrophagen des Immunsystems, und seine Biosynthese wird durch bestimmte Wirkstoffe wie Cytokine und Wachstumsfaktoren **induziert**. Beide Enzym-Isoformen sind verantwortlich für die Synthese von **Prostaglandinen** und **Thromboxanen**, die auf eine Vielfalt von Zellen auf sehr unterschiedliche Weisen wirken können.

Insbesondere COX II-Produkte sind für drei Effekte verantwortlich, wegen welcher COX-Hemmstoffe wie Acetylsalicylsäure so häufig verschrieben werden:

COX II produziert Prostaglandine, die Fieber, Entzündungen und Schmerz induzieren.

Damit ist auch das Einsatzspektrum für Acetylsalicylsäure zum größten Teil beschrieben: Fiebersenkung (**antipyretische Wirkung**), Entzündungshemmung (antiphlogistische Wirkung) und Schmerzlinderung (**analgetische Wirkung**). Zusätzlich wird eine **Thrombozyten-Aggregationshemmung** bewirkt, was für die Prophylaxe von Herzinfarkten bedeutend ist.

Eine wichtige Nebenwirkung der Therapie mit Acetylsalicylsäure ist allerdings die gleichzeitig erfolgende Hemmung der Biosynthese bestimmter Prostaglandine, die in Magen und Dünndarm die Schleimproduktion steigern und so zu einem Schleimhautschutz führen.

Auflösung zur Fallbeschreibung

Die richtige Diagnose für unseren Landwirt lautet **Intoxikation mit Kohlenmonoxid** (CO). Alte Destillieröfen werden mit Festbrennstoffen geheizt. Bei ungenügender Sauerstoffzufuhr bildet sich aus dem Kohlenstoff dieser Brennstoffe nicht CO_2, sondern CO. Die fast hermetische Abdichtung des Kellerraumes wegen der Angst vor Entdeckung beim illegalen Schnapsbrennen bewirkte den Anstieg der Konzentration dieses Giftgases und damit die Intoxikation.

CO bildet mit dem Fe^{2+}-Zentralion der Hämgruppe im Hämoglobin wesentlich stabilere Komplexe als O_2. Damit verhindert CO sehr effizient die Beladung von Hämoglobin mit O_2 in der Lunge und führt rasch zu einer lebensbedrohlichen Verknappung des für die Zellatmung in den Mitochondrien notwendigen terminalen Elektronenakzeptors O_2.

Die Folgen einer solchen Hemmung der Zellatmung können sehr rasch fatal sein, da insbesondere die Zellen des Nervengewebes auf eine kontinuierliche Versorgung mit Energie angewiesen sind. Sie reagieren auf den Ausfall der aeroben Energieversorgung schnell mit zerebralen Krampfanfällen mit Veränderungen des Elektrokardiogramms (EKG) und Bewusstlosigkeit – häufig steht am Ende der Tod.

Die Pulsoxymetrie ist eine colorimetrische Untersuchung am Hämoglobin, im wesentlichen eine Messung der Farbe, und zeigt einen falsch-normalen Wert an, da CO-Hämoglobin (CO-Hb) ebenso wie mit Sauerstoff beladenes Hämoglobin (O_2-Hb) eine hellrote Farbe zeigt.

Bei dem Patienten unseres Fallbeispiels war bei der Einlieferung in die Klinik trotz einer reinen Sauerstoffbeatmung während des 20-minütigen Transports die Konzentration des CO-HB immer noch 47 %.

Der Blutalkoholspiegel hingegen zeigte mit 0.9‰ eine nur moderate Alkoholisierung an. Auch das sehr rasche Einsetzen der tiefen Bewusstlosigkeit, das aus der Fremdanamnese der Gattin ableitbar war, ließ zusammen mit allen übrigen Symptomen und dem Unglückshergang eine Alkoholintoxikation als sehr unwahrscheinlich erscheinen. Der leichte Geruch nach Ethanol ist beim Vorgang des Schnapsbrennens nicht ungewöhnlich.

Die optimale Therapie einer CO-Intoxikation ist die hyperbare Oxygenation (**HbO-Therapie**). Das ist eine Beatmung mit reinem Sauerstoff unter erhöhtem Druck (3 bar). Bei diesem hohen Druck löst sich Sauerstoff im Blutplasma – und zwar so viel, dass Erythrozyten mit ihrem Hämoglobin als Sauerstofftransporter gar nicht notwendig sind.

Die HbO-Therapie hat mehrere positive Konsequenzen:

- Der Patient wird sofort wieder re-oxygeniert, weil das momentan funktionsunfähige CO-Hb wegen des im Blut gelösten Sauerstoffs gar nicht benötigt wird.
- CO-Hb wird durch das hohe Sauerstoffangebot kompetitiv relativ rasch wieder durch mit Sauerstoff beladenes Hämoglobin (Oxyhämoglobin O_2-Hb) ersetzt. Die Halbwertszeit des Ersatzes von CO am Hämoglobin durch O_2, die bei normalen Raumluftbedingungen 3 Stunden beträgt, wird auf etwa 30 Minuten abgesenkt.

Neben diesen gut verstandenen Mechanismen hat die HbO-Therapie noch weitere günstige Auswirkungen, die biochemisch nicht so gut geklärt sind. Das so genannte Re-Oxygenationssyndrom, welches bei gewöhnlicher Beatmung zu sekundären Gewebsschädigungen führt, wird verhindert, die zentralnervöse Lipidperoxidation wird gestoppt, und eine Ödembildung wird gestoppt oder wenigstens weitgehend verhindert.

Für den Therapeuten gehört die HbO-Therapie zu den faszinierendsten Erfahrungen. Ein intubierter, halb toter Patient wird eingeliefert, wacht nach und nach auf und bereits nach insgesamt eineinhalb Stunden kann extubiert werden.

Auch eine Vergiftung mit **Blausäure** (Cyanwasserstoff, HCN) funktioniert ähnlich: Blausäure hemmt die Atmungskette sehr effektiv, vor allem auf der Stufe der **Cytochrom-c-Oxidase** (Komplex IV), in dem sie sich an das dreiwertige Eisen-Ion (Fe^{3+}) bindet, welches sich im Zentrum eines Häm-Moleküls dieses Enzyms befindet. Die Folgen: **Innere Erstickung** droht, bei der zwar die Lungenatmung des Patienten grundsätzlich funktioniert. Deshalb zeigen Opfer einer Blausäure-Vergiftung auch nicht die bläuliche Hautfarbe von Opfern einer Würgeattacke, sondern weisen wie bei einer CO-Intoxikation ebenfalls eine **rosige Hautfarbe** auf. Im Fall der Blausäure-Vergiftung rührt die rosige Hautfarbe vom O_2-Hb im Blut her, da die Beladung des Hämoglobins mit Sauerstoff funktioniert. Die Hemmung der Atmungskette jedoch verhindert die Reduktion des Sauerstoffs zu Wasser.

AUFLÖSUNG UND FÄLLUNG

4

Fallbeschreibung

Ein 4-jähriges Mädchen kommt mit ihrer Mutter in die Praxis einer Zahnärztin. Diese findet stark kariöse Milchzähne vor. Auf Befragen der Mutter stellt sich heraus, dass das Mädchen abends vor dem Einschlafen immer ein Fläschchen mit gesüßtem Früchtetee erhält und bis zum Einschlafen daran herumnuckelt.

Welche Ursache hat zu dem starken Kariesbefall der Zähne geführt?

Lehrziele

Wir werden in diesem Kapitel die Anwendung der Gesetze des Chemischen Gleichgewichts für **Auflösungs- und Fällungsprozesse** fester Substanzen kennen lernen.

4.1 Lösungs- und Fällungsgleichgewichte

Lehrziel

Welche Gesetzmäßigkeiten beherrschen die Auflösung fester Substanzen, und welche Bedingungen müssen vorliegen, damit sich feste Niederschläge aus Lösungen bilden? Auch hier spielen Gleichgewichtsreaktionen eine zentrale Rolle.

Wenn wir feste Molekülkristalle oder Ionenkristalle in eine Flüssigkeit wie Wasser geben, so lösen sie sich auf, wenn die Wechselwirkungen zwischen den Molekülen der Flüssigkeit und den Bausteinen des Feststoffes stärker sind als die Wechselwirkungen zwischen den Bausteinen. Das kristalline Gitter wird zerstört, und die nun frei in der Lösung befindlichen Moleküle oder Ionen des ursprünglichen Kristalls werden durch Ausbildung von Hüllen aus Lösungsmittelmolekülen stabilisiert. Dieses Phänomen nennen wir **Solvatation**. Im Fall des Lösungsmittels Wasser sprechen wir auch von **Hydratation**.

Allerdings können wir in einem bestimmten Volumen des Lösungsmittels nicht unbegrenzt viel Feststoff auflösen. Erreicht die Konzentration der gelösten Teilchen einen bestimmten, für das jeweilige System aus Feststoff und Lösungsmittel bei konstanter Temperatur charakteristischen Wert, so wird bei Zugabe noch weiterer Mengen des Feststoffes keine weitere Zunahme der Konzentration der gelösten Teilchen mehr beobachtet. Ein Gleichgewicht hat sich eingestellt.

Mikroskopisch betrachtet gehen zwar weiterhin in jedem Zeitintervall Teilchen in Lösung, gleichzeitig aber treten gleich viele Teilchen aus der Lösung wieder in den Kristall ein. Da sich dieses Gleichgewicht an der Phasengrenze zwischen dem Feststoff und der Lösung ausbildet, ist es ein **heterogenes Gleichgewicht**.

Je nachdem, ob beim Lösen der Substanz gelöste Moleküle entstehen oder durch so genannte Dissoziation Ionen gebildet werden, lassen sich zwei Fälle unterscheiden.

Auflösung ohne Dissoziation in Ionen

Besonders einfach sind die Verhältnisse bei Substanzen, die nicht dissoziieren. Medizinisch wichtige Beispiele sind eine Lösung von Glucose oder anderen Kohlenhydraten in Wasser oder eine Lösung von Iod in verdünntem Ethanol. *Abb. 4.1* zeigt schematisch die Situation, wenn wir die gelöste Substanz allgemein als A bezeichnen und uns auf das wichtigste Lösungsmittel Wasser beschränken.

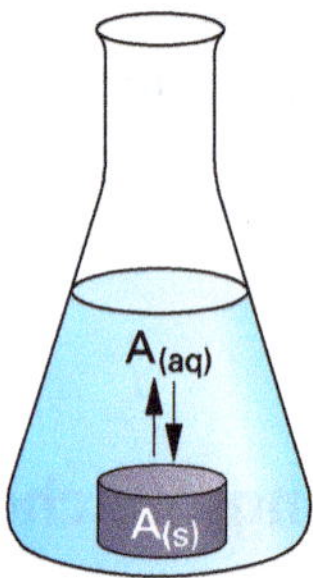

Abb. 4.1: Das Gleichgewicht beim Auflösen einer nicht-dissoziierenden Substanz. Der tiefgestellte Index „s" bedeutet „fest" (von englisch *solid*). Der Index „aq" bedeutet, dass eine Hydrathülle aus Wassermolekülen die gelösten Moleküle der Substanz A stabilisiert (von englisch *aqueous*).

Nach den Regeln zur Aufstellung des Massenwirkungsgesetzes können wir für dieses Gleichgewicht schreiben:

$$A_{(s)} \rightleftarrows A_{(aq)}$$

$$K' = \frac{[A_{(aq)}]}{[A_{(s)}]}$$

$$K' \cdot [A_{(s)}] \equiv K = [A_{(aq)}]$$

Hier haben wir die Tatsache benutzt, dass die Konzentration des festen A wegen der Inkompressibilität von Feststoffen eine Konstante ist. Sie entspricht der konstanten Dichte der festen Substanz und wir müssen sie daher nicht explizit anschreiben, sondern beziehen sie in die Gleichgewichtskonstante mit ein. Dieselbe Vereinfachung haben wir bei Säure-Base-Konzentrationen für die Konzentration von H_2O angewandt.

Der Ausdruck $[A_{(aq)}]$ in der letzten Gleichung bedeutet die im Gleichgewicht vorhandene Konzentration von A, die wir auch **Sättigungskonzentration** nennen. In Worten bedeutet unser Ergebnis, dass bei einem Löseprozess ohne Dissoziation die **Gleichgewichtskonstante gleich der Sättigungskonzentration** der Substanz

A ist. Diese besitzt bei konstanter Temperatur einen charakteristischen und konstanten Wert, eben den der Gleichgewichtskonstante.

Die Voraussetzung für die Gültigkeit unseres Ergebnisses ist, dass tatsächlich Sättigung vorliegt. Nicht jede beliebige Konzentration der gelösten Substanz ist gleich K, sondern ausschließlich die Sättigungskonzentration. Die können wir immer dann beobachten, wenn soviel Substanz A gelöst ist, dass jeder weitere Zusatz von festem A nur die Menge des festen **Bodensatzes** vergrößert, auf die Konzentration der gelösten Substanz A jedoch keine Auswirkungen mehr hat.

Auflösung mit Dissoziation in Ionen

Etwas komplizierter liegen die Verhältnisse, wenn wir die Auflösung mit Dissoziation betrachten (*Abb. 4.2*).

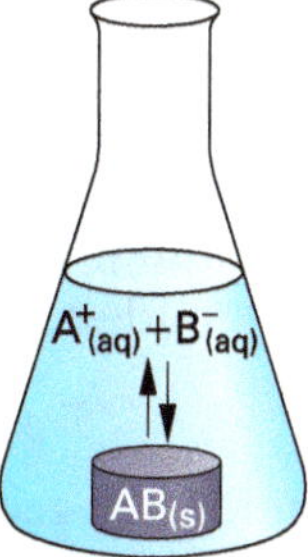

Abb. 4.2: Das Gleichgewicht beim Auflösen eines AB-Salzes. Dieser Fall ist für alle Ionenkristalle von Salzen gültig. Die feste Substanz dissoziiert in positiv geladene Kationen und negativ geladene Anionen, die beide von den Wasser-Dipolmolekülen mit einer Hydrathülle umgeben werden.

Der einfachste Fall liegt vor, wenn wir ein so genanntes **binäres AB-Salz** betrachten, welches durch eine Sorte von Kationen und eine Sorte von Anionen im zahlenmäßigen Verhältnis 1 : 1 aufgebaut wird. Hier können wir die chemische Reaktion beschreiben als:

$$AB_{(s)} \rightleftarrows A^+_{(aq)} + B^-_{(aq)}$$

$$K' = \frac{[A^+_{(aq)}] \cdot [B^-_{(aq)}]}{[AB_{(s)}]}$$

$$K' \cdot [AB_{(s)}] \equiv K_L = [A^+_{(aq)}] \cdot [B^-_{(aq)}]$$

Wir haben hier wiederum von der konstanten Konzentration $[AB_{(s)}]$ Gebrauch gemacht. Die Gleichgewichtskonstante für diesen Spezialfall wird allgemein als **Löslichkeitsprodukt** bezeichnet. Daher stammt die Abkürzung K_L.

Merke: Das Löslichkeitsprodukt, die Gleichgewichtskonstante für die unter Dissoziation verlaufende Auflösung einer Substanz, ist das Produkt der Ionenkonzentrationen in einer gesättigten Lösung.

Löslichkeitsprodukte vieler schwerlöslicher Salze sind sehr klein ($K_L \ll 1$). Um Berechnungen mit so kleinen Zahlen bequemer zu gestalten, empfiehlt sich ähnlich wie bei Säure- und Basenkonstanten eine logarithmische Umformung gemäß folgender Definition:

$$pK_L \equiv -\log_{10} K_L = \lg K_L$$

Merke: Positive Werte von pK_L sind gleichbedeutend mit $K_L < 1$. Je größer pK_L ist, umso schlechter löslich ist das entsprechende Salz.

Die Berechnung der molaren Löslichkeit eines Salzes

Löslichkeitsprodukte, die – wie alle Gleichgewichtskonstanten – nur von der Temperatur abhängig sind, erlauben die Berechnung, ab welcher Konzentration ein Salz aus einer Lösung „auszufallen" beginnt beziehungsweise ab welcher Konzentration der beteiligten Kationen und Anionen die Löslichkeitsgrenze erreicht wird. Dies ist immer dann von Bedeutung, wenn Lösungen Ionen enthalten, die miteinander ein schwerlösliches Salz bilden können.

Einige Beispiele aus dem Bereich der Medizin zeigen den Nutzen solcher Überlegungen:

Anhand der Berechnung der **molaren Löslichkeit** m_L einiger Salze mit gegebenem K_L wollen wir sehen, wie wir die notwendigen Gleichgewichtsberechnungen durchführen können. Wir beginnen mit dem einfachsten Fall eines AB-Salzes.

- Als ersten Schritt empfiehlt sich, die Reaktionsgleichung der Auflösung des Salzes ebenso anzuschreiben wie die genaue Form des Löslichkeitsprodukts. Dies ist insbesondere bei komplizierteren Salzen unabdingbar. Für ein AB-Salz kennen wir beide Ausdrücke bereits:

$$AB_{(s)} \rightleftarrows A^+_{(aq)} + B^-_{(aq)}$$

$$K_L = [A^+_{(aq)}] \cdot [B^-_{(aq)}]$$

- Ähnlich wie bei der Behandlung von Säure-Base-Gleichgewichten zerlegen wir nun die Reaktion gedanklich in zwei Schritte: Wir untersuchen zuerst die Verhältnisse vor dem Beginn der Auflösung des AB-Salzes in Wasser. Im zweiten Schritt erfolgen die Dissoziation und die Gleichgewichtseinstellung. *Tab. 4.1* gibt die Konzentrationsverhältnisse zu beiden Zeitpunkten an, wobei wir jetzt und im Folgenden den Index „aq" zur Vereinfachung weglassen.

Tabelle 4.1: Tabelle zur Berechnung des Lösegleichgewichts eines AB-Salzes.

	vor der Auflösung	im Gleichgewicht
$[A^+]$	0	x
$[B^-]$	0	x

- Anschließend setzen wir die so ermittelten, zahlenmäßig noch unbekannten, Gleichgewichtskonzentrationen in das Massenwirkungsgesetz ein:

$$K_L = [A^+] \cdot [B^-] = x \cdot x$$

- Auflösung nach x ergibt die gesuchte molare Löslichkeit:

$$x = \sqrt{K_L} = m_L$$

Dieses Berechnungsschema wollen wir gleich an einem etwas komplexeren Beispiel anwenden, nämlich an einem binären Salz A_mB_n, welches die beiden Ionensorten in einem Verhältnis von m:n enthält.

- Zuerst schreiben wir die Reaktionsgleichung und den Ausdruck für das Löslichkeitsprodukt an:

$$A_mB_n \rightleftarrows mA^{n+} + nB^{m-}$$

$$K_L = [A^{n+}]^m \cdot [B^{m-}]^n$$

- Nun erarbeiten wir *Tab. 4.2* mit den relevanten Konzentrationsverhältnissen vor Beginn der Auflösung und nach Einstellung des Gleichgewichtszustandes. Dabei nehmen wir an, dass sich in einem Liter der gesättigten Lösung gerade x Mole des gelösten Salzes befinden. Wir müssen nun die Reaktionsgleichung heranziehen: Pro Mol gelöstem Salz befinden sich m Mole von A^{n+}-Ionen und n Mole von B^{m-}-Ionen in der Lösung.

Tabelle 4.2: Tabelle zur Berechnung des Lösegleichgewichts eines A_nB_m-Salzes.

	vor der Auflösung	im Gleichgewicht
$[A^{n+}]$	0	$m \cdot x$
$[B^{m-}]$	0	$n \cdot x$

- Setzen wir die so ermittelten, zahlenmäßig noch unbekannten, Gleichgewichtskonzentrationen in das Massenwirkungsgesetz ein, so folgt:

$$K_L = [A^{n+}]^m \cdot [B^{m-}]^n = (m \cdot x)^m \cdot (n \cdot x)^n = m^m \cdot n^n \cdot x^{m+n}$$

- Auflösung nach x ergibt die gesuchte molare Löslichkeit:

$$x = \sqrt[m+n]{\frac{K_L}{m^m \cdot n^n}} = m_L$$

Wir wollen diese Ergebnisse anhand zweier medizinisch interessanter Beispiele demonstrieren:

Bariumsulfat $BaSO_4$ wird bei Röntgenuntersuchungen des Gastrointestinaltrakts oral eingenommen, obwohl Ba^{2+}-Ionen extrem giftig sind. Dies ist möglich, da $BaSO_4$ sehr schlecht wasserlöslich ist. Das Löslichkeitsprodukt – und dementsprechend auch die molare Löslichkeit – dieses AB-Salzes sind extrem klein:

$$BaSO_4 \rightleftarrows Ba^{2+} + SO_4^{2-}$$

$$K_L = [Ba^{2+}] \cdot [SO_4^{2-}] = 1{,}0 \cdot 10^{-10}\ mol^2 \cdot L^{-2}$$

$$m_L = \sqrt{1{,}0 \cdot 10^{-10}} = 1{,}0 \cdot 10^{-5}\ mol \cdot L^{-1}$$

In 1 Liter Wasser löst sich also nur ein Hunderttausendstel Mol des Salzes $BaSO_4$ auf. Die Konzentration an Ba^{2+}-Ionen ist ebenfalls 0,00001 Mol und damit so gering, dass keine toxischen Wirkungen auftreten.

Unser zweites Beispiel ist **Calciumfluorid** CaF_2, ein Bestandteil von Zahnschmelz, der härtesten Substanz im menschlichen Körper. Dieses Beispiel ist besonders interessant, da CaF_2 ein AB_2-Salz ist. Es besteht aus Ca^{2+}-Kationen und F^--Anionen im Verhältnis 1:2.

Das Löslichkeitsprodukt von CaF_2 ist mit $10^{-10{,}46}$ noch etwas kleiner als jenes von $BaSO_4$. Wie groß ist die molare Löslichkeit dieses Salzes?

$$CaF_2 \rightleftarrows Ca^{2+} + 2F^-$$

$$K_L = [Ca^{2+}] \cdot [F^-]^2 = 10^{-10{,}46}\ mol^3 \cdot L^{-3}$$

$$m_L = \sqrt[1+2]{\frac{K_L}{1^1 \cdot 2^2}} = \sqrt[3]{\frac{10^{-10{,}46}}{4}} = 2{,}05 \cdot 10^{-4}\ mol \cdot L^{-1}$$

Wir sehen, dass die molare Löslichkeit von CaF_2 etwa 20 Mal größer ist als die von $BaSO_4$, obwohl sein Löslichkeitsprodukt etwas kleiner ist. Der Grund dafür ist der veränderte Bau des Salzes: CaF_2 ist ein AB_2-Salz, während $BaSO_4$ ein AB-Salz ist.

Übrigens, diese niedrige molare Löslichkeit von CaF_2 eröffnet eine wichtige **Therapiemöglichkeit** bei Verätzungen der Haut mit **Fluss-Säure** HF, die unbehandelt zu sehr lästigen, schlecht heilenden Wunden führen kann: Die betroffenen Hautstellen werden tief mit einer Lösung unterspritzt, die Ca^{2+}-Ionen enthält. Die F^--Ionen werden durch die Bildung von schwerlöslichem CaF_2 unschädlich gemacht.

Wie gehen wir vor, wenn wir die Löslichkeitsverhältnisse bei Salzen untersuchen wollen, die nicht binär sind?

Wir wählen als Beispiel **Magnesiumammoniumphosphat** $MgNH_4PO_4$, welches unter Umständen eine Ursache für die Bildung von **Konkrementen** („Nierensteine") sein kann. Wie können wir hier die molare Löslichkeit aus dem Löslichkeitsprodukt ermitteln, welches $3 \cdot 10^{-13}$ beträgt?

Wir gehen ganz analog vor wie bisher:

$$MgNH_4PO_4 \rightleftarrows Mg^{2+} + NH_4^+ + PO_4^{3-}$$

$$K_L = [Mg^{2+}] \cdot [NH_4^+] \cdot [PO_4^{3-}] = 3 \cdot 10^{-13}\ mol^3 \cdot L^{-3}$$

$MgNH_4PO_4$ ist offenbar ein ABC-Salz, welches aus 3 unterschiedlichen Ionensorten im zahlenmäßigen Verhältnis 1:1:1 besteht. *Tab. 4.3* hilft uns weiter.

Tabelle 4.3: Tabelle zur Berechnung des Lösegleichgewichts des ABC-Salzes Magnesiumammoniumphosphat.

	vor der Auflösung	im Gleichgewicht
$[Mg^{2+}]$	0	x
$[NH_4^+]$	0	x
$[PO_4^{3-}]$	0	x

Einsetzen in die Gleichung für das Löslichkeitsprodukt ergibt

$$K_L = x \cdot x \cdot x = x^3 = 3 \cdot 10^{-13}\ mol^3 \cdot L^{-3}$$

$$x = \sqrt[3]{K_L} = \sqrt[3]{3 \cdot 10^{-13}} = 6{,}7 \cdot 10^{-5}\ mol \cdot L^{-1}$$

Die Bildung von Nierensteinen (Konkrementen)

Der Mineralstoff-Haushalt des Körpers wird über die Niere reguliert; überschüssige Ionen werden über den Harn ausgeschieden. In der Niere können durchaus vorübergehend höhere Konzentrationen von Ionen anfallen. Es kann dabei sogar zur Bildung von **übersättigten Lösungen** kommen, wenn für bestimmte schwerlösliche Salze die jeweiligen Löslichkeitsprodukte überschritten werden. Dabei verhindern Schutzstoffe im Harn, dass feste Salze ausfallen. Fehlen diese Schutzstoffe jedoch, so kristallisieren die Salze aus, und es kommt zur Bildung von Nierensteinen. Diese bestehen häufig aus Magnesiumammoniumphosphat $MgNH_4PO_4$, Calciumphosphat $Ca_3(PO_4)_2$ oder Calciumoxalat CaC_2O_4. Nierensteine können unter Umständen **medikamentös aufgelöst** werden. Andere Behandlungsmöglichkeiten sind die **Zertrümmerung durch Ultraschallbehandlung** oder eine **chirurgische Entfernung**.

Der Eigenioneneffekt

Wir haben gesehen, dass Bariumsulfat $BaSO_4$ trotz der Giftigkeit der Ba^{2+}-Ionen als orales Kontrastmittel verabreicht werden kann, weil es sehr schwerlöslich ist. Nur 0,00001 Mol lösen sich in einem Liter Wasser. Wir wollen nun zeigen, dass wir die ohnehin schon sehr geringe Löslichkeit von $BaSO_4$ noch deutlich weiter verringern können, wenn wir nicht reines Wasser als Lösungsmittel verwenden, sondern das $BaSO_4$ in einer wässrigen Lösung des leichtlöslichen und ungiftigen Salzes Natriumsulfat Na_2SO_4 aufschlämmen. Diese Lösung enthält Na^+-Ionen, die wir nicht weiter beachten müssen, und SO_4^{2-}-Ionen, die eine umso interessantere Wirkung haben: SO_4^{2-}-Ionen sind in diesem Fall so genannte **Eigenionen**, weil sie auch in dem Lösungsgleichgewicht von $BaSO_4$ auftreten:

$$BaSO_4 \rightleftarrows Ba^{2+} + SO_4^{2-}$$

Das folgende Beispiel zeigt, wie dramatisch der Eigenioneneffekt ist:

Wie ändert sich die molare Löslichkeit $BaSO_4$, wenn wir anstelle von reinem Wasser beispielsweise eine 0,01 M Lösung von Na_2SO_4 verwenden?

Qualitativ können wir jedenfalls vorhersagen, dass die molare Löslichkeit, die in reinem Wasser schon sehr klein ist, aufgrund des Le Chatelier-Effekts (Prinzip des kleinsten Zwanges; siehe Kapitel 2, Abschnitt 3 „Das Chemische Gleichgewicht") noch kleiner sein wird. Die durch das Na_2SO_4 zusätzlich zur Verfügung gestellten SO_4^{2-}-Ionen erzwingen eine Verringerung der Konzentration der Ba^{2+}-Ionen, damit das Löslichkeitsprodukt nicht überschritten wird.

Tab. 4.4 hilft uns, das Problem auch quantitativ zu erfassen. Wir müssen jetzt berücksichtigen, dass in der 0,01 M Na_2SO_4-Lösung bereits vor der Auflösung von $BaSO_4$ 0,01 M SO_4^{2-}-Ionen vorhanden sind. Durch die Auflösung von $BaSO_4$ kommen noch SO_4^{2-}-Ionen hinzu:

Tabelle 4.4: Tabelle zur Berechnung der Löslichkeit von Bariumsulfat bei Vorhandensein von Sulfat-Ionen. Diese sind für das Salz Bariumsulfat Eigenionen, da sie auch im Lösegleichgewicht des Salzes auftreten.

	vor der Auflösung	im Gleichgewicht
$[Ba^{2+}]$	0	x
$[SO_4^{2-}]$	0,01	0,01 + x

Wir setzen in den Ausdruck für das Löslichkeitsprodukt ein:

$$K_L = [Ba^{2+}] \cdot [SO_4^{2-}] = x \cdot (0{,}01 + x) = 1{,}0 \cdot 10^{-10}\ mol^2 \cdot L^{-2}$$

Das ist eine quadratische Gleichung für x. Allerdings können wir diese Gleichung mit ein wenig chemischem Hausverstand noch vereinfachen. Da die molare Löslichkeit von $BaSO_4$ in reinem Wasser schon sehr klein ist ($0{,}00001 \ll 0{,}01$) und jetzt wegen des Le Chatelier-Effekts noch kleiner sein muss, können wir x im Ausdruck $(0{,}01 + x)$ getrost vernachlässigen und erhalten die sehr einfache Näherungsgleichung:

$$K_L = x \cdot (0{,}01 + x) \approx x \cdot 0{,}01 = 1{,}0 \cdot 10^{-10}$$

$$x = \frac{1{,}0 \cdot 10^{-10}}{0{,}01} = \frac{1{,}0 \cdot 10^{-10}}{10^{-2}} = 1{,}0 \cdot 10^{-8}\ \text{mol} \cdot \text{L}^{-1}$$

Diese näherungsweise Lösung von quadratischen Gleichungen, wenn x erwartungsgemäß sehr klein ist, verwenden wir auch gerne bei anderen Gleichgewichtsberechnungen (siehe auch Kapitel 2, Abschnitt 1 „Die Chemie von Säuren und Basen").

Wir sehen also:

Merke: Durch den Zusatz von **Eigenionen**, das sind Ionen, die in der betrachteten Gleichgewichtsreaktion eine Rolle spielen, können wir die Löslichkeit eines schwerlöslichen Salzes noch wesentlich verringern.

Auflösung zur Fallbeschreibung 4

Zahnschmelz, die härteste Substanz im menschlichen Organismus, besteht aus Hydroxylapatit $Ca_5(PO_4)_3OH$ und Fluorapatit $Ca_5(PO_4)_3F$, zwei Mischsalzen aus Calciumphosphat und Calciumhydroxid bzw. Calciumphosphat und Calciumfluorid.

Diese Verbindungen haben eine außerordentlich geringe Löslichkeit in Wasser. Die Löslichkeit – und damit die Angreifbarkeit des Zahnschmelzes – steigt jedoch, wenn der Zahnschmelz einem sauren Milieu ausgesetzt wird.

Die Säure erhöht die Löslichkeit deshalb, weil sie mit dem Lösegleichgewicht interferieren kann. Dies wollen wir am Beispiel des Fluorapatits untersuchen.

Betrachten wir zuerst das Lösegleichgewicht des Fluorapatits in Wasser:

$$Ca_5(PO_4)_3F \rightleftharpoons 5Ca^{2+} + 3PO_4^{3-} + F^-$$

mit dem Löslichkeitsprodukt:

$$K_L = [Ca^{2+}]^5 \cdot [PO_4^{3-}]^3 \cdot [F^-]$$

Mundbakterien wie Streptococcus *mutans* bauen den Zucker des gesüßten Früchtetees durch Glycolyse zu Säuren wie Milchsäure ab. Die Säure aber entfernt die relativ stark basischen Phosphat-Ionen nach folgender Gleichung aus dem Lösegleichgewicht:

$$H^+ + PO_4^{3-} \rightleftarrows HPO_4^{2-}$$

Die Gleichgewichtskonstante für diese Reaktion ist überraschend groß: Milchsäure hat ein $pK_{S(\text{Milchsäure})} = 3{,}08$, die Säurestärke von Hydrogenphosphat ist mit $pK_S = 12{,}68$ sehr klein. Das Phosphat-Ion ist daher eine starke Base mit einer Basenkonstante:

$$pK_{B(PO_4^{3-})} = 14 - pK_S = 14 - 12{,}68 = 1{,}32$$

Für die Reaktion zwischen der Milchsäure und dem Phosphat-Ion errechnen wir so eine Gleichgewichtskonstante von:

$$K = K_{S(\text{Milchsäure})} \cdot K_{B(PO_4^{3-})} \cdot K_W^{-1} = 10^{-3{,}08} \cdot 10^{-1{,}32} \cdot 10^{+14} = 10^{9{,}6}$$

Diese riesige Gleichgewichtskonstante bewirkt, dass die Phosphat-Ionen sehr effektiv aus dem Lösegleichgewicht des Fluorapatits entzogen werden. Entsprechend dem Prinzip von Le Chatelier wird daher ständig weiter Fluorapatit aufgelöst, solange der Speichel einen niedrigen pH-Wert besitzt.

Der Zahnschmelz wird so schließlich defekt, er wird Löcher und Risse bekommen, und in diesen Läsionen können wiederum Bakterien ansiedeln.

Dieses Beispiel zeigt, wie unterschiedliche chemische Reaktionen miteinander in Wechselwirkung treten und einander gegenseitig beeinflussen können.

DIE GESCHWINDIGKEIT VON PROZESSEN

5

Fallbeschreibung

Eine Gerichtsmedizinerin nimmt nach einem Verkehrsunfall, der vor 2 Stunden geschehen ist, dem Fahrer des Unfallautos Blut zur genauen Bestimmung des Blutalkoholspiegels ab. In der Blutprobe wird ein Alkoholgehalt von 0,85‰ festgestellt.

Wie kann sie auf den Alkoholgehalt des Blutes zum Zeitpunkt des Unfalls zurück schließen?

Lehrziele

Die Konzentration von Alkohol oder auch von Medikamenten im Blut unterliegt aufgrund verschiedenster Vorgänge wie Metabolisierung und Ausscheidung ständig zeitlichen Veränderungen. Zeitliche Veränderungen sind Thema der **Kinetik**. Die Gesetze der Kinetik gehen weit über den Bereich chemischer oder biochemischer Reaktionen hinaus. So ist insbesondere die Pharmakokinetik ein sehr wichtiges Teilgebiet der wissenschaftlichen Medizin, in dem kinetische Gesetze die zentrale Rolle spielen.

5.1 Grundlagen der Kinetik

Lehrziel

Die Geschwindigkeit physikalischer, chemischer oder physiologischer Phänomene lässt sich mit sehr einheitlichen Gesetzen und mathematischen Formalismen beschreiben. In diesem Abschnitt lernen wir die Grundlagen des wichtigen Gebiets der Kinetik kennen.

Die Thermodynamik gibt uns mit der Freien Enthalpie ein Kriterium, ob eine Reaktion grundsätzlich spontan ablaufen kann. Darüber hinaus erlaubt uns die Gleichgewichtslehre als Teilgebiet der Thermodynamik auch die Berechnung der Lage des Gleichgewichtszustandes, zu dem sich ein chemisches Reaktionssystem hin entwickelt.

Wie schnell allerdings eine chemische Reaktion verläuft, darüber erfahren wir von der Thermodynamik nichts. Im Gegenteil: Neben Reaktionen, die extrem schnell ablaufen, wie etwa Protonenübertragungsreaktionen, gibt es Reaktionen, die zwar stark exergonisch ($\Delta G^0 < 0$) sind, aber bei normalen Bedingungen gar nicht stattfinden. Ein Beispiel ist die Verbrennung oder Oxidation organischer, kohlenstoffhaltiger Materie in einer oxidierenden Atmosphäre, wie sie unsere Erde besitzt. Vom thermodynamischen Standpunkt dürfte es auf der Erde mit ihrer sauerstoffreichen Atmosphäre gar keine organische Materie und damit auch kein Leben in der uns geläufigen Form geben! Offensichtlich aber existiert auf der Erde organische Materie. Wegen der bei gewöhnlichen Druck- und Temperaturbedingungen unmessbar langsam verlaufenden Reaktion kann sich das chemische Gleichgewicht nicht einstellen.

Merke: Die Chemische Kinetik befasst sich mit der Reaktionsgeschwindigkeit und im weiteren Sinne auch mit den detaillierten Mechanismen chemischer Reaktionen.

Wir wollen an dieser Stelle festhalten, dass die Kinetik bzw. die zugrunde liegenden Gesetzmäßigkeiten keineswegs auf chemische Reaktionen beschränkt sind. Vielmehr lassen sich die im Folgenden besprochenen Überlegungen und Regeln für die Behandlung zeitabhängiger Phänomene auch in ganz anderen Wissenschaftsbereichen anwenden.

Wir werden in folgenden Schritten vorgehen:

- Zuerst wollen wir den Begriff der **Reaktionsgeschwindigkeit** definieren und verstehen.
- Die Abhängigkeit der Reaktionsgeschwindigkeit von den Konzentrationen der beteiligten Stoffe und die prägnante Formulierung dieser Abhängigkeit im so genannten **Geschwindigkeitsgesetz** wird unser nächstes Thema sein. Hier werden wir auch sehen, wie wir aus der Kenntnis dieses Gesetzes und so genannter Rand- oder Anfangsbedingungen **Vorhersagen** über den Zustand des reagierenden Systems für zukünftige Zeitpunkte machen können.
- Die Geschwindigkeit chemischer Reaktionen ist temperaturabhängig. Die Kenntnis dieser Temperaturabhängigkeit ermöglicht uns die Diskussion der so genannten **Aktivierungsenergie** ebenso wie der wesentlichen Eigenschaften von **Katalysatoren**.
- Eine einführende Diskussion der Kinetik von **enzymkatalysierten Reaktionen** wird uns mit der wichtigen **Michaelis-Menten-Kinetik** bekannt machen.

Die Reaktionsgeschwindigkeit

Eine sinnvolle Definition für den Begriff der **Reaktionsgeschwindigkeit** liefert uns folgende Überlegung.

Bei einer chemischen Reaktion nehmen innerhalb eines Zeitintervalls Δt die Konzentrationen c der Ausgangsstoffe ab, die der Endprodukte hingegen zu. Wenn wir das Zeitintervall gegen Null gehen lassen ($\Delta t \rightarrow dt$), können wir für die Reaktionsgeschwindigkeit r folgenden Differentialquotienten schreiben:

$$r = -\frac{dc_{\text{Ausgangsstoffe}}}{dt} = +\frac{dc_{\text{Produkte}}}{dt}$$

Die Vorzeichenwahl berücksichtigt das gegenläufige Verhalten der Konzentrationen der Ausgangsstoffe und der Endprodukte als Funktionen der Zeit. Welche Änderung wir wählen, also die Abnahme der Konzentrationen der Edukte oder die Zunahme der Konzentrationen der Produkte, ist unerheblich. Die Wahl wird sich danach richten, welche Substanzen wir leichter messen und damit zeitlich leichter verfolgen können.

Das Geschwindigkeitsgesetz

In den allermeisten Fällen hängt die Reaktionsgeschwindigkeit in irgendeiner Weise von den Konzentrationen der Reaktionspartner ab. Wie diese Abhängigkeit bei einer bestimmten Reaktion aussieht, muss in jedem Fall experimentell bestimmt werden.

Das ist ein gewichtiger Unterschied zum Chemischen Gleichgewicht, das seine Begründung in der Thermodynamik hat.

Merke: Im Unterschied zum Massenwirkungsgesetz, welches wir bei Kenntnis der Reaktionsgleichung ohne weiteres anschreiben können, muss das Geschwindigkeitsgesetz einer Reaktion, also die Abhängigkeit der Reaktionsgeschwindigkeit von den Konzentrationen der beteiligten Stoffe, immer experimentell bestimmt werden.

Die Geschwindigkeitsgesetze für verschiedene Reaktionen können sehr unterschiedlich aussehen – von sehr einfach bis sehr komplex. Ein Beispiel für ein komplexeres Geschwindigkeitsgesetz finden wir etwa für die scheinbar harmlos einfache Bildung von Bromwasserstoff aus den Elementen:

$$H_2 + Br_2 \rightarrow 2HBr$$

$$\frac{d[HBr]}{dt} = \frac{k_a \cdot [H_2] \cdot \sqrt{[Br_2]}}{k_b + \frac{[HBr]}{[Br_2]}}$$

Der scheinbare Nachteil, dass wir das Geschwindigkeitsgesetz für jede Reaktion experimentell ermitteln müssen, verkehrt sich allerdings in einen wichtigen Vorteil:

Merke: Die Kenntnis des detaillierten Geschwindigkeitsgesetzes einer Reaktion kann tiefe Einblicke in den Mechanismus der Reaktion vermitteln.

Dies wird besonders bedeutsam, wenn wir bedenken, dass die meisten chemischen Reaktionen nicht in einem einzigen Reaktionsschritt erfolgen, sondern sehr häufig in einer Sequenz von aufeinander folgenden und einander beeinflussenden, relativ einfachen Teilreaktionen. Wir werden insbesondere bei der Behandlung der Enzymkinetik von den Möglichkeiten, die sich hier öffnen, Gebrauch machen.

Die Reaktionsordnung

Ein im Zusammenhang mit kinetischen Überlegungen sehr häufig gebrauchter Begriff ist die **Reaktionsordnung**. Wir wollen aber ausdrücklich festhalten, dass dieser wichtige *Terminus technicus* nur für eine ganz bestimmte Klasse von Geschwindigkeitsgesetzen sinnvoll anwendbar ist.

Wenn wir ein Geschwindigkeitsgesetz der Form

$$r = k \cdot [A]^l \cdot [B]^m \cdot [C]^n \cdot \ldots \qquad \text{(l, m, n sind ganzzahlig)}$$

vor uns haben, wenn also die Geschwindigkeit der Reaktion ausschließlich proportional einem **Produktausdruck aus den Konzentrationen der beteiligten Stoffe und deren ganzzahligen Exponenten** ist, so bezeichnen wir die Summe dieser Exponenten $l+m+n+\ldots$ als **Ordnung der Reaktion**.

Wenn diese Einschränkung zutrifft, ist der Begriff der Reaktionsordnung außerordentlich wichtig und hilfreich, da die Gesetzmäßigkeiten von Reaktionen unterschiedlicher Reaktionsordnungen sehr gut bekannt sind.

Reaktionskinetiken nullter, erster und zweiter Ordnung

Das Geschwindigkeitsgesetz, soweit wir es bis jetzt kennen gelernt haben, hat die Form einer **Differentialgleichung**. Solche Differentialgleichungen lassen sich zwar häufig relativ problemlos hinschreiben. Um die darin steckenden Informationen aber wirklich nutzen zu können, müssen wir die Differentialgleichung integrieren. Wir sind ja eigentlich nicht an der Differentialgleichung interessiert, sondern wir wollen zum Beispiel wissen, wie viel von einem Medikament, das wir einem Patienten intravenös verabreicht haben und welches laut Herstellerfirma nach erster Ordnung aus dem Blutkreislauf eliminiert wird, nach einem, zwei oder drei Tagen noch im Blutkreislauf zu finden ist.

Wie gehen wir hier vor?

Um den Zeitverlauf der Konzentrationen bei Reaktionen verschieden hoher Ordnung zu verstehen, betrachten wir die einfache Reaktion:

$$A \rightarrow \text{Produkte}$$

Wir interessieren uns hier für die Abnahme der Konzentration [A] in Abhängigkeit von der Zeit. Folgende Geschwindigkeitsgesetze könnten beispielsweise experimentell gefunden werden:

Merke: **0. Ordnung** (keine Abhängigkeit der Reaktionsgeschwindigkeit von [A]:

$$-\frac{d[A]}{dt} = k_0$$

1. Ordnung (lineare Abhängigkeit von [A]; einfache Zerfallsreaktion):

$$-\frac{d[A]}{dt} = k_1 \cdot [A]$$

2. Ordnung (quadratische Abhängigkeit von [A]; etwa, wenn zwei A-Moleküle zusammenstoßen müssen, damit eine Reaktion eintritt):

$$-\frac{d[A]}{dt} = k_2 \cdot [A]^2$$

(Höhere Ordnungen werden experimentell extrem selten beobachtet.)

Wie sehen eigentlich die Konzentrationsverläufe von A als Funktion der Zeit für Reaktionen mit verschiedenen Reaktionsordnungenaus?

Wie sehen nun für solche Reaktionen verschieden hoher Ordnungen die Konzentrationsverläufe von A als Funktion der Zeit aus?

Wir starten mit Reaktionen 0. Ordnung:

Die Integration des Geschwindigkeitsgesetzes für **Reaktionen 0. Ordnung** ist recht einfach. Wir wenden die **Separation der Variablen** an. Wir bringen die beiden Variablen auf unterschiedliche Seiten des Gleichheitszeichens und integrieren beide Seiten zwischen sinnvollen Integrationsgrenzen. Die Konzentration zum Zeitpunkt 0 sei die Anfangskonzentration $[A]_0$. Zu einem späteren Zeitpunkt t werden wir eine verringerte Konzentration $[A]_t$ vorfinden, und genau die ist es, die uns interessiert.

$$-\frac{d[A]}{dt} = k_0$$

$$d[A] = -k_0 \cdot dt$$

$$\int_{[A]_0}^{[A]_t} d[A] = -k_0 \int_0^t dt$$

$$|A|_{[A]_0}^{[A]_t} = -k_0 \, |t|_0^t$$

$$[A]_t - [A]_0 = -k_0 \cdot t$$

$$[A]_t = [A]_0 - k_0 \cdot t$$

Wir haben unser Ziel erreicht. Wir können für jede beliebige Zeit berechnen, wie viel von unserer Substanz noch vorliegt. Die Abhängigkeit der Konzentration von der Zeit wird also durch die Gleichung einer Gerade mit dem Ordinatenabschnitt $[A]_0$ und der Steigung $-k_0$ beschrieben.

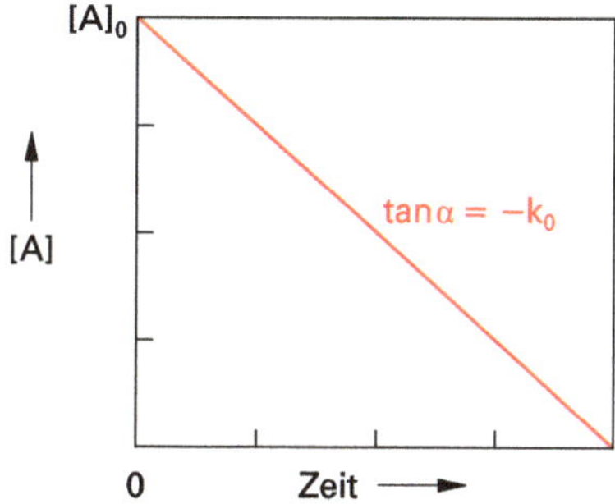

Abb. 5.1: Bei einem Prozess (pseudo-)nullter Ordnung nimmt die Konzentration linear mit der Zeit ab (oder zu).

Wie *Abb. 5.1* zeigt, besteht bei Reaktionen 0. Ordnung keinerlei Abhängigkeit der Geschwindigkeit von der Konzentration von A, sondern ausschließlich von der Zeit. Reale Reaktionen zeigen ein derartiges Verhalten niemals über den gesamten Konzentrationsbereich von A, sondern höchstens in bestimmten Konzentrationsbereichen. Streng genommen gibt es nur Reaktionen **pseudonullter** Ordnung. Wir finden diese Reaktionsordnung zum Beispiel bei Reaktionen, die durch kleine Mengen eines Katalysators oder eines Enzyms ermöglicht werden. Wenn der Ausgangsstoff im Vergleich zum Katalysator in sehr hoher Konzentration vorliegt, so bewirkt eine zusätzliche Steigerung der Konzentration des Ausgangsstoffs keine Geschwindigkeitsänderung. Der Grund ist, dass der Katalysator mit maximaler Geschwindigkeit arbeitet; er ist voll ausgelastet.

Besonders interessant – und in vielen Bereichen der Physik, der Chemie, der Biologie und der Medizin anzutreffen – sind Prozesse erster Ordnung.

Wir wollen uns mit diesen etwas ausführlicher beschäftigen. Zuerst sehen wir uns die mathematische Integration der Geschwindigkeitsgleichung erster Ordnung an.

$$-\frac{d[A]}{dt} = k_1 \cdot [A]$$

$$\frac{d[A]}{[A]} = -k_1 \cdot dt$$

$$\int_{[A]_0}^{[A]_t} \frac{d[A]}{[A]} = -k_1 \int_0^t dt$$

$$|\ln A|_{[A]_0}^{[A]_t} = -k_1 \, |t|_0^t$$

$$\ln[A]_t - \ln[A]_0 = -k_1 \cdot t$$

$$\ln[A]_t = \ln[A]_0 - k_1 \cdot t$$

$$[A]_t = [A]_0 \cdot e^{-k_1 \cdot t}$$

Die Konzentration nimmt mit der Zeit gemäß einer exponentiellen Funktion ab. Grafisch zeigt *Abb. 5.2* dieses Verhalten in einem gewöhnlichen und einem halblogarithmischen Diagramm.

In der üblichen Darstellung (links) sehen wir die zu Beginn steilere, und im weiteren Zeitverlauf, wenn die Konzentration von A abnimmt, zunehmend flachere Abnahme von [A]. Eine semilogarithmische Darstellung (rechts) transformiert die

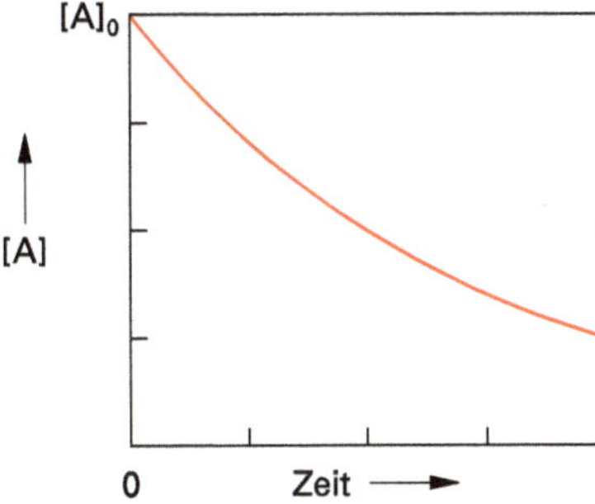

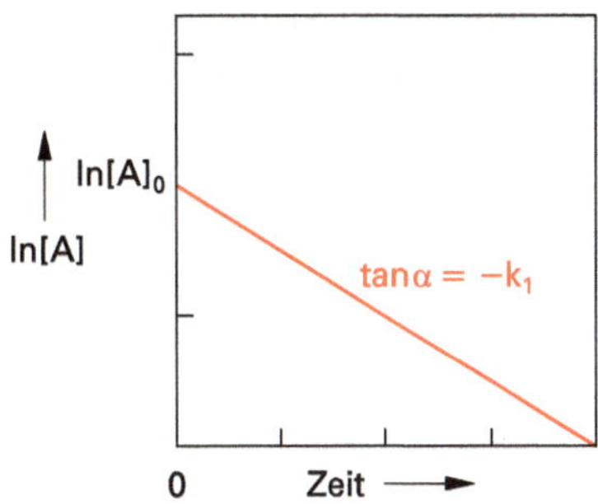

Abb. 5.2: Bei einem Prozess erster Ordnung nimmt die Konzentration exponentiell mit der Zeit ab (oder zu). Links: Konzentrationsverlauf in einem gewöhnlichen Koordinatensystem. Rechts: Konzentrationsverlauf in einem halblogarithmischen Koordinatensystem.

exponentiell fallende Kurve in eine Gerade mit der Steigung $-k_1$. Diese Darstellung entspricht der vorletzten Gleichung in der obigen Ableitung.

Noch etwas fällt uns auf: Die Geschwindigkeitskonstante $-k_1$ in dem Beispiel ist gerade so groß gewählt, dass die Anfangskonzentration von 4 Einheiten innerhalb von 2 Zeiteinheiten auf die Hälfte (2 Konzentrationseinheiten) abfällt. Nach weiteren 2 Zeiteinheiten ist noch 1 Einheit von A übrig, also wiederum gerade die Hälfte der zur Zeit $t = 2$ vorhandenen Konzentration.

Diese Beobachtung gilt allgemein:

Merke: Bei Reaktionen oder Prozessen erster Ordnung existiert eine konzentrationsunabhängige Halbwertszeit, die ausschließlich von der Geschwindigkeitskonstante abhängt.

Wie hängt die Halbwertszeit mit der Geschwindigkeitskonstante zusammen?

Den Zusammenhang zwischen der Halbwertszeit (HWZ) und der Geschwindigkeitskonstante $-k_1$ können wir leicht berechnen:

$$\frac{[A]_0}{2} = [A]_0 \cdot e^{-k_1 \cdot HWZ}$$

$$\frac{1}{2} = e^{-k_1 \cdot HWZ}$$

$$-\ln 2 = -k_1 \cdot HWZ$$

$$HWZ = \frac{\ln 2}{k_1} = \frac{0{,}693}{k_1}$$

Abb. 5.3 zeigt, wie $[A]_t$, bei jeweils konstanter Anfangskonzentration $[A]_0$, je nach Reaktionsordnung verschieden schnell abnimmt.

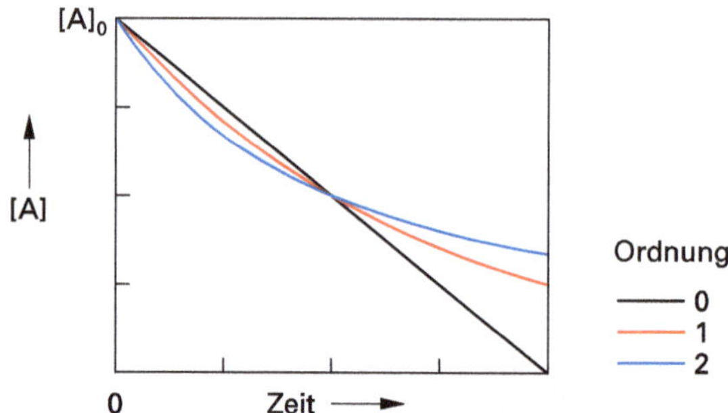

Abb. 5.3: Die unterschiedlichen Konzentrationsverläufe bei Reaktionen (pseudo-)nullter, erster und zweiter Ordnung.

Für jede Reaktion wurde in *Abb. 5.3* die jeweilige Geschwindigkeitskonstante so gewählt, dass bei allen Reaktionen nach 2 Zeiteinheiten $[A]_{t=2}$ gerade die Hälfte von $[A]_0$ beträgt.

Im Vergleich sehen wir, dass bei Reaktionen 0. Ordnung die HWZ im Verlauf der Reaktion abnimmt. Dauert die Abnahme von 4 auf 2 Konzentrationseinheiten 2 Zeiteinheiten, so dauert die weitere Halbierung auf 1 Konzentrationseinheit nur mehr halb so lange, nämlich 1 Zeiteinheit.

Umgekehrt nimmt die HWZ bei Reaktionen 2. Ordnung im Verlauf der Reaktion zu.

Eine konstante, konzentrationsunabhängige HWZ gibt es ausschließlich bei Prozessen 1. Ordnung. Umgekehrt können wir aus der Angabe einer HWZ schließen, dass der zugrunde liegende Prozess sicher gemäß erster Ordnung verläuft. Lesen wir etwa im Beipackzettel eines Medikaments, die HWZ des Medikaments im Blut betrage 1 Tag (1 d), so schließen wir, dass die Abnahme der Konzentration einer Kinetik 1. Ordnung folgt, und wir können die Gleichgewichtskonstante der Elimination des Medikaments aus dem Blut ohne weiteres berechnen:

$$k_1 = \frac{\ln 2}{HWZ} = 0{,}693 \quad d^{-1}$$

Die Molekularität einer Reaktion

Viele chemische Reaktionen sind **Mehrschrittreaktionen**. Sie bestehen aus mehreren **Elementarreaktionen**. Die experimentell gefundene Reaktionsgeschwindigkeit wird wesentlich durch die langsamste Elementarreaktion bestimmt. Diese nennen wir den **geschwindigkeitsbestimmenden Schritt** (englisch: *rate limiting step*, abgekürzt rls). Die **Molekularität** einer Reaktion bezeichnet die Zahl der Teilchen, die im rls zusammenstoßen müssen, damit die Reaktion stattfindet. Üblicherweise sind Elementarreaktionen unimolekular oder bimolekular.

Die Ordnung und die Molekularität einer Reaktion können, müssen aber nicht, gleich sein. Wenn nur ein Reaktionsschritt vorliegt oder der rls deutlich langsamer als alle übrigen Schritte ist, so ist eine Übereinstimmung wahrscheinlich.

Abschließend sei darauf hingewiesen, dass die Ordnung/Molekularität einer Reaktion fast nie mit den stöchiometrischen Faktoren in der Reaktionsgleichung übereinstimmt.

Temperaturabhängigkeit der Reaktionsgeschwindigkeit

Die Geschwindigkeit chemischer Reaktionen ist temperaturabhängig. Temperaturerhöhung bewirkt üblicherweise eine starke Steigerung der Reaktionsgeschwindigkeit. Diese Temperaturabhängigkeit kommt nicht dadurch zustande, dass sich etwa die Form der Geschwindigkeitsgleichung ändert, sondern sie reflektiert die **Temperaturabhängigkeit der Geschwindigkeitskonstante**. Der schwedische Chemiker Svante Arrhenius fand 1889 eine exponentielle Abhängigkeit:

$$k = A \cdot e^{-\frac{E_a}{R \cdot T}}$$

In dieser Gleichung bedeuten

k: Geschwindigkeitskonstante
A: „präexponentieller Faktor";
E_a: „Aktivierungsenergie" der Reaktion
R: allgemeine Gaskonstante
T: thermodynamische Temperatur [Kelvin].

Wie können wir dieses experimentell gefundene Ergebnis deuten?

Entsprechend der **Stoßtheorie** chemischer Reaktionen können Moleküle nur dann miteinander reagieren, wenn sie zusammenstoßen. Die Zahl der Zusammenstöße pro Zeiteinheit, etwa in einem System von miteinander reagierenden Gasmolekülen, kann mit der kinetischen Gastheorie berechnet werden. Sie ist aber meist viel größer als die experimentell gemessene Reaktionsgeschwindigkeit. Außerdem ist die starke Zunahme der Reaktionsgeschwindigkeit bei einer Temperaturerhöhung durch die vergleichsweise viel schwächere Zunahme der Stoßzahl nicht erklärbar.

Die Antwort liefert eine Kombination der Stoßtheorie mit der Annahme, dass ein **reaktiver Stoß**, ein erfolgreiches Zusammenstoßen der Moleküle, nur dann erfolgt, wenn diese erstens in der richtigen räumlichen Orientierung zusammentreffen (sterischer Faktor) und zweitens ihre kinetische Energie E eine Mindestgröße E_a erreicht. Nach Boltzmann können wir nämlich bei einer gegebenen Temperatur T den Bruchteil der Moleküle, deren kinetische Energie E mindestens E_a beträgt, berechnen. Er beträgt:

$$e^{-\frac{E_a}{R \cdot T}}$$

Ein Beispiel soll dies erläutern:

Wie groß ist der Bruchteil der Moleküle, deren kinetische Energie mindestens 10 kJ/mol beträgt, in einem Gas bei einer Temperatur 273 K (0 °C); wie groß ist der Bruchteil bei 773 K (500 °C)?

Bei 273 K ist der Bruchteil nach Boltzmann

$$e^{-\frac{E_a}{R \cdot T}} = e^{\frac{-10000}{8{,}314 \cdot 273}} = e^{-4{,}403} = 0{,}0122 = 1{,}22\%$$

Bei 773 K vergrößert sich der Bruchteil fast auf das Zwanzigfache:

$$e^{-\frac{E_a}{R \cdot T}} = e^{\frac{-10000}{8{,}314 \cdot 773}} = e^{-1{,}556} = 0{,}211 = 21{,}1\%$$

Wir verstehen somit, dass bei der höheren Temperatur viel mehr erfolgreiche Stöße stattfinden als bei der niedrigen.

Die Arrhenius-Gleichung lehrt uns zweierlei:

Merke:
- Eine Reaktion verläuft umso langsamer, je größer – bei gegebener Temperatur – die Aktivierungsenergie ist.
- Bei gegebener Aktivierungsenergie verläuft die Reaktion umso schneller, je höher die Temperatur ist.

Das Energieprofil einer chemischen Reaktion

Eine besonders anschauliche Darstellung der energetischen Verhältnisse bei einer einfachen chemischen Reaktion gibt ein **Energieprofil**: Hierzu stellen wir den Energieverlauf während der chemischen Reaktion in einem rechtwinkeligen Koordinatensystem grafisch dar. Auf der Ordinate tragen wir die Energie auf, die Abszisse bildet das Ausmaß der Reaktion ab (Reaktionskoordinate). *Abb. 5.4* zeigt ein Energieprofil einer einfachen einstufigen Reaktion, die über einen instabilen Übergangszustand verläuft.

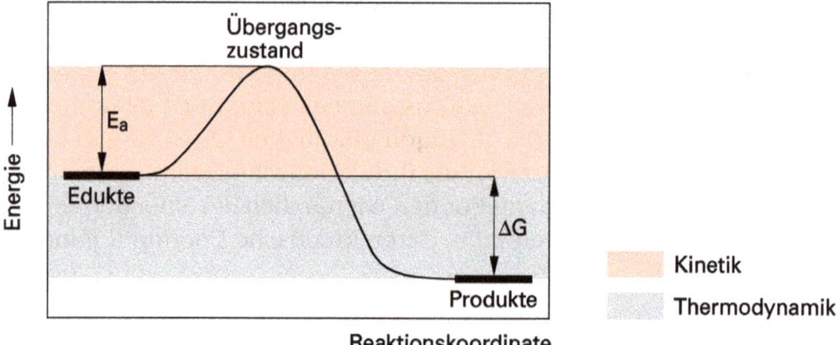

Abb. 5.4: Das Energieprofil einer einstufigen Reaktion mit einem instabilen Übergangszustand.

In dem Beispiel erkennen wir die Aktivierungsenergie als die Energiedifferenz zwischen den Ausgangsstoffen und dem instabilen Übergangszustand. Diese Energie ist für die **Kinetik** der Reaktion maßgeblich. Hingegen ist die Differenz der Energien der Ausgangs- und Endstoffe entscheidend für die **Thermodynamik** der Reaktion. Sie entspricht der Freien Reaktionsenthalpie ΔG.

Ein etwas komplexeres Beispiel zeigt *Abb. 5.5*. Hier tritt im Verlauf der Reaktion ein lokales Minimum des Energieprofils auf. Dieses entspricht einer Zwischenstufe, die unter Umständen auch isoliert werden kann.

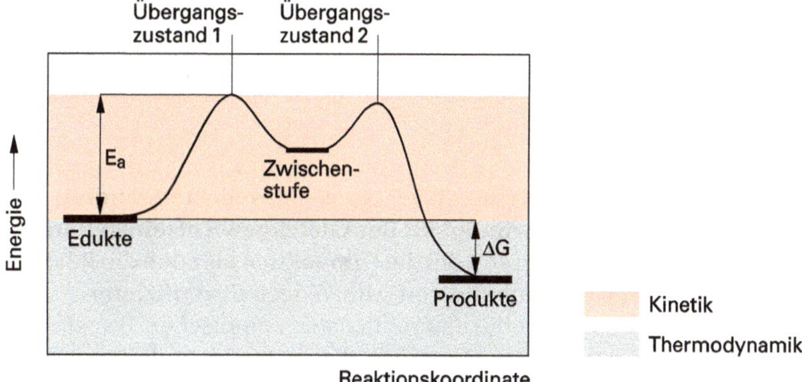

Abb. 5.5: Das Energieprofil einer zweistufigen Reaktion mit einer Zwischenstufe.

Katalyse

Durch Temperaturerhöhung erhöhen wir den Anteil der Moleküle, die aufgrund ihrer Energie die Aktivierungsschwelle überwinden können; die Reaktion verläuft schneller. Temperaturerhöhung ist aber nicht immer möglich, um eine Reaktion zu beschleunigen. Wir können im menschlichen Organismus nicht einfach ein Streichholz anzünden, um die Oxidation von Glucose durch Sauerstoff zu ermöglichen, sondern diese Reaktion muss bei etwa 37 °C ablaufen.

Katalysatoren helfen hier: Ein Katalysator ist eine Substanz, deren Anwesenheit die Aktivierungsenergie einer chemischen Reaktion absenkt, wodurch diese schneller verläuft (*Abb. 5.6*).

Die Erniedrigung der Aktivierungsenergie ($E_a(\mathrm{Kat}) < E_a$) wird dadurch bewirkt, dass die Reaktion in Anwesenheit des Katalysators einen im Vergleich mit der nicht katalysierten Reaktion geänderten Verlauf nehmen kann. **Der Reaktionsmechanismus wird verändert**. Der Katalysator nimmt intermediär zwar an der Reaktion teil, aber nach Bildung der Produkte liegt der Katalysator aber wieder in derselben Form vor wie vor Beginn der Reaktion. Die Thermodynamik der Reaktion, die nur vom Anfangs- und Endzustand abhängt, da ΔG, ΔH und ΔS Zustandsfunktionen sind, wird durch den Katalysator nicht beeinflusst. Damit

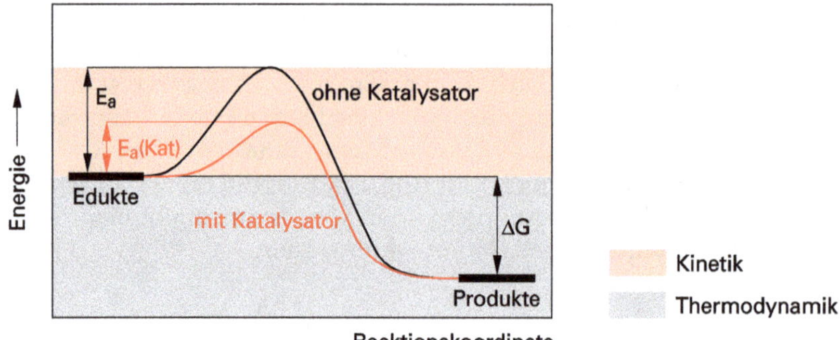

Abb. 5.6: Energieprofile einer einstufigen Reaktion mit einem Übergangszustand, ohne und mit Katalysator.

wird auch die Lage des chemischen Gleichgewichtes nicht verändert. **Der Katalysator erhöht nur die Geschwindigkeit der Gleichgewichtseinstellung**.

Ein Katalysator beschleunigt sowohl die Hinreaktion als auch die Rückreaktion. Diese Behauptung lässt sich anhand von *Abb. 5.6* leicht verifizieren.

Die lebende Zelle vollbringt die erstaunlichsten chemischen Transformationen bei der niedrigen Temperatur von etwa 37 °C. Dies ist unter anderem nur durch ein höchst raffiniertes System von biologischen Katalysatoren, den Enzymen, möglich. Die Evolution des Lebens wird tatsächlich dadurch ermöglicht und in Gang gehalten, dass lebende Systeme einen Weg gefunden haben, die Information für die Herstellung der richtigen und geeigneten Biokatalysatoren an ihre Nachkommen weiterzugeben.

Die Kinetik einfacher enzymkatalysierter Reaktionen

Wir wollen als Abschluss dieses Kapitels anhand des einfachsten Falles einer enzymkatalysierten Reaktion die Grundzüge der mathematischen Behandlung der **Enzymkinetik** studieren.

Wir betrachten folgende Reaktion: Ein Substratmolekül S reagiert mit einem Enzymmolekül E zu einem **Enzym-Substrat-Komplex** ES, und dieser reagiert unter Freisetzung des Enzyms weiter zum Produktmolekül P:

$$S + E \underset{K_{-1}}{\overset{K_{+1}}{\rightleftarrows}} ES \underset{K_{-2}}{\overset{K_{+2}}{\rightleftarrows}} E + P$$

In dieser schematisierten Reaktionsgleichung stehen die Konstanten k_i für die Geschwindigkeitskonstanten der jeweiligen Elementarreaktion in die Hin-Richtung (+) und in die Rück-Richtung (-).

Bei unserer Betrachtung halten wir uns stets vor Augen, dass die Konzentration der Enzymmoleküle E zu Beginn der Enzymreaktion viel kleiner ist als die der Substratmoleküle S. Im Verlauf der Reaktion nimmt die Konzentration von S natürlich ab, die Totalkonzentration des Enzyms, E_t, dagegen bleibt konstant. Unsere nachfolgende Analyse beschränkt sich im Wesentlichen darauf, die Abhängigkeit der **Anfangsgeschwindigkeit** der Enzymreaktion von der Substratkonzentration zu beschreiben, also zu einem Zeitpunkt, zu dem noch sehr wenig Substrat zu Produkt umgesetzt ist.

In der vereinfachten Annäherung, die auf Leonor Michaelis und Maud Menten zurückgeht, setzen wir voraus, dass der zweite Reaktionsschritt, die Bildung des Produkts, der langsamste und damit der geschwindigkeitsbestimmende Schritt (rls) sei.

Unter dieser Voraussetzung ist die (Anfangs-)Bildungsgeschwindigkeit des Produkts

$$r = \frac{d[P]}{dt} = k_{+2} \cdot [ES]$$

Die Rückreaktion

$$E + P \xrightarrow{k_{-2}} ES$$

wollen wir vernachlässigen.

Falls alle vorhandenen Enzymmoleküle mit Substratmolekülen zum Enzym-Substrat-Komplex ES reagiert haben, so liegt der Fall der **Enzymsättigung** vor. Die Enzymreaktion erreicht ihre maximal mögliche Geschwindigkeit r_{max}. Eine weitere Erhöhung der Substratkonzentration hätte keinen Effekt auf die Reaktionsgeschwindigkeit. In diesem Fall ist die Konzentration des Enzym-Substrat-Komplexes gleich der Totalkonzentration an Enzym. Wir dürfen also schreiben:

$$[ES] = E_t$$

und

$$r_{max} = k_{+2} \cdot [ES] = k_{+2} \cdot E_t$$

Für den allgemeinen Fall, wenn das Enzym nicht gesättigt ist, müssen wir die zeitliche Abhängigkeit von [ES] betrachten, um die Geschwindigkeitsgleichung lösen zu können. Schauen wir uns den ersten Reaktionsschritt an, so können wir für die Bildungsgeschwindigkeit von ES schreiben:

$$\frac{d[ES]}{dt} = k_{+1} \cdot [E] \cdot [S]$$

Die Konzentration von freiem Enzym E ergibt sich als Differenz der Konzentration aller Enzymmoleküle minus der in den Enzym-Substrat-Komplexen gebundenen:

$$[E] = E_t - [ES]$$

und wir erhalten

$$\frac{d[ES]}{dt} = k_{+1} \cdot (E_t - [ES]) \cdot [S]$$

Zugleich aber wird [ES] durch die Rückreaktion zu E und S und durch die Bildung des Produkts auch vermindert:

$$-\frac{d[ES]}{dt} = k_{-1} \cdot [ES] + k_{+2} \cdot [ES] = (k_{-1} + k_{+2}) \cdot [ES]$$

Im **Fließgleichgewicht (steady state)** der Enzymreaktion sind die Bildungs- und Zerfallsgeschwindigkeiten von ES gleich groß, und es gilt:

$$k_{+1} \cdot (E_t - [ES]) \cdot [S] = (k_{-1} + k_{+2}) \cdot [ES]$$

Diese Gleichung formen wir um:

$$\frac{(E_t - [ES]) \cdot [S]}{[ES]} = \frac{k_{-1} + k_{+2}}{k_{+1}} \equiv K_M$$

Wir fassen also den Quotienten aus den Geschwindigkeitskonstanten zu einer neuen Konstante, der so genannten **Michaelis-Menten-Konstante** K_M, zusammen.

Wir können nun die Konzentration von ES berechnen:

$$(E_t - [ES]) \cdot [S] = K_M \cdot [ES]$$

$$E_t \cdot [S] = (K_M + [S]) \cdot [ES]$$

$$[ES] = \frac{E_t \cdot [S]}{K_M + [S]}$$

Damit können wir die ursprüngliche Geschwindigkeitsgleichung umschreiben zu:

$$r = \frac{d[P]}{dt} = k_{+2} \cdot [ES] = k_{+2} \cdot \frac{E_t \cdot [S]}{K_M + [S]}$$

und mit $r_{max} = k_{+2} \cdot E_t$ erhalten wir schließlich:

$$\boxed{r = \frac{r_{max} \cdot [S]}{K_M + [S]}}$$

Dieser Ausdruck ist die **Michaelis-Menten-Gleichung**. Sie beschreibt für viele Enzyme das Aktivitätsverhalten durch die **Anfangsreaktionsgeschwindigkeit** als Funktion der Substratkonzentration. Einschränkend müssen wir festhalten, dass diese einfache Form nur für Umsetzungen mit einem Substrat gültig ist.

Wie hängt nun die Reaktionsgeschwindigkeit r von der Substratkonzentration, der Michaelis-Menten-Konstante und der Maximalgeschwindigkeit ab?

Abb. 5.7 zeigt, wie r von [S] und r_{max} abhängt.

Zwei Enzyme, beide mit demselben Wert $K_M = 1$, besitzen unterschiedliche Werte für r_{max}:

$$r_{max_1} = 0{,}1$$

$$r_{max_2} = 0{,}2$$

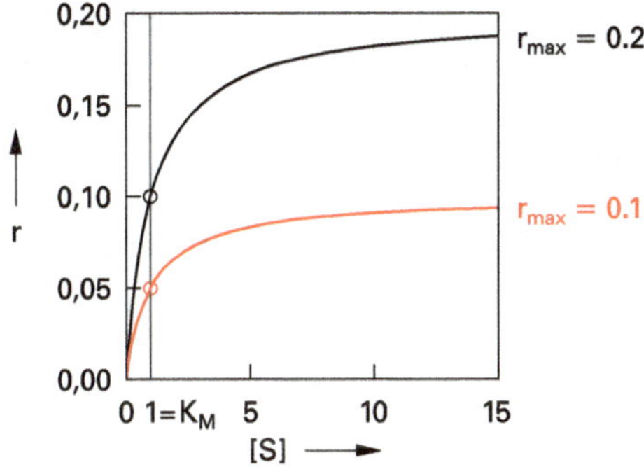

Abb. 5.7: Reaktionsgeschwindigkeit bei einer Enzymreaktion: Einfluss unterschiedlicher Maximalgeschwindigkeiten.

Wie *Abb. 5.7* zeigt, kann man durch Erhöhung von [S] die Anfangsgeschwindigkeit erhöhen, doch auch durch beliebig hohe Substratkonzentrationen kann man r nicht über die jeweilige Maximalgeschwindigkeit hinaus erhöhen. Noch etwas sehen wir: Die Parallele zur Ordinate mit der Gleichung $[S] = K_M = 1$ schneidet die beiden Geschwindigkeitskurven genau dort, wo die beiden Reaktionsgeschwindigkeiten gerade halb so groß sind wie die jeweiligen Maximalgeschwindigkeiten.

Merke: Die Michaelis-Menten-Konstante K_M ist gleich der Substratkonzentration, bei der halbmaximale Reaktionsgeschwindigkeit erreicht wird.

Die Reaktionsgeschwindigkeit steigt umso langsamer, je größer K_M ist. *Abb. 5.8* zeigt dies für die Situation zweier Enzyme mit gleicher Maximalgeschwindigkeit ($r_{max_1} = 0{,}1$), aber unterschiedlichen K_M-Werten.

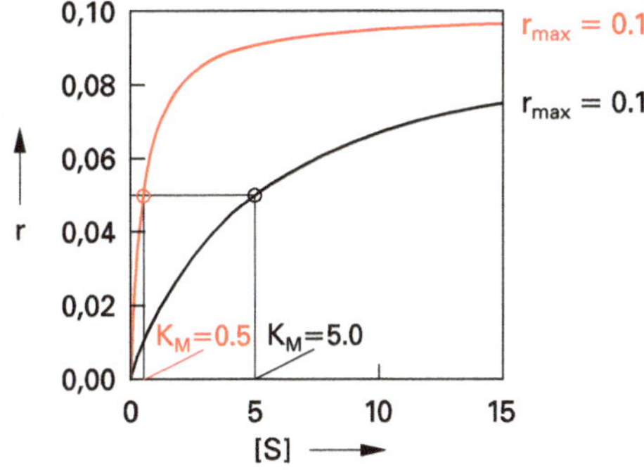

Abb. 5.8: Reaktionsgeschwindigkeit bei einer Enzymreaktion: Einfluss unterschiedlicher Michaelis-Menten-Konstanten.

Ein höherer Wert von K_M hat offensichtlich zur Folge, dass die Enzymreaktion bei steigender Substratkonzentration langsamer gegen die maximal erreichbare Geschwindigkeit konvergiert.
Wir können den Zusammenhang zwischen K_M und der halben Maximalgeschwindigkeit auch leicht mathematisch beweisen:

Wir setzen in der Michaelis-Menten-Gleichung einfach

$$[S] = K_M$$

Dann erhalten wir

$$r = \frac{r_{max} \cdot [S]}{K_M + [S]} = \frac{r_{max} \cdot [S]}{2 \cdot [S]} = \frac{r_{max}}{2}$$

Weiterführende Informationen zur Enzymkinetik bieten Lehrbücher der Biochemie.

5.2 Alkohole und Ether

Lehrziel

Ersetzen wir im Wassermolekül eines oder beide H-Atome durch organische Reste, so gelangen wir zu den Alkoholen bzw. den Ethern.

Alkohole

Alkohole leiten sich von Alkanen (siehe Kapitel 6, Abschnitt 4 „Kohlenwasserstoffe") durch Substitution eines oder mehrerer H-Atome, die nicht am selben C-Atom gebunden sind, durch Hydroxyl-Gruppen (OH-Gruppen) ab. Alternativ können wir sie auch als Substitutionsprodukte des H_2O-Moleküls auffassen, in dem ein H-Atom durch einen Alkyl-Rest ersetzt wurde.

In der rationellen Nomenklatur verwenden wir für Alkohole die Endung -ol. Bei komplizierteren Alkoholen ist die namensgebende Hauptkette die längste unverzweigte Kette von C-Atomen, die die Hydroxylgruppe trägt.

Bei einfach gebauten Alkoholen ist auch die Bezeichnungsweise als Alkylalkohol gebräuchlich. So kann etwa der einfachste Alkohol, H_3C-OH, alternativ als Methanol oder Methylalkohol bezeichnet werden.

Für Alkohole existieren zwei Einteilungsschemata:

- Einteilung nach der **Stellung der OH-Gruppe**: Je nach der Art des C-Atoms (primär, sekundär, tertiär; siehe unten), an dem die OH-Gruppe gebunden ist, unterscheiden wir **primäre**, **sekundäre** und **tertiäre Alkohole**. Der einzig mögliche **nulläre Alkohol** ist übrigens Methanol.
- Einteilung nach der **Zahl der OH-Gruppen**: Je nach der Zahl der alkoholischen Gruppen unterscheiden wir **einwertige** und **mehrwertige Alkohole**, wobei sich bei letzteren die Gruppen an verschiedenen C-Atomen befinden.

Merke: Primäre C-Atome sind mit einem, sekundäre C-Atome mit zwei, tertiäre C-Atome mit 3 und quartäre C-Atome mit vier weiteren C-Atomen direkt verbunden.

Die OH-Gruppe ist – wie auch im Wassermolekül – sehr stark polar, und so unterscheiden sich Alkohole von den entsprechenden Alkanen in chemischer und physikalischer Hinsicht ganz beträchtlich. Außerdem sind Alkohole über ihre OH-Gruppe(n) ausgezeichnet zur Wasserstoff-Brückenbindung befähigt.

Daraus erklären sich die gegenüber den entsprechenden Alkanen wesentlich höheren Schmelz- und Siedepunkte der Alkohole. Insbesondere Alkohole mit kleinen Alkylresten sind gut bis unbeschränkt wasserlöslich und auch zur Auflösung polarer Substanzen befähigt.

Bei Alkoholen mit größeren Alkylresten kommt die apolare Natur desselben stärker zum Tragen. Sie verhalten sich mit zunehmender Größe des Alkyl-Anteils zunehmend ähnlicher wie die entsprechenden Alkane.

Auch die chemische Reaktivität der Alkohole wird durch die OH-Gruppe dominiert. Sie hat sowohl Säure- als auch Base-Eigenschaften, und sie kann substituiert, eliminiert und oxidiert werden.

Säure-Base-Reaktionen der Alkohole

Wie Wasser sind Alkohole amphotere Substanzen. Ihre Säurestärke ist etwas kleiner als die von Wasser. Der pK_S-Wert von Wasser ist 15,75, der pK_S-Wert eines typischen Alkohols liegt bei etwa 17. Ihre Basizität ist ungefähr gleich stark wie die von Wasser.

Daher bilden sich mit starken Säuren **Alkyloxonium-Ionen**:

$$R-OH+H^+ \rightarrow R-OH_2^+$$

Mit sehr starken Basen oder (besser) mit Alkalimetallen in wasserfreiem Milieu bildet ein Alkohol ein **Alkoholat-Ion**. Das ist die konjugierte Base des Alkohols. Ein Alkoholat-Ion kann mit Metall-Kationen Salze bilden:

$$2R-OH+2Na \rightarrow 2R-O^-+2Na^++H_2$$

Bei dieser Reaktion wird das acide H-Atom des Alkohols (das ist das H-Atom der OH-Gruppe) vom Na zu Wasserstoff reduziert.

Wegen der höheren Acidität von Wasser im Vergleich zum Alkohol werden solche Salze der Alkohole (Alkoholate) in Wasser unter Rückbildung des Alkohols zersetzt:

$$R-O^-+H_2O \rightarrow R-OH+OH^-$$

In stark saurem Milieu wird die OH-Gruppe **nucleophil substituiert**: Es bildet sich zuerst das Alkyloxonium-Ion, welches eine ausgezeichnete Fluchtgruppe bilden kann, nämlich H_2O, und deshalb von der konjugierten Base A^- der starken Säure HA substituiert wird:

$$R-OH_2^++A^- \rightarrow R-A+H_2O.$$

Die entstehenden Produkte nennen wir **Ester**. Solche sind beispielsweise

Schwefelsäureester (**Sulfate**):

$$R-OH + HO-SO_3H \rightarrow R-O-SO_3H + H_2O$$

Phosphorsäureester (Phosphate):

$$R-OH + HO-PO_3H_2 \rightarrow R-O-PO_3H_2 + H_2O$$

Wir haben in diesen Reaktionsgleichungen die Formeln der Schwefelsäure ($H_2SO_4 = HO-SO_3H$) und der Phosphorsäure ($H_3PO_4 = HO-PO_3H_2$) in einer etwas ungewöhnlichen Form geschrieben, um die Reaktion besser zu verdeutlichen.

Die Gesamtreaktion

$$\text{Alkohol} + \text{Säure} \rightleftarrows \text{Ester} + \text{Wasser}$$

ist die **Esterbildung**. Bei mittelstarken und starken Säuren funktioniert sie nach dem eben beschriebenen Mechanismus einer nucleophilen Substitution der OH-Gruppe des Alkohols. Bei schwachen Säuren wie Carbonsäuren verläuft der detaillierte Mechanismus zwar etwas anders, die Gesamtreaktionsgleichung ist aber analog (*Abb. 5.9*).

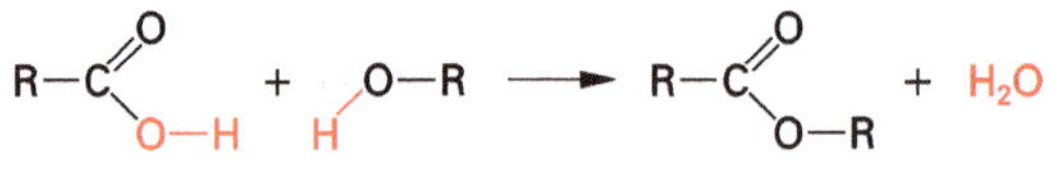

$$R-C(=O)-O-H + H-O-R \longrightarrow R-C(=O)-O-R + H_2O$$

Abb. 5.9: Esterbildung aus einer Carbonsäure und einem Alkohol.

Oxidation von Alkoholen

Die Hydroxylgruppe primärer und sekundärer Alkohole kann zu einer Carbonylgruppe oxidiert werden. Dabei entstehen, wie *Abb. 5.10* zeigt, aus primären Alkoholen **Aldehyde**, aus sekundären Alkoholen **Ketone**

Tertiäre Alkohole lassen sich unter Erhalt des Bindungsgerüstes nicht oxidieren. Wie alle organischen Verbindungen können wir sie aber mit starken Oxidationsmitteln unter Zerstörung des Bindungsgerüstes oxidieren – zum Beispiel verbrennen.

Einige Vertreter

Der einfachste Alkohol ist **Methanol**. Methanol ist ein billiges Lösungsmittel und Grundlage zur Herstellung von Kunststoffen. Methanol ist sehr giftig. Der Genuss von etwa 12 g führt bei Erwachsenen zur Erblindung und etwa 50 g sind tödlich.

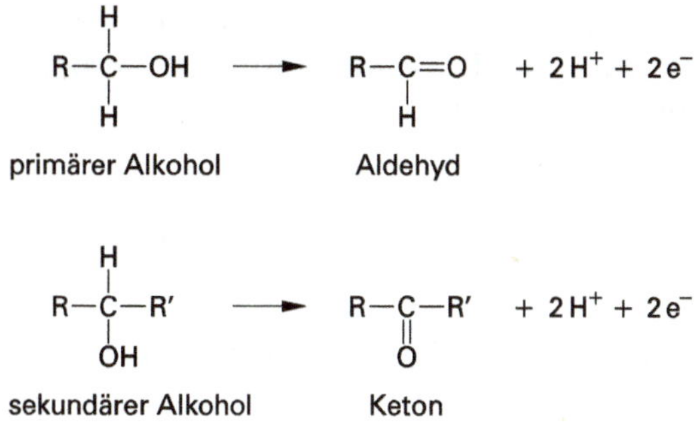

$$R-CH_2-OH \longrightarrow R-CH{=}O + 2H^+ + 2e^-$$

primärer Alkohol → Aldehyd

$$R-CH(OH)-R' \longrightarrow R-C({=}O)-R' + 2H^+ + 2e^-$$

sekundärer Alkohol → Keton

Abb. 5.10: Die Oxidation primärer und sekundärer Alkohole.

Ethanol ist der **Trinkalkohol**. Ethanol wird durch Vergärung von Monosacchariden wie Glucose unter der Einwirkung von Enzymen der Hefe hergestellt, weil die Glycolyse bei Hefe nicht wie beim Menschen zum Pyruvat, sondern eben zu Ethanol führt. Die Bruttogleichung für die Reaktion, bei der auch Kohlendioxid entsteht, ist

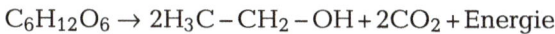

$$C_6H_{12}O_6 \rightarrow 2H_3C-CH_2-OH + 2CO_2 + \text{Energie}$$

Der einfachste zweiwertige Alkohol ist Ethan-1,2-diol. Es ist auch unter dem Trivialnamen **Glycol** bekannt. Glycol wird als Frostschutzmittel verwendet und schmeckt süß.

Der einfachste dreiwertige Alkohol ist Propan-1,2,3-triol – das **Glycerin**. Glycerin ist eine wichtige Komponente vieler Lipide wie von Fetten, Ölen und Phosphoglyceriden. Außerdem stellt es in der Zubereitung von nicht austrocknenden Salben und Kosmetika eine wichtige Komponente dar, weil es schwach hygroskopisch (wasseranziehend) ist.

Ether

Wir können formal Alkohole als Derivate des Wassers betrachten, in welchen ein H-Atom durch einen organischen Rest ersetzt ist. In dieser Betrachtungsweise sind **Ether** Derivate des Wassers, in welchen beide H-Atome durch organische Reste substituiert sind (*Abb. 5.11*). Ether weisen also als charakteristisches Merkmal eine C–O–C-Gruppierung auf.

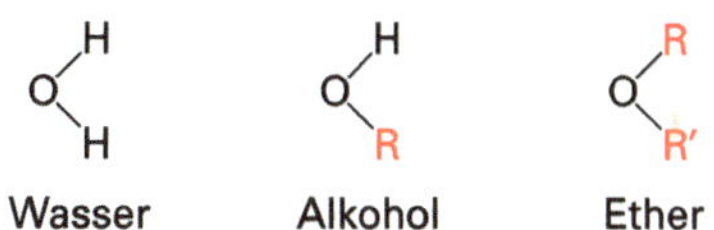

Abb. 5.11: Alkohole und Ether sind organische Derivate des Wassers.

Wir benennen Ether, indem wir der Endung -ether die Namen der beiden organischen Reste voranstellen. Sind die beiden Reste gleichartig, so sprechen wir von symmetrischen, andernfalls von unsymmetrischen Ethern. Beispiele sind:

$H_3C-O-CH_3$	Dimethylether
$H_3C-CH_2-O-CH_2-CH_3$	Diethylether
$H_3C-CH_2-O-(CH_2)_2-CH_3$	Ethylpropylether

Die Gruppierung R–O– wird auch als **Alkoxy-Gruppe** bezeichnet.

Neben den offenkettigen Ethern gibt es cyclische Ether; einige Vertreter, die als Grundstrukturen in biologisch wichtigen Naturstoffen vorkommen, zeigt *Abb. 5.12*.

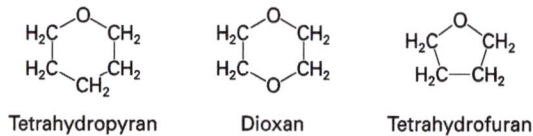

Tetrahydropyran Dioxan Tetrahydrofuran

Abb. 5.12: Wichtige cyclische Ether.

Ether sind relativ apolare Substanzen. Sie können – da sie am O-Atom kein H-Atom tragen – keine Wasserstoff-Brückenbindungen ausbilden. Sie sieden daher bei viel niedrigeren Temperaturen als Alkohole ähnlicher Molekülmasse. Ether sind wegen ihrer apolaren Natur gute Lösungsmittel für unpolare Substanzen. Wir können zum Beispiel Fette und fettähnliche Substanzen wie Lipide gut mit Ethern aus Geweben extrahieren.

Chemisch gesehen sind Ether **relativ reaktionsträge** Substanzen. Sie sind jedoch wegen ihrer hohen Flüchtigkeit leicht entflammbar. Außerdem können sie beim Stehen an der Luft explosive Peroxide bilden. Beim Umgang mit Ethern ist daher Vorsicht geboten. Diethylether wurde früher in der Medizin als **Narkosemittel** verwendet.

Auflösung zur Fallbeschreibung

Merke: Alkoholisierung im Straßenverkehr ist ein ernsthaftes Problem. Wir wollen in dieser Auflösung verschiedene Aspekte dieses Themas beleuchten.

Wie kann man die aus dem Konsum eines alkoholischen Getränkes resultierende Alkoholisierung („Promille“) abschätzen?

Dazu ein Beispiel: Ein 80 kg schwerer Mann trinkt sehr rasch eine Flasche (0,5 L) Normalbier. Dieses hat einen Volumenanteil Ethanol von 5%. Wie groß wird seine Alkoholisierung etwa sein?

Dazu müssen wir wissen, dass sich Ethanol aufgrund seiner relativ hohen Polarität sehr rasch nicht nur im Blut, sondern im gesamten Körperwasser verteilt.

Wir berechnen zuerst, wie viel g Ethanol (Dichte etwa 0,8 g/cm^3) in einer Flasche Bier enthalten sind. Ein Volumenanteil von 5% entspricht 50 mL Ethanol pro Liter Bier und 25 mL Ethanol pro Flasche Bier. Bei einer Dichte von 0,8 sind dies $25 \cdot 0,8 = 20$ g Ethanol pro Flasche Bier.

Das **Gesamtkörperwasser** lässt sich für normal gebaute, nicht adipöse Menschen abschätzen. Bei Frauen beträgt der Anteil des Wassers an der Körpermasse etwa 55%. Bei Männern rechnen wir mit etwa 60% der Körpermasse. Unser 80 kg Mann besteht daher zu etwa $80 \cdot 0,60 = 48$ kg aus Wasser. In dieser Wassermasse, die wir zur Erleichterung der Rechnung auf 50 kg (50000 g) aufrunden, verteilt sich das Ethanol. Der Massenanteil von 20 g Ethanol ist daher:

$$\frac{20}{50000} = \frac{0,4}{1000} = 0,4‰$$

das sind **0,4 Promille**.

Was passiert mit Ethanol im Körper?

Ethanol wird in der Leber durch enzymatische Oxidation, katalysiert durch die **Alkoholdehydrogenase**, zu Acetaldehyd abgebaut. Dieser wird anschließend durch die **Aldehyddehydrogenase** zu Essigsäure metabolisiert.

Die Oxidation zum Aldehyd erfolgt durch das Enzym Alkoholdehydrogenase und verläuft, wie Experimente gezeigt haben, bereits ab einer nur geringgradigen Alkoholisierung nach einer **Kinetik nullter Ordnung**.

Das heißt, über einen weiten Konzentrationsbereich des Ethanols wird pro Zeiteinheit eine bestimmte Menge an Ethanol abgebaut, unabhängig von der Konzentration:

$$-\frac{d[\text{Ethanol}]}{dt} = k_0$$

Die Geschwindigkeit des Ethanolabbaus ist also konzentrationsunabhängig. Grafisch entspricht dieses Verhalten einem linearen Abbau des Ethanols. Die Integration des Geschwindigkeitsgesetzes liefert die lineare Lösung:

$$[\text{Ethanol}]_t = [\text{Ethanol}]_0 - k_0 \cdot t$$

In der Praxis gehen wir üblicherweise von einem Abbau von 0,1–0,2 Promille pro Stunde aus.

Bei unserem Verkehrsunfall wurde von der Gerichtsmedizinerin 2 Stunden nach dem Unfall eine Ethanolkonzentration von 0,85‰ gemessen. Setzen wir eine langsamere Abbaurate von 0,1‰/h an, so schätzen wir den Grad der Alkoholisierung zum Unfallzeitpunkt mit $0,85 + 2 \cdot 0,1 = 1,05‰$ ein. Wählen wir hingegen die höhere Abbaurate von 0,2‰/h, schätzen wir den Ethanolspiegel auf $0,85 + 2 \cdot 0,2 = 1,25‰$.

Es gäbe die recht einfache Methode, in jedem Fall die individuelle Abbaugeschwindigkeit durch eine zweite Blutabnahme zu einem späteren Zeitpunkt, etwa 1 h später, exakt zu bestimmen. Dies wird aber in der Praxis offenbar nicht angewandt.

Wie können wir diese Abbaukinetik nullter Ordnung verstehen?

Die Kinetik des Ethanolabbaus ist typisch für Reaktionen, die durch **Enzyme** katalysiert werden. Dabei benötigt ein Enzymmolekül natürlich eine gewisse Zeit, um ein **Substratmolekül** zu „bearbeiten". Wenn die Konzentration der Substratmoleküle so groß ist, dass alle vorhandenen Enzymmoleküle „beschäftigt" sind – wir sprechen von **Enzymsättigung** – wird pro Zeiteinheit eine konstante, nicht weiter steigerbare Zahl an Substratmolekülen umgesetzt. **Die Kinetik wird unabhängig von der Konzentration** und somit „nullter Ordnung".

Allgemein beschreiben wir die Abhängigkeit der Reaktionsgeschwindigkeit einer Enzymreaktion von der Substratkonzentration [S] durch die **Michaelis-Menten-Gleichung**:

$$r = \frac{r_{max} \cdot [S]}{K_M + [S]}$$

Hier bedeuten r_{max} und K_M vom jeweiligen System abhängige Konstanten, die Maximalgeschwindigkeit bei voller Enzymsättigung und die Michaelis-Menten-Konstante. Diese **nichtlineare** Geschwindigkeitsgleichung besitzt **keine Ordnung**, da die Abhängigkeit der Geschwindigkeit nicht als reines Produkt der Konzentrationen geschrieben werden kann.

Wir können aber zwei interessante **Grenzfälle** unterscheiden:

- Wenn die Substratkonzentration [S] numerisch viel größer als die Michaelis-Konstante K_M ist, kann man diese im Nenner vernachlässigen und erhält

  $$r = \frac{r_{max} \cdot [S]}{K_M + [S]} \approx \frac{r_{max} \cdot [S]}{[S]} = r_{max}$$

  Das bedeutet, die Geschwindigkeit wird gleich der Konstante r_{max}, also gleich der Maximalgeschwindigkeit. Dieser Grenzfall ist gerade das, was wir oben für unsere Abschätzungen benutzt haben. Die Geschwindigkeit ist unabhängig von [S] und somit erscheint die Reaktion **nullter Ordnung**.

- Sinkt aber infolge der fortschreitenden Reaktion [S] schließlich so weit ab, dass [S] wesentlich kleiner wird als K_M, so folgt als zweiter Grenzfall:

  $$r = \frac{r_{max} \cdot [S]}{K_M + [S]} \approx \frac{r_{max}}{K_M} \cdot [S]$$

  Es resultiert nun eine Reaktion scheinbar **erster Ordnung**, da der Quotient der beiden Konstanten wiederum eine Konstante ist. In diesem Grenzfall nimmt die Konzentration nicht mehr linear mit der Zeit ab, sondern die Konzentrationsabnahme folgt nunmehr einem exponentiellen Gesetz.

Beim Abbau von Ethanol tritt dieser zweite Grenzfall allerdings erst bei sehr kleinen Ethanolkonzentrationen von 0,1 Promille und darunter auf. Bei höheren und auf jeden Fall bei strafrechtlich relevanten Ethanolkonzentrationen können wir immer mit der Kinetik nullter Ordnung rechnen.

EIN STREIFZUG DURCH DAS PERIODENSYSTEM DER ELEMENTE

6

Fallbeschreibung

Ein 17-jähriger Patient wird wegen Leistungsschwäche, Übelkeit und Druckgefühls im rechten Oberbauch auf eine internistische Station eingeliefert. Bei der klinischen Untersuchung wird eine vergrößerte Leber getastet, in der Labordiagnostik ergeben sich erhöhte Spiegel für die Aminotransferasen ALT und AST. Daraus ergibt sich als Verdachtsdiagnose eine Entzündung der Leber (Hepatitis. Bei der Ursachensuche stellt sich heraus, dass der Gehalt von Caeruloplasmin und von Kupfer-(II)-Ionen im Plasma erniedrigt ist. Dagegen findet sich im 24-Stunden Sammelharn des Patienten ein erhöhter Spiegel an Kupfer-(II)-Ionen. Daraufhin wird der Patient einem Augenarzt vorgeführt, der einen so genannten Kayser-Fleischer-Cornealring, eine goldbraungrüne Verfärbung des Hornhautrandes feststellt.

Lehrziele

Dieses Beispiel führt uns in das Gebiet der **Spurenelemente** und ihrer Bedeutung in der Medizin.

- Wir werden uns mit den **chemischen Elementen** in unserem Körper beschäftigen. Dabei werden wir einen Streifzug durch das **Periodensystem der Elemente** unternehmen. Die biochemisch relevanten Hauptgruppenelemente ebenso wie die wichtigen Übergangselemente werden in Hinblick auf ihre Bedeutung in der Chemie in der Medizin ausführlich vorgestellt.
- Wir wollen die **koordinative kovalente Bindung** (Komplexbindung) kennen lernen, die für die wichtigen Verbindungen der Spurenelemente entscheidend ist.
- Welche **Diagnose** liegt anhand dieser Symptome und Befunde nahe und wie kann eine entsprechende Verdachtsdiagnose verifiziert werden?

6.1 Die Elemente des Lebens

Lehrziel

Sind alle bisher entdeckten 112 chemischen Elemente gleichermaßen bedeutend für das Leben? Wir widmen dieses Kapitel den chemischen Elementen, welche die belebte Materie aufbauen. Nach einem allgemeinen Überblick wollen wir medizinisch interessante Verbindungen der Hauptgruppenelemente sowie wichtige Übergangsmetalle, die fast ausschließlich in Form von Komplexverbindungen auftreten, besprechen.

Bis zum Jahr 2006 sind 112 chemische Elemente identifiziert worden. Diese Liste wird wohl noch etwas weiter wachsen, da in den Großlabors der Kernphysiker immer wieder neue Elemente „erzeugt" werden, allerdings in den meisten Fällen in unvorstellbar kleinen Mengen. So wurden bei der künstlichen Erzeugung des Elements mit der Ordnungszahl 110 („Ununnilium" oder „Darmstadtium" Uun) gerade einmal zwei (!) Atome gebildet, die auch nur einen winzigen Bruchteil einer Sekunde existierten, bevor sie wieder zerfielen.

Alle Elemente mit Ordnungszahlen > 94 sind synthetischer Natur!

Für das Leben spielen diese exotischen Produkte aus den „Hexenlabors" der Kernphysik natürlich keinerlei Rolle. Die Elemente, die die lebende Materie aufbauen, sind stabil und kommen auf der Erde in durchaus nennenswerten Mengen vor. Bevor wir uns diesen elementarsten Bausteinen des Lebens näher zuwenden, wollen wir einen Blick auf den „Katalog" der chemischen Elemente, auf das Periodensystem der Elemente, werfen.

Das Periodensystem der Elemente

Die systematische Erfassung der auf den ersten Blick unübersehbaren Vielfalt der materiellen Phänomene in der uns umgebenden Natur wie auch in unserem Körper und die Verdichtung dieser Informationsfülle in einem durchaus überschaubaren und bedeutungsvollen Ordnungsschema stellen ganz herausragende Leistungen des menschlichen Geistes dar. Lange vor der Entwicklung der Quantenmechanik und des modernen Atombegriffs haben der russische Chemiker **Dimitrij Mendelejew** und unabhängig davon der Chemiker **Lothar Meyer** in Deutschland 1869 diese Großtat vollbracht. Sie brachten die Elemente in ein Ordnungsschema, dessen zwei wesentliche Kriterien die damals bereits recht gut bekannten Atommassen und die chemischen Eigenschaften waren. Wir verstehen heute den Aufbau dieses **Periodischen Systems der Elemente** mit Hilfe unserer Kenntnis des **Atomkerns**, der aus **Protonen** und **Neutronen** besteht, und des quantenmechanisch begründeten **Aufbauprinzips der Elektronenschalen**.

Die Protonenzahl im Kern (Ordnungszahl) definiert die chemische Identität der Atome. Die Periodizität der Eigenschaften der Elemente wird durch die Periodizität der Besetzung der Valenzelektronenschale mit Elektronen hervorgerufen.

Entsprechend der Elektronenkonfiguration in der Valenzschale unterscheiden wir **vier Elementtypen**.

Edelgase (Gruppe VIIIa)

Edelgase weisen in ihrer Valenzschale die außergewöhnlich stabile Konfiguration ns^2np^6 auf. Das heißt, die s- und p-Orbitale der Valenzschale sind mit 8 Elektronen vollbesetzt. Eine Ausnahme ist He mit $1s^2$, das nur zwei Elektronen besitzt, die das 1s-Orbital besetzen.

Edelgase sind extrem reaktionsträge und markieren jeweils das Ende einer Periode des Periodensystems. Die auf sie folgenden Elemente beginnen jeweils mit der Besetzung einer neuen Elektronenschale.

Hauptgruppenelemente (Gruppen Ia bis VIIa):

Diese Elemente, die wir oft auch gemeinsam mit den Edelgasen zusammenfassen, zeichnen sich dadurch aus, dass die s- und p-Orbitale der Valenzschale teilweise oder ganz gefüllt sind und dass ihre d- und f-Orbitale – falls vorhanden – entweder völlig leer oder völlig gefüllt sind. Da es zu jeder Hauptquantenzahl $n > 1$ ein s- und drei p-Orbitale gibt, können in einer Periode inklusive je eines Edelgases maximal acht Hauptgruppenelemente untergebracht werden. Sie werden auch als **sp-Elemente** bezeichnet.

Die Elemente innerhalb einer Periode – das sind die waagrechten Elementreihen – unterscheiden sich wegen der jeweils unterschiedlichen Anzahl der Valenzelektronen sehr stark. Links unten im Periodensystem befinden sich typische Metalle. Je weiter rechts und oben das Element steht, desto stärker ist der nichtmetallische Charakter der Elemente.

Die Einteilung der Elemente in Gruppen – so bezeichnen wir die senkrechten Anordnungen der Elemente – unterstreicht die chemische Ähnlichkeit, die aus der jeweils gleichen Anzahl der Elektronen in der Valenzschale resultiert. Die chemische Ähnlichkeit ist besonders ab der dritten Periode ausgeprägt. Zwischen der zweiten Periode (erste Achterperiode) und der dritten Periode (zweite Achterperiode) finden sich dagegen etwas stärkere Unterschiede zwischen den Elementen innerhalb einer Gruppe. So sind etwa Wasserstoff-Brückenbindungen nur bei den Elementen N, O und F der ersten Achterperiode möglich, nicht aber bei den entsprechenden Elementen P, S und Cl der zweiten Achterperiode.

Übergangselemente (b-Gruppen)

Ab der vierten Periode werden die d-Orbitale der zweitäußersten Schale gefüllt. Diese Elemente heißen daher auch **d-Elemente**. Entsprechend den jeweils fünf d-Orbitalen zu einer Hauptquantenzahl gibt es ab der vierten Periode jeweils zehn Übergangselemente pro Periode.

Die Übergangsmetalle haben in der Valenzschale praktisch immer 1 oder 2 Elektronen. Ihre chemischen Eigenschaften innerhalb einer Periode sind daher viel weniger unterschiedlich als dies bei den Hauptgruppenelementen einer Periode der Fall ist. So sind **alle Übergangselemente Metalle.** Einige von ihnen spielen fundamental wichtige Rollen in der Biochemie der Zelle, zum Beispiel als Bestandteile von Enzymen. Eine moderne Richtung der Biochemie, die so genannte **Bioanorganische Chemie**, befasst sich mit den vielfältigen Struktur- und Reaktionsmöglichkeiten, die diese Elemente besitzen.

Innere Übergangselemente (Lanthanoide und Actinoide)

Ab der sechsten Periode werden, folgend auf die Elemente Lanthan beziehungsweise Actinium, die f-Orbitale der drittäußersten Schale gefüllt (**f-Elemente**). Pro Periode gibt es vierzehn solche Elemente wegen der jeweils sieben f-Orbitale zu einer Hauptquantenzahl. Diese Elemente sind untereinander chemisch sehr ähnlich, weil sich die Besetzungsunterschiede in der drittäußersten Schale chemisch kaum mehr bemerkbar machen.

Auch die inneren Übergangselemente sind ausnahmslos Metalle. Der außerordentlich starken chemischen Ähnlichkeit der inneren Übergangselemente ist es zuzuschreiben, dass sie relativ spät entdeckt wurden. Die Trennung in die einzelnen Elemente und deren Isolierung und Identifizierung war außergewöhnlich schwierig und erforderte größtes experimentelles Können. Sie sind technisch teilweise sehr wichtig. Für Chemie des Lebens spielen sie keine Rolle.

Die Verteilung der biomedizinisch wichtigen Elemente

Betrachten wir das Vorkommen der Elemente (in Atom-%) im Universum oder auf der Erde, so sehen wir, dass von einer Gleichverteilung keine Rede sein kann. So sind etwa zwei Drittel aller Atome im Universum Wasserstoffatome (H). Alle schwereren Elemente entstehen im Inneren der Sterne aus diesen leichtesten aller Atome.

Wie *Tab. 6.1* zeigt, machen relativ wenige Elemente den weitaus überwiegenden Teil aller **Atome in der Erdrinde** aus.

Tab. 6.1: Die Verteilung der wichtigsten Elemente in der Erdrinde. Übergangselemente sind *kursiv* gesetzt.

H, O, Al, Si	90,09% aller Atome
H, O, Al, Si C, F, Na, Mg, P, S, K, Ca, *Ti*, *Mn*, *Fe*	99,98% aller Atome
H, O, Al, Si C, F, Na, Mg, P, S, K, Ca, *Ti*, *Mn*, *Fe* N, Cl, *Ni*	99,998% aller Atome

Eine ganz ähnliche Ungleichgewichtigkeit des Vorkommens der Elemente findet man auch für die **Atome im lebenden menschlichen Organismus** (*Tab. 6.2*).

Tab. 6.2: Die Verteilung der wichtigsten Elemente im menschlichen Organismus. Übergangselemente sind *kursiv* gesetzt.

H, C, N, O	*Hauptelemente* (99,35% aller Atome)
H, C, N, O Na, Mg, P, S, Cl, K, Ca	Haupt- und *Mengenelemente* 99,996% aller Atome
H, C, N, O Na, Mg, P, S, Cl, K, Ca F, *Cr*, *Mn*, *Fe*, *Co*, *Cu*, *Zn*, Se, *Mo*, I	Haupt-, Mengen- und *Spurenelemente* 99,999% aller Atome

Ein grober Überblick über die Lebenselemente, geordnet nach ihrer quantitativen Bedeutung, und ihre wichtigsten Funktionen, zeigt *Tab. 6.3*.

Tab. 6.3: Ungefähres mengenmäßiges Vorkommen der verschiedenen Elemente im menschlichen Körper und ihre wichtigsten biologischen Funktionen. Übergangselemente sind *kursiv* gesetzt.

Element	pro 70 kg Körpermasse	Funktion
O	ca. 42 kg	Wasser, organische Verbindungen
C	ca. 17 kg	Organische Verbindungen
H	ca. 7 kg	Wasser, organische Verbindungen
N	ca. 2 kg	Organische Verbindungen
Ca	1000–1200 g	Hartsubstanz (Zahnschmelz, Knochen), Signaltransduktion
P	500–800 g	Hartsubstanz (Zahnschmelz, Knochen), organische Verbindungen
S	ca. 200 g	S-haltige Aminosäuren
K	ca. 150 g	Intrazelluläres Kation, Bioelektrizität, Osmoregulation
Na	ca. 100 g	Extrazelluläres Kation, Bioelektrizität, Osmoregulation
Cl	80–100 g	Extrazelluläres Anion, Bioelektrizität, Osmoregulation, Magensaft
Mg	20–30 g	Intrazelluläres Kation, Katalyse
Fe	4000–5000 mg	Sauerstoff- und Elektronentransfer
Zn	1500–2500 mg	Katalyse, Stabilisierung von Membranen, Zinkfinger
Cu	75–150 mg	Katalyse, Elektronentransfer
Se	14–30 mg	Antioxidans
Mn	12–20 mg	Katalyse
I	12 - 20 mg	Schilddrüsenhormone
Mo	5,0–9,3 mg	Katalyse, Elektronentransfer
F	2,6–6,5 mg	Hartsubstanz (Zahnschmelz, Knochen)
Co	1–2 mg	Vitamin B12
Cr	0,6–1,4 mg	Insulinwirkung

Im Folgenden wollen wir uns einen Überblick über medizinisch interessante **Verbindungen der Hauptgruppenelemente** verschaffen.

Edelgase

Die **Edelgase** Helium (He), Neon (Ne), Argon (Ar), Krypton (Kr) und Xenon (Xe) sind extrem reaktionsträge. Verbindungen der Edelgase sind außerordentlich schwer herzustellen und besitzen praktisch keine medizinische Bedeutung.

Bei energetischer Anregung, etwa durch elektrische Entladungen in einer Röhre, senden Edelgase charakteristische Lichtspektren aus. Dies wird in Leuchtstoffröhren technisch ausgenutzt.

Für **Helium** gibt es interessante medizinische Anwendungen. Da es chemisch völlig inert ist, eignet es sich für **Lungenfunktionsprüfungen**. Weiters wird Helium als Zusatz zu **Tauchgas** verwendet, da es sich in Blutplasma viel schlechter löst als Stickstoff (siehe Kapitel 1, Abschnitt 9 „Gase"), wodurch die Gefahr der Bildung von Gasbläschen im Blut von Tauchern bei zu raschem Auftauchen gesenkt und somit das Risiko für Gasembolien – die so genannte Caisson'sche Krankheit – verringert wird.

Wasserstoff

Wasserstoff (Elektronenkonfiguration $1s^1$, chemisches Symbol H von *hydrogenium*) nimmt bei den Hauptgruppenelementen eine gewisse Sonderstellung ein, die eine Besprechung in einem eigenen Kapitel rechtfertigt.

Das Wasserstoffatom ist das kleinste und leichteste Atom und besitzt die einfachste Elektronenhüllstruktur. Bei Abgabe des Elektrons bleibt wie bei den Alkalimetallen ein positiv geladenes Ion (ein H^+-Kation) zurück. Das H^+-Kation ist aber einzigartig. Es ist ein nackter Atomkern ohne verbleibende Elektronenhülle, ein **Proton**. Das Proton ist in freier Form nur kurzfristig existent. Es spielt die zentrale Rolle bei **Säure-Base-Reaktionen**.

Wasserstoff kann aber wie die Halogene auch ein Elektron aufnehmen. Dann resultiert ein negativ geladenes **Hydrid**-Ion H^-, welches wie die ebenfalls einfach negativ geladenen Halogenid-Ionen Edelgaskonfiguration besitzt.

Wasserstoff „passt" daher zu keiner der Hauptgruppen wirklich gut hinzu. Er hat eine wesentlich höhere Ionisierungsenergie und Elektronegativität als die Alkalimetalle und tritt Metallen gegenüber als elektronegativer Partner auf. Auf der anderen Seite besitzt Wasserstoff eine wesentlich geringere Elektronenaffinität und Elektronegativität als die Halogene. Gegenüber Nichtmetallen tritt er praktisch immer als elektropositiver Partner auf.

Wasserstoff ist ein typisches **Nichtmetall**. Er ist bei gewöhnlichen Temperatur- und Druckbedingungen gasförmig und bildet zweiatomige Moleküle H_2. H_2 ist ein farb-, geschmack- und geruchloses Gas (FP 14 K, KP 20 K).

Von Wasserstoff existieren drei Isotope (Protium ^1H, Deuterium ^2H, Tritium ^3H). Tritium ist radioaktiv (β^--Strahler; siehe Abschnitt 6.5 „Wenn Elemente instabil werden: Kernreaktionen und Radioaktivität"). Es wird in der Biochemie als **Tracer** eingesetzt. Interessante Verbindungen, deren Schicksal im Organismus oder im Stoffwechsel man erforschen will, werden gezielt durch Einbau von Tritiumatomen anstelle gewöhnlicher Wasserstoffatome **markiert**. Dann sind solche Verbindungen selbst oder ihre Umwandlungsprodukte durch die radioaktive Strahlung gut verfolgen.

Die wichtigsten Wasserstoffverbindungen sind Verbindungen mit Nichtmetallen, Halbmetallen, und einigen Metallen. Beispiele sind etwa mit Kohlenstoff (C) Methan (CH_4) und unzählige andere Kohlenwasserstoffe, mit Silicium (Si) Silan (SiH_4), mit Zinn (Sn) Stannan (SnH_4), mit Stickstoff (N) Ammoniak (NH_3), mit Sauerstoff (O) Wasser (H_2O), mit Fluor (F) Fluorwasserstoff (HF) und andere mehr. Charakteristisch ist für diese Verbindungen, dass H den elektropositiven

Partner darstellt. Folgerichtig ist die Oxidationszahl von H in diesen Verbindungen immer +1.

Gewisse Edelmetalle wie Platin (Pt) und Palladium (Pd) besitzen die interessante Fähigkeit, Wasserstoff in atomarer Form an ihrer Oberfläche gewissermaßen zu „lösen". Dieser in Form von H-Atomen an der Metalloberfläche haftende Wasserstoff ist ein sehr starkes Reduktionsmittel und wird daher technisch bei Hydrierungen viel verwendet. Das Metall bildet also einen Katalysator für derartige Reaktionen. Eine sehr wichtige Anwendung dieser ungewöhnlichen Eigenschaft des Wasserstoffs ist die **Normalwasserstoffelektrode** (siehe Kapitel 3, Abschnitt 1 „Die Chemie der Oxidation und Reduktion").

Halogene

Zu den **Halogenen** gehören die Elemente Fluor (F), Chlor (Cl), Brom (Br), Iod (I) und das radioaktive Astat (At). Das letztere besitzt keine Bedeutung und wird daher nicht näher besprochen.

Die Elektronenkonfiguration in der Valenzschale ist ns^2p^5. Ein Elektron fehlt zur Edelgaskonfiguration, daher besitzen die Halogene eine **hohe Elektronenaffinität und Elektronegativität**. F ist das elektronegativste Element überhaupt! Die Halogene (griechisch für **Salzbildner**) bilden zweiatomige Moleküle. Sie bilden entweder als einfach negativ geladene Halogenid-Anionen salzartige Verbindungen mit Metall-Kationen oder sind negativ polarisierte Bindungspartner in kovalenten Verbindungen. Bei Fluor sind nur zwei Oxidationszahlen möglich, nämlich 0 in elementarer Form als F_2 und -1 in allen F-Verbindungen. Bei Chlor, Brom und Iod sind die Verhältnisse analog. Nur in kovalenten Verbindungen mit den besonders stark elektronegativen Elementen F und O sind auch positive Oxidationszahlen möglich.

Aufgrund der hohen Reaktivität kommen Halogene in der Natur nicht in elementarer Form vor, sondern vorzugsweise als Bestandteile der festen Erdkruste in Salzen. Daneben stellt auch das Meerwasser eine Halogenquelle dar. Es enthält 2% Chloridionen und 0,01% Bromidionen. Iod ist in Tang angereichert.

Fluor ist ein gelbliches, extrem giftiges und aggressives Gas. Es reagiert praktisch mit allen Elementen. **Chlor**, ein grünes, erstickend riechendes Gas, ist ebenfalls chemisch außerordentlich aggressiv und zellschädigend. In stark verdünnter Lösung wird es zur **Desinfektion** von Schwimmbädern eingesetzt. **Brom** ist neben Quecksilber Hg das einzige bei 25 °C flüssige Element. Die braunrote, unangenehm riechende Flüssigkeit erzeugt auf der Haut schmerzhafte Wunden. **Iod** bildet als I_2 grauschwarze, metallisch aussehende Kristalle. Beim Erhitzen entsteht ohne Übergang über eine flüssige Phase direkt ein tiefvioletter Dampf (**Sublimation**), der sich beim Abkühlen wieder als festes Iod niederschlägt (**Resublimation**). Von medizinischem Interesse ist die **desinfizierende Wirkung** einer alkoholischen Lösung von Iod, die bei der Wunddesinfektion Anwendung findet („Iodtinktur").

Halogene reagieren mit Wasserstoff zu **Halogenwasserstoffen**. Diese Verbindungen sind mit Ausnahme von HF gasförmig und lösen sich sehr gut in Wasser.

Fluorwasserstoff HF ist wegen der Ausbildung starker Wasserstoffbrücken zwischen den Molekülen bei Temperaturen unterhalb von 20 °C flüssig. Die wässrigen Lösungen reagieren (stark) sauer, wobei die Säurestärke von HF zu HI ansteigt. Fluss-Säure (wässrige Lösung von HF) ist eine mittelstarke Säure. Salzsäure (HCl), Bromwasserstoffsäure (HBr) und Iodwasserstoffsäure (HI) sind hingegen sehr starke Säuren.

Fluss-Säure wird technisch zum **Glasätzen** verwendet, da sie mit Siliciumdioxid, dem Hauptbestandteil von Glases, zu gasförmigem Siliciumtetrafluorid reagiert:

$$4HF + SiO_2 \rightarrow SiF_4 \uparrow + 2H_2O$$

Der Pfeil $\uparrow$deutet an, dass die Verbindung als Gas entweicht.

Bei dieser technischen Verwendung der Fluss-Säure kann es zu sehr lästigen und schwer heilenden Wunden kommen, wenn die Verbindung mit Haut in Kontakt kommt. Hier empfiehlt sich als Therapie tiefes Unterspritzen der betroffenen Hautstellen mit Lösungen von Calcium-Salzen. Das Ca^{2+}-Ion eliminiert freie Fluorid-Ionen durch Bildung von schwerlöslichem Calciumfluorid:

$$Ca^{2+} + 2F^- \rightleftarrows CaF_2 \downarrow$$

Der Pfeil $\downarrow$ bedeutet das **Ausfällen** eines festen Niederschlages (eines festen Salzes). Diese Reaktion bietet übrigens auch die Erklärung für die **Gerinnungshemmung des Blutes durch Fluorid-Ionen**. Durch die Bildung des schwerlöslichen Calciumfluorids wird dem Blut das für die Gerinnungsreaktion erforderliche Calcium entzogen.

Die **Salze der Halogenwasserstoffsäuren** (Fluoride, Chloride, Bromide und Iodide) mit Metallen sind typische Ionenkristalle und als solche meist gut wasserlöslich. Ausnahmen sind die schwerlöslichen Chloride, Bromide und Iodide von Silber-(I), AgX (X steht für das Halogen), Quecksilber-(I), HgX, Blei-(II), PbX_2, und Thallium-(I), TlX.

Die wichtigsten Verbindungen aller Halogene außer Fluor mit Sauerstoff sind die so genannten **Sauerstoffsäuren** HXO_n. Diese können 1 bis 4 O-Atome enthalten. Die wichtigsten Vertreter sind die Chlorsäure-(V) („Chlorsäure") $HClO_3$ und die Chlorsäure-(VII) („Perchlorsäure") $HClO_4$. Die letztere stellt mit $pK_S = -9$ die stärkste bekannte Säure in wässrigem Milieu dar. Ihre Salze sind die Chlorate-(VII) (Perchlorate). Chlorate-(V) und Chlorate-(VII) ergeben aufgrund ihrer sehr starken Oxidationskraft in Verbindung mit organischen Substanzen außerordentlich explosive Mischungen. Darauf beruht ihre Verwendung in Feuerwerkskörpern und in Streichholzköpfchen.

Physiologische und medizinische Bedeutung

Ob **Fluor** ein lebensnotwendiges Element ist, ist nicht gesichert, doch bildet es in Form des **Fluorapatits** $Ca_5(PO_4)_3F$ eine wichtige Komponente des Zahnschmelzes sowie des Knochen-Hartgewebes. Es wird daher in Form von Natriumfluorid NaF Zahnpasten zur Bekämpfung der Karies zugesetzt. Fluorid-Ionen verringern die Löslichkeit des Fluorapatits durch den Eigenioneneffekt (siehe Kapitel 4, Abschnitt 1 „Lösungs- und Fällungsgleichgewichte“).

Chlorid ist das **wichtigste extrazelluläre Anion** zur Aufrechterhaltung der Elektroneutralität innerhalb und außerhalb von Zellen. Freie Salzsäure findet sich im **Magensaft**. Sie wirkt dort bakterizid und schafft das für die Funktion des eiweißverdauenden Enzyms Pepsin nötige saure Milieu des Magens.

Bromide spielen als Sedativa (Beruhigungsmittel) eine wichtige Rolle.

Iodid ist für die Biosynthese der **Schilddrüsenhormone** 3,5,3'-Triiodthyronin und 3,5,3',5'-Tetraiodthyronin (= „Thyroxin“) erforderlich. **Jodmangel** in der Nahrung führt zu einer verminderten Biosynthese dieser Hormone. Ein krankhaft vergrößertes Schilddrüsengewebe (**Struma**, **Kropf**) ist eine äußere Folge dieser **Hypothyreose**, die unbehandelt zu schweren Beeinträchtigungen bis zum Kretinismus führen kann. In vielen gebirgigen Gegenden der Welt (Alpen, Anden, Himalaja) ist die Iodaufnahme vermindert und der Jodmangelkropf endemisch. Durch Versetzen des Speisesalzes mit Natriumiodid (5 mg pro kg NaCl) wird Abhilfe geschaffen. Unbekannt ist der Iodmangelkropf dagegen an den Meeresküsten, da alle Meeresfrüchte eine reiche Iodquelle darstellen.

Von den Sauerstoffsäuren ist die Chlorsäure-(I) (Unterchlorige Säure) HClO bzw. ihre konjugierte Base, das Chlorat-(I) (**Hypochlorit**) ClO^- als Teil des **cytotoxischen Arsenals von Zellen der Immunabwehr** von Bedeutung, da es stark **bakterizid** wirkt. Medizinisch wird es auch als **Desinfektionsmittel** eingesetzt.

Chalkogene

Die Chalkogene (= **Erzbildner**), die Elemente der 6. Hauptgruppe, umfassen Sauerstoff (O von *oxygenium*), Schwefel (S von *sulfur*), Selen (Se), Tellur (Te) und das instabile, radioaktive Polonium (Po).

Mit der Elektronenkonfiguration ns^2p^4 in der Valenzschale fehlen diesen Elementen zwei Elektronen zur Edelgaskonfiguration, daher besitzen sie ebenfalls hohe Elektronenaffinität und Elektronegativität. Dies gilt insbesondere für Sauerstoff, das nach Fluor zweitstärkste elektronenanziehende Element.

Wie Halogene kommen auch Chalkogene in der Natur verbreitet in Form von kristallinen Salzen vor, wo sie Ionenkristalle bilden. Daneben aber sind sie auch elektronegative Bindungspartner in polarisierten kovalent gebauten Verbindungen. Sauerstoff hat in Verbindungen fast immer die Oxidationszahl -2. Nur in Peroxiden, die eine kovalente O–O-Bindung enthalten, ist seine Oxidationszahl -1. Die übrigen und nicht mehr so stark elektronenaffinen Elemente der Gruppe können alle Oxidationszahlen von -2 bis +6 annehmen.

Sauerstoff ist mit seinen wichtigsten Verbindungen von so zentraler Bedeutung für die Medizin, dass wir ihm ein eigenes Kapitel widmen (siehe Kapitel 3, Abschnitt 8 „Sauerstoff – ein Gas mit vielen Gesichtern“). Als einziges Element der 6. Hauptgruppe ist er bei Raumtemperatur gasförmig. Die übrigen Elemente sind fest. **Schwefel** kommt elementar in kristalliner Form (gelbe Kristalle) vor. Beide Elemente kommen auch in gebundener Form in Erzen vor (Oxide, Sulfide). **Selen** und **Tellur** sind als Selenide und Telluride spurenweise in sulfidischen Erzen enthalten. Tellur kommt selten auch in gediegener Form vor.

Sauerstoff und Schwefel sind typische **Nichtmetalle**, Selen und Tellur kommen hingegen **auch in metallischen Modifikationen** mit Halbleitereigenschaften vor. Polonium schließlich ist ein typisches **Metall**.

Die **Wasserstoffverbindungen** H_2X der Chalkogene sind mit Ausnahme des Wassers gasförmig. Wasser dagegen ist wegen seiner Wasserstoff-Brückenbindungen flüssig. Sie sind in Wasser löslich und reagieren schwach sauer, wobei die Säurestärke – wie bei den Halogenen – mit zunehmender Größe des Chalkogenatoms zunimmt. Dagegen nimmt die Säurestärke von wässrigen Lösungen der stabilsten **Sauerstoffsäuren** von der Schwefelsäure-(VI) H_2SO_4 über die Selensäure-(VI) H_2SeO_4 zur Tellursäure-(VI) H_2TeO_4 hin ab.

Schwefel kommt elementar als Mineral vor. Als **Schwefelwasserstoff** H_2S und **Schwefeldioxid** SO_2 findet sich das Element in vulkanischen Dämpfen, so genannten „Exhalationen". In der festen Erdkruste ist Schwefel in Salzen anzutreffen. Beispiele sind **Sulfate** wie das medizinisch wichtige Calciumsulfat (**Gips**) und **Sulfide**. Letztere kennen Mineralogen als „Blenden", „Kiese" und „Glanze".

Schwefel ist ein Bestandteil von Eiweiß (Protein), da er in zwei **proteinogenen Aminosäuren** vorkommt, nämlich in Cystein und Methionin. Außerdem finden wir Schwefel in zwei Vitaminen, dem Thiamin und dem Biotin.

Die Wasserstoffverbindung H_2S, der **Schwefelwasserstoff**, ist ein extrem giftiges und in größter Verdünnung noch deutlich übel riechendes Gas. Faule Eier verdanken ihm ihren Gestank. H_2S ist gut wasserlöslich („Schwefelwasserstoff-Wasser"); er ist eine schwache zweibasige Säure und bildet zwei Reihen von Salzen, die **Hydrogensulfide** mit dem Hydrogensulfid-Anion HS^- und die **Sulfide** mit dem Sulfid-Anion S^{2-}. Viele Sulfide, besonders von Schwermetallen, sind sehr schwerlöslich.

Die Bildung von H_2S in Senkgruben, Gerbereien und Abwasserkanälen führt immer wieder zu tödlichen **Vergiftungsunfällen**.

Von den Sauerstoffverbindungen ist das gasförmige, stechend riechende und besonders für die Atemwege sehr schädliche **Schwefeldioxid** SO_2 am wichtigsten. Es entsteht durch Verbrennung von Schwefel. SO_2 ist ein starkes Zellgift. Besonders Pflanzen werden durch „Ausbleichen" wegen der Zerstörung des für die Photosynthese wichtigen grünen Blattfarbstoffs Chlorophyll bei höheren Konzentrationen in der Luft stark in Mitleidenschaft gezogen. SO_2 ist außerdem das Anhydrid der **Schwefeligen Säure** und bildet mit Luftfeuchtigkeit diese mittelstarke Säure:

$$SO_2 + H_2O \rightarrow H_2SO_3$$

Wegen dieser Reaktion ist SO_2 ein Hauptverursacher des sauren Regens. H_2SO_3 ist in freier Form nicht beständig, wohl aber in Form ihrer Salze, der **Hydrogensulfite** mit dem Ion HSO_3^- und der **Sulfite** mit dem Ion SO_3^{2-}.

Schwefelige Säure besitzt starke **bakterizide** Eigenschaften, von denen man bei der Weinherstellung und bei der Konservierung von Trockenobst Gebrauch macht.

Die zweite wichtige Sauerstoffverbindung des Schwefels ist **Schwefeltrioxid** SO_3. Es wird technisch in großen Mengen durch katalytische Oxidation von SO_2

hergestellt. Es ist bei Raumtemperatur fest und löst sich unter Hitzeentwicklung begierig in Wasser, wo es zur sehr starken **Schwefelsäure** reagiert:

$$SO_3 + H_2O \rightarrow H_2SO_4$$

Konzentrierte Schwefelsäure, eine farblose, ölige und sehr dichte Flüssigkeit (1 Liter wiegt 1,836 kg!) ist nicht nur eine sehr starke Säure, sondern auch ein starkes Oxidationsmittel und extrem hygroskopisch (wasseranziehend). So kann sie organische Materie, etwa Zucker, durch Wasserentzug „verkohlen":

$$C_6H_{12}O_6 \xrightarrow{H_2SO_4} 6C + 6H_2O$$

Sie bildet zwei Reihen von Salzen, die **Hydrogensulfate** mit dem Ion HSO_4^- und die **Sulfate** mit dem Ion SO_4^{2-}. Medizinisch sind die schwerlöslichen Salze **Calciumsulfat** und **Bariumsulfat** von besonderem Interesse. Calciumsulfat bildet als $CaSO_4 \cdot 2H_2O$ ein hartes Mineral (**Gips**). Beim Erhitzen verliert Gips Kristallwasser und zerfällt zu einem weißen Pulver mit der Formel $CaSO_4 \cdot \frac{1}{2}H_2O$. Wird dieses mit Wasser zu einem Brei angerührt, verbindet es sich mit diesem langsam wieder zu $CaSO_4 \cdot 2H_2O$ und härtet dabei aus. **Gipsverbände** werden bei der Versorgung von Knochenfrakturen verwendet. **Bariumsulfat** $BaSO_4$ ist für Röntgenstrahlen nahezu undurchlässig und wird daher als **Röntgenkontrastmittel** verwendet. Dies ist trotz der hohen Giftigkeit von Ba^{2+}-Ionen möglich, da es extrem schwerlöslich ist.

Die gut löslichen, kristallwasserhältigen Salze $Na_2SO_4 \cdot 10H_2O$ (**Glaubersalz**) und $MgSO_4 \cdot 7H_2O$ (**Bittersalz**) sind wichtige **Laxantien**, das sind Abführmittel. Die „Bitterwässer" genannten Mineralwässer verdanken ihnen ihre abführende Wirkung.

H_2SO_4 kommt als Zellbestandteil auch in chemisch gebundener Form vor, etwa in Form von **Schwefelsäure-Estern** kovalent gebunden an Membranlipide. Solche Verbindungen werden als **Sulfatide** bezeichnet.

Stickstoffgruppe

Die Elemente der 5. Hauptgruppe werden als **Stickstoffgruppe** bezeichnet. Sie umfassen Stickstoff (N von *nitrogenium*), Phosphor (P), Arsen (As), Antimon (Sb von stibium) und Bismut (Bi). Wir werden uns nur mit Stickstoff und Phosphor näher beschäftigen.

Stickstoff bildet als zweiatomiges N_2 mit etwa 78% Anteil die Hauptkomponente der Luft. In gebundener Form kommt er in mineralischen **Nitraten** („Salpeter") vor. Außerdem ist er wie Kohlenstoff, Wasserstoff und Sauerstoff eines der wichtigsten Elemente beim Aufbau organischer Materie. **Proteine** enthalten etwa 16% Stickstoff. **Phosphor** ist reaktiv. Er kommt daher in der Natur nur in gebundener Form in mineralischen **Phosphaten** vor. In Form von Apatit bildet Phosphor einen Hauptbestandteil von Knochen und Zahnschmelz.

Stickstoff ist als einziges Element der Gruppe bei Raumtemperatur gasförmig. Phosphor ist fest und kommt in metallischen und in nichtmetallischen Modifikationen vor.

Die Wasserstoffverbindung **Ammoniak** NH_3 ist schwach basisch. NH_3 ist ein farbloses, giftiges Gas mit einem charakteristischen stechenden Geruch und löst sich wegen der Ausbildung von Wasserstoffbrücken außerordentlich begierig in Wasser (**Salmiak**). Die konjugierte Säure des Ammoniaks ist das tetraedrisch gebaute **Ammonium**-Ion NH_4^+, welches etwa gleich groß ist wie das Kalium-Ion. Die Ammoniumsalze verhalten sich daher in ihren Eigenschaften, insbesondere hinsichtlich ihrer Wasserlöslichkeit, sehr ähnlich wie die entsprechenden Kaliumsalze.

Die **Stickstoffwasserstoffsäure** HN_3 bildet mit Basen sehr instabile Salze, die **Azide**, die vielfach explosiv sind und oft zu Sprengunfällen führen. Blei- und Silberazid werden daher in Sprengkapseln verwendet. Außerdem sind Azide **bakterizid**. Natriumazid NaN_3 wird daher für Desinfektionszwecke verwendet, etwa bei der Durchführung von Zellkulturexperimenten.

Stickstoff bildet verschiedene **Sauerstoffverbindungen**. Diese sind allgemein weniger stabil als bei den schwereren Elementen der 5. Hauptgruppe, da der Stickstoff selbst relativ elektronegativ ist und daher mit Sauerstoff weniger stabile Bindungen ausbildet als die elektropositiveren Elemente der Gruppe.

Distickstoffmonoxid N_2O wird als **Narcoticum** therapeutisch eingesetzt. Es besitzt eine betäubende Wirkung und verursacht eine auffallende Munterkeit und Euphorie (**Lachgas**).

Das zweiatomige **Stickstoffmonoxid** NO ist ein farbloses, giftiges Gas, welches an der Luft schnell zu rotbraunem **Stickstoffdioxid** NO_2 oxidiert wird. NO_2 ist etwas wasserlöslich und disproportioniert dabei zu **Salpetriger Säure** HNO_2 und **Salpetersäure** HNO_3:

$$2\overset{+4}{N}O_2 + H_2O \rightarrow H\overset{+3}{N}O_2 + H\overset{+5}{N}O_3$$

Beide Gase (**nitrose Gase**) sind sehr giftig. Sie entstehen auch bei der Verbrennung von Kraftstoffen und tragen über die Umwandlung in die beiden Sauerstoffsäuren wesentlich zur Entstehung des **sauren Regens** bei. Nitrose Gase entstehen auch oft bei Arbeiten mit Salpetersäure und sind nicht selten Ursache schwerer Vergiftungen.

Die Anzahl der Elektronen in den beiden Oxiden NO und NO_2 ist ungerade. So enthält NO 11 Valenzelektronen, NO_2 besitzt 17 Valenzelektronen. Die beiden Verbindungen besitzen daher als **freie Radikale** eine erhöhte Reaktivität.

Ein giftiges Gas als lebensnotwendige Verbindung? Die zwei Gesichter des Stickstoffmonoxids NO

In der Atmluft sind Stickoxide sehr schädliche Verbindungen. Aber Vorsicht! Wie schon Paracelsus vor über 500 Jahren gelehrt hat:

Was ist das nit ein gifft ist? Alle ding sind gifft
Und nichts ohn gifft
Allein die dosis macht das ein ding kein gifft ist.

Stickstoffmonoxid hat in den letzten 20 Jahren außerordentliches biomedizinisches Interesse erlangt, da sich herausstellte, dass der so genannte **endothelial derived relaxing factor** (**EDRF**), der für die **Regulation des Gefäßtonus und damit des Blutdrucks** eine Schlüsselrolle spielt, nicht, wie lange vermutet, ein Protein, sondern das „winzige" zweiatomige NO ist. Für die Biochemiker war diese Entdeckung eine riesige Sensation, da sie bei biologisch sehr aktiven Molekülen üblicherweise sehr große Moleküle, meist Proteine, erwarten. Darüber hinaus werden der Substanz heute Funktionen bei der Nervenreizübertragung (**Neurotransmitter**) und bei Immunreaktionen als Waffe der Immunzellen (**cytotoxische Wirkung**) zugeschrieben.

Salpetrige Säure HNO_2 ist eine instabile mittelstarke Säure. Ihre Salze heißen **Nitrite** und enthalten das Ion NO_2^-. Salpetrige Säure und Nitrite sind gesundheitlich sehr bedenklich, da sie im sauren Milieu des Magens mit sekundären Aminen **N-Nitrosamine** bilden, die **cancerogen** wirken (siehe Kapitel 9, Abschnitt 3 „Chemie und Krebsentstehung").

Salpetersäure HNO_3 ist eine sehr starke Säure. Ihre Salze heißen **Nitrate** und enthalten NO_3^-. Salpetersäure ist ein starkes Oxidationsmittel und vermag edle Metalle wie Silber zu lösen.

Silbernitrat $AgNO_3$ besitzt als **Höllenstein** (**lapis infernalis**) eine gewisse medizinische Bedeutung, da es auf der Haut oxidierend wirkt und – unter Abscheidung von schwarzem, elementarem Silber – Hautwucherungen entfernt.

Von **Phosphor** ist eine Verbindung von zentraler Wichtigkeit für die Biochemie und Physiologie des Menschen, die mittelstarke **Phosphorsäure** H_3PO_4. Als dreibasige Säure ist sie in der Lage, drei Reihen von Salzen zu bilden: **Dihydrogenphosphate** $H_2PO_4^-$, **Hydrogenphosphate** HPO_4^{2-} und **Phosphate** PO_4^{3-}. Das PO_4^{3-}-Ion ist tetraedrisch gebaut; das P-Atom ist tetraedrisch von vier O-Atomen umgeben. Die sauren (aciden) Wasserstoffatome sind, wie *Abb. 6.1* zeigt, nicht direkt an das Zentralatom gebunden, sondern immer an die Sauerstoffatome, die das Zentralatom umgeben.

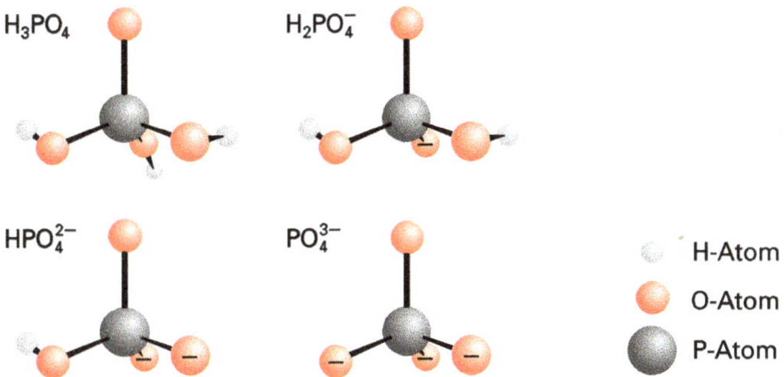

Abb. 6.1: Der tetraedrische Bau der Phosphorsäure und ihrer verschiedenen Dissoziationsstufen.

Analog sind auch andere Sauerstoffsäuren mit 4 O-Atomen aufgebaut wie etwa die Schwefelsäure H_2SO_4 oder die Perchlorsäure $HClO_4$. Bei Sauerstoffsäuren mit nur drei Sauerstoffatomen wie der Salpetersäure HNO_3 oder Kohlensäure H_2CO_3 ist eine ebene (planare) Anordnung der Sauerstoffatome um das Zentralatom die Regel. Bei zwei Sauerstoffatomen wie bei Salpetriger Säure HNO_2 finden wir eine gewinkelte Anordnung der Sauerstoffatome am Zentralatom.

Im **Knochen** und im **Zahnschmelz** ist Phosphorsäure wichtiger Bestandteil der Hartsubstanzen **Hydroxylapatit** $Ca_5(PO_4)_3OH$ und **Fluorapatit** $Ca_5(PO_4)_3F$.

Biochemisch besonders wichtig sind **Phosphorsäureester**, die auch als **Phosphate** bezeichnet werden. Sie entstehen durch Wasserabspaltung zwischen H_3PO_4 und Alkoholen. **Nucleotide** etwa sind die Bausteine des genetischen Materials (DNA, RNA) und – in Form von ATP und verwandten Verbindungen – die wichtigsten Energieüberträger. **Zuckerphosphate** spielen vielfältige Rollen bei biochemischen Prozessen, und **Phospholipide** sind essentielle Komponenten biologischer Membranen.

Ein Abkömmling der Phosphorsäure ist **Diphosphorsäure** (**Pyrophosphorsäure**) $H_4P_2O_7$, deren Salze **Diphosphate** (**Pyrophosphate**) heißen. Sie ist ein **Säureanhydrid**, das heißt, sie entsteht formal unter Wasserabspaltung aus zwei Molekülen H_3PO_4 (*Abb. 6.2*), wobei Energie benötigt wird:

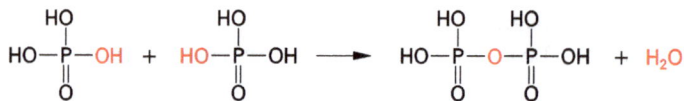

$$(HO)_2P(=O)\text{—OH} + \text{HO—}P(=O)(OH)_2 \longrightarrow (HO)_2P(=O)\text{—O—}P(=O)(OH)_2 + H_2O$$

Abb. 6.2: Die Bildung von Diphosphorsäure („Pyrophosphorsäure") durch Erhitzen von Phosphorsäure.

Sie enthält eine P–O–P-Brücke, die sehr **energiereich** ist. Sie kann durch eine Umkehrung der in *Abb. 6.2* gezeigten Reaktion leicht gespalten werden, wobei wieder Energie frei wird. Solche energiereichen Bindungen bieten Zellen die Möglichkeit, chemische Energie zu speichern und zu transportieren, etwa in Form von ATP, welches ebenfalls solche Säureanhydridbindungen enthält. Die gespeicherte Energie kann bei Bedarf durch Hydrolyse der energiereichen Bindung, also die Aufspaltung der Bindung durch Wasser, freigesetzt werden.

Kohlenstoffgruppe

Die 4. Hauptgruppe enthält die Elemente Kohlenstoff (C), Silicium (Si), Germanium (Ge), Zinn (Sn von *stannum*) und Blei (Pb von *plumbum*). Wir wollen uns nur mit dem ersten Element der Gruppe, dem **Kohlenstoff** beschäftigen. Seine Bedeutung für das Leben ist so zentral und fundamental, dass der Großteil der unübersehbar vielen Verbindungen dieses Elements eine „eigene" Chemie, die **Organische Chemie**, rechtfertigt.

Aufgrund seiner Stellung in der Mitte der ersten Achterperiode des Periodensystems bildet Kohlenstoff sehr stabile Bindungen zu weiteren Kohlenstoffatomen, aber auch zu Wasserstoffatomen aus. C–C-Bindungen und C–H-Bindungen sind sehr stabil und daher sehr reaktionsträge. Auch mit anderen Nichtmetallen wie N, P, O, S, F, Cl, Br und I bildet C stabile, durch Polarisierungseffekte allerdings auch reaktivere Bindungen aus.

Die Neigung zur Ausbildung von C–C- Bindungen manifestiert sich nicht nur in den Strukturen von Diamant und Graphit (siehe Kapitel 1, Abschnitt 8 „Kristalline Festkörper"). Kohlenstoffatome können sowohl unverzweigte und verzweigte Ketten beliebiger Größe als auch Ringe und dreidimensional aufgebaute Strukturen ausbilden. Daneben ist Kohlenstoff zur Ausbildung stabiler Mehrfachbindungen (Doppelbindungen, Dreifachbindungen) in der Lage. Es gibt im Prinzip unendlich viele unterschiedliche Kohlenstoffverbindungen.

Der bei weitem größte Teil dieser Verbindungen wird traditionell der **Organischen Chemie** (Abschnitt 6.3, „Grundlagen der Organischen Chemie") zugerechnet. In diesem Abschnitt besprechen wir nur das **Element** selbst und seine **Oxide** (Kohlenmonoxid, Kohlendioxid), die **Kohlensäure** und deren Salze (**Hydrogencarbonate** und **Carbonate**), und schließlich die **Blausäure** HCN und ihre Salze, die **Cyanide**.

Mit Sauerstoff verbrennt Kohlenstoff zu **Kohlendioxid** CO_2 oder – im Falle einer unvollständigen Verbrennung – zu **Kohlenmonoxid** CO. Dieses ist farblos und wegen seiner Geruch- und Geschmacklosigkeit eines der gefährlichsten Giftgase. Seine Giftwirkung beruht darauf, dass es als Ligand mit dem Eisen-Zentralion des Hämoglobins einen stabileren Komplex bildet als der eingeatmete Sauerstoff und diesen von der vorgesehenen Koordinationsstelle am Eisen-Ion verdrängt. Bereits bei einer Konzentration von 0,5% CO in der Atemluft sinkt die Transportfähigkeit des Blutes für Sauerstoff soweit ab, dass es in wenigen Minuten zum Tod kommt (siehe Kapitel 3).

CO_2, ein ebenfalls farbloses Gas, bildet zu etwa 0,03% einen Nebenbestandteil der Erdatmosphäre und ist bis zu etwa 4% in der Ausatmungsluft enthalten. Unterhalb von −78 °C ist es fest, bei höheren Temperaturen sublimiert es, geht also direkt – ohne flüssig zu werden – in den gasförmigen Zustand über. Nur unter höherem Druck lässt sich CO_2 verflüssigen. Das feste, weiße CO_2 ist unter dem Namen **Trockeneis** ein auch im Labor vielverwendetes Kühlmittel.

CO_2 ist 1,5 mal schwerer als Luft und sammelt sich daher an den tiefsten Stellen, unmittelbar über dem Boden, an. Eine brennende Kerze erlischt bei einem CO_2-Gehalt der Luft von etwa 10%. Dadurch wird gerade die Konzentration des Gases angezeigt, die für den Menschen lebensgefährlich ist. Dies ist wichtig zur Entdeckung gefährlicher Konzentrationen von CO_2, beispielsweise in Weinkellern oder Silos.

In Wasser ist CO_2 gut löslich. Ein kleiner Teil der gelösten Moleküle reagiert chemisch mit Wasser zur instabilen **Kohlensäure**:

$$CO_2 + H_2O \rightleftharpoons H_2CO_3$$

CO_2 stellt somit das **Säureanhydrid** der Kohlensäure dar. Kohlensäure ist eine sehr schwache Säure mit einem $pK_S = 6{,}1$. Ihre Salze heißen **Hydrogencarbonate** mit dem Anion HCO_3^- und **Carbonate** mit dem Anion CO_3^{2-}). Diese Verbindungen spielen als **offenes Puffersystem** eine außerordentlich wichtige Rolle bei der

Aufrechterhaltung des **Blut-pH** (siehe Kapitel 2, Abschnitt 4 „Der Säure-Base-Haushalt des Menschen"). **Hydrogencarbonate** (**Bicarbonate**) reagieren in wässriger Lösung schwach basisch. Sie werden zum Beispiel als **Speisesoda** als Backpulver oder auch zur Neutralisation überschüssiger Magensäure bei **Sodbrennen** eingesetzt.

Blausäure oder Cyanwasserstoff HCN ist ein Gas. Die Salze dieser extrem schwachen Säure, die **Cyanide** (zum Beispiel Kaliumcyanid = Zyankali, KCN), stellen ebenso wie HCN selbst ein äußerst gefährliches Gift dar. Sie blockieren die Atmungskette sehr effektiv durch die Bindung an das dreiwertige Eisen-Ion (Fe^{3+}) im Zentrum eines **Häm-Moleküls**, vor allem auf der Stufe der **Cytochrom-c-Oxidase** (Komplex IV).

Alkali- und Erdalkalimetalle

Die biomedizinisch wichtigen Metalle Natrium (Na) und Kalium (K) aus der ersten Hauptgruppe, die als **Alkalimetalle** bezeichnet werden, sowie Magnesium (Mg) und Calcium (Ca) aus der zweiten Hauptgruppe, den so genannten **Erdalkalimetallen,** haben wir nun schon mehrfach als kationische Bestandteile wichtiger Salze kennen gelernt. Hier wollen wir uns diese Elemente noch etwas näher ansehen.

Bei den Alkali- und Erdalkalimetallen ist das s-Orbital der Valenzschale mit einem bzw. zwei Elektronen besetzt. Diese Valenzelektronen werden ziemlich leicht abgegeben, und die Elemente kommen daher praktisch ausschließlich als ein- bzw. zweiwertig positive Ionen vor.

Die Elemente sind folgerichtig ausnahmslos sehr unedle Metalle. Natrium und Kalium sind überhaupt nur unter Schutzflüssigkeiten wie Ether beständig. An der Luft werden sie rasch oxidiert. Beryllium und Magnesium bilden an Luft ähnlich wie Aluminium eine sehr dünne, aber widerstandsfähige Oxidschicht, die sie vor weiterer Oxidierung schützt.

Schwerlösliche Erdalkalimetallsalze können als Bestandteile von **Konkrementen** (**Harnstein**) auftreten, beispielsweise **Calciumoxalat** CaC_2O_4 oder **Magnesiumammoniumphosphat** $MgNH_4PO_4$. Alkalischer Harn führt gelegentlich zum Auftreten von Calciumphosphatsteinen.

Natrium- und Kalium-Ionen sind an einer Vielzahl zellulärer Prozesse beteiligt und sind daher **essentielle Bestandteile der Nahrung**.

Ein zentrales Charakteristikum für alle lebenden Zellen ist die unterschiedliche Verteilung dieser beiden Ionensorten zwischen dem Zellinnerem und dem Extrazellulärraum. In der Zelle ist die Konzentration von K^+ mit etwa 0,10 M etwa 10 mal höher als die Na^+-Konzentration mit 0,01 M. In der extrazellulären Flüssigkeit dagegen ist das Verhältnis genau umgekehrt. Lebende Zellen halten durch aktive, Energie verbrauchende Pumpsysteme diesen großen **Konzentrationsgradienten** der beiden Alkalimetall-Ionen aktiv aufrecht. Erst wenn die Zelle stirbt, bricht der Gradient zusammen, und die Konzentrationen innen und außen gleichen sich durch passive Diffusion aus .

Die Zellen können diesen energiereichen Konzentrationsgradienten für ihre Zwecke ausnutzen. So wird bei der **Leitung von Nervenreizen** durch komplizierte

Vorgänge die Membran der Nervenzellen für kurze Zeit ionendurchlässig und der Gradient bricht zusammen (**Depolarisation**), wodurch das elektrische Signal weitergeleitet wird.

Magnesium und Calcium spielen ebenfalls in der belebten Natur eine ganz hervorragende Rolle. Magnesium ist das Zentralion im **Chlorophyll** der grünen Pflanzen, wo es – ähnlich wie Eisen bei Hämoglobin – in Form eines sehr stabilen Chelatkomplexes durch ein dem Häm sehr ähnliches Molekül gebunden wird.

Auch beim Menschen ist eine ausreichende **Magnesiumversorgung** für das Funktionieren des **intrazellulären Stoffwechsels** sehr wichtig. So spielt das Ion eine wichtige Rolle bei **Phosphatgruppen-Übertragungsreaktionen**, bei der **Zellatmung** in den Mitochondrien, bei der **Proteinbiosynthese** im Cytosol, bei der **Biosynthese von Nucleinsäuren** im Zellkern und bei der **Übertragung von Nervenreizen**. Bei Magnesiummangel kommt es daher auch schnell zu nervösen Störungen, tetanischen Zuständen oder Kribbeln in den Gliedmaßen.

Calcium ist eines der wichtigsten Ionen im Organismus. Seine zentrale Rolle bei der **Knochenmineralisierung** wurde bereits erwähnt.

Darüberhinaus besitzt das Ca^{2+}-Ion eine Schlüsselrolle bei der **Blutgerinnung**, bei der **Signalleitung in Nerven**, bei der **Stabilisierung von Zellmembranen** und generell bei der **Aktivierung von Zellen** für die Erfüllung ihrer jeweiligen Aufgaben. Ca^{2+}-Ionen werden heute neben weiteren Substanzen als **second messenger** betrachtet. Dies sind Stoffe, die neben den klassischen Botenstoffen des Organismus, den **Hormonen**, die auch **first messengers** genannt werden, bei der Vermittelung von Kommunikationssignalen zwischen Zellen und Organen eine zentrale Botenrolle übernehmen, da sie die von den *first messengers* an die Außenmembran der Zielzelle übermittelten Signale ins Zellinnere weiterleiten.

Es ist nicht verwunderlich, dass der Calcium-Haushalt des Körpers einer genauen Regulation unterliegt. Über die Wirkung verschiedener Substanzen, etwa **Vitamin D**, kann durch gezielten Auf- oder Abbau von Knochensubstanz der Calciumspiegel im Blut im erwünschten Konzentrationsbereich (ca. 10 mg in 100 ml) gehalten werden.

Biomedizinisch wichtige Übergangselemente und ihre Verbindungen

Von den zahlreichen Übergangsmetallen sind insbesondere die d-Elemente **Eisen** (Fe), **Cobalt** (Co), **Kupfer** (Cu), **Zink** (Zn) und **Molybdän** (Mo) wichtig.

Allen diesen Metallen ist gemeinsam, dass sie die Fähigkeit besitzen, mit geeigneten Liganden **koordinative Bindungen** einzugehen, wobei als Ligandenatome insbesondere Stickstoff und Schwefel auftreten. Darüber hinaus spielt bei einigen dieser Elemente ihre Fähigkeit, **mehrere stabile Oxidationsstufen** ausbilden zu können, eine zentrale Rolle für ihre biochemische Funktion.

Die Elemente kommen daher bevorzugt als komplex gebundene Zentralionen in Proteinen (**Metalloproteine**) vor. Sie sind wegen des leichten Wechsels der Oxidationsstufen besonders gut dafür geeignet, biochemisch wichtige **Redoxreaktionen** zu katalysieren. Außerdem erfüllen sie in verschiedenen Organismen die wichtige Funktion des **Sauerstoff-Transports**. In anderen Proteinen schließlich besitzen Metall-Ionen **strukturelle Aufgaben**. Sie fixieren und stabilisieren räumliche Strukturen, die für die korrekte Funktion der betreffenden Enzyme wesentlich sind.

Eisen

Eisen ist nach Aluminium das vierthäufigste Element der festen Erdrinde und das zweithäufigste Metall. In gediegenem, elementarem Zustand findet man Eisen auf der Erde nur sehr selten (zum Beispiel in Meteoriten). Es kommt hauptsächlich in oxidischen und sulfidischen Erzen vor. Elementares Eisen finden wir dagegen im Erdinneren. Der Erdkern (Radius etwa 3500 km) besteht zu 90% aus Eisen und zu 10% aus Nickel.

Eisen ist das am weitesten verbreitete und wichtigste Übergangsmetall in lebender Materie. Eisenhaltige Proteine beteiligen sich an zwei fundamentalen Prozessen – am **Sauerstofftransport** und an der **Elektronenübertragung**. Außerdem gibt es Proteine, deren Rolle im Transport und in der Speicherung dieses wichtigsten Übergangsmetalles bestehen.

Die bekanntesten Eisenproteine sind die **Häm-Proteine**. Sie enthalten eine oder mehrere Hämgruppen als zentralen Bestandteil. Zu den Häm-Proteinen gehören

- **Hämoglobin** (Sauerstoff-Transport von der Lunge ins Gewebe)
- **Myoglobin** (Sauerstoff-Transport in der Muskelzelle)
- **Cytochrome** (Bestandteile der Atmungskette)
- **Katalase** und **Peroxidase** (Entgiftung von Wasserstoffperoxid)

Etwa 60% des Körpereisens sind in Hämoglobin lokalisiert, 5–6% in Myoglobin. Die Strukturen dieser wichtigen Enzyme sind in Kapitel 3, Abschnitt 5 „Die Atmungskette" wiedergegeben.

Der Transport von Eisen im Organismus wird durch ein spezielles Transport-Protein, das **Transferrin**, bewerkstelligt. Überschuss an Eisen wird in **Ferritin** (Struktur siehe Kapitel 8, Abschnitt 4 „Wunderwelt der Proteine") und **Hämosiderin** durch extrem starke Komplexbildung gebunden und hauptsächlich in der Leber deponiert. Etwa 20% des Eisens sind in diesen beiden Speicherformen gebunden.

Ein gesunder Erwachsener hat einen Eisenbestand von etwa 4 bis 5 g. Eisenquellen sind vor allem tierische Proteine aus Fleisch und Leber.

Eine Verminderung der Hämoglobinkonzentration nennen wir **Anämie**. Bei Anämie kann nicht genug Sauerstoff im Blut transportiert werden, so dass die Organe nicht mehr ausreichend mit Sauerstoff versorgt werden, was zu den typischen Symptomen Blässe von Haut und Schleimhäuten, Müdigkeit, Konzentrationsschwäche, Kopfschmerzen und Atemnot (Dyspnoe) führt. Die **Eisenmangelanämie** ist die häufigste Form der Anämie.

Eine weitere erwähnenswerte und interessante Gruppe von Hämenzymen sind die in praktisch allen Lebewesen verbreiteten **Cytochrome P450**, welche im **Abbau von Xenobiotica**, so genannten „Fremdstoffen", eine zentrale Rolle einnehmen. Sie tragen ihren Namen wegen einer spezifischen Lichtabsorption bei 450 nm. Häufig ermöglichen sie eine bessere Eliminierung apolarer Schadstoffe, weil sie diese mit Hilfe von an das Hämeisen gebundenem Sauerstoff oxidieren

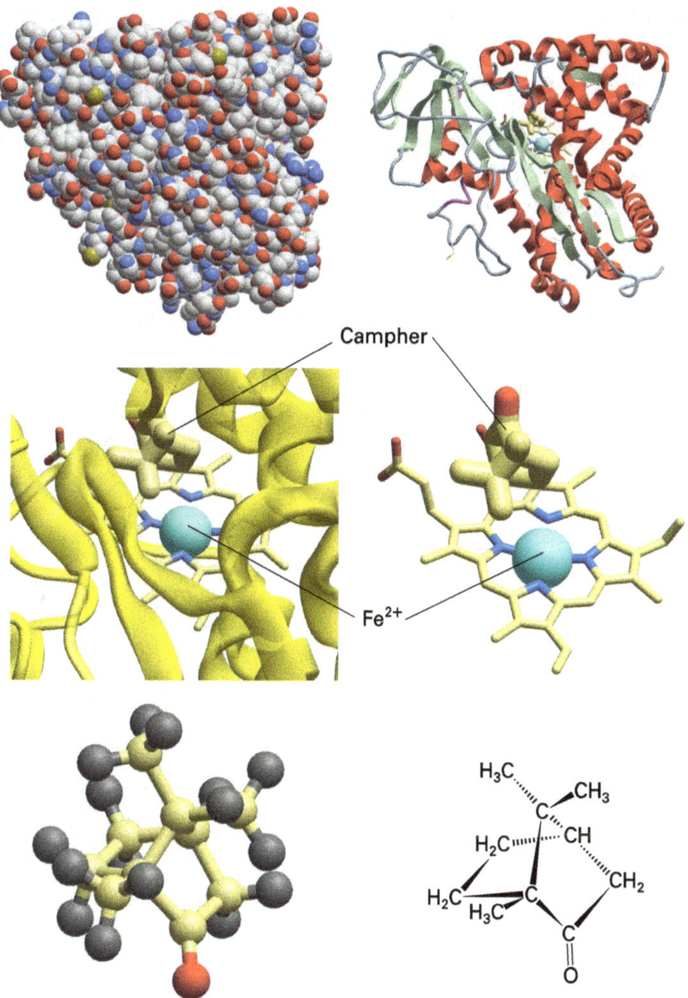

Abb. 6.3: Verschiedene Schnappschüsse des Campher-spezifischen Cytochroms P450cam und Konstitutionsformel von Campher (Details sind im Text erklärt).

und dadurch meist besser wasserlöslich machen. Ein bekanntes Beispiel ist das Cytochrom P450cam, welches spezifisch für die Elimination des Fremdstoffs Campher ist (*Abb. 6.3*).

Abb. 6.3 zeigt links oben ein Kalottenmodell des Enzyms. Oben rechts ist das Protein repräsentiert durch das *backbone*, durch welches hindurch wir auch das Häm als dünnes Stabmodell mit dem Fe^{2+}-Zentralion als Kugel und das Camphermolekül als dickeres Stabmodell sehen. In der Mitte links sehen wir einen vergrößerten Ausschnitt, und Mitte rechts ist das Protein ausgeblendet, sodass wir nur das Häm und den Campher im Bild haben. Unten links ist ein Kugel-Stab-

Modell des Camphers zu sehen, wobei hier auch die H-Atome abgebildet sind, die bei den Teilbildern oben fehlen. Unten rechts sehen wir die Konstitutionsformel von Campher, welches ein tricyclisches Kohlenwasserstoff-Molekül mit einer Ketongruppe darstellt. Drei Ringe sind hier miteinander zu einem interessanten dreidimensionalen System verschmolzen. Campher wird durch an das Häm gebundenen Sauerstoff zu einem Campheralkohol oxidiert. Dieser ist besser wasserlöslich und wird leicht ausgeschieden.

Cobalt

Cobalt kommt in der Natur ebenfalls in Form von Erzen vor.

Die wichtigste Rolle von Cobalt ist seine Beteiligung am Aufbau des Coenzyms **Cobalamin** (Vitamin B_{12}), das in *Abb. 6.4* gezeigt wird.

Dieser wichtige und essentielle Cofaktor, dessen Mangel die Krankheit **Perniziöse Anämie** verursacht, besitzt eine ziemlich komplexe Struktur, deren zen-

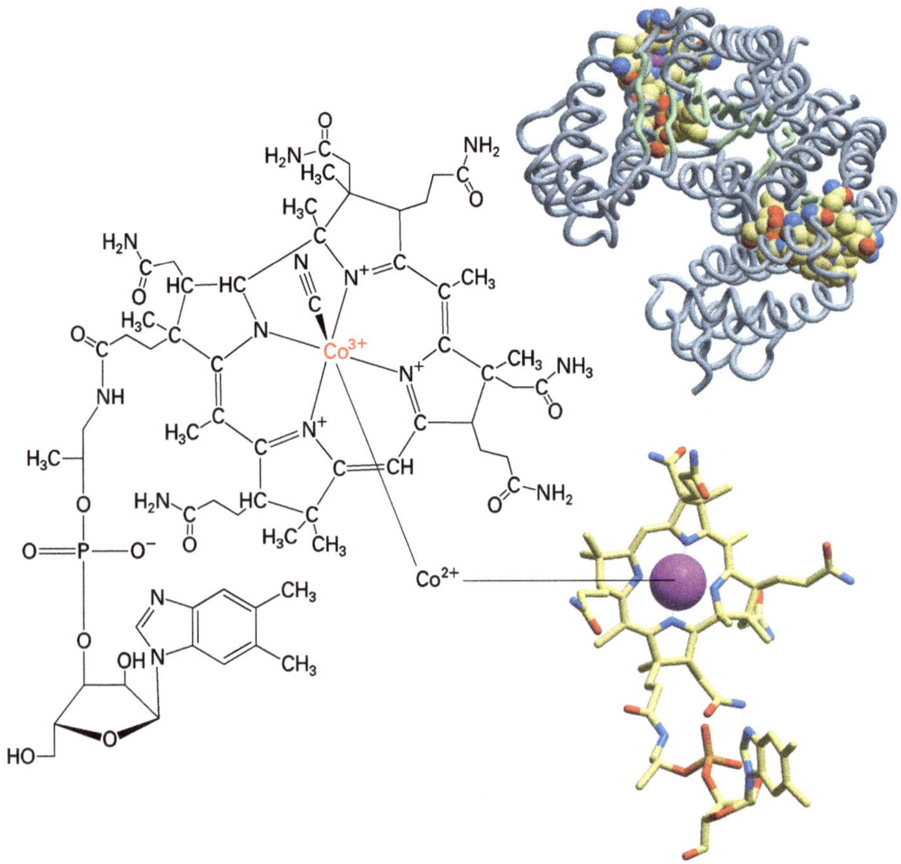

Abb. 6.4: Konstitutionsformel des Cobalamins (Vitamin B_{12}) und verschiedene Schnappschüsse der Methionin-Synthase, die 2 Cobalamin-Coenzyme enthält (Details sind im Text erklärt).

trales Element ein Co^{3+}-Zentralion ist. Dieses ist durch einen dem Porphyrin ähnlichen Chelat-Liganden, dem **Corrin-Ringsystem**, komplexiert. Die chemische Formel ist in *Abb. 6.4* links dargestellt. Rechts oben zeigt *Abb. 6.4* schematisch den Bau der Methionin-Synthase, eines Enzyms für die Biosynthese der proteinogenen Aminosäure Methionin. Das Enzym besteht aus zwei Proteinketten mit je einem gebundenen Vitamin B_{12}, dessen räumliche Struktur in größerem Maßstab rechts unten in *Abb. 6.4* dargestellt ist.

Kupfer

Kupfer, ein Metall, das für den Menschen schon sehr lange große technische Bedeutung besitzt, kommt als relativ edles Metall in der Natur gediegen, aber auch in Form verschiedener Erze (Oxide, Sulfide) und Salze (Carbonate und Chloride) vor. Es ist in reinem Zustand ein zähes, weiches, rötliches Metall mit ausgezeichneter thermischer und elektrischer Leitfähigkeit, weshalb es wichtigster Grundstoff für die Herstellung elektrischer Leitungen ist. Es wird in vielen Legierungen verwendet. Bronze ist eine Kupfer-Zinn-Legierung, Messing eine Kupfer-Zink-Legierung.

Kupfer kommt in verschiedenen Enzymen sowohl im Pflanzen- als auch im Tierreich und beim Menschen vor. Die bekannten Kupferproteine sind vorwiegend **Oxidasen** oder **Sauerstoffüberträger**. Ein Beispiel für eine Oxidase ist die **Ferrooxidase** (**Caeruloplasmin**). Viele niedere Lebewesen wie Schnecken, Langusten und Krebse enthalten **Cuproproteine** als Sauerstoffüberträger, analog dem Hämoglobin der Säugetiere. Diese Proteine werden als **Hämocyanine** bezeichnet; sie sind aber mit dem Häm strukturell nicht verwandt.

Zink

Zink ist ein weiches Metall mit niedrigem Schmelzpunkt, welches stark unedlen Charakter besitzt und daher praktisch nur in Form ionischer Verbindungen auftritt, wobei Zn immer der elektropositive Partner ist.

Zink wird technisch viel verwendet. Eine Verzinkung von Eisen schützt beispielsweise das Eisen, welches ein positiveres Normalpotential hat, gegen Rosten.

Zink ist eines der biologisch wichtigsten Metalle. In einer Vielzahl von Enzymen (**Dehydrogenasen**, **Aldolasen**, **Peptidasen**, **Phosphatasen**, **Phospholipasen** und anderen) ist Zn enthalten. Es ist wichtig für den Stoffwechsel von Kohlenhydraten, Lipiden und Proteinen.

Zink kann auch wichtige Strukturen durch Komplexbindung stabilisieren. Berühmt sind die **Zinkfinger** (*Abb. 6.5*), das sind Zn^{2+}-Ionen-enthaltende Abschnitte oder Domänen von Proteinen, die Nucleinsäure-bindende Eigenschaften besitzen. Die Zinkfingerproteine regulieren durch ihre Bindung an DNA die Ablesung derselben und damit die Expression von Genen.

Links oben zeigt *Abb. 6.5* das übliche Kalottenmodell eines Zinkfingerproteins und einer von diesem gebundenen DNA-Doppelhelix. Rechts oben sehen wir besser, wie sich das Protein um die DNA herumschmiegt. Das Protein ist hier durch eine speziell berechnete, weiß eingefärbte Oberfläche dargestellt, und die DNA-Einzelstränge sind unterschiedlich eingefärbt. Mitte links sehen wir auch das

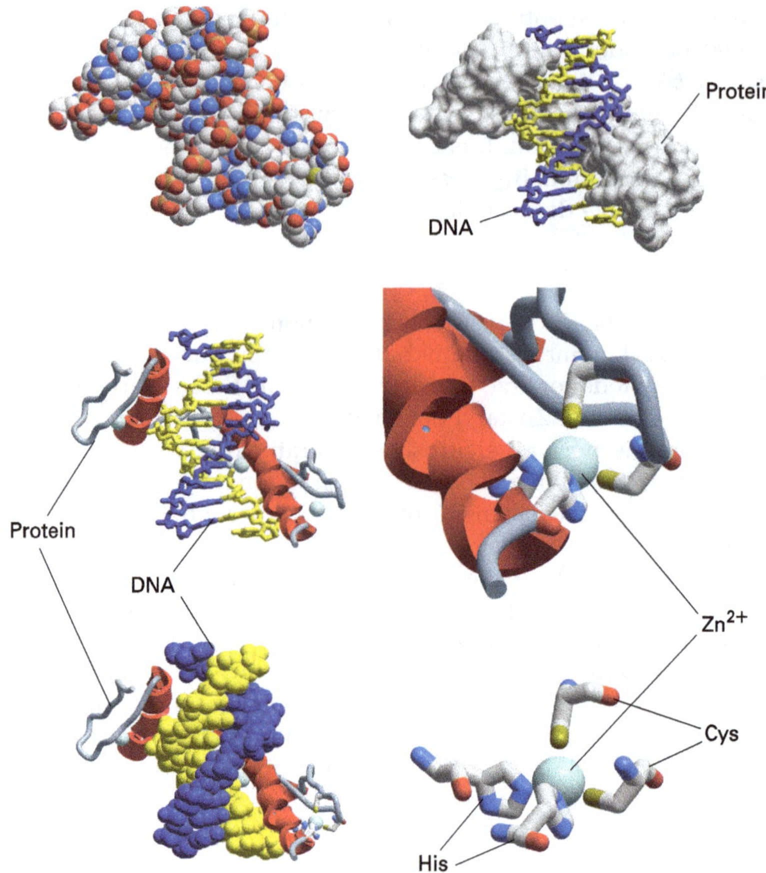

Abb. 6.5: Verschiedene Schnappschüsse eines Komplexes aus einem Zinkfinger-Protein und einem DNA-Ausschnitt (Details sind im Text erklärt; His = Histidin, Cys = Cystein).

Protein vereinfacht dargestellt durch das *backbone*. Die drei Kugeln zeigen die Zn^{2+}-Ionen. Ein Ausschnitt aus dieser Gesamtstruktur wird Mitte rechts gezeigt. Wir sehen, dass 4 Aminosäuren (2 Cysteine, 2 Histidine) des Proteinfadens mit ihren S-Atomen (gelb) bzw. den N-Atomen (blau) das Zn^{2+}-Ion tetraedrisch koordinativ binden. Dadurch hält das Zn^{2+}-Ion den „Finger" des Proteins sozusagen „in Form", also in der korrekten Position. Dies ist links unten in nochmals leicht veränderter Form gezeigt. Rechts unten schließlich sehen wir isoliert das Zn^{2+}-Ion mit den 4 bindenden Aminosäure-Resten des Proteins. Dieselbe molekulare Umgebung finden wir auch bei den beiden anderen Zn^{2+}-Ionen.

Molybdän

Molybdän, ein Element der 6. Nebengruppe, ist das einzige essentielle Metall der zweiten Übergangsreihe. Es kommt in der Natur hauptsächlich als sulfidischer

Molybdänglanz vor. Es ist ein typisches Metall mit extrem hohem Schmelzpunkt (2610 °C). Gegenüber Oxidationsmitteln und Säuren ist es weitgehend inert. Technisch wird es als Zusatz zu hochwertigen Stählen legiert.

Molybdän spielt in verschiedenen Enzymen eine Rolle. Sein spezieller Nutzen liegt in der Fähigkeit zu **Zwei-Elektronen-Übertragungen**, die durch den Übergang zwischen Mo(IV) und Mo(VI) katalysiert werden.

Schon lange gesichert ist seine Rolle in der **Nitrogenase** der Bakterien in den Wurzelknoten bestimmter Pflanzen, wo es gemeinsam mit Eisen die so genannte **Stickstoff-Fixierung** ermöglicht. Dabei wird der chemisch äußerst reaktionsträge und somit biochemisch praktisch bedeutungslose Distickstoff N_2 zu dem von der Pflanze gut verwertbaren Ammoniak NH_3 reduziert. Die sehr komplexe Struktur des für die Aktivität des Enzyms entscheidenden, schwefel-enthaltenden Molybdän-Eisen-Clusters ist seit einigen Jahren aus Röntgen-Kristallstrukturanalysen bekannt.

Merke: Wir haben hier nur einen kleinen Ausschnitt aus dem faszinierenden Gebiet der Metall-Protein-Verbindungen vorgestellt, der aber bereits viele interessante Aspekte aufzeigt.

6.2 Koordinative kovalente Bindung (semipolare Bindung, Komplexbindung)

Während bei der kovalenten Bindung beide Atome, die eine Bindung miteinander ausbilden, je ein Elektron in die gemeinsame Bindung einbringen, „liefert" bei der **koordinativen kovalenten Bindung** ein Bindungspartner ein Elektronenpaar – er ist der Elektronenpaar-Donor –, und dieses vermittelt eine Bindung zum zweiten Partner, der ein unbesetztes Orbital zur Verfügung stellt, dem Elektronenpaar-Akzeptor. Zumeist ist der Akzeptor ein Metallkation. Bereits die einfache **Hydratation** (allgemein **Solvatation**) eines Metallkations beim Auflösen desselben in Wasser wird streng genommen durch koordinative Bindungen zwischen dem Kation und den Wassermolekülen ermöglicht, die ihre freien Elektronenpaare am Sauerstoff für die Bindung zur Verfügung stellen.

Die koordinative kovalente Bindung ist die Grundlage für die so genannten **Komplexverbindungen**.

Merke: Komplexverbindungen bestehen aus Partnern, die auch für sich alleine stabil und beständig sind.

Ein hydratisiertes Eisen-(II)-Ion $[Fe(H_2O)_6^{2+}]$ beispielsweise besteht aus einem zweifach positiv geladenen Fe^{2+}-Ion, dem **Zentralion**, und sechs H_2O-Molekülen, den **Liganden**. Diese sind über die freien Elektronenpaare ihrer Sauerstoffatome koordinativ an das Kation gebunden.

Merke: Die eckigen Klammern bezeichnen hier nicht wie sonst eine molare Konzentration, sondern symbolisieren, dass es sich um eine Komplexverbindung handelt.

Sowohl das Fe^{2+}-Ion als auch die H_2O-Moleküle sind für sich alleine existenzfähig. Die Stabilität der koordinativen Bindung – und damit der Komplexverbindungen – hängt sowohl von der Fähigkeit der Liganden ab, Elektronenpaare zur Verfügung zu stellen, als auch von der Akzeptorqualität des Zentralions.

Merke: Besonders gute Akzeptoren sind die Kationen der Übergangselemente, die teilweise unbesetzte innere d-Elektronenschalen besitzen.

Wie für alle chemischen Reaktionen gilt das Massenwirkungsgesetz auch für Komplexreaktionen. Die allgemeine Bildungsgleichung einer Komplexverbindung lautet:

$$Z^{n+} + mL \rightleftarrows [Z(L)_m^{n+}]$$

Dabei symbolisiert Z das Zentralkation und L die Liganden. Nach den Regeln für das Massenwirkungsgesetz gilt im Gleichgewicht:

$$K \equiv K_f = \frac{c_{[Z(L)_m^{n+}]}}{c_{Z^{n+}} \cdot c_L^m}$$

Wir verwenden hier ausnahmsweise anstelle der sonst üblichen eckigen Konzentrationsklammern eine andere Schreibweise für molare Konzentrationen, um eine Verwirrung zu vermeiden

Die Gleichgewichtskonstante wird auch als **Komplexbildungskonstante** bezeichnet (der Index f bedeutet *formation*, englisch für Bildung).

Die Gleichgewichtskonstante für den umgekehrten Vorgang der Dissoziation eines Komplexes in seine Bestandteile bezeichnen wir als **Komplexdissoziationskonstante** K_d, wobei gilt:

$$K_d = \frac{1}{K_f}$$

Die Bildung oder Dissoziation von Komplexen mit mehr als einem Liganden erfolgt üblicherweise in Einzelschritten mit je eigener Gleichgewichtskonstante. Die dadurch etwas kompliziertere detaillierte mathematische Behandlung würde hier zu weit führen.

Nomenklatur von Komplexverbindungen

Bei der Bildung des **Namens eines komplexen Ions** gehen wir folgendermaßen vor:

- Zuerst geben wir die Zahl der Liganden mit einem griechischen Präfix (Di-, Tri-, Tetra-, Penta-, Hexa-, usw.) an.

- Daran schließt sich die Angabe der chemischen Identität der Liganden, wobei in den meisten Fällen die Endung -o angehängt wird. Einige Liganden werden besonders bezeichnet. *Tab. 6.4* zeigt einige Beispiele.

Tab. 6.4: Beispiele für wichtige Liganden und ihre Bezeichnungen in Komplexverbindungen.

Ligand	Bezeichnung	Ligand	Bezeichnung
H_2O	aquo-	I^-	iodo-
OH^-	hydroxo-	CN^-	cyano-
NH_3	ammin-	SCN^-	thiocyanato-
F^-	fluoro-	SO_4^{2-}	sulfato-
Cl^-	chloro-	CO_3^{2-}	carbonato-
Br^-	bromo-		

- Nun folgt der Name des Zentralions. Wenn der Komplex als ganzes positiv geladen ist (**Komplexkation**), so wird der übliche Elementname verwendet. Ist der Komplex insgesamt jedoch negativ geladen (**Komplexanion**), so verwenden wir den lateinischen oder griechischen Wortstamm des Elementnamens und hängen die Nachsilbe „-at" an.
- Den letzten Teil des Namens schließlich bildet die Angabe der Oxidationszahl des Zentralions in römischen Ziffern in runden Klammern.

Zur Demonstration der Anwendung dieser Regeln zeigt *Tab. 6.5* einige Beispiele für komplexe Ionen.

Tab. 6.5: Beispiele für Komplexverbindungen.

Komplexkationen		Komplexanionen	
$[Cu(NH_3)_4^{2+}]$	Tetramminkupfer-(II)	$[HgI_4^{2-}]$	Tetraiodomercurat-(II)
$[Fe(H_2O)_6^{2+}]$	Hexaquoeisen-(II)	$[Ag(CN)_2^-]$	Dicyanoargentat-(I)
$[Fe(H_2O)_6^{3+}]$	Hexaquoeisen-(III)	$[CuCl_4^{2-}]$	Tetrachlorocuprat-(II)
		$[Fe(CN)_6^{4-}]$	Hexacyanoferrat-(II)
		$[Fe(CN)_6^{3-}]$	Hexacyanoferrat-(III)

Die beiden Hexacyanoferrat-Komplexe sind besonders instruktiv. Das Cyanid-Ion CN^- ist einfach negativ geladen. Daher muss das Eisen-Zentralion im Hexacyanoferrat-(II) mit der Gesamtladung –4 die Ladung +2 besitzen, im Hexacyanoferrat-(III) mit der Gesamtladung –3 jedoch dreiwertig sein. Diese Ladungen des Eisen-Zentralions sind durch die römischen Ziffern also korrekt bezeichnet.

Chelatkomplexe

Die Liganden, die wir bis jetzt kennen gelernt haben, besitzen jeweils nur ein koordinationsfähiges Atom, und es kann sich pro Ligand also nur eine koordinative Bindung ausbilden. Solche Liganden nennen wir auch **einzähnig** (**monodental**). Liganden mit mehreren zur Koordinationsbindung befähigten Atomen bezeichnen wir als **mehrzähnig** (**polydental**). Gebräuchlich ist auch der Ausdruck **Chelat-Ligand** vom griechischen *chele* = Krebsschere), da ein derartiger Ligand das Zentralatom wie ein Krebs mit seiner Schere „umfasst". *Abb. 6.6* zeigt einige Beispiele für solche Liganden und die entsprechenden Chelatkomplexe.

Diaminoethan (auch – nicht ganz korrekt – „Ethylendiamin" genannt) und Glycinat (die konjugierte Base der Aminosäure Glycin) sind zweizähnig (bidental). Das 4-fach negativ geladene Salz der Diamino-tetraessigsäure (auch „Ethylendiamino-tetraacetat" EDTA) ist sogar sechszähnig (hexadental).

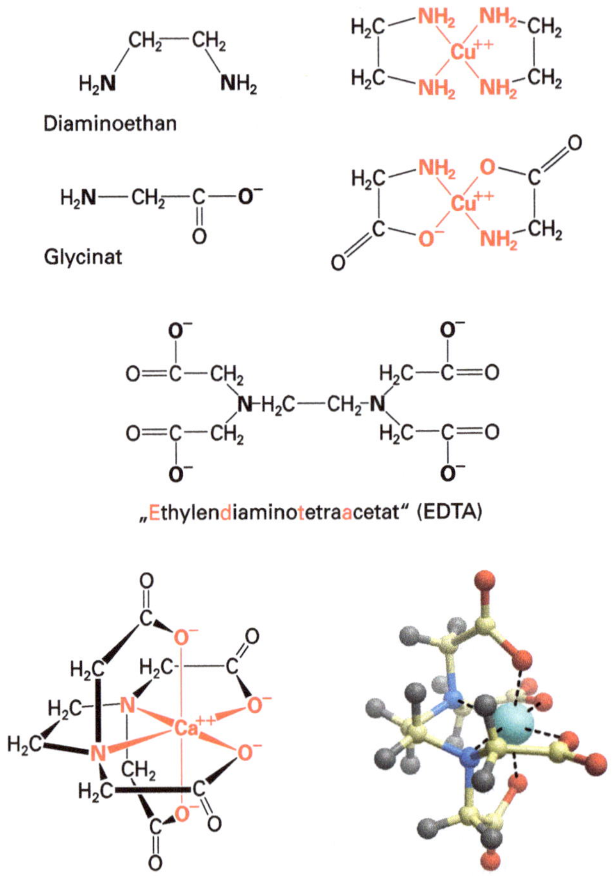

Diaminoethan

Glycinat

„Ethylendiaminotetraacetat" (EDTA)

Abb. 6.6: Verschiedene Chelat-Liganden und Chelatkomplexe. Die in die Komplexbindungen involvierten Atome sind durch Fettdruck hervorgehoben.

Merke: Chelatkomplexe sind generell stabiler als Komplexe mit einzähnigen Liganden.

So bildet beispielsweise EDTA sogar mit Hauptgruppen-Metallkationen wie dem Ca^{2+}-Ion einen außerordentlich stabilen Komplex. Auf dieser Eigenschaft beruht eine **medizinische Anwendung von EDTA**: Setzen wir einer Blutprobe EDTA zu, so wird durch die Komplexierung (**Maskierung**) der Ca^{2+}-Ionen die Gerinnungsfähigkeit, die Calcium-abhängig ist, stark reduziert. Eine andere wichtige Anwendung von EDTA ist sein Einsatz bei Vergiftungen mit Schwermetallverbindungen, etwa von Blei-(II)-Ionen (Pb^{2+}). Durch die Bildung der extrem stabilen EDTA-Komplexe solcher Ionen werden diese unschädlich gemacht.

6.3 Grundlagen der Organischen Chemie

Lehrziel

Kohlenstoffverbindungen bilden die Grundlage der allermeisten biologisch/physiologisch wichtigen Substanzen. Die Bedeutung dieser Verbindungen ist so überragend sowohl hinsichtlich der ungeheuer großen Zahl möglicher Kohlenstoffverbindungen als auch der enormen Bandbreite der Eigenschaften dieser Substanzen, dass sie ein eigenes großes Gebiet der wissenschaftlichen Chemie für sich beanspruchen, die Organische Chemie.

Sonderstellung der Chemie des Kohlenstoffs

Im späten 18. und frühen 19. Jahrhundert unterschied man zwischen der Chemie der unbelebten Materie, der Anorganischen Chemie, und der Chemie des Belebten, der Organischen Chemie. Man glaubte, die Herstellung der für lebende Systeme erforderlichen Substanzen erfordere eine mystische Lebenskraft (**vis vitalis**), die nur dem lebenden Gewebe selbst innewohne. Der deutsche Chemiker Friedrich Wöhler entzauberte diese Vorstellung 1828 durch die erfolgreiche Synthese einer „organischen" Substanz, des Harnstoffs, im Reagenzglas aus dem „anorganischen" Ammoniumcyanat. In einem Brief an den berühmten schwedischen Chemiker Jöns Jakob Berzelius, der 1780 den Begriff „Organische Chemie" geprägt hatte, schreibt Wöhler:

> **„Ich muss Ihnen sagen, dass ich Harnstoff machen kann, ohne dazu Nieren oder überhaupt ein Tier, sei es Mensch oder Hund, nötig zu haben".**

In der modernen Chemie wurde der Begriff „Organische Chemie" beibehalten, bezeichnet nun aber die Chemie der Kohlenstoffverbindungen. Kohlenstoff selbst, seine Oxide und die Kohlensäure inklusive ihrer Salze werden allerdings traditionell der Anorganischen Chemie zugerechnet.

Ist diese einzigartige Hervorhebung des Elementes Kohlenstoff gegenüber den 111 anderen derzeit bekannten Elementen gerechtfertigt?

Als Element der 4. Hauptgruppe steht Kohlenstoff im Periodensystem der Elemente etwa in der Mitte der ersten Achterperiode. In seinen chemischen Reaktionen steht daher nicht so wie etwa bei den Elementen der 1. und 2. Hauptgruppe die Abgabe der Valenzelektronen oder wie bei den Elementen der 6. und 7. Hauptgruppe die Aufnahme von Elektronen im Vordergrund: Kohlenstoff bildet praktisch keine stabilen ionischen Verbindungen, dafür aber **sehr stabile kovalente Bindungen** sowohl mit weiteren Kohlenstoffatomen als auch mit Atomen anderer Elemente, besonders des Wasserstoffs. Jedes Kohlenstoffatom ist zur Bindungsbildung mit bis zu vier weiteren Kohlenstoffatomen befähigt, die ihrerseits ebenfalls mit weiteren Kohlenstoffatomen verbunden sein können. Während ionische Bindungen räumlich ungerichtet sind und daher zwar Ionenkristalle, aber keine hochorganisierten Moleküle ausbilden können, besitzen kovalente Bindungen eine sehr starke räumliche Vorzugsrichtung. Wir finden am Kohlenstoffatom drei mögliche Bindungsgeometrien (*Tab. 6.6*).

Tab. 6.6: Die Bindungsarten am C-Atom (siehe auch Kapitel 1, Abschnitt 4 „Der Aufbau der Atome").

Bindungen am C-Atom	Bezeichnung	Geometrie
4 Einfachbindungen	sp^3	tetraedrisch
2 Einfach- und eine Doppelbindung	sp^2	trigonal-planar
1 Einfach- und eine Dreifachbindung	sp	linear

Alle diese Eigenschaften prädestinieren den Kohlenstoff als idealen Baustein für den Aufbau selbst der kompliziertesten Moleküle. Wir finden unter den Verbindungen des Kohlenstoffs unverzweigte und verzweigte Kettenmoleküle, einfache und mehrfache Ringsysteme, Schichtmoleküle bis hin zu dreidimensionalen Gebilden. Graphit und Diamant können wir als Prototypen für die beiden letzteren Möglichkeiten betrachtet.

Auch bei anderen Elementen gibt es einige wie Bor, Silicium und Schwefel, die zur Ausbildung von Ketten, Ringen und dergleichen befähigt sind. Allerdings sind die Bindungen bei diesen Elementen wesentlich schwächer und instabiler als beim Kohlenstoff. Dazu kommt, dass die Elemente der dritten oder höherer Perioden keine Mehrfachbindungen ausbilden. Außerdem ist die Bindung zwischen Kohlenstoff und Wasserstoff, dem zweitwichtigsten Element in organischen Verbindungen, sogar noch stärker und chemisch stabiler als die Bindung zwischen zwei Kohlenstoffatomen, und schließlich können auch andere Atome oder Atomgruppen an C-Atome gebunden werden, ohne dass eine nennenswerte Schwächung der angrenzenden Bindungen eintritt. Alle diese Phänomene tragen zusätzlich zur einzigartigen Stellung der Kohlenstoffverbindungen bei. Die ungeheure Anzahl bekannter Kohlenstoffverbindungen, die aufgrund dieser Eigenschaften existieren, rechtfertigt die Sonderstellung der organischen Chemie.

Funktionelle Gruppen bilden die Basis zum Verständnis der Organischen Chemie

Die wichtigsten Elemente in organischen Verbindungen sind, wie besprochen, Kohlenstoff und Wasserstoff. Trotz der ungeheuren Zahl möglicher Verbindungen wäre aber die Organische Chemie recht uninteressant und langweilig, gäbe es nur Kohlenwasserstoffverbindungen, da die C–C- und die C–H-Bindungen sehr stabil sind. Erst die Anwesenheit weiterer Elemente wie Stickstoff, Sauerstoff, Schwefel und der Halogene, die stärker elektronegativ sind als Kohlenstoff und Wasserstoff, macht die Organische Chemie „lebendig". Erst durch diese **Heteroelemente** werden viele wichtige (bio)chemische Reaktionen ermöglicht, die auch für das Leben unbedingt notwendig sind.

Meist treten diese Heteroelemente alleine oder in charakteristischen Anordnungen mit wenigen weiteren Atomen auf. Solche **typischen Atomgruppierungen** verleihen den entsprechenden Molekülen ganz charakteristische Eigenschaften. Alle Kohlenwasserstoffe etwa mit einer Hydroxylgruppe – das ist ein einfach gebundener Sauerstoff, der zusätzlich ein Wasserstoffatom trägt – besitzen chemische und physikalische Eigenschaften, die primär durch die Hydroxylgruppe bedingt sind. Wie der Kohlenwasserstoffrest, an dem die Hydroxylgruppe gebunden ist, aussieht, ist dagegen von untergeordneter Bedeutung.

Derartige charakteristische Atome oder Atomgruppen bezeichnen wir als **funktionelle Gruppen**. Funktionelle Gruppen sind für die Einteilung und Nomenklatur organischer Verbindungen ebenso wichtig wie für ein rationales Verständnis der möglichen chemischen Reaktionen einer beliebigen organischen Verbindung.

Chemische Reaktionen in der organischen Chemie

Während die Zahl der organischen Verbindungen praktisch unbegrenzt ist, wird das Verständnis organisch-chemischer Reaktionen außerordentlich erleichtert durch die Tatsache, dass bei derartigen Reaktionen meist nur kleine Bereiche des Moleküls, eben die funktionellen Gruppen und ihre benachbarten Atome, betroffen sind. Die Zahl der möglichen Reaktionen ist daher stark begrenzt. Wir können im Wesentlichen alle Reaktionen auf nur **vier Reaktionstypen** zurückführen. Diese sind **Substitutionsreaktionen**, **Additionsreaktionen**, **Eliminierungsreaktionen** und **Umlagerungen**.

Bei einer Substitutionsreaktion wird ein Atom oder eine Atomgruppe gegen einen anderen Substituenten ausgetauscht. *Abb. 6.7* zeigt das Schema der Reaktion.

$$-\overset{|}{\underset{|}{C}}-X + Y \longrightarrow -\overset{|}{\underset{|}{C}}-Y + X$$

Abb. 6.7: Allgemeines Schema einer Substitutionsreaktion.

Bei Additionsreaktionen lagert sich ein Molekül an ein anderes an, welches eine Mehrfachbindung, meist eine Doppelbindung, enthält (*Abb. 6.8*). Die Doppelbindung wird im Zuge dieser Reaktion zu einer Einfachbindung.

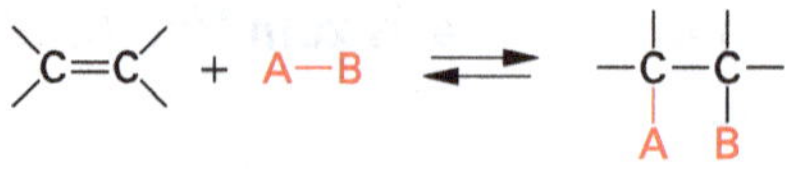

$$\mathrm{>C{=}C<} + \mathrm{A{-}B} \rightleftharpoons \mathrm{-\overset{|}{\underset{A}{C}}-\overset{|}{\underset{B}{C}}-}$$

Abb. 6.8: Allgemeines Schema einer Additionsreaktion (Hinreaktion) bzw. Eliminierungsreaktion (Rückreaktion).

Die Umkehrung der Addition, die Abspaltung eines Moleküls unter Ausbildung einer Doppelbindung, nennen wir Eliminierungsreaktion.

Bei Umlagerungsreaktionen schließlich tauschen zwei Substituenten ihre Plätze im Molekül, oder ein Substituent wandert unter gleichzeitiger Verschiebung einer Doppelbindung (*Abb. 6.9*).

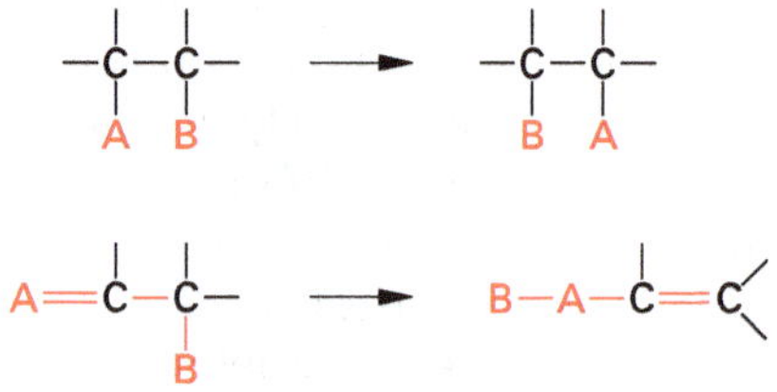

$$\mathrm{-\overset{|}{\underset{A}{C}}-\overset{|}{\underset{B}{C}}-} \longrightarrow \mathrm{-\overset{|}{\underset{B}{C}}-\overset{|}{\underset{A}{C}}-}$$

$$\mathrm{A{=}\overset{|}{C}-\overset{|}{\underset{B}{C}}-} \longrightarrow \mathrm{B{-}A{-}\overset{|}{C}{=}C<}$$

Abb. 6.9: Allgemeine Schemata von Umlagerungsreaktionen. Die zweite Reaktion wird auch als Tautomerisierungsreaktion bezeichnet.

Grundsätzlich gelten für organische Reaktionen wie für alle chemischen Reaktionen die Gesetze der Thermodynamik und der Kinetik. Die Thermodynamik macht Aussagen darüber, ob eine gegebene Reaktion überhaupt stattfinden kann und wie die energetischen Zustandsänderungen bei der Reaktion sind. Die Kinetik dagegen beschäftigt sich mit der Geschwindigkeit einer Reaktion und versucht, zu Erkenntnissen über den detaillierten Mechanismus der Reaktion zu gelangen.

Bei jeder organischen Reaktion werden kovalente Bindungen getrennt und neu gebildet. Je nachdem, ob die Reaktion in einem einzigen Schritt (selten) oder in einer Abfolge zweier oder mehrerer Elementarreaktionen (häufiger) stattfindet, sprechen wir von einer einstufigen (konzertierten) oder einer mehrstufigen Reaktion.

Ein wichtiger Gesichtspunkt bei organischen Reaktionen ist die Unterscheidung zwischen dem „angreifenden" Partner, dem **Reagens**, und dem „angegriffenen" Stoff, dem **Substrat**. Diese Unterscheidung ist natürlich willkürlich und prinzipiell umkehrbar, in der Praxis aber recht nützlich: Das Substrat ist in der Regel der Stoff, für dessen Schicksal wir uns interessieren.

Die chemische Natur des Reagens erlaubt es uns, organische Reaktionen noch weiter zu unterteilen in **elektrophile**, **nucleophile** und **radikalische** Reaktionen:

Ein elektrophiles („elektronen-liebendes") Reagens (ein **Elektrophil**) ist eine Verbindung mit einem Elektronenmangel-Zentrum. Ein Elektrophil greift ein Substrat an der Stelle im Molekül an, wo eine besonders hohe Elektronendichte besteht.

Ein nucleophiles („kern-liebendes") Reagens (ein **Nucleophil**) dagegen besitzt einen Elektronenüberschuss. Es greift daher an den Stellen des Substrates an, wo die Elektronendichte gering ist.

Freie Radikale sind meist sehr reaktive Zwischenstufen. Sie besitzen ungepaarte Elektronen.

6.4 Kohlenwasserstoffe

Lehrziel

Kohlenwasserstoffe bilden die Grundkörper organischer Verbindungen. Wir wollen die wichtigsten Klassen dieser Substanzen kennen lernen, und bei dieser Gelegenheit werden wir auch einiges über die Nomenklatur organischer Verbindungen erfahren.

Alkane

Alkane sind die einfachsten Kohlenwasserstoffe. Sie enthalten nur C–C-Einfachbindungen und Wasserstoff. Das einfachste Alkan ist das Methan (CH_4). Die **homologe Reihe** der Alkane leitet sich davon durch fortgesetztes Hinzufügen von CH_2-Bausteinen ab:

$$\text{Methan} = CH_4;\ \text{Ethan} = H_3C-CH_3;\ \text{Propan} = H_3C-CH_2-CH_3;\ \text{usw.}$$

Die Namen der Alkane werden folgendermaßen konstruiert. Für die vier einfachsten Vertreter verwenden wir die Namen **Methan, Ethan, Propan** und **Butan**. Die nachfolgenden homologen Glieder werden durch Anhängen der Silbe „-an" an den Wortstamm der entsprechenden griechischen Zahlwörter gebildet, welche die Zahl der C-Atome angeben. So kommen wir zum Pentan mit 5, Hexan mit 6, Heptan mit 7, Octan mit 8, Nonan mit 9, Decan mit 10 C-Atomen usw.

Organische Verbindungen zeigen die Erscheinung der **Isomerie** (siehe Kapitel 7, Abschnitt 2 „Isomerie – unterschiedliche Moleküle mit ‚gleicher' Formel"). Ab der Größe des Butans existieren Gerüstisomere. Butan etwa gibt es in zwei, Pentan in drei strukturisomeren Formen. Bei Eicosan (20 C-Atome) gibt es bereits 366319 Strukturisomere (!).

Die unverzweigten Alkane charakterisieren wir durch ein vorangestelltes „n" (für „normal") vor dem Namen. Verzweigte Alkane benennen wir gemäß den folgenden, international festgelegten Regeln:

- Wir suchen die längste unverzweigte Kohlenstoffkette und benennen sie wie das entsprechende Alkan gleicher C-Anzahl. Sind mehrere gleichlange Ketten im Molekül identifizierbar, wählen wir diejenige mit den meisten Verzweigungen.
- Wir nummerieren diese längste Kette so, dass die erste Verzweigungsstelle eine möglichst niedrige Nummer erhält.
- Die von den Verzweigungsstellen abzweigenden Seitenketten fassen wir als Substituenten auf und benennen sie mit dem Namen des Alkans gleicher

C-Anzahl, ersetzen aber die Endung „-an" durch „-yl". Solche **Alkyl-Reste**, also Alkane, denen ein H-Atom fehlt, werden in Formeln oft allgemein mit R– symbolisiert.

- Vor jedem Substituenten geben wir noch die Nummer des betreffenden Verzweigungs-Atoms an.

Die Reihenfolge der Substituenten wählen wir alphabetisch. Sind mehrere gleichlange Seitenketten an einem Verzweigungsknoten gebunden, wird dies durch griechische Zahlworte angegeben.

Ein Beispiel für diese rationelle Benennungsweise zeigt *Abb. 6.10*.

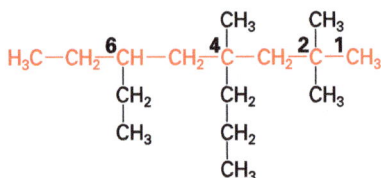

$$H_3C-CH_2-\overset{6}{C}H(C_2H_5)-CH_2-\overset{4}{C}(CH_3)(CH_2CH_2CH_3)-CH_2-\overset{2}{C}(CH_3)_2-\overset{1}{C}H_3$$

Abb. 6.10: Ein stärker verzweigtes Alkan. Der rationelle Name ist 6-Ethyl-2,2,4-trimethyl-4-propyloctan. Die Stammverbindung Octan ist rot hervorgehoben.

Zwischen den einzelnen Alkanmolekülen wirken nur sehr schwache intermolekulare Kräfte (van der Waals-Kräfte). Alkane besitzen daher tiefliegende Schmelz- und Siedepunkte, die mit zunehmender Kettenlänge langsam ansteigen.

So sind die ersten vier Alkane (bis zum Butan) bei Raumtemperatur gasförmig, von Pentan bis zum Eicosan (20 C-Atome) sind die unverzweigten Alkane flüssig, und die noch größeren Vertreter bilden wachsartige weiche Festkörper.

Alkane sind außerordentlich apolare Verbindungen. Sie lösen sich daher nicht in Wasser, aber gut in unpolaren Lösungsmitteln wie anderen Kohlenwasserstoffen, Ethern oder halogenierten Kohlenwasserstoffen.

Alkane sind chemisch eher „langweilige" Substanzen. Sie sind so **reaktionsträge**, dass sie fast keine chemischen Reaktionen eingehen. Der alte Name **Paraffine** deutet darauf hin (lateinisch *parum affinis* bedeutet wenig reaktiv).

Die einzigen nennenswerten Reaktionen sind die **Verbrennung** mit Hilfe von Sauerstoff und die **Substitution der H-Atome mit Halogenatomen**.

Alkene

Alkene besitzen eine Doppelbindung.

Die Doppelbindung entsteht durch Ausbildung einer σ-Bindung und einer π-Bindung zwischen den C-Atomen. Da die π-Bindung nur entstehen kann, wenn die involvierten p-Orbitale achsenparallel stehen, existiert bei Alkenen **keine freie Drehbarkeit um die Doppelbindung**. Die doppelt gebundenen C-Atome und die vier an sie gebundenen Atome liegen in einer Ebene. Die Bindungswinkel an den C-Atomen betragen 120° (siehe Kapitel 1, Abschnitt 5 „Die kovalente Bindung (Atombindung)").

Die Starrheit der Doppelbindung ermöglicht die Existenz von **cis, trans-Isomeren**.

Die Bezeichnungsweise von Alkenen ist einfach:

- Wir suchen die längste Kette von C-Atomen, die die Doppelbindung enthält, und nummerieren die C-Atome so, dass die in die Doppelbindung involvierten C-Atome möglichst kleine Nummern erhalten.
- Diese Kette benennen wir wie das entsprechende Alkan, ersetzen aber die Endung „-an" durch „-en".
- Die genaue Lage der Doppelbindung geben wir durch die Nummer des Atoms an, von dem die Doppelbindung ausgeht.
- Sind mehrere Doppelbindungen im Molekül vorhanden, geben wir dies durch das entsprechende griechische Zahlwort an.
- Substituenten behandeln wir genauso wie bei den Alkanen.

Früher war für Alkene auch eine Bezeichnungsweise als Alkylene üblich. So nannte man etwa Ethen Ethylen (oder Äthylen), Propen wurde Propylen genannt usw.

Alkene unterscheiden sich in ihren physikalischen Eigenschaften kaum von den entsprechenden Alkanen. Die zwischenmolekularen Kräfte sind etwas größer, da die Doppelbindung ganz schwach polarisiert ist. Alkene haben daher etwas höhere Schmelz- und Siedepunkte.

Alkene sind chemisch bereits etwas interessanter als Alkane. Sie können **Additionsreaktionen** eingehen. Dabei entstehen anstelle der Doppelbindung zwei Einfachbindungen.

Eine technisch wichtige Reaktionsmöglichkeit der Alkene ist die Addition von Wasserstoff an die Doppelbindung. Diese **Reduktion der Alkene zu den entsprechenden Alkanen** wird meist mit Katalysatoren – feinverteilte Schwermetalle wie Platin, Palladium oder Nickel – durchgeführt.

Cycloalkane

Cycloalkane sind ringförmig gebaute Alkane.

Ihre Bezeichnungsweise ist einfach. Vor dem Namen des entsprechenden Alkans setzen wir das Präfix „Cyclo-". Die ersten vier Cycloalkane zeigt *Abb. 6.11*.

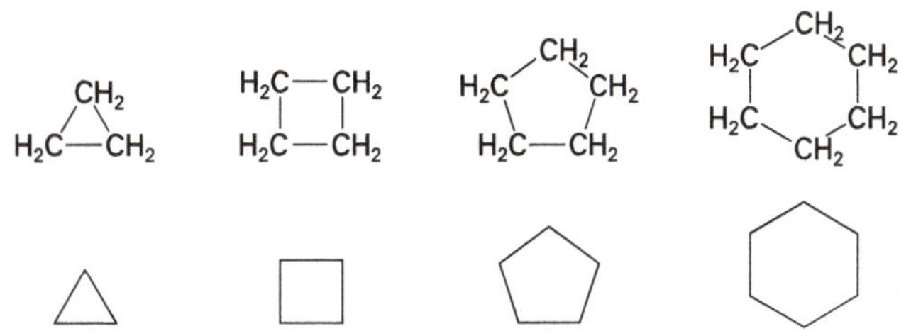

CH_2 / H_2C—CH_2 — H_2C—CH_2 / H_2C—CH_2 — CH_2 / H_2C CH_2 / H_2C—CH_2 — CH_2 / H_2C CH_2 / H_2C CH_2 / CH_2

Cyclopropan | Cyclobutan | Cyclopentan | Cyclohexan

Abb. 6.11: Die wichtigsten Cycloalkane in ausführlicher (oben) und abgekürzter Schreibweise (unten).

Wie im unteren Teil von *Abb. 6.11* gezeigt, schreiben wir oft aus Bequemlichkeit nur das nackte Kohlenstoff-Skelett, ohne die C-Atome und die H-Atome explizit auszuschreiben.

Die Cycloalkane gleichen in ihren physikalischen Eigenschaften sehr den Alkanen.

Einige Cycloalkane zeigen in ihrem Verhalten charakteristische Unterschiede zu den entsprechenden offenkettigen Alkanen. Besonders die kleinsten Ringe, Cyclopropan und Cyclobutan, sind sehr reaktiv und nur unter Schwierigkeiten herstellbar. Der Grund dafür ist die große Abweichung ihrer C–C–C- Bindungswinkel vom idealen Tetraederwinkel von 109°28′. Die daraus resultierende Instabilität des Ringsystems nennen wir **Klassische Ringspannung** oder **Baeyer-Spannung**.

Cyclopentan und Cyclohexan dagegen vermeiden diese Ringspannung dadurch, dass sie nicht eben gebaut sind. Aufgrund der Wichtigkeit der sechsgliedrigen Ringe in vielen Naturstoffen (Kohlenhydrate, Terpene, Steroide) besprechen wir die **Stereochemie des Cyclohexanringes** etwas ausführlicher.

Wäre Cyclohexan eben gebaut, würden wir einen C–C–C-Bindungswinkel von 120° erwarten, was wegen der relativ großen Abweichung vom Tetraederwinkel zu einer beträchtlichen Baeyer-Spannung führen würde.

Cyclohexan liegt deshalb bevorzugt in der so genannten **Sesselform** vor (*Abb. 6.12*). Dabei unterscheiden wir zwei Arten von H-Atomen. **Äquatoriale** H-Atome (in *Abb. 6.12* bezeichnet durch „eq") liegen – bezogen auf eine mittlere Ringebene – ungefähr in dieser Ebene, **axiale** H-Atome („ax") dagegen stehen senkrecht zu dieser mittleren Ringebene.

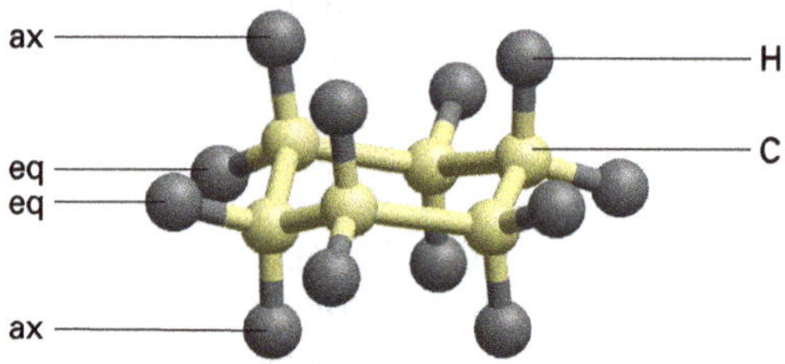

Abb. 6.12: Die Sesselkonformation des Cyclohexans und die Lage der äquatorialen (eq) und axialen Wasserstoffatome (ax).

Diese Klassifizierung entsprechend der Lage bezüglich der mittleren Ringebene verwenden wir auch dann, wenn anstelle der H-Atome andere Substituenten an den Sechsring gebunden sind.

Aromatische Kohlenwasserstoffe

Ringförmige Verbindungen mit durchgehend **konjugierten Doppelbindungen** (das sind **alternierende Doppel- und Einfachbindungen**) und einer Anzahl von π-Elektronen, die sich durch den Ausdruck $4n+2$ mit $n = 0, 1, 2, \ldots$ (**Hückel'sche Regel**) beschreiben lässt, weisen besondere Stabilität auf und werden als **aromatische Verbindungen** bezeichnet. Ihr chemisches Verhalten wird durch das Bestreben dominiert, das stabile aromatische Bindungssystem beizubehalten.

Der Grundkörper der aromatischen Verbindungen ist das **Benzen**, dessen Bindungsstruktur bereits besprochen wurde (siehe Kapitel 1, Abschnitt 5 „Die kovalente Bindung (Atombindung)").

Benzen wird durch sechs C-Atome aufgebaut, die ein reguläres Sechseck bilden. An jedem Atom ist zusätzlich ein H-Atom gebunden. Durch die Ausbildung polyzentrischer Molekülorbitale aus den an jedem C-Atom „übrig bleibenden", senkrecht zur Molekülebene stehenden und einfach besetzten p-Orbitalen sind alle C–C-Bindungen völlig gleichwertig. Das Molekül ist **planar** gebaut, und alle Bindungswinkel betragen 120°. Die C–C-Bindungsabstände sind durchgehend gleich und liegen mit 0,139 nm zwischen einer C–C-Einfachbindung (0,154 nm) und einer C–C- Doppelbindung (0,133 nm).

Benzen kann **drei verschiedene Disubstitutionsisomere** bilden, die als 1,2- (oder ortho-; abgekürzt „o-"); 1,3- (oder meta-; abgekürzt „m-") und 1,4- (oder para-; abgekürzt „p-")-Verbindungen bezeichnet werden. *Abb. 6.13* zeigt dies anhand der drei isomeren Dichlorbenzene.

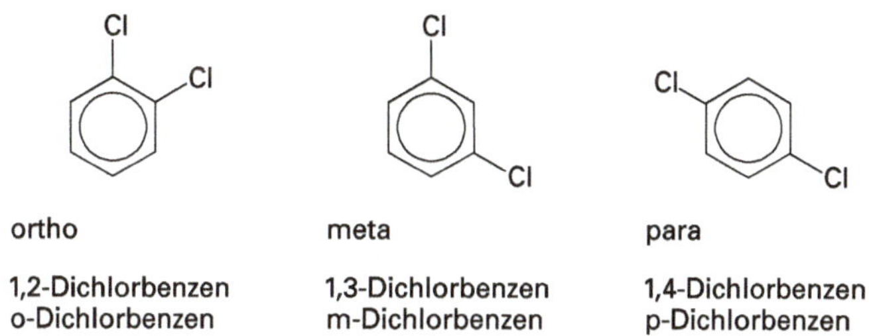

Abb. 6.13: Die drei möglichen Stellungsisomere disubstituierter Benzenderivate, am Beispiel des Dichlorbenzens.

Wie benennen wir aromatische Verbindungen?

- Vor dem Namen Benzen geben wir die Namen der Substituenten und die Stellungen derselben an. Die C-Atome nummerieren wir dabei von 1 bis 6 so durch, dass C-Atome mit Substituenten möglichst niedrige Nummern erhalten.
- Die relativen Positionen von zwei Substituenten werden, wie oben gezeigt, durch ortho = 1,2; meta = 1,3 oder para = 1,4 angezeigt. Hierbei schreiben wir üblicherweise die Abkürzung, etwa o-Dimethylbenzen, aber wir sprechen „ortho-Dimethylbenzen".

- Bei drei gleichen Substituenten kennen wir neben der einfachen Nummerierung noch die älteren Bezeichnungen vicinal = 1,2,3; symmetrisch = 1,3,5 und asymmetrisch = 1,2,4.

Wie bei den Alkanen durch Wegnahme eines H-Atoms Alkyl-Reste entstehen, bilden Aromaten durch Entfernung eines H-Atoms **Aryl-Reste**. Alkylreste werden in Formeln oft durch R–angegeben. Für Arylreste verwenden wir in Formeln die Kurzschreibweise Ar–. Im Fall des Benzens nennen wir den Aryl-Rest **Phenyl-Rest** (C_6H_5–).

In Formeln wird der aromatische Ring üblicherweise durch ein regelmäßiges Sechseck mit eingeschriebenem Innenkreis oder durch Grenzstrukturen mit alternierenden Doppel- und Einfachbindungen gezeichnet. Diese Kennzeichnungen sind wesentlich, da auch gesättigte Cycloalkane wie Cyclohexan in der üblichen Kurzschreibweise durch ein reguläres Sechseck, aber ohne Innenkreis oder alternierende Doppel- und Einfachbindungen dargestellt werden. *Abb. 6.14* erläutert die unterschiedlichen Schreibweisen und Bedeutungen.

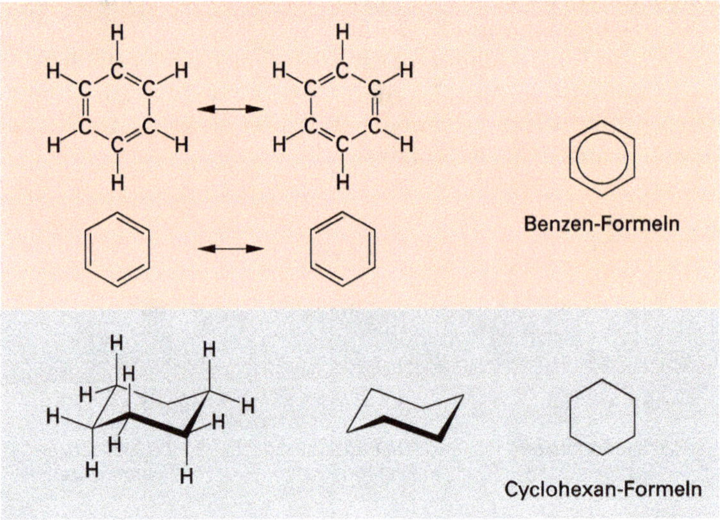

Abb. 6.14: Ausführliche und abgekürzte Schreibweisen von Benzen und Cyclohexan.

Für einige Derivate des Benzens sind neben den rationellen Namen auch Trivialnamen gebräuchlich. Methylbenzen wird auch als **Toluen** (früher: Toluol) bezeichnet. Die drei möglichen Dimethylderivate werden auch **Xylene** (früher: Xylole) genannt: 1,2-Dimethylbenzen = o-Xylen; 1,3-Dimethylbenzen = m-Xylen; 1,4-Dimethylbenzen = p-Xylen.

Benzen selbst ist eine farblose, charakteristisch riechende, sehr giftige, weil krebserregende, Flüssigkeit, die bei 80 °C siedet. Benzen ist sehr apolar, löst sich daher in Wasser fast nicht, ist jedoch gut mischbar mit anderen lipophilen Substanzen.

Aromatische Kohlenwasserstoffe wie Benzen reagieren chemisch überraschend einheitlich. Da das aromatische System sehr stabil ist, werden unter gewöhnlichen Umständen praktisch nie die für Doppelbindungen normalerweise typischen Additionsreaktionen beobachtet, die ja Doppelbindungen immer in Einfachbindungen überführen. Vielmehr ist die typische Reaktion eine **Substitutionsreaktion**, nämlich der Austausch von einem oder mehreren H-Atomen gegen andere funktionelle Gruppen, wobei insbesondere elektrophile Reagenzien wichtig sind.

Als Beispiel zeigt uns *Abb. 6.15* die **elektrophile Substitution** von Benzen mit Brom.

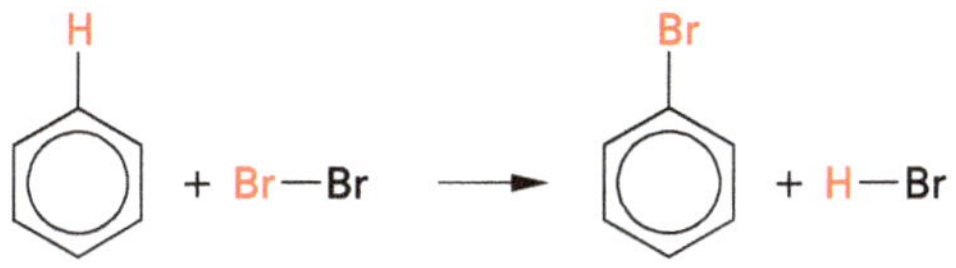

Abb. 6.15: Die Bromierung von Benzen, ein Beispiel für die typische elektrophile Substitution an aromatischen Verbindungen.

Genau nach diesem allgemeinen Schema verlaufen verschiedenste elektrophile Substitutionsreaktionen am aromatischen Ring. Unterschiede bestehen nur in der Art der Erzeugung der Elektrophile für den ersten Angriff am π-Elektronen-Sextett des Benzens.

Beispiele für solche Reaktionen, bei welchen unterschiedliche Katalysatoren, die wir hier nicht besprechen, zur Erzeugung elektrophiler reaktiver Zwischenstufen benötigt werden, sind:

Merke: Die **Chlorierung** (Bildung von Chlorbenzen):

$$C_6H_6 + Cl_2 \rightarrow C_6H_5 - Cl + HCl.$$

Die **Nitrierung** (Bildung von Nitrobenzen):

$$C_6H_6 + HNO_3 \rightarrow C_6H_5 - NO_2 + H_2O$$

Die **Alkylierung** mit halogenierten Alkanen (Bildung eines Alkylbenzens):

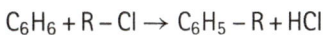

$$C_6H_6 + R - Cl \rightarrow C_6H_5 - R + HCl$$

Die **Sulfonierung** (Bildung einer Benzensulfonsäure):

$$C_6H_6 + SO_3 \rightarrow C_6H_5 - SO_3H$$

Benzen ist der wichtigste, aber nicht der einzige aromatische Kohlenwasserstoff. So genannte **kondensierte Aromaten** sind Verbindungen, bei welchen mehrere aromatische Ringe über eine oder mehrere Ringkanten zusammenhängen. *Abb. 6.16* zeigt einige Beispiele.

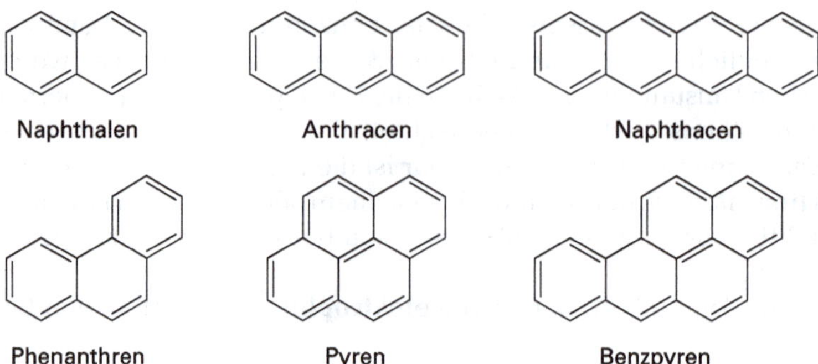

Abb. 6.16: Die wichtigsten kondensierten („mehrkernigen") Aromaten.

Benzpyren kommt neben anderen kondensierten Aromaten im Tabakrauch und in Autoabgasen vor. Diese Substanzen wirken häufig stark krebserregend (cancerogen; siehe Kapitel 9, Abschnitt 3 „Chemie und Krebsentstehung“).

6.5 Wenn Elemente instabil werden: Kernreaktionen und Radioaktivität

Lehrziel

Die meisten chemischen Elemente in der uns vertrauten Alltagswelt sind stabil. Es gibt jedoch Atomkerne, die instabil sind und unter Freisetzung **radioaktiver Strahlung** zerfallen können, wobei neue Atomkerne entstehen. Diese können wiederum instabil sein und zerfallen dann weiter, bis schließlich stabile Endprodukte entstehen. **Kernreaktionen** können auch künstlich herbeigeführt werden.

Normalerweise sind Atomkerne stabil und durch die Elektronenhülle so perfekt von der Umwelt abgeschirmt, dass wir – abgesehen davon, dass sie den weitaus überwiegenden Teil der Masse der Atome stellen – üblicherweise von ihnen nichts bemerken: Die Chemie ist ein Phänomen der äußersten Elektronenschalen, nur bei der Röntgenstrahlung machen wir „Bekanntschaft“ mit Erscheinungen, die sich tief drinnen in der Elektronenhülle von schwereren Atomen abspielen.

Bei chemischen Reaktionen in der uns vertrauten Umgebung finden niemals **Kernreaktionen** statt. Die starken abstoßenden elektrostatischen Kräfte zwischen den positiv geladenen Kernen verhindern die Annäherung und damit jede Reaktion derselben.

Künstliche Kernreaktionen lassen sich jedoch durch den Beschuss von Kernen mit ungeladenen Neutronen, die die positiven Felder der Kerne nicht „spüren“, erzwingen oder durch den Beschuss mit positiven Kernen so extrem hoher Geschwindigkeit, dass sie die elektrostatische Abstoßung überwinden können.

Manche Atomkerne aber sind „von Natur aus" instabil. Sie zerfallen und bieten so Beispiele für **spontan ablaufende Kernreaktionen**. Wir sprechen von **Radioaktivität**.

Kernreaktionen haben dem Menschen die Möglichkeit gegeben, den Traum der früheren Alchimisten zu verwirklichen. Wenn im Zuge einer Kernreaktion die Protonenzahl (= Ordnungszahl) eines Atomkernes geändert wird, dann wird definitionsgemäß auch seine chemische Identität geändert.

Die erste künstliche Elementumwandlung sei aus historischen Gründen erwähnt. Sie gelang Rutherford 1919. Durch Einwirkung von natürlichen α-Strahlen auf Stickstoff erzeugte er über die Zwischenstufe eines instabilen Fluorkernes Sauerstoff und Wasserstoff entsprechend der Gleichung

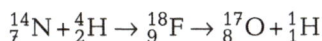

$$^{14}_{7}N + ^{4}_{2}H \rightarrow ^{18}_{9}F \rightarrow ^{17}_{8}O + ^{1}_{1}H$$

(zur Schreibweise der Nuclide siehe Kapitel 1, Abschnitt 4 „Der Aufbau der Atome").

Bei Kernreaktionen bleibt, wie wir an diesem Beispiel sehen, wie bei einer „normalen" chemischen Reaktion die Summe der Nucleonenzahlen und die Summe der Kernladungs- oder Ordnungszahlen gleich. Die Elementbezeichnungen ändern sich aber entsprechend der geänderten Ordnungszahlen der Elemente.

Die allermeisten natürlich vorkommenden radioaktiven Elemente haben eine hohe Nucleonenzahl – sie sind „schwere Kerne". Sie stabilisieren sich, indem sie in leichtere und stabilere Nuclide zerfallen.

Wir können bei radioaktiven Zerfallsprozessen drei unterschiedliche Arten von Strahlung beobachten. Diese verschiedenen Strahlungsarten erfahren in einem elektrostatischen Feld unterschiedliche Ablenkungskräfte (*Abb. 6.17*).

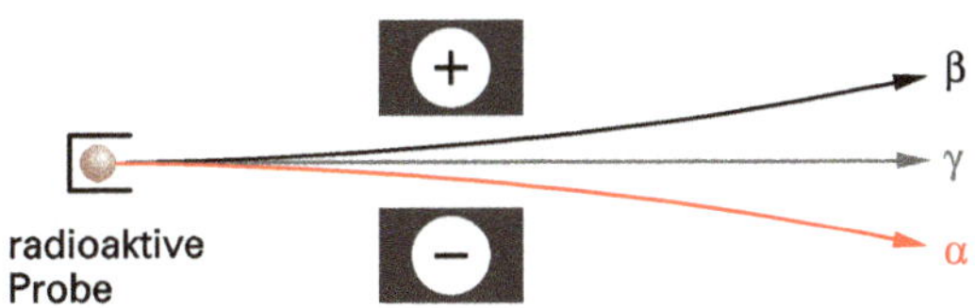

Abb. 6.17: Die Ablenkung verschiedener radioaktiver Strahlenarten im elektrischen Feld.

Die **α-Strahlung** (Ablenkung zum negativ geladenen Pol hin) liegt dann vor, wenn ein radioaktives Nuclid zweifach positiv geladene Heliumkerne mit hoher Geschwindigkeit emittiert. Solche Heliumkerne nennen wir auch **α-Teilchen**; wir schreiben sie korrekt als $^{4}_{2}He$. Ein derartiger α-Zerfall lässt sich auch als Kernreaktion schreiben:

$$^{N}_{P}[E] \rightarrow ^{N-4}_{P-2}[E-2] + ^{4}_{2}He$$

[E] steht dabei für ein Element, N ist seine Nucleonenzahl und P seine Protonenzahl. [E-2] ist das neu entstehende Element, welches eine um 2 verminderte Kernladungszahl besitzt.

Ein Beispiel ist der Zerfall eines Radiumisotops in Radon:

$$^{226}_{88}\text{Ra} \rightarrow ^{222}_{86}\text{Rn} + ^{4}_{2}\text{He}$$

Beim **β-Zerfall** (Ablenkung zum positiv geladenen Pol hin) hingegen verlässt ein schnelles Elektron, welches eine negative Ladung trägt, den Kern. Dessen (positive) Ladungszahl muss sich also um eins vermehren. Allgemein gilt für den β-Zerfall:

$$^{N}_{P}[\text{E}] \rightarrow ^{N}_{P+1}[\text{E}+1] + ^{0}_{-1}\text{e}^{-}$$

Die Nucleonenzahl bleibt also unverändert. Ein konkretes Beispiel ist der Zerfall eines instabilen Kaliumisotops in ein Calciumisotop:

$$^{40}_{19}\text{K} \rightarrow ^{40}_{20}\text{Ca} + ^{0}_{-1}\text{e}^{-}$$

Merke: Das Elektron beim ß-Zerfall stammt aus dem Kern, nicht aus der Hülle. Ein Kernneutron (n) wandelt sich dabei in ein Proton (p) um. Das dabei freigesetzte Elektron wird mit großer Wucht aus dem Kern herausgeschleudert:

$$0^{1}\text{n} \rightarrow ^{1}_{1}\text{p} + ^{0}_{-1}\text{e}^{-}$$

ß-Zerfälle sind bei solchen Nucliden zu beobachten, die einen großen Überschuss an Neutronen besitzen, verglichen mit der Zahl ihrer Protonen.

Schließlich kennen wir noch den **γ-Zerfall** (keine Ablenkung im elektrischen Feld). Hier geht ein Nuclid unter Aussendung sehr kurzwelliger, energiereicher elektromagnetischer Strahlung in einen energieärmeren und somit stabileren Kern über. Weder die Nucleonenzahl noch die Ordnungszahl ändern sich. Die Masse und die chemische Identität des Nuclids bleiben erhalten.

Die Radioaktivität ist eine Eigenschaft des Atomkernes. Unter gewöhnlichen Umständen können wir Prozesse im Atomkern nicht beeinflussen. Änderungen der äußeren Umstände, etwa des Drucks oder der Temperatur, haben absolut keinen Einfluss auf den radioaktiven Zerfall. Wir können auch nicht vorhersagen, wann ein bestimmtes radioaktives Nuclid zerfallen wird. Wir können lediglich über die Zerfallshäufigkeit in einer makroskopischen Menge einer radioaktiven Substanz, die immer aus einer ungeheuer großen Anzahl radioaktiver Atome besteht, **statistische** Angaben machen. Diese Angaben über Zerfallsgeschwindigkeiten- bzw. -wahrscheinlichkeiten sind jedoch wegen der riesigen Zahl von Atomen höchst präzise und stellen für ein gegebenes radioaktives Isotop eine charakteristische Konstante dar. Die Zerfallsgeschwindigkeiten können außerordentlich stark variieren.

Die **mathematische Analyse der Zerfallsgeschwindigkeiten radioaktiver Substanzen** ist nicht kompliziert:

In einer bestimmten Menge einer radioaktiven Substanz zerfällt in der Zeiteinheit ein ganz bestimmter und charakteristischer Anteil der gerade vorhandenen

Nuclide. Zu jedem Zeitpunkt ist der Anteil der gerade zerfallenden Nuclide der soeben noch vorhandenen Zahl von Nucliden N proportional. Mathematisch lässt sich dieser Sachverhalt als Differentialgleichung formulieren:

$$-\frac{dN}{dt} = \lambda \cdot N$$

Das negative Vorzeichen zeigt an, dass es sich bei der Änderung der Nuclidzahl N um eine Abnahme handelt. λ bezeichnen wir als **Zerfallskonstante**. Sie ist ein für ein Nuclid charakteristischer Proportionalitätsfaktor für die Zerfallswahrscheinlichkeit.

Offenbar folgt der radioaktive Zerfall einer **Kinetik erster Ordnung** (siehe auch Kapitel 5, Abschnitt 1 „Grundlagen der Kinetik").

Wir können daher sofort die Lösung der Differentialgleichung hinschreiben:

$$N(t) = N_0 \cdot e^{-\lambda \cdot t}$$

Die Zahl der radioaktiven Kerne als Funktion der Zeit nimmt von einer gegebenen Anfangszahl N_0 entsprechend einer fallenden Exponentialfunktion ab.

Wie bei jedem Prozess erster Ordnung existiert auch für den radioaktiven Zerfall eines beliebigen radioaktiven Nuclids eine **zeitunabhängige Halbwertszeit** $t_{\frac{1}{2}}$. Diese steht in engem Zusammenhang mit der Zerfallskonstante λ:

$$t_{\frac{1}{2}} = \frac{\ln 2}{\lambda} = \frac{0{,}693}{\lambda}$$

Die Halbwertszeit ist also indirekt proportional der Zerfallskonstante. Da die Halbwertszeit die Dimension einer Zeit hat, folgt für die Dimension der Zerfallskonstante eine reziproke Zeit (etwa s^{-1}; etc). Die Halbwertszeit ist, wie die Zerfallskonstante, eine für jedes radioaktive Nuclid charakteristische konstante Größe.

Radioaktivität ist gut messbar. Die radioaktiven Strahlen können aus der Hülle elektrisch neutraler Atome Elektronen herausschlagen, wodurch negativ geladene freie Elektronen und positiv geladene Atomrümpfe (Kationen) entstehen. Dies wird im **Geiger-Müller-Zählrohr** ausgenützt. An einen Draht in einem Metallrohr wird eine elektrische Spannung angelegt; das Auftreten von Ionen führt zu einem Stromfluss, den man messen kann. Eine andere Möglichkeit bietet die **Wilson'sche Nebelkammer**. In einer Kammer mit übersättigtem Wasserdampf bewirkt das Auftreten von Ionen Tröpfchenbildung, ähnlich wie bei Kondensstreifen hinter Flugzeugen. Außerdem schwärzen radioaktive Strahlung photographische Emulsionen (Filme). Diese Eigenschaft wird in der **Autoradiographie** verwendet, wobei eine feste Gewebeprobe mit einem photographischen Film in Kontakt gebracht wird. Nach dem Entwickeln des Filmes sieht man die Stellen, wo in der Gewebeprobe Radioaktivität vorhanden war. Gewisse Materialien können die Energie radioaktiver Strahlung in Lichtenergie umwandeln; das entstehende Licht kann bequem gemessen werden (**Szintillationszähler**).

Merke: Radioaktivität spielt in der modernen Medizin eine sehr wichtige Rolle. Sowohl in der **biomedizinischen Grundlagenforschung**, in der **klinischen Diagnostik** und in der **Therapie** werden verschiedene radioaktive Isotope eingesetzt.

In der **Grundlagenforschung** werden Radionuclide besonders für **Tracer-Methoden** eingesetzt. In bestimmte Moleküle (Arzneistoffe, wichtige Stoffe im Biosyntheseweg der Zelle) werden radioaktive Isotope anstelle der natürlichen stabilen Atome eingebaut. Da die Zelle zwischen radioaktiven und stabile Isotopen nicht zu unterscheiden vermag, werden so markierte Moleküle in den Stoffwechsel (Metabolismus) eingeschleust, und ihr Weg durch den Organismus kann mittels der gut messbaren Radioaktivität verfolgt und aufgeklärt werden. Radioaktive Isotope werden hier gleichsam als Sonden eingesetzt.

Eine weitere Anwendung in der Grundlagenforschung ist die radioimmunologische Messung von wichtigen Substanzen in Körperflüssigkeiten (auch **Radioimmuno-Assay** genannt). Hierbei werden Antikörper eingesetzt, Produkte des Immunsystems, die spezifisch eine ganz bestimmte Substanz auch in einem Gemisch mit Hunderten oder Tausenden anderen Substanzen „erkennen". Sie binden an diese Substanz. Fügt man der auf eine Substanz, etwa ein Hormon, zu untersuchenden Körperflüssigkeit eine definierte Menge dieser Substanz zu, die aber künstlich radioaktiv markiert wurde, so werden in einer Konkurrenzreaktion sowohl die körpereigene unmarkierte als auch die zugesetzte markierte Substanz im Verhältnis ihrer beider Konzentrationen durch den spezifischen Antikörper gebunden. Misst man anschließend die verbleibende, nicht an den Antikörper gebundene, Radioaktivität, so kann man leicht berechnen, wie viel unmarkierte Substanz in der Körperflüssigkeit tatsächlich vorhanden war.

In der **medizinischen Diagnostik** werden Pharmaka, von welchen bekannt ist, dass sie bevorzugt in bestimmte Zielorgane transportiert werden, mit Radionucliden markiert. Durch Messung der Radioaktivität kann das dann „strahlende" Zielorgan in bildgebenden Verfahren abgebildet und genau untersucht werden.

In der **Strahlentherapie** wird der Umstand ausgenutzt, dass jede radioaktive Strahlung, in Abhängigkeit von ihrer Dosis, grundsätzlich zerstörerische Eigenschaften auf lebende Materie hat. Mit Hilfe von Radioaktivität kann zum Beispiel gezielt krebsartig verändertes Gewebe zerstört werden. Allerdings ist eine solche Behandlung immer mit Risken verbunden, da natürlich auch gesundes Gewebe zerstört werden kann.

Merke: Jede Handhabung radioaktiven Materials stellt eine potentielle Gefahrenquelle dar. Radioaktivität gehört immer und ausschließlich in die Hände entsprechend ausgebildeter Fachleute!

Das **Maß für die Radioaktivität** ist das **Becquerel** (Bq), benannt nach dem französischen Entdecker der Radioaktivität von Uran, Henri Becquerel. 1 Bq ist 1 Zerfall pro Sekunde. Die in Bq ausgedrückte Strahlungsaktivität lässt allerdings keinen Rückschluss auf die Art der Strahlung zu. Die **Strahlenbelastung des menschlichen Organismus** wird in **Sievert** (Sv) angegeben. Dabei handelt es sich um eine abgeleitete Größe, die der unterschiedlichen biologischen Wirksamkeit der verschiedenen Strahlenarten Rechnung trägt.

Das Leben auf der Erde ist an die geringfügige natürliche Radioaktivität angepasst. Auch der Mensch ist seit Urzeiten an diese natürliche Strahlenbelastung adaptiert. Aus dem Weltall gelangt ein steter Strom energiereicher Partikel auf die Erdoberfläche (kosmische Höhenstrahlung). Radioaktive Elemente kommen in der Erdkruste vor und bilden durch den Zerfall weitere instabile Nuclide, zum Beispiel das gasförmige Radon.

Jedes Zuviel an radioaktiver Belastung aber ist schädlich. Dies ist heute in zunehmendem Ausmaß von Bedeutung, da seit dem Ende des zweiten Weltkrieges eine deutlich zunehmende Strahlenbelastung durch künstlich erzeugte Radioaktivität (Kernexplosionen, Kernkraftwerke) existiert.

Radioaktivität kann lebende Materie nicht nur zerstören. Durch ganz spezifische Wirkungen der radioaktiven Strahlung insbesondere auf die für die Vererbung verantwortlichen Biomoleküle, die Nucleinsäuren, können einerseits Krankheiten wie bösartiges Wachstum (Krebs) ausgelöst werden.

Andererseits hat die Wirkung der natürlichen radioaktiven Strahlung auf die Nucleinsäuren wahrscheinlich wesentlich zur Evolution des Lebens beigetragen. Wie durch radioaktive Strahlen Krebs ausgelöst werden kann, so können die Veränderungen im Erbmaterial in sehr seltenen Fällen zufällig auch eine günstige Wirkung für den betreffenden Organismus zur Folge haben. Dadurch kann dessen Anpassung an die jeweiligen Umweltbedingungen verbessert werden, wodurch seine Chance, sich fortzupflanzen und die günstige **Mutation** (Veränderung im Erbmaterial) weiterzuvererben, erhöht wird.

Auflösung zur Fallbeschreibung 6

Unser Patient leidet an **Morbus Wilson**. Diese seltene vererbbare Erkrankung wird durch einen Enzymdefekt verursacht, der dazu führt, dass Kupfer nicht mehr ausreichend über die Galle ausgeschieden wird und sich in verschiedenen Organen in pathologischen Konzentrationen anreichert. Da Cu^{2+}-Ionen in höheren Konzentrationen toxisch wirken, kommt es zu verschiedenen Vergiftungssymptomen.

Die **Leber** zeigt zunächst eine oft asymptomatische **Steatose** (Leberverfettung), die später in eine schwere **Hepatitis** (Leberentzündung) und schließlich in eine **Leberzirrhose** übergehen kann.

Durch Kupfereinlagerungen im **Zentralnervensystem** kommt es zu neurologischen Störungen wie **Tremor** (Zittern), **Spastik** (Steigerung des Muskeltonus) und **Rigor** (Muskelsteifigkeit). Auch psychiatrische Störungen wie **Schizophrenie**, **Depression** und **Manie** können sich entwickeln.

Kupfereinlagerungen in der Hornhaut des Auges sind durch eine goldbraun-grüne Verfärbung des **Cornealrandes** erkennbar und als **Kayser-Fleischer-Cornealring** typisch für die Erkrankung.

Die Diagnose erfolgt durch den Nachweis von verringerten Konzentrationen von Caeruloplasmin im Blut bei gleichzeitig erhöhter Kupferausscheidung im 24-Stunden-Sammelharn, durch Leberbiopsie sowie durch den Nachweis des Kayser-Fleischer-Cornealringes.

Die Therapie erfordert eine kupferarme Diät und die Verabreichung des Kupfer-Chelatliganden D-Penicillamin. Gleichzeitig muss Vitamin B_6 (Pyridoxin) gegeben werden, da dessen Wirkung durch D-Penicillamin antagonisiert wird.

ENERGIESPEICHER, FASERN UND BAUSTEINE: DIE KOHLENHYDRATE

7

7

Fallbeschreibung

Ein 5 Monate altes Mädchen wird erstmals zusätzlich zur Muttermilch auch mit einem Brei gefüttert. Daraufhin wird das Mädchen blass und zittrig und erbricht sich im Anschluss heftig. Nach Einlieferung auf eine Kinderstation wird eine akute **Hypoglykämie** (Unterzuckerung) festgestellt und in weiterer Folge eine Fructose-**Intoleranz** diagnostiziert.

Welche therapeutischen Konsequenzen sind hier angebracht?

Lehrziele

Dieses Kapitel wird uns mit dem weiten Bereich der **Kohlenhydrate** bekanntmachen.

Wir werden uns mit der allgemeinen **Struktur der Kohlenhydrate** beschäftigen und die verschiedenen **Einteilungsprinzipien** für diese wichtige Verbindungsklasse kennen lernen. Dabei wird es sich als unvermeidlich erweisen, die in der Organischen Chemie überaus wichtigen Konzepte der **Isomerie** zu besprechen. Die chemischen Reaktionen der Kohlenhydrate und ihre bedeutendsten Derivate werden unser Bild dieser Naturstoffklasse abrunden.

7.1 Mono-, Oligo- und Polysaccharide

Lehrziel

Kohlenhydrate begegnen uns im Bereich der biomedizinischen Chemie häufig. Ob für die Bereitstellung biologischer Energie, ob als Bausteine für vielfältigste Naturstoffe oder als „Identitätsnachweise" für Zellen – Kohlenhydratbausteine sind ubiquitär.

Die Klasse der Kohlenhydrate umfasst eine sehr große Zahl biologisch wichtiger Verbindungen. Sie sind von der Masse her die bedeutendste Naturstoffklasse überhaupt! Alleine **Cellulose**, die wichtigste Gerüstsubstanz der Pflanzen, stellt bereits über 50% der gesamten organischen Masse auf der Erde.

Der Begriff **Kohlenhydrat** ist historisch bedingt. Einige wichtige Vertreter der Gruppe besitzen eine Summenformel, die wir **formal** als **Hydrat** (= Wasser-Verbindung) **des Kohlenstoffs** schreiben könnten. So lautet beispielsweise die Bruttoformel von **Glucose** $C_6H_{12}O_6 = C_6(H_2O)_6$. Allerdings könnten wir auch andere organische Verbindungen, die eindeutig nicht zu den Kohlenhydraten gerechnet werden, formal als Kohlenstoff-Hydrate schreiben. Ein Beispiel ist die Milchsäure $C_3H_6O_3 = C_3(H_2O)_3$. Und ebenso kennen wir Verbindungen, die zwar den Kohlenhydraten zugerechnet werden, aber diesem formalen Schema nicht gerecht werden. So besitzt zum Beispiel **2-Desoxyribose**, die zweifelsfrei ein Kohlenhydrat ist, die Bruttoformel $C_5H_{10}O_4$.

Merke: Moderne Definition für die Klasse der Kohlenhydrate:
Kohlenhydrate sind **Polyhydroxycarbonylverbindungen**, das heißt, sie besitzen mindestens zwei alkoholische Hydroxylgruppen und eine Carbonylgruppe.

Wir kennen verschiedene **Einteilungskriterien** für Kohlenhydrate. Wir unterscheiden einfache (**Monosaccharide**) und zusammengesetzte Kohlenhydrate (**Di-**, **Oligo-** und **Polysaccharide**). Die letzteren sind durch **Hydrolyse**, zum Beispiel mit verdünnten Säuren, in einfache Kohlenhydrate, die vielfach wegen des meist süßen Geschmacks auch **Zucker** genannt werden, zerlegbar. Disaccharide bestehen aus 2, Oligosaccharide aus 3 bis 10, und Polysaccharide aus 11 bis zu vielen Tausenden Monosaccharid-Bausteinen. (Die Grenze zwischen Oligo- und Polysacchariden ist etwas willkürlich gewählt; manche Autoren sprechen bei bis zu 20 Monosaccharid-Bausteinen noch von Oligosacchariden.)

Monosaccharide teilen wir nach der **Zahl der Kohlenstoffatome** (Triosen = 3, Tetrosen = 4, Pentosen = 5, Hexosen = 6 C-Atome, usw.) und nach der **Art der Carbonylgruppe** ein. So sprechen wir von Aldotriosen, Ketopentosen, usw.

Tab. 7.1 gibt einen groben Überblick über die Kohlenhydrate.

Tab. 7.1: Die drei großen Klassen der Kohlenhydrate und ihre wichtigsten biologischen Funktionen.

Kohlenhydratklasse	Biologische Funktionen
Monosaccharide	Energieproduktion Bauelemente wichtiger Biomoleküle
Di- und Oligosaccharide	Energieproduktion Bauelemente wichtiger Biomoleküle
Polysaccharide	Kohlenhydratspeicher (Reservekohlenhydrate) Stütz- und Gerüstsubstanzen Bindegewebsgrundsubstanz

Monosaccharide

Für das Verständnis der ziemlich einheitlichen und homogenen chemischen Strukturen von Kohlenhydrat-Molekülen benötigen wir eine gute Kenntnis der Prinzipien der **Isomerie** (siehe Abschnitt 7.2 „Isomerie – unterschiedliche Moleküle mit ‚gleicher' Formel").

Wir beginnen mit den **Aldosen**, das sind Monosaccharide mit einer Aldehydgruppe. Die einfachste **Aldotriose** ist Glycerinaldehyd (2,3-Dihydroxy-propanal). Glycerinaldehyd enthält ein **asymmetrisches C-Atom** und die Verbindung existiert daher in zwei **enantiomeren** (= **spiegelbildisomeren**) Formen, D-Glycerinaldehyd und L-Glycerinaldehyd, deren Fischer-Projektionsformeln in *Abb. 7.1* gegenüber gestellt werden.

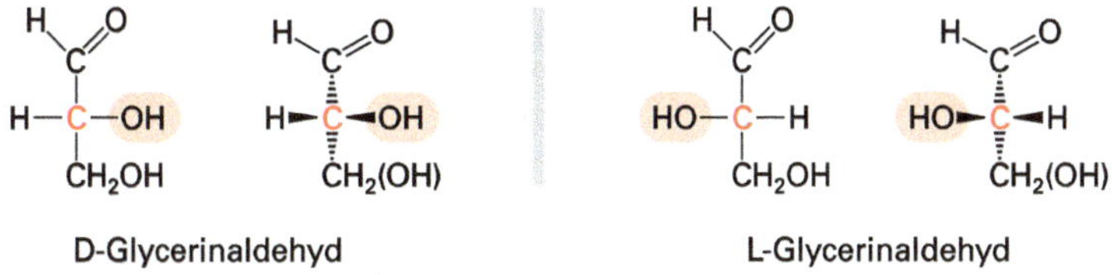

D-Glycerinaldehyd L-Glycerinaldehyd

Abb. 7.1: Die beiden enantiomeren Formen des Glycerinaldehyds in zwei Schreibweisen. In den Formeln ist das asymmetrische C-Atom rot gezeichnet. Die rot unterlegte OH-Gruppe definiert die Zugehörigkeit zur D- bzw. L-Reihe.

Wenn wir nun systematisch von den Triosen zu den **Tetrosen**, **Pentosen** usw. fortschreiten, kommt je ein zusätzliches asymmetrisches C-Atom hinzu. Bei Vorliegen von n asymmetrischen C-Atomen existieren insgesamt 2^n diastereomere Formen. Davon gehört die Hälfte der D-Reihe an, die andere Hälfte der L-Reihe. So erhalten wir insgesamt $2^2 = 4$ stereoisomere Tetrosen, nämlich D- und L-Erythrose sowie D- und L-Threose, $2^3 = 8$ stereoisomere Pentosen, $2^4 = 16$ stereoisomere Hexosen usw.

Merke: Die Zugehörigkeit zur D- oder L-Reihe richtet sich jeweils nach der Stellung der OH-Gruppe am untersten asymmetrischen C-Atom in der Fischer-Projektion.

Verwenden wir die Fischer-Projektion, so befindet sich die OH-Gruppe am untersten asymmetrischen C-Atom bei D-Monosacchariden immer auf der rechten Seite, bei L-Monosacchariden konsequenterweise auf der linken Seite.

Abb. 7.2 zeigt den vollständigen „Stammbaum" der D-Aldosen bis zu den D-Hexosen. Wie können wir uns die Namen der Aldosen in der richtigen Reihenfolge merken? Für die Pentosen und Hexosen existieren einfache mnemotechnische Hilfsmittel. Für Pentosen prägen wir uns das Merkwort **RAXL** ein, welches aus den Anfangsbuchstaben der Aldopentosen gebildet wird. Für Hexosen können wir uns folgenden spaßhaften Satz merken: **Alle alten Glucken möchten gern im Garten tanzen.**

Wegen ihres häufigen Vorkommens in wichtigen biologischen und physiologischen Prozessen müssen wir uns insbesondere die Triose Glycerinaldehyd, die Tetrosen Erythrose und Threose, die Pentosen Ribose und Xylose, und die Hexosen Glucose, Mannose und Galactose einprägen. Die übrigen Verbindungen spielen in der Biochemie keine sehr wichtige Rolle.

Zu den in *Abb. 7.2* gezeigten Molekülen der D-Reihe existiert jeweils ein Spiegelbild aus der L-Reihe, in dem die Konfiguration der OH-Gruppen an allen asymmetrischen Zentren jeweils vertauscht ist. *Abb. 7.3* verdeutlicht diese Spiegelbildisomerie am Beispiel der D- und L-Glucose.

Spiegelbildisomere werden auch **Enantiomere** genannt. Zu n asymmetrischen C-Atomen existieren 2^{n-1} Enantiomerenpaare. Stereoisomere Verbindungen, die nicht enantiomer zueinander sind, heißen **Diastereomere**. D-Allose und D-Mannose sind beispielsweise diastereomer zueinander.

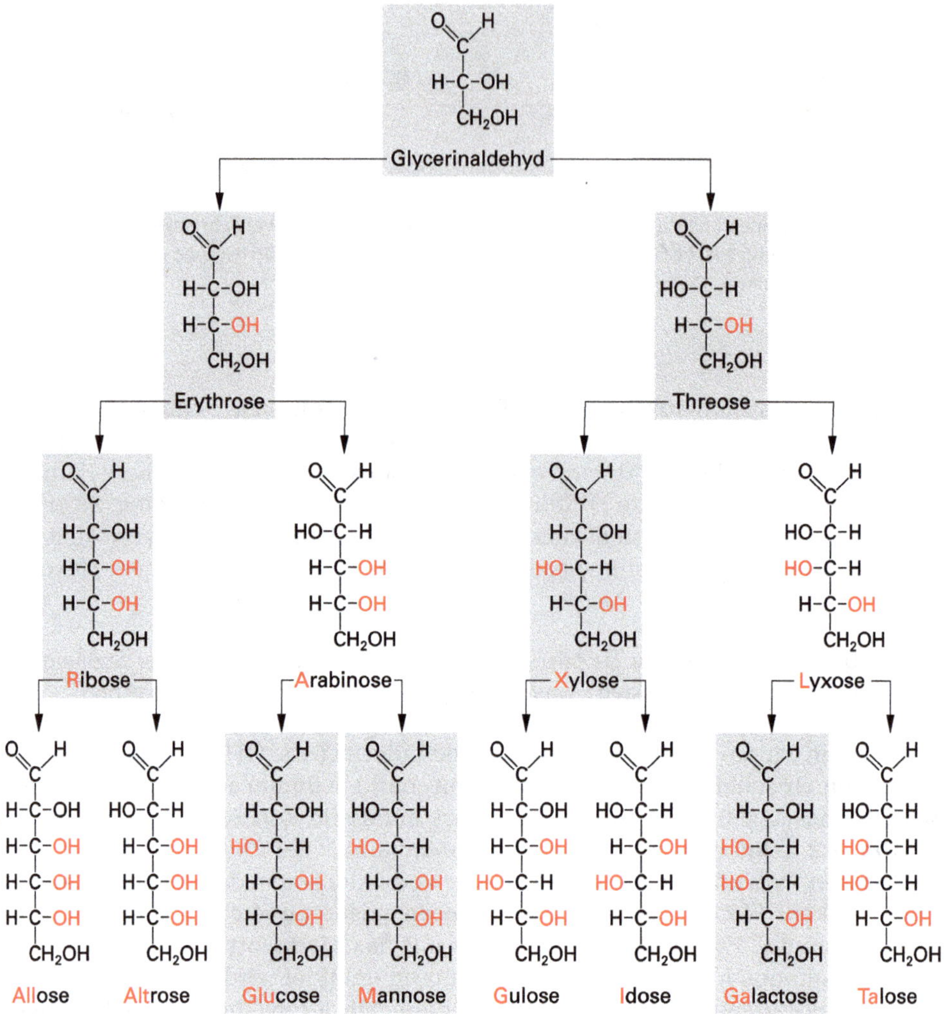

Abb. 7.2: Der „Stammbaum" der D-Aldosen. Die rot gezeichneten OH-Gruppen repräsentieren sozusagen die Anordnung der OH-Gruppen in den jeweils darüber stehenden „Stammverbindungen". Die grau unterlegten Verbindungen sind biochemisch/biologisch besonders wichtig.

Bei Kohlenhydraten unterscheiden wir schließlich noch einen weiteren Spezialfall. Diastereomere, die sich nur in der Konfiguration an einem einzigen asymmetrischen Atom voneinander unterscheiden, nennen wir **Epimere**. D-Glucose ist zum Beispiel epimer zu D-Galactose oder zu D-Mannose.

Von den **Ketosen**, das sind Monosaccharide, deren Carbonylgruppe als Keton vorliegt, wollen wir zwei nennen, die biochemisch wichtig sind. Dihydroxyaceton (1,3-Dihydroxy-propanon) und Fructose. Die Struktur beider Verbindungen zeigt *Abb. 7.4*.

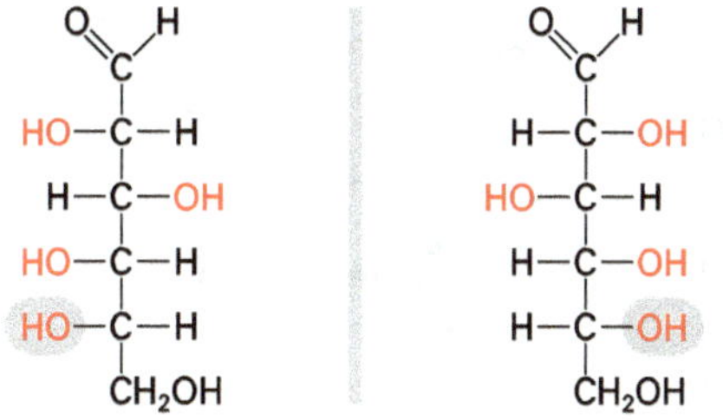

L-Glucose D-Glucose

Abb. 7.3: D- und L-Glucose. Die rot gezeichneten OH-Gruppen sind an asymmetrischen C-Atomen gebunden. Die grau unterlegten OH-Gruppen bestimmen die Zugehörigkeit zur D- bzw. L-Reihe.

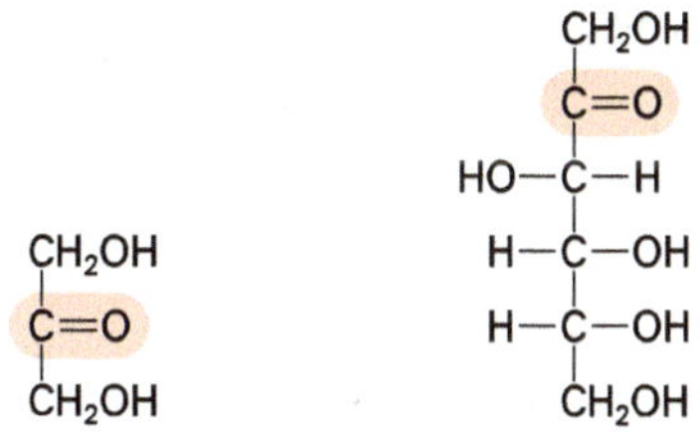

1,3-Dihydroxyaceton D-Fructose

Abb. 7.4: Die beiden biochemisch/biologisch wichtigsten Ketosen.

Dihydroxyaceton ist übrigens der einzige nicht-chirale Zucker, da es kein asymmetrisches Atom enthält.

Verhalten von Kohlenhydraten in wässriger Lösung

Kohlenhydrate enthalten alkoholische OH-Gruppen und eine Carbonylgruppe. Bei Pentosen und Hexosen befinden sich OH-Gruppen und Carbonylgruppe in einer so günstigen Position zueinander, dass spontan eine chemische Reaktion zwischen den beiden funktionellen Gruppen stattfindet. Dabei bilden sich **cyclische Halbacetale**. Da die Reaktion **intramolekular**, also innerhalb desselben Moleküls, verläuft, kommt es zu einem Ringschluß. *Abb. 7.5* zeigt diese für Monosaccharide typische Reaktion.

Diese Reaktion ist ein besonders wichtiger Spezialfall einer allgemeinen Reaktion von Carbonylverbindungen. Diese können durch eine **Additionsreaktion** mit Alkoholen generell **Halbacetale** bilden, die mit überschüssigem Alkohol durch eine **Substitutionsreaktion** noch weiter zu **(Voll-)Acetalen** reagieren können (siehe Kapitel 3, Abschnitt 6 „Carbonylverbindungen").

Bei der oben gezeigten Bildung cyclischer Halbacetale aus Pentosen und Hexosen bilden sich bevorzugt Fünf- oder Sechsringe, die besonders stabil sind. Diese Ringe enthalten immer ein O-Atom als Ringglied. Formal leiten sich diese Ringsysteme von den fünf- und sechsgliedrigen Heterocyclen **Furan** bzw. **Pyran** mit je einem Sauerstoffatom als Ringglied ab (siehe Kapitel 9, Abschnitt 2 „Heterocycli-

α-D-Glucopyranose oder β-D-Glucopyranose

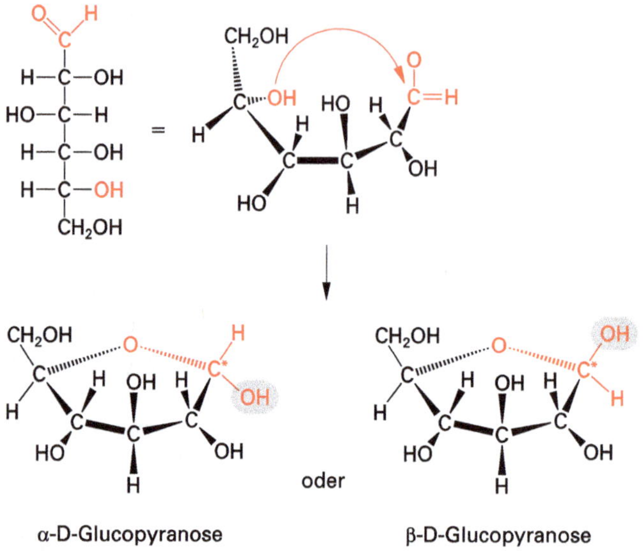

Abb. 7.5: Schema der intramolekularen Halbacetalbildung anhand des Beispiels der D-Glucose. Durch die Halbacetalbildung entsteht ein neues asymmetrisches C-Atom, das „anomere" C-Atom (durch C* gekennzeichnet), an dem zwei unterschiedliche Konfigurationen der neu entstandenen OH-Gruppe möglich sind (siehe Text zur weiteren Erklärung).

sche Grundkörper"). Wir bezeichnen die cyclischen Halbacetale daher als **Furanosen** (fünfgliedriger Ring) bzw. **Pyranosen** (sechsgliedriger Ring). Glucose bildet zum Beispiel bevorzugt einen Sechsring. Diesen bezeichnen wir als **Glucopyranose**. Fructose oder Ribose bilden Fünfringe und liegen dann als **Fructofuranose** bzw. **Ribofuranose** vor.

Durch die beschriebene Addition der OH-Gruppe an die Carbonylgruppe wird das Carbonyl-C-Atom, das zuvor einen doppelt gebundenen Sauerstoff trug, verändert. Es besitzt im cyclischen Halbacetal vier direkte Bindungspartner und – das ist besonders wichtig – es wird, da diese vier Bindungspartner unterschiedlich voneinander sind, zu einem **neuen asymmetrischen Zentrum**. Dies ist in *Abb. 7.5* durch den Stern an diesem C-Atom angedeutet. Die neu gebildete OH-Gruppe an diesem C-Atom kann in Bezug auf die primäre Alkoholfunktion, das ist die CH_2OH-Gruppe am C_6, entweder auf der entgegengesetzten (α-Form) oder der gleichen Seite der ungefähren Ringebene (β-Form) stehen. α-D- und β-D-Glucopyranose sind **epimere** Moleküle, weil sie sich bezüglich der Konfiguration an **einem** asymmetrischen Zentrum unterscheiden. Wir nennen diesen Spezialfall optischer Isomere, die erst durch die intramolekulare Halbacetal-Bildung entstanden sind, **Anomere**.

Das ist schon recht kompliziert – daher fassen wir die verschiedenen Arten optischer Isomere in *Tab. 7.2* nochmals zusammen.

Für die grafische Darstellung der cyclischen Halbacetalform eines Kohlenhydrats werden meist zwei Möglichkeiten genutzt, die **Haworth-Projektion** und

Tab. 7.2: Grundbegriffe der Stereochemie.

Name	Eigenschaft
Enantiomere	Spiegelbildisomere
Diastereomere	optische Isomere, die nicht Spiegelbildisomere sind
Epimere	Diastereomere, die sich an einem asymmetrischen C-Atom unterscheiden
Anomere	Epimere, die durch intramolekulare Halbacetal-Bildung entstehen

die Darstellung der so genannten **Sesselform**. In *Abb. 7.6* werden diese beiden – in Biochemiebüchern sehr häufig zu findenden – Formelbilder für das Beispiel der α-D-Glucopyranose mit einem Kugel-Stab-Modell einer möglichen Konformation des Moleküls verglichen.

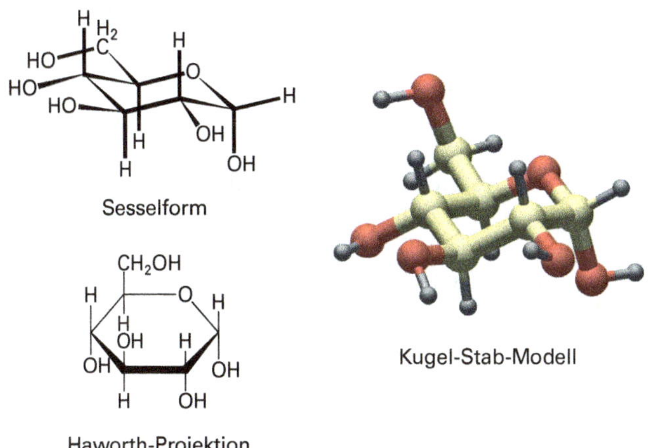

Abb. 7.6: Verschiedene Darstellungen der räumlichen Gestalt der α-D-Glucose.

In wässriger Lösung von Glucose stehen, wie *Abb. 7.7* zeigt, die beiden möglichen anomeren cyclischen Halbacetalformen α-D-Glucopyranose und β-D-Glucopyranose über die Zwischenstufe der offenkettigen Aldehydform miteinander in einem dynamischen Gleichgewicht.

Esterbildung

Wie gewöhnliche Alkohole bilden auch Kohlenhydrate mittels ihrer Hydroxylgruppen mit Säuren **Ester**. Biochemisch besonders wichtig sind die Ester der Phosphorsäure, die auch als „Phosphate" bezeichnet werden. In Zellen spielen Kohlenhydrate praktisch nur in Form dieser Ester als „phosphorylierte Monosaccharide" eine Rolle (siehe Kapitel 3, Abschnitt 3 „Die Glycolyse").

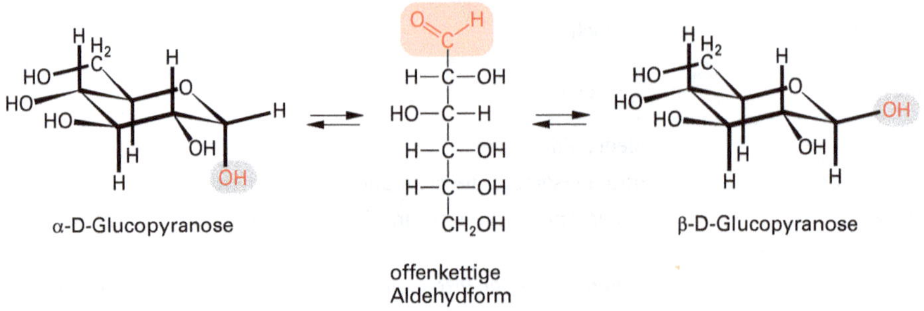

α-D-Glucopyranose ⇌ offenkettige Aldehydform ⇌ β-D-Glucopyranose

Abb. 7.7: Das Gleichgewicht zwischen α-D-Glucopyranose und β-D-Glucopyranose führt über die offenkettige Aldehydform.

Oxidationsprodukte von Monosacchariden

Kohlenhydrate reagieren mit Oxidationsmitteln. Dabei sind drei Arten von Oxidationsprodukten interessant. *Abb. 7.8* zeigt diese am Beispiel der Glucose.

Abb. 7.8 zeigt neben den offenkettigen Formen der Moleküle auch die cyclischen Formen, die bei Glucose und Glucuronsäure durch **Halbacetal-Bildung**, bei Gluconsäure und Glucarsäure aber durch intramolekulare Esterbildung – die so genannte **Lacton-Bildung** – entstehen.

Bei Aldosen ist die am leichtesten oxidierbare Gruppe die Aldehydfunktion, die leicht zur Carboxylgruppe oxidiert wird. Milde Oxidationsmittel überführen daher Aldosen wie die Glucose in Carbonsäuren, wobei das C_1-Atom oxidiert wird. Die Produkte dieser Oxidation nennen wir **On-Säuren** (zum Beispiel Gluconsäure, Galactonsäure, usw.).

Verwenden wir hingegen starke Oxidationsmittel, so werden sowohl die Aldehydgruppe am C_1 als auch die primäre Alkoholgruppe am C_6 zu Carboxylgruppen oxidiert. Die entstehenden Dicarbonsäuren heißen **Zuckersäuren** (zum Beispiel Glucosesäure, Galactosesäure, usw.) oder **Ar-Säuren** (Glucarsäure, Galactarsäure, usw.).

Biologisch am wichtigsten sind die **Uron-Säuren** (Glucuronsäure, Galacturonsäure, usw.), bei welchen die Aldehydgruppe am C_1 erhalten bleibt, aber die primäre Alkoholfunktion am C_6 zur Carboxylgruppe oxidiert ist. Chemisch, das heißt im Reagenzglas, ist diese selektive Oxidation nur über Umwege möglich. Lebende Zelle benützen dafür Enzyme als Hilfswerkzeuge, zum Beispiel das Enzym **Glucuronidase**.

Merke: Die Glucuronsäure ist für die Entgiftung des Organismus von schlecht wasserlöslichen, lipophilen Giften wichtig.

Diese werden als Glycoside (siehe weiter unten) an die sehr gut wasserlösliche Glucuronsäure gebunden, die bei zellulärem pH-Wert in Form der konjugierten Base, also als Anion, vorliegt. Die entstehenden **Glucuronide** werden über den Harn ausgeschieden.

Abb. 7.9 zeigt die Bildung eines Glucuronids des Phenols.

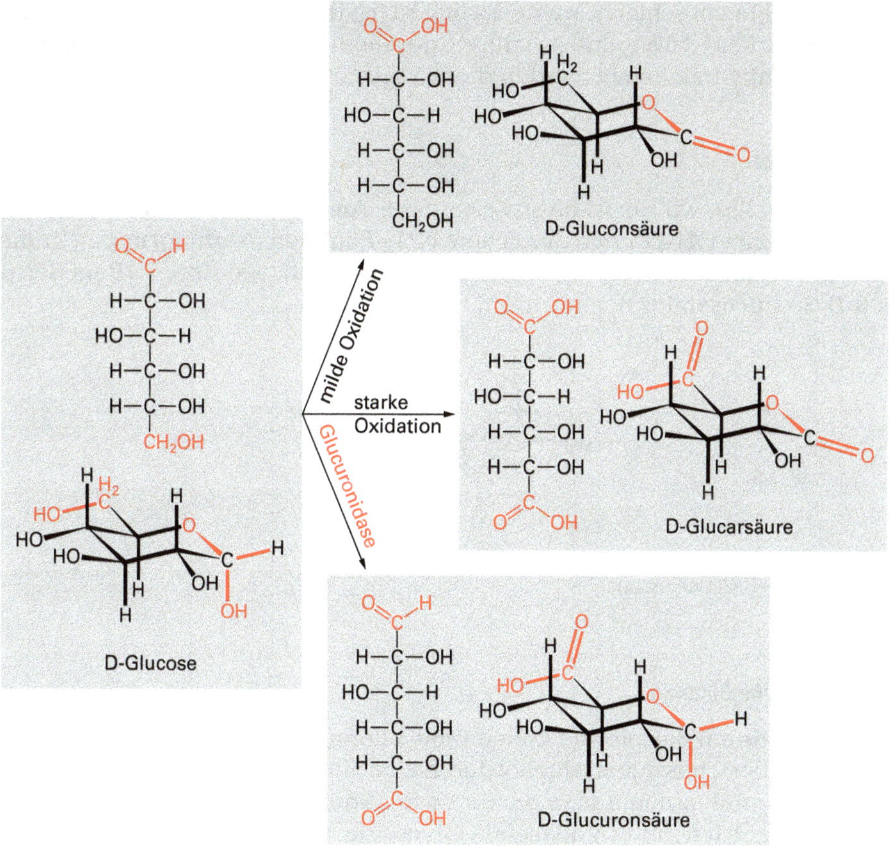

Abb. 7.8: Die unterschiedlichen Möglichkeiten der Oxidation von Kohlenhydraten anhand der D-Glucose.

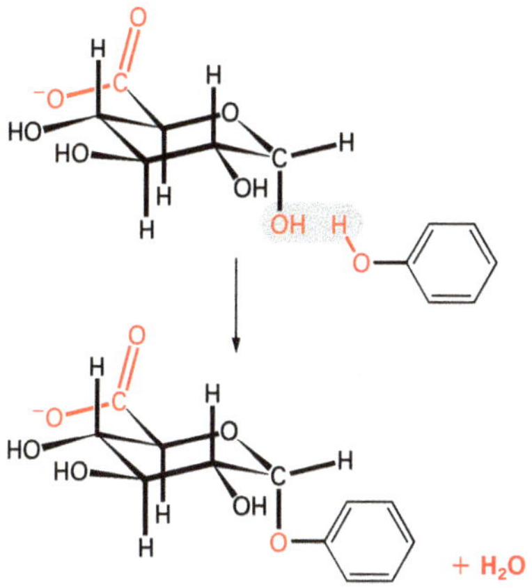

Abb. 7.9: Die Glucuronsäure dient der Elimination von lipophilen Gift- oder Abbaustoffen.

Während Phenol schlecht wasserlöslich ist, ist das Glucuronid sehr gut löslich.
Diese Reaktion ist übrigens – chemisch gesehen – die Bildung eines **Vollacetals**. In der Kohlenhydratchemie werden diese Vollacetale als **Glycoside** bezeichnet.

Aminozucker

Erwähnen wollen wir auch die so genannten **Aminozucker**. Sie resultieren aus dem Ersatz einer OH-Gruppe durch eine NH_2-Funktion (**Aminogruppe**). Zumeist findet diese Substitution am C_2-Atom des Zuckers statt, wie *Abb. 7.10* am Beispiel des **β-D-2-Glucosamins** demonstriert.

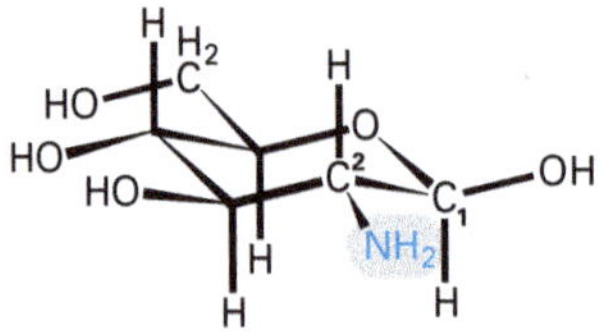

Abb. 7.10: β—D-2-Glucosamin.

Die glycosidische Bindung

Wie wir gerade am Beispiel der Glucuronid-Bildung gesehen haben, bilden Halbacetale mit überschüssigem Alkohol durch eine Substitutionsreaktion Vollacetale. Bei Kohlenhydraten nennt man die durch Reaktion eines cyclischen Halbacetals mit Alkohol entstehenden Vollacetale **Glycoside**.

Aufgrund der Anomerie können aus einem cyclischen Halbacetal sowohl α- als auch β-Glycoside entstehen; je nachdem, ob das anomere Atom im Halbacetal in der α- oder β-Form vorlag. Allgemein wird der Nicht-Kohlenhydrat-Anteil eines Glycosids (die Alkoholkomponente) als **Aglycon** bezeichnet. Im Glucuronid von Phenol, das in *Abb. 7.9* dargestellt ist, stellt Phenol das Aglycon dar.

Reagiert die halbacetalische Hydroxylgruppe anstelle eines Alkohols in einer Reaktion mit einem Amin, so spricht man von einem **N-Glycosid**. Viele biologisch wirksame Substanzen und Pharmaka sind O- (= normale) oder N-Glycoside; die interessantesten N-Glycoside sind wohl die **Nucleoside** und **Nucleotide** (siehe Kapitel 9, Abschnitt 1 „Nucleinsäuren").

Di-, Oligo- und Polysaccharide

Als Alkoholkomponente für die Glycosidbildung kann nicht nur ein Aglycon, sondern auch ein weiteres Monosaccharid-Molekül dienen, da es ebenfalls Hydroxylgruppen enthält.

Merke: Das Bauprinzip aller zusammengesetzten Kohlenhydrate (Di-, Oligo- und Polysaccharide) ist die Bildung von O-glycosidischen Bindungen zwischen Monosaccharid-Bausteinen.

Wir unterscheiden zwei Typen.

Involviert die glycosidische Bindung eine der „normalen" alkoholischen Gruppen des zweiten Monosaccharid-Bausteins, so wird dessen acetalisches Atom (C_1) durch die glycosidische Bindung nicht betroffen. An diesem C-Atom können daher weiterhin die typischen Reaktionen der Carbonylgruppe stattfinden, wie etwa Oxidationsreaktionen und die Gleichgewichtseinstellung der beiden anomeren Formen über die offene Carbonylform. In Anlehnung an ein wichtiges, nach diesem Bauprinzip aufgebautes Disaccharid, die **Maltose**, (4α-Glucosyl-glucose), sprechen wir vom **Maltosetyp**. In der Maltose sind zwei Glucosemoleküle α-glycosidisch über das anomere C_1-Atom der einen und das C_4-Atom der zweiten Glucose verknüpft. An dieser zweiten Glucose bleibt das anomere C_1-Atom frei.

Im Gegensatz dazu steht der **Trehalosetyp**. Zwar besteht auch die **Trehalose** (1α-Glucosyl-1α-glucosid) aus zwei Glucosebausteinen. Diese sind jedoch durch eine glycosidische Bindung zwischen den beiden anomeren C_1-Atomen miteinander verknüpft. Solche Disaccharide zeigen die Aldehydreaktionen nicht mehr, da beide anomeren Zentren durch die glycosidische Bindung blockiert sind. Von der Namensgebung her unterscheidet sich ein Disaccharid vom Trehalosetyp durch den Ersatz des Wortes -glucose durch -glucosid. *Abb. 7.11* zeigt beide Typen.

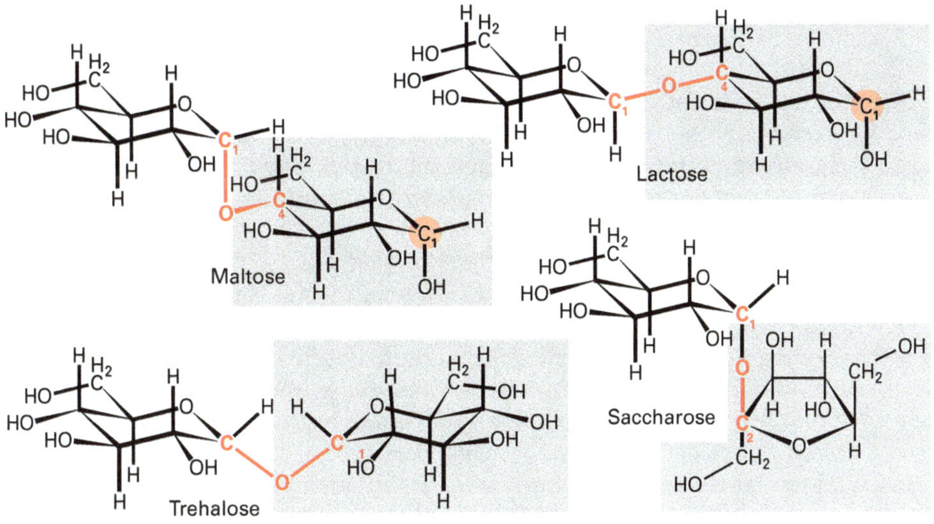

Abb. 7.11: Die wichtigsten Disaccharide. Maltose und Lactose sind vom Maltosetyp. Die freien halbacetalischen C-Atome sind rot unterlegt. Trehalose und Saccharose zeigen den Trehalosetyp. Sie enthalten keine freien halbacetalischen C-Atome, daher finden an ihnen auch keine Aldehydreaktionen mehr statt.

Weitere wichtige Disaccharide sind **Saccharose**, 1α-Glucosyl- 2β-fructosid (Trehalosetyp. Bausteine Glucose und Fructose) und **Lactose**, 4β-Galactosyl-glucose (Maltosetyp. Bausteine Galactose und Glucose).

Oligosaccharide bestehen aus drei bis zu etwa 10 Monosaccharid-Bausteinen. **Grundsätzlich sind alle Oligosaccharide (und auch Polysaccharide) mit mehr als zwei Monosaccharid-Bausteinen nach dem Maltosetyp aufgebaut**, da nur so nach jedem weiteren Polymerisierungsschritt an einem Ende des Moleküls eine halbacetalische Gruppe übrig bleibt, die zu einer weiteren Glycosidbindung befähigt ist.

Disaccharide in der Ernährung

Disaccharide (Oligosaccharide, Polysaccharide) können chemisch durch Erhitzen mit Säure oder biologisch durch Enzyme in Monosaccharid-Bausteine gespalten werden.

Biologisch verwertbar sind nur Monosaccharide.

Da die Enzyme, die glycosidische Bindungen spalten können, nur im Verdauungstrakt (Speichel, Dünndarm) vorhanden sind, werden intravenös zugeführte Di-, Oligo- oder Polysaccharide vom Organismus nicht verwertet, da im Blut die Enzyme zur Spaltung nicht vorhanden sind.

Maltose (**Malzzucker**) entsteht beim Abbau von Stärke, etwa auch beim Brauprozess. Saccharose (**Speisezucker**) wird aus Zuckerrüben oder Zuckerrohr gewonnen.

Lactose (**Milchzucker**) ist ein in mancher Hinsicht einzigartiges Disaccharid. Sie wird ausschließlich von den Milchdrüsen von Frauen und weiblichen Säugetieren gebildet und dient der Ersternährung neugeborener Säuglinge bzw. Tierkinder. Sie befördert die Besiedelung des bei der Geburt sterilen Neugeborenendarms mit günstigen Bifidusbakterien und verhindert die Ansiedelung pathogener Keime. Außerdem erleichtert sie die Resorption von Ca^{2+}-Ionen im Darm. Das Enzym **Lactase**, welches Lactose in die Bausteine Galactose und Glucose spaltet und damit biologisch verwertbar macht, wird allerdings bei vielen Menschen und Säugetieren mit zunehmendem Alter immer weniger oder gar nicht mehr exprimiert. Dieser **Lactasemangel**, der insbesondere bei amerikanischen Schwarzen, bei Bewohnern des Vorderen Orients und bei der australischen Urbevölkerung viel häufiger vorkommt als bei Europäern, bewirkt bei den betroffenen Erwachsenen bei Milchgenuss die so genannte **Lactose-Intoleranz** (Lactose-Unverträglichkeit). Da die Lactose im Dünndarm nicht gespalten wird, gelangt sie in den Dickdarm und führt dort zu einer pathologischen Vermehrung pathogener Keime. Osmotische Diarrhoen, Blähungen und Flatulenz sind die Folge.

Die Therapie besteht in der Vermeidung des Genusses von Milch. Fermentierte Milchprodukte wie Joghurt, bei welchen Lactose durch Mikroorganismen weitgehend abgebaut wurde, oder auch Käse dagegen werden gut vertragen.

Polysaccharide

Polysaccharide enthalten mehr als 10 Monosaccharid-Bausteine. Wir unterscheiden **Homopolysaccharide** oder **Homoglycane** und **Heteropolysaccharide** oder **Heteroglycane**. Homoglycane liefern bei saurer Hydrolyse nur eine Monosaccharid-Sorte. Heteroglycane dagegen bestehen aus verschiedenartigen Monosacchariden oder aber auch anderen Bausteinen wie Proteinen oder Lipiden.

Die wichtigsten Homoglycane sind **Stärke**, **Glycogen** und **Cellulose**. Ihnen allen ist gemeinsam, dass sie bei der Hydrolyse nur Glucose liefern. Stärke und Glycogen sind **Reservepolysaccharide**. Sie werden von pflanzlichen (Stärke) und tierischen (Glycogen) Organismen in Zeiten guter Nahrungsversorgung gebildet und als Nahrungsdepot gespeichert. Bei Bedarf können sie in Glucose gespalten werden, die schließlich über ihre „Verbrennung", also die Oxidation zu Kohlendioxid und Wasser, Energie liefert, die in Form von ATP (Adenosintriphosphat) gespeichert oder genutzt wird (siehe Kapitel 3, Abschnitt 2 „Die zelluläre Produktion von Energie").

Stärke besteht aus zwei Anteilen. In der **Amylose** sind etwa 200 bis 300 Glucose-Bausteine so wie in Maltose streng linear $1 \rightarrow 4$ verknüpft. Die entstehenden Riesenmoleküle sind spiralig aufgebaut. Jeweils 6 Glucose-Einheiten beschreiben eine volle Schraubendrehung. In diese Helices passen interessanterweise I_2-Moleküle vorzüglich hinein. Amylose bildet daher mit Iod eine tiefblau gefärbte, lockere Einschluss-Verbindung, die zum raschen qualitativen Nachweis von Amylose oder Iod in der Chemie viel verwendet wird. *Abb. 7.12* zeigt ein solches Amylose-„Rohr".

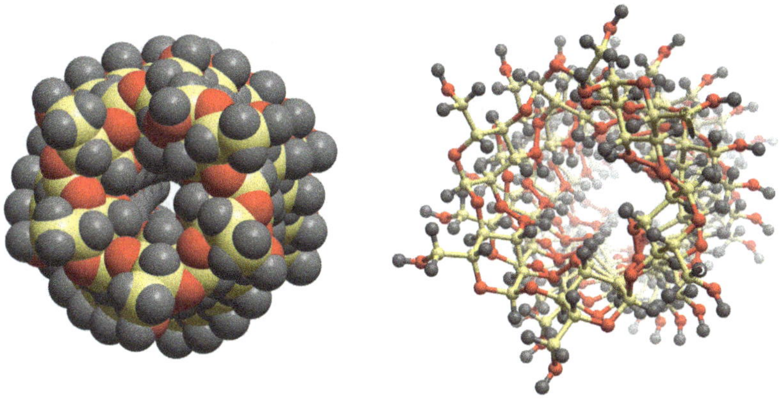

Abb. 7.12: Amylose bildet röhrenförmige Moleküle. Links: Kalottenmodell. Rechts: Kugel-Stab-Modell.

Der zweite Anteil der Stärke ist **Amylopectin**. Dessen Moleküle sind noch bedeutend größer als Amylose-Moleküle, und sie enthalten **Verzweigungsstellen**, da an einigen Glucose-Einheiten zusätzliche glycosidische Bindungen über das C_6-Atom ausgebildet werden (*Abb. 7.13*).

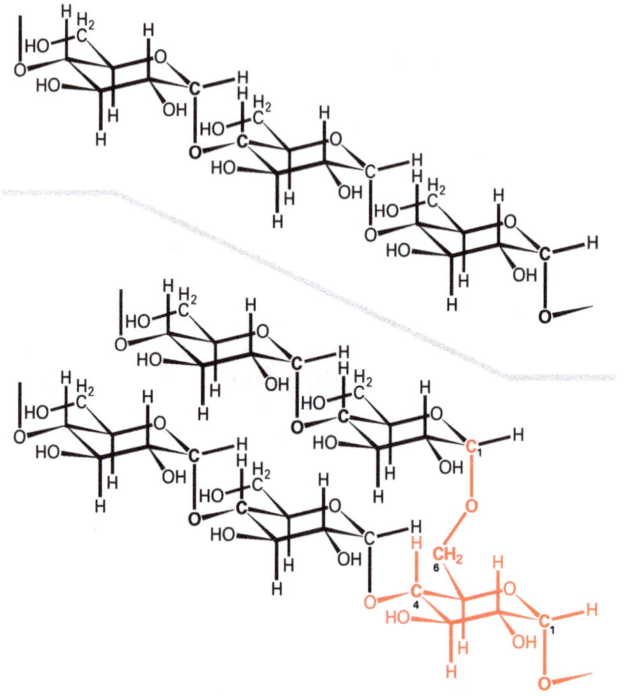

Abb. 7.13: Ausschnitte aus der rein 1→4 verknüpften linearen Amylose und dem baumartig verzweigten Amylopectin, das neben der 1→4 Verknüpfung der Glucose-Bausteine an durchschnittlich jedem 25. Glucose-Baustein zusätzlich eine 1→6 Verknüpfung aufweist.

Glycogen ist ganz ähnlich aufgebaut wie Amylopectin, besitzt aber einen noch höheren Verzweigungsgrad. Amylose, Amylopectin und Glycogen enthalten ausschließlich α-glycosidische Bindungen. Säugetiere und Menschen können aufgrund ihrer Enzymausstattung (**Amylase**) im Verdauungstrakt diese Bindungen spalten und so die Verbindungen verdauen.

Cellulose ist die mengenmäßig bedeutendste bioorganische Substanz. Sie dient als Stütz- und Gerüstsubstanz der Pflanzen. In Cellulose finden wir im Gegensatz zur α-glycosidisch aufgebauten Stärke β-glycosidisch verknüpfte Glucose-Bausteine. Diese können wir Menschen nicht verdauen, da wir im Verdauungstrakt zwar eine α-Glycosidase (Amylase), aber keine β-Glycosidase besitzen. Typische Pflanzenfresser wie Rinder, Schafe usw. beherbergen in ihren komplexen Mägen Bakterien, die eine β-Glycosidase besitzen und so dem Wirtstier die Verwertung von Cellulose als Kohlenhydratquelle ermöglichen. Die Mikroorganismen spalten Cellulose zu Glucose, die die Wirtstiere resorbieren können. Im Gegenzug sind die Bakterien geschützt und erhalten Nahrung, Feuchtigkeit und Wärme. Wir benötigen Cellulosefasern trotzdem als **Ballaststoff** für unser Verdauungssystem.

Merke: Dieses Beispiel zeigt auf beeindruckende Weise, wie subtile Feinheiten des dreidimensionalen Baues von sonst gleichen Molekülen (α- versus ß-verknüpfte Glucosebausteine) offenbar gravierende biologische Auswirkungen haben können!

Von den Homoglycanen erwähnen wir noch **Inulin**, ein Polysaccharid aus Fructose-Bausteinen (**Polyfructosan**), welches in der Nephrologie (Nierenheilkunde) zur Nierenfunktionsprüfung klinische Anwendung findet. Wenn wir Patienten eine Lösung von Inulin intravenös infundieren, so kann das Polysaccharid wegen des Fehlens der entsprechenden Enzyme im Blut nicht abgebaut werden. Es wird vielmehr unverändert über den Harn ausgeschieden – und zwar ausschließlich durch **glomeruläre Filtration** in der Niere. Durch eine mathematische Analyse der zeitlichen Abnahme des Inulins im Blut kann so die Filtrationsleistung der Niere mit hoher Genauigkeit bestimmt werden.

Heteroglycane sind in der Biochemie außerordentlich weit verbreitet. Zum Beispiel sind sehr viele Proteine mit Oligo- bzw. Polysaccharidketten glycosidisch verbunden, wobei die Kohlenhydratkomponenten meist Glucose, Galactose, Mannose und Xylose sind, oder aber chemisch modifizierte Kohlenhydrate wie N-Acetyl-glucosamin. *Abb. 7.14* zeigt, wie in diesem Molekül die Aminogruppe des Glucosamins mit einem Acetylrest säureamidartig verbunden ist.

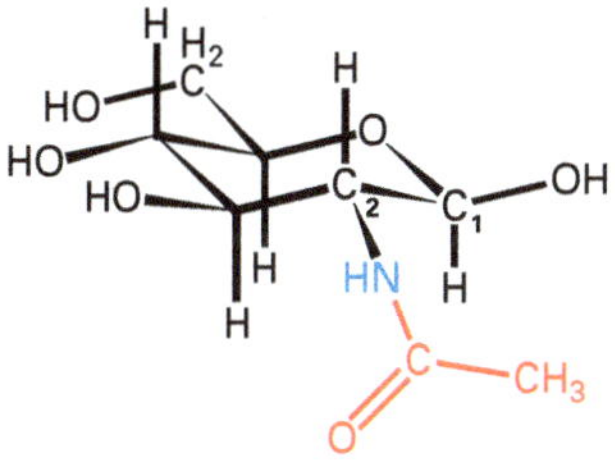

Abb. 7.14: ß—D-N-Acetyl-2-glucosamin.

Spielt in einem Heteroglycan der Proteinanteil die wesentliche Rolle, sprechen wir von **Glycoproteinen**. In **Proteoglycanen** finden wir dagegen ein einfaches Proteingerüst, an dem lange, kompliziert aufgebaute Kohlenhydratketten hängen, die in diesem Falle die wichtigere Komponente darstellen.

Beispiele für wichtige Proteoglycane sind

- **Hyaluronsäure**, ein Bestandteil des Bindegewebes, des Glaskörpers des Auges, der Nabelschnur)
- **Chondroitinsulfate**, die insbesondere im Knorpel zu finden sind und zusätzliche Schwefelsäureester-Gruppen enthalten

  Heparin, eine der wichtigsten gerinnungshemmenden Substanzen

Kohlenhydratanteile findet man auch bei wichtigen Lipiden. Wir nennen solche Verbindungen **Glycolipide** (siehe auch Kapitel 10, Abschnitt 1 „Lipide").

7.2 Isomerie – unterschiedliche Moleküle mit „gleicher" Formel

Lehrziel
Die Chemie des Kohlenstoffs – die organische Chemie – ist charakterisiert durch eine im Grunde unbegrenzte Zahl von verschiedenen Verbindungen, die durch Kombinationen von C-, H- und einigen anderen „Hetero"atomen unter Beachtung einiger weniger Regeln konstruiert werden können. Dabei bewirkt die herausragende Fähigkeit des C-Atoms, mit seinesgleichen verschiedenste lineare, verzweigte oder ringförmig geschlossene Bindungsgerüste aufbauen zu können, dass aus einem bestimmten Satz von C-, H- und Heteroatomen (N, O, S, Cl, ...) nicht nur ein, sondern wie mit einem Baukasten mehrere oder gar viele verschiedene Moleküle konstruiert werden können.

Die **Bruttoformel** eines Moleküls, die uns seine Elementarzusammensetzung, also die Art und Anzahl der Atome im Molekül, angibt, liefert in den allermeisten Fällen nur ungenügende Information darüber, wie das Molekül tatsächlich beschaffen ist.

Merke: Das Auswendiglernen von Bruttoformeln organischer Verbindungen ist daher vollkommen sinnlos!

Das Phänomen, dass eine gegebene Bruttoformel für verschiedenste Verbindungen mit teilweise ganz unterschiedlichen physikalischen und chemischen Eigenschaften gleich sein kann, bezeichnen wir als **Isomerie**.

Wir unterscheiden zwei Arten von Isomerie, die so genannte **Strukturisomerie** und die **Stereoisomerie**. *Tab. 7.3* listet die Unterarten dieser beiden Hauptformen der Isomerie auf.

Tab. 7.3: Die verschiedenen Isomeriearten.

Strukturisomerie	Stereoisomerie
Kettenisomerie	Geometrische (cis-trans) Isomerie
Stellungsisomerie	Optische Isomerie (Enantiomerie)
Strukturisomerie im engeren Sinn	Diastereomerie
Tautomerie	

Zum besseren Verständnis dieser Einteilung wollen wir drei wichtige Begriffe definieren, die für die Diskussion von Molekülen als dreidimensionale Gebilde in Raum und Zeit wesentlich sind.

Die **Konstitution** eines Moleküls umfasst die Art und Anzahl der Atome und ihr Bindungsmuster, also die Angabe, welches Atom mit welchen anderen Atomen direkt chemisch gebunden ist. Verbindungen mit gleicher Art und Anzahl von Atomen, aber unterschiedlicher Konstitution, nennen wir **Konstitutionsisomere**.

Nun sind jedoch, wie wir wissen, Einfachbindungen (σ-Bindungen) im Gegensatz zu Mehrfachbindungen (σ- und π-Bindungen) üblicherweise fast frei drehbar (siehe Kapitel 1, Abschnitt 5 „Die kovalente Bindung"). Hierbei ändert sich das Bindungsmuster während der Drehung nicht, die Konstitution des Moleküls bleibt also erhalten. Streng genommen existieren unendlich viele unterschiedliche Geometrien, die ein Molekül durch Drehungen um seine Einfachbindungen annehmen kann. Diese Geometrien unterscheiden sich jeweils durch unterschiedliche geometrische Anordnungen der nicht direkt aneinander gebundenen Atome. Jede Kombination der verschiedenen möglichen Drehwinkel um die Einfachbindungen bezeichnen wir als **Konformation** des Moleküls.

Die unterschiedlichen Molekülgeometrien nennen wir auch **Konformationsisomere** oder **Konformere**. Bei Raumtemperatur besitzen die Moleküle soviel innere Energie, dass die möglichen Rotationen um Einfachbindungen auch tatsächlich stattfinden. Dies kann man auf spektroskopischem Weg nachweisen. In der Regel ist es unmöglich, einzelne Konformere zu isolieren, da sie sich ständig ineinander umwandeln, und gewöhnlich müssen wir diese Art der Isomerie auch nicht näher berücksichtigen.

Merke: Allerdings beobachten wir bei größeren Molekülen häufig, dass eine bestimmte Konformation bei gewöhnlichen Bedingungen, etwa 37 °C Körpertemperatur, ganz besonders stabil ist. Dieses Phänomen ist bei den großen biologischen Makromolekülen wie den Proteinen und den Nucleinsäuren ganz außerordentlich wichtig, da deren Funktion praktisch immer an diese besondere stabilste Konformation gebunden ist.
Die Kräfte, die dazu führen, dass eine Konformation eines Moleküls besonders stabil ist, sind sehr unterschiedlich. Meist sind sie in der chemischen Natur des Moleküls selbst begründet und werden verstärkt durch Interaktionen mit der Umgebung. So können mit Wassermolekülen stabilisierende Wasserstoff-Brücken gebildet werden, oder Ionen in der Umgebung stabilisieren die Konformation durch Ion-Dipol- oder Ion-Ion-Wechselwirkungen oder es werden Komplexbindungen ausgebildet.

Schließlich gibt es, wie wir sehen werden, eine dritte Klasse von Isomeren, die, bei Vorliegen gleicher Konstitution, sich auch durch Rotationen um Einfachbindungen nicht ineinander überführen lassen. Sie sind also keine Konformationsisomere. Solche isomeren Molekülformen besitzen eine unterschiedliche **Konfiguration**. Diese besonders interessante Art der Isomerie nennen wir **Konfigurationsisomerie**.

Die folgenden Abbildungen helfen uns, anhand verschiedener Darstellungen des einfachsten Kohlenhydrats, des **Glycerinaldehyds**, die Begriffe Konstitution, Konformation und Konfiguration zu verstehen. *Abb. 7.15* zeigt die **Bruttoformel** und die **Konstitutionsformel**.

Die Bruttoformel gibt die Art und die Anzahl der das Molekül aufbauenden Atome an, aber aus dieser Formel können wir keine weiteren Details des Molekülaufbaus entnehmen. Wesentlich informativer ist hier schon die Konstitutionsformel des Moleküls. Wir ersehen daraus, wie und durch welche Art von Bindungen – Einfach- oder Mehrfachbindungen – Atome direkt miteinander verbunden

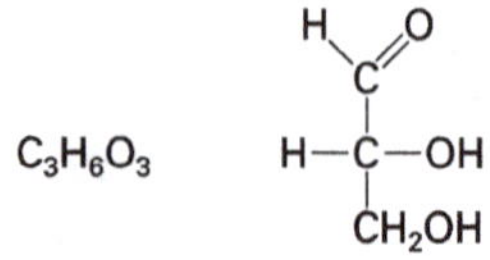

$C_3H_6O_3$

Abb. 7.15: Bruttoformel (links) und Konstitutionsformel des Glycerinaldehyds.

sind. Allerdings vermittelt auch diese Formel noch keine wirklich korrekte Vorstellung über das dreidimensionale Molekül.

Abb. 7.16 versucht dagegen, die dreidimensionale Struktur des Moleküls besser zu repräsentieren. Insbesondere konzentriert sich die in *Abb. 7.16* links gezeigte Darstellung auf die lokale Struktur am mittleren, rot unterlegten C-Atom.

Merke: Dieses C-Atom ist ein so genanntes **asymmetrisches C-Atom**, welches **vier unterschiedliche Substituenten** trägt.

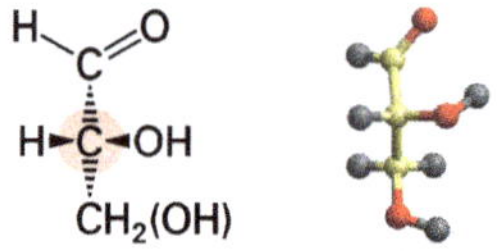

Abb. 7.16: Eine mögliche Konfiguration des Glycerinaldehyds. Das rot unterlegte C-Atom trägt vier unterschiedliche Substituenten; es ist ein „asymmetrisches C-Atom".

Die vier Bindungen, die von diesem Atom ausgehen, sind tetraedrisch angeordnet. Die beiden horizontalen Bindungen sind nach vorne, dem Betrachter zu, orientiert. Die vertikalen Bindungen dagegen sind vom Betrachter weg nach hinten gerichtet.

Wir werden später sehen, dass zu dieser Geometrie des Moleküls eine genau spiegelbildliche existiert, bei der die Position der beiden horizontal angeordneten Bindungspartner H und OH vertauscht ist und die durch keine wie immer geartete Rotation des Moleküls im Raum oder durch Rotationen um Einfachbindungen in die hier dargestellte Form überführt werden kann. Die hier gewählten Darstellungen zeigen uns also neben der Konstitution auch eine ganz spezifische **Konfiguration** an.

Würden wir nun entlang der Bindungsachse zwischen dem C-Atom ganz unten und dem asymmetrischen C-Atom blicken, so könnten wir vielleicht in einem winzigsten Sekundenbruchteil eine Anordnung der an diese beiden Atome gebundenen Atome beobachten, wie sie in *Abb. 7.17* gezeigt ist.

Das unserem Auge näher gelegene C-Atom sei dasjenige mit den zwei H-Atomen und einer OH-Gruppe, also das „unterste" C-Atom der vorherigen Abbildung. Das mittlere C-Atom sehen wir nicht direkt, da es vom vorderen verdeckt ist. Wir stellen es durch den rot gezeichneten Kreis dar. Die Substituenten (Bindungspartner) an diesem C-Atom könnten gerade in der gezeigten Weise angeordnet

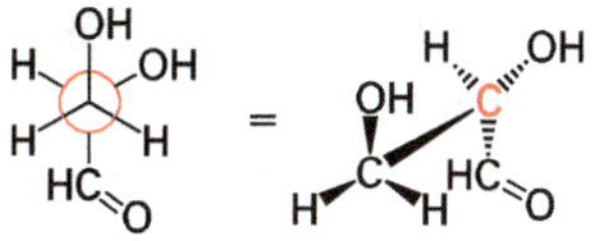

Abb. 7.17: Eine der unendlich vielen möglichen Konformationen der in Abb. 7.16 gezeigten Konfiguration des Glycerinaldehyds in der Newman-Projektion (links) und in der Sägebock-Projektion (rechts).

sein. Diese **Konformation** des Moleküls wird sich durch die bei Raumtemperatur ständig stattfindenden Rotationen in der nächsten Picosekunde bereits wieder geändert haben, da um die betrachtete σ- Bindung fast ungehinderte Drehbarkeit besteht.

Die in *Abb. 7.17* links gezeigte Art der Darstellung nennen wir **Newman-Projektion**. Eine leichte seitliche Verdrehung der Newman-Projektion führt uns zur Darstellung rechts in *Abb. 7.17*. Diese Art der Formelschreibweise nennen wir **Sägebock-Projektion**.

Nach diesen einführenden Grundbegriffen wollen wir uns jetzt den verschiedenen Arten der Isomerie näher zuwenden.

Strukturisomerie

Unterscheiden sich Moleküle mit gleicher Bruttoformel durch die Anordnung der Atome und der Bindungen, so spricht man von **Strukturisomeren**. Strukturisomere sind immer **Konstitutionsisomere**.

Kettenisomere besitzen unterschiedliche Kohlenstoffgerüste. *Abb. 7.18* zeigt zwei Beispiele von Kettenisomeren.

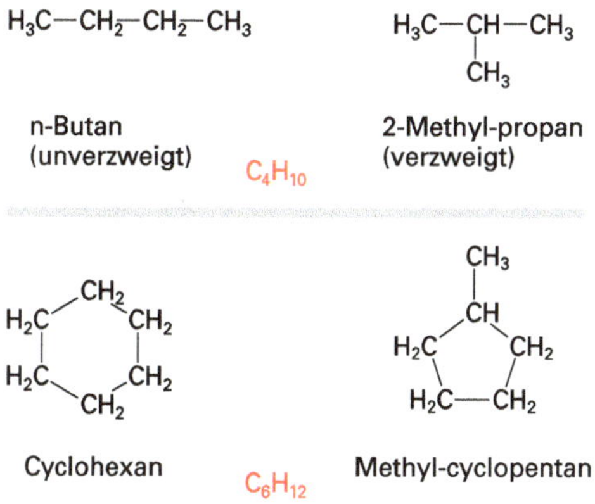

Abb. 7.18: Zwei Paare von Kettenisomeren.

n-Butan besitzt eine unverzweigte Kette, 2-Methy-lpropan dagegen weist eine Verzweigung auf. Die Bruttoformel beider Verbindungen ist C_4H_{10}. Cyclohexan ist ein ringförmig geschlossenes Molekül mit sechs Ringgliedern, Methyl-cyclopentan besitzt einen fünfgliedrigen Ring mit einer Verzweigungsstelle. Die Bruttoformel beider Verbindungen ist C_6H_{12}. Kettenisomere besitzen unterschiedliche physikalische (Schmelzpunkt, Siedepunkt, etc.) und chemische Eigenschaften.

Besitzen zwei Moleküle dasselbe Kohlenstoffskelett und dieselben funktionellen Gruppen, diese befinden sich aber an unterschiedlichen Positionen in Bezug auf die Kohlenstoffkette, so liegt **Stellungsisomerie** vor. Stellungsisomere sind ebenfalls Konstitutionsisomere und besitzen auch unterschiedliche physikalische und chemische Eigenschaften. Allerdings sind wegen der Gleichartigkeit der funktionellen Gruppen die Unterschiede vielfach nicht sehr stark ausgeprägt. Ein Beispiel zeigt *Abb. 7.19*. Die Bruttoformel beider Verbindungen ist $C_3H_8O_2$.

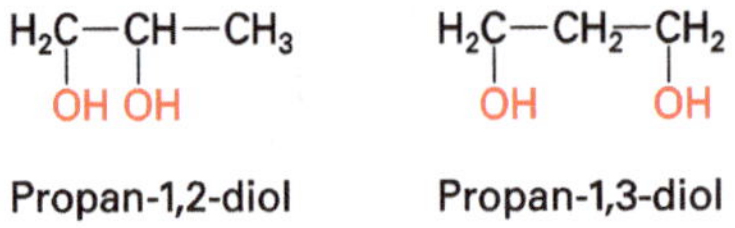

Propan-1,2-diol   Propan-1,3-diol

Abb. 7.19: Zwei Stellungsisomere.

Von der Stellungsisomerie unterscheiden müssen wir die **Strukturisomerie im engeren Sinn**. Hier liegen im Molekül unterschiedliche funktionelle Gruppen vor. Selbstverständlich liegt auch Konstitutionsisomerie vor. *Abb. 7.20* zeigt als Beispiel das Isomerenpaar Ethanol und Dimethylether mit der gemeinsamen Bruttoformel C_2H_6O.

H_3C-CH_2-OH $H_3C-O-CH_3$

Ethanol   Dimethylether

Abb. 7.20: Zwei Strukturisomere im engeren Sinn.

Strukturisomere im engeren Sinn haben wegen der unterschiedlichen funktionellen Gruppen stark unterschiedliche physikalische und chemische Eigenschaften.

Unterscheiden sich zwei Verbindungen nur in der Anordnung eines H-Atoms und der Lage einer Doppelbindung, so liegt **Tautomerie** vor. Ein recht häufig beobachtbares Beispiel ist die so genannte **Keto-Enol-Tautomerie**. *Abb. 7.21* demonstriert diese Isomerieform am Beispiel des Dimethylketons (Aceton) und des isomeren Vinylalkohols.

Aufgrund der verschiedenen Konstitutionen zeigen **Tautomere** unterschiedliche physikalische und chemische Eigenschaften. Sehr oft liegen die beiden **Tautomere** in einem dynamischen Gleichgewicht miteinander vor. Dieses spezielle Gleichgewicht wird durch die beiden Halbpfeile angedeutet.

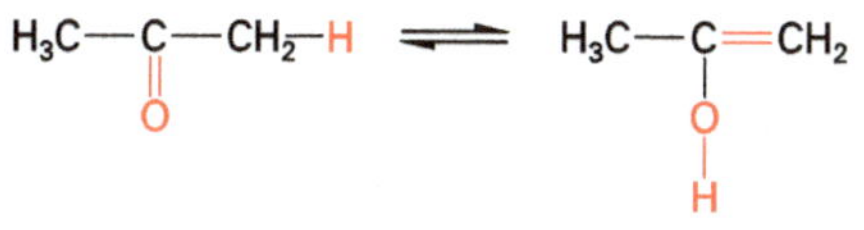

$$H_3C{-}\underset{\displaystyle \overset{\|}{O}}{C}{-}CH_2{-}H \rightleftharpoons H_3C{-}\underset{\displaystyle \overset{|}{O}{-}H}{C}{=}CH_2$$

Dimethylketon (Aceton) Vinylalkohol

Abb. 7.21: Ein Beispiel für die Keto-Enol-Tautomerie. Vinylaldehyd ist ein Enol; eine OH-Gruppe (charakteristische Silbe „-ol") ist direkt an eine Doppelbindung („-en") gebunden.

Stereoisomerie

Stereoisomere besitzen zwar dieselbe Konstitution, aber die räumliche Anordnung der Atome im Molekül, die Konfiguration, ist unterschiedlich. Wir kennen zwei unterschiedliche Arten von Stereoisomerie.

Bei Molekülen mit Doppelbindungen und bei Ringverbindungen ist nicht um alle Bindungen eine freie Drehbarkeit gewährleistet. Bei solchen Molekülen kennen wir die **geometrische Isomerie (cis-trans-Isomerie)**. Bei der cis-Form des Moleküls sind die interessierenden Substituenten (Atome oder Atomgruppen) auf derselben Molekülseite in Bezug auf die Doppelbindung oder auf den Ring, bei der trans-Form jedoch auf gegenüberliegenden Seiten. *Abb. 7.22* zeigt ein Beispiel.

cis-1,2-Dibromethen trans-1,2-Dibromethen

Abb. 7.22: Die cis-trans-Isomerie am Beispiel des 1,2-Dibrom-ethens.

cis-trans-Isomere besitzen zwar dieselbe Konstitution, aber die intramolekularen Dimensionen der beiden Isomere, wie etwa paarweise Abstände von nicht direkt miteinander verbundenen Atomen, sind unterschiedlich. So sind etwa die Abstände der beiden Brom-Atome im cis-Dibrom-ethen kürzer als im trans-Isomer. Folglich unterscheiden sich cis-trans-Isomere durch geringfügig voneinander abweichende physikalische und chemische Eigenschaften.

Die zweite Art der Stereoisomerie ist nun etwas ganz Subtiles. Es gibt – und hier erinnern wir uns an den oben diskutierten Glycerinaldehyd – bei bestimmten Molekülen sogar die Möglichkeit, bei gleich bleibender Konstitution Isomere mit unterschiedlicher Konfiguration zu finden, bei welchen alle intramolekularen Atomabstände identisch sind.

Abb. 7.23 zeigt den Glycerinaldehyd in zwei „Ausgaben" – einmal die bereits oben diskutierte Version und eine zweite Form des Moleküls, die der ersten in allen molekularen Dimensionen gleicht, aber dennoch einen subtilen Unterschied aufweist. Es ist nicht möglich, die eine Form durch bloße Drehungen, also ohne Lösen und Neuknüpfen chemischer Bindungen, in die andere zu überführen.

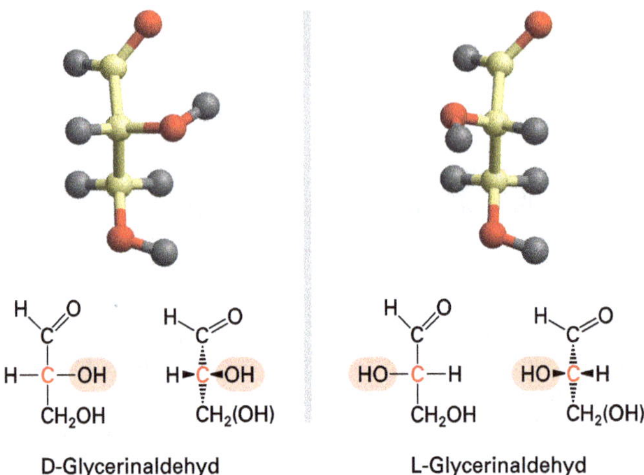

Abb. 7.23: Die beiden Konfigurationsisomere des Glycerinaldehyds in verschiedenen Darstellungen. In den Formeln ist das asymmetrische C-Atom rot gezeichnet. Die rot unterlegte OH-Gruppe definiert die Zugehörigkeit zur D- bzw. L-Reihe.

(Achtung: Konformationsunterschiede, die durch Rotationen um Einfachbindungen ständig ineinander überführt werden, sind hier nicht von Belang.)

Die beiden Moleküle verhalten sich zueinander gewissermaßen wie ein Bild zu seinem Spiegelbild, oder wie die linke Hand zur rechten. Moleküle, die diese eigenartige Eigenschaft aufweisen, nennen wir nach dem griechischen Wort „χειρ" = „Hand" **chiral**. Eine Folge der **Chiralität** („Händigkeit") ist die hier gezeigte **Spiegelbildisomerie** oder **Enantiomerie**, neben der geometrischen Isomerie die zweite Art der Stereoisomerie.

Wenn nun nicht nur die Konstitution zweier Moleküle gleich ist, sondern auch alle intramolekularen Dimensionen ununterscheidbar sind bis auf den kleinen Unterschied in der räumlichen Anordnung, bestehen dann überhaupt messbare Unterschiede zwischen den beiden isomeren Formen der Substanz? Die üblichen physikalischen und chemischen Eigenschaften von zwei **Spiegelbildisomeren** (**Enantiomeren**) sind in der Tat völlig identisch. Nur anhand zweier subtiler Unterschiede gelingt es, die Spiegelbildisomerie nachzuweisen. Die beiden Molekülformen drehen die **Schwingungsebene von linear polarisiertem Licht** um den gleichen Betrag, aber in unterschiedliche Richtung. Wir sprechen daher bei der Spiegelbildisomerie auch von **optischer Isomerie**. Außerdem unterscheiden sich die beiden Molekülformen dadurch voneinander, dass sie unterschiedliche chemische Reaktivität aufweisen, wenn sie mit Reaktionspartnern reagieren, die selbst chiral sind. Dies können wir uns ganz ähnlich vorstellen, wie eine rechte Hand zwar in einen rechten, nicht aber in einen linken Handschuh passt.

Was ist nun eigentlich die molekulare Voraussetzung, dass Moleküle diese eigenartige Form der Isomerie zeigen? Für unsere Zwecke genügt die folgende vereinfachte Definition:

Merke: Moleküle, die ein asymmetrisches C-Atom aufweisen, also ein C-Atom mit vier unterschiedlichen Substituenten, sind chiral.

Wenn wir *Abb. 7.23* nochmals genau betrachten, so sehen wir, dass das mittlere der drei C-Atome asymmetrisch ist. Während das C-Atom oben (das Carbonyl-C-Atom) eine Doppelbindung zum O-Atom aufweist und daher nur drei Bindungspartner hat, und das C-Atom unten zwei gleiche Atome trägt, nämlich die beiden H-Atome, besitzt das mittlere C-Atom tatsächlich vier unterschiedliche Substituenten. Die Anordnung der vier Substituenten an diesem asymmetrischen C-Atom unterscheidet sich zwischen den beiden Enantiomeren in räumlicher Hinsicht.

Achtung: Diese vier Substituenten müssen wir je als gesamte Gruppe sehen (also etwa CH=O, die Carbonylgruppe, oder OH, die Hydroxylgruppe, usw.). Nur ihre Bindungsanordnung am asymmetrischen C-Atom ist von Relevanz, nicht aber die innere Geometrie des jeweiligen Substituenten, die immer nur eine „Momentaufnahme“ einer Konformation ist, die im nächsten Augenblick durch Rotation um die jeweilige Bindung schon wieder geändert sein wird.

Sehr viele biologisch wichtige Stoffe können in Form von zwei Enantiomeren (Bild und Spiegelbild) existieren. Sie sind optisch aktiv. Wenn wir wässrige Lösungen der reinen Form eines Enantiomers in einem Polarimeter untersuchen, so beobachten wir eine Drehung der Schwingungsebene von linear polarisiertem Licht.

Oft ist von den jeweils zwei möglichen Enantiomeren einer Substanz nur eine biologisch aktiv, und ihr Spiegelbild ist entweder inaktiv oder gar schädlich.

Enantiomere heißen auch **optische Antipoden**. Sie drehen die Schwingungsebene von linear polarisiertem Licht um den gleichen Betrag, aber in verschiedene Richtung. Mischt man zwei Lösungen von Enantiomeren, so dass ihre Konzentrationen in der resultierenden Lösung gleich groß sind, so heben sich ihre Wirkungen auf linear polarisiertes Licht auf; wir nennen solche 1.1-Gemische von Enantiomeren ein **Racemat** oder **racemisches Gemisch**.

Rechtsdrehendes Wasser – geniale Entdeckung oder Schwindel?

Immer wieder versuchen Betrüger und Scharlatane – oft leider sehr erfolgreich –, gutgläubigen Menschen mit mehr oder weniger originellen Schwindeleien das Geld aus der Tasche zu ziehen. Mit besonderer Vorliebe werden hierzu Begriffe aus den Naturwissenschaften missbraucht, da viele Menschen deren richtige Bedeutung nicht kennen. „Rechtsdrehendes Wasser“ ist so ein blühender Unsinn, der genügend mystisch und geheimnisvoll klingt, um die Kassen der „Erfinder“ zum Klingeln zu bringen. **Wasser ist weder links- noch rechtsdrehend, da es nicht chiral ist.**

Ärztinnen und Ärzte haben neben der eigentlichen ärztlichen Tätigkeit aufgrund ihrer breiten Ausbildung auch hier viele Möglichkeiten, die ihnen anvertrauten Menschen dadurch zu unterstützen, dass sie ihnen mit ihrem Wissen helfen, Betrügereien zu durchschauen.

Charakterisierung der räumlichen Anordnung von Substituenten an asymmetrischen Kohlenstoffatomen. D,L- und R,S-Nomenklatur

Wie können wir die räumliche Anordnung der Substituenten am asymmetrischen Atom eindeutig beschreiben, so dass unterschiedliche Konfigurationen unmissverständlich bezeichnet werden können? Hierzu existieren zwei Möglichkeiten.

Fischer-Nomenklatur

Die historisch ältere Bezeichnungsweise geht auf den deutschen Chemiker Emil Fischer zurück, der sich sehr mit Kohlenhydratchemie beschäftigte und folgendes „Rezept" definierte.

Zuerst drehen wir das zu untersuchende Molekül in eine definierte Lage. Wir denken uns das asymmetrische Atom, dessen Konfiguration ermittelt werden soll, in der Bildebene, und wir drehen das Molekül nun so, dass

1. das C-Atom mit der höchsten Oxidationsstufe nach oben orientiert ist,
2. die zwei horizontalen Substituenten räumlich zum Betrachter hin orientiert sind, also vor der Bildebene liegen, und
3. die beiden vertikal angeordneten Bindungen vom Betrachter weg, also hinter der Bildebene liegen.

Diese ebene Projektion des dreidimensionalen Moleküls bezeichnen wir als **Fischer-Projektion**.

In *Abb. 7.23* haben wir für den Glycerinaldehyd bereits diese Projektionsart gewählt.

Nach Fischer bezeichnen wir nun die in *Abb. 7.23* links wiedergegebene Form des Glycerinaldehyds, bei der sich die OH-Gruppe rechts befindet, als **D-Glycerinaldehyd** (von lateinisch *dextrum* = rechts), ihr Spiegelbild als **L-Glycerinaldehyd** (von *laevum* = links). Andere chirale Moleküle, die chemisch auf D-Glycerinaldehyd zurückgeführt werden können, ordnen wir der D-Reihe zu, ihre Spiegelbilder aber der L-Reihe. Glycerinaldehyd dient uns als Bezugsmolekül.

Historisch traf Fischer diese Zuordnung willkürlich durch Berücksichtigung des optischen Drehsinnes. Der rechtsdrehenden Form des Glycerinaldehyds ordnete er die D-Form der Substanz zu, der linksdrehenden die L-Form. Nach Fischer schreibt man **D-(+)-Glycerinaldehyd** für die rechtsdrehende und **L-(−)-Glycerinaldehyd** für die linksdrehende Form. Die Symbole (+) und (−) geben den Drehsinn an, in dem die Schwingungsebene des linear polarisierten Lichtes verdreht wird.

Fischer hatte zu seiner Zeit keine Möglichkeiten, die wahre Geometrie des Moleküls experimentell festzulegen. Die Wahrscheinlichkeit, dass die Geometrie des rechtsdrehenden D-(+)-Glycerinaldehyds tatsächlich der in der letzten Abbildung links dargestellten Formel entspricht, ist gerade 50%! In den 1950er Jahren ist aber die experimentelle Bestimmung der wirklichen Konfiguration möglich geworden, und es zeigte sich, dass Fischer mit seiner willkürlichen Zuordnung Glück hatte. Die wahre (absolute) Konfiguration des D-Glycerinaldehyds entspricht tatsächlich der von Fischer angenommenen.

Merke: Die Bezeichnung D oder L hat grundsätzlich nichts mit dem Drehsinn einer beliebigen optisch aktiven Substanz zu tun. Sie gibt lediglich die strukturelle Beziehung dieser Verbindung zu D- oder L-Glycerinaldehyd in der Fischer-Projektion an, also die Konfiguration relativ zu dieser Bezugssubstanz.
Der Drehsinn selbst muss für jede Substanz experimentell ermittelt werden, spielt als solcher aber in der Medizin absolut keine Rolle. Für unseren Organismus und seine Zellen ist es vollkommen unerheblich, was eine beliebige chirale Verbindung theoretisch mit der Schwingungsebene von linear polarisiertem Licht anstellen kann. Es ist ausschließlich von Bedeutung, wie diese Verbindung mit anderen chiralen Molekülen im Körper reagieren kann!

Ein Beispiel hilft uns, die hier entwickelten Ideen etwas besser zu verstehen.

Milchsäure (2-Hydroxy-propansäure) ist eine wichtige Substanz im Stoffwechsel. Auch diese Verbindung besitzt ein asymmetrisches C-Atom und existiert daher in zwei enantiomeren Formen (*Abb. 7.24*).

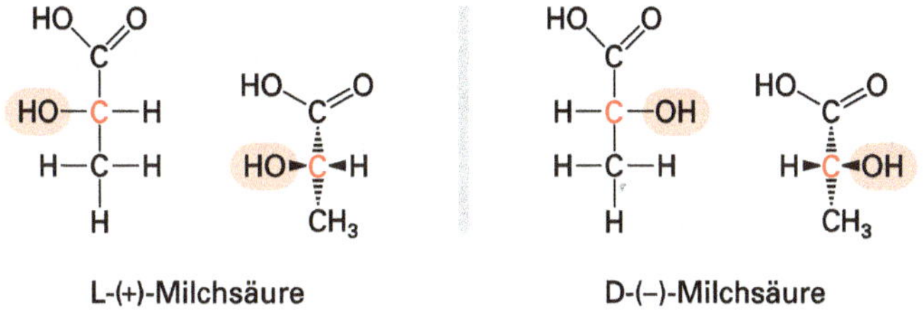

L-(+)-Milchsäure D-(−)-Milchsäure

Abb. 7.24: Die beiden Konfigurationsisomere der Milchsäure in verschiedenen Darstellungen der Fischer-Projektion. In den Formeln ist das asymmetrische C-Atom rot gezeichnet; die rot unterlegte OH-Gruppe definiert die Zugehörigkeit zur D- bzw. L-Reihe.

Die in *Abb. 7.24* links dargestellte Form ist L-Milchsäure, da die OH-Gruppe am asymmetrischen C-Atom so wie im L-Glycerinaldehyd in der Fischer-Projektion links steht. Rechts sehen wir die D-Milchsäure. Allerdings dreht L-Milchsäure die Schwingungsebene von polarisiertem Licht nach rechts, ist also korrekt L-(+)-Milchsäure, und folglich geben die rechts dargestellten Formeln die linksdrehende D-(-)-Milchsäure wieder.

R,S-System nach Cahn, Ingold und Prelog

Die Fischer'sche Bezeichnungsweise für chirale Substanzen ist in der Biochemie für Kohlenhydrate und Aminosäuren sehr weit verbreitet, versagt jedoch bei vielen komplizierter gebauten Molekülen.

Ein alternatives Nomenklatursystem, das eine eindeutige Benennung aller möglichen chiralen Substanzen aufgrund ihrer absoluten Konfiguration ermöglicht, ist das so genannte **R,S-System**.

Diesem System entsprechend ordnen wir die Substituenten am asymmetrischen Atom nach einer **Prioritätenreihenfolge**.

1. Zunächst ist die Ordnungszahl der direkt am asymmetrischen Zentrum gebundenen Atome maßgeblich. **Je höher die Ordnungszahl, desto höher die Priorität.** Mit den häufigsten Atomen in organischen Verbindungen ergibt sich somit **I > Br > Cl > S > P > F > O > N > C > H**. Sind gleichartige Atome mit dem asymmetrischen Atom verbunden, so berücksichtigen wir auch die mit diesen Atomen verbundenen Atome, wobei doppelt gebundene Atome doppelt und dreifach gebundene dreifach zählen.
   Nehmen wir als Beispiel D-Glycerinaldehyd. Die Substituenten am asymmetrischen Zentrum sind OH, CHO, CH_2OH und H. Die Hydroxylgruppe besitzt die höchste, das Wasserstoffatom die niedrigste Priorität. Die beiden übrigen Substituenten sind beide über ein C-Atom an das asymmetrische Zentrum gebunden. Die CHO-Gruppe besitzt jedoch aufgrund des doppelt gebundenen O-Atoms eine höhere Priorität als die CH_2OH-Gruppe, die eine Einfachbindung zwischen C und O aufweist. Insgesamt lautet die Prioritätsreihenfolge also

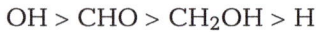

   $$OH > CHO > CH_2OH > H$$

   Wir drehen nun das Molekül soweit, bis der Substituent mit der niedrigsten Priorität hinter dem asymmetrischen C-Atom liegt.
   Jetzt bilden die drei restlichen Substituenten einen Stern mit drei Strahlen. Sind diese drei Substituenten so angeordnet, dass man von der Gruppe mit höchster zur Gruppe mit zweithöchster und schließlich mit dritthöchster Priorität **im Uhrzeigersinn** voranschreitet, so bezeichnet man die Verbindung als **R-Enantiomer**, andernfalls als **S-Enantiomer**.

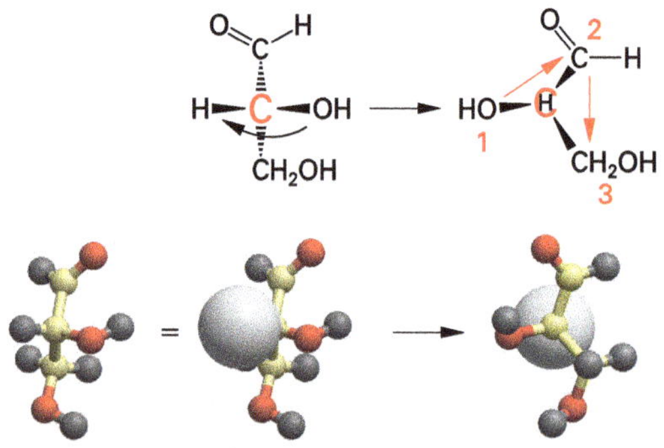

Abb. 7.25: Schema zur Bestimmung der absoluten Konfiguration des D-Glycerinaldehyds. Links oben: Fischer-Projektion mit Angabe der Drehung, die das H-Atom hinter das asymmetrische C-Atom bewegt. Rechts oben: Ergebnis der Drehung mit eingezeichnetem, im Uhrzeigersinn orientierten, Weg vom Substituenten höchster Priorität zu den Substituenten mit fallender Priorität (1 → 2 → 3). D-Glyerinaldehyd besitzt demzufolge R-Konfiguration. Untere Reihe: Dieselben Überlegungen anhand eines Kugel-Stab-Modells. Das H-Atom, der Substituent niedrigster Priorität, ist zur Verdeutlichung als Kalotte dargestellt.

D-Glycerinaldehyd ist, wie *Abb. 7.25* zeigt, in dieser Bezeichnungsweise als **R-Glycerinaldehyd** zu benennen. Analog können wir für L-Glycerinaldehyd zeigen, dass er das S-Enantiomer der Verbindung darstellt.

Diastereomerie

Moleküle mit **einem** asymmetrischen C-Atom können in **zwei** enantiomeren Formen (Bild und Spiegelbild) vorkommen. Sind mehrere asymmetrische Zentren im Molekül vorhanden, so erhöht sich die Zahl der möglichen Stereoisomere.

Merke: Pro asymmetrischem C-Atom sind zwei Enantiomere möglich; bei n asymmetrischen C-Atomen gibt es daher im allgemeinen Fall 2^n Stereoisomere bzw. 2^{n-1} Enantiomerenpaare.

Ein Beispiel mit 2 asymmetrischen C-Atomen bilden die $2^2 = 4$ möglichen stereoisomeren Formen der zu den Kohlenhydraten gehörenden **Aldotetrosen**. Das sind Zucker mit 4 Kohlenstoffatomen und einer Aldehydgruppe (siehe Abschnitt 7.2 „Mono-, Oligo- und Polysaccharide"). Von den 4 möglichen stereoisomeren Formen passen je zwei wie Bild und Spiegelbild zusammen und stellen somit Enantiomerenpaare dar (*Abb. 7.26*). Bei **D-** und **L-Erythrose** liegen die beiden OH-Gruppen in der Fischer-Projektion jeweils auf derselben Seite des Kohlenstoffgerüsts, bei **D-** und **L-Threose** liegen die beiden OH-Gruppen auf entgegengesetzten Seiten.

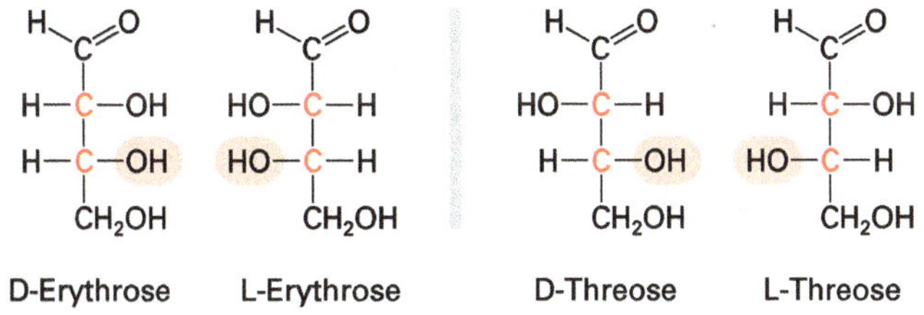

D-Erythrose L-Erythrose D-Threose L-Threose

Abb. 7.26: Die beiden Konfigurationsisomerenpaare der Aldotetrosen. D-Erythrose ist enantiomer zu L-Erythrose, aber diastereomer zu den beiden Threosen. D-Threose wiederum ist enantiomer zu L-Threose, aber diastereomer zu den beiden Erythrosen.

Die beiden Erythrosen verhalten sich zu den beiden Threosen nicht wie Bild und Spiegelbild.

Die Erythrosen besitzen nämlich – ähnlich wie cis-trans-Isomere – verglichen mit den Threosen unterschiedliche intramolekulare Abmessungen und daher beispielsweise auch unterschiedliche Schmelz- und Siedepunkte.

Merke: Solche Stereoisomere, die nicht Enantiomere sind, nennen wir Diastereomere.

Sind zwei der asymmetrischen C-Atome eines Moleküls gleichartig substituiert, so gibt es eine Form, die wie die **meso-Weinsäure** (*Abb. 7.27*) in der Fischer-

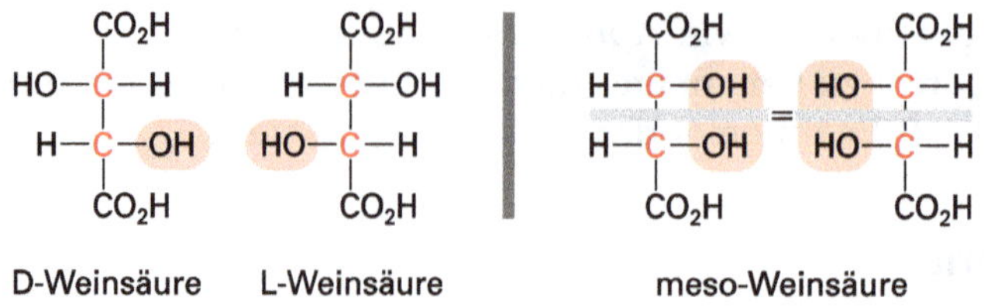

D-Weinsäure L-Weinsäure meso-Weinsäure

Abb. 7.27: Die Konfigurationsisomere der Weinsäure: D-Weinsäure ist enantiomer zu L-Weinsäure. Die beiden gezeichneten Formen der meso-Weinsäure enthalten eine Spiegelebene im Molekül (grauer Balken). Sie sind daher miteinander identisch. Allerdings ist meso-Weinsäure diastereomer zu D- und zu L-Weinsäure.

Projektion eine Spiegelebene im Molekül aufweist. Die beiden jeweils gleich substituierten asymmetrischen Zentren heben einander dann in ihrer Wirkung auf. Wir sprechen von **intramolekularer Kompensation**. Die Verbindung ist daher im Gegensatz zur D- und zur L-Weinsäure optisch nicht aktiv.

Auflösung zur Fallbeschreibung

Die recht seltene **hereditäre Fructose-Intoleranz** kommt mit einer Frequenz von etwa 1 : 130.000 vor und betrifft einen wichtigen Schritt der Glycolyse (siehe Kapitel 3, Abschnitt 3 „Die Glycolyse").

Fructose, die beispielsweise in Form des Disaccharids Saccharose, also des gewöhnlichen Haushaltszuckers, aufgenommen wird, kann nur in der Leber abgebaut werden. Zuerst wird Fructose durch das Enzym **Fructokinase** zu **Fructose-1-phosphat** phosphoryliert. Dieses wird anschließend – normalerweise – durch die **Aldolase B** zu **Glycerinaldehyd** und **Dihydroxyaceton-phosphat** gespalten. Glycerinaldehyd wird durch die **Triosekinase** zu Glycerinaldehyd-phosphat phosphoryliert, und damit befinden wir uns im Normalfall mitten in der Glycolyse.

Bei erkrankten Kindern hingegen häuft sich in der Leber Fructose-1-phosphat an, da bei ihnen statt des Enzyms Aldolase B in Leber und Niere die Enzymform **Aldolase A** exprimiert wird, die Fructose-1-phosphat viel langsamer spaltet als Fructose-1,6-bisphosphat. Fructose-1-phosphat wiederum hemmt die Fructose-1,6-bisphosphat-Aldolase, die im „normalen" Glucoseabbau die Spaltung der C_6-Kette zu den zwei Triosen katalysiert, und auch die Aldolase A selbst, die auch für die **Gluconeogenese**, also die Neusynthese von Glucose, verantwortlich ist.

Die kleinen Patienten leiden daher an massiven hypoglykämischen Zuständen, vor allem nach obsthaltigen Mahlzeiten.

Die einzige Therapie besteht in der Vermeidung fructose- und saccharosehaltiger Nahrungsmittel.

ENZYME, REZEPTOREN, VIELSEITIGSTES BAUMATERIAL: DIE PROTEINE

8

8

Fallbeschreibung

Bei einem wenige Tage alten Säugling auf der Kinderstation wird bei der routinemäßigen Screening-Untersuchung der Aminosäure-Konzentrationen im Blut ein sehr stark erhöhter Wert für Phenylalanin gefunden.

Welche Diagnose liegt nahe? Welche Therapie kommt in Frage?

Lehrziele

Dieses Beispiel macht uns mit dem außerordentlich umfangreichen und zentral wichtigen Gebiet der **Aminosäuren, Peptide und Proteine** bekannt.

8.1 Aminosäuren, Peptide und Proteine

Lehrziel

Der Begriff „Protein" leitet sich ab vom lateinischen *proteus* = der Erste. Wenn wir Nucleinsäuren in gewisser Weise als „Bauplan" des lebenden Organismus betrachten können, so stellen Proteine in vieler Hinsicht das wichtigste „Bau- und Betriebsmaterial" dar. Proteine realisieren erst die in den Nucleinsäuren gespeicherte Information. Sie bauen unsere Muskeln auf, sie sind wesentlich am Aufbau des Bindegewebes beteiligt, wir finden sie in Knorpeln und Sehnen, Haaren und Nägeln. Als Enzyme dirigieren und steuern sie das überaus komplexe Gefüge des Stoffwechsels, als Antikörper und Immunglobuline erfüllen sie zentrale Aufgaben im Rahmen der Aufrechterhaltung der Identität und Integrität des Organismus. Als Transportproteine sorgen sie für die korrekte Verteilung wichtiger Moleküle im Organismus. Als Rezeptoren ermöglichen sie die Signaltransduktion im Organismus, aber auch in der einzelnen Zelle.

Die Bausteine der Proteine wiederum, die proteinogenen Aminosäuren, haben ebenfalls viele zusätzliche Funktionen. Sie stellen das wesentliche Reservoir des Organismus an lebenswichtigem Stickstoff dar und beeinflussen daher viele andere wichtige Substanzklassen wie etwa die Bausteine von Nucleinsäuren und die Hormone.

Proteinogene L-α-Aminosäuren

Aminosäuren sind eigentlich **Aminocarbonsäuren**. Sie enthalten mindestens eine Aminogruppe und mindestens eine Carboxylgruppe. Wir werden uns praktisch nur mit einem sehr speziellen Typ befassen, den **proteinogenen** L-α-**Aminosäuren**. Diese sind die Bausteine der Proteine.

L-α-Aminosäuren, im Folgenden kurz „Aminosäuren" genannt, besitzen einen sehr einheitlichen Aufbau. Mit einer Ausnahme, dem Glycin, haben alle Vertreter mindestens ein asymmetrisches C-Atom und können daher in mindestens zwei stereoisomeren Formen existieren.

In der Fischer-Projektion schreiben wir die Kette der C-Atome senkrecht. Das oberste C-Atom ist definitionsgemäß das mit der höchsten Oxidationsstufe, also das mit der Carboxylgruppe. Bei L-α-Aminosäuren wird die Aminogruppe links (L) vom asymmetrischen Atom C_2 geschrieben. Dieses ist das α-C-Atom, da es der Carboxylgruppe unmittelbar benachbart ist. Weiters ist an dieses asymmetrische C-Atom noch ein Rest R gebunden. *Abb. 8.1* zeigt die Grundstruktur einer L-α-Aminosäure.

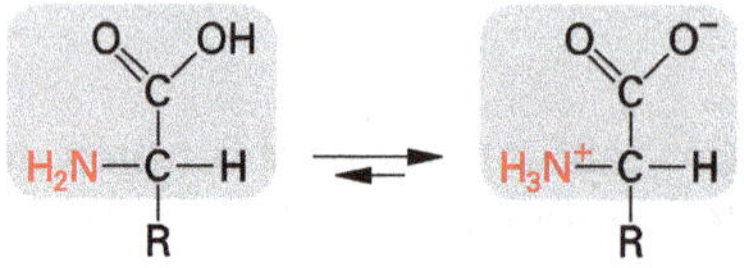

Abb. 8.1: Die allgemeine Formel einer L-α-Aminosäure und ihre intramolekulare Protonenübertragung mit Bildung eines Zwitterions.

Die saure Carboxylgruppe überträgt in einer **intramolekularen Säure-Base-Reaktion** ein Proton auf die basische Aminogruppe. Daraus resultiert ein **Zwitterion**, welches in *Abb. 8.1* rechts gezeigt ist und sowohl eine positive als auch eine negative Ladung aufweist. Sowohl im festen Kristallzustand der reinen Aminosäuren als auch in wässrigen Lösungen ist das Zwitterion die dominierende Form, in der diese Verbindungen vorliegen.

Ein Rätsel aus der Zeit, als das Leben entstand

Es ist nicht mit Sicherheit bekannt, warum die natürlichen proteinogenen Aminosäuren durchwegs L-Konfiguration besitzen. Wahrscheinlich aber wurde irgendwann in der Phase der Entstehung des Lebens die L-Form gegenüber der enantiomeren (= spiegelbildsymmetrischen) D-Form bevorzugt. Dies geschah möglicherweise durch Katalyse an einem ebenfalls asymmetrischen Mineral, welches zufälligerweise mit der L-Form der Aminosäure besser in Wechselwirkung treten konnte als mit dem D-Enantiomer. Durch den Prozess der Evolution setzten sich daraufhin die L-Aminosäuren gegenüber ihren D-Enantiomeren vollständig durch. Wäre in dieser sensiblen Phase der Entstehung lebender Materie zufälligerweise eine D-Aminosäure begünstigt gewesen, so besäßen dieser Hypothese zufolge heute wohl alle Aminosäuren die D-Konfiguration.

Die Klasse der proteinogenen Aminosäuren umfasst 20 Mitglieder. Für diese existiert eine Entsprechung im **Genetischen Code** (siehe Kapitel 9, Abschnitt 1

„Nucleinsäuren"). Je drei aufeinander folgende Nucleotide in der DNA (ein **Codon** oder **Triplett**) codieren für eine der 20 Aminosäuren. Auf diese Weise findet die Abfolge (Sequenz) der Nucleotide eines Abschnitts der DNA (Gen) eine eindeutige Entsprechung in der Sequenz der Aminosäure-Bausteine in einem Protein, der Primärstruktur eines Proteins.

Im Folgenden wollen wir zuerst diese proteinogenen Aminosäuren kennen lernen, ihre chemische Struktur und die daraus sich ableitenden Reaktionsweisen verstehen lernen und schließlich sehen, wie aus diesen relativ kleinen und einfach gebauten molekularen Bausteinen die komplexen Makromoleküle der Eiweißstoffe entstehen können.

Wir unterscheiden vier Klassen von Aminosäuren. In den folgenden Abbildungen sehen wir ihre Strukturformeln. Unter der jeweiligen Formel steht der Name der Aminosäure. Diese Namen sind zwar streng genommen „nur" Trivialnamen, allerdings so gebräuchlich, dass die rationellen Namen praktisch nie verwendet werden. Außerdem sehen wir zwei international übliche Abkürzungen, den **three-letter-code** und den **one-letter-code**, die besonders für die vereinfachte Angabe der **Aminosäure-Sequenz** (**Primärstruktur**) von Proteinen sehr wichtig sind. Um die Säure-Base-Eigenschaften der jeweiligen Aminosäure zu charakterisieren, ist schließlich als Zahlenwert noch ihr **isoelektrischer Punkt** angeführt. Die Bedeutung dieser für jede Aminosäure charakteristischen Stoffkonstante diskutieren wir weiter unten.

Die erste und größte Gruppe enthält neun **Aminosäuren mit neutralen und hydrophoben (apolaren) Seitenketten** (*Abb. 8.2*).

Zwei dieser Aminosäuren sind in mancher Hinsicht bemerkenswert. Glycin, die einfachste Aminosäure, besitzt kein asymmetrisches C-Atom. Die Angabe „L-Glycin" oder „D-Glycin" ist daher sinnlos. Prolin besitzt eine von den anderen Aminosäuren etwas abweichende Struktur. Trotz seiner cyclischen Form können wir jedoch auch Prolin eindeutig als L-α-Aminosäure charakterisieren.

Die zweite Gruppe aus sechs **Aminosäuren** (*Abb. 8.3*) umfasst die Vertreter **mit neutralen, jedoch hydrophilen (polaren) Seitenketten**. Die erhöhte Polarität dieser Verbindungen wird durch alkoholische oder phenolische Hydroxyl-Gruppen (Serin, Threonin, Tyrosin), die Thiol-Gruppe (Cystein) und die Säureamid-Gruppe (Asparagin, Glutamin) bewirkt.

Zwei **Aminosäuren besitzen saure Seitenketten**. Sie besitzen zusätzlich zur obligaten noch eine weitere Carboxylgruppe (*Abb. 8.4*).

Diese Aminosäuren sind wesentlich saurer als die anderen Aminosäuren. Wir können sie auch durch Hydrolyse der Säureamid-Bindungen von Asparagin und Glutamin erhalten. Dabei werden die Säureamide mit Hilfe von H_2O in die Carbonsäuren und Ammoniak gespalten.

Drei **Aminosäuren** haben **basische Seitenketten** (*Abb. 8.5*). Eine trägt eine zusätzliche Amino-Gruppe (Lysin), eine die stark basische Guanidino-Gruppe (Arginin) und eine den basischen Heterocyclus Imidazol (Histidin).

Glycin	Alanin	Valin	Leucin
Gly	Ala	Val	Leu
G	A	V	L
5.97	6.00	5.96	6.02

Isoleucin	Methionin	Phenylalanin	Tryptophan	Prolin
Ile	Met	Phe	Trp	Pro
I	M	F	W	P
5.98	5.74	5.48	5.89	6.30

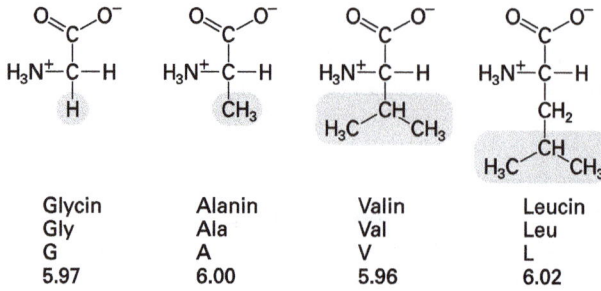

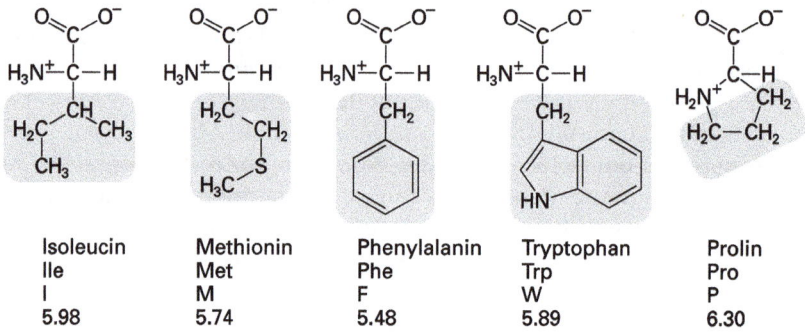

Abb. 8.2: Die 9 proteinogenen L-α-Aminosäuren mit neutralen und hydrophoben Seitenketten. Zu jeder Aminosäure sind der Name, die Dreibuchstaben-Abkürzung, die Einbuchstaben-Abkürzung und der isoelektrische Punkt angegeben.

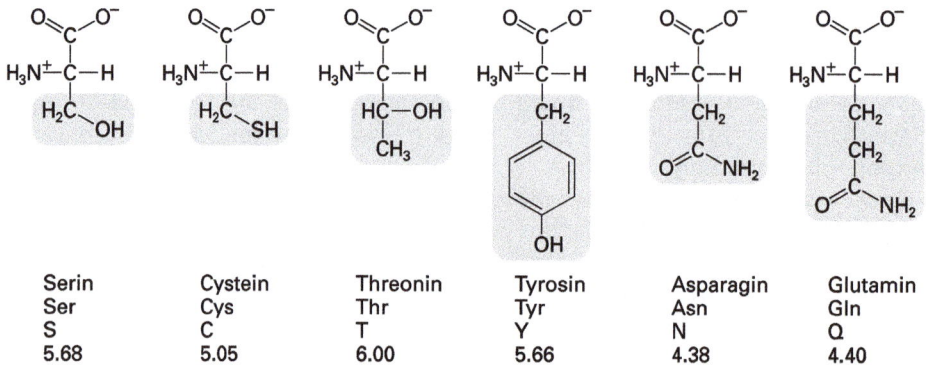

Serin	Cystein	Threonin	Tyrosin	Asparagin	Glutamin
Ser	Cys	Thr	Tyr	Asn	Gln
S	C	T	Y	N	Q
5.68	5.05	6.00	5.66	4.38	4.40

Abb. 8.3: Die 6 proteinogenen L-α-Aminosäuren mit neutralen und hydrophilen Seitenketten. Zu jeder Aminosäure sind der Name, die Dreibuchstaben-Abkürzung, die Einbuchstaben-Abkürzung und der isoelektrische Punkt angegeben.

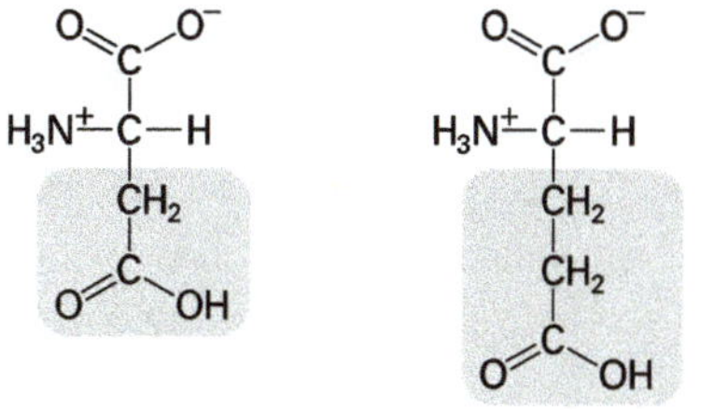

Asparaginsäure
Asp
D
2.77

Glutaminsäure
Glu
E
3.22

Abb. 8.4: Die 2 proteinogenen L-α-Aminosäuren mit sauren Seitenketten. Zu jeder Aminosäure sind der Name, die Dreibuchstaben-Abkürzung, die Einbuchstaben-Abkürzung und der isoelektrische Punkt angegeben.

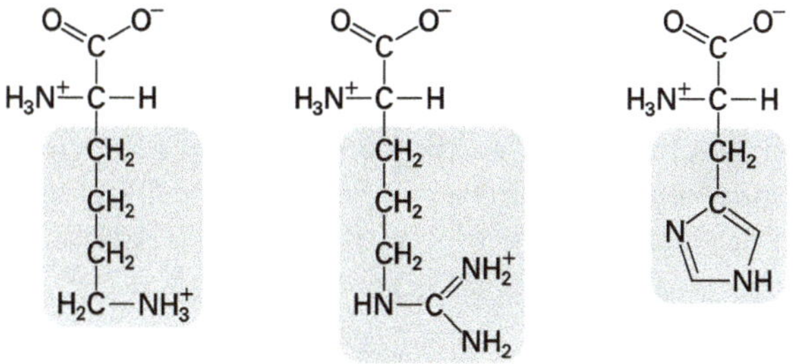

Lysin
Lys
K
9.74

Arginin
Arg
R
10.76

Histidin
His
H
7.59

Abb. 8.5: Die 3 proteinogenen L-α-Aminosäuren mit basischen Seitenketten. Zu jeder Aminosäure sind der Name, die Dreibuchstaben-Abkürzung, die Einbuchstaben-Abkürzung und der isoelektrische Punkt angegeben.

Nicht-proteinogene Aminosäuren

Neben den proteinogenen L-α-Aminosäuren gibt es natürlich unzählige weitere Möglichkeiten, Carboxyl-Gruppen und Amino-Gruppen in einem Molekül zu kombinieren. Einige **nicht-proteinogene** Aminosäuren sind biologisch/biochemisch interessant. Sie entstehen aus den proteinogenen Vertretern durch gewisse chemische Reaktionen. Wenn – was häufig der Fall ist – solche Reaktionen nach der Proteinbiosynthese an den Aminosäureresten in „fertigen" Proteinen stattfinden, nennen wir sie **posttranslationale Modifikationen** (die **Translation** ist die „Übersetzung" der Information aus den Nucleinsäuren in konkrete Proteine, also die eigentlich Proteinbiosynthese). *Abb. 8.6* zeigt einige Vertreter.

Hydroxyprolin entsteht durch Hydroxylierung von Prolin und kommt vermehrt in der wichtigen Bindegewebsgrundsubstanz Kollagen vor. Citrullin wird aus Arginin gebildet, und zwar im Rahmen der Biosynthese der wichtigen Substanz

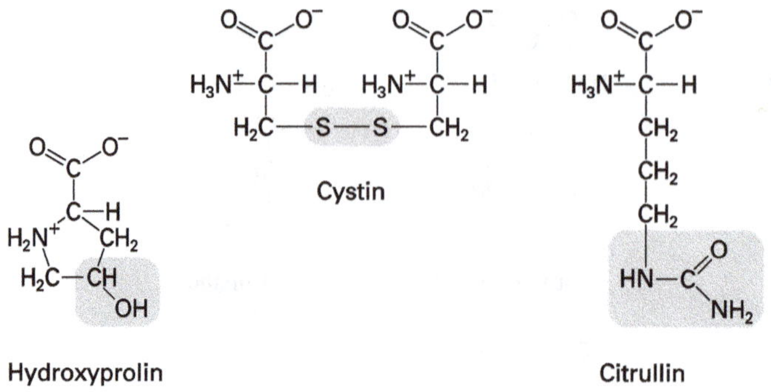

Cystin

Hydroxyprolin

Citrullin

Abb. 8.6: Drei wichtige nicht-proteinogene Aminosäuren.

Stickstoffmonoxid NO (siehe auch Kapitel 6, Abschnitt 1 „Die Elemente des Lebens"). Die wichtigste der in *Abb. 8.6* gezeigten Strukturen ist die des Cystins, welches durch milde Oxidation aus zwei Cystein-Resten entsteht. Diese kovalente Verknüpfung zweier Aminosäurereste ist von enormem Interesse für die Struktur und Funktion zahlreicher Proteine, da sie die dauerhafte Verbindung von weit entfernten Regionen einer Proteinkette erlaubt. *Abb. 8.7* zeigt in schematischer Weise, wie durch die Ausbildung von Cystin-Brücken Proteinstrukturen kovalent fixiert werden.

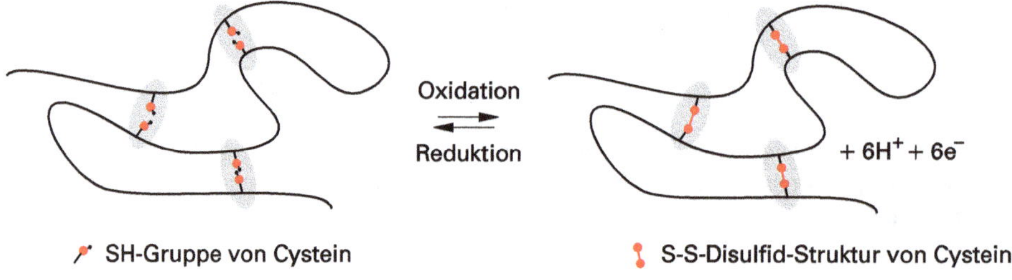

Abb. 8.7: Schema der Strukturfixierung eines Proteins durch Bildung von Cystin-Brücken zwischen Cystein-Bausteinen.

Eine – wenngleich medizinisch nicht wirklich wichtige, aber instruktive – kosmetische Anwendung ist die **Dauerwelle**. Haare bestehen aus einem Protein, dem **Keratin**. Für die Herstellung einer Dauerwelle werden zuerst durch Anwendung eines milden Reduktionsmittels die natürlicherweise bestehenden Cystin-Brücken gelöst. Die Cystin-Brücken werden zu Cystein-Seitenketten reduziert. Dies würde in *Abb. 8.7* der Rückreaktion entsprechen. Das so behandelte Haar wird nun in eine gewünschte Form gebracht, und anschließend wird diese durch Behandeln mit einem milden Oxidationsmittel, wodurch es zu einer Neubildung von Cystin-Brücken kommt, fixiert.

Physikalische und chemische Eigenschaften der Aminosäuren

Aminosäuren sind stark polare Verbindungen. Sie enthalten (mindestens) eine saure Carboxyl-Gruppe und eine basische Amino-Gruppe. Aminosäuren liegen deshalb sowohl im festen, kristallinen Zustand als auch in wässriger Lösung größtenteils in der so genannten **Zwitterionen-Struktur** vor, die durch eine intramolekulare Protonenübertragung, also eine Säure-Base-Reaktion innerhalb desselben Moleküls, von der Carboxyl- zur Amino-Gruppe entsteht.

Wie ein Aminosäure-Molekül in einer Lösung tatsächlich vorliegt, richtet sich nach der Acidität, also der Protonenkonzentration, der Lösung. *Abb. 8.8* zeigt das Verhalten einer neutralen, einer basischen und einer sauren Aminosäure bei

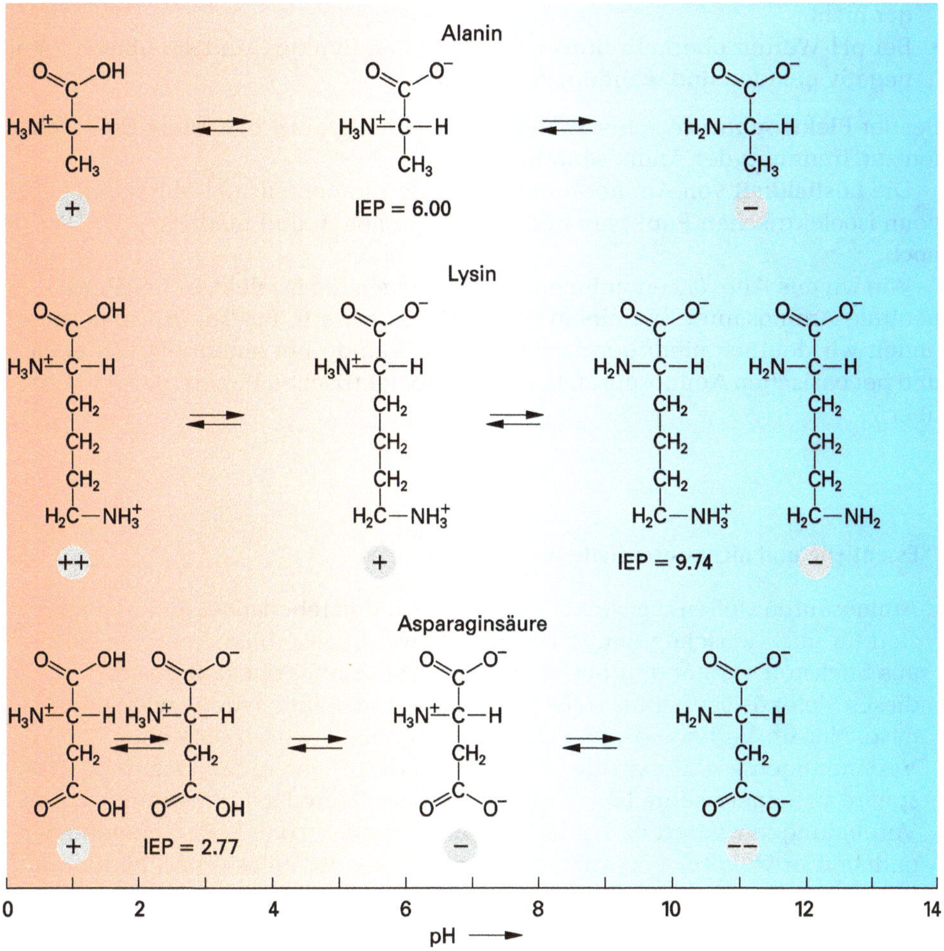

Abb. 8.8: Das pH-abhängige Dissoziationsverhalten von Aminosäuren mit neutraler Seitenkette (Beispiel Alanin), basischer Seitenkette (Beispiel Lysin) und saurer Seitenkette (Asparaginsäure). IEP = isoelektrischer Punkt. Grau unterlegt: Gesamtladung des Molekül-Ions im jeweiligen pH-Bereich.

verschiedenen pH-Werten der Lösung. Besonders hervorgehoben ist jeweils der für jede Aminosäure charakteristische **isoelektrische Punkt**.

Merke: Der isoelektrische Punkt ist der pH-Wert, bei dem die positiven und negativen Ladungen im Molekül einander gerade ausgleichen, so dass die Verbindung bei diesem pH-Wert nach außen hin elektrisch neutral erscheint.

Die **pH-abhängige Änderung des elektrischen Ladungszustandes** der Aminosäuren ist wichtig für ihr **Wanderungsverhalten im elektrischen Feld**.

- Bei pH-Werten unterhalb des isoelektrischen Punktes liegen Aminosäuren hauptsächlich als Kationen vor und wandern zur negativen Elektrode.
- Beim isoelektrischen Punkt sind sie nach außen hin ungeladen und wandern gar nicht.
- Bei pH-Werten oberhalb ihres isoelektrischen Punktes sind sie überwiegend negativ geladen und wandern zur Anode.

Bei der **Elektrophorese**, einer analytischen Technik, nutzt man diese Eigenschaften zur Trennung der Aminosäuren.

Die **Löslichkeit** von Aminosäuren in Wasser ist ebenfalls pH-abhängig. Sie ist beim isoelektrischen Punkt am geringsten, bei hohen und niedrigen pH-Werten hoch.

Wie wir aus *Abb. 8.8* entnehmen können, liegen die isoelektrischen Punkte für neutrale Aminosäuren bei einem pH-Wert von etwa 6. Für saure Aminosäuren finden wir deutlich niedrigere isoelektrische Punkte bei einem pH von etwa 3, und bei basischen Aminosäuren liegen die isoelektrischen Punkte bei pH-Werten über 7.

Essentielle und nicht-essentielle Aminosäuren

Aminosäuren stellen die wichtigste Quelle für den lebensnotwendigen Stickstoff für uns Menschen dar. Wir „baden" zwar buchstäblich in einem Ozean aus Stickstoff – immerhin bestehen etwa vier Fünftel der Luft aus N_2. Aber dieses Molekül ist überaus stabil und fast ebenso reaktionsträge wie die Edelgase. Nur im Verlauf von Blitzentladungen bei Gewittern entstehen aus N_2 Verbindungen wie Stickoxide NO_x. Stickoxide können mit H_2O in der Atmosphäre zu Salpetersäure HNO_3 und Salpetriger Säure HNO_2 reagieren. Diese Verbindungen wiederum werden als **saurer Regen** in den Boden eingebracht und sind in weiterer Folge in Form ihrer Salze, der Nitrate und Nitrite, für Pflanzen verfügbar.

Bei manchen Pflanzen wie Lupinen leben in den Wurzeln bestimmte symbiotische Mikroorganismen, die Luftstickstoff in Ammoniak und andere Stickstoffverbindungen umwandeln können. Dieser Prozess heißt **Stickstoff-Fixierung**. Das verantwortliche Enzym ist die **Nitrogenase**.

Durch diese Reaktionen werden ebenfalls Stickstoffverbindungen in die Nahrungskette eingeschleust. Wir Menschen nehmen dieses wertvolle Element hauptsächlich in Form von pflanzlichen und tierischen Eiweißen (Proteinen) auf.

Einige Aminosäuren können unsere Zellen aus anderen Verbindungen selbst synthetisieren, wenn Stickstoff zur Verfügung steht. Das sind die so genannten **nicht-essentiellen Aminosäuren**. Als **essentielle Aminosäuren** werden hingegen die Vertreter bezeichnet, die wir Menschen mit der Nahrung zu uns nehmen müssen, da wir sie nicht synthetisieren können: Isoleucin, Leucin, Lysin, Methionin, Phenylalanin, Threonin, Tryptophan und Valin.

Der Gehalt an essentiellen Aminosäuren bestimmt die **biologische Wertigkeit** eines Nahrungsproteins.

Die hochwertigste Quelle für essentielle Aminosäuren ist das Eiklar von Hühnereiern. Wir ordnen diesem Protein die biologische Wertigkeit von 100% zu. Generell sind tierische Proteinquellen (Milch etwa 92%; Fleisch etwa 85%, Fisch etwa 82%) höherwertig als pflanzliches Eiweiß (Soja, Mais und Reis etwa 71%, Weizen 59%).

Die Kenntnis der essentiellen Aminosäuren ist insbesondere für Personen wichtig, die sich nur von pflanzlicher Kost ernähren wollen. Durch geschickte Zusammenstellung der Nahrung lassen sich Mangelzustände an essentiellen Aminosäuren vermeiden.

So sind etwa Hülsenfrüchte wie Bohnen arm an Methionin, enthalten aber genügend Lysin. Getreideprodukte aus Weizen hingegen sind arm an Lysin, liefern jedoch genügend Methionin. Kombinationen von Getreideprodukten mit Hülsenfrüchten wie Tortillas mit Bohnen liefern so ein Nahrungsprotein, das fast an die biologische Qualität von Fleisch heranreicht.

Die Peptidbindung

Die wichtigste Reaktion der Aminosäuren ist ihre Fähigkeit, **intermolekulare Säureamid-Bindungen** auszubilden, die wir als **Peptidbindungen** bezeichnen. Dabei reagiert die Amino-Gruppe der einen Aminosäure mit der Carboxyl-Gruppe einer zweiten. Aus zwei Aminosäuren entsteht so ein **Dipeptid** (*Abb. 8.9*).

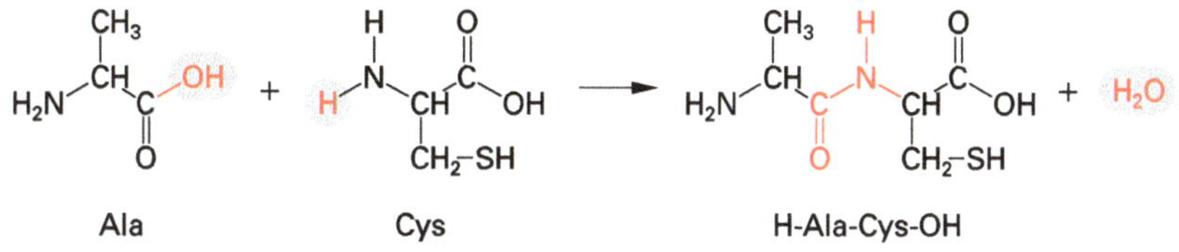

Ala + Cys → H-Ala-Cys-OH + H_2O

Abb. 8.9: Bildung eines Dipeptids aus zwei Aminosäuren durch Wasserabspaltung.

Ein Dipeptid besitzt – genau wie eine einzelne Aminosäure – immer noch eine freie Aminogruppe und eine freie Carboxylgruppe. Es kann daher mit weiteren Aminosäuren in einer ganz analogen Reaktion weiterreagieren und so **Tripeptide**, **Tetrapeptide** usw. zu bilden.

Wir sprechen bei Kettenlängen bis zu etwa 10 Aminosäure-Resten (**Decapeptide**) von **Oligopeptiden**, bei längeren Ketten von **Polypeptiden** und ab einer Kettenlänge von mehr als hundert Aminosäure-Resten von **Proteinen**.

Die Peptidbindung ist eine Säureamidbindung. Als solche besitzt sie eine relativ starre Geometrie. Ein Säureamid liegt nämlich in einer mesomeren Struktur vor (*Abb. 8.10*).

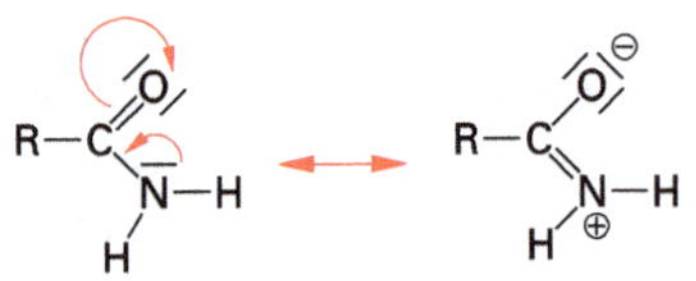

Abb. 8.10: Die „Amidresonanz": Aufgrund der Mesomerie besitzt die C-N-Bindung einen partiellen Doppelbindungscharakter und ist nicht mehr frei drehbar.

Aufgrund dieser so genannten **Amidresonanz** ist die Bindung zwischen dem Carboxyl-C-Atom und dem N-Atom keine echte Einfachbindung, sondern besitzt beträchtlichen **Doppelbindungscharakter**. Daher liegen die beteiligten Atome – wie bei Doppelbindungen üblich – in einer Ebene, und die freie Drehbarkeit um die C–N-Bindung ist aufgehoben.

Polypeptide und Proteine, denen ein Skelett von aufeinander folgenden Peptidbindungen zugrunde liegt, die jeweils nur durch die α-C-Atome voneinander getrennt sind, neigen nicht zuletzt aufgrund dieser Rotationsstarrheit der C–N-Bindung zur Ausbildung bestimmter räumlicher, weiter unten besprochener geometrischer Strukturen, so genannter Konformationen, wobei die an den Atomen gebundenen Seitenketten natürlich auch einen Einfluss ausüben.

Einfache Proteine liefern bei ihrer enzymatischen oder sauren Hydrolyse als Spaltprodukte nur Aminosäuren, **zusammengesetzte Proteine** liefern daneben auch andere Substanzen wie Lipide (**Lipoproteine**) oder Kohlenhydrate (**Glycoproteine**).

Die Strukturebenen eines Proteins

Proteine bilden außerordentlich komplexe Strukturen. Dabei unterscheiden wir verschiedene **Strukturebenen**.

Die **Primärstruktur** eines Proteins ist seine **Aminosäuresequenz**.

Die **Identität eines Proteins** wird durch seine Aminosäuresequenz definiert. Diese wiederum wird in der DNA in Form der entsprechenden Reihenfolge der Nucleotide gespeichert, wobei jeweils ein **Triplett** aus drei aufeinander folgenden Nucleotiden ein **Codon**) bildet, welches entweder für eine Aminosäure oder für eine bestimmte Aktion bei der Biosynthese des Proteins steht. Die Nucleotide sind quasi „Buchstaben“, und die Codons stellen „Worte“ dar, die entweder Aminosäuren definieren oder „Satzzeichen“ ergeben. Die solcherart in einem Nucleinsäure-Molekül gespeicherte Information zur Synthese der entsprechenden Proteine stellt den „Wissensschatz“ dar, der von den Lebewesen im Laufe der **Evolution** erworben wurde und bei der Zellteilung den Tochterzellen weitergegeben wird.

Die komplizierte **dreidimensionale Gestalt**, die ein Protein einnimmt und die für seine Funktion entscheidend ist, wird prinzipiell durch die Primärstruktur diktiert. Leider kennen wir noch kein Verfahren, welches gestattet, die räumliche Gestalt eines Proteins mit Sicherheit aus der heute experimentell verhältnismäßig einfach bestimmbaren Primärstruktur im Vorhinein zu berechnen. Relativ gut vorhersagen können wir jedoch bereits dreidimensionale Strukturen in **lokalen Abschnitten** (**Domänen**) eines Proteins, die so genannten **Sekundärstrukturen**.

Je nach der Art der miteinander verknüpften Aminosäuren bilden sich durch intramolekulare Wechselwirkungen in lokalen Abschnitten einer Aminosäurekette oft bevorzugt charakteristische Sekundärstrukturen aus. Solche Wechselwirkungen sind neben der durch die Amidresonanz bewirkten Starrheit der Peptidkette im Wesentlichen **elektrostatische Wechselwirkungen** zwischen geladenen und/oder polaren Stellen im Protein und **Wasserstoff-Brückenbindungen**. Unterstützt werden diese intramolekularen Wechselwirkungskräfte durch **Interaktionen des Proteins mit der Umgebung**. Elektrostatische Wechselwirkungen und Wasserstoff-Brückenbindungen können sich auch mit Wassermolekülen sowie gelösten Ionen oder polaren Molekülen ausbilden. Dazu kommen die so genannten **hydrophoben Wechselwirkungen**. Darunter verstehen wir das Bestreben eines Proteins, durch Zusammenlagerung seiner apolaren Seitenketten die Grenzfläche derselben gegenüber dem polaren Wasser klein zu halten.

Die wichtigsten Sekundärstrukturelemente sind die **α-Helix**, das **β-Faltblatt** und der **Zufallsknäuel** (englisch **random coil**).

Bei der **α-Helix** bildet das Peptidbindungs-Rückgrat eine schraubenförmige Struktur, durch die jede C=O-Gruppe einer Peptidbindung mit der N–H-Gruppe der drittnächsten Peptidbindung eine Wasserstoff-Brückenbindung ausbilden kann, die die helicale Anordnung zusätzlich stabilisiert. Die Seitenketten der Aminosäuren sind nach außen, von der Schraubenachse weg gerichtet. *Abb. 8.11* zeigt diese Grundstruktur anhand eines artifiziellen Strangs aus Alaninresten.

Oben links sehen wir einen Ausschnitt aus dem Peptidstrang, bei dem nur die Atome des **backbone** (das sind die Atome N(H)–C(=O)–C_α) als Kugel-Stab-Modell gezeichnet sind. Die Methylgruppen der Alanin-Seitenketten sind als so genanntes Drahtmodell gezeichnet, um die Übersichtlichkeit der Darstellung zu erhöhen. Die Wasserstoff-Brücken sind durch grüne Striche markiert. Wir sehen deutlich, wie jede Wendel der Helix mit der jeweils oberen und unteren Nachbarwendel über Wasserstoff-Brücken stabilisiert wird. Rechts oben sehen wir dieselbe Struktur, diesmal mit einer grafischen Verstärkung des *backbone*. Die Abbildungen links und rechts unten erlauben uns einen Blick von oben durch die Helix hindurch. Rechts sind auch die wie die Borsten eines Igels vom *backbone* weg gerichteten Methylgruppen als Kugel-Stab-Modell ausgeführt.

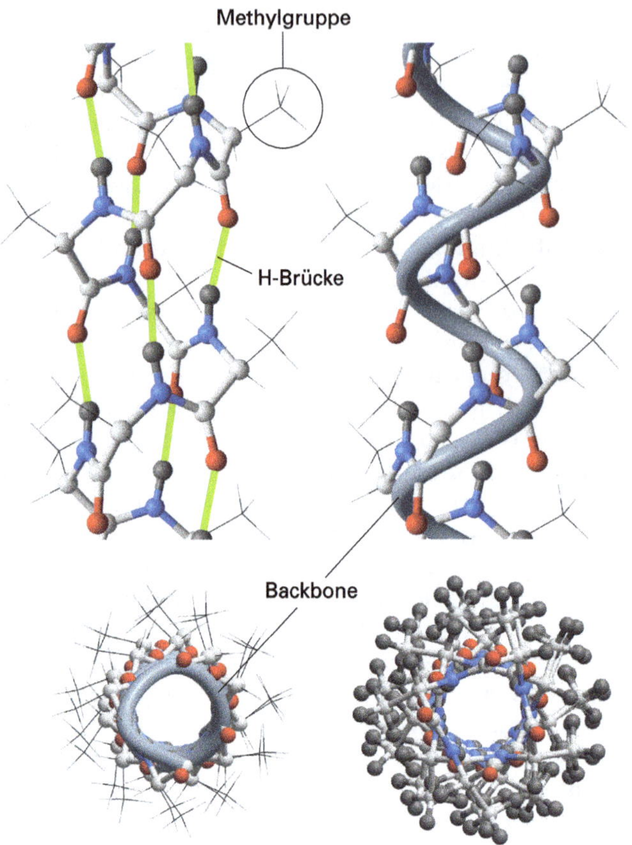

Abb. 8.11: Ein artifizieller Polyalanyl-Strang mit α-Helix-Struktur (Details siehe Text).

Peptidketten, die Aminosäuren mit kleinen Seitenketten enthalten, bilden oft eine andere geordnete Struktur, das **β-Faltblatt**. Die Faltblatt-Struktur wird bestimmt durch den partiellen Doppelbindungscharakter der Peptidbindung. Zusätzlich zur obligaten ebenen Anordnung der Atome einer Peptidbindung liegen die aufeinander folgenden Peptidbindungen – mit jeweils alternierender Orientierung – praktisch alle in einer Ebene.

Die Faltblatt-Struktur begünstigt, wie *Abb. 8.12* demonstriert, durch ihre strenge Geometrie die Ausbildung von Wasserstoff-Brückenbindungen (grün) zu weiteren Peptidsträngen mit Faltblattstruktur. So können lokale Faltblatt-Abschnitte eines Proteins, die – bezogen auf die Primärstruktur – weit von einander entfernt liegen, durch geeignete Faltung der dreidimensionalen Gestalt des Proteins in räumliche Nähe zueinander gelangen und sich parallel zueinander ausrichten.

Neben α-Helix und β-Faltblatt gibt es auch lokale Abschnitte eines Proteins, die keine ersichtliche geometrische Organisation aufweisen. Diese bezeichnen wir als **Zufallsknäuel**. Der Name ist eigentlich nicht gut gewählt, da auch die

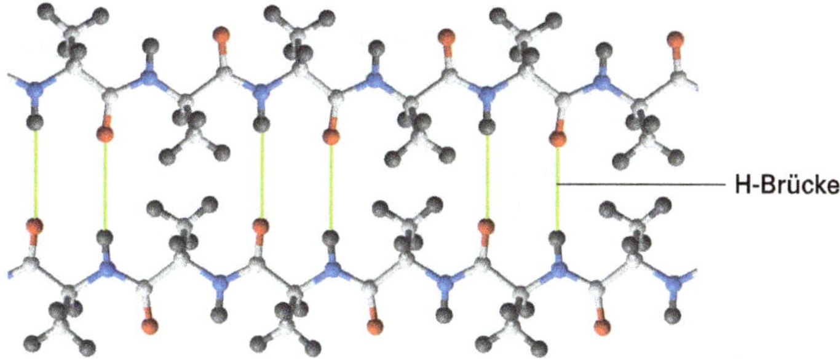

Abb. 8.12: Zwei artifizielle Polyalanyl-Ketten mit ß-Faltblatt-Struktur und jeweils alternierender Orientierung der Methyl-Seitenketten sind durch H-Brücken gebunden (Details siehe Text).

Struktur dieser Abschnitte der Peptidkette keinesfalls zufällig ist, sondern durch die Primärstruktur bestimmt ist. Nur sind diese Abschnitte so geformt, dass wir kein charakteristisches geometrisches Motiv erkennen können.

Die Assoziation zweier Faltblatt-Abschnitte, die in *Abb. 8.12* gezeigt ist, gehört eigentlich bereits zur Ebene der **Tertiärstrukturen**.

Darunter verstehen wir, wie sich ein Protein in seiner Gesamtheit räumlich faltet und organisiert. Die Aneinanderlagerung von Faltblatt-Abschnitten ist eine solche Möglichkeit. Andere Wechselwirkungen, die die globale Struktur eines Proteins herstellen und stabilisieren, sind zum Beispiel die Bildung des Disulfids Cystin aus zwei in der Primärstruktur nicht benachbarten Cystein-Resten (*Abb. 8.7*), die Bildung zusätzlicher Säureamid-Bindungen zwischen freien, nicht in Peptidbindungen involvierten, Aminogruppen basischer Aminosäuren und freien Carboxylgruppen saurer Aminosäuren, Ion-Ion oder Ion-Dipol-Wechselwirkungen oder hydrophobe Wechselwirkungen. Auch Lösungsmittel und Elektrolytgehalt der Lösung tragen wesentlich zur Ausbildung dreidimensionaler Proteinstrukturen bei.

Die von einem Protein unter physiologischen Bedingungen eingenommene Tertiärstruktur heißt **native Konformation**. Nur in dieser Konformation vermag das Protein seine Aufgaben zu erfüllen. Die native Konformation reagiert meist empfindlich auf Abweichungen von den „richtigen" Umweltbedingungen. Solche Abweichungen zerstören die native dreidimensionale Struktur – das Protein wird **denaturiert**. Schwankungen der Temperatur, des pH-Wertes oder der Elektrolyt-Konzentration und die Anwesenheit von Detergentien sind die wichtigsten Ursachen der Denaturierung.

Eine Protein-Denaturierung können wir in einfacher Weise beim Zubereiten eines Spiegeleies beobachten. Die zugeführte Wärmeenergie verwandelt das ursprünglich durchsichtige Eiklar in eine weiße undurchsichtige Masse – ein deutlich sichtbares Indiz für massive Zerstörung der nativen Strukturen der verschiedenen Proteine des Eiklars.

8.2 Amine und organische Schwefelverbindungen

Lehrziel
Amine sind die organischen Substitutionsprodukte des Ammoniaks. Aminogruppen sind Bestandteile vieler Naturstoffe. Organische Schwefelverbindungen lassen sich vom Schwefelwasserstoff ableiten.

Amine

Amine leiten sich formal von Ammoniak NH_3 ab, indem H-Atome durch organische Reste ersetzt werden. Je nachdem, wie viele H-Atome ersetzt werden, sprechen wir von **primären**, **sekundären** oder **tertiären Aminen**. Zu den Aminen zählen auch die **quartären Ammonium-Ionen**, die formal vom Ammonium-Ion NH_4^+ abgeleitet sind, wobei alle vier H-Atome durch organische Reste substituiert sind. Die Nomenklatur erfolgt durch Anhängen der Bezeichnung **-amin** an die Namen der Kohlenwasserstoffreste, die am Stickstoffatom gebunden sind. Mehrere gleiche Reste werden wie üblich durch griechische Zahlwörter bezeichnet. Bei ungleichen Resten wird der größte gemeinsam mit der Aminogruppe zur Stammverbindung. Die übrigen Reste werden als Substituenten behandelt. Abb.8.13 zeigt einige Beispiele.

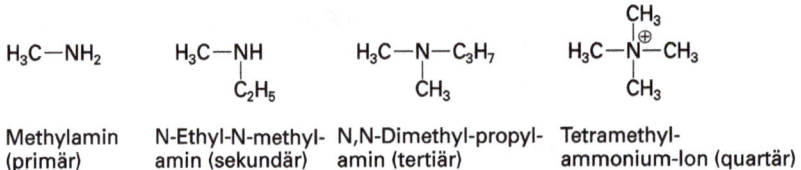

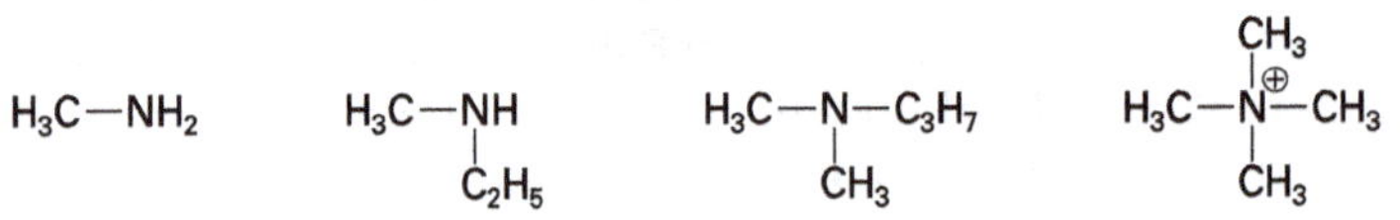

$H_3C{-}NH_2$	$H_3C{-}NH{-}C_2H_5$	$H_3C{-}N(CH_3){-}C_3H_7$	$(CH_3)_4N^{\oplus}$
Methylamin (primär)	N-Ethyl-N-methyl-amin (sekundär)	N,N-Dimethyl-propyl-amin (tertiär)	Tetramethyl-ammonium-Ion (quartär)

Abb. 8.13: Beispiele für Amine.

Wir beachten: Bei Alkoholen bezieht sich die Bezeichnung primär-sekundär-tertiär auf die Natur des C-Atoms, an dem die OH-Gruppe gebunden ist.

Wird die Aminogruppe als Substituent bezeichnet, weil eine weitere funktionelle Gruppe höherer Priorität anwesend ist, so heißt sie Amino- (primär), N-Alkylamino- (sekundär) oder N,N-Dialkylamino- (tertiär). Ein Beispiel dafür zeigt *Abb. 8.14*.

Das einfachste aromatische Amin ($C_6H_5{-}NH_2$; Phenylamin; Aminobenzen) trägt auch den Trivialnamen **Anilin**.

Amine mit kleiner Molekülmasse sind wasserlöslich, da sie aufgrund ihrer N–H-Bindungen Wasserstoff-Brückenbindungen ausbilden können. Amine sind meist ölartige Flüssigkeiten mit einem charakteristischen „fischartigen" Geruch.

Aliphatische Amine zeigen eine ähnliche Basenstärke wie Ammoniak ($pK_B = 4{,}75$). Wenn Amine mit Säuren reagieren, entstehen deshalb positiv geladene Kationen, die ebenfalls Ammonium-Ionen genannt werden.

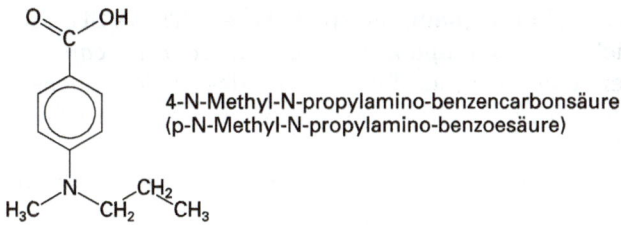

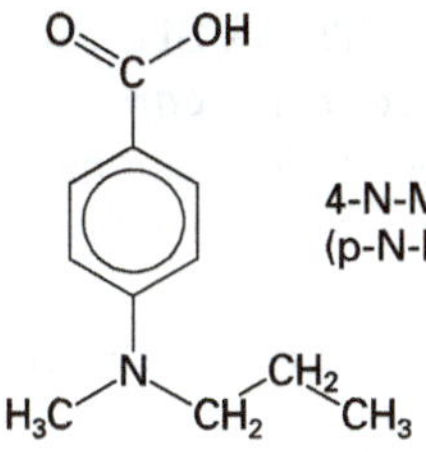

4-N-Methyl-N-propylamino-benzencarbonsäure
(p-N-Methyl-N-propylamino-benzoesäure)

Abb. 8.14: Beispiel für ein aromatisches Amin.

Aromatische Amine zeigen ein abweichendes Verhalten. Sie sind wesentlich schwächer basisch. So besitzt etwa Anilin ein $pK_B = 10$. Der Grund für diese Eigenart ist – genauso wie für die überraschend hohe Acidität von Phenolen gegenüber aliphatischen Alkoholen (siehe Abschnitt 8.3 „Phenole und Chinone") – Delokalisierung der π-Elektronen über polyzentrische Molekülorbitale. Diese Delokalisierung verursacht, wie *Abb. 8.15* zeigt, die Einbeziehung des freien Elektronenpaars am Stickstoff in das aromatische π-Elektronensystem.

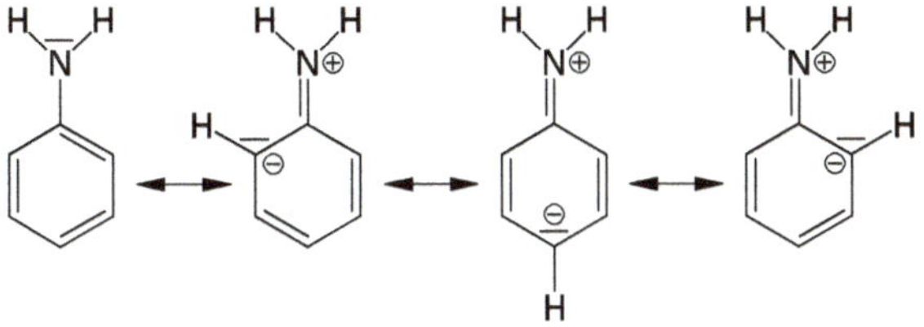

Abb. 8.15: Mesomere Grenzstrukturen eines aromatischen Amins am Beispiel des Anilins.

Durch diese Teilnahme des freien Elektronenpaars am N-Atom an der aromatischen Mesomerie steht es nicht mehr uneingeschränkt für die Anlagerung eines H^+-Ions zur Verfügung. Daher ist die Basenstärke geringer. Die positive formale Ladung am N-Atom in drei der vier möglichen Grenzstrukturen zeigt besonders deutlich, dass die Anlagerung eines positiven H^+-Ions deutlich erschwert ist.

Organische Schwefelverbindungen

Schwefel kann anstelle von Sauerstoff in organische Verbindungen eingebaut sein. Dieser Tatsache wird in den Namen der Verbindungen meist durch Angabe der Bezeichnung **thio** oder **sulfo** Rechnung getragen.

Thioalkohole

Thioalkohole enthalten als charakteristische funktionelle Gruppe die SH-Gruppe. Wir können sie formal als organische Derivate des Schwefelwasserstoffs H_2S auffassen, in welchen ein H-Atom durch einen organischen Rest ersetzt ist. Wir bezeichnen sie entweder als **Alkanthiole** (Beispiel H_3C-CH_2-SH, Ethanthiol) oder als **Alkylmercaptane** (Beispiel $H_3C-(CH_2)_2-SH$, Propylmercaptan). Die alte Bezeichnung **Mercaptan** (lateinisch *mercurium captans* = Quecksilber einfangend) leitet sich von der Tatsache ab, dass Thiole ebenso wie Schwefelwasserstoff mit Schwermetallen wie Quecksilber extrem schwerlösliche Salze (**Thiolate**) bilden.

Thiole zeigen eine Reihe von interessanten Analogien mit H_2S:

- **Thiole** bilden keine Wasserstoff-Brückenbindungen aus und **sieden daher bei viel tieferen Temperaturen als vergleichbare Alkohole**.
- **Thiole sind wesentlich stärker sauer als Alkohole** (auch H_2S ist deutlich stärker sauer als H_2O).
- **Thiole stinken** – wie H_2S – in der Regel abscheulich.

Oxidationsprodukte von Thioalkoholen: Disulfide und Sulfonsäuren

Thiole sind sehr leicht **oxidierbar**. Dabei entstehen nicht, wie wir von den Alkoholen her vermuten könnten, Thiocarbonylverbindungen, da Schwefel als Element der dritten Periode keine stabilen Doppelbindungen ausbildet, sondern **Disulfide**, das sind Verbindungen mit einer S-S-Brücke. *Abb. 8.16* zeigt dies am Beispiel der Aminosäure Cystein, die zum Disulfid Cystin oxidiert wird.

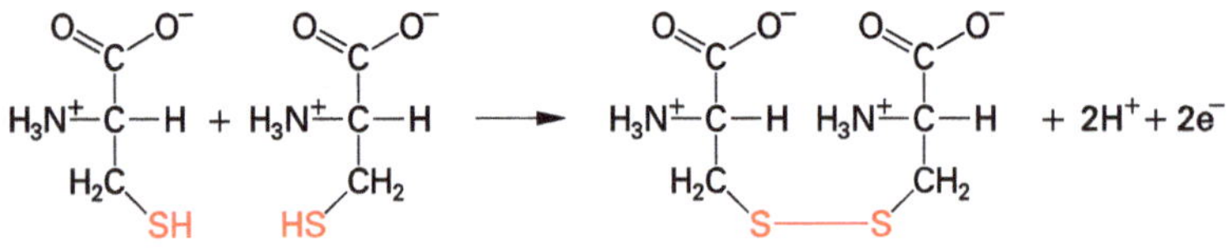

Abb. 8.16: Die milde Oxidation zweier Cystein-Moleküle führt zum Disulfid Cystin.

Die Oxidation von Thiolen mit starken Oxidationsmitteln führt zu **Sulfonsäuren**:

$$R-SH+3H_2O \rightarrow R-SO_3H+6H^+ +6e^-$$

Sulfonsäuren sind wegen der hohen Oxidationszahl des S-Atoms starke Säuren. Sulfonsäure-Gruppen in organischen Verbindungen liegen bei zellulärem pH-Wert daher anionisch vor, weshalb diese Substanzen generell gut wasserlöslich sind.

Sulfonsäuren sind Ausgangsmaterial für eine wichtige Gruppe medizinisch wertvoller Bakterizide, der **Sulfonamide**. In diesen Verbindungen ist die SO_3H-Gruppe der Sulfonsäure ersetzt durch eine – oft noch weiter organisch substituierte – SO_2NH_2-Gruppe. *Abb. 8.17* zeigt das Beispiel der **Sulfanilsäure** (p-Aminobenzen-sulfonsäure) und des **Sulfanilamids**.

Thioester

„Ester" der Thiole mit Carbonsäuren bezeichnen wir als **Thioester**. Ihre Bildung sieht formal genauso aus wie die gewöhnliche Esterbildung (*Abb. 8.18*).

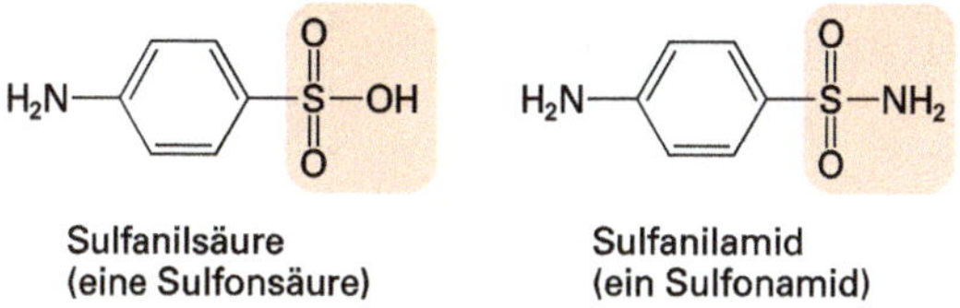

Sulfanilsäure (eine Sulfonsäure)

Sulfanilamid (ein Sulfonamid)

Abb. 8.17: Eine Sulfonsäure und ein Sulfonamid.

Abb. 8.18: Die Bildung eines Thioesters.

Thioester sind reaktiver als gewöhnliche Ester. Sie sind insbesondere stärkere Acylierungsmittel als diese und werden als **aktive Ester** bezeichnet.

Ein biologisch äußerst wichtiger Thioester ist das **Acetyl-Coenzym A** (Acetyl-CoA), welches im Stoffwechsel der Zelle zur Übertragung der Acetylgruppe dient (siehe Kapitel 11, Abschnitt 1 „Vitamine und Coenzyme“).

Thioether

Thioether sind formal Derivate von H_2S, in welchen beide H-Atome durch organische Reste ersetzt sind (R – S – R′). Ein Beispiel ist die Aminosäure Methionin.

8.3 Phenole und Chinone

Lehrziel

Dieses Kapitel macht uns mit den Grundstrukturen der aromatischen Alkohole – der Phenole – und ganz spezieller Oxidationsprodukte dieser Verbindungen – der Chinone – vertraut. Wir begegnen diesen Verbindungsarten an manchen Stellen unserer Reise durch die biomedizinische Chemie, so etwa bei der Besprechung der Atmungskette.

Phenole

Phenole sind die aromatischen Gegenstücke zu den Alkoholen. Sie tragen eine Hydroxylgruppe direkt am aromatischen Ring. Ebenso wie bei aliphatischen, also nicht aromatischen, Alkoholen unterscheiden wir je nach der Zahl der Hydroxylgruppen zwischen **ein-** und **mehrwertigen Phenolen**. *Abb. 8.19* stellt einige wichtige Vertreter vor.

Meist werden die Trivialnamen verwendet. Die rationellen Namen stehen in *Abb. 8.19* in Klammer. Die rot geschriebenen Abkürzungen beziehen sich auf eine alternative Bezeichnungsweise (o = ortho, m = meta, p = para, vic = vicinal, asymm = asymmetrisch, symm = symmetrisch). Pyrogallol etwa können wir auch vicinales Trihydroxybenzen nennen.

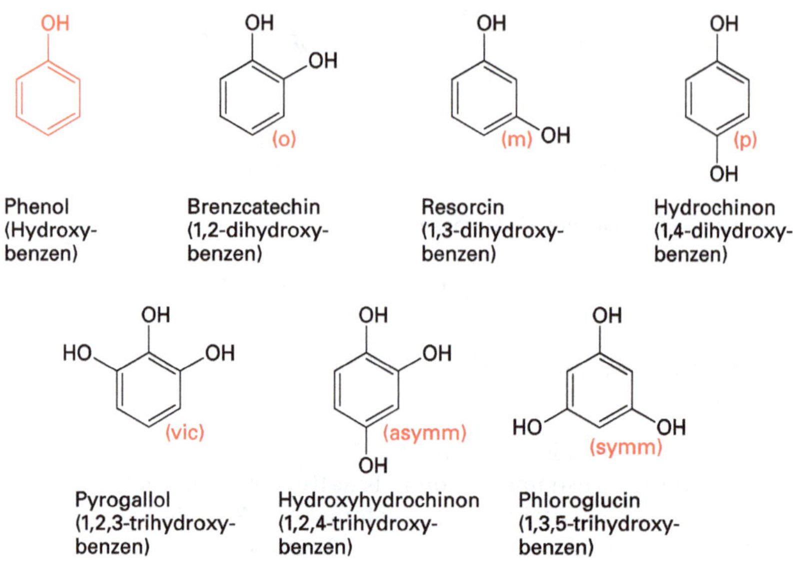

Abb. 8.19: Wichtige ein- und mehrwertige Phenole.

Phenole können wir formal eigentlich als **tertiäre Alkohole** betrachten. Ihre Hydroxylgruppen sind wie bei gewöhnlichen tertiären Alkoholen an C-Atome gebunden, die keine weiteren H-Atome tragen. Ihre Reaktionsweise weicht jedoch in mancher Hinsicht aufgrund des Einflusses des aromatischen π-Elektronensextetts etwas von dem tertiärer aliphatischer Alkohole ab. Insbesondere ist die Säurestärke von Phenolen ($pK_S \approx 10$) erheblich größer als die der Alkohole ($pK_S \approx 17$). Der Grund für diese erhöhte Acidität ist eine **Mesomeriestabilisierung des Phenolat-Ions**, welches durch Abspaltung eines Ions aus Phenolen entsteht. *Abb. 8.20* zeigt diese Mesomerie.

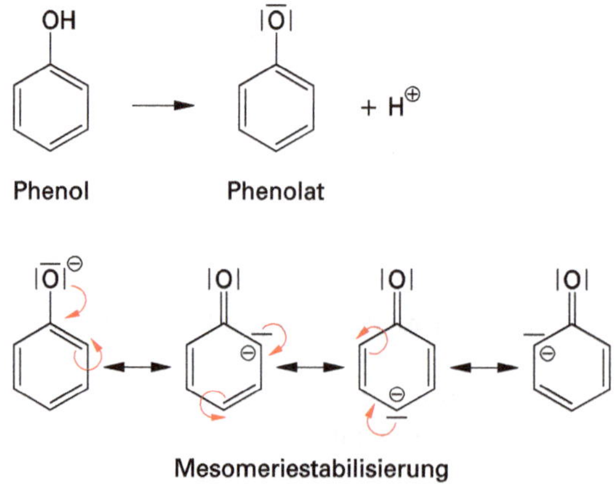

Phenol → Phenolat + $H^{\oplus}$

Mesomeriestabilisierung

Abb. 8.20: Die Bildung von Phenolat und seine Mesomeriestabilisierung.

Die erste Zeile der *Abb. 8.20* zeigt die Bildung der konjugierten Base Phenolat. Die zweite Zeile erläutert die verschiedenen mesomeren Grenzstrukturen (die roten Pfeilchen helfen beim Verstehen der Mesomerie). Der entscheidende Punkt ist, dass die durch die initiale Abspaltung des Protons entstehende negative Ladung durch diese Mesomerie **delokalisiert** wird. Sie ist nicht bloß am O-Atom lokalisiert, wie bei einem gewöhnlichen Alkohol, sondern über das ganze Molekül „verschmiert". Solche delokalisierten Ladungen sind grundsätzlich viel stabiler als an einem Atom lokalisierte Ladungen.

Phenolat-Ionen sind entsprechend der allgemeinen Regel für konjugierte Säure-Basen- Paare ($pK_{S(HA)} + pK_{B(A^-)} = 14$) viel schwächer basisch ($pK_B \approx 4$) als Alkoholat-Ionen ($pK_B \approx -3$) und daher in wässrigen Lösungen beständig. Phenole, auch an sich schlecht wasserlösliche Vertreter, lösen sich gut in stark basischen wässrigen Lösungen, da sie in die entsprechenden Phenolat-Ionen überführt werden.

Merke: Phenole werden als Desinfektionsmittel verwendet.

Phenol selbst ist ein starkes **Zellgift**. Mit Wasser ist es beschränkt mischbar. Eine Mischung von 100g Phenol und 29g Wasser wurde 1867 von **Lister** als **bakterizides Desinfektionsmittel** („**Carbolsäure**") in die Medizin eingeführt.

Die vom Methylbenzen (Toluen) abgeleiteten Phenole werden auch als **Kresole** bezeichnet (o-Hydroxy-toluen = o-Kresol, usw.). Lösungen dieser ebenfalls giftigen Verbindungen in Ölseife sind unter dem Namen „**Lysol**" auch heute als Desinfektionsmittel in Gebrauch.

Merke: Brenzcatechin ist die Stammverbindung der Catecholamine.

Vom Brenzcatechin leiten sich einige physiologisch höchst bedeutsame Derivate ab, die so genannten **Catecholamine** (siehe Abschnitt „Auflösung zur Fallbeschreibung 8").

Chinone

Die Oxidation von o- oder p-Dihydroxyphenol (Brenzcatechin bzw. Hydrochinon) führt, wie *Abb. 8.21* demonstriert, zur Bildung von **o-Chinon** bzw. **p-Chinon**.

Diese enthalten das **chinoide** Elektronensystem, das in der Abbildung rot hervorgehoben ist. Zwei Carbonylgruppen stehen dabei über ein cyclisches System von alternierenden Einfach- und Doppelbindungen miteinander in Konjugation. Diese Elektronenanordnung ist zwar nicht ganz so stabil wie die aromatische, aber doch etwas Außergewöhnliches.

Chinone sind gegen Weiteroxidation ziemlich stabil. Sie können jedoch in Umkehrung der in *Abb. 8.21* gezeigten Reaktion relativ leicht und reversibel zu den entsprechenden zweiwertigen Phenolen reduziert werden. In der Biochemie fungieren daher verschiedene Diphenol-Chinon- Redoxpaare als wichtige Katalysatoren von Elektronenübergängen. Ein sehr wichtiges Beispiel ist das **Ubichinon** (**Coenzym Q**) als Bestandteil der **Atmungskette** (siehe Kapitel 3, Abschnitt 5 „Die

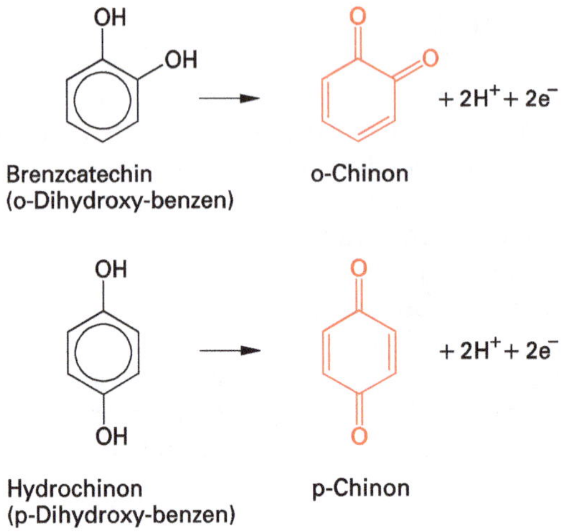

Brenzcatechin (o-Dihydroxy-benzen) → o-Chinon $+ 2H^+ + 2e^-$

Hydrochinon (p-Dihydroxy-benzen) → p-Chinon $+ 2H^+ + 2e^-$

Abb. 8.21: Chinone bilden sich durch Oxidation von o- oder p-Dihydroxybenzen-Derivaten.

Atmungskette"). Ebenso hat **Vitamin K** eine Chinonstruktur (siehe Kapitel 11, Abschnitt 1 „Vitamine und Coenzyme").

8.4 Wunderwelt der Proteine

Lehrziel

In diesem Kapitel wollen wir einen kleinen Einblick in die unglaublich bunte und vielfältige Welt der Proteine gewinnen. Optimiert in Millionen Jahren der Evolution, repräsentieren diese Moleküle wohl das Staunenswerteste, was die Chemie von Molekülen an struktureller und funktionaler Raffinesse und Eleganz zu bieten hat.

In diesem Lehrbuch begegnen uns an verschiedenen Stellen Proteine. Jede einzelne dieser Verbindungen ist eine „eigene Persönlichkeit" – ein überaus komplexes und einmaliges Stück Materie, welches in Millionen Jahre der Evolution geformt und optimiert wurde und eine einzigartige Synthese von Struktur und Funktion darstellt.

In diesem Kapitel wollen wir einige weitere Beispiele aus der phantastisch reichhaltigen Welt dieser einzigartigen Biomoleküle vorstellen, um ihre Vielfältigkeit und Schönheit zu demonstrieren – ohne jeden Anspruch auf Vollständigkeit, aber in der Hoffnung, ein wenig zum Staunen anzuregen.

Kollagen – Grundlage für stabile Fasern

Kollagene sind Moleküle, die aus Polypeptidketten mit immer wiederholten Glycin-X-Y – Sequenzmotiven (X, Y sind Aminosäuren), die sich zu charakteristischen **Tripelhelix-Strukturen** zusammen lagern. Sie stellen quantitativ die bedeutendste Proteingruppe unseres Organismus dar und sind die strukturgebenden Proteine von Haut, Sehnen, Bändern, aber auch der organischen Grundsubstanz von Knochen und der Basalmembran. Sie sind besonders reich an Prolin und Hydroxyprolin, das durch posttranslationale Hydroxylierung aus Prolin gebildet wird. *Abb. 8.22* zeigt einen Ausschnitt.

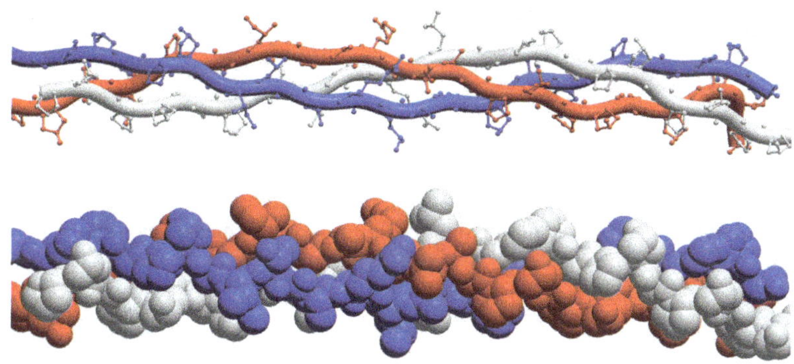

Abb. 8.22: Die typische Tripelhelix von Kollagen. Oben: Backbone mit Seitenketten; unten: Kalottenmodell mit unterschiedlicher Farbe der drei Polypeptid-Ketten.

Die starren, stabförmigen tripelhelicalen Abschnitte bilden die Grundlage für die Ausbildung von Fibrillen und letztlich festen Fasern, die Druck- und Zugbelastungen aushalten können.

Ferritin – ein Speichermolekül aus vielen Helices

Ferritin ist ein riesiges Eisen-Speicherprotein, das aus 24 helicalen Untereinheiten kugelig zusammengesetzt ist und bis zu 4500 Eisen-Ionen aufnehmen kann (*Abb. 8.23*).

α-Hämolysin – ein „Drillbohrer" in die Erythrozytenmembran

α-Hämolysin ist ein zytotoxisches Protein aus dem Bakterium Salmonella *typhimurium* mit einer sehr interessanten Struktur, die reich an parallel zueinander ausgerichteten β-Faltblättern ist und so einen ausgeprägten Kanal ergibt, der sich durch die Lipid-Doppelschichtmembran der Zielzelle „hindurchbohrt" und diese zerstört. *Abb. 8.24* zeigt dieses bemerkenswerte Molekül.

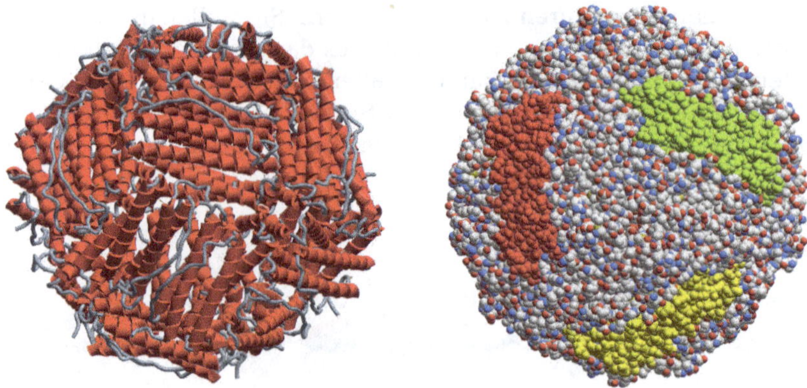

Abb. 8.23: Zwei Ansichten von Ferritin. Links: Graphische Hervorhebung der helicalen Untereinheiten; rechts: Kalottenmodell, bei dem einige der Untereinheiten in unterschiedlichen Farben dargestellt sind.

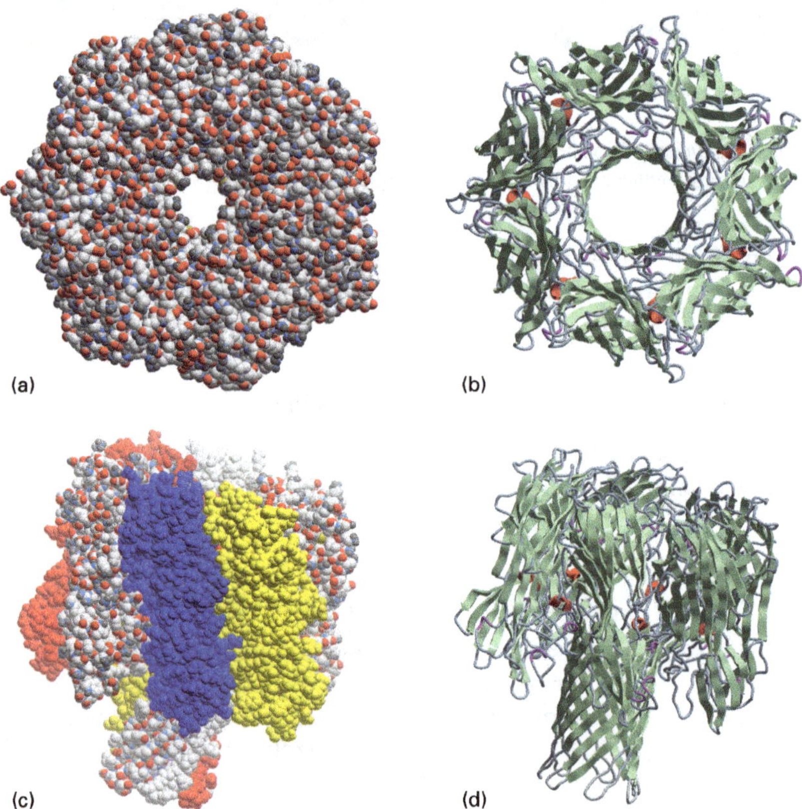

Abb. 8.24: Vier Ansichten von α-Hämolysin: a) Kalottenmodell, Blick von oben durch den Kanal hindurch; b) wie a), mit Hervorhebung der Faltblatt-Struktur; c) Kalottenmodell von der Seite gesehen, einige Untereinheiten sind unterschiedlich gefärbt; d) wie c), mit Hervorhebung der Faltblatt-Struktur.

Immunglobuline – die Werkzeuge des Immunsystems

Immunglobuline, verkürzend auch „Antikörper" genannt, sind die Produkte und gleichzeitig die wichtigsten Werkzeuge des Immunsystems, eines außerordentlich komplexen Netzwerks aus miteinander interagierenden Zellen und Molekülen, die die Integrität des Organismus beschützen.

Ohne auch nur entfernt auf dieses faszinierende Thema näher eingehen zu können, sei als Beispiel die dreidimensionale Struktur eines Immunglobulins der Klasse G (IgG) vorgestellt. Das Molekül besteht aus vier Proteinketten – zwei „leichten" und zwei „schweren" Ketten –, die über Cystin-Brücken miteinander verbunden sind. Die beiden schweren Ketten enthalten darüber hinaus einen komplexen Oligosaccharid-Anteil, der für die Wechselwirkung mit Zellen des Immunsystems entscheidend ist. *Abb. 8.25* zeigt den Aufbau.

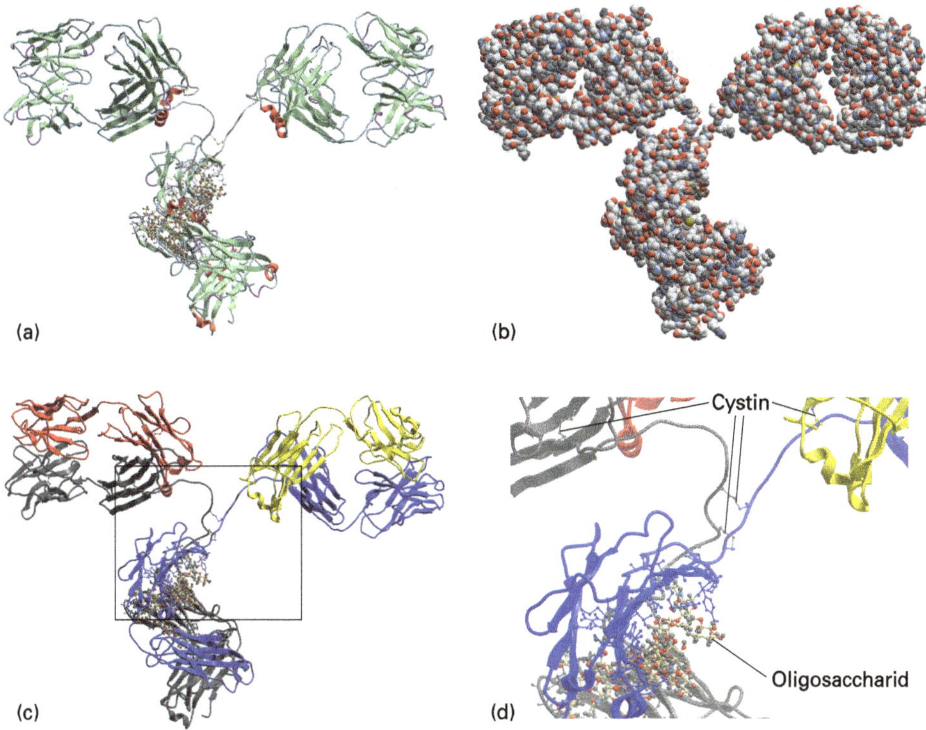

Abb. 8.25: Vier Ansichten eines IgG-Moleküls: a) Blick von der Seite, mit Hervorhebung der Faltblatt-Struktur; b) wie a), aber als Kalottenmodell; c) wie a), mit farbiger Hervorhebung der leichten (gelb und rot) und der schweren Ketten (blau und grün); d) Ausschnitt von c), mit Hervorhebung der Cystin-Brücken und des Kohlenhydrat-Anteils.

Es gibt verschiedene Klassen von Immunglobulinen. Sie haben vielfältige Funktionen, die von der Bindung von Antigenen bis zur Kommunikation innerhalb des Immunsystems reichen.

Merke: Die in diesem Buch vorgestellten Beispiele für Proteine zeigen nur einen winzigen Ausschnitt aus der Vielfalt dieser Moleküle. Sie vermitteln aber einen Eindruck von ihrer außerordentlichen Diversität.

Auflösung zur Fallbeschreibung

Das Baby leidet an **Phenylketonurie (PKU)**. Bei dieser erblichen Stoffwechselerkrankung ist der Abbau der Aminosäure **Phenylalanin** gestört. In den meisten Fällen wird die PKU durch einen angeborenen Mangel an dem Enzym **Phenylalanin-Hydroxylase** hervorgerufen – das ist die klassische Form der PKU. Sie tritt mit einer Frequenz von etwa 1:10000 bei Neugeborenen (homozygote Träger; die Häufigkeit heterozygoter Träger ist etwa 1:50) auf und ist damit die häufigste Störung des Aminosäure-Stoffwechsels. Aufgrund dieser Häufigkeit wird bei jedem Neugeborenen in den ersten Lebenstagen eine **Screening**-Untersuchung durchgeführt, wobei in einem Blutstropfen die Spiegel von Phenylalanin und einer Vielzahl weiterer Substanzen, die gegebenenfalls helfen, Störungen des Aminosäure- und Fettstoffwechsels zu diagnostizieren, bestimmt werden. Diese Untersuchung auf Phenylalanin wurde früher mittels eines mikrobiologischen Assays (**Guthrie-Test**) durchgeführt. Heute werden moderne massenspektrometrische Verfahren eingesetzt.

Was löst der Mangel an Phenylalanin-Hydroxylase aus?

- Es kommt zu einer Anhäufung von Phenylalanin und zu alternativen Abbauwegen dieser Aminosäure, die normalerweise keine Rolle spielen und ungewöhnliche Metabolite wie Phenylpyruvat, Phenyllactat, und andere Produkte liefern.
- Normalerweise wandelt die Phenylalanin-Hydroxylase Phenylalanin zu Tyrosin um. Tyrosin wird nun, da diese Umwandlung wegen des Fehlen des Enzyms nicht mehr funktioniert, zu einer essentiellen Aminosäure.

Die Folgen dieser Defekte sind gravierend:

- Die erhöhten Blutkonzentrationen von Phenylalanin hemmen den Transport anderer Aminosäuren durch die Blut-Hirn-Schranke ins Zentralnervensystem und führen dort zu schweren Störungen der Proteinbiosynthese.
- Die ungewöhnlichen Abbauprodukte schädigen die Myelinisierung von Nervenfasern.
- Die Biosynthese der Catecholamine wird schwer beeinträchtigt.

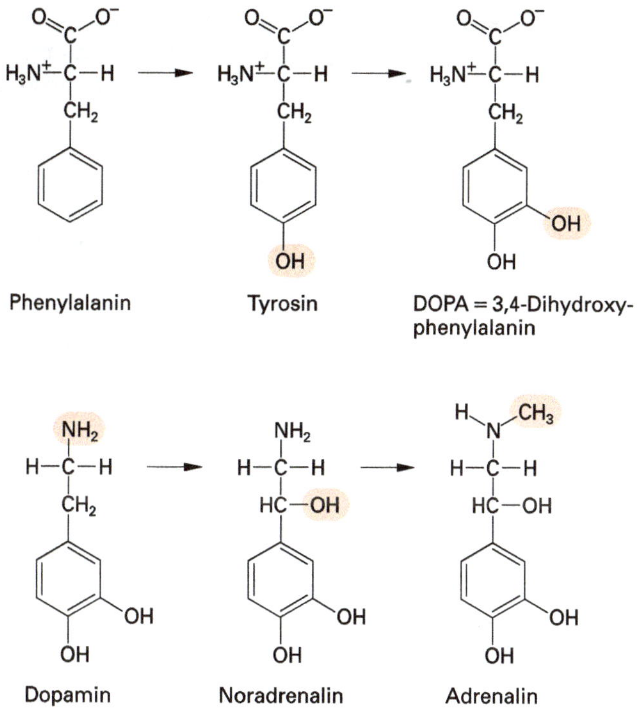

Phenylalanin → Tyrosin → DOPA = 3,4-Dihydroxyphenylalanin

Dopamin → Noradrenalin → Adrenalin

Abb. 8.26: Vereinfachtes Schema der Umwandlungen von Phenylalanin zu Tyrosin und weiter zu den Catecholaminen.

Um den letzten Punkt besser verstehen zu können, betrachten wir in *Abb. 8.26* die Folge von Reaktionsprodukten, die im gesunden Organismus in Folge der Phenylalanin-Hydroxylierung entstehen.

Der erste Reaktionsschritt, die Hydroxylierung von L-Phenylalanin zu L-Tyrosin, läuft bei PKU-Patienten nicht oder fast nicht ab. Daher wird auch die nach dem Tyrosin folgende Reaktionskette massiv beeinträchtigt. Die Verbindungen, die auf diesem Reaktionspfad eigentlich synthetisiert werden sollten, leiten sich von 1,2-Dihydroxybenzen (**Brenzcatechin**) ab, daher der Name **Catecholamine**.

Die erste Verbindung, die aus einer weiteren aromatischen Hydroxylierung von L-Tyrosin mittels der Tyrosinhydroxylase entsteht, ist L-3,4-**D**ihydr**o**xy**p**henyl**a**lanin, gerne abgekürzt als **L-DOPA**. Durch Decarboxylierung, also eine Abspaltung von CO_2, entsteht daraus **Dopamin**, ein sehr wichtiger **Neurotransmitter**. Das ist ein Stoff, der die zelluläre Kommunikation zwischen bestimmten Nervenfasern ermöglicht.

Dopamin wird durch Hydroxylierung in der aliphatischen Seitenkette zu **Noradrenalin** umgewandelt. Dieses wiederum geht durch Methylierung am Stickstoff in **Adrenalin** über.

Diese beiden letzteren Verbindungen sind wichtige Hormone für die Regulation vieler Körperfunktionen. Insbesondere Adrenalin ist bekannt als **Notfall-**

Hormon, welches in kritischen Situationen wie Angst, Aggression oder bei einem Fluchtreflex durch Auslösen der **Glycogenolyse** und **Lipolyse** den Glycogen- und Fettabbau mobilisiert und so den Organismus in die Lage versetzt, einer plötzlichen Gefahr oder Bedrohung wirksam begegnen zu können.

Klinische Auswirkungen und die Therapie der PKU

Die unbehandelte Erkrankung führt ab dem Alter von einigen Monaten zu einer geistigen Retardierung, die bis hin zum Schwachsinn führen kann. Progressive neurologische Ausfälle kommen häufig vor.

Therapeutisch müssen wir der Erkrankung durch eine mindestens 10 Jahre erfolgende Ernährung mit einer speziellen phenylalanin-armen Diät begegnen. Ganz frei von Phenylalanin darf die Nahrung nicht sein, da dieses eine essentielle Aminosäure darstellt, die der Organismus selbst nicht synthetisieren kann. Damit gelingt es, die Blutkonzentration von Phenylalanin unter 500 µmol/L zu halten und die Konsequenzen der Erkrankung zu verhindern.

VON DER EVOLUTION ZUM BÖSARTIGEN KREBS: DIE NUCLEINSÄUREN

9

Fallbeschreibung

Eine 42-jährige Frau kommt wegen einer pigmentierten Hautläsion am rechten Unterschenkel zum Dermatologen. Die Läsion ist ca. 3 cm groß, unregelmäßig und polyzyklisch begrenzt und weist unterschiedliche Farbtöne auf, die von weiß über hellbraun bis tief schwarz reichen. Der Großteil der Läsion ist nur wenig erhaben, an einer Stelle findet man aber ein linsengroßes, kalottenförmig vorragendes Knötchen. „Ich habe das schon seit 2 Jahren, es wird aber langsam größer!". *Abb. 9.1* zeigt eine vergrößerte Fotografie der Hautläsion.

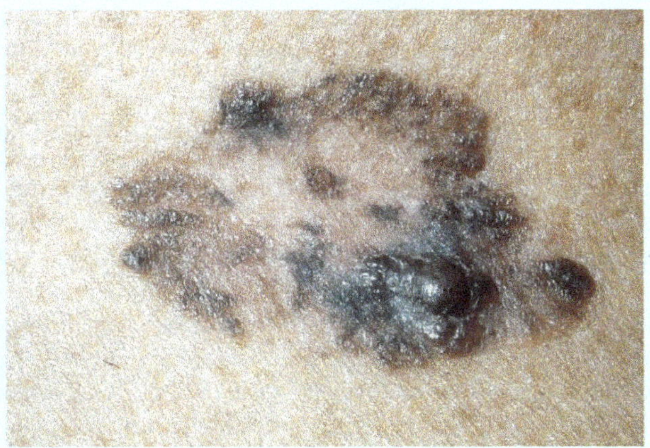

Abb. 9.1: Was bedeutet diese auffällig pigmentierte Hautläsion?

Auf Befragen gibt die Patientin an, dass sie in der Kindheit immer wieder Sonnenbrände gehabt habe. „Beim Urlaub in Lignano hat das bei uns Kindern einfach dazugehört – in den ersten Tagen immer ein ordentlicher Sonnenbrand!"

Lehrziele

Die Diagnose lautet **Malignes Melanom**. Damit führt uns dieses Beispiel in den Bereich **bösartiger Tumorerkrankungen** und – chemisch – zum Kapitel über **Nucleinsäuren**.

Wir werden uns mit den Strukturen und Funktionen dieser nicht nur für die moderne Medizin, sondern für das Leben, die Vererbung und die Evolution so zentralen Verbindungen beschäftigen und wollen auch einige **chemische Mechanismen der Krebsentstehung** streifen.

9.1 Nucleinsäuren

Lehrziel

Nucleinsäuren sind in mancher Hinsicht die faszinierendsten Moleküle, die wir kennen. Sie sind der Stoff, der die Evolution ermöglicht und aus dem die Gene bestehen. Richard Dawkins spricht gar vom „egoistischen Gen", und sieht die Organismen geradezu als *survival machines* für die Gene an.

Wurde die erste Hälfte des 20. Jahrhunderts als „Zeitalter der Vitamine" bezeichnet, so können wir angesichts der ungeheuren Auswirkungen der Molekularbiologie und der Gentechnologie auf unsere Gesellschaft, ja auf unsere Welt, heute ohne Übertreibung vom „Zeitalter der Nucleinsäuren" sprechen.

In diesem Kapitel wollen wir die chemische Struktur der Nucleinsäuren und ihrer Bausteine näher beleuchten.

Nucleinsäuren stellen die molekulare Grundlage für die biologische **Informationsspeicherung und -weitergabe im Rahmen der Vererbung** dar, ohne die Leben und Evolution in der Form, wie wir sie kennen, undenkbar wären. In diesem Sinn ist die geschichtliche Entwicklung der Arten untrennbar an diese Moleküle gebunden.

Aber auch in der „Geschichte" des Einzelindividuums spielen diese „Masterpläne des Lebens" eine zentrale Rolle. Sie steuern die **komplexe Entwicklung** von der befruchteten Eizelle zum Embryo und Fötus, vom Neugeborenen über den Jugendlichen zum Erwachsenen und schließlich zum alten Menschen in vielfältiger Weise.

Was ist Information und wie kann biologische Information repräsentiert, gespeichert und weitergegeben werden?

Um den Aufbau der Nucleinsäuren verstehen zu können, ist es hilfreich, die Analogie eines Buches heranzuziehen. Wenn wir die „Bibel", „Hamlet" von William Shakespeare, und „Das Kapital" von Karl Marx miteinander vergleichen, so finden wir in allen drei Werken – wenn wir sie in deutscher Sprache vorliegen haben – denselben Satz von relativ wenigen Zeichen (Buchstaben, Satz- und Interpunktionszeichen), die in sehr zahlreichen Wiederholungen, allerdings in je einzigartiger Reihenfolge, auf – zumeist – weißem Papier aufgetragen sind. Was bestimmt nun die Identität des jeweiligen Buches? Sicher nicht das Papier, auch nicht der Zeichensatz.

Merke: Es ist die jeweils einzigartige Reihenfolge (**Sequenz**) der Zeichen, die die **Identität** des Buches ausmacht und die die **Information**, die uns die Autoren mitteilen wollten, enthält.

Die biologische Informationsspeicherung und -weitergabe durch die Nucleinsäuren ist in einer vollständig analogen Art und Weise realisiert. Nucleinsäuren bestehen zum ersten aus einer sehr langen „Perlenschnur", die durch eine monotone, keinerlei Information tragende, Abfolge von zwei verschiedenen molekularen Bausteinen gebildet wird.

Merke: Wir Menschen des Informationszeitalters wissen, dass auch durch die unterschiedliche Abfolge von nur zwei Zeichen, etwa Nullen und Einsen, Information hervorragend repräsentiert, gespeichert und weitergegeben werden kann. Auf diesem Prinzip beruht der digitale Computer.
Der Grund, warum unsere „Perlenschnur" in den Nucleinsäuren informationslos ist, ist die streng alternierende Abfolge der beiden „Perlensorten". Wir wissen stets, welcher Baustein nach einem beliebig herausgegriffenen Baustein kommen wird.

Nun aber zur eigentlichen Information. An jedem zweiten Baustein unserer „Perlenschnur" hängt ein weiterer Baustein aus einem Reservoir von vier möglichen. *Abb. 9.2* zeigt das Bauprinzip.

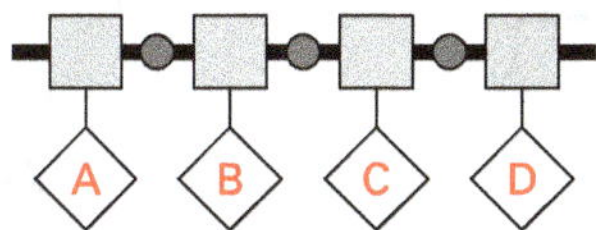

Abb. 9.2: Allgemeines Schema einer Nucleinsäure.

Diese letzteren Bausteine sind nun nicht in vorhersagbarer Weise aufgereiht, vielmehr „steckt" die biologische Information in der völlig unregelmäßigen und *a priori* nicht vorhersehbaren **Abfolge** dieser vier unterschiedlichen Komponenten, die in *Abb. 9.2* mit Buchstaben bezeichnet sind.

Die in den Nucleinsäuren gespeicherte Information, die Reihenfolge der vier chemischen „Buchstaben", wird von der Zelle dazu benutzt, eine andere biologisch wichtige Art von Makromolekülen, nämlich ihre **Proteine** in der jeweils richtigen Reihenfolge, der jeweiligen **Primärstruktur** (**Aminosäuresequenz**) aufzubauen.

Merke: Die Proteine sind die eigentliche Realisierung der in den Nucleinsäuren gespeicherten Information.

Diese Informationsrepräsentation und -speicherung zusammen mit weiteren spezifischen Eigenschaften der Nucleinsäuren, die eine **identische Reduplikation** (Verdoppelung) der informationstragenden Moleküle und damit die Informationsweitergabe an eine nächste Generation von Zellen, aber auch Organismen ermöglichen, begründet die fundamentale Bedeutung dieser Naturstoffklasse.

Wir wollen zunächst die verschiedenen molekularen Komponenten der Nucleinsäuren näher betrachten.

Die informationslose „Perlenkette" der Nucleinsäuren – das Nucleinsäure-backbone

Das Gerüst der Nucleinsäuren besteht aus einer monoton alternierenden Abfolge einer Pentose und Phosphorsäure, die miteinander esterartig verbunden sind. Dabei finden wir zwei Sorten von Pentose-Bausteinen und konsequenterweise auch zwei etwas unterschiedliche Arten von Nucleinsäuren. Die Ribonucleinsäure (abgekürzt **RNS** oder **RNA** vom englischen *ribonucleic acid*) enthält **Ribose**, die **Desoxyribonucleinsäure** (**DNS** oder **DNA** von *deoxyribonucleic acid*) besitzen **2-Desoxyribose** als Zuckerkomponente. *Abb. 9.3* erläutert die Struktur dieser beiden Kohlenhydrate (in offenkettiger Form und als cyclische Halbacetale).

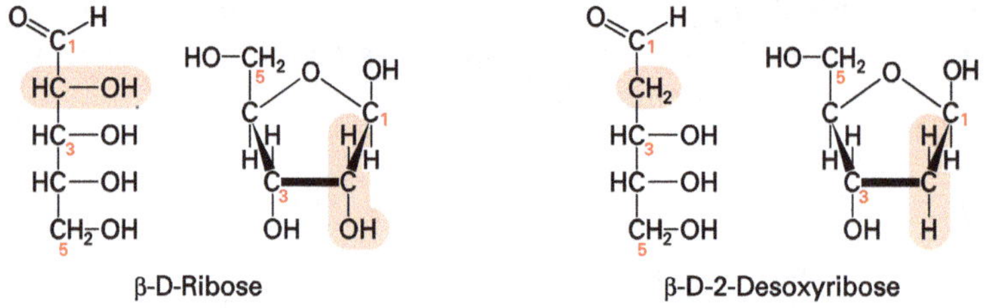

β-D-Ribose β-D-2-Desoxyribose

Abb. 9.3: Die Pentosen der Nucleinsäuren in der offenkettigen Aldehydform (Fischer-Projektion) und als Halbacetale (Haworth-Projektion). Die kleinen roten Ziffern bezeichnen die Nummern der C-Atome. Die 2-Desoxyribose unterscheidet sich von der Ribose durch das Fehlen des O-Atoms am C_2-Atom (die Silbe „des-" bedeutet in der Chemie das Fehlen des nachfolgenden Begriffs; „desoxy-" bezeichnet daher das Fehlen eines Sauerstoffatoms).

Diese Zuckerbausteine werden von Phosphorsäure durch Ausbildung von zwei Esterbindungen (**Phosphorsäurediester-Struktur**) miteinander verbunden. Dabei werden, wie *Abb. 9.4* demonstriert, jeweils über ein Phosphorsäure-Molekül die OH-Gruppen am C_3-Atom der einen und am C_5- Atom der benachbarten Pentose gebunden.

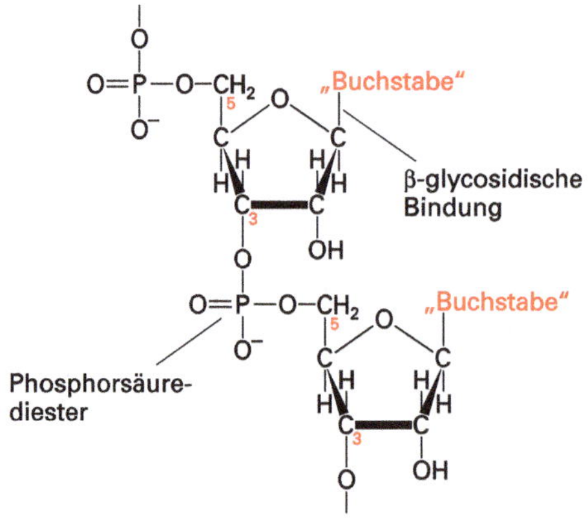

„Buchstabe" β-glycosidische Bindung „Buchstabe" Phosphorsäure-diester

Abb. 9.4: Das lineare Gerüst der Nucleinsäuren, an dem die „Buchstaben" hängen.

Zwei Tatsachen können wir dieser Abbildung noch entnehmen.

- Die Phosphorsäure-Bausteine enthalten jeweils eine noch freie saure OH-Gruppe – daher rührt auch der Name Nuclein „säure" – die bei physiologischen pH-Werten in Form der hier gezeigten konjugierten Base vorliegt, also **anionisch** mit einer negativen Ladung am O-Atom. Bedenken wir, dass das hier gezeigte Molekülfragment sich nach oben links und unten rechts viele Tausende Male wiederholen kann, wird uns bewusst, dass Nucleinsäure-Moleküle in der Zelle als vielfach geladene **Polyanionen** vorliegen.
- Weiters sehen wir, dass die noch zu besprechenden „Buchstaben", deren Abfolge die gespeicherte Information repräsentiert, jeweils in β-glycosidischer Bindung mit den anomeren C_1-Atomen der Pentosen verbunden sind.

Die „Buchstaben" – die heterocyclischen Basen der Nucleinsäuren

Als „Buchstaben" der Nucleinsäuren fungieren einige spezielle **heterocyclische Verbindungen**, die für sich gesehen basische Eigenschaften besitzen und daher **Nucleinsäure-Basen** genannt werden. Es handelt sich dabei um Derivate des Pyrimidins und des Purins (siehe Abschnitt 9.2 „Heterocyclische Grundkörper"). *Abb. 9.5* zeigt Pyrimidin und Purin (jeweils rot unterlegt) und die relevanten Nucleinsäure-Basen.

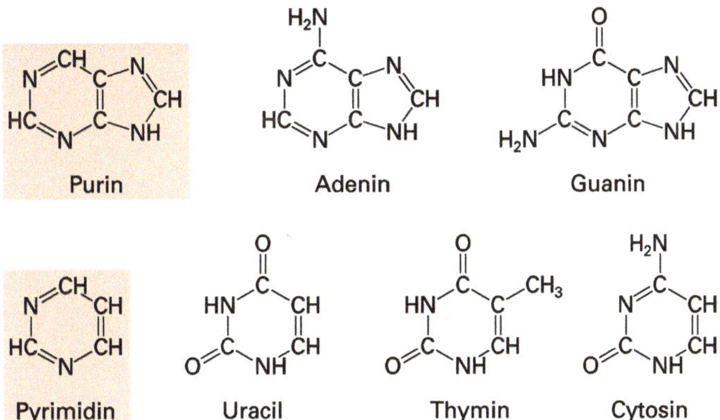

Abb. 9.5: Die Pyrimidin-Basen und Purin-Basen der Nucleinsäuren.

Dabei gibt es eine Besonderheit: Während Adenin (meist abgekürzt als A), Guanin (G) und Cytosin (C) sowohl in DNA als auch in RNA vorkommen, finden wir Uracil (U) nur in RNA und Thymin (T) nur in DNA.

Diese Basen sind als N-Glycoside in Form der β-Anomeren an die Skelette der Nucleinsäuren gebunden. *Abb. 9.6* zeigt einen nunmehr vollständigen Ausschnitt aus einem Nucleinsäure-Molekül mit einem Cytosin- und einem Adenin-Rest.

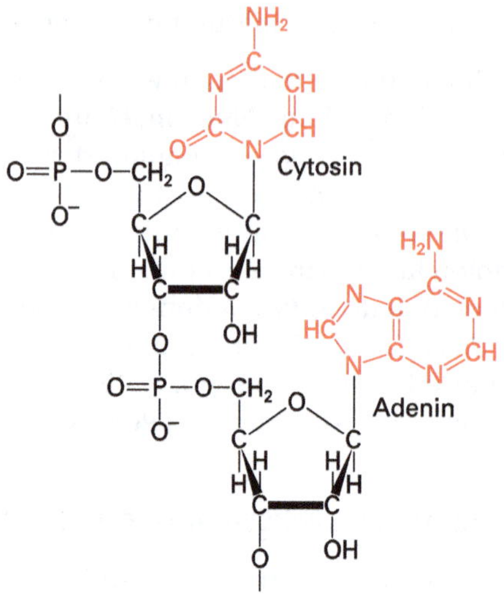

Abb. 9.6: Ein Ausschnitt aus einer RNA mit zwei verschiedenen, jeweils ß-glycosidisch gebundenen, Basen.

Nucleoside

Betrachten wir die Strukturen noch etwas genauer. Die Kombination einer Nucleinsäure-Base und einer Pentose in N-β-glycosidischer Bindung bezeichnen wir als **Nucleosid**. Nucleoside tragen eigene Namen, die *Tab. 9.1* vorstellt.

Tab. 9.1: Die Bezeichnungen der Nucleoside.

Heterocyclische Base	Nucleosid
Uracil	Ur*idin*
Thymin	Thym*idin*
Cytosin	Cyt*idin*
Adenin	Aden*osin*
Guanin	Guan*osin*

Die Namen der Nucleoside mit Pyrimidin-Basen enden auf „-idin“ und die der Purin-Derivate auf „-osin“.

Nucleotide – vielseitige Bausteine und Werkzeuge der Zelle

Die Verbindung eines Nucleosids mit einem Molekül Phosphorsäure über eine Esterbindung ergibt ein **Nucleotid**.

Merke: Nucleinsäuren bestehen aus sehr vielen hintereinander angeordneten Nucleotiden. Sie heißen deshalb auch Polynucleotide.

Nucleotide besitzen neben ihrer Funktion als Bausteine der Nucleinsäuren noch weitere Funktionen. Sie können insbesondere mit mehr als einem Phosphorsäure-Molekül verbunden sein.

Nucleotide bezeichnen wir auch als **Nucleosidmonophosphate** (abgekürzt NMP, wobei N dabei für irgendeine Base steht. So bedeutet etwa AMP Adenosinmonophosphat). Durch Verknüpfung der NMP mit einer weiteren Phosphorsäure über eine Säureanhydrid-Bindung – die zweite Phosphorsäure wird also mit dem Phosphatteil des NMP verbunden – gelangen wir zu den **Nucleosiddiphosphaten** (NDP). Wenn wir den Vorgang wiederholen und eine dritte Phosphorsäure wieder über eine Säureanhydrid-Bindung an die zweite binden, erhalten wir schließlich **Nucleosidtriphosphate** (NTP). *Abb. 9.7* zeigt dieses Prinzip anhand des wohl berühmtesten Vertreters, des **Adenosintriphosphats** (ATP).

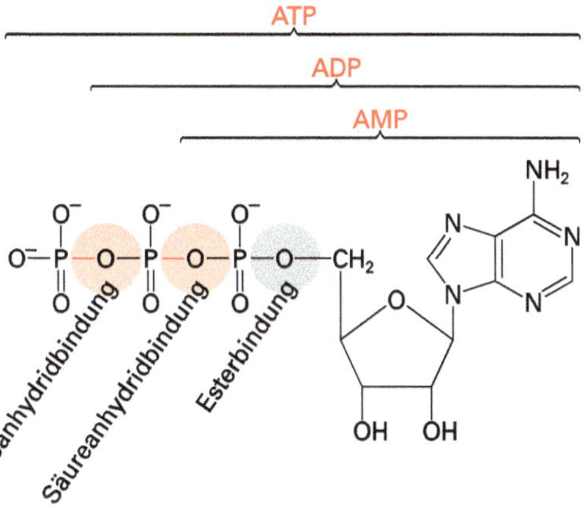

Abb. 9.7: Die strukturellen Beziehungen der Mono-, Di- und Triphosphate eines Nucleosids am Beispiel von ATP.

Nucleosidtriphosphate – das „Kleingeld" der Zelle

Wie *Abb. 9.7* deutlich macht, ist nur die unmittelbar an die Pentose gebundene erste Phosphorsäure über eine Esterbindung gebunden. Die zweite und die dritte Phosphorsäure sind über **Säureanhydridbindungen** mit der jeweils vorhergehenden Phosphorsäure verknüpft. Solche Säureanhydride sind praktisch immer **energiereiche Verbindungen**, da die Säureanhydridbindungen durch Wasser unter Energiegewinn verseifbar – hydrolysierbar – sind:

$$\text{NTP} + H_2O \rightarrow \text{NDP} + PO_4^{3-} + \text{Energie}$$

$$\text{NDP} + H_2O \rightarrow \text{NMP} + PO_4^{3-} + \text{Energie}$$

Di- und Triphosphate der Nucleotide werden daher in der Zelle als chemische **Energieträger** verwendet. Die **Energienutzung** erfolgt dadurch, dass die **NTP als Überträger von Phosphat- oder Diphosphatgruppen** auf andere Moleküle wirken.

Aus den NTP und NDP entstehen dadurch NMP, die durch die energieliefernde Atmungskette wieder zu NTP regeneriert werden.

Außerdem können die energiereichen NTP und NDP auch mit anderen Molekülen verbunden werden und dann als **Überträger** eben dieser Moleküle fungieren. So überträgt beispielsweise **Uridindiphosphat-glucose** (*Abb. 9.8*) bei der **Bildung von Glycogen** Glucose-Bausteine auf eine wachsende Glycogenkette.

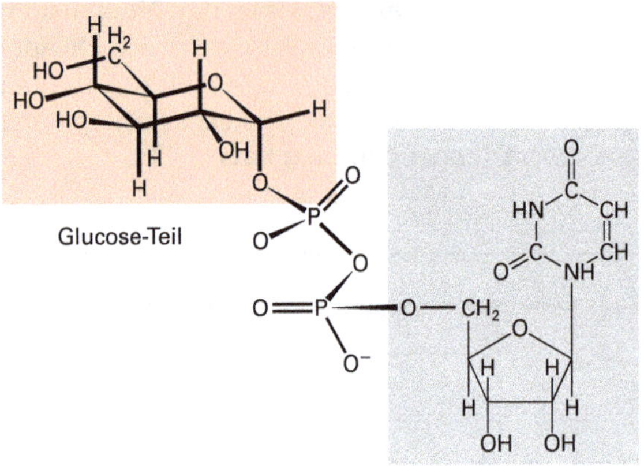

Abb. 9.8: Die Struktur der Uridindiphosphat-glucose.

Bezeichnen wir mit – (Glucose)$_n$– die Glycogenkette, lässt sich die Reaktion folgendermaßen symbolisieren:

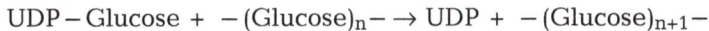

$$\text{UDP} - \text{Glucose} + -(\text{Glucose})_n- \rightarrow \text{UDP} + -(\text{Glucose})_{n+1}-$$

Analog gebaute Verbindungen wie **Nicotinamid-adenin-dinucleotid NAD** dienen als **Wasserstoff-übertragende Coenzyme** (siehe Kapitel 3, Abschnitt 1 „Die Chemie der Oxidation und Reduktion").

Schließlich sind NTP energiereiche **Ausgangsmaterialien für die Biosynthese der Nucleinsäuren**.

Cyclische Nucleosidmonophosphate

Eine interessante Klasse von Nucleotiden mit abweichendem Bau sind die **cyclischen Nucleosidmonophosphate** (**cNMP**). Zwei Vertreter sind hier wichtig, nämlich cyclisches Adenosinmonophosphat (**cAMP**) und cyclisches Guanosinmonophosphat (**cGMP**). In diesen Verbindungen bildet, wie *Abb. 9.9* anhand des cGMP erläutert, eine Phosphorsäure **intramolekular zwei Esterbindungen** zu den OH-Gruppen am C_5 und am C_3-Atom der Pentose aus. cAMP ist völlig analog aufgebaut.

Cyclische Mononucleotide haben große Bedeutung als Botenstoffe für die so genannte **Signaltransduktion** (Signalübermittelung) innerhalb der Zelle. Ohne auf die komplizierten biochemischen Details einzugehen, können wir uns vorstellen, dass infolge des Auftreffens eines molekularen Signals, etwa eines **Hormons**,

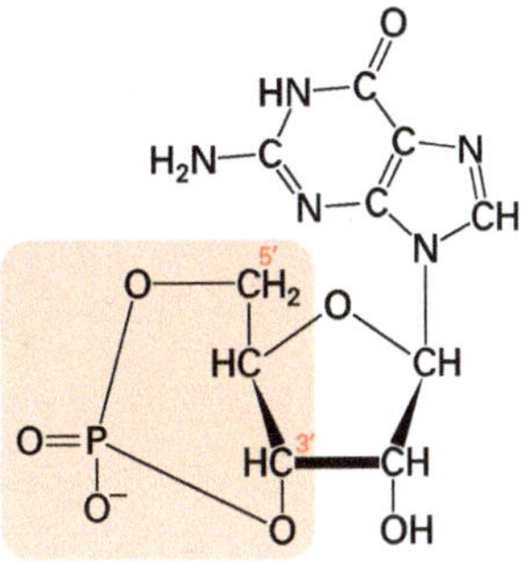

Abb. 9.9: Die Struktur des cyclischen GMP. Die cyclische Struktur des intramolekularen Phosphorsäure-diesters ist rot unterlegt.

an einem **Rezeptormolekül** in der äußeren Zellwand ein an der Innenseite der Zellwand lokalisiertes Enzym, die **Guanylatcyclase** oder die **Adenylatcyclase**, aktiv wird und innerhalb der Zelle cGMP oder cAMP bildet. Dieses übernimmt dann innerhalb der Zelle den weiteren Transport des Signals.

Wir bezeichnen Hormone, die Botschaften im Organismus über große Entfernungen transportieren, auch als **first messengers**, intrazellulär wirksame Botenstoffe wie cyclische Nucleosidmonophosphate jedoch als **second messengers**.

Die eigentlichen Nucleinsäuren – DNA und RNA

Den prinzipiellen Aufbau der Polynucleotidstränge der Nucleinsäuren kennen wir bereits. RNA ist exakt nach diesem Schema aufgebaut. DNA bietet noch eine zusätzliche Besonderheit, die für die Vererbung der genetischen Information eine zentrale Rolle spielt. Sie bildet nicht wie **RNA Einzelstränge** aus, sondern **zwei DNA-Einzelstränge** lagern sich in spezifischer Weise zu einer außergewöhnlichen Struktur zusammen, nämlich einer **Doppelhelix**. Dies geschieht dadurch, dass ein A des einen mit einem T des zweiten Stranges, und ein G des einen mit einem C des zweiten Stranges durch starke Wasserstoff-Brückenbindungen interagieren können. *Abb. 9.10* zeigt diese berühmten **komplementären Basenpaare**.

Die Entdeckung dieser so perfekt zueinander passenden und durch Wasserstoff-Brückenbindungen zusammengehaltenen Basenpaare durch James Watson und Francis Crick war zweifellos das entscheidende Ereignis zur Entschlüsselung der Geheimnisse der Vererbung und der Evolution – sie führte zur Aufklärung der Struktur der DNA (*Abb. 9.11*).

Abb. 9.11 zeigt einen Ausschnitt aus einer DNA-Doppelhelix. Im Teilbild c) sind die beiden Stränge durch unterschiedliche Farben symbolisiert. Ein komplementäres Basenpaar (G–C) ist durch atomspezifische Färbung hervorgehoben. Zur Verdeutlichung sind auch die im G–C-Paar möglichen drei Wasserstoff-Brückenbindungen als strichlierte Linien eingezeichnet.

Merke: Diese einzigartige Struktur ist die Grundlage des Lebens sowie der Vererbung und der Evolution, wie sie sich uns auf der Erde darbieten.

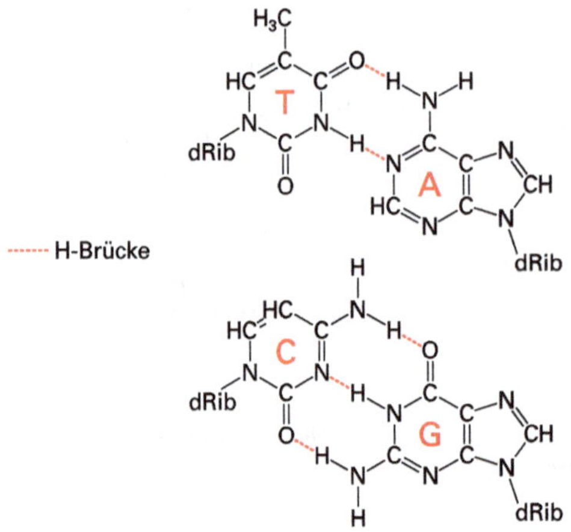

······ H-Brücke

Abb. 9.10: Die komplementären Basenpaarungen.

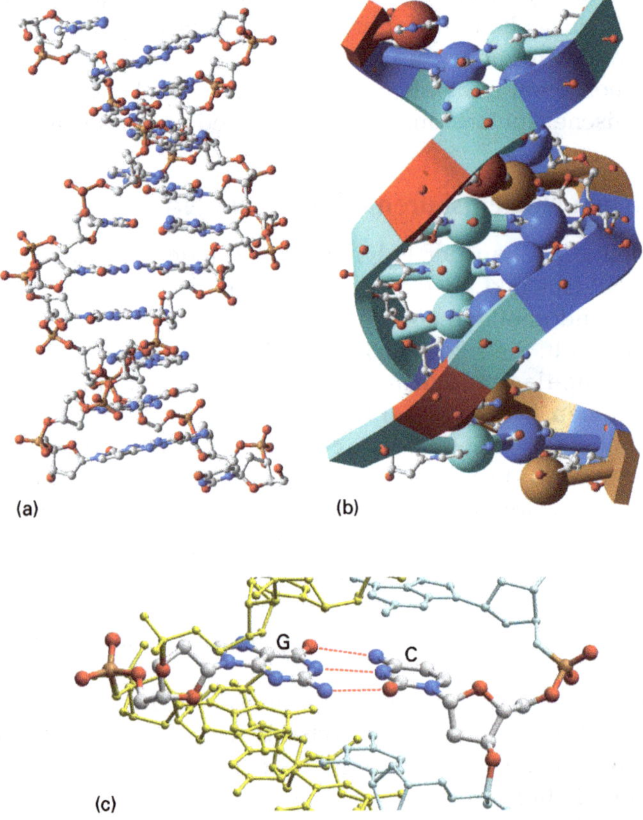

Abb. 9.11: Drei Ansichten eines Ausschnitts aus einer DNA. a) Kugel-Stab-Modell; b) graphische Hervorhebung der helicalen Gerüsts und der Basenpaare; c) detaillierter Ausschnitt mit hervorgehobenem G-C-Paar (die H-Atome sind nicht eingezeichnet).

Bei jeder Zellteilung teilt sich die Doppelhelix in zwei Einzelstränge. Diese werden auf die beiden entstehenden Tochterzellen aufgeteilt. Anschließend wird anhand jedes Einzelstranges der jeweils komplementäre Strang aus dem in der Zelle verfügbarem Rohmaterial, den NTP, neu rekonstruiert. Jede Tochterzelle stellt sich daher alsbald anhand des jeweils erhaltenen Einzelstranges die komplette genetische Ausstattung der Mutterzelle, von der sie abstammt, wieder her.

All dies ist nur möglich, da die beiden Einzelstränge über Wasserstoff- Brückenbindungen zusammengehalten werden. Kovalente Bindungen wären viel zu stark und die Trennung der Doppelhelix in zwei Einzelstränge würde nicht funktionieren. Van der Waals-Bindungen wiederum wären zu schwach und die Ausbildung einer stabilen Doppelhelix würde nicht gelingen.

Wie die beteiligten Reaktionen und die Codierung der genetischen Information durch die „Buchstaben" der DNA (die Basen A, C, G und T) im Detail funktionieren, ist trotz mancherlei Komplexität heute bereits in vielen Zügen verstanden. Eine detaillierte Behandlung dieser Thematik würde jedoch den Rahmen dieses Lehrbuchs bei weitem sprengen. Sie bleibt den Lehrbüchern der Biochemie und der Molekularbiologie vorbehalten.

Kurz zusammengefasst:

- Die genetische Information, die Abfolge der Nucleotid-Bausteine, ist primär in der DNA festgelegt. Im Endeffekt werden daraus die Primärstrukturen, also die Aminosäuresequenzen, der vielfältigen Proteine aufgebaut, die im Organismus als Strukturmaterial gleichermaßen wie als zentrale Funktionswerkzeuge unentbehrlich sind.
- Die Codierung geschieht dadurch, dass jeweils drei aufeinander folgende Nucleotide (**Basentriplett**, **Codon**) für eine bestimmte Aminosäure (oder auch für bestimmte Ableseoperationen an der DNA) codieren.
- Das entsprechende „Vokabelbuch", welches die Übersetzung (**Translation**) aus der „Sprache" der Nucleinsäuren in die „Sprache" der Aminosäuren festlegt, ist der berühmte **Genetische Code**. Er umfasst genau 64 Einträge, da es 64 verschiedene Triplett-Kombinationen von vier unterschiedlichen Basen gibt. Der Code ist „entartet" (ein hässliches Wort); das bedeutet, dass es zu manchen Aminosäuren mehrere Codons gibt. Da es nur 20 proteinogene Aminosäuren gibt, haben wir gewissermaßen einen Zeichenüberschuss in der DNA. Einige Codons stehen nicht für Aminosäuren, sondern regeln als „Satzzeichen" die Ablesung der DNA-Botschaft selbst (Start-Codon, Stopp-Codon, etc.).
- Die Translation erfolgt nicht direkt von der DNA aus, sondern die DNA-Botschaft wird zuerst in eine andere „Schrift" übertragen, nämlich in RNA umkodiert. Dieser Schritt wird auch als **Transkription** bezeichnet. Er ist vergleichbar mit einer Übertragung eines Textes, etwa der Bibel, von lateinischen in kyrillische Zeichen. Das Produkt der Transkription wird als **Messenger-RNA** (mRNA) bezeichnet. Die mRNA ist sozusagen ein Lochstreifen, der vom Proteinbiosyntheseapparat in den Ribosomen abgelesen wird und die Zusammensetzung der wachsenden Proteinkette festlegt.
- Auch die Anlieferung der „richtigen" Aminosäure zum Proteinbiosyntheseapparat wird durch eine spezielle RNA, die **Transfer-RNA** (tRNA) bewerkstelligt.

RNA ist, wie schon erwähnt, im Gegensatz zu DNA einzelsträngig. Dennoch bilden auch die mitunter sehr langen RNA-Fäden durch Basenpaarung komplementärer Basen dreidimensionale Strukturen aus, die der Doppelhelix ähneln, indem unterschiedliche Regionen des langen Moleküls miteinander in Wechselwirkung treten.

Abb. 9.12 zeigt als Beispiel für diese intramolekulare Helixbildung ein tRNA-Molekül. Die rechts unter c) dargestellte grafische Hervorhebung der wesentlichen Strukturmerkmale lässt die verschiedenen intramolekular ausgebildeten Helix-Teilstrukturen gut erkennen.

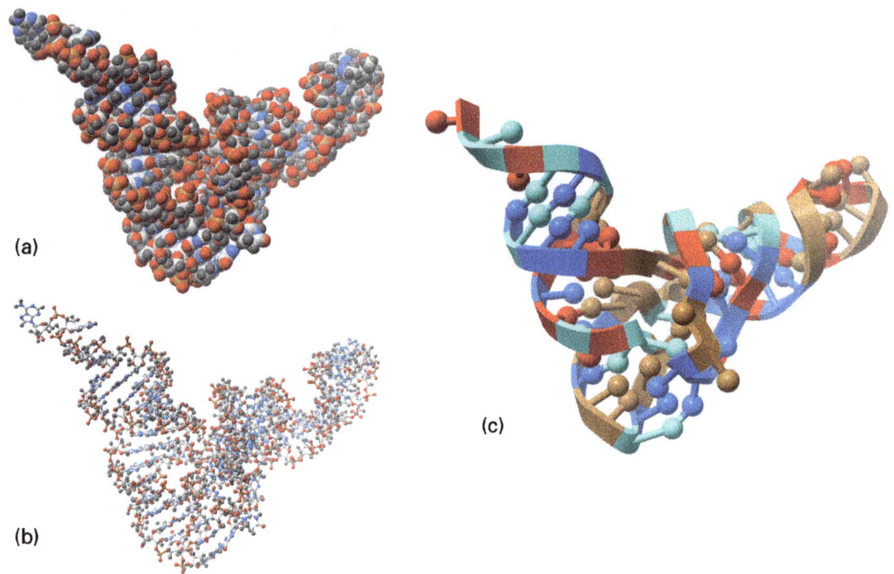

Abb. 9.12: Drei Ansichten einer Transfer-Ribonucleinsäure (t-RNA). a) Kalottenmodell; b) Kugel-Stab-Modell; c) graphische Hervorhebung der helicalen Gerüsts und der Basenpaare.

Besonders in tRNA findet man neben den obligaten RNA-Basen auch eine Vielzahl von so genannten **modifizierten Basen** (**modifizierten Nucleotiden**), die in DNA und in anderen RNA-Arten nicht beobachtet werden.

9.2 Heterocyclische Grundkörper

Ringförmige Verbindungen, die außer Kohlenstoff noch andere Elemente als Ringglieder enthalten, werden als **Heterocyclen** bezeichnet. Als Heteroelemente kommen im Wesentlichen Stickstoff, Sauerstoff und Schwefel in Betracht.

Heterocyclen finden wir als Grundsubstanzen vieler Naturstoffe, aber auch vieler Medikamente und Pharmaka. Es gibt für heterocyclische Verbindungen eine (ziemlich komplizierte) rationelle Nomenklatur, daneben aber existieren Trivialnamen, die sich so stark eingebürgert haben, dass sie viel gebräuchlicher sind als die rationellen Bezeichnungen. Ihre Kenntnis ist daher absolut unerlässlich.

Viele Heterocyclen sind aromatisch. Die entsprechenden nichtaromatischen Verbindungen werden meist als **Hydro**-Derivate der aromatischen Grundkörper bezeichnet.

Um einen Überblick über die wichtigsten heterocyclischen Grundkörper zu gewinnen, ist es hilfreich, die Verbindungen entsprechend der Ringgröße und der jeweiligen Heteroatome zu klassifizieren.

Fünfgliedrige Heterocyclen mit einem Heteroatom

Bei den drei wichtigen Vertretern dieser Klasse, deren Formeln in *Abb. 9.13* dargestellt sind, wird das aromatische Elektronen-Sextett durch die Miteinbeziehung eines freien Elektronenpaars am jeweiligen Heteroatom erreicht.

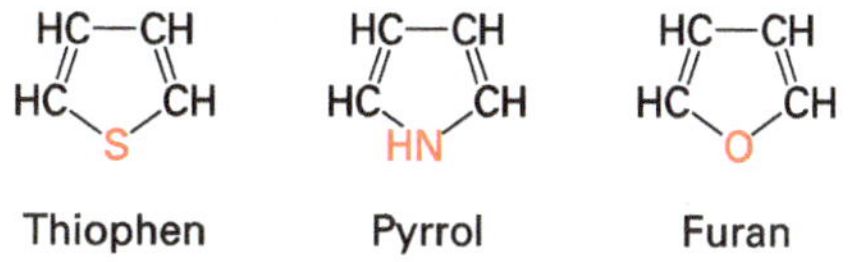

Thiophen Pyrrol Furan

Abb. 9.13: Fünfgliedrige Heterocyclen mit einem Heteroatom.

Thiophen hat von diesen drei Verbindungen den stärksten aromatischen Charakter, da das S-Atom die geringste Elektronegativität besitzt und daher eines der beiden freien Elektronenpaare am S-Atom besonders gut zur Ausbildung des aromatischen Elektronensystems zur Verfügung steht.

Am wenigsten aromatisch ist **Furan** wegen der hohen Elektronegativität des O-Atoms. Furan reagiert weniger wie eine aromatische Verbindung, sondern verhält sich eher wie ein ungesättigter Ether.

Pyrrol ist praktisch nicht basisch, da das freie Elektronenpaar am Stickstoff für die Ausbildung des aromatischen Elektronensextetts benötigt wird.

Fünfgliedrige Heterocyclen mit zwei Heteroatomen

Alle biologisch interessanten Heterocyclen dieser Klasse, die in *Abb. 9.14* dargestellt sind, enthalten mindestens ein Stickstoffatom.

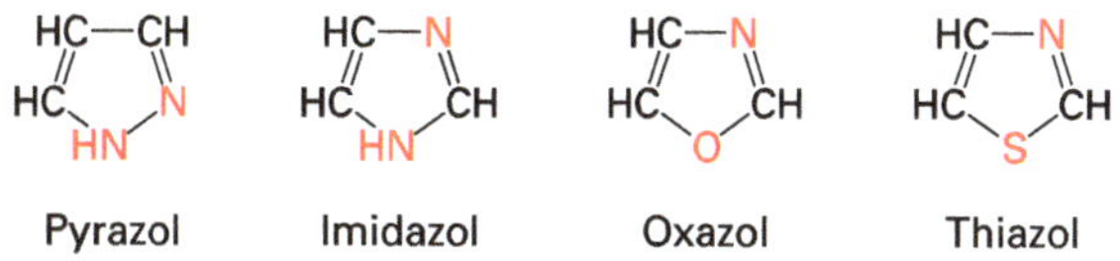

Pyrazol Imidazol Oxazol Thiazol

Abb. 9.14: Fünfgliedrige Heterocyclen mit zwei Heteroatomen

Im Falle von **Oxazol** und **Thiazol** stimmt der Trivialname mit den rationellen Namen fast – bis auf die exakte Angabe der Stellung der Atome im Ring – überein: Die Endung -ol bezeichnet in der Heterocyclenchemie fünfgliedrige Ringe, -ox- steht für Sauerstoff, -thia- für Schwefel und -az- für Stickstoff.

Pyrazol heißt dementsprechend rationell 1,2-Diazol und **Imidazol** ist 1,3-Diazol.

Sechsgliedrige Heterocyclen mit einem oder zwei Stickstoffatomen

In der rationellen Nomenklatur werden Sechsringe mit der Endung -in bezeichnet. *Abb. 9.15* zeigt wichtige Verbindungen.

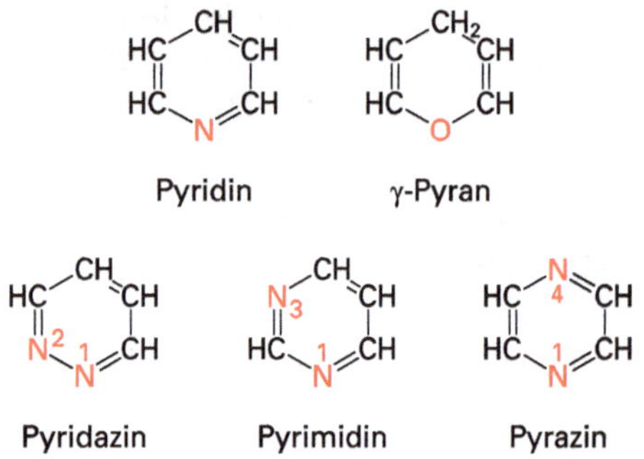

Pyridin γ-Pyran

Pyridazin Pyrimidin Pyrazin

Abb. 9.15: Sechsgliedrige Heterocyclen mit einem Heteroatom (obere Reihe) und mit zwei N-Atomen (untere Reihe).

Pyridin ist eine schwach basische, sehr unangenehm riechende Flüssigkeit.

Von den drei Diazinen **Pyridazin** (1,2-Diazin), **Pyrimidin** (1,3-Diazin) und **Pyrazin** (1,4-Diazin) ist besonders Pyrimidin wichtig als Grundkörper wichtiger Naturstoffe wie etwa einiger Nucleinsäure-Basen.

Mehrkernige Heterocyclen

Darunter verstehen wir Heterocyclen, die sich von kondensierten Aromaten ableiten. *Abb. 9.16* zeigt vier wichtige Vertreter.

Purin ist wie Pyrimidin Grundkörper für bestimmte Nucleinsäure-Basen. Das **Pteridin**-Ringgerüst finden wir in der Folsäure (siehe Kapitel 11, Abschnitt 1 „Vitamine und Coenzyme").

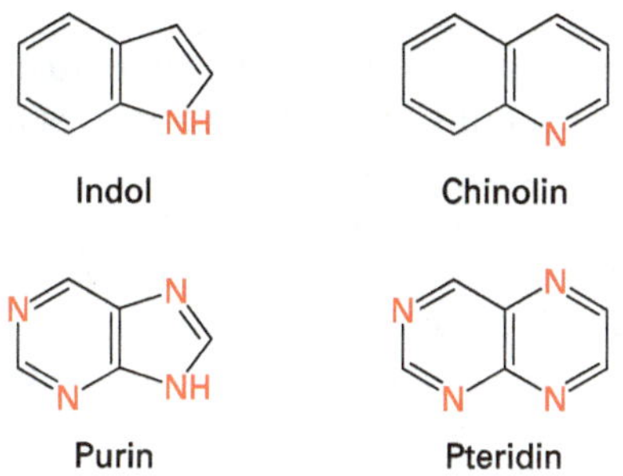

Indol

Chinolin

Purin

Pteridin

Abb. 9.16: Mehrkernige Heterocyclen in abgekürzter Schreibweise.

9.3 Chemie und Krebsentstehung

Lehrziel

Die Entstehung bösartiger Tumore kann auf viele Ursachen zurückgeführt werden – genetische Veranlagung, Ernährung, Rauchen, radioaktive Strahlung, Chemikalien, Sonnenlicht, usw. Immer jedoch ist in der einen oder anderen Weise das Nucleinsäure-Material, die DNA, unserer Zellen in die Krebsentstehung und -entwicklung involviert.

In diesem Abschnitt lernen wir einige Mechanismen kennen, die zu bösartigem Wachstum führen können.

Die DNA ist nicht nur eine Art riesiges Archiv mit den Bauplänen der Körperproteine, das die Vererbung sicherstellt, sondern vielmehr eine sehr aktive Schaltzentrale auch für die Regulation der unzähligen Abläufe während der Lebenszeit eines Organismus.

Fehler in der DNA entstehen ständig durch verschiedene endogene und exogene Ursachen. Gewöhnlich aber kann das zelleigene, extrem effiziente **DNA-Reparatursystem** diese Fehler gleich wieder ausbessern. Wenn dieses System jedoch versagt, etwa wegen Überlastung, so können solche Schäden langfristig zum **Verlust der Kontrolle** über das Wachstum und die Vermehrung einer **maligne transformierten Zelle** führen und in einer manifesten **Krebserkrankung** enden.

Wir wollen in diesem Kapitel exemplarisch einige chemische – und eine physikalisch-chemische – Ursachen für DNA-Schäden besprechen.

Cancerogene

Die meisten chemischen Cancerogene sind Vorstufen, so genannte **Procancerogene**, die erst durch Zellenzyme aktiviert werden müssen. Hier spielen Mechanismen eine große Rolle, die eigentlich die sehr wichtige und nützliche Funktion des **Fremdstoffabbaus** – des Abbaus von **Xenobiotica** –

haben. Ein Beispiel dafür ist das in diesem Buch auch erwähnte **Cytochrom P450** (siehe Kapitel 6, Abschnitt 1 „Die Elemente des Lebens"). Dieses in vielen Zellen vorkommende Enzym baut normalerweise Fremdstoffe, wie etwa aromatische Verbindungen, durch Oxidationsreaktionen ab. Häufig entstehen dabei Hydroxylverbindungen, die entweder bereits wasserlöslich sind oder durch Konjugation mit Glucuronsäure (siehe Kapitel 7, Abschnitt 1 „Mono-, Oligo- und Polysaccharide") löslich gemacht und über den Harn eliminiert werden können. Leider entstehen bei diesen Reaktionen mitunter Substanzen, die dann die Basen der DNA angreifen und diese chemisch verändern können.

Einige Beispiele für chemische Cancerogene zeigt *Tab. 9.2.*

Tab. 9.2: Einige chemische Cancerogene.

Struktur	Vorkommen
Polycyclische Kohlenwasserstoffe 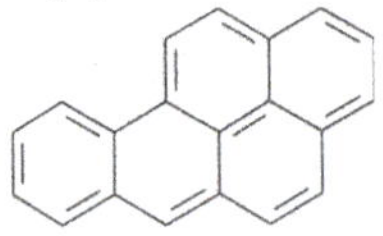 3,4-Benzpyren	Autoabgase, Feinstaub, Ackererde, Zigarettenrauch, Kaffee
Aromatische Amine 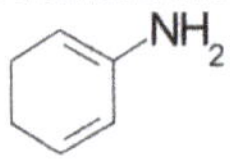 NH_2 NH_2 Anilin 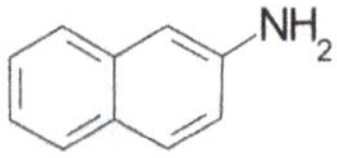 2-Amino-naphtalen	Steinkohlenteer
N-Nitrosamine 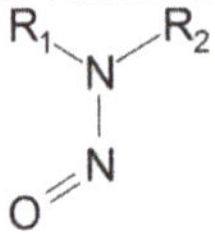 R_1 R_2 N N O N-Nitrosamin	Nahrungsmittelzusatz, Bier
Aspergillus **flavus Toxine** 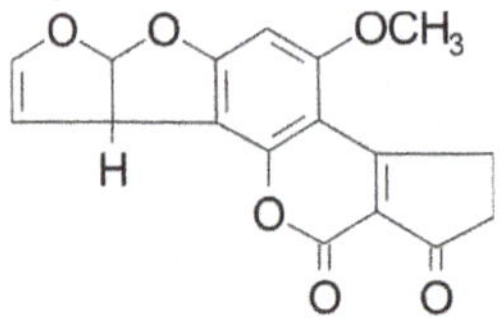 O O OCH_3 H O O O Aflatoxin	Schimmelpilze
Metallkationen Be^{2+}(Beryllium), Cd^{2+} (Cadmium), Co^{2+} (Cobalt)	ubiquitär

Die krebserregende Wirkung der Salpetrigen Säure

Salpetrige Säure (HNO_2) kann indirekt cancerogen wirken. Um dies zu verstehen, müssen wir die unterschiedlichen **Reaktionen von Aminen mit salpetriger Säure** genauer studieren. *Tab. 9.3* zeigt eine Übersicht über diese Reaktionen.

Tab. 9.3: Die Produkte der Reaktionen von Salpetriger Säure mit verschiedenen Arten von Aminen.

Amin	Reaktionsprodukt mit HNO_2
aliphatisch, primär	Alkohol, N_2 und H_2O
aliphatisch, sekundär	N-Nitrosamin und H_2O
aliphatisch, tertiär	Nitrit (Salzbildung)
aromatisch, primär	Diazoniumsalz; mit H_2O Phenol
aromatisch, sekundär	N-Nitrosamin und H_2O
aromatisch, tertiär	Nitroso-substituierte Verbindung

Primäre aliphatische Amine reagieren mit HNO_2 unter Bildung von Alkoholen, molekularem Stickstoff und Wasser:

$$R-CH_2-NH_2+HNO_2 \rightarrow R-CH_2-OH+N_2+H_2O$$

Medizinisch besonders wichtig (und gefürchtet) ist die Reaktion **sekundärer Amine** mit HNO_2. Sie führt, wie *Abb. 9.16* zeigt, zur Bildung der krebserregenden (cancerogenen) **N-Nitrosamine**.

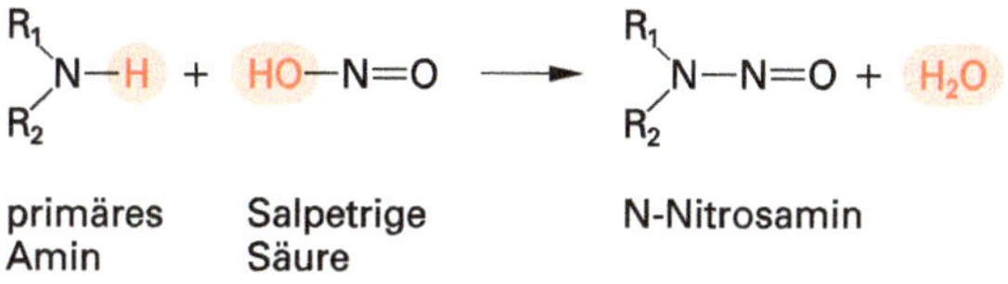

$$R_1R_2N-H + HO-N=O \longrightarrow R_1R_2N-N=O + H_2O$$

primäres Amin | Salpetrige Säure | N-Nitrosamin

Abb. 9.17: Die Bildung krebserregender N-Nitrosamine.

Die NO-Gruppe heißt **Nitroso-Gruppe**. Ist sie an ein Stickstoffatom gebunden, wird sie als **N-Nitroso-Gruppe** bezeichnet.

Tertiäre aliphatische Amine reagieren mit HNO_2 in einer gewöhnlichen Säure-Base-Reaktion – sie bilden Salze (Nitrite):

$$R_3N+HNO_2 \rightarrow R_3NH^+ +NO_2^-$$

Primäre aromatische Amine reagieren mit HNO_2 auf sehr ungewöhnliche Weise. Sie bilden so genannte **Diazonium-Ionen** (*Abb. 9.18*).

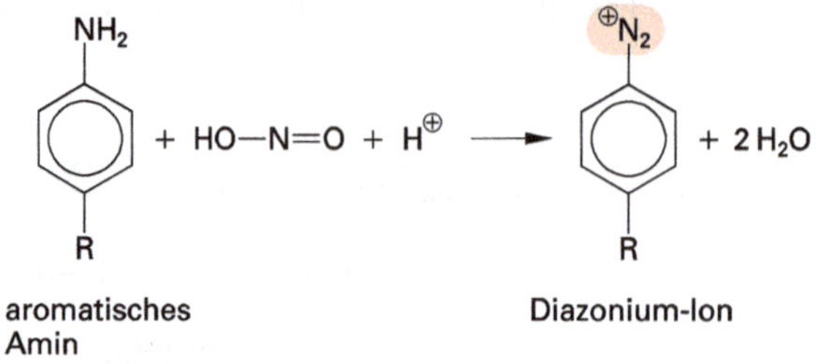

NH_2 + HO—N=O + $H^{\oplus}$ ⟶ $^{\oplus}N_2$ + $2\,H_2O$

R R

aromatisches Amin Diazonium-Ion

Abb. 9.18: Die Diazotierung primärer aromatischer Amine.

In wässrigem Milieu reagieren diese Ionen weiter zu Phenolen (*Abb. 9.19*).

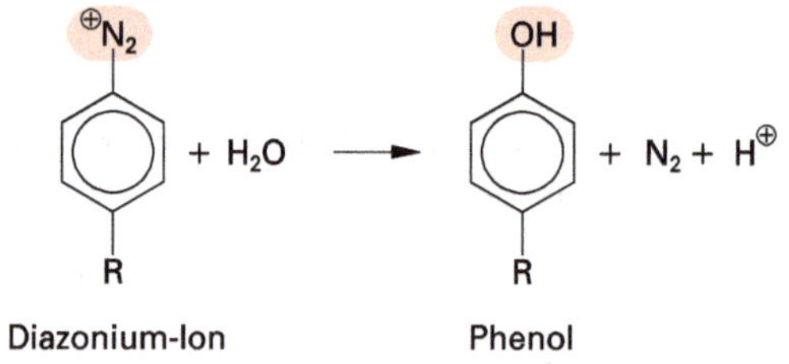

$^{\oplus}N_2$ + H_2O ⟶ OH + N_2 + $H^{\oplus}$

R R

Diazonium-Ion Phenol

Abb. 9.19: Die „Verkochung" eines Diazonium-Ions zu einem Phenol.

Sekundäre aromatische Amine bilden mit HNO_2 ebenso wie aliphatische sekundäre Amine die gefährlichen **N-Nitrosamine**.

Tertiäre aromatische Amine werden von HNO_2 in saurem Milieu in **para-Stellung** substituiert (*Abb. 9.20*).

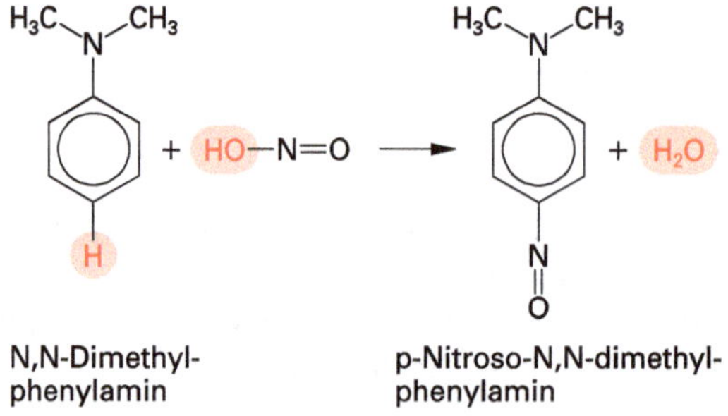

H_3C–N–CH_3 + HO—N=O ⟶ H_3C–N–CH_3 + H_2O

H N=O

N,N-Dimethyl-phenylamin p-Nitroso-N,N-dimethyl-phenylamin

Abb. 9.20: Tertiäre aromatische Amine werden durch Salpetrige Säure in p-Stellung nitrosyliert.

HNO_2 ist, wie gezeigt, in der Lage, mit sekundären Aminen N-Nitrosamine zu bilden. Diese Reaktion ist der Grund für die Gefährlichkeit erhöhter Nitrit- oder Nitratkonzentrationen in der Nahrung oder im Grundwasser. Letzteres ist oft eine Folge übermäßiger Düngung landwirtschaftlich genutzter Böden. Nitrat-Ionen werden im reduzierenden Milieu des Magens zu Nitrit-Ionen reduziert. Da Salpetrige Säure schwächer ist als die Salzsäure des Magens, werden die entstehenden oder direkt mit der Nahrung aufgenommenen Nitrit-Ionen zu HNO_2 protoniert, die dann mit sekundären Aminen in der Nahrung, zum Beispiel in Aminosäuren, Peptiden und Proteinen, cancerogene Nitrosamine bildet.

UV-induzierte Bildung von Thymidin-Dimeren

Eine physikalische Gefahrenquelle, die zu chemischen Veränderungen der Nucleinsäure-Bausteine führen kann, ist **elektromagnetische Strahlung**. Hochenergetische **UV-Strahlung** (UV-B) kann zu einer **Dimerisierung benachbarter Thymidin-Reste in der DNA** führen.

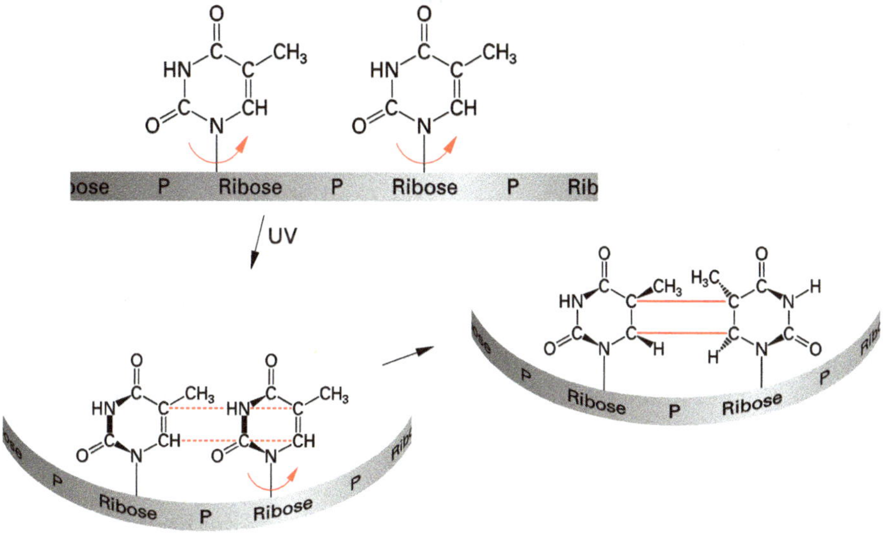

Abb. 9.21: Die Bildung von Thymidin-Dimeren durch ultraviolettes Licht.

Wie *Abb. 9.21* skizziert, kann UV-Strahlung eine Wechselwirkung zwischen den benachbarten Thymidin-Basen an einem DNA-Strang bewirken, die schließlich zur Ausbildung einer echten kovalenten Bindung zwischen den beiden Ringen führen kann. Dadurch wird die Ablesung der DNA verhindert und es kann zu Strangbrüchen und anderen Folgeschäden kommen, die in weiterer Folge zu bösartigen Krebserkrankungen, insbesondere der Haut, führen können.

9.4 Das Spektrum der elektromagnetischen Strahlung

Lehrziel

Ultraviolettes Licht ist – ebenso wie sichtbares Licht – nur ein kleiner Ausschnitt aus dem riesigen Spektrum der elektromagnetischen Strahlung.

Einen großen Teil unserer Kenntnisse über den Aufbau der Materie verdanken wir Untersuchungen der Wechselwirkungen der **elektromagnetischen Strahlung** mit Materie.

Was ist Licht?

Bereits im 17. Jahrhundert gab es dazu zwei einander widersprechende Erklärungsversuche. Einerseits wurde vom großen englischen Physiker Isaac Newton, der meinte, Licht bestünde aus winzigsten Teilchen, die von der Lichtquelle ausgesandt werden, die **Korpuskulartheorie** vertreten. Auf der Gegenseite wurde von Christian Huygens in Holland die **Wellentheorie** postuliert, um die Phänomene der **Beugung** und vor allem der **Interferenz** zu verstehen.

Mit der fortschreitenden Entwicklung der **elektromagnetischen Feldtheorie** James Clerk Maxwells und der Zurückführung des Lichtes auf ein sich im elektromagnetischen Feld wellenartig ausbreitendes Phänomen schien die Huygens'sche Wellentheorie gesiegt zu haben.

- Neue Entdeckungen wie der **photoelektrische Effekt** – Licht vermag unter Umständen aus Metalloberflächen Elektronen „heraus zu schlagen" – und immer genauere Messungen führten jedoch gegen Ende des 19. Jahrhunderts zu ernsthaften Zweifeln am Gedankengebäude der klassischen Physik. Max Planck und Albert Einstein führten zu Beginn des 20. Jahrhunderts eine radikal neue Betrachtungsweise in die Physik ein, die zu einem gänzlich veränderten Weltbild der Phänomene führte, die sich in den winzigen Dimensionen der Atome abspielen – die **Quantentheorie**.

Diese Theorie führte zu wichtigen Folgerungen:

- Licht kann weder durch die Wellentheorie noch durch die Korpuskulartheorie wirklich erschöpfend beschrieben werden, sondern – je nach experimenteller Situation – kann die eine oder die andere dieser Theorien die Resultate besser beschreiben. Die beiden Theorien ergänzen einander.
- Beugung und Interferenz beschreibt man am besten in der Sprache der Wellentheorie, das neuartige Phänomen des photoelektrischen Effekts hingegen kann mit dem Teilchenbild des Lichts viel besser beschrieben werden.

Wir wollen im Folgenden einige wichtige Gesetzmäßigkeiten der elektromagnetischen Strahlung vorstellen.

Sichtbares Licht ist ein Teil der elektromagnetischen Strahlung. Diese Strahlung ist im klassischen Wellenbild durch drei Variable charakterisiert: **Frequenz** ν

(griechischer Buchstabe „ny"), **Fortpflanzungsgeschwindigkeit** c und **Wellenlänge** λ (griechischer Buchstabe „lambda").

Die Fortpflanzungsgeschwindigkeit ist die Geschwindigkeit, mit der sich ein Wellenberg oder ein Wellental in Ausbreitungsrichtung vorwärts bewegen. Die Frequenz gibt an, wie viele Wellenberge in der Zeiteinheit an einem festen Beobachtungspunkt vorbeikommen. Die Wellenlänge ist der Abstand von einem Wellenberg zum nächsten.

Für jede Welle gilt der einfache Zusammenhang:

$$c = \lambda \cdot \nu$$

Elektromagnetische Strahlung – und damit auch Licht – breitet sich mit der größtmöglichen Geschwindigkeit aus, der **Lichtgeschwindigkeit**. Sie beträgt im Vakuum:

$$c = 2{,}99793 \cdot 10^{8} \mathrm{m} \cdot \mathrm{s}^{-1}$$

Das sind etwa 300 000 km pro Sekunde – etwas weniger als die Entfernung von der Erde zum Mond.

Sichtbares Licht ist nur ein winziger Ausschnitt aus dem gesamten Spektrum der elektromagnetischen Strahlung. *Abb. 9.22* zeigt die verschiedenen Bereiche des **elektromagnetischen Spektrums**, die sich durch ihre Wellenlänge und Frequenz unterscheiden. Die Geschwindigkeit aller dieser Strahlenarten ist dieselbe.

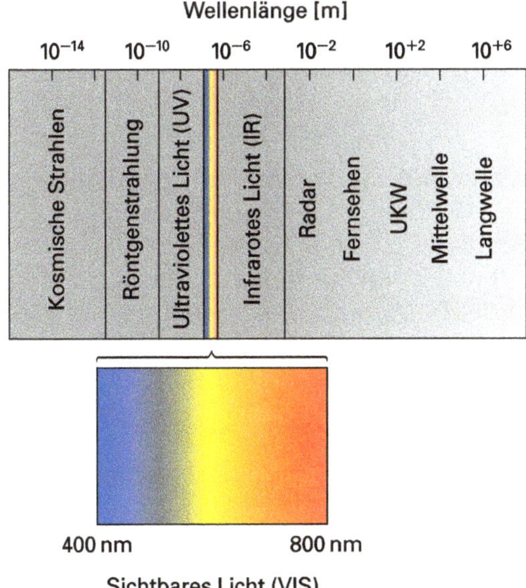

Abb. 9.22: Das Spektrum der elektromagnetischen Strahlung.

Dass Licht, wie jede Welle, Energie transportieren kann, war schon lange bekannt. Das radikal Neue an der Quantentheorie ist, dass ihr zufolge diese Energie nur in kleinsten Energieportionen, so genannten **Energiequanten**, auftreten kann. Licht kann somit nicht nur als Welle in einem Kontinuum aufgefasst werden, sondern auch – und das ist das Verblüffende – als ein Strom von kleinsten masselosen Teilchen. Diese werden **Photonen** genannt. Sie bewegen sich mit Lichtgeschwindigkeit und transportieren dabei eine mit der Frequenz oder Wellenlänge des Lichtes zusammenhängende Energiemenge:

$$E = h \cdot \nu$$

Hierbei lernen wir eine neue Naturkonstante kennen, das **Planck'sche Wirkungsquantum** h, welches die in der Natur kleinstmögliche Wirkung darstellt und den Zahlenwert besitzt:

$$h = 6{,}6 \cdot 10^{-34}\,J \cdot s$$

Merke: Nicht nur die Materie besteht somit aus Atomen, auch die physikalischen Größen Energie und Wirkung können nicht in beliebig kleinen Portionen auftreten, sondern sind „atomisiert".

Was hier in ganz kurzer und gedrängter Form dargestellt ist, stellte eine tief greifende Revolution der Naturwissenschaft dar:

Licht verhält sich – je nach experimenteller Situation – wie ein Wellenphänomen oder wie ein Teilchenphänomen.

Diese Dualität ist im Rahmen der klassischen Begriffswelt nicht begreifbar. Dennoch ist die Quantentheorie, die noch zu vielen anderen „klassisch paradoxen" Folgerungen führt, eine äußerst erfolgreiche Theorie in dem Sinne, dass sie die Vorhersage von Erscheinungen im atomaren Bereich mit höchster Zuverlässigkeit ermöglicht.

Auflösung zur Fallbeschreibung

Die Diagnose lautet **Malignes Melanom**. Für diesen bösartigen Hautkrebs sind Sonnenbrände in der Kindheit wichtigster Risikofaktor. Die Sonnenstrahlung enthält nicht nur sichtbares Licht, sondern auch starke Anteile an **infrarotem (Wärmestrahlung, IR)** und **ultraviolettem (UV) Licht**.

UV-Licht schädigt die DNA, beispielsweise durch die Bildung von **Thymidin-Dimeren**. Dadurch wird zunächst die Transkription der betroffenen Genabschnitte blockiert. Später kommt es auch zu Störungen der Reduplikation. Auch Mutationen können ausgelöst werden – und damit unter Umständen bösartige Zellvermehrung und Krebs.

Normalerweise wird ein großer Teil dieser schädlichen UV-Strahlung durch das Ozon O_3 in der höheren Atmosphäre absorbiert und unschädlich gemacht. Wegen der zivilisationsbedingten teilweisen Zerstörung der Ozonschicht (**Ozonloch**) besonders über der Antarktis steigt derzeit die Frequenz bösartiger Hauttumore in Ländern der Südhalbkugel der Erde, etwa in Australien, besorgniserregend an.

ENERGIESPEICHER, HORMONE UND BIOMEMBRANEN: DIE LIPIDE

10

10

Fallbeschreibung

Eine 47-jährige Frau erleidet in der Nacht einen schweren Anfall einer Gallenkolik mit wehenartigen Schmerzen. Nach Einlieferung in eine Notaufnahme eines Krankenhauses werden im Ultraschall Gallensteine diagnostiziert. Die Anamnese ergab Genuss von paniertem Wiener Schnitzel am Vortag.

- Welche Substanz ist meist verantwortlich für die Bildung von Gallensteinen?
- Welche Therapieformen sind möglich?

Lehrziele

Dieses Fallbeispiel führt uns in das große Gebiet der **Lipide**. Wir werden die verschiedenen, chemisch durchaus unterschiedlich gebauten Klassen der einfachen und der zusammengesetzten Lipide kennen lernen und die Funktionen dieser Naturstoffe besprechen, die weit über die von den Fetten bekannte Rolle als zellulärer Brennstoff hinausgehen.

10.1 Lipide

Lehrziel

Unter der Bezeichnung Lipide fassen wir Substanzklassen zusammen, die trotz sehr unterschiedlicher chemischer Strukturen eine Gemeinsamkeit besitzen: Sie sind generell schlecht wasserlöslich, dafür aber gut löslich in apolaren Lösungsmitteln. Ihre Funktionen sind außerordentlich vielfältig – sie sind Brennstoffe für den Zellstoffwechsel, sie begegnen uns als Steroidhormone, Prostaglandine und Vitamine, und sie begrenzen als Membranen die verschiedenen Zellkompartimente ebenso wie die Zelle selbst nach außen.

Klassifizierung der Lipide

Wir unterscheiden zwei Hauptgruppen von Lipiden, die **einfachen Lipide** ohne verseifbare (hydrolysierbare) Esterbindungen, und die **zusammengesetzten** oder **verseifbaren Lipide**, die solche hydrolytisch spaltbaren Bindungen enthalten.

Zu den einfachen Lipiden zählen die **Fettsäuren** (gesättigte und ungesättigte), **Prostaglandine**, **Terpene** und **Steroide**.

Tab. 10.1 zeigt eine Auflistung der verseifbaren Lipide und der molekularen Komponenten, aus denen sie zusammengesetzt sind.

Tab. 10.1: Klassifikation der verschiedenen Lipide.

Bezeichnung	Acyl-reste	verestert mit	weitere Komponente
Wachse	1	langkettigen Alkoholen	keine
Acylglycerine	1-3	Glycerin	keine
Phosphoglyceride	1-2	Glycerin-3-phosphat	Serin, Ethanolamin, Cholin, Inositol
Sphingolipide	1	Sphingosin	Phosphorylcholin, Galactose, Oligosaccharide

Im Folgenden betrachten wir diese verschiedenen Substanzen etwas genauer.

Fettsäuren

Darunter verstehen wir Carbonsäuren mit langen Alkylresten. Bedingt durch ihre Biosynthese enthalten **natürliche Fettsäuren** stets eine **gerade Anzahl von C-Atomen**. Einige Vertreter zeigt *Tab. 10.2.*

Tab. 10.2: Wichtige gesättigte Fettsäuren. Die Kurzschreibweise nennt die Zahl der C-Atome und die Anzahl der C=C-Doppelbindungen, die bei den gesättigten Fettsäuren definitionsgemäß Null beträgt.

Chemische Formel	Trivialname (rationeller Name)	Kurzschreibweise
$H_3C-(CH_2)_{10}-COOH$	Laurinsäure (Dodecansäure)	12:0
$H_3C-(CH_2)_{12}-COOH$	Myristinsäure (Tetradecansäure)	14:0
$H_3C-(CH_2)_{14}-COOH$	Palmitinsäure (Hexadecansäure)	16:0
$H_3C-(CH_2)_{16}-COOH$	Stearinsäure (Octadecansäure)	18:0
$H_3C-(CH_2)_{18}-COOH$	Arachidinsäure (Eicosansäure)	20:0

Wir unterscheiden zwischen **gesättigten Fettsäuren**, die keine C=C-Doppelbindungen enthalten, und **ungesättigten Fettsäuren**, die je nach Anzahl der Doppelbindungen wiederum in **einfach** und **mehrfach** ungesättigte Fettsäuren unterteilt werden.

Gesättigte Fettsäuren nehmen wie langkettige Alkane bevorzugt eine regelmäßige **Zick-Zack-Konformation** ein, da so die Wasserstoff-Atome an benachbarten C-Atomen einander am besten ausweichen können. Diese Konformation bedingt einen stäbchenförmigen, gestreckten Molekülbau. Im Gegenteil dazu steht die räumliche Struktur der ungesättigten Fettsäuren, die natürlicherweise praktisch immer eine **cis-Konfiguration** der Doppelbindung(en) aufweisen. Diese aber bewirkt in der Zick-Zack-Struktur des langen Alkylrestes einen „Knick". *Abb. 10.1* zeigt dies an drei Beispielen.

- Stearinsäure (gesättigt; voll ausgeschriebene Formel)
- Ölsäure (eine Doppelbindung; mit vereinfachtem Formelbild)
- Linolsäure (zwei Doppelbindungen; mit vereinfachtem Formelbild)

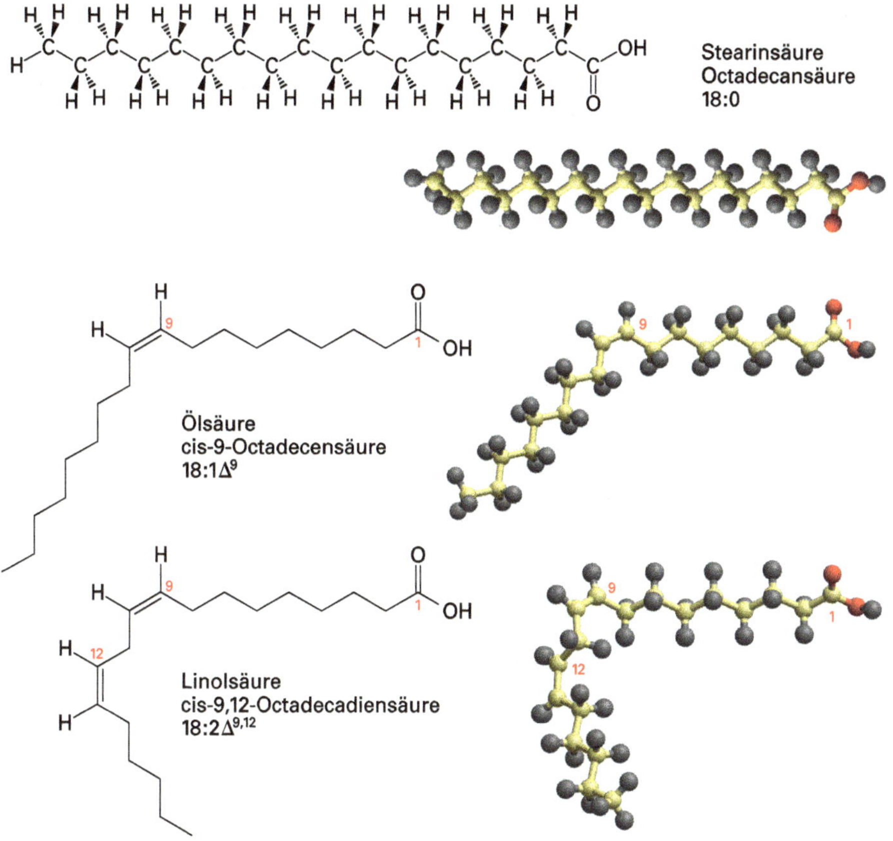

Abb. 10.1: Bevorzugte Konformationen von gesättigten (Stearinsäure), einfach ungesättigten (Ölsäure) und zweifach ungesättigten Fettsäuren (Linolsäure).

Diese molekularen Strukturen haben makroskopische Konsequenzen. Gesättigte Fettsäuren – und, wie wir sehen werden, auch ihre Verbindungen – besitzen höhere Schmelzpunkte, da sie sich wegen der Regelmäßigkeit der Zick-Zack-Struktur relativ leicht zu kristallähnlichen Aggregaten zusammenlagern können.

Ungesättigte Fettsäuren dagegen haben niedrigere Schmelzpunkte als die vergleichbaren gesättigten Vertreter, da durch die Knicke die Ausbildung von Kristallstrukturen erschwert wird.

Abb. 10.1 zusammen mit *Tab. 10.2* demonstriert auch die übliche **Kurzschreibweise** für Fettsäuren, die angibt, wie viele C-Atome eine Fettsäure besitzt, wie viele Doppelbindungen sie hat und an welchen Positionen sich diese befinden.

Prostaglandine

Mit den Fettsäuren nahe verwandt sind die **Prostaglandine**. Diese biologisch hochwirksamen Verbindungen leiten sich von der vierfach ungesättigten **Arachidonsäure** ($20{:}\,4\Delta^{5,8,11,14}$) ab. Wie *Abb. 10.2* am Beispiel der **Prostansäure** zeigt, können wir uns vorstellen, dass Prostaglandine formal durch einen Cyclisierungsschritt aus Arachidonsäure hervorgehen.

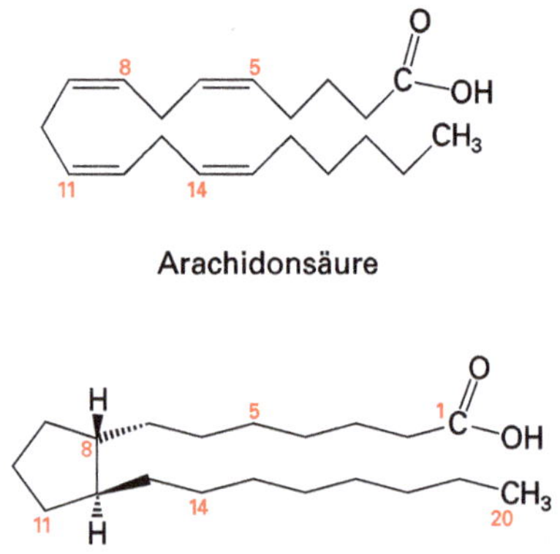

Arachidonsäure

Prostansäure

Abb. 10.2: Die strukturelle Verwandtschaft zwischen der Arachidonsäure und den Prostaglandinen.

Die in *Abb. 10.2* gewählte Schreibweise für die Arachidonsäure gibt nicht die räumliche Struktur wieder, sondern soll nur ihre Verwandtschaft mit der Prostansäure hervorheben.

Da die Prostaglandine aus Arachidonsäure, die rationell Eicosatetraensäure genannt wird, durch das Enzym Cyclooxygenase (COX) entsteht, werden sie zusammen mit den ebenfalls aus Arachidonsäure gebildeten **Thromboxanen** und den **Leukotrienen** – letztere werden durch das Enzym Lipoxygenase oder LOX synthetisiert – auch als **Eicosanoide** bezeichnet. Die drei Verbindungsklassen üben im Organismus wichtige biochemische und physiologische Funktionen als Mediatoren, insbesondere des Entzündungsgeschehens, aus (siehe Kapitel 3, Abschnitt 9 „Acetylsalicylsäure – ein Tausendsassa unter den pharmakologischen Wirkstoffen").

Terpene

Terpene sind apolare Verbindungen, die mit den noch zu besprechenden **Steroiden** den **Isoprenoiden** (Isoprenabkömmlingen) zugerechnet werden. Sie bestehen aus dem in *Abb. 10.3* gezeigten Baustein 2-Methyl-buta-1,3-dien (Trivialname **Isopren**).

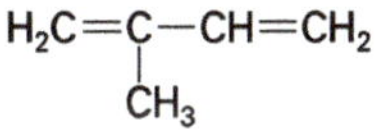

$$H_2C{=}\underset{\displaystyle CH_3}{\underset{|}{C}}{-}CH{=}CH_2$$

Abb. 10.3: Isopren – wichtiger Baustein von Biomolekülen.

Wir unterscheiden, je nach der Zahl n der Isopren-Bausteine, Monoterpene (n = 2), Sesquiterpene (n = 3), Diterpene (n = 4), Triterpene (n = 6) usw. Terpene können offenkettig oder cyclisch (ringförmig geschlossen) sein. *Abb. 10.4* zeigt als Beispiel zwei pflanzliche Öle mit Terpenstruktur.

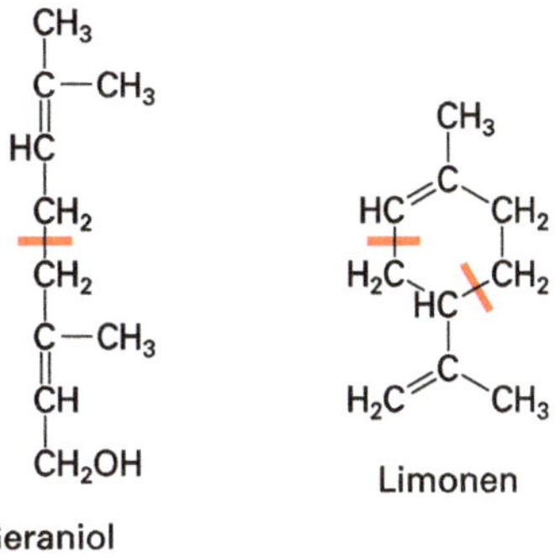

Geraniol

Limonen

Abb. 10.4: Zwei Monoterpene aus ätherischen Ölen.

Viele pflanzliche Öle und Duftstoffe, so genannte „ätherische Öle", sind Terpene. Das Tetraterpen (8 Isoprenreste) **β-Carotin** ist die Vorstufe von **Retinol**, einem Alkohol, bzw. **Retinal**, dem entsprechenden Aldehyd, die wir auch als **Vitamin A** kennen. *Abb. 10.5* zeigt die Formeln dieser wichtigen Verbindungen.

Das sehr ausgedehnte konjugierte Doppelbindungssystem (alternierende Einfach- und Doppelbindungen) des β-Carotins können wir buchstäblich sehen. Die intensive orange Farbe von Karotten verdankt sich der Wechselwirkung dieses Moleküls mit sichtbarem Licht. Durch die ausgedehnten polyzentrischen Molekülorbitale des konjugierten Doppelbindungssystems wird intensiv sichtbares Licht absorbiert, und wir sehen die Substanz dann in der komplementären Farbe.

Weitere Vitamine mit Terpenstruktur sind **Tocopherol** (**Vitamin E**), wichtigstes Antioxidans für biologische Membranen, sowie die **Vitamine der K-Gruppe**, die zusätzlich Chinon-Strukturen besitzen und für den Ablauf der Blutgerinnung essentiell sind (siehe Kapitel 11, Abschnitt 1 „Vitamine und Coenzyme").

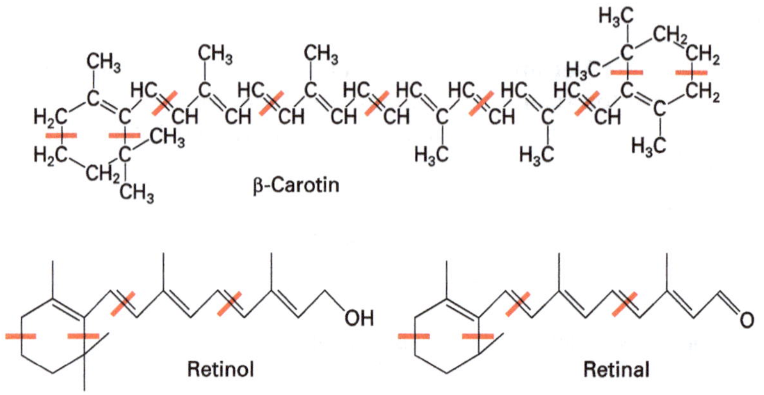

β-Carotin

Retinol

Retinal

Abb. 10.5: ß-Carotin und seine biologisch wichtigen Spaltprodukte Retinol und Retinal.

Steroide

Steroide, die aufgrund ihrer Biosynthese auch zu den Isoprenoiden gezählt werden, sind strukturell Derivate des tetracyclischen Kohlenwasserstoffs **Cyclopentano-perhydrophenanthren** (auch „**Steran**" oder „**Gonan**"). *Abb. 10.6* zeigt die sehr charakteristische Struktur des Sterans mit der üblichen Nummerierung der Atome und der Bezeichnung der Ringe. Die hier gewählte Orientierung des Ringsystems entspricht der internationalen Konvention.

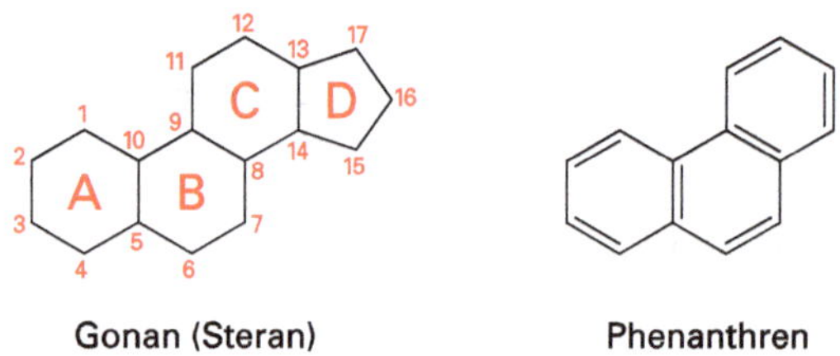

Abb. 10.6: Das Grundgerüst der Steroide leitet sich vom Phenanthren ab.

Die Kombination der drei Sechsringe (A,B,C) können wir als gesättigtes Derivat des aromatischen Kohlenwasserstoffs **Phenanthren** auffassen, daher die Bezeichnung „Perhydrophenanthren". Der daran ankondensierte Fünfring (D) wird im Namen durch das vorangestellte „Cyclopentano-" ausgedrückt.

Wir wollen kurz die **Stereochemie** der Steroide studieren. Die Ringe im Steranring sind – mit ganz wenigen Ausnahmen – nicht aromatisch. Daher sind sie auch nicht eben gebaut, sondern nehmen **Sesselformen** ein, wie wir dies etwa von den Kohlenhydraten her kennen. Zusätzlich wissen wir, dass verknüpfte Ringsysteme Möglichkeiten der cis-trans-Isomerie bieten (siehe Kapitel 7, Abschnitt 2 „Isomerie – unterschiedliche Moleküle mit ‚gleicher' Formel").

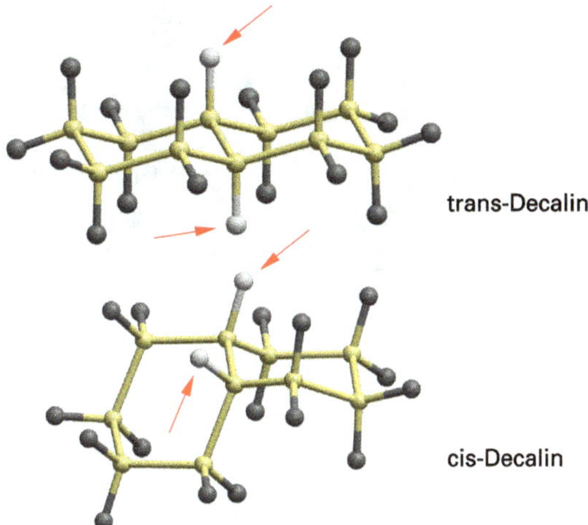

Abb. 10.7: trans-Decalin ist gestreckt, in cis-Decalin sind die beiden Ringe gegeneinander „abgeknickt". Die beiden H-Atome, deren Position die Zugehörigkeit zur cis- oder trans-Konfiguration festlegt, sind farblich und durch die Pfeile hervorgehoben.

Wir machen uns diese Tatsachen an einem einfacheren Beispiel klar, dem **Decalin** (Perhydro-naphthalen). In diesem aus zwei kondensierten Sechsringen bestehenden Molekül können die H-Atome, wie *Abb. 10.7* demonstriert, an den "Brückenkopf"-C-Atomen, die die beiden Ringe verbinden, auf derselben (cis) oder auf entgegengesetzten Seiten des Moleküls (trans) liegen. Wir sehen, dass die trans-verknüpfte Molekülform eher gestreckt ist, die cis-Form dagegen abgewinkelt.

Bei Steroiden mit ihren vier verknüpften Ringen findet man praktisch durchgehend die **trans-Verknüpfung** aller Ringe, nur der Ring A ist in einigen Steroiden mit dem Ring B auch cis-verknüpft. Die übliche all-trans-Verknüpfung führt zu **lang gestreckten und starren Molekülen**, die in der Seitenansicht eine Zick-Zack-Anordnung der Atome aufweisen, ähnlich der in gesättigten Fettsäuren (*Abb. 10.8*).

Die Steroide lassen sich aufgrund ihrer chemischen Strukturen in verschiedene Subklassen unterteilen, die sich auch bezüglich ihrer physiologischen Wirkungen unterscheiden.

Sehr wichtige Gruppen von Steroiden sind die **Sexualhormone** und die **Schwangerschaftshormone**. *Tab. 10.3* fasst die wichtigsten Subklassen zusammen, nennt die jeweiligen Grundkörper sowie je einen bekannten Vertreter und informiert kurz über die physiologische Bedeutung.

Die Estrogene fallen insofern etwas aus dem Rahmen, als der Ring A aromatisch ist.

Gallensäuren sind Abkömmlinge von **Cholan** [17-(1-Methylbutyl)-androstan]. Ihre Funktion ist die Emulgierung von Fett, um eine bessere Resorption im Dünndarm zu gewährleisten. *Abb. 10.9* zeigt Cholan und Cholsäure. Die Hydroxylgruppen stehen, wie durch die strichlierte Bindung angedeutet ist, im Vergleich zur Methylgruppe am C_{10} auf der entgegengesetzten Seite des Ringsystems in trans-

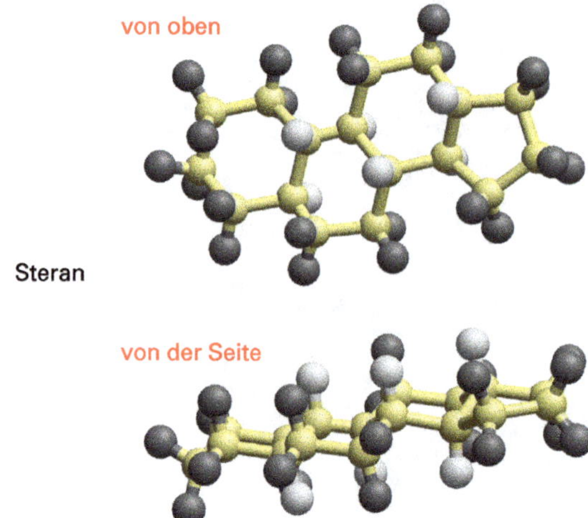

Abb. 10.8: all-trans-Steran aus zwei verschiedenen Positionen gesehen: Von der Seite ist die Zick-Zack-Struktur auffällig. Die trans-ständigen H-Atome an den Verknüpfungskanten der Ringe sind farblich hervorgehoben.

Tab. 10.3: Die Grundkörper und Beispiele für Sexual- und Schwangerschaftshormone.

Grundstruktur	Beispiel	Subklasse und physiologische Bedeutung
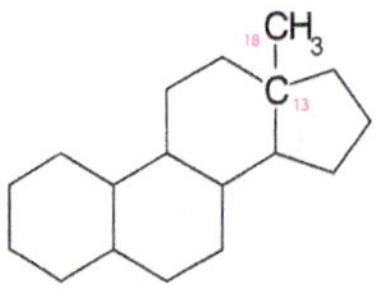 Estran	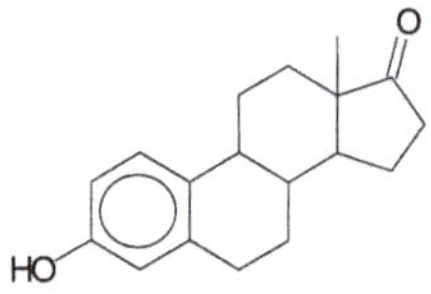 Estron	Estrogene. Weibliche Sexualhormone
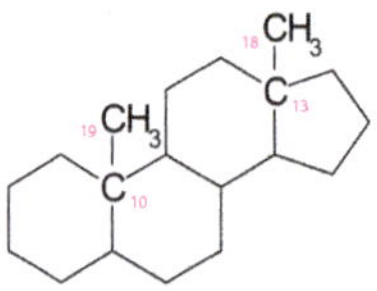 Androstan	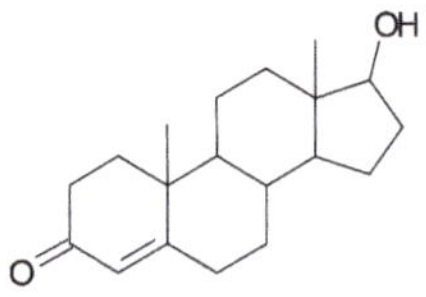 Testosteron	Androgene. Männliche Sexualhormone
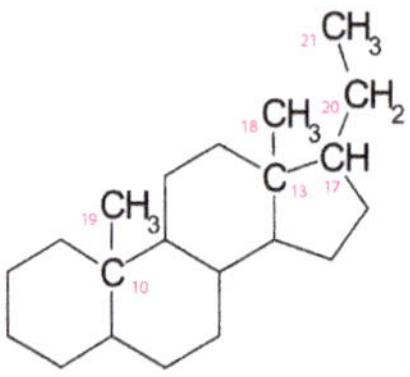 Pregnan	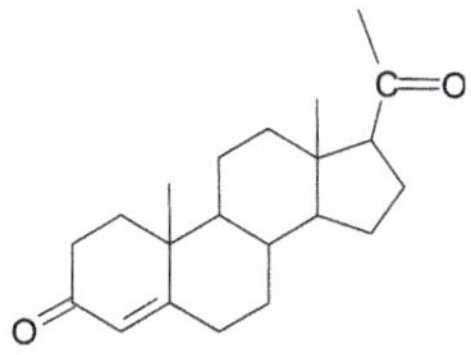 Progesteron	Gestagene. Schwangerschafts-hormone

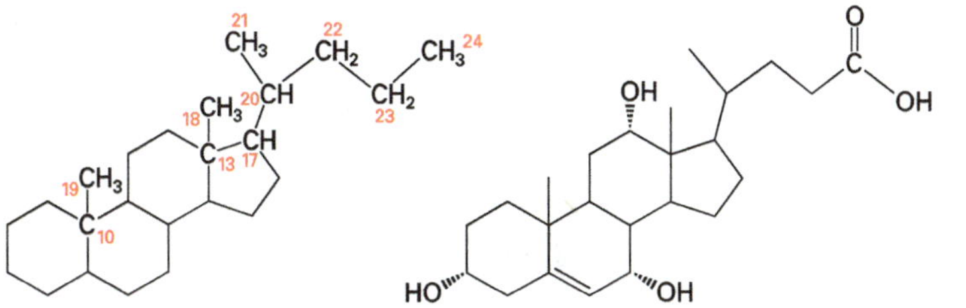

Cholan

Cholsäure

Abb. 10.9: Cholan und Cholsäure, eine Gallensäure.

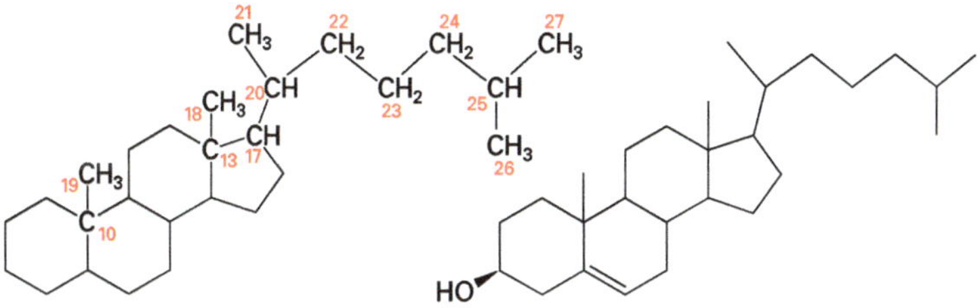

Cholestan

Cholesterin

Abb. 10.10: Cholestan und Cholesterin.

Stellung. Diese Stellung wird bei Steroiden auch als α-Stellung bezeichnet. Im Gegensatz dazu nennt man die cis-Stellung, bezogen auf die Methylgruppe am C_{10}, β-Stellung. So steht die Methylgruppe am C_{13} praktisch immer in β-Stellung.

Cholestan [17-(1,5-Dimethylhexyl)-androstan] schließlich ist der Grundkörper der **Sterine**, deren bekanntester Vertreter **Cholesterin** ist (*Abb. 10.10*).

Cholesterin besitzt am C_3-Atom eine β-ständige OH-Gruppe, die noch durch langkettige Fettsäuren verestert sein kann. Cholesterin selbst und seine Ester sind wichtige Komponenten der Lipidmembranen von Zellen.

Die Rolle von Cholesterin in Biomembranen

Cholesterin besitzt so wie die meisten Steroide eine **all-trans-Verknüpfung** der 4 Ringe des Steroid-Grundgerüstes. Wie in *Abb. 10.8* angedeutet, entsteht so aufgrund der konfigurativen Starrheit dieses Molekülgerüstes ein gestrecktes, stäbchenförmiges Molekül. Cholesterin wird in die *a priori* fast flüssigen Biomembranen (siehe Abschnitt 10.2 „Grenzflächenaktivität und Biomembranen") als eine Art von **Strukturstabilisator** eingebaut, um den Biomembranen die erforderliche mechanische Festigkeit zu verleihen.

Ein Mangel an Cholesterin kann eine zu hohe Fluidität der Biomembranen – und damit eine Störung der Funktion von Zellen, beispielsweise Immunzellen – bewirken.

Es gibt noch weitere Klassen von Steroiden, die wichtige biologische Funktionen ausüben, etwa die **Corticoide** als Nebennierenrindenhormone, die unter anderem den Mineralstoffwechsel regulieren, **herzaktive Steroide** wie die Fingerhut-Inhaltsstoffe Digitoxin und Digoxin, **Insektenhormone** und andere mehr.

Triacylglycerine (Triglyceride, Neutralfette)

Mengenmäßig sind diese einfachsten verseifbaren Vertreter, die **Fette und Öle**, die wichtigste Lipidgruppe. Es handelt sich um Ester des dreiwertigen Alkohols Glycerin (1,2,3-Propan-triol) mit gesättigten und ungesättigten Fettsäuren. Natürlich vorkommende Fette und Öle weisen meist ein sehr komplexes Fettsäuregemisch auf. Die Grundstruktur eines Triacylglycerins sieht etwa so aus, wie *Abb. 10.11* andeutet.

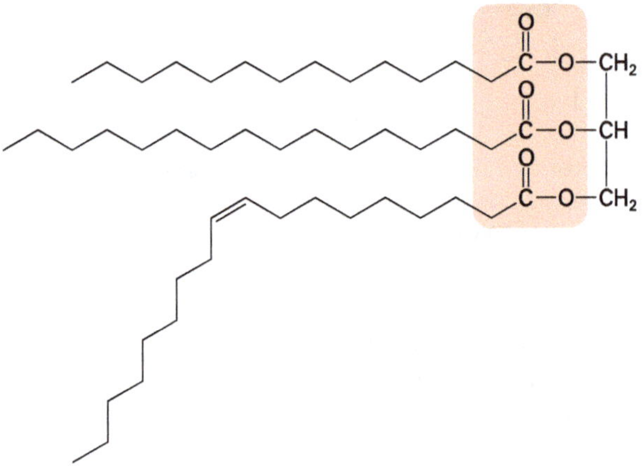

Abb. 10.11: Grundstruktur eines Neutralfettes.

Triacylglycerine, die nur gesättigte Fettsäuren enthalten, haben höhere Schmelzpunkte, da sie aufgrund der regelmäßigen Zick-Zack-Strukturen der langen Alkylketten stärkere intermolekulare Wechselwirkungen – und damit quasikristalline, relativ hochgeordnete Strukturen – ausbilden können. Ungesättigte Fettsäuren dagegen besitzen wegen der cis-Anordnung der Doppelbindung, die einen markanten Knick in der Kette der C-Atome bewirkt, unregelmäßigere Strukturen. Je höher der Gehalt von Fetten an ungesättigten Fettsäuren ist, desto niedriger ist ihr Schmelzpunkt. Öle sind Fette mit hohem Gehalt an ungesättigten Fettsäuren. Sie sind bei Raumtemperatur flüssig. Durch **Hydrierung**, das heißt durch Addition von H_2, der Doppelbindungen werden ungesättigte Fettsäuren in gesättigte überführt. Wir nennen diesen Vorgang **Fetthärtung**.

Mehrfach ungesättigte Fettsäuren wie Linolsäure ($18:2\Delta^{9,12}$) und Linolensäure ($18:3\Delta^{9,12,15}$) sind für unsere Ernährung besonders wichtig, da unsere Zellen hinter C-Atom 9 keine Doppelbindungen einbauen können. Da wir jedoch solche Verbindungen für den Aufbau unserer Biomembranen unbedingt benötigen, nennen wir diese Fettsäuren **essentielle Fettsäuren**). Für diese Fettsäuren sind auch die Begriffe **Omega-6-Fettsäuren** und **Omega-3-Fettsäuren** gebräuchlich. Omega-6-Fettsäuren entsprechen dem Linolsäure-Typ. Bei ihnen beginnt die „hinterste" Doppelbindung zwischen C_{12} und C_{13}, vom terminalen C_{18} aus gesehen, beim sechsten C-Atom. Bei den Omega-3-Fettsäuren vom Linolensäure-Typ hingegen beginnt die „hinterste" Doppelbindung zwischen C_{15} und C_{16}, von C_{18} aus gesehen, beim dritten C-Atom.

Fette stellen eine der wichtigsten Speicherformen für Energie dar. Bei gutem Nahrungsangebot werden Überschüsse durch die körpereigene Fettsäurebiosynthese und Veresterung mit Glycerin in Körperfett umgewandelt und als Energiedepot gespeichert. In Mangelzeiten kann der Organismus diese Reserven mobilisieren und „verbrennen" und auf diese Weise seinen Energiebedarf autonom decken.

Warum ist Fett unser wichtigster Energiespeicher?

Etwas überspitzt können wir Fett als eine Art **körpertaugliches Benzin** betrachten. Wie Benzin besteht Fett zum allergrößten Teil aus Kohlenwasserstoff-Ketten, und wie im Benzinmotor wird das Fett in den Mitochondrien (so wie auch Glucose) gewissermaßen „verbrannt" (siehe Kapitel 3, Abschnitt 2 „Die zelluläre Produktion von Energie"). Benzin ist allerdings in hohem Maße schädlich. Es würde aufgrund seiner extrem hohen Apolarität unsere Biomembranen zerstören. Im Fett sind die langen Kohlenwasserstoffketten über Esterbindungen an Glycerin gebunden und dadurch werden sie körperverträglich.

Während Kohlenhydrate bereits verhältnismäßig viel Sauerstoff enthalten und deshalb bereits teilweise oxidiert sind, bestehen Fette zur Hauptsache aus $-CH_2-$Gruppen ohne O-Atome. Bei ihrer Verbrennung wird daher wesentlich mehr Energie frei als bei der Verbrennung etwa von Glucose. 1 g Fett liefert etwa 38 kJ (das entspricht ungefähr 9 kcal). 1 g Glucose setzt bei der Verbrennung dagegen nur etwa 17 kJ (ungefähr 4 kcal) an Energie frei.

Dazu kommt, dass Reservekohlenhydrate wie Glycogen aufgrund der hohen Polarität und der Fähigkeit, Wasserstoff-Brückenbindungen auszubilden, sehr viel Wasser binden. Die ungefähr 450 g Glycogen eines erwachsenen Menschen binden fast 3 kg Wasser! Fett bindet nicht nur kein Wasser – es stößt Wasser geradezu ab!

Wir Menschen ebenso wie die Tiere sind im Gegensatz zu den ortsfesten Pflanzen mobil. Daher benötigen wir generell viel effizientere Energiespeicherformen als Reservekohlenhydrate. Müssten wir unsere Fettvorräte, die bei normal gewachsenen Erwachsenen etwa 15–20% der Körpermasse ausmachen, durch Glycogen mit dem daran gebundenen Wasser ersetzen, so würde dies unsere Bewegungsfähigkeit massiv in Frage stellen. Pflanzen dagegen können ohne Probleme ihr Energiespeicherproblem durch Kohlenhydratspeicher wie Stärke lösen.

Allerdings ist die Mobilisierung von Energie aus Glycogen im Bedarfsfall, etwa zur Abwehr einer Bedrohung oder zur Flucht, viel rascher möglich als durch Abbau von Fett. Unser Glycogenvorrat ist daher hauptsächlich im Skelettmuskel und in der Leber gespeichert.

Fett dient darüber hinaus aber auch als **Kälteschutz** (Unterhaut-Fettgewebe), als **Baufett** (etwa in der Fußsohle) oder als mechanisch schützendes **Organfett** (beispielsweise sind die Nieren in schützende und stabilisierende Fettpolster eingebettet).

Früher **verseifte** man Fette durch Kochen mit verdünnter Natronlauge. So genannte „Seifensieder" zogen von Hof zu Hof und vollbrachten diese Arbeit. Dabei werden die Esterbindungen **alkalisch hydrolysiert** und es entstehen Glycerin und die Salze der Fettsäuren. Diese Alkalimetallsalze der Fettsäuren nennen wir **Seifen** – sie gehören zu den **amphiphilen Verbindungen** und zeigen **grenzflächenaktive Wirkung** (siehe Abschnitt 10.2 „Grenzflächenaktivität und Biomembranen").

Phosphoglyceride (Glycerophosphatide)

Das Bauprinzip der **Phosphoglyceride**, die als Grundsubstanz für den Aufbau unserer Zellmembranen überaus große Bedeutung besitzen, ist einfach. Während in einem Neutralfett alle drei Hydroxylgruppen des Glycerins mit Fettsäuren verestert sind, enthalten Phosphoglyceride nur zwei Fettsäuren. Die dritte OH-Gruppe des Glycerins ist mit Phosphorsäure verestert. Die so entstehende Verbindung, eine Phosphatidsäure, enthält gewöhnlich an der Phosphorsäure noch einen zweiten Alkohol in Esterbindung gebunden. Es liegt eine Phosphorsäure-Diester-Struktur vor. Als Alkoholkomponenten kommen im Wesentlichen die Aminosäure Serin, der Aminoalkohol Ethanolamin (auch „Colamin" genannt), der quartäre Ammonium-Alkohol Cholin und der mehrwertige Alkohol Inositol vor. Beachtenswert ist bei diesen verschiedenen Phosphoglyceriden, dass sie alle am Phosphorsäureteil eine negative Ladung tragen, da H_3PO_4 als mittelstarke Säure bei physiologischem pH-Wert praktisch zu 100 % als Anion vorliegt. *Abb. 10.12* zeigt diese Strukturen.

Phosphatidylcholin wird auch **Lecithin** genannt. Bei dieser Verbindung sitzt – zusätzlich zur negativen Ladung am O-Atom der Phosphatgruppe – am N-Atom der quartären Ammoniumgruppe eine positive Ladung.

Abb. 10.12 macht etwas ganz Wesentliches deutlich. Alle diese Moleküle tragen zwei sehr lange apolare Alkylketten, denen am Glycerinphosphat-Teil eine sehr polare und überdies geladene Struktur gegenübersteht. Solche Verbindungen haben ausgeprägte **grenzflächenaktive Wirkungen**, die von höchster biologischer Relevanz sind (siehe Abschnitt 10.2 „Grenzflächenaktivität und Biomembranen").

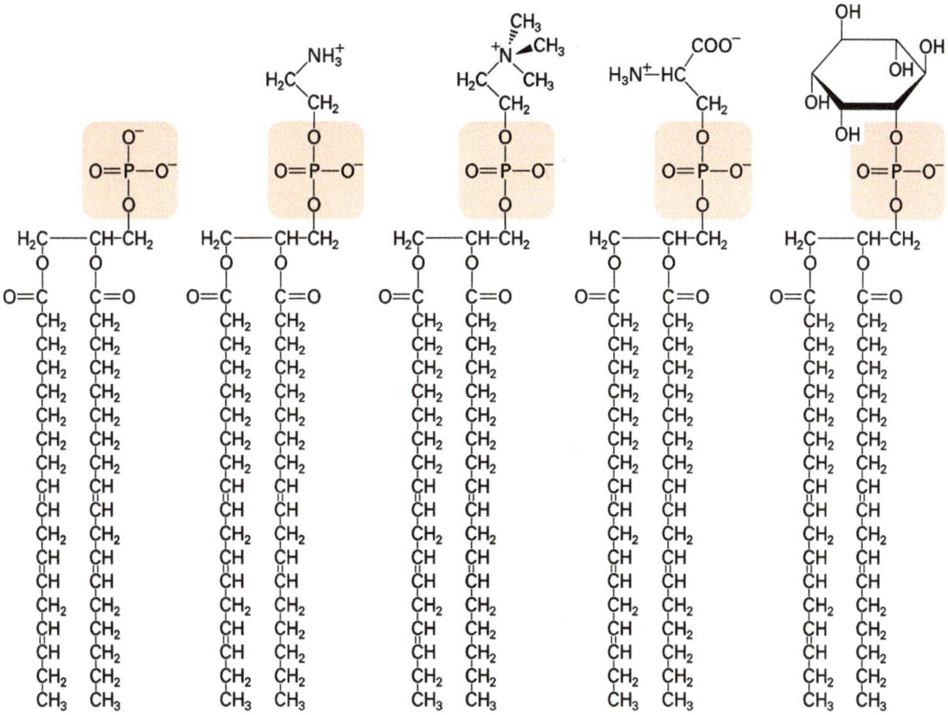

Phosphatid-säure | Phosphatidyl-ethanolamin | Phosphatidyl-cholin | Phosphatidyl-serin | Phosphatidyl-inositol

Abb. 10.12: Strukturen von Phosphoglyceriden – wichtigen Bestandteilen von Biomembranen

Eine interessante Phosphoglycerid-Struktur finden wir bei **Cardiolipin**. Hier sind, wie *Abb. 10.13* zeigt, zwei Phosphatidsäure-Teile über ein zusätzliches Glycerinmolekül esterartig verbunden.

Sphingolipide

Die bisher erwähnten verseifbaren Lipide besitzen als Alkoholkomponente Glycerin. In den **Sphingolipiden** dagegen finden wir einen relativ kompliziert gebauten Alkohol, das **Sphingosin**. Dieses ist allerdings nicht esterartig, sondern säureamidartig an eine langkettige Fettsäure gebunden. Auch solche Säureamide sind durch Kochen mit verdünnter Lauge hydrolysierbar. Daher gehören auch diese Verbindungen zu den verseifbaren Lipiden. *Abb. 10.14* zeigt Sphingosin und die Struktur der **Ceramide**. Das sind die erwähnten Säureamid-Derivate des Sphingosins.

Ceramid besitzt eine freie Hydroxylgruppe am C_2. Diese kann mit Phosphorsäure verestert sein, und die Phosphorsäure kann noch weiter mit anderen Alkoholen, zum Beispiel Cholin, verestert sein. Dann sprechen wir von so genannten

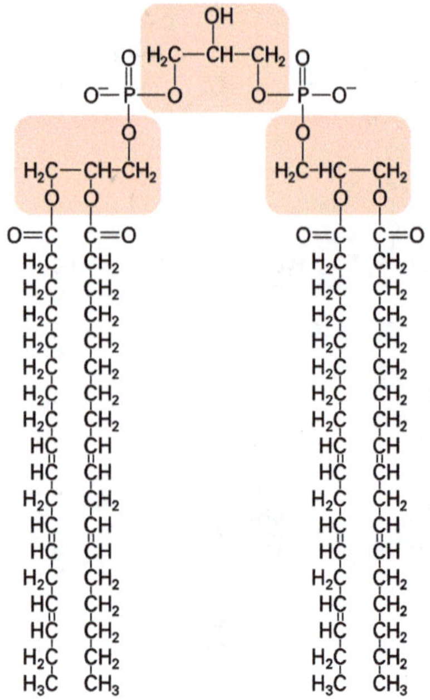

Abb. 10.13: Die Struktur von Cardiolipin

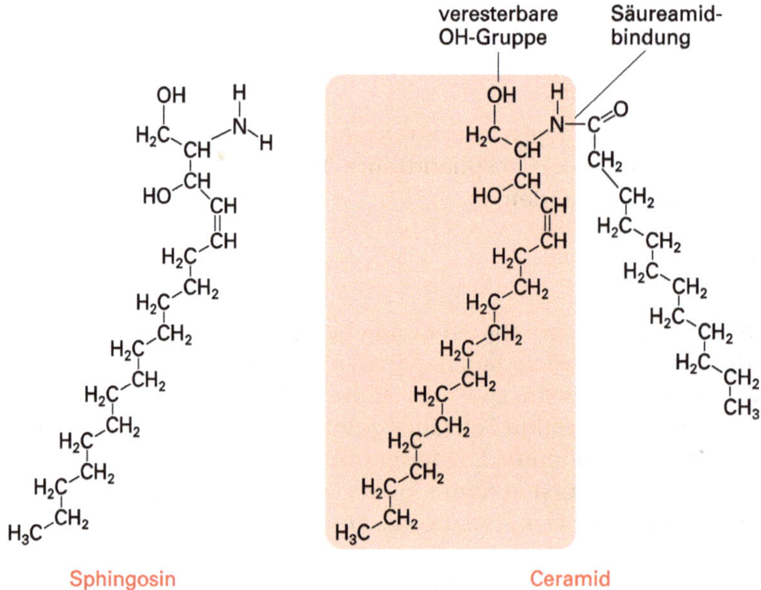

Abb. 10.14: Sphingosin und ein Ceramid

Sphingomyelinen. Anstelle des Phosphorylcholins kann auch ein Kohlenhydrat glycosidisch gebunden sein. In diesem Fall liegt ein **Sphingoglycolipid** vor.

Die Wichtigkeit der Sphingolipide besteht, ganz analog wie die der Phospholipide, hauptsächlich in ihrer Teilnahme am Aufbau biologischer Membranen.

10.2 Grenzflächenaktivität und Biomembranen

Lehrziel

Amphiphile Substanzen besitzen grenzflächenaktive Wirkungen. Im Kontakt mit polaren Medien wie wässrigen Lösungen zeigen solche Stoffe hochinteressante Phänomene der spontanen Selbstorganisation. Auf diesen Prinzipien beruht der grundlegende Aufbau von biologischen Membranen.

Similia similibus solvuntur (Ähnliches wird durch Ähnliches gelöst)

– Mit dem vorangestellten alten Merkspruch bezeichnen wir die Beobachtung, dass sich normalerweise polare Moleküle oder gar elektrisch geladene Ionen in polaren **Lösungsmitteln** wie Wasser gut bis ausgezeichnet lösen – sie sind **hydrophil** („wasserliebend"), aber **lipophob** („fettabweisend") –, während sich apolare Moleküle in apolaren Medien wie Benzen, Ether, Petrolether usw. bestens lösen – sie sind **lipophil**, aber **hydrophob**.

Viele Lipide – Seifen, also konjugierte Basen langkettiger Fettsäuren, Gallensäuren bzw. ihre konjugierten Basen, Phosphoglyceride, die meisten Sphingolipide – haben eine Besonderheit gemeinsam. Neben den für alle Lipide typischen ausgesprochen **apolaren langen Alkylketten** besitzen sie an einer oder einigen Stellen im Molekül positive oder (meist) negative **Ladungen** oder besitzen zumindest einen **stark polaren Baustein**, etwa ein Kohlenhydrat. Sie sind daher **amphiphil**, sie besitzen sowohl einen lipophilen apolaren Teil als auch einen hydrophilen polaren oder geladenen Teil.

Oberflächenspannung

Um die weiteren Überlegungen verstehen zu können, wollen wir zuerst den Begriff der Oberflächenspannung kurz diskutieren.

Abb. 10.15 skizziert links die Situation eines Wassermoleküls in der **Bulk-Phase** innerhalb des Wassers, rechts dagegen ist ein Wassermolekül an der **Oberfläche** dargestellt – allgemein an einer **Grenzfläche** wie zum Beispiel gegen Luft. Die Doppelpfeile symbolisieren die stabilisierenden, anziehenden Wechselwirkungen, die die Wassermoleküle von anderen Wassermolekülen erfahren.

Offenbar erfahren Wassermoleküle an der Oberfläche weniger stabilisierende Kräfte als Wassermoleküle im Inneren der Wasserphase. Als Folge davon halten sich Wassermoleküle „lieber" in der Bulk-Phase auf als an der Grenzfläche. Mit anderen Worten, Wasser versucht, die Oberfläche im Verhältnis zum Volumen zu minimieren.

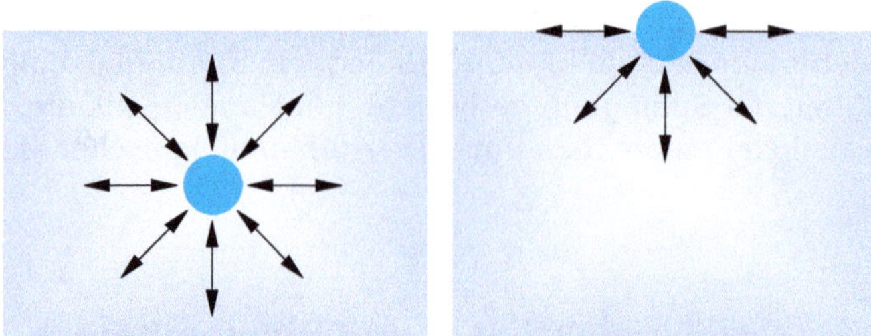

Abb. 10.15: Die stabilisierenden Kräfte auf ein Wassermolekül an der Oberfläche sind geringer als im Inneren der Flüssigkeit

Merke: Wasser setzt dem Versuch, seine Oberfläche zu vergrößern, einen merkbaren Widerstand entgegen. Die Energie, die erforderlich ist, diesen Widerstand zu überwinden, wird als Oberflächenspannung oder Grenzflächenspannung bezeichnet.

Amphiphile Substanzen weisen eine sehr interessante Eigenschaft auf. Durch ihre „doppelte" Natur sind sie ideal geeignet, sich an der Grenzfläche zwischen polaren Flüssigkeiten wie Wasser und apolarer Luft, oder Wasser und apolaren Flüssigkeiten wie Öl, spontan zu verteilen. Dabei richten sie sich so aus, dass sie wie im bekannten Kinderlied ihre polaren „Köpfchen" in das Wasser, die „apolaren Schwänzchen" jedoch in die Luft oder die apolare Phase orientieren (*Abb. 10.16*).

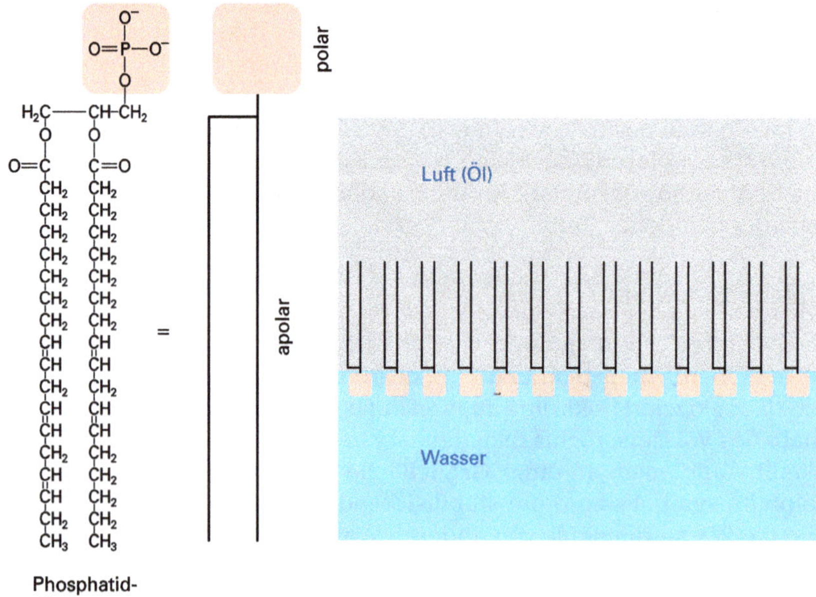

Abb. 10.16: Spontane Ausrichtung von Phospholipid-Molekülen an der Grenzfläche zwischen Wasser und Luft/Öl

An der Grenzfläche zwischen polarem Wasser und apolarer Luft oder apolarem Öl bildet sich so ein monomolekularer, geordneter Film der amphiphilen Substanz. Dadurch bleibt den Wassermolekülen „erspart", den energetisch ungünstigen Platz in der Grenzfläche zu besetzen. **Die Oberflächenspannung wird drastisch verringert**. Besonders einfach und eindrucksvoll sehen wir diesen Effekt der **Grenzflächenaktivität** von amphiphilen Substanzen beispielsweise bei „Seifenblasen", die wir mit etwas Geschick zu beachtlich großen Gebilden mit entsprechend großer Oberfläche aufblasen können.

Eine Konsequenz dieser spontanen Selbstorganisation amphiphiler Moleküle und der damit einhergehenden Absenkung der Oberflächenspannung von Wasser ist die **Waschwirkung der Seifen**, die in *Abb. 10.17* demonstriert wird.

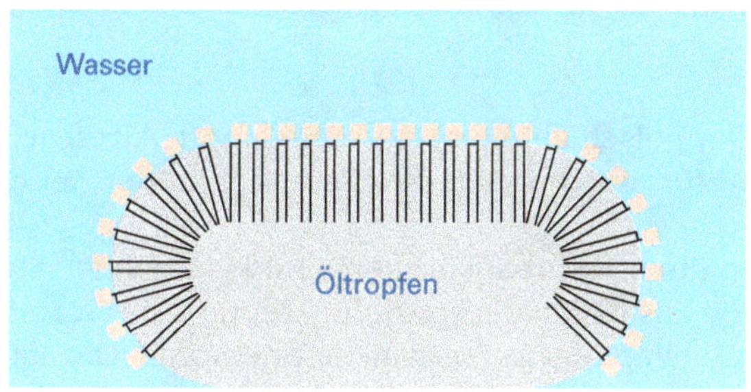

Abb. 10.17: Phospholipid-Moleküle umhüllen ein Fetttröpfchen und machen es besser emulgierbar

Normalerweise in Wasser unlösliche Fett- oder Öltröpfchen werden mit einem Überzug der polaren Köpfchen der Seifenmoleküle überzogen. Die apolaren Schwänzchen befinden sich in der Lipidphase. Dadurch wird der Fetttropfen gewissermaßen „wasserlöslich". Eine sehr feine Emulsion der Fett- und Öltröpfchen und deren gute Abwaschbarkeit mit Wasser ist die Folge.

In unserem Darm machen wir uns diese Emulgierwirkung amphiphiler Substanzen auf Fett ebenfalls zunutze. Die negativ geladenen **konjugierten Basen der Gallensäuren** helfen uns, Fett in Form kleinster Tröpfchen zu emulgieren und dadurch besser resorbieren zu können. Gallensäuren bzw. ihre Salze sind gewissermaßen „Seifen der Eingeweide".

Und schließlich sind **amphiphile Phospholipide und Sphingolipide** und ihre mehr oder weniger kompliziert aufgebauten Derivate die Basis für den Aufbau von **Biomembranen**. Diese sind im Allgemeinen **Doppelschichtmembranen**. Zwei molekulare Schichten amphiphiler Lipide sind so zusammengelagert, dass die apolaren Schwänzchen zueinander gerichtet sind, die polaren Köpfchen aber einerseits von der Zelle nach außen zur wässrigen Extrazellulärflüssigkeit, andrerseits nach innen zur wässrigen Intrazellulärflüssigkeit hin orientiert sind (*Abb. 10.18*).

Dies ist die Grundstruktur unserer Biomembranen. In der Realität sind diese Membranen wesentlich komplexer aufgebaut. Viele andere Komponenten – andere Lipide wie etwa Cholesterinester oder Glycolipide, aber auch Proteine –

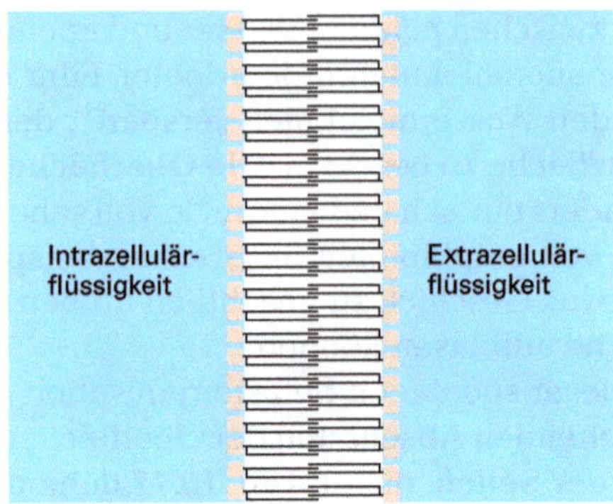

Abb. 10.18: Spontane Ausbildung einer Lipid-Doppelschichtmembran

sind in die Lipid-Doppelschichtmembran eingelagert. All diese unterschiedlichen Komponenten sind für eine normale Kommunikation der Zelle mit ihrer Umwelt unerlässlich.

Abb. 10.19 zeigt ein etwas realistischeres Bild von einem **Ausschnitt aus einer Biomembran**, in die zusätzlich ein spezielles Peptid, das **Gramicidin**, eingelagert ist. Dieses bakterielle Peptid wirkt sowohl für prokaryotische als auch für eukaryotische Zellen giftig. Seine zelltötende Wirkung kommt dadurch zustande, dass das lipophile Molekül in Zellmembranen eingelagert wird. Zwei Gramicidin-Ketten bilden einen Ionenkanal zwischen dem Intra- und dem Extrazellulärraum. Dieser **Ionenkanal** ist spezifisch durchlässig für einwertig positive Kationen wie Kalium, nicht aber für zweiwertig positive Kationen sowie Anionen. Durch diesen Kanal ist je nach den gerade herrschenden Konzentrations- und elektrochemischen Gradienten ein von der Zelle nicht mehr regulierbarer Ionenfluss möglich, der zum Zelltod führt.

Abb. 10.19 zeigt oben ein Lecithinmolekül, beispielhaft für ein typisches Membranlipid. Links ist es als Kugel-Stab-Modell ohne Wasserstoffatome dargestellt, rechts als Kalottenmodell mit den H-Atomen. In der Mitte links ist die gesamte Struktur des Membranausschnitts zu sehen, allerdings, so wie auch in den folgenden Bildern, ohne H-Atome, um die Strukturen deutlicher zu machen. Mitte rechts sehen wir ein Kugel-Stab-Modell der beiden Peptidketten des Gramicidins. Unten links sind ebenfalls die beiden Peptidketten dargestellt, wobei die Helixstruktur des Kanals graphisch hervorgehoben ist. Unten rechts schließlich sehen wir die oberhalb und unterhalb des Membranstücks befindliche Wasserhülle, wobei die Wassermoleküle als Kalotten und die Membranlipide als Kugel-Stab-Modell abgebildet sind. Hier erkennen wir auch sehr schön, dass der Kanal den Wassermolekülen den Durchtritt durch die sonst völlig isolierende Membran erlaubt (der Kanal ist außen lipophil, um gut in der Membran verankert zu sein, innen aber hydrophil).

Dieses Beispiel mag einen Eindruck davon vermitteln, wie Biomembranen in einem vielfältigen Wechselspiel von Doppelschichtmembranen mit eingelagerten Molekülen wie Cholesterin, lipophilen Vitaminen, mit Proteinen, die ent-

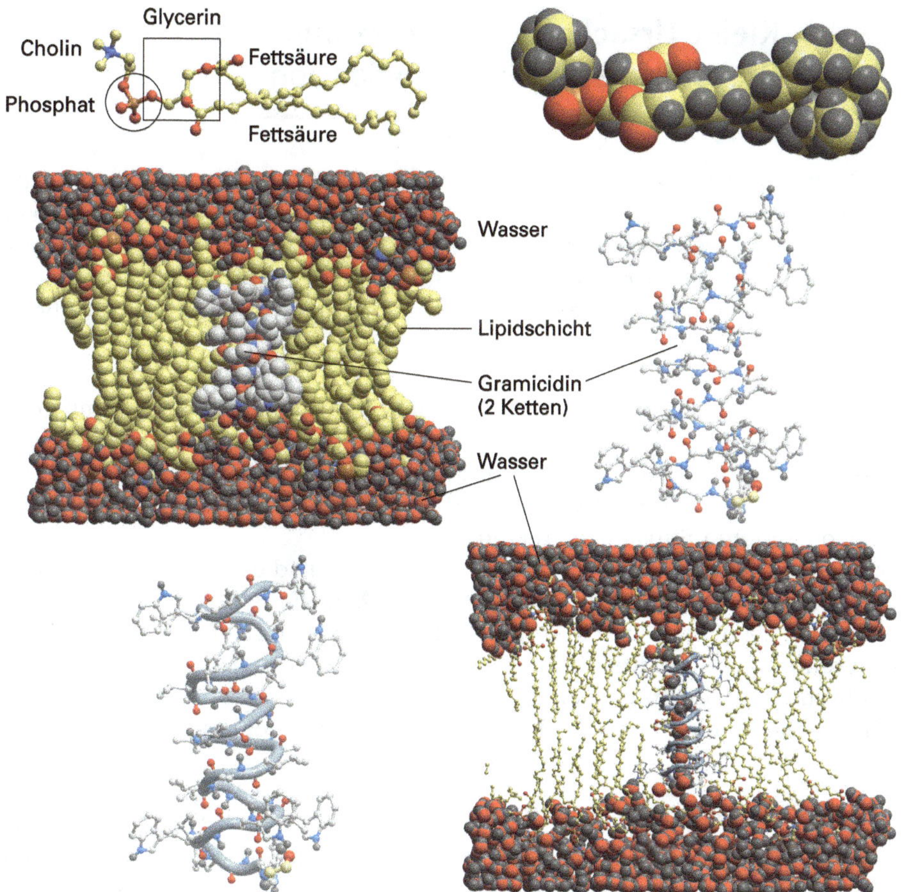

Abb. 10.19: Gramicidin, ein Protein-Kanal durch die Lipid-Doppelschichtmembran (Details sind im Text näher erklärt). Die für die Erstellung dieser Abbildung erforderlichen Moleküldaten verdanke ich dem reichhaltigen Material, das von Eric Martz [*emartz@microbio.umass.edu*] im WWW zur Verfügung gestellt wird. Siehe auch *http://www.umass.edu/microbio/rasmol/scrip_mz.htm.*

weder an die Membran an der Innen- oder Außenseite angelagert sind oder auch durch die Membran hindurchreichen, mit Oligo- und Polysacchariden und anderen Bestandteilen zusammenspielen, um die Zelle oder ihre Kompartimente abzugrenzen und gleichzeitig die Kommunikation der voneinander abgegrenzten Bereiche sicher zu stellen.

10.3 Kleine Ursache – große Wirkung: Die radikalische Lipidperoxidation

Lehrziel

Freie Radikale - Moleküle oder Ionen mit ungepaarten Elektronen - sind meist sehr reaktive Substanzen. Mehrfach ungesättigte Fettsäuren werden besonders leicht von Freien Radikalen angegriffen, wobei typischerweise Kettenreaktionen eingeleitet werden, in deren Verlauf ausgehend von einem einzigen Freien Radikal viele Fettsäure-Moleküle irreversibel chemisch verändert werden können. Atherosklerotische Gefäßverengungen mit massiven Auswirkungen wie Herzinfarkt und Schlaganfall können die Folge sein.

Freie Radikale (siehe auch Kapitel 3, Abschnitt 8 „Sauerstoff – ein Gas mit vielen Gesichtern") sind Partikel – Moleküle, Molekülfragmente oder auch Ionen –, die ungepaarte Elektronen aufweisen, meist weil ihre Elektronenanzahl ungerade ist. Sie sind häufig extrem reaktive, ja geradezu aggressive Moleküle, die mit allen möglichen anderen Substanzen reagieren.

Die essentiellen mehrfach ungesättigten Fettsäuren, die für die Ausbildung der Biomembranen unentbehrlich sind, sind für den Angriff Freier Radikale besonders empfindlich. Da die durch den Angriff Freier Radikale auf mehrfach ungesättigte Fettsäuren eingeleitete Reaktionssequenz, die **Lipidperoxidation**, einerseits für radikalische Reaktionen typisch ist, andererseits gravierende Auswirkungen auf die Gesundheit haben kann, wollen wir sie etwas genauer studieren.

Die „Achillesferse" mehrfach ungesättigter Fettsäuren: Die Allyl-Gruppe

Natürliche mehrfach ungesättigte Fettsäuren wie Linolsäure ($18:2\Delta^{9,12}$) und Linolensäure ($18:3\Delta^{9,12,15}$) weisen immer **isolierte Doppelbindungen** (siehe Kapitel 1 Abschnitt 5 „Die kovalente Bindung") mit cis-Konfiguration auf, die durch jeweils zwei Einfachbindungen voneinander getrennt sind. Die solcherart zwischen zwei Doppelbindungen liegende CH_2-Gruppe wird als **Allyl-Gruppe** bezeichnet. Sie zeichnet sich gegenüber gewöhnlichen Kohlenwasserstoff-Fragmenten durch eine erhöhte Labilität der C –H - Bindung auf. *Abb. 10.20* erläutert die Lage der Allyl-Gruppe.

Wir wollen im Folgenden eine mehrfach ungesättigte Fettsäure als L – H abkürzen, wobei das H in dieser Abkürzung eines der labilen **allylischen H-Atome** ist.

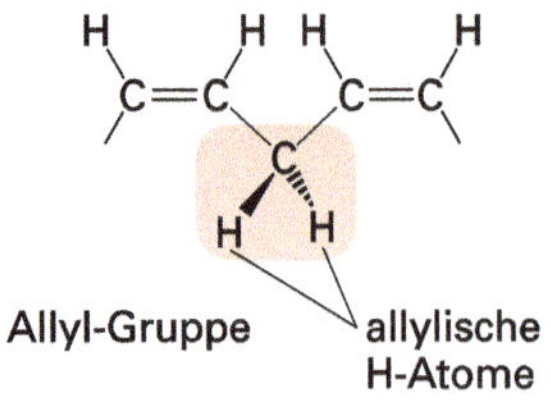

Abb. 10.20: Die Lage der Allyl-Gruppe

Freie Radikale leiten eine Kettenreaktion ein

Wenn ein Freies Radikal – im Folgenden abgekürzt mit $R^\bullet$ - auf ein intaktes Lipidmolekül (L – H) trifft, entreißt es diesem eines der allylischen H-Atome inklusive seines Elektrons:

$$L - H + R^\bullet \rightarrow R - H + L^\bullet \qquad \textbf{Startreaktion}$$

Durch diese initiale Reaktion wird zwar das ursprüngliche Radikal zu einem gewöhnlichen Molekül „befriedet", aber aus L – H ist ein neues Radikal – ein **Lipid-Radikal** $L^\bullet$ – entstanden. Dieses reagiert vorzugsweise mit dem in Zellen immer präsenten Sauerstoff zu einem aggressiven **Lipid-Peroxyl-Radikal** $L - O - O^\bullet$, welches nun die Rolle des ursprünglichen Startradikals einnimmt. Es beraubt ein weiteres L – H seines allylischen Wasserstoffs, wobei wiederum ein Lipid-Radikal $L^\bullet$ entsteht, welches mit Sauerstoff ein neues Lipid-Peroxyl-Radikal bildet, usw.:

$$L^\bullet + O_2 \rightarrow L - O - O^\bullet \qquad \textbf{Kettenreaktion 1}$$

$$L - O - O^\bullet + L - H \rightarrow L - O - OH + L^\bullet \qquad \textbf{Kettenreaktion 2}$$

Bei jedem Durchlauf durch diese beiden Ketten-propagierenden Reaktionen wird ein ursprüngliches L – H - Molekül irreversibel in ein chemisch modifiziertes Produkt, ein so genanntes **Lipid-Hydroperoxid** L – O – OH transformiert, und ein neues Lipid-Radikal $L^\bullet$, das die Kettenreaktion 1 eingeleitet hat, steht am Ende der Kettenreaktion 2 wieder für einen erneuten Durchlauf zur Verfügung.

Merke: Ein einziges Radikal $R^\bullet$ kann eine Vielzahl von L – H - Molekülen chemisch modifizieren.

Solche **Kettenreaktionen** sind generell typisch für radikalische Reaktionen.

Konsequenzen der Lipidperoxidation für die Gesundheit

Durch Freie Radikale initiierte Reaktionssequenzen wie die hier genauer beschriebene können gravierende Auswirkungen auf die Gesundheit haben. Die chemisch modifizierten Lipid-Moleküle können phagozytierende Zellen wie **Makrophagen** anlocken, die sich mit ihnen „anfressen" und zu so genannten **Schaumzellen** entarten können – große, mit Lipiden voll gestopfte Gebilde. Diese führen besonders in Arterien im Verlauf der Jahre zu immer dicker werdenden Ablagerungen, den **atherosklerotischen Plaques**, die das freie Lumen der Gefäße zunehmen verringern und schließlich durch das völlige Unterbinden des Blutflusses zu so dramatischen Ereignissen wie Herzinfarkt oder Schlaganfall führen können.

Was schützt unsere Zellen und Zellmembranen vor aggressiven Freien Radikalen?

Theoretisch könnte ein einziges Radikal alle L – H - Moleküle in seiner Reichweite verändern. Dies wird zum einen durch so genannte **Ketten-Abbruchreaktionen** verhindert. So können beispielsweise beim zufälligen Aufeinandertreffen zweier Freier Radikale diese miteinander zu unschädlichen Produkten reagieren:

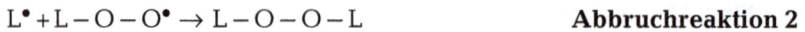

$$L^{\bullet} + L^{\bullet} \rightarrow L - L$$ **Abbruchreaktion 1**

$$L^{\bullet} + L - O - O^{\bullet} \rightarrow L - O - O - L$$ **Abbruchreaktion 2**

Daneben hat uns die Evolution mit verschiedenen Abwehrwaffen gegen diese gefährlichen Aggressoren ausgerüstet. Einige so genannte **antioxidative Schutzenzyme** wie die **Superoxid-Dismutase** und die **Katalase** sind in Kapitel 3, Abschnitt 8 „Sauerstoff – ein Gas mit vielen Gesichtern" erwähnt.

Lipid-Doppelschichtmembranen, die – wie oben gezeigt – besonders sensibel sind, werden hauptsächlich durch das fettlösliche **Vitamin E** vor dem Angriff freier Radikale geschützt. Wie in Kapitel 11, Abschnitt 1 „Vitamine und Coenzyme" ausführlicher dargestellt ist, ist Vitamin E der Sammelname für eine Gruppe von Substanzen, die **Tocopherole**. Einen Vertreter, das α-Tocopherol, zeigt *Abb. 10.21*.

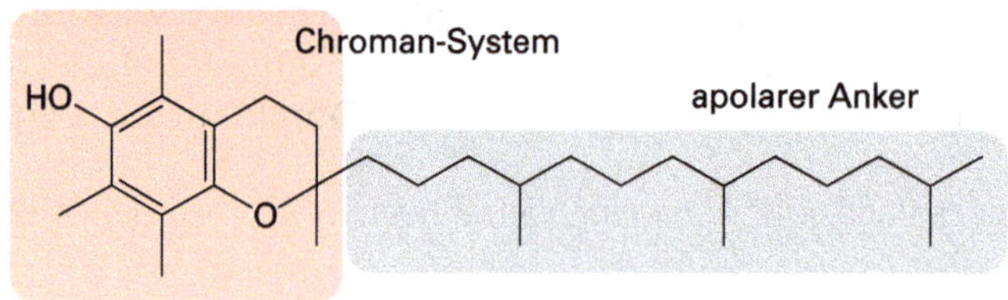

Abb. 10.21: α-Tocopherol, ein Vertreter der Vitamin E-Substanzgruppe

Das Molekül besitzt einen langen, aus mehreren Isopren-Resten bestehenden, apolaren „Schwanz", mit dem es sich in der apolaren Lipid-Membran verankert. Die chemische Funktionalität ist jedoch im **Chroman-Teil**, dem heterocyclischen Ringsystem, lokalisiert. Ein Freies Radikal $R^{\bullet}$ reagiert sehr leicht mit der phenolischen OH-Gruppe am Chroman-Teil, abstrahiert ein H-Atom und wird dadurch unschädlich (*Abb. 10.22*).

Der „Trick" dabei ist, dass das entstehende **α-Tocopheryl-Radikal** viel weniger aggressiv ist als die meisten anderen Freien Radikale, weil der aromatische Ring eine mesomerie-bedingte Delokalisierung – und damit Stabilisierung – des ungepaarten Elektrons erlaubt.

Außerdem wird das α-Tocopheryl-Radikal in weiterer Folge durch **Vitamin C** (**Ascorbinsäure**), wieder zu α-Tocopherol regeneriert. Aus Ascorbinsäure entsteht dabei zwar auch zuerst ein neues Radikal, das **Ascorbyl-Radikal**. Dieses kann aber spontan zu **Ascorbinsäure** und zu **Dehydroascorbinsäure**, der oxidierten Form von Vitamin C, disproportionieren – beides Verbindungen, die keine ungepaarten

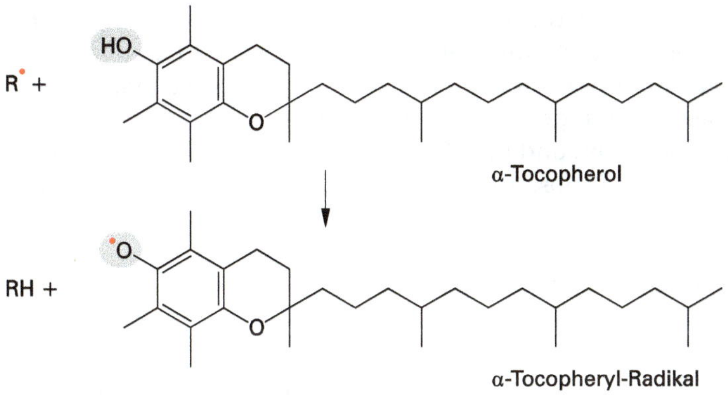

Abb. 10.22: α-Tocopherol reagiert mit Radikalen

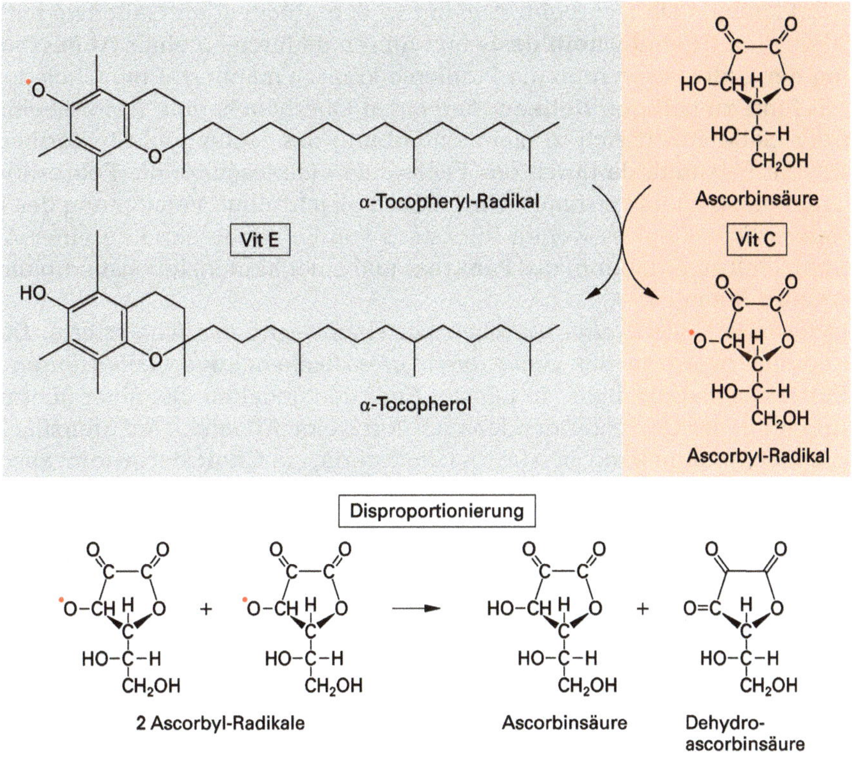

Abb. 10.23: Das α-Tocopheryl-Radikal wird durch Vitamin C zu α-Tocopherol rückverwandelt; das entstehende Ascorbyl-Radikal wird in einer Redox-Disproportionierung zu Ascorbinsäure und Dehydroascorbinsäure umgewandelt.

Elektronen mehr aufweisen (siehe auch Kapitel 11, Abschnitt 1 „Vitamine und Coenzyme"). *Abb. 10.23* demonstriert diese Reaktionsfolge.

Eine gesunde Lebensführung – viel Obst und Gemüse in der Ernährung, Bewegung und Sport, Verzicht auf Rauchen – kann wesentlich dazu beitragen, dass diese natürlichen antioxidativen Schutzsysteme ausreichen, unsere Zellen und unsere Biomembranen gegen Freie Radikale, denen wir immer ausgesetzt sind, nachhaltig zu schützen und die Gefahren für radikalbedingte Erkrankungen wie Atherosklerose und Krebs, aber auch für vorzeitiges Altern, zu minimieren.

Auflösung zur Fallbeschreibung

Gallensteine kommen bei etwa 20% der mitteleuropäischen Bevölkerung vor. Häufig leiden die Betroffenen an keinen Beschwerden – die Gallensteine befinden sich in der Gallenblase (**asymptomatische Cholezystolithiasis**). Führen diese **Konkremente** jedoch zu einer Entzündung der Gallenblase, einer **Cholezystitis**, oder verklemmen sie sich beim Abgang in den ableitenden Gallenwegen und bewirken eine **Choledocholithiasis** und führen dadurch zu einer **Abflussbehinderung der Galle**, so werden die Probleme klinisch manifest. Eine Choledocholithiasis führt zu heftigen **Koliken** im rechten Oberbauch, eine Abflussbehinderung der Galle äußert sich in einer Entfärbung des Stuhls und Steatorrhoe, so genanntem Fettstuhl, da durch das Fehlen der Gallensäuren die Fettresorption im Verdauungssystem verringert wird. Durch gleichzeitige Verstopfung des *Ductus pancreaticus* kann es wegen Rückstaus von Pankreassekret zu einer **Autodigestion** (Selbstverdauung) des **Pankreas** und einer akuten, lebensbedrohlichen **Pankreatitis** kommen.

Die meisten Gallensteine bestehen zur Hauptsache aus Cholesterin. Dieses wird normalerweise in der Galle durch grenzflächenaktive Gallensäuren und Lecithin (Phosphatidylcholin) in feinster Emulsion gehalten. Bei einer übermäßigen Erhöhung des Cholesterins oder auch durch eine Abnahme der grenzflächenaktiven Emulgatoren kann sich festes Cholesterin, ein **Cholesterinstein**, abscheiden.

Die Therapie geschieht entweder operativ oder – sofern noch keine ernsthaften Komplikationen wie Entzündungen vorliegen – durch **medikamentöse Litholyse**. Diese erfolgt entweder durch die Gabe von **Gallensäuren** – Ursodeoxycholsäure wird häufig verwendet –, die die Emulgierung von Cholesterin fördern und gleichzeitig die Cholesterin-Biosynthese hemmen, oder durch andere Hemmstoffe der Cholesterin-Biosynthese wie **Hemmstoffe** des Enzyms **β-HMG-CoA-Reductase**.

OHNE SIE GEHT GAR NICHTS: VITAMINE UND COENZYME

11

11

Fallbeschreibung

Ein 55 Jahre alter Mann mit allen Anzeichen von Verwahrlosung und schwerem Alkoholismus wird mit schlechtem Allgemeinzustand, Herzfunktionsstörungen, Muskelschwund und neurologischen Auffälligkeiten in der Notaufnahme eines Krankenhauses eingeliefert und verstirbt noch in derselben Nacht. Die pathologische Abklärung führt zur Diagnose Wernicke-Korsakow-Enzephalopathie.

Der Mangel an welchem Vitamin ist hauptverantwortlich für diesen Zustand?

Welche Reaktionen werden durch dieses Vitamin katalysiert und wie erklären sich die Symptome der schweren Erkrankung?

Lehrziele

Zum Verständnis dieser Fallbeschreibung benötigen wir Kenntnisse über die **Vitamine** und ihre vielfältigen biochemischen Funktionen, die sich aus ihrer Rolle als **Coenzyme** für wichtige Stoffwechselwege ergeben.

11.1 Vitamine und Coenzyme

Lehrziel

Unsere Nahrung muss neben Kohlenhydraten, Lipiden, Proteinen und mineralischen Stoffen bestimmte Substanzen enthalten, die für das Funktionieren der metabolischen Abläufe unverzichtbar sind. Meistens treten sie als integrierende Bestandteile von Enzymen auf und sind als so genannte „Coenzyme" mitverantwortlich für deren katalytische Funktionen.

Die Hauptmasse unserer Zellen besteht aus Proteinen, Lipiden, Kohlenhydraten und Nucleinsäuren. Es wurde jedoch schon früh erkannt, dass außerdem gewisse, meist nur in Spuren vorkommende, aber hochwirksame Substanzen für die Vitalität einer Zelle mitentscheidend sind, obwohl sie keinen energetischen Nährwert besitzen. Häufig wurden diese Stoffe dadurch entdeckt, dass bei Menschen oder Tieren in bestimmten Ernährungssituationen trotz an sich quantitativ ausreichender Nahrungsaufnahme **Mangelerkrankungen** auftraten. Die Organismen vermögen diese essentiellen Spurenbestandteile nicht selbst zu synthetisieren, so dass ein entsprechender Mangel in der Nahrung Krankheiten verursacht.

Die Geschichte der wissenschaftlichen Erforschung dieser Substanzen, für die der Name **Vitamine** geprägt wurde, markiert eine der bedeutungsvollsten Epochen der biomedizinischen Forschung. Zeitlich fielen die wichtigsten Entdeckungen in die erste Hälfte des 20. Jahrhunderts – das „Zeitalter der Vitamine".

Bereits in der Antike war bekannt, dass die Ernährung die Gesundheit beeinflusst. Lebertran etwa wurde zur Heilung der **Nachtblindheit** eingesetzt. Im 18. Jahrhundert wurde Lebertran auch zur Behandlung der **Rachitis** verwendet, und seit dem ausgehenden Mittelalter war bekannt, dass der Saft von Limonen die gefürchtete Seefahrer-Mangelkrankheit **Skorbut** verhindern kann.

Der strenge Nachweis, dass Tiere mehr benötigen als Protein, Fett und Kohlenhydrate, wurde erst 1912 durch den schottischen Biochemiker Sir Frederik Gowland Hopkins geführt. Im selben Jahr wurde von dem polnischen Biochemiker Casimir Funk gezeigt, dass ein Aminkonzentrat aus Reishülsen und -schalen die Mangelerkrankung **Beriberi** heilt.

Diese Tatsache stand Pate bei der Namensgebung „Vitamin" (lateinisch *vita* = das Leben; Vitamin: das „lebensnotwendige Amin"). Der Begriff war ursprünglich reserviert für die später Thiamin genannte Verbindung, die heute auch als Vitamin B_1 bezeichnet wird. Er wurde übertragen auf eine Vielzahl von Verbindungen mit den unterschiedlichsten chemischen Strukturen – auch solchen, die keine Aminogruppe besitzen.

Seit den Forschungen der Biochemiker Otto Warburg in Deutschland und Richard Kuhn in Österreich in den 1930er Jahren wissen wir:

Merke: Vitamine sind in den meisten Fällen integrierende Bestandteile von Enzymen, so genannte Coenzyme.

Enzyme, die solche Nicht-Protein-Anteile, also Coenzyme, enthalten, nennen wir auch **Holoenzyme** (von griechisch *holos* = ganz). Ihr Proteinanteil wird als **Apoenzym** bezeichnet.

Merke: Apoenzym + Coenzym = Holoenzym

Einteilung der Vitamine

Die Vitamine werden gewöhnlich aufgrund ihres Löslichkeitsverhaltens in zwei Gruppen eingeteilt. Die größere Gruppe stellen die **wasserlöslichen Vitamine** dar. Die biochemischen und physiologischen Funktionen dieser Vitamine sind generell sehr gut bekannt und definiert. Demgegenüber stehen die **fettlöslichen Vitamine**, deren oft sehr vielfältige physiologische Wirkungen jedoch meist nur teilweise aufgeklärt sind und im Detail unvollständig verstanden werden. Die wasserlöslichen und fettlöslichen Vitamine unterscheiden sich auch darin, dass bei den ersteren Störungen praktisch nur in Form von Mangelzuständen bekannt sind, da eine übermäßige Zufuhr dieser Substanzen mit der Nahrung – oder heute auch in Form von Produkten der pharmazeutischen Industrie – einfach durch erhöhte Ausscheidung über den Harn wettgemacht wird. Dagegen kann es bei den fettlöslichen Vitaminen in seltenen Fällen auch zu Überbelastungen kommen, zum Beispiel durch übertriebene Einnahme entsprechender kommerziell erhältlicher Präparate. Diese Überdosierungen werden **Hypervitaminosen** genannt. Sie führen ähnlich wie Mangelzustände, die als **Hypovitaminosen** oder in schweren

Fällen als **Avitaminosen** bezeichnet werden, zu unterschiedlichen und oft eher unspezifischen Krankheitserscheinungen.

Wie *Tab. 11.1* zeigt, werden Vitamine im Organismus sehr häufig chemisch etwas modifiziert und erst durch diese Umwandlung in die eigentlich aktive Form transformiert. Die Tabelle listet auch in Klammern die üblichen Kurzbezeichnungen sowie die jeweilige biologische Funktion des Vitamins bzw. der aktiven Form auf.

Tab. 11.1: Vitamine und Coenzyme.

	Name	Coenzym / aktive Form	Funktion
wasserlöslich	Thiamin (B_1)	Thiaminpyrophosphat (TPP)	Aldehydgruppen-Transfer
	Riboflavin (B_2)	Flavinmononucleotid (FMN) Flavin-adenin-dinucleotid (FAD)	Wasserstoff-(Elektronen-)-Transfer
	Nicotinsäure	Nicotinamid-adenin-dinucleotid (NAD) NAD-phosphat (NADP)	Wasserstoff-(Elektronen-)-Transfer
	Pantothensäure	Coenzym A	Acylgruppen-Transfer
	Pyridoxin (B_6)	Pyridoxalphosphat	Aminogruppen-Transfer
	Biotin (H)	Biocytin	Carboxylgruppen-Transfer
	Folsäure	Tetrahydrofolsäure	C_1-Gruppen-Transfer
	Cobalamin (B_{12})	Coenzym B_{12}	1,2-Verschiebungen von Wasserstoff
	Liponsäure	Lipolysin	Wasserstoff- und Acylgruppen-Transfer
	Ascorbinsäure (C)		Antioxidans (wässriges Milieu)
fettlöslich	Retinol, Retinal (A)	11-cis-Retinal	Sehzyklus
	Calciferol (D)	1,25-Dihydrocholecalciferol	Calcium- und Phosphat-Haushalt
	Tocopherol (E)		Antioxidans (Lipid-Milieu)
	Phyllochinon (K)		Blutgerinnung

Die chemischen Strukturen und die daraus sich ergebenden Reaktionsmöglichkeiten der Vitamine sind so vielfältig und interessant in Hinblick auf viele wichtige, in diesem Buch erwähnte Stoffwechselschritte, dass wir uns genauer damit beschäftigen wollen.

Thiamin (Vitamin B_1) und Thiaminpyrophosphat

Thiamin und seine aktive Form, das **Thiaminpyrophosphat** (TPP), enthalten einen **Thiazol**-Ring, der – und das ist durchaus ungewöhnlich – eine so genannte **C,H-acide** Stelle aufweist. Durch das benachbarte positive N-Atom ist die Abspaltung des in *Abb. 11.1* grau unterlegten H-Atoms als H^+-Ion stark begünstigt.

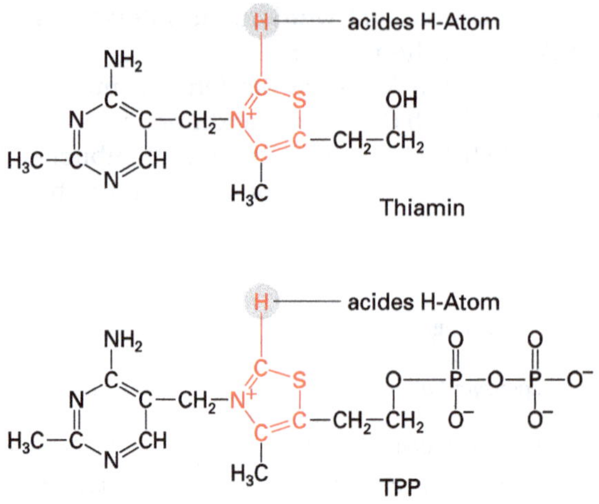

Abb. 11.1: Thiamin und das aktive Coenzym Thiaminpyrophosphat (TPP).

Warum TPP als Überträger von Aldehydgruppen fungieren kann und wie sein Beitrag bei der oxidativen Decarboxylierung von Pyruvat, dem Endprodukt der Glycolyse, aussieht, wird weiter unten erläutert, wenn wir die Chemie einiger weiterer Vitamine und Coenzyme kennen.

Ein Mangel an Thiamin führt beim Menschen zur Krankheit **Beriberi**, bei Vögeln zu **Polyneuritis**. Thiamin ist besonders in Getreidekeimlingen und Hefen enthalten.

Riboflavin (Vitamin B_2) und die Flavinnucleotide

Riboflavin und seine Derivate enthalten den **Isoalloxazin**-Ring, ein Heterocyclus, der vom Anthracen abstammt. **Flavinmononucleotid** (FMN), die phosphorylierte Form des Riboflavins, und **Flavin-adenin-dinucleotid** (FAD) sind Bestandteile der Atmungskette. *Abb. 11.2* zeigt die chemische Konstitution dieser Verbindungen.

Die farbigen Unterlegungen heben die Phosphatreste der beiden Flavinnucleotide hervor.

Ihre Funktion als Elektronenüberträger verdanken FMN und FAD der leichten und reversiblen Reduktion des Isoalloxazin-Systems (siehe Kapitel 3, Abschnitt 5 „Die Atmungskette").

Nicotinsäure (Niacin) und die Pyridinnucleotide

Ganz ähnliche Strukturen haben die sehr wichtigen Abkömmlinge der **Pyridin-3-carbonsäure**, die auch den Trivialnamen **Nicotinsäure** trägt. Auch diese Verbindungen sind, wie die Flavinnucleotide, entscheidende Coenzyme in der Atmungskette. Die zentrale Grundstruktur ist das **Nicotinamid-adenin-dinucleo-**

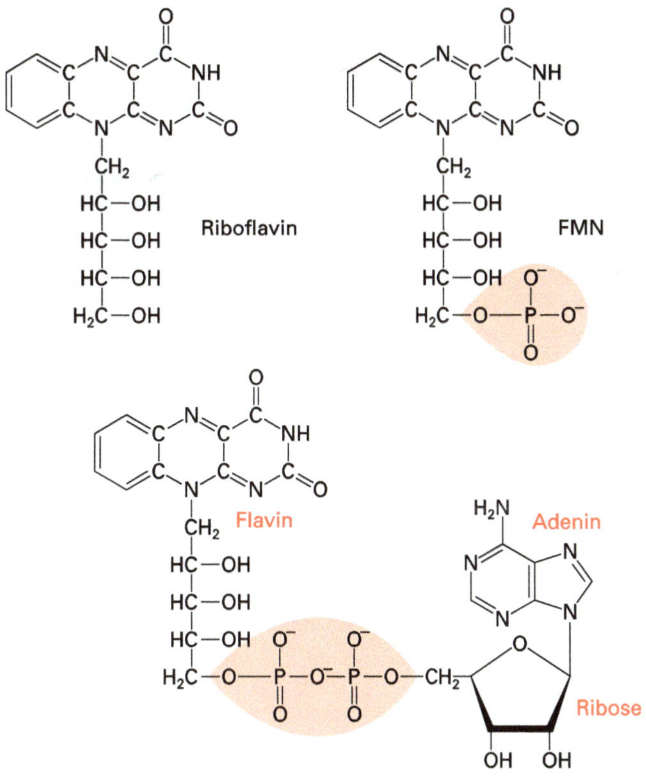

Abb. 11.2: Riboflavin und die Flavinnucleotide Flavinmononucleiotid (FMN) und Flavin-adenin-dinucleotid (FAD).

tid (NAD^+), welches wir als **zelluläre Speicherform von Wasserstoff** ansehen. *Abb. 11.3* stellt die Struktur vor.

NAD^+ und $NADP^+$ sind an vielen Enzymen, die Redoxreaktionen katalysieren, als Coenzyme beteiligt. NAD^+ ist meist an Abbaureaktionen (**katabolen Reaktionen**) beteiligt, $NADP^+$ meist an Aufbaureaktionen (**anabolen Reaktionen**).

Ein Mangel an Nicotinsäure führt beim Menschen zur **Pellagra**, einer Haut- und Darmerkrankung, beim Hund zur **Melanoglossie** (englisch **black tongue**). Der Mangel ist durch den Verzehr von Fleisch, Milch und Eiern leicht zu vermeiden. Tierisches Eiweiß enthält nämlich relativ viel Tryptophan, und diese Aminosäure kann in Mangelsituationen zu Nicotinsäure umgebaut werden.

Pantothensäure und Coenzym A

Pantothensäure (*Abb. 11.4*) stellt für Wirbeltiere einen essentiellen Bestandteil der Nahrung dar.

Pantothensäure ist Bestandteil des **Coenzyms A** (**CoA**). Im Coenzym A ist die Carboxylgruppe der Pantothensäure säureamidartig mit einem Aminothiol

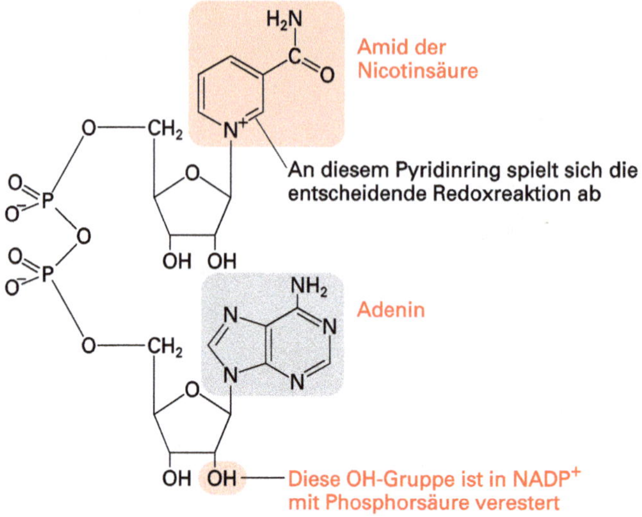

Abb. 11.3: Nicotinamid-adenin-dinucleotid in der oxidierten Form NAD^+.

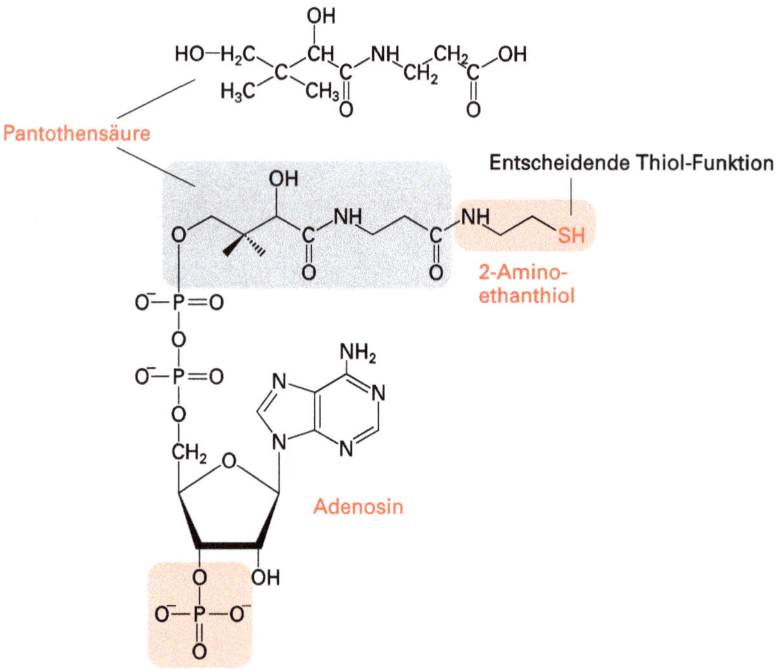

Abb. 11.4: Pantothensäure und Coenzym A (CoA).

(2-Amino-ethanthiol) verbunden. Zusätzlich ist über eine Phosphat-Säureanhydridbindung ein am C_5 der Ribose phosphoryliertes Adenosin gebunden.

Die „Spezialität" dieses Moleküls, die Übertragung von Acylgruppen, ist wichtig bei der Fettsäuresynthese, beim oxidativen Fettsäure-Abbau und bei der Acylierung biologisch wichtiger Substrate, zum Beispiel von Cholin. **Acetylcholin** ist eine der wichtigsten **Neurotransmittersubstanzen**. Die Übertragung der Acylgruppen erfolgt dabei in Form des jeweiligen **Thioesters**. Thioester sind stärkere Acylierungsmittel als gewöhnliche Ester; wir bezeichnen sie auch als **aktivierte Ester**.

Das folgende Formelschema erläutert die Wirkungsweise. In einem ersten Schritt wird die SH-Gruppe des CoA mit Acetat zu einem Thioester umgesetzt, der meist kurz als Acetyl-CoA bezeichnet wird. In unserer vereinfachten Reaktionsgleichung wird hervorgehoben, dass die Acetylgruppe am S-Atom des CoA gebunden ist:

$$\mathrm{CoA-SH+Acetat+ATP} \rightarrow \mathrm{AMP+PP+CoA-S} \sim \mathrm{COCH_3}$$

Das Zeichen $\sim$ bedeutet eine aktivierte, energiereiche Bindung. Wir sehen, dass zum Aufbau des aktiven Esters Energie in Form von ATP verbraucht wird. ATP wird in AMP und Pyrophosphat, kurz PP, gespalten. Diese „Investition" ist notwendig, damit anschließend die Acetylierung des Cholins erfolgen kann:

$$\mathrm{CoA-S} \sim \mathrm{COCH_3+HO-CH_2-CH_2-N(CH_3)_3^+} \rightarrow$$
$$\mathrm{CoA-SH+H_3C-CO-O-CH_2-CH_2-N(CH_3)_3^+}$$

In *Abb. 11.5* sehen wir die Strukturen von Cholin und Acetylcholin etwas deutlicher.

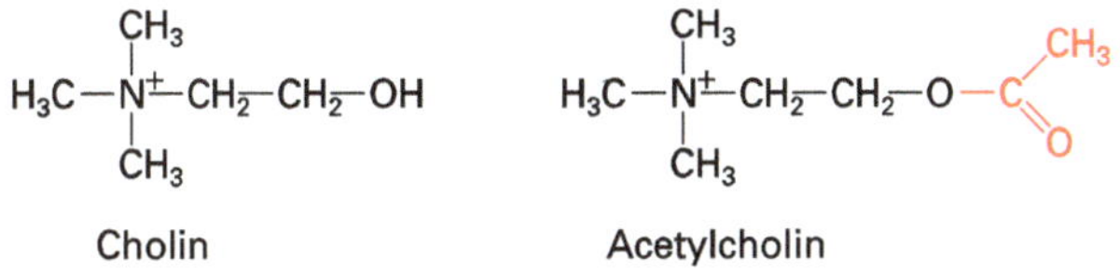

$$\mathrm{H_3C-\overset{CH_3}{\underset{CH_3}{N^+}}-CH_2-CH_2-OH}$$

Cholin

$$\mathrm{H_3C-\overset{CH_3}{\underset{CH_3}{N^+}}-CH_2-CH_2-O-C(=O)-CH_3}$$

Acetylcholin

Abb. 11.5: Cholin und Acetylcholin.

Vitamin B_6 und die Pyridoxin-Coenzyme

Pyridoxin ist ein phenolisches Pyridinderivat, welches zum Aldehyd, dem **Pyridoxal**, oxidiert oder auch zum Amin, dem **Pyridoxamin**, substituiert werden kann. Die aktiven Formen dieser unter dem Namen Vitamin B_6 zusammengefassten Vitaminsubstanzen sind jeweils die phosphorylierten Verbindungen **Pyridoxalphosphat** und **Pyridoxaminphosphat**. *Abb. 11.6* erläutert die verschiedenen Strukturen.

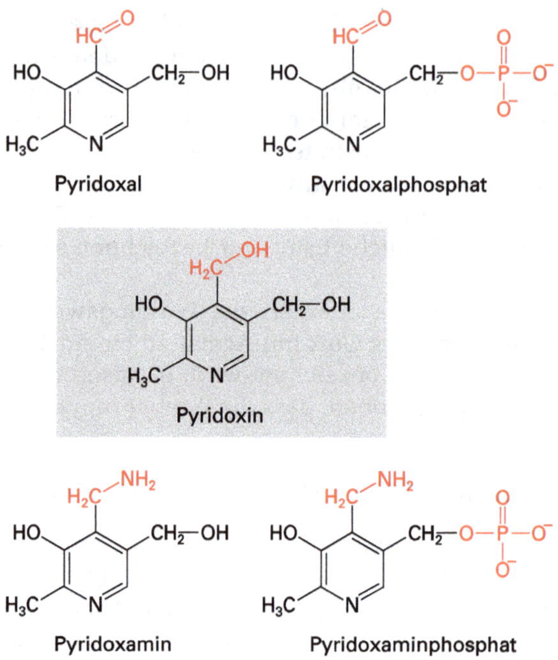

Pyridoxal

Pyridoxalphosphat

Pyridoxin

Pyridoxamin

Pyridoxaminphosphat

Abb. 11.6: Die Klasse der Pyridoxin-Abkömmlinge.

Die Funktion der Pyridoxin-Coenzyme besteht in der Mitwirkung bei so genannten **Transaminierungsreaktionen**. Dabei wird die Aminogruppe einer gerade nicht benötigten Aminosäure auf eine Ketosäure übertragen, die dadurch zu einer neuen, von der Zelle gerade benötigten Aminosäure umgewandelt wird. Aus der ursprünglichen Aminosäure entsteht dagegen eine neue Ketosäure.

Der „Trick" dieser gegenseitigen Vertauschung von Carbonyl- und Aminogruppe wird in *Abb. 11.7* erläutert.

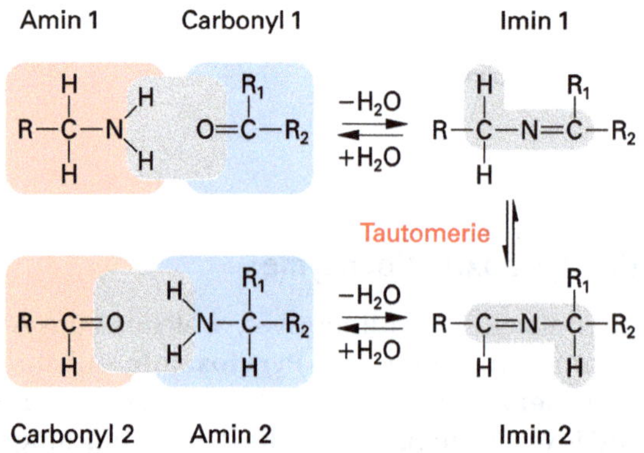

Amin 1 Carbonyl 1 Imin 1

$-H_2O$ / $+H_2O$

Tautomerie

$-H_2O$ / $+H_2O$

Carbonyl 2 Amin 2 Imin 2

Abb. 11.7: Das Reaktionsschema der Transaminierungsreaktion.

Amine können mit Carbonylverbindungen unter Wasserabspaltung zu **Iminen** reagieren (siehe Kapitel 3, Abschnitt 6 „Carbonylverbindungen"). Nehmen wir zum Beispiel an, „Amin 1" sei die Aminosäure Alanin und „Carbonyl 1" sei Pyridoxalphosphat. Diese beiden Verbindungen bilden ein „Imin 1". Dieses Molekül kann sich durch **Tautomerie** zu einem „Imin 2" umlagern und unter Wasseraufnahme wiederum gespalten werden. Wegen der Tautomerie aber sind die Produkte nun Pyruvat (Carbonyl 2) und Pyridoxaminphosphat (Amin 2). Alanin hat seine Aminogruppe auf das Vitamin übertragen und dafür dessen Carbonylgruppe übernommen.

An diesen ersten Zyklus schließt sich dann ein zweiter: In diesem überträgt das neu gebildete Pyridoxaminphosphat als neues „Amin 1" die Aminogruppe auf die Carbonylverbindung α-Ketoglutarat, die dadurch zur Aminosäure Glutaminsäure bzw. eigentlich deren konjugierter Base Glutamat wird. Aus dem Pyridoxaminphosphat wird wiederum Pyridoxalphosphat.

In Summe katalysiert Pyridoxalphosphat in unserem Beispiel also die Umwandlung von Alanin zu Pyruvat und gleichzeitig von α-Ketoglutarat zu Glutamat.

Enzyme, die derartige Reaktionen katalysieren, werden **Aminotransferasen** genannt. Die alte Bezeichnung „Transaminasen" ist ebenfalls noch sehr gebräuchlich.

Die Bedeutung der Aminotransferasen

Die Transaminierungsreaktionen sind für den zellulären Stoffwechsel von außerordentlicher Wichtigkeit, da sie eine sehr flexible Umwandlung von Aminosäuren in Ketocarbonsäuren und umgekehrt ermöglichen und so die Zelle in die Lage versetzen, auf unterschiedliche Stoffwechselsituationen sehr gut angepasst reagieren zu können.

Aminotransferasen sind besonders wichtige Bestandteile von Leberzellen. Kommt es im Gefolge von **Lebererkrankungen** (Fettleber, Leberzirrhose, Leberentzündungen, Leberkrebs) zu Zerstörungen von Lebergewebe, so werden die normalerweise streng intrazellulären Enzyme freigesetzt und können im Blut leicht nachgewiesen und quantifiziert werden. Daher bilden die Konzentrationen von Aminotransferasen in der medizinisch-chemischen Labordiagnostik sehr wichtige diagnostische Indikatoren für Erkrankungen der Leber, und ihre routinemäßige Bestimmung zählt sicher zu den am häufigsten durchgeführten Laboruntersuchungen.

Die beiden wichtigsten Aminotransferasen sind die **Alanin-Aminotransferase** (ALT) und die **Aspartat-Aminotransferase** (AST). Beide nutzen α-Ketoglutarat als Donor für die Carbonylgruppe. Aus Alanin wird, wie wir gesehen haben, Pyruvat. Aspartat, die konjugierte Base der Asparaginsäure, wird zu Oxalacetat umgewandelt. α-Ketoglutarat wird in beiden Fällen zu Glutamat umgewandelt.

Für ALT und AST sind ebenfalls noch die alten Namen in Gebrauch, die wir nun gut verstehen. ALT wurde als GPT (**Glutamat-Pyruvat-Transaminase**) bezeichnet, AST hieß GOT (**Glutamat-Oxalacetat-Transaminase**).

Pyridoxinmangel tritt beim Erwachsenen nur selten auf, meist in Verbindung mit Nicotinsäuremangel (Pellagra). Bei Tieren finden sich bei Pyridoxinmangel unterschiedliche Erkrankungen (Dermatitis, Wachstumsstörungen, Anämien).

Biotin und Biocytin (Vitamin H)

Biotin enthält einen hydrierten Imidazolring, der mit einem ebenfalls hydrierten Thiophen-Ring kondensiert ist (siehe Kapitel 9, Abschnitt 2 „Heterocyclische Grundkörper"). In **Biocytin**, dem aktiven Coenzym, ist die Carboxylgruppe des Biotins über die ε-Aminogruppe mit der Aminosäure Lysin verbunden. Biocytin wird daher auch als **ε-N-Biotinyl-lysin** bezeichnet.

Die biologische Funktion dieses Coenzyms resultiert daraus, dass die N–H-Bindung im Imidazolteil durch die benachbarte harnstoffartige Struktur acid ist. So kann der Stickstoff ein Proton abspalten und das entstehende Anion addiert nucleophil an CO_2, wobei **N-Carboxy-biotinyl-lysin** entsteht. Biocytin fungiert somit als **Überträger von Kohlendioxid**. *Abb. 11.8* zeigt die Struktur von Biotin und N-Carboxy-biotinyl-lysin.

Die Reaktion ist ATP-abhängig, sie benötigt Energie. Das entstandene **N-Carboxy-biocytin** kann in weiterer Folge ein Substratmolekül X–H zur entsprechen-

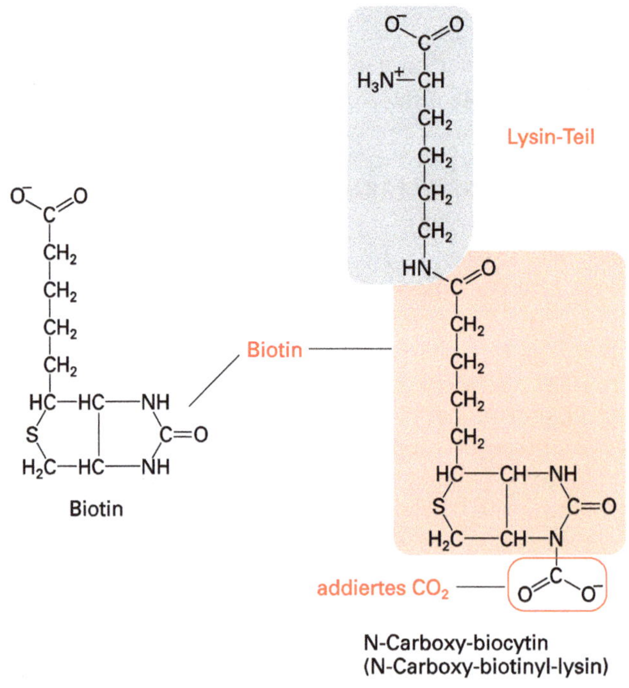

Abb. 11.8: Biotin und Biocytin mit einem addierten CO_2.

den Carbonsäure X–CO_2H carboxylieren:

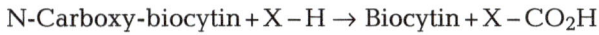

$$ATP + HCO_3^- + Biocytin \rightarrow ADP + PO_4^{3-} + N\text{-}Carboxy\text{-}biocytin$$

$$N\text{-}Carboxy\text{-}biocytin + X - H \rightarrow Biocytin + X - CO_2H$$

Wenn wir tierische Nahrung zu uns nehmen, so werden die mit Biocytin beladenen tierischen Enzyme, die Carboxylasen, normalerweise in unserem Verdauungstrakt abgebaut. Biocytin wird enzymatisch in Biotin und Lysin gespalten. Beide Verbindungen werden resorbiert und stehen unseren Zellen zur Verfügung.

Interessanterweise befindet sich im Eiklar von Vogeleiern, also auch im Hühner-Eiklar, ein Protein, das **Avidin**, welches begierig Biotin bindet und damit dem Stoffwechsel entzieht. Das Protein dürfte eine Schutzfunktion gegen bakterielle Infektionen von Eiern ausüben, da es den Bakterien das notwendige Biotin entzieht. Der Effekt ist natürlich nur in rohem Eiweiß feststellbar. Gekochtes oder gebratenes Eiweiß ist denaturiert, und die Eiklar-Proteine können ihre Funktion nicht mehr ausüben.

Folsäure und Tetrahydrofolsäure

Folsäure kommt in grünen Pflanzen (lateinisch *folium* = das Blatt) vor und ist für höhere Organismen inklusive dem Menschen ein Vitamin, kann jedoch von Bakterien und anderen niederen Organismen selbst synthetisiert werden. Die Struktur ist relativ komplex. Ein teilweise hydriertes Pteridin-Ringsystem ist über p-Aminobenzoesäure säureamidartig an einen oder mehrere Glutaminsäurereste gebunden (*Abb. 11.9*).

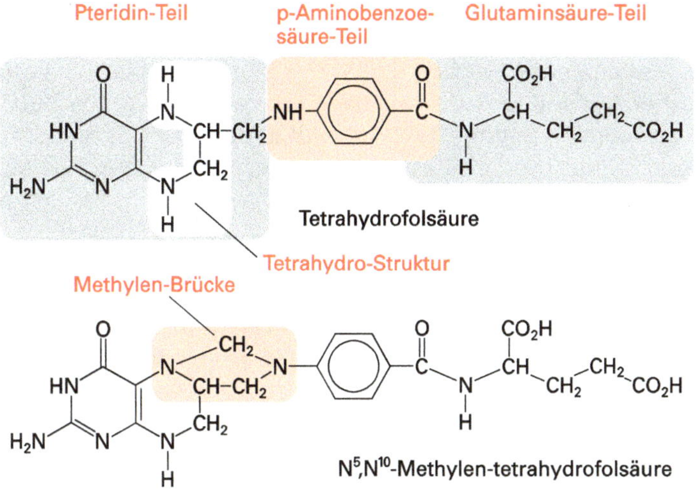

Abb. 11.9: Tetrahydrofolsäure und ein wichtiges Derivat.

Die Funktion der Folsäure ist die Übertragung von C_1-Gruppen, zum Beispiel von Methylgruppen. Dabei sind verschiedene Derivate der Folsäure, wie zum Beispiel die in der Abbildung auch gezeigte **N^5,N^{10}-Methylen-tetrahydrofolsäure**, wichtig.

Molekulare Mimikry: Medikamente auf Basis molekularer Ähnlichkeit

Der Mangel an Folsäure und ihren Derivaten führt bei höheren Tieren ebenso wie bei Menschen zu Wachstumsschwäche und Anämie. Insbesondere das schnell proliferierende blutbildende System ist stark betroffen, da auch die Synthese von Nucleinsäurebausteinen folsäureabhängig ist. Dies eröffnet wichtige therapeutische Möglichkeiten.

Verschiedene strukturell mit Folsäure sehr ähnliche Verbindungen wie zum Beispiel **Methotrexat** können bei bestimmten bösartigen Tumoren des blutbildenden Systems als wirksame **Chemotherapeutika** eingesetzt werden, weil sie die Vermehrung der Tumorzellen unterbinden. Methotrexat bindet wegen seiner molekularen Ähnlichkeit mit Folsäure als „falsches Substrat" an ein wichtiges Enzym im Rahmen der Biosynthese von Nucleinsäure-Basen und blockiert dadurch die DNA-Synthese, wodurch die Tumorzell-Vermehrung gehemmt wird.

Gleich noch ein Beispiel, wie molekulare Ähnlichkeiten therapeutisch genutzt werden können. Bakterien und niedere Organismen können Folsäure synthetisieren. Diese ist für sie also kein Vitamin. Aber die **p-Aminobenzoesäure (PAB)**, die zwischen Pteridin- und Glutaminsäureteil im Folsäure-Molekül eingebaut ist, können sie nicht selbst synthetisieren. PAB ist für sie ein essentieller Nahrungsbestandteil, gewissermaßen ein „Bakterien-Vitamin". Nur in Gegenwart von PAB können diese Mikroorganismen Folsäure bilden.

Das Wachstum dieser Organismen können wir mit **Sulfonamiden** (siehe Kapite 8, Abschnitt 2 „Amine und organische Schwefelverbindungen") stark hemmen. Sulfonamide werden zu Sulfonsäuren wie etwa **Sulfanilsäure** (**p-Amino-benzen-sulfonsäure**) hydrolysiert, die hinsichtlich ihrer Struktur und ihrer Ladungsverteilung stark der PAB ähnelt. Die Bakterien verwenden sie „irrtümlich" für ihre Folsäure-Biosynthese, und das entstehende Produkt kann seine Funktion nicht mehr erfüllen – die Vermehrung der Bakterien wird gehemmt.

Tatsächlich waren Sulfonamide die ersten wirklich effektiven **Wirkstoffe**, die **gegen bakterielle Infektionen** gefunden wurden – noch vor der Entdeckung des Penicillins und der mit diesem verwandten Antibiotika.

Wir können heute nur mehr schwer ermessen, was diese Entdeckung bedeutete: Die großen „Geißeln der Menschheit" wie Pest, Cholera und ähnliche Epidemien, die bis ins 20. Jahrhundert herein immer wieder große Teile der menschlichen Bevölkerung ausrotteten und der ärztlichen Heilkunst trotzten, haben mit diesen Wirkstoffen endlich ihren apokalyptischen Schrecken verloren.

Abb. 11.10 verdeutlicht die „molekulare Mimikry".

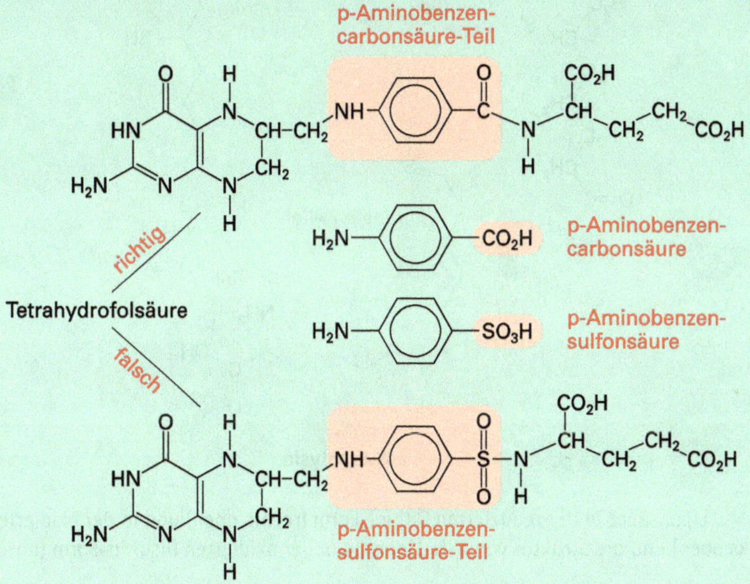

Abb. 11.10: Die molekulare Ähnlichkeit einer „richtigen" und einer mit p-Amino-benzensulfonsäure („Sulfanilsäure") synthetisierten „falschen" Tetrahydrofolsäure.

Cobalamin (Vitamin B_{12})

Cobalamin (Vitamin B_{12}) wird in Kapitel 6, Abschnitt 1 „Die Elemente des Lebens" näher vorgestellt. Das Vitamin besitzt eine außerordentlich komplexe Struktur. Es ist ein **Corrin-Chelatkomplex** von Cobalt. Cobalamin wirkt als Coenzym bei so genannten **1,2-Verschiebungen**.

Der Mangel an Cobalamin führt zu **perniziöser Anämie**. Heilbar ist der Defekt zum Beispiel durch den Verzehr von Leber.

Liponsäure und Lipolysin

Liponsäure bzw. ihre aktive Form **ε-N-Lipolysin** ist als Coenzym neben Thiaminpyrophosphat bei der **oxidativen Decarboxylierung** von Pyruvat und anderen α-Ketocarbonsäuren beteiligt. Liponsäure besitzt eine cyclische Disulfid-Struktur, und wie andere Disulfide kann sie leicht und reversibel zum entsprechenden Dithiol reduziert werden. In der aktiven Form ε-N-Lipolysin (**Lipoamid**) ist Liponsäure säureamidartig an die ε-Aminogruppe eines Lysin-Moleküls gebunden (*Abb. 11.11*).

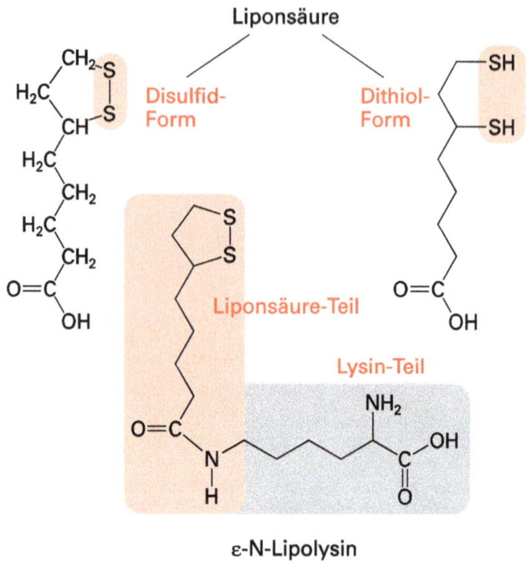

Liponsäure
Disulfid-Form
Dithiol-Form
Liponsäure-Teil
Lysin-Teil
ε-N-Lipolysin

Abb. 11.11: Liponsäure in der reduzierten Dithiol-Form (rechts oben) und in der oxidierten Disulfid-Form (links oben) und die Struktur von ε-N-Lipolysin in der oxidierten Disulfid-Form (unten).

Das Zusammenspiel verschiedener Enzyme und ihrer Coenzyme

Liponsäure bzw. Lipolysin sind als Coenzyme in ein fein abgestimmtes Netzwerk von Reaktionen eingebunden, welches auch andere, von uns schon besprochene Vitamine bzw. Coenzyme und ihre jeweiligen Enzyme umfasst. Ohne in die genauen biochemischen Details dieser Reaktionen einsteigen zu wollen, können wir doch sehr schön erkennen, wie die einzelnen Coenzyme miteinander kooperieren und ihre Substrate „bearbeiten" (*Abb. 11.12*).

Dieses Formelschema zeigt den Beginn einer wichtigen Reaktionssequenz. Was geschieht hier?

Die α-Ketocarbonsäure Pyruvat wird decarboxyliert. Dies geschieht unter dem Einfluss von Vitamin B_1 (TPP), welches den nach Abspaltung von Kohlendioxid aus dem Pyruvat entstehenden Acetaldehyd an der Stelle des aciden H-Atoms addiert. Nun tritt ε-N-Lipolysin in der Disulfid-Form auf den Plan und „schnappt" sich den Acetaldehyd, oxidiert ihn in einem Schritt zur Essigsäure und wird dabei selbst zur Dithiol-Form reduziert, die aber sofort mit der entstandenen Essigsäure zum aktivierten Thioester weiterreagiert.

An diese Sequenz schließen sich weitere Schritte an: Der entstandene Thioester reicht den Acetylrest an Coenzym A weiter, welches dadurch zu Acetyl-CoA wird. Das nun übrig gebliebene ε-N-Lipolysin in der Dithiol-Form wird durch FAD (Vitamin B_2) oder auch NAD^+ wieder zur Disulfid-Form re-

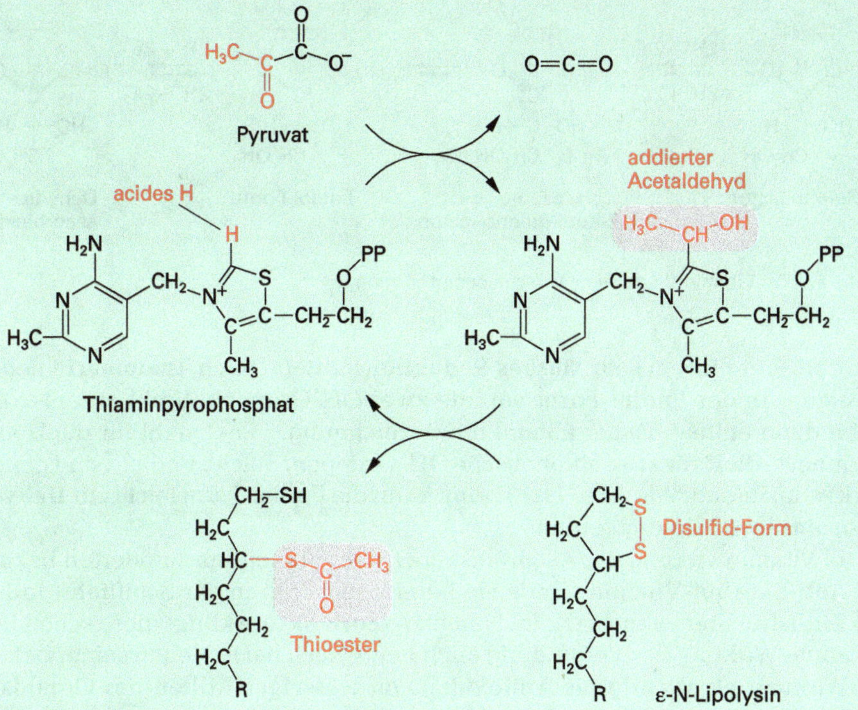

Abb. 11.12: Das Zusammenspiel verschiedener Vitamine und Coenzyme bei der oxidativen Decarboxylierung von Pyruvat

oxidiert und steht für einen neuerlichen Durchlauf der Reaktion zur Verfügung. Das dadurch entstandene $FADH_2$ wird durch NAD^+ zu FAD regeneriert. Das so entstandene NADH aber kann direkt in die **Atmungskette** eingespeist werden. Acetyl-CoA hingegen steht für die Startreaktion des **Citratzyklus** zur Verfügung oder kann für andere biochemische Synthesen verwendet werden.

Wir sehen an diesem einen Beispiel sehr schön, wie unglaublich raffiniert und aufeinander abgestimmt solche biochemischen Reaktionen ablaufen.

Ascorbinsäure (Vitamin C)

Ascorbinsäure ist ein Kohlenhydrat. Es ist das Lacton – das ist ein intramolekularer Ester – der **L-2-Keto-gulonsäure** (*Abb. 11.13*).

Seine Biosynthese erfolgt durch Oxidation des Lactons der L-Gulonsäure, L-Gulono-lacton, durch das Enzym L-Gulonolacton-Oxidase. Bei Primaten einschließlich des Menschen und beim Meerschweinchen fehlt dieses Enzym. Für diese Organismen ist Ascorbinsäure daher ein Vitamin.

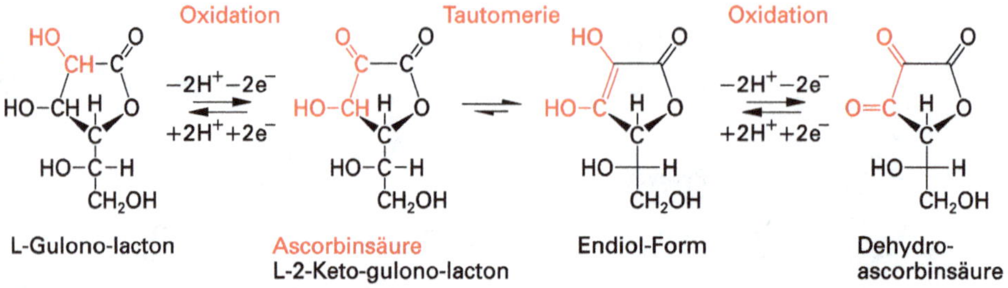

Oxidation $-2H^+ -2e^-$ / $+2H^+ +2e^-$ — Tautomerie — Oxidation $-2H^+ -2e^-$ / $+2H^+ +2e^-$

L-Gulono-lacton — Ascorbinsäure L-2-Keto-gulono-lacton — Endiol-Form — Dehydro-ascorbinsäure

Abb. 11.13: Vitamin C und seine verschiedenen Formen

Ascorbinsäure ist ein **sehr starkes Reduktionsmittel**. Durch **Tautomerie** liegt sie bevorzugt in der **Endiol-Form** vor, die zwei OH-Gruppen direkt an einer Doppelbindung enthält. Daher kommt die Bezeichnung: „En-" steht für die Doppelbindung, „-diol" für zwei alkoholische OH-Gruppen. Solche Endiole sind generell stark reduzierend. Wie *Abb. 11.13* zeigt, kann die Endiol-Form leicht zur **Dehydroascorbinsäure** oxidiert werden.

Die Vitaminwirkung der Ascorbinsäure ist bereits seit Jahrhunderten bekannt. Als **Anti-Skorbut-Vitamin** wurde sie bereits sehr früh in der Schifffahrt in Form von Zitrusfrüchten eingesetzt. Im Namen A**scorb**insäure klingt diese schon lange bekannte Wirkung der Verbindung auch heute noch nach. Neben seiner bekannten Wirkung als **wichtigstes Antioxidans im wässrigen Milieu** des Organismus ist Ascorbinsäure auch Coenzym für die Oxidation der Aminosäure Prolin zu **Hydroxyprolin**, welches für die **Kollagenbildung** wichtig ist. Die Mangelkrankheit Skorbut ist deshalb gekennzeichnet durch schwere Störungen des Bindegewebestoffwechsels, da Kollagen nicht mehr ausreichend gebildet werden kann. Es kommt zu Zahnfleischbluten, Zahnausfall, gestörter Wundheilung sowie zu Knochen- und Gelenksveränderungen.

Retinol (Vitamin A)

Vitamin A ist wie die **Vitamine D, E** und **K** ein **fettlösliches Vitamin**. Wie die anderen drei Vertreter gehört es in die Klasse der Isoprenoide.

Vitamin A existiert in zwei Formen: Vitamin A1 (**Retinol**) finden wir bei Säugern und Meeresfischen, Vitamin A2 (**Retinol2**) bei Süßwasserfischen. Wie *Abb. 11.14* zeigt, besteht der Unterschied in einer Doppelbindung. Vitamin A und seine Vorläufersubstanz **β-Carotin** sind in grüner und gelber Pflanzenkost enthalten.

β-Carotin ist ein Tetraterpen. Die Retinole sind Diterpen-Verbindungen.

Vitamin A hat vielfältige biologische Funktionen, die noch nicht in allen Einzelheiten verstanden sind. Ein Mangel an Vitamin A führt unter anderem zu Haarausfall, Sterilität, Degeneration der Nieren und von Drüsen, sowie zu Hautveränderungen.

Ein Zuviel an Vitamin A, eine **Hypervitaminose**, ist toxisch und führt zu Knochenfragilität und zu abnormer Entwicklung von Föten. Dazu kann es unter Umständen tatsächlich kommen, wenn sich Personen sehr stark von entsprechen-

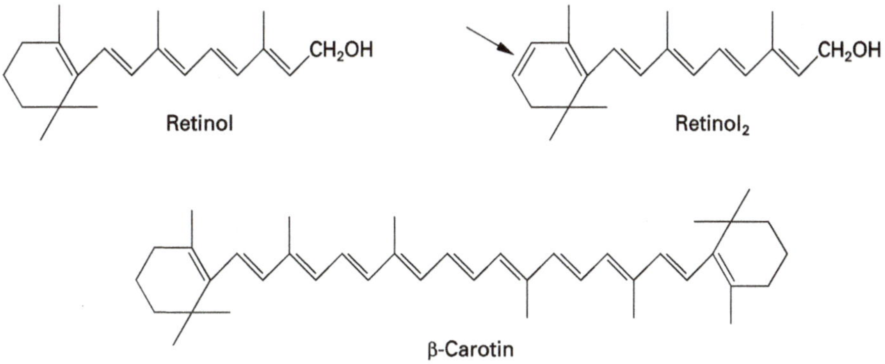

Abb. 11.14: Retinol 1 und 2 unterscheiden sich durch eine Doppelbindung (Pfeil); beide sind Spaltprodukte des ß-Carotins

der Kost ernähren und zusätzlich Vitamin-A-Präparate zu sich nehmen. Als fettlösliches Vitamin wird Vitamin A nicht über den Harn eliminiert und kann sich im Lipid-Milieu des Körpers stetig anreichern, bis toxische Wirkungen auftreten.

Von einem Mangel an Vitamin A hauptbetroffen sind die Augen. Bei Kleinkindern und Jungtieren kommt es zu **Xerophthalmie**, die zum völligen Erblinden führen kann, bei Erwachsenen zur **Nachtblindheit**. Im Gegensatz zu anderen Wirkungen des Vitamins kennen wir die molekularen Details seiner Funktion beim Sehvorgang gut. Es wirkt bei der Transformation von Lichtenergie in Nervenreize mit. In den Stäbchenzellen der Netzhaut des Auges befindet sich das Enzym **Rhodopsin**, welches aus dem Proteinanteil **Opsin** und dem Vitamin A-Abkömmling **11-cis-Retinal** besteht. Trifft Lichtenergie auf der Netzhaut auf, so wandelt sich 11-cis-Retinal in **all-trans-Retinal** um. Dabei kommt es aufgrund der Strukturänderung des Retinals zu einer Konformationsänderung des Rhodopsins in den Membranen der Stäbchen-Sehzellen. Dies wiederum bewirkt einen Ausstrom von Ca^{2+}-Ionen und dadurch einen Nervenreiz.

Calciferol (Vitamin D)

Die Vitamine der D-Klasse werden auch als **antirachitische Vitamine** bezeichnet. Eine reiche Quelle an diesen Substanzen ist der Lebertran der Meeresfische. Beträchtliche Mengen finden sich auch in der Milch, in Eiern und in Speisepilzen.

Die **Calciferole** leiten sich von Steroiden ab. In tierischen und menschlichen Geweben fungiert ein Abkömmling des Cholesterins, das **7-Dehydrocholesterin**, als Vorläufersubstanz (*Abb. 11.15*).

7-Dehydrocholesterin (**Provitamin D_3**) kann in der Leber synthetisiert werden. Im eigentlichen Sinn sind Calciferole daher keine Vitamine, sondern können auch zu den Hormonen gerechnet werden. Die Calciferole bilden sich aus den entsprechenden Vorstufen, den Provitaminen D, durch Bestrahlung mit ultraviolettem Licht. Dabei wird der Ring B des Steran-Skeletts gespalten. Daher ist die wichtigste Produktionsstätte dieser Vitamine von Sonnenlicht bestrahlte Haut.

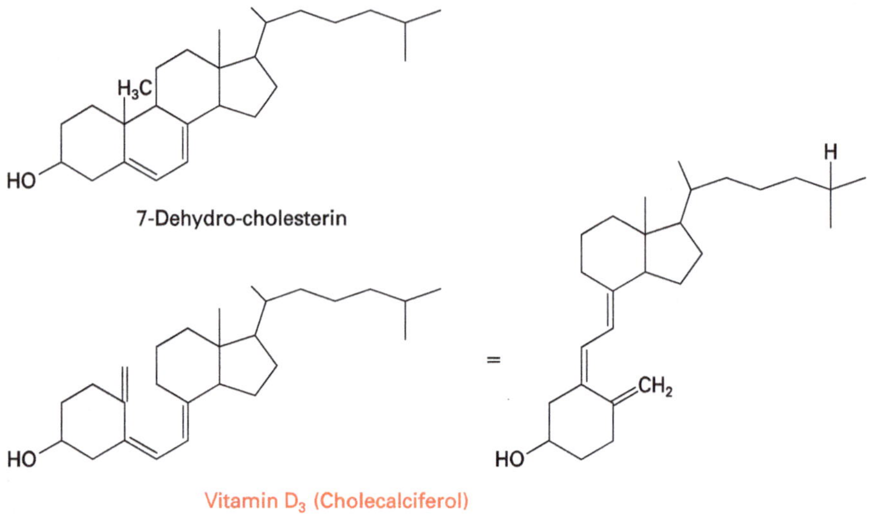

Abb. 11.15: Die strukturelle Ähnlichkeit von Vitamin D_3 mit 7-Dehydro-cholesterin. Die rechte Formel von Cholecalciferol zeigt die real vorliegende Struktur; die linke dient zur Veranschaulichung der Ähnlichkeit mit 7-Dehydro-cholesterin.

Die Speicherung erfolgt hauptsächlich in der Leber. Ein Zuviel ist toxisch. Wie bei Vitamin A kommt es bei **Hypervitaminose D** zu Brüchigkeit der Knochensubstanz durch Calcium-Entzug. Ein Mangel an Vitamin D führt zu **Rachitis**, einer schweren Mineralisierungsstörung des Knochenskeletts. Bei Kindern und in der Schwangerschaft und Lactationsperiode ist ein erhöhter Bedarf an diesem Vitamin gegeben.

Die Funktion der D-Vitamine besteht im Transport und der Ablagerung von Ca^{2+}-Ionen sowie der Regulation der extrazellulären Konzentration dieser Ionen. Die Regulationsmechanismen sind komplex, aber gut bekannt.

Cholecalciferol wird in der Leber zu **25-Hydroxy-cholecalciferol** hydroxyliert. Dieses wird in der Niere in **1,25-Dihydroxy-cholecalciferol** (*Abb. 11.16*) transformiert. Die Niere sezerniert diese aktive Substanz wie ein Hormon (Botenstoff). Es entfaltet seine Wirkung an entfernten Zielorganen (Dünndarm und Knochen).

Tocopherol (Vitamin E)

Die **Tocopherole** sind eine Gruppe von Substanzen, die aus einem Chroman-Ring und einer isoprenoiden Seitenkette bestehen. Sie werden ausschließlich in Pflanzen synthetisiert. Keimender Weizen ist besonders reich an Tocopherolen.

Tocopherole können als Reduktionsmittel schädliche Stoffe, insbesondere freie Radikale, entgiften und unschädlich machen. Sie sind sehr wirksame **Antioxidantien**. Insbesondere verhindern sie die so genannte **Lipidperoxidation**, die radikalisch ablaufende Oxidation mehrfach ungesättigter Fettsäuren (Siehe Kapitel 10, Abschnitt 3 „Kleine Ursache – große Wirkung: Die radikalische Lipidperoxida-

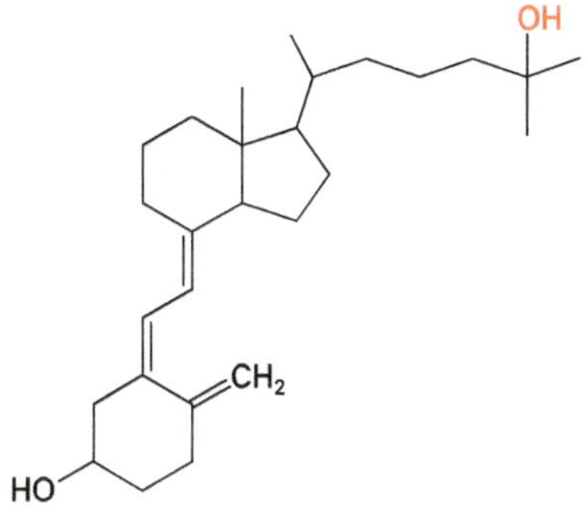

25-Hydroxy-cholecalciferol

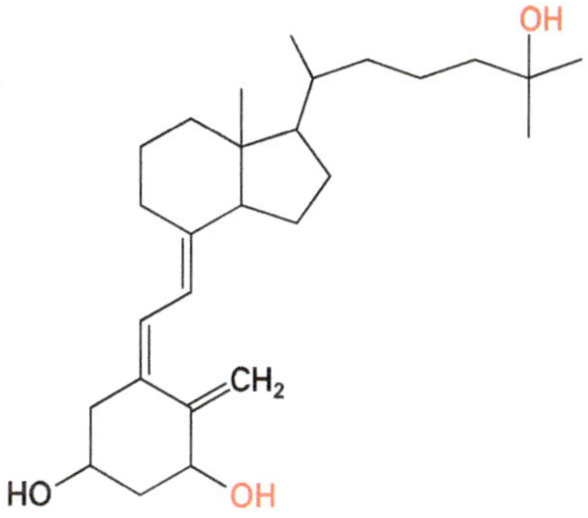

1,25-Dihydroxy-cholecalciferol

Abb. 11.16: Die hydroxylierten Formen von Cholecalciferol

tion“). Sie gelten daher als Substanzen, die die **Atherosklerose**, die krankhafte Ablagerung von oxidierten Fettsäuren in den Arterien und die damit verbundene entzündliche Schädigung dieser Gefäße, die zu Herzinfarkten oder Schlaganfällen führen kann, wirksam verhindern können.

Abb. 11.17 zeigt die Struktur eines Vertreters, des **α-Tocopherols**.

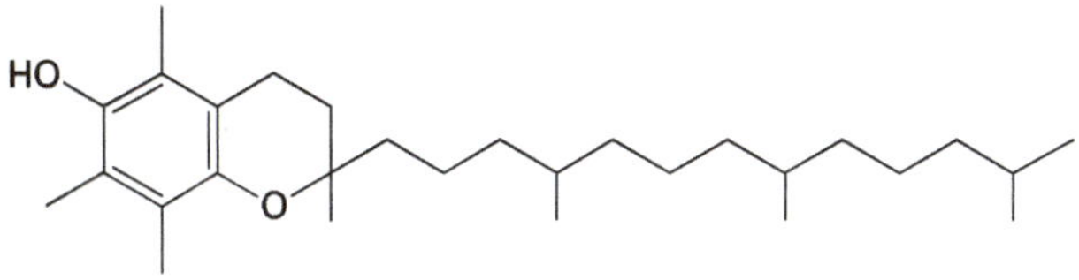

Abb. 11.17: a-Tocopherol, ein Vertreter der Vitamin E-Substanzen, entählt einen Chroman-Ring und einen „Schwanz“ von variabler Länge.

Der lange, apolare Teil rechts besteht aus drei Isopren-Resten und dient als lipophiler „Anker“ zur Einbettung des Moleküls in der Lipid-Doppelschichtmembran.

Bei Mangel an Vitamin E kommt es zu Unfruchtbarkeit (bei Ratten), Degeneration der Nieren, Lebernekrosen, Dystrophie oder Verkümmerung der Skelettmuskulatur.

Phyllochinone (Vitamin K)

Die **Phyllochinone** leiten sich vom 2-Methyl-1,4-naphthochinon ab. Natürlich vorkommende Phyllochinone tragen an Position 3 des Naphthochinon-Systems eine lange isoprenoide Seitenkette (*Abb. 11.18*)

Sie sind für die Biosynthese und Sekretion der für die **Blutgerinnung** notwendigen **Gerinnungsfaktoren** VII, IX und X und des **Prothrombins** verantwortlich.

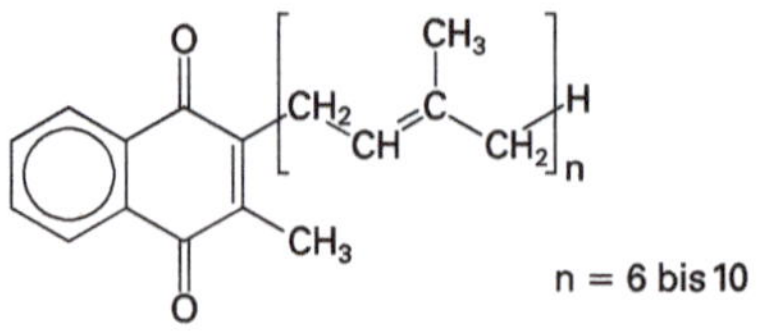

n = 6 bis 10

Abb. 11.18: Vitamin K (Phyllochinon) besteht aus einem Naphthochinon-System und einem Isopren-„Schwanz" von variabler Länge

Auflösung zur Fallbeschreibung

Die **Wernicke-Korsakow-Enzephalopathie** ist eine Folgeerkrankung von **schwerem Alkoholmissbrauch**, bei dem sich die Betroffenen häufig nur mehr sehr schlecht und mangelhaft ernähren und insbesondere lebensnotwendige Vitalstoffe wie Vitamine und Spurenelemente nicht mehr in ausreichendem Maße aufgenommen werden. Im Zentrum der Erkrankung steht hier ein **ausgeprägter Mangel an Thiamin**, dem Vitamin B_1.

Thiamin ist im Zusammenspiel mit anderen Vitaminen verantwortlich für die **oxidative Decarboxylierung von Ketocarbonsäuren** und damit ein Schlüsselvitamin für den Citratzyklus (siehe Kapitel 3, Abschnitt 4 „Der Citrat-Zyklus"). Sowohl die oxidative Decarboxylierung von Pyruvat unter Bildung von Acetyl-CoA als auch die oxidative Decarboxylierung von α-Ketoglutarat bei gleichzeitiger Bildung von Succinyl-CoA erfordern die Anwesenheit von Thiamin.

Eine schwere Hypo- bzw. Avitaminose B_1 ist auch Ursache der **Beriberi-Krankheit**, die früher besonders in ostasiatischen Ländern auf Plantagen, in Minen und Gefängnissen endemisch war, wo die Nahrung hauptsächlich aus maschinell **geschältem und poliertem Reis** bestand. Vitamin B_1 findet sich vorzugsweise in den Schalen der Reiskörner, aber nicht im so genannten Mehlkörper, der beim Reis wie auch bei anderen Getreidesamen fast ausschließlich aus Stärke besteht. Auch in Europa kam es früher in schweren Wintern fallweise zu Beriberi-Erkrankungen, wenn hauptsächlich weißes Mehl Grundlage der Ernährung war.

Mangel an Vitamin B_1 und die damit verbundene Hemmung der oxidativen Decarboxylierung der Ketocarbonsäuren des Citrat-Zyklus reduziert die Energieausnutzung aus dem Glucoseabbau und die ATP-Biosynthese. Die Beriberi-Krankheit äußert sich folgerichtig durch **Störungen in Geweben mit hohem Energieumsatz wie Nervensystem, Herzmuskel und Skelettmuskel**.

Klinisch können wir drei Arten unterscheiden:

- Die **akute Säuglings-Beriberi** bei brustgestillten Kindern, deren Mütter an einem Thiamin-Mangel leiden, führt häufig zum Tod.
- Die **chronische Beriberi-Krankheit** ist durch Ödeme, periphere Nervenlähmung und Herzinsuffizienz gekennzeichnet.
- Die **zerebrale Beriberi-Krankheit** oder Wernicke-Korsakow-Enzephalopathie tritt, wie besprochen, häufig als Komplikation bei chronischem Alkoholabusus auf.

AUSSCHEIDUNGSMOLEKÜLE UND NIERENFUNKTIONSDIAGNOSTIK: DIE KOHLENSÄURE-DERIVATE

12

12

Fallbeschreibung

Eine 40 Jahre alte Frau kommt zur regelmäßigen Nachuntersuchung nach einer Nierentransplantation in die nephrologische Ambulanz. Im Rahmen der routinemäßigen Laboruntersuchung wird eine Plasmakonzentration von Creatinin von 195 µmol/L festgestellt. Da diese Konzentration gegenüber der Voruntersuchung vor einem Monat mit damals 96 µmol/L deutlich angestiegen ist, wird eine chronische Transplantatabstoßung vermutet.

Lehrziele

Creatinin ist ein Abbauprodukt des **Kohlensäurederivats** Creatin. Zu dieser Substanzgruppe zählt unter anderem auch Harnstoff, ebenfalls ein wichtiges harnpflichtiges Ausscheidungsprodukt. Da die Niere für die Ausscheidung dieser Verbindungen verantwortlich ist, werden Messungen der Konzentration insbesondere von Creatinin gerne für rasche Abschätzungen der **Nierenfunktion** herangezogen.

12.1 Kohlensäure-Derivate

Lehrziel

Von der Kohlensäure leiten sich einige organische Derivate ab, die im Organismus wichtige Funktionen haben und die uns auch in der alltäglichen medizinisch-chemischen Labordiagnostik begegnen.

Organische Verbindungen, die Kohlenstoff mit der Oxidationszahl +4 enthalten – das ist dieselbe Oxidationszahl wie in Kohlensäure H_2CO_3 und im Anhydrid der Kohlensäure, dem Kohlendioxid CO_2 –, bezeichnen wir als **Kohlensäure-Derivate**.

Amide der Kohlensäure

Kohlensäure kann ein Monoamid oder ein Diamid bilden, indem wir eine oder beide OH-Gruppen durch NH_2-Gruppen ersetzen (*Abb. 12.1*).

Carbamidsäure, das Monoamid der Kohlensäure, ist wie diese nicht beständig. Während sich Kohlensäure in Kohlendioxid und Wasser zersetzt, bildet sich aus Carbamidsäure nach der Gleichung:

$$H_3CNO_2 \rightarrow CO_2 + NH_3$$

Kohlendioxid und Ammoniak.

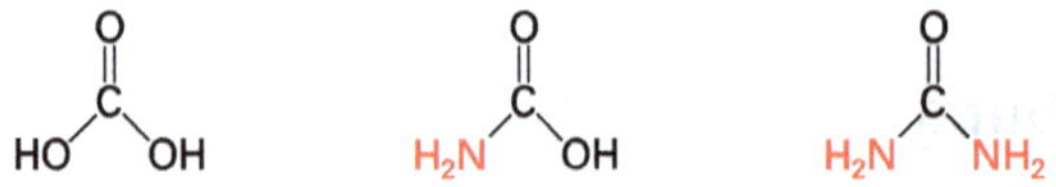

Kohlensäure Carbamidsäure Harnstoff

Abb. 12.1: Kohlensäure und ihre Amide.

Wie die Carbonate sind die Salze der Carbamidsäure, die **Carbamate**, stabil, ebenso ihre Ester, die **Urethane** (*Abb. 12.2*).

Carbamat Urethan

Abb. 12.2: Die stabilen Derivate der Carbamidsäure.

Harnstoff, das Diamid der Kohlensäure, ist das wichtigste und mengenmäßig bedeutendste **Endprodukt des Stoffwechsels der Proteine** der Säugetiere und des Menschen. Harnstoff wird, da er leicht wasserlöslich ist, über den Harn ausgeschieden.

Warum ist das Endprodukt des Abbaus der Proteine Harnstoff – und nicht Stickstoffoxid?

Fette und Kohlenhydrate werden bei der biologischen „Verbrennung" in der Atmungskette wirklich zu den energieärmsten Abbauprodukten – Wasser und Kohlendioxid – verstoffwechselt. Der Abbau der Proteine, der für Zwecke der Energiegewinnung ohnehin nur von untergeordneter Bedeutung ist, da der Stickstoff der Aminosäuren ein überaus wichtiges Baumaterial für verschiedenste Biomoleküle darstellt, endet hingegen auf der Stufe des Harnstoffs. Eine vollständige Oxidation, die zu Wasser, Kohlendioxid und Stickoxiden führen würde, wird wegen der Giftigkeit der letzteren Verbindungen vermieden.

Ureide

Ureide sind Derivate des Harnstoffs, in welchen eine oder beide NH_2-Gruppen durch einen Acylrest substituiert sind. Medizinisch besonders interessant ist das cyclische Ureid der Malonsäure, die **Barbitursäure**. *Abb. 12.3* zeigt ihre Bildung und beschreibt auch die **Keto-Enol-Tautomerie**, die die Ausbildung eines aromatischen Ringes ermöglicht.

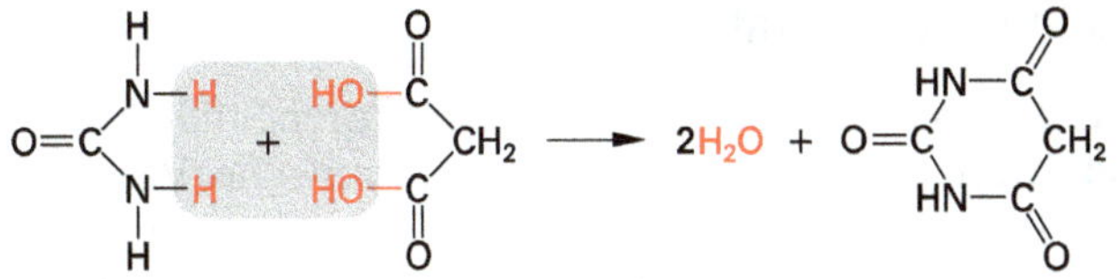

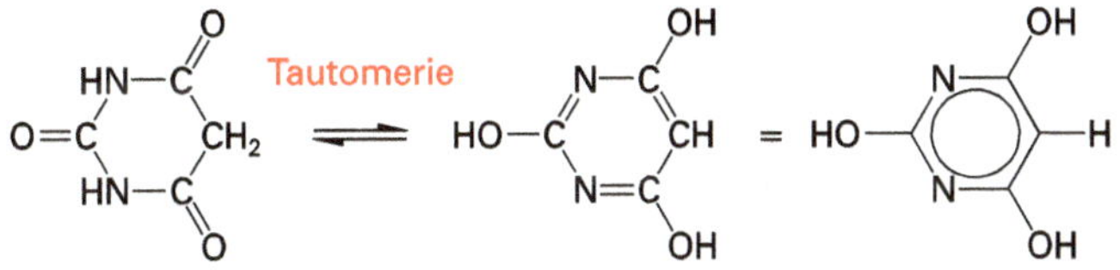

Abb. 12.3: Die Bildung und die Tautomerie von Barbitursäure.

Barbitursäure ist Grundsubstanz einer wichtigen Verbindungsklasse, der **Barbiturate**, die Bedeutung als **Hypnotica** besitzen.

Ein Derivat der Malonsäure, 2-Hydroxy-malonsäure, ist zur Reaktion mit zwei Molekülen Harnstoff befähigt; die Reaktion führt zur **Harnsäure** (*Abb. 12.4*).

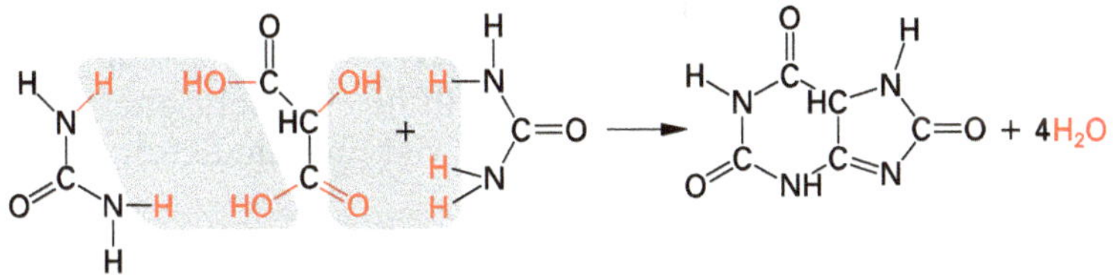

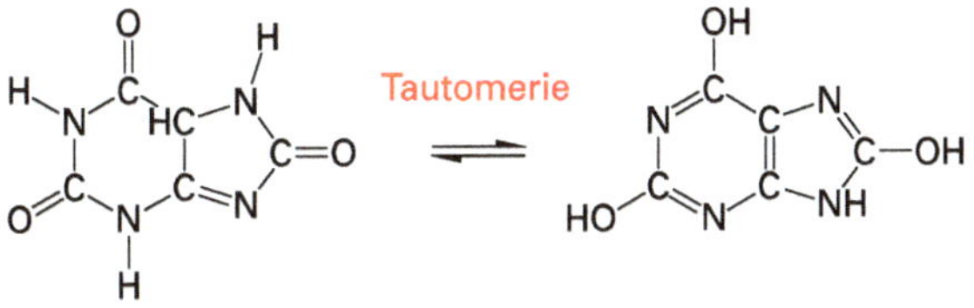

Abb. 12.4: Die Bildung und die Tautomerie von Harnsäure.

Harnsäure kommt im Stoffwechsel als Endprodukt des **Purin-Abbaus** vor. Übermäßige Harnsäurekonzentration führt durch Ablagerung von Harnsäurekristallen in Gelenken zu **Gicht**.

Guanidin und wichtige Derivate

Wenn wir in der Kohlensäure formal alle O-Atome durch Stickstoff ersetzen, gelangen wir zum **Guanidin**. Guanidin ist eine für organische Verbindungen außerordentlich starke Base (pK_B = 0.35), da es nach Anlagerung eines Protons als konjugierte Säure ein völlig symmetrisches, mesomeriestabilisiertes Kation, das **Guanidinium-Ion**, bildet. Dieses ist in *Abb. 11.5* gezeigt.

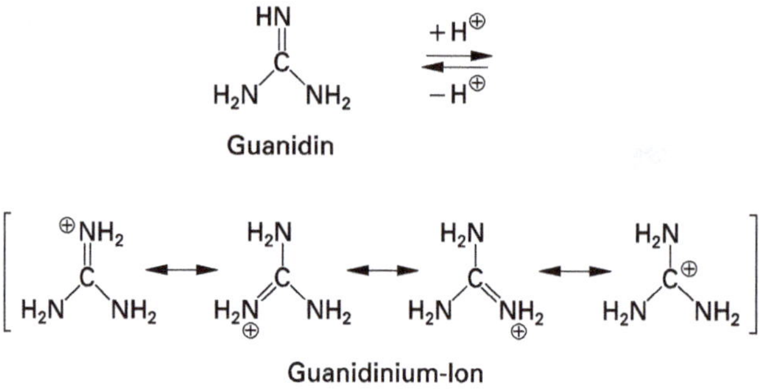

Guanidin

Guanidinium-Ion

Abb. 12.5: Guanidin und das mesomeriestabilisierte Guanidinium-Ion.

Ein biologisch sehr wichtiges Derivat des Guanidins ist **Creatin** (N-Methyl-guanidino-essigsäure). In Form des **Creatinphosphats**, einer Verbindung aus Creatin und Phosphorsäure, dient es zur Energiespeicherung im Muskel. Creatinphosphat ähnelt strukturell einem Säureanhydrid: Als Produkt aus dem Kohlensäure-Derivat Creatin und der Phosphorsäure enthält es eine sehr energiereiche Bindung, die bei ihrer Aufspaltung durch Wasser viel Energie liefert (*Abb. 12.6*).

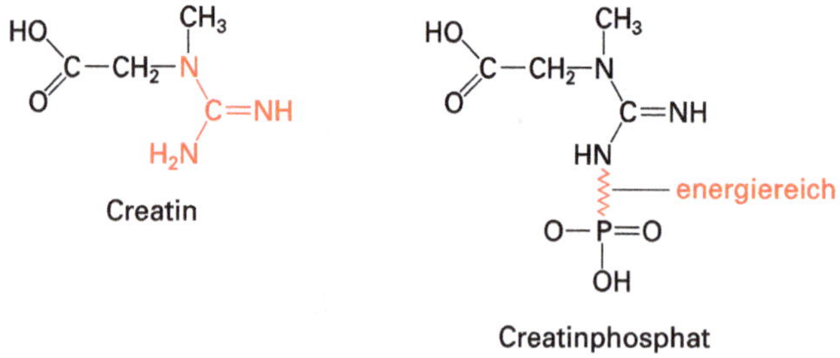

Creatin

energiereich

Creatinphosphat

Abb. 12.6: Creatin und das energiereiche Creatinphosphat.

Creatinphosphat wird im Muskel zum Zweck der Energiegewinnung zu Creatin und Phosphorsäure hydrolysiert. Das dabei anfallende Creatin wird unter Wasserabspaltung zu **Creatinin** cyclisiert (*Abb. 12.7*).

Das Abbauprodukt Creatinin wird über den Harn ausgeschieden. Da beim Erwachsenen bei normaler Muskeltätigkeit jeden Tag etwa dieselbe Menge an

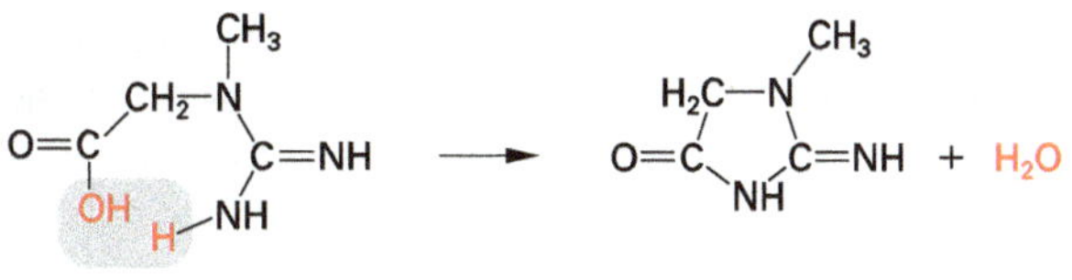

Creatin → Creatinin + H_2O

Abb. 12.7: Die Cyclisierung von Creatin zu Creatinin.

Creatinin im Organismus anfällt, findet die Messung der Creatinin- Konzentration im Serum als rohes **Maß für die Funktionstüchtigkeit der Nieren** verbreitete klinische Anwendung. Wenn der Creatinin-Spiegel im Serum ansteigt, so ist dies ein Indiz für eine sich verschlechternde Filtrationstätigkeit der Nieren.

Auflösung zur Fallbeschreibung 12

Creatinin als Abbauprodukt von Creatin fällt bei normaler Muskeltätigkeit pro Tag in etwa gleich bleibender Menge an und wird über die Niere ausgeschieden. Bei normaler Nierentätigkeit stellt sich deshalb ein **Fließgleichgewicht** zwischen der Produktion und Ausscheidung der Substanz ein. Dieses äußert sich dadurch, dass unter normalen Umständen die **Plasmakonzentration von Creatinin ziemlich konstant** bleibt.

Creatinin-Konzentrationen im Plasma zwischen 50 und 100 µmol/L werden als normal angesehen. Wenn jedoch die Nierenfunktion aufgrund von Erkrankungen schwächer wird, so „staut" sich Creatinin im Blut an, und seine Konzentration steigt an.

Erhöhte Plasmakonzentrationen von Creatinin werden deshalb als leicht messbarer **endogener**, also vom Organismus selbst erzeugter, **Indikator für die Qualität der Nierenleistung** sehr verbreitet eingesetzt. Allerdings muss hier kritisch angemerkt werden, dass die Produktion von Creatinin von Faktoren wie Alter, Geschlecht und Körpermasse maßgeblich beeinflusst wird. Creatinin wird auch nicht ausschließlich durch reine passive Filtration in den **Glomeruli** der Niere (**glomeruläre Filtration**) ausgeschieden, sondern kann je nach Konzentration in den **Nierentubuli** zusätzlich aktiv sezerniert werden (**tubuläre Sekretion**), so dass es kein reiner Indikator für die Filtrationsleistung der Nierenglomeruli ist.

Trotz dieser Schwächen wird die Creatinin-Bestimmung sehr häufig für eine rohe Abschätzung der Nierenfunktion verwendet.

Wollen wir jedoch exaktere Ergebnisse, so müssen andere Verfahren der Nierenfunktionsmessung eingesetzt werden, zum Beispiel solche, die auf der Infusion des Polyfructosans Inulin beruhen (siehe Kapitel 7, Abschnitt 1 „Mono-, Oligo- und Polysaccharide").

Die Patientin unseres Fallbeispiels hat eine seit der letzten Kontrolluntersuchung deutlich erhöhte Plasmakonzentration von Creatinin. Dies deutet auf eine sich verschlechternde Nierenfunktion hin, möglicherweise als Folge einer chronischen Transplantatabstoßung. Solche chronischen Prozesse verlaufen im Gegensatz zu akuten Abstoßungsreaktionen eher schleichend.

Für die genaue Abklärung sind weiterführende Untersuchungen, eventuell auch die Entnahme einer Gewebeprobe durch eine Transplantatbiopsie zur genauen histopathologischen Untersuchung, erforderlich.

Anhang

Chemie *in silico* – aufregende Einblicke in biologische Strukturen

Biomoleküle wie Proteine und Nucleinsäuren können ihre Funktion nur dann korrekt erfüllen, wenn sie die „richtige" 3D-Struktur haben. Heute existieren große und uns allen kostenlos zur Verfügung stehende Datenbanken, die die Kenntnisse über die räumlichen Strukturen der Moleküle des Lebens archivieren. Besonders bei Proteinen ist das von allergrößtem Interesse. Im Vergleich zur unglaublichen Vielfalt von Proteinstrukturen nehmen sich die räumlichen Strukturen etwa der Nucleinsäuren vergleichsweise einfach und einheitlich aus.

Wenn heute Forschergruppen neue 3D-Strukturen von Biomolekülen mittels aufwendiger experimenteller Methoden (Kristallstrukturanalyse mittels der Beugung von Röntgenstrahlen, Strukturanalyse gelöster Moleküle mit Hilfe der kernmagnetischen Resonanz = NMR von englisch *nuclear magnetic resonance*) bestimmen und ihre Resultate der Fachwelt durch eine Publikation in einer Fachzeitschrift mitteilen wollen, müssen sie gleichzeitig die Daten über diese Struktur (bis hin zu den kartesischen Koordinaten der einzelnen Atome!) in einer Datenbank ablegen und damit für alle verfügbar machen.

Gleichzeitig gibt es mittlerweile bereits mehrere allgemein verfügbare und außerordentlich leistungsfähige Computerprogramme, die es gestatten, diese Strukturdaten in atemberaubende Computervisualisierungen umzusetzen. In diesem Lehrbuch wurde vielfach auf diese Möglichkeiten zurückgegriffen. Diese Programme bieten darüber hinaus Werkzeuge zur Manipulation der Molekülbilder am Computerschirm, so dass ein richtiges „Begreifen" der Strukturen möglich wird.

Der Anhang macht mit diesen faszinierenden modernen Tools und Datenbanken bekannt und gibt Anregungen, sich ihrer zu bedienen.

Ein wichtiges Visualisierungswerkzeug: Jmol

Zur Visualisierung von Molekülstrukturen gibt es das über das Internet frei zugängliches JAVA-Programm „Jmol" (das in der 9. Auflage des Lehrbuchs empfohlene Plug-in CHIME wird nicht mehr gewartet und wurde eben durch Jmol ersetzt). Jmol ermöglicht es, Strukturdatenfiles von Biomolekülen zu interpretieren und die Moleküle in Form von Computermodellen zu darzustellen. Darüber hinaus können wir mit diesem Programm diese Moleküldarstellungen in vielerlei Hinsicht interaktiv manipulieren und so gestalten, dass wir besondere Eigenschaften des jeweils untersuchten Moleküls besonders deutlich erkennen können. Dieses Programm ist online frei verfügbar (http://jmol.sourceforge.net/download/). Es bietet seine Funktionalitäten über eine recht einfach bedienbare Benutzeroberfläche an; fortgeschrittene BenutzerInnen können über eine Skriptsprache noch viel mehr Funktionalitäten aus dem Programm herausholen.

Die Brookhaven Protein Data Bank

In der Brookhaven Protein Data Bank sind Tausende von 3D-Strukturen von Biomolekülen in Form so genannter *.pdb-Files gespeichert, in der Hauptsache von Proteinen. Unter der Adresse

http://www.rcsb.org/pdb/

gelangen wir auf die Homepage der Protein Data Bank. Hier gibt es bereits sehr viel Information. Am interessantesten für uns ist die Suchfunktion: Hier können wir entweder einen Suchbegriff (*keyword*) eingeben, von dem wir annehmen, dass er unser gesuchtes Protein gut charakterisiert, oder – wenn wir sie kennen - gleich die so genannte pdb-ID, einen Code, der dieses Protein in der Datenbank identifiziert.

Visualisierung und Manipulation mit Jmol

Mit Jmol können wir, wenn unser Computer mit dem Internet verbunden ist, direkt einen pdb-Datenfile herunter laden: Jmol wird gestartet und präsentiert eine Benutzeroberfläche. Mit „Datei – Beziehe PDB" und Eingabe eines entsprechenden pdb-codes (siehe Tabelle) wird der Datenfile direkt von der Brookhaven Datenbank geladen und sofort dargestellt. Eine alternative Möglichkeit wäre etwa, die interessierenden pdb-Datenfiles auf den lokalen Rechner herunter zu laden und direkt mit „Datei – Öffnen" zu starten.

Wir sehen initial ein so genanntes Kugel-Stab-Modell (ball and stick model) des Moleküls. Mit gedrückter linker Maustaste können wir das Modell am Bildschirm um das Molekülzentrum drehen. Bei gleichzeitiger Betätigung der *Shift*-Taste, mit der wir gewöhnlich von Klein- zu Großschreibung wechseln, können wir das Molekül durch Mausbewegungen entweder vergrößern oder verkleinern oder auch um den Mittelpunkt des Bildschirms drehen. Die *Strg*-Taste im Verein mit der rechten Maustaste erlaubt hingegen eine Translationsbewegung nach oben oder nach unten am Bildschirm.

Spannend wird es, wenn wir die rechte Maustaste drücken: Es erscheint ein Menü, welches uns zahlreiche weitere Darstellungsmöglichkeiten eröffnet und zusätzliche Manipulationen des Moleküls erlaubt. Damit können wir Details der Struktur, die in der primär erscheinenden Kugle-Stab-Darstellung bei großen Molekülen durch die schiere Anzahl der Atome und Bindungen nicht erkennbar sind, viel besser erforschen und darstellen. Beispielsweise erstellt die Sequenz „Stil – Schema – Cartoon" eine Darstellung der Proteinstruktur, die nicht die einzelnen Atome zeigt, sondern die Sekundärstrukturelemente (α–Helix, β–Faltblatt bzw. Zufallsknäuel in höchst eindrucksvoller und auch farblich gut unterscheidbarer Form zeigt.

Weitere Manipulationsmöglichkeiten lassen sich leicht entdecken.

In diesem Lehrbuch wurden an mehreren Stellen pdb-Files visualisiert (allerdings nicht durch CHIME, sondern wegen der besseren Druckauflösung durch das Programm MOLSOFT ICM-PRO, welches um eine geringfügige Gebühr auch über das Internet beziehbar ist). Die folgende Tabelle listet die dargestellten Strukturen und die jeweiligen pdb-ID auf:

Struktur	pdb-ID	Kapitel im Lehrbuch
Cytochrom c	3cyt.pdb	3.5
Hämoglobin	2hhd.pdb	3.5
Cytochrom P450cam	2cpp.pdb	6.1
Methionin-Synthase	1bmt.pdb	6.1
Zinkfinger mit DNA	1al1.pdb	6.1
Kollagen-Ausschnitt	1bkv.pdb	8.4
Bacterioferritin	1mfr.pdb	8.4
α–Hämolysin	7ahl.pdb	8.4
Immunglobulin G	1igt.pdb	8,4
Transfer-RNA	4tna.pdb	9.1

Verwendete Fachliteratur

Peter W. Atkins, Loretta Jones: *Chemie – einfach alles*. Wiley-VCH Verlag, Weinheim 2006, 2. Auflage

Timo Brandenburger, Tido Bajorat: *Fallbuch Biochemie*. Georg Thieme Verlag, Stuttgart – New York 2006

Detlef Doenecke, Jan Koolman, Georg Fuchs, Wolfgang Gerok: *Karlsons Biochemie und Pathobiochemie*. Georg Thieme Verlag, Stuttgart – New York 2005, 15. Auflage

Jürgen Hallbach: *Klinische Chemie für den Einstieg*. Georg Thieme Verlag, Stuttgart – New York 2001

Florian Horn, Isabelle Moc, Nadine Schneider, Christian Grillhösl, Silke Berghold, Gerd Lindenmeier: *Biochemie des Menschen*. Georg Thieme Verlag, Stuttgart – New York 2005, 3. Auflage

Georg Löffler (Hrsg.), Petro E. Petrides (Hrsg.), Peter C. Heinrich (Hrsg.): *Biochemie und Pathobiochemie*. Springer Medizin Verlag, Heidelberg 2007, 8. Auflage

Joachim Rassow, Karin Hauser, Roland Netzker, Rainer Deutzmann: *Biochemie*. Georg Thieme Verlag, Stuttgart – New York 2006

Helmut G. Rennke, Bradley M. Denker. *Renal Pathophysiology: the essentials*. Lippincott Williams & Wilkins, Baltimore – Philadelphia 2007, 2nd Edition

Register

www.ingramcontent.com/pod-product-compliance
Lightning Source LLC
Chambersburg PA
CBHW072009230326
41598CB00082B/6890
* 9 7 8 3 1 1 0 3 1 3 9 2 5 *